国家"十二五"规划重点图书
中国地质调查局
青藏高原1：25万区域地质调查成果系列

中华人民共和国
区域地质调查报告

比例尺 1∶250 000

直根尕卡幅
(I46C003003)

项目名称：青海1∶25万直根尕卡幅区域地质调查

项目编号：200313000006

项目负责：段其发 牛志军 王建雄

图幅负责：段其发 牛志军 王建雄

报告编写：段其发 王建雄 牛志军 白云山 何龙清
涂 兵 卜建军 徐安武 曾波夫 朱应华

编写单位：中国地质调查局武汉地质调查中心
武汉地质矿产研究所

单位负责：姚华舟

中国地质大学出版社
ZHONGGUO DIZHI DAXUE CHUBANSHE

内 容 摘 要

本书是在直根尕卡幅区域地质调查报告的基础上编写而成，全面地介绍了调查区内在地层古生物、岩浆岩和构造等方面取得的最新进展。系统厘定了泥盆系至第四系地层序列，划分了24个生物化石带（其中新建20个化石组合），详细划分了沉积相类型，建立晚古生代裂陷谷盆地沉积序列和中生代前陆盆地充填序列，探讨和确定北羌塘地块在石炭—二叠纪期间属亲扬子的特提斯（暖水）型生物古地理区系；对第四纪地层进行了成因类型划分，新发现晚更新世湖相沉积物，获得3个^{14}C年龄，探讨了新生代以来地质生态环境演化。新发现石炭纪基性侵入岩带和4套火山岩，识别出二叠纪高钛玄武岩；通过岩石学、岩石地球化学等的研究认为：晚古生代岩浆岩形成与地幔柱活动相关的板内拉张（裂谷）构造环境有关，火山岩地球化学特征具亲扬子地块的特点；中生代岩浆岩形成于主动大陆活动边缘的碰撞造山（火山弧）带的构造环境。以当曲断裂和西恰赛素-宋卡赛玛断裂为界将调查区划分为3个二级构造单元，新发现索加坳陷近东西向自北而南逆冲的前陆盆地推覆构造，探讨了晚古生代的构造属性，总结了新构造运动特点；新发现铜矿（化）点2处，石盐、石膏矿点各1处，划分出3个找矿远景区，并在二叠—三叠纪地层中见有沥青等油气显示。

本书试图展示羌塘—昌都地区地层古生物和岩浆活动的新资料和新观点，揭示其隶属于扬子被动大陆边缘的地质构造演化史新论据，这对提高青海南部基础地质研究程度、地质演化及地质找矿均具有重要意义。

图书在版编目（CIP）数据

中华人民共和国区域地质调查报告. 直根尕卡幅（I46C003003）：比例尺 1∶250 000/段其发，王建雄，牛志军等著. —武汉：中国地质大学出版社，2013.10

ISBN 978-7-5625-2976-7

Ⅰ.①中…
Ⅱ.①段…②王…③牛…
Ⅲ.①区域地质-地质调查-调查报告-中国②区域地质-地质调查-调查报告-青海省
Ⅳ.①P562

中国版本图书馆 CIP 数据核字（2013）第 234067 号

中华人民共和国区域地质调查报告
直根尕卡幅（I46C003003）　比例尺 1∶250 000　　　　段其发　王建雄　牛志军　等著

责任编辑：舒立霞　刘桂涛　　　　责任校对：张咏梅

出版发行：中国地质大学出版社（武汉市洪山区鲁磨路388号）　　　邮政编码：430074
电　　话：（027）67883511　　传　　真：67883580　　E-mail：cbb@cug.edu.cn
经　　销：全国新华书店　　http：//www.cugp.cug.edu.cn

开本：880mm×1 230mm 1/16　　字数：626千字　印张：17.125　图版：37　插页：1　附图：1
版次：2013年10月第1版　　印次：2013年10月第1次印刷
印刷：武汉中远印务有限公司　　印数：1—1 500册
ISBN 978-7-5625-2976-7　　定价：470.00元

前　　言

青藏高原包括西藏自治区、青海省及新疆维吾尔自治区南部、甘肃省南部、四川省西部和云南省西北部，面积达 260 万 km^2，是我国藏民族聚居地区，平均海拔 4 500m 以上，被誉为地球第三极。青藏高原是全球最年轻、最高的高原，记录着地球演化最新历史，是研究岩石圈形成演化过程和动力学的理想区域，是"打开地球动力学大门的金钥匙"。

青藏高原蕴藏着丰富的矿产资源，是我国重要的战略资源后备基地。青藏高原是地球表面的一道天然屏障，影响着中国乃至全球的气候变化。青藏高原也是我国主要大江大河和一些重要国际河流的发源地，孕育着中华民族的繁生和发展。开展青藏高原地质调查与研究，对于推动地球科学研究、保障我国资源战略储备、促进边疆经济发展、维护民族团结、巩固国防建设具有非常重要的现实意义和深远的历史意义。

1999 年国家启动了"新一轮国土资源大调查"专项，按照温家宝总理"新一轮国土资源大调查要围绕填补和更新一批基础地质图件"的指示精神。中国地质调查局组织开展了青藏高原空白区 1∶25 万区域地质调查攻坚战，历时 6 年多，投入 3 亿多元，调集 25 个来自全国省(自治区)地质调查院、研究所、大专院校等单位组成的精干区域地质调查队伍，每年近千名地质工作者，奋战在世界屋脊，徒步遍及雪域高原，完成了全部空白区158 万 km^2 共 112 个图幅的区域地质调查工作，实现了我国陆域中比例尺区域地质调查的全面覆盖，在中国地质工作历史上树立了新的丰碑。

青海 1∶25 万 I46C003003(直根尕卡幅)区域地质调查项目，由中国地质调查局武汉地质调查中心承担，工作区位于藏北羌塘高原腹地。目的是通过充分收集和研究调查区及邻区已有的基础地质资料和成果，按照《1∶25 万区域地质调查技术要求(暂行)》和《青藏高原艰险地区 1∶25 万区域地质调查要求(暂行)》及其他相关的规范、指南，运用造山带填图的新方法、新技术、新手段，以区域构造调查与研究为先导，合理划分调查区的构造单元，并对不同地质单元、不同的构造-地层单元采用不同的填图方法进行全面的区域地质调查，最终通过盆地建造、岩浆作用、变质变形及山-盆耦合关系研究，建立调查区构造模式，反演区域地质演化历史。同时加强油气、煤及与火山岩有关的多金属矿找矿前景调查研究，为本区经济发展提供基础资料。

I46C003003(直根尕卡幅)地质调查工作时间为 2002—2004 年，累计完成地质填图面积为15 462km^2，实测剖面 88.2km，地质路线 3 118km，采集各类样品 4 729 件，全面完成了设计工作量。主要成果有：系统厘定了泥盆系至第四系地层序列，划分了 24 个生物化石带(其中新建 20 个化石组合)，详细划分了沉积相类型，建立了晚古生代裂陷谷盆地沉积序列和中生代前陆盆地充填序列，确定北羌塘地块在石炭—二叠纪期间属亲扬子的特提斯(暖水)型生物古地理区系；对第四纪地层进行了成因类型划分，新发现晚更新世湖相沉积物，获得 3 个^{14}C 年龄，总结了新生代以来地质生态环境演化。新发现二叠纪基性侵入岩带和 4 套火山岩，识别出二叠纪高钛玄武岩；认为晚古生代岩浆岩形成于板内拉张(裂谷)环境，且与地幔柱活动有关，火山岩地球化学特征具亲扬子地块的特点；中生代岩浆岩形成于火山弧环境。以当曲断裂和西恰赛素-宋卡赛玛断裂为界将调查区划分为 3 个二级构造单元，新发现索加坳陷近东西向自北而南逆冲的前陆盆地推覆构造，探讨了晚古生代的构造属性，总结了新构造运动特点；新发现铜矿（化）点2处，石盐、石膏矿点各1处，划分出3个找矿远景区，并在二叠—三叠纪地层中见有沥青等油气显示。为探讨、恢复该区羌塘地块的构造演化历史及地质找矿提供了重要依据。

2005年3月，中国地质调查局组织专家对项目最终成果进行验收，评审认为：成果报告资料齐全，工作量达到（或超过）设计规定，技术手段、方法、测试样品质量符合有关规范、规定；报告章节齐备，论述有据，在地层、古生物、岩石和构造等方面取得了较突出的进展和重要成果，反映了调查区地质构造特征和现有研究程度。经评审委员会认真评议，一致建议项目报告通过评审。

参加报告编写的主要有段其发、牛志军、王建雄、白云山、何龙清、卜建军、涂兵、曾波夫、徐安武，由段其发、牛志军编纂定稿。地质图由段其发、王建雄、牛志军编制，曾波夫绘制报告所有插图。牛志军完成䗴类、非䗴有孔虫化石的鉴定。

先后参加野外工作的还有段万军、甘金木、朱应华、李卫东、郑宗滔、傅发林、韩向京、谢官荣、江措、江永、丁桑等。在整个项目实施和报告编写过程中，得益于许多单位和领导的大力协助、支持，尤其要感谢的是中国地质调查局、西安地质矿产研究所、拉萨工作总站、成都地质矿产研究所、青海省地质调查院；始终得到了潘桂棠研究员、王立全研究员、李荣社教授级高级工程师、张雪亭教授级高级工程师、阿成业教授级高级工程师等专家的多方指导和帮助。武汉地质矿产研究所张仁杰研究员、徐安武研究员担任项目技术顾问，并分别完成双壳类化石和沉积岩薄片的鉴定，李莉高级工程师完成计算机成图及地质数据建库工作，徐光洪研究员、杨德骊研究员、张清如副研究员分别鉴定了头足类、腕足类、孢粉化石，中国地质大学（武汉）吴顺宝教授、何心一教授、黄其胜教授、何卫红副教授分别鉴定头足类、珊瑚、古植物、放射虫化石，中南实验检测中心承担化学分析、实验测试，中国科学院南京地质古生物研究所廖卫华研究员鉴定了部分珊瑚化石，张遴信研究员鉴定、审核部分䗴类化石，沈树忠教授审核部分腕足类化石，李曼英研究员鉴定了部分孢粉化石，广西地质调查院邝国敦研究员鉴定了部分珊瑚化石，岩石地球化学数据处理采用了路远发研究员开发的Geokit软件，中国地质调查局李金发副局长、武汉地质调查中心姚华舟主任曾亲临调查区指导工作，在此表示诚挚的谢意。

为了充分发挥青藏高原1∶25万区域地质调查成果的作用，全面向社会提供使用，中国地质调查局组织开展了青藏高原1∶25万地质图的公开出版工作，由中国地质调查局成都地质调查中心组织承担图幅调查工作的相关单位共同完成。出版编辑工作得到了国家测绘局孔金辉、翟义青及陈克强、王保良等一批专家的指导和帮助，在此表示诚挚的谢意。

鉴于本次区调成果出版工作时间紧、参加单位较多、项目组织协调任务重以及工作经验和水平所限，成果出版中可能存在不足与疏漏之处，敬请读者批评指正。

“青藏高原1∶25万区调成果总结”项目组

2011年11月

目　　录

第一章　绪　　论

第一节　自然地理概况及交通位置

直根尕卡位于青藏高原腹地的唐古拉山东段北坡，三江源自然保护区核心区之内。地理坐标：E93°00′—94°30′，N33°00′—34°00′。在行政区划上，调查区南、北部分属青海省杂多县、治多县(图1-1)。该区交通条件差，通行极为不便，仅在北部索加乡有简易公路可达治多县城，南部莫云乡有一季节性公路达杂多县城；冬、春季因河道冻结，部分地区可通行汽车。

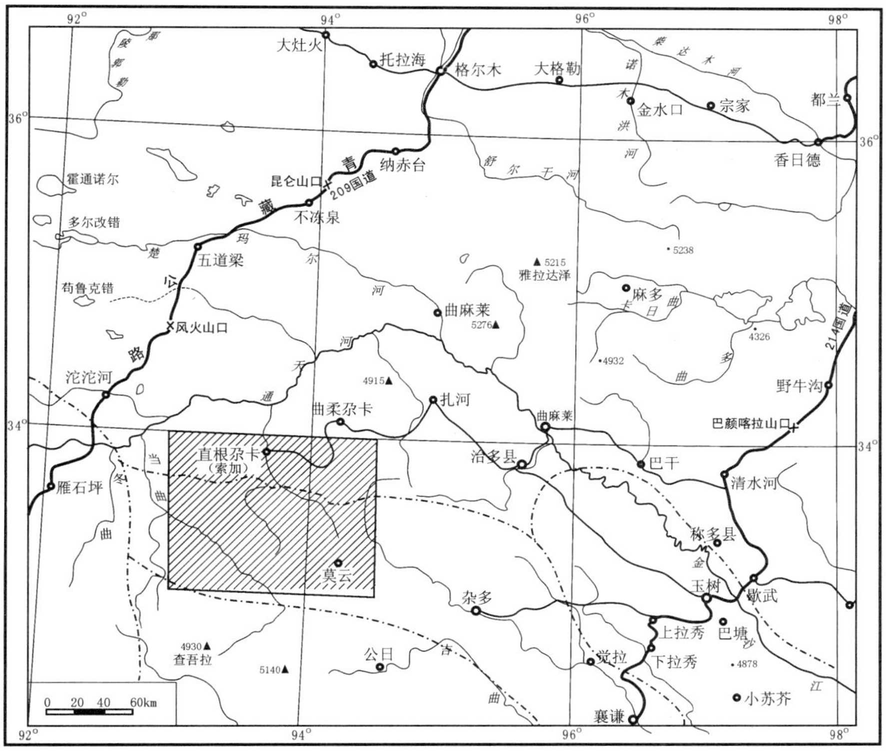

图1-1　调查区交通位置图

调查区地形起伏较大，最低海拔4 449m，最高海拔5 739m(西恰山)，大部分地区海拔在4 650m以上。在西恰山和扎那日根等海拔5 500m以上地区发育零星现代冰川。区内地貌具两层结构特点，山、盆相间分布，山脉走向总体呈近东西向。上层地貌由中等起伏的山地组成，一般海拔为5 000m，其中沟谷发育，并在局部地段发育U型谷、冰斗、刃脊、角峰等古冰川侵蚀地貌以及多边形冻土、石环、石冰川等冰缘地貌，基岩裸露，植被零星或不发育；下层地貌地势平坦，起伏小，河网密布，冻土沼泽发育，植被覆盖较广，且以高山高寒草甸为主，基岩出露程度较差。

调查区主体属长江源水系区，东南部则为澜沧江源水系区。区内水系十分发育，河流众多，且多为常年流水河，河水流量明显随季节和天气变化，冬春两季，河流封冻，河水流量减少；夏秋两季，冰雪融化及降水量剧增，河水暴涨，难以通行。长江源头三大支流之一的当曲从调查区西南部流过，通天河的主要支流莫曲亦发源于调查区中部，在调查区西南的尼日阿错改是区内最大的湖泊，面积约 35km²。

该区属中纬度高海拔寒冷地区，无霜期短，冰冻期长，气温低，年均温－0.3～－6.0℃，一年内仅有冷暖两季之分，0℃以上的暖季只有 60～160 天，0℃以下的冷季有 200～300 天，最暖月（7 月）均温 10℃，最高达 18℃，最冷月（1 月）均温－12～－20℃，最低达－35℃，日温差一般为 15℃，最大温差为 35℃。7—8月气温较高，可达 18℃，1 月气温最低，在－35℃左右；年降水量 300～450mm，80％以上集中在 5—9 月。本区多刮西北风，风季为 10 月至翌年 2 月，最大风速 18～20m/s，一般 5～7m/s。该区气候恶劣且变化无常，几乎每天都有刮大风的时候，雨（暖）季风、雨、雪、冰雹频繁发生，并有雷电袭击。调查区属典型的大陆高寒气候，四季不分明，只有旱季和雨季之分，9 月中旬至翌年 5 月下旬为旱季，6 月至 9 月上旬为雨季。5—9 月是在该区开展野外工作的较好季节，但 7—8 月冻土融化，地面松软，同时降水频繁，河流水位上升，难以通行，给野外工作带来不便。总体而言，在调查区开展野外工作困难较多。

调查区内人口稀少，每 100km² 不足 25 人，主要为藏族，居住分散，但在治多县索加乡、杂多县莫云乡所在地人口较集中，经济以牧业为主。

第二节　目的任务

本项目隶属中国地质调查局实施的“青藏高原北部空白区基础地质调查与研究”的子项目。总体目标任务是：充分收集研究区内及邻区已有的基础地质调查资料和成果，按照《1∶25 万区域地质调查技术要求（暂行）》和《青藏高原艰险地区 1∶25 万区域地质调查要求（暂行）》及其他相关的规范、指南，运用造山带填图的新方法、新技术、新手段，以区域构造调查与研究为先导，合理划分调查区的构造单元，对不同地质单元、不同的构造-地层单元采用不同的填图方法进行全面的区域地质调查，最终通过盆地建造、岩浆作用、变质变形及山-盆耦合关系研究，建立调查区构造模式，反演区域地质演化历史。同时加强油气、煤及多金属矿找矿前景调查研究，为本区经济发展提供基础资料。项目工作性质为基础地质调查，总填图面积 15 462km²，工作年限为 2002 年 1 月—2004 年 12 月。

第三节　地质调查研究程度

调查区的地质工作始于 20 世纪 50 年代中期，特别是随着青藏公路的兴建，地质工作逐步深入本区。1956—1959 年原地质部石油普查队、青海省地质局石油普查大队唐古拉分队在该区开展了 1∶100 万石油普查；1965—1969 年青海省地质局区测队在区内开展了 1∶100 万区域地质调查，于 1970 年出版了 1∶100 万温泉幅地质图及说明书；1990—1993 年青海省区调综合地质大队在调查区西北部完成了 1∶20 万索加幅区域地质、矿产地质调查。上述区域性地质调查工作取得了大量第一手材料，基本查明了调查区地层、岩浆岩的分布和地质构造特征，取得了一些岩浆岩岩石学和岩石化学方面的资料，对岩石类型及其形成环境作了初步的分析和活动期次划分，对地层及岩浆岩的含矿性进行了总结，为本次工作的顺利开展奠定了一定的基础。调查区地质调查研究程度见图 1-2 和表 1-1。

调查区内目前尚未开展系统的专题科研工作。但该区以西的雁石坪地区因位于青藏公路附近，20 世纪 80 年代后期陆续开展了国际多学科地质综合考察，包括中德合作项目、中法合作项目、中英合作项目等，另外 20 世纪 80—90 年代初阴家润（1987，1988）、杨遵仪等（1988）对该区的侏罗纪地层及双壳类、腕足类动物群和沉积环境进行了深入研究；白海生（1989）对青海南部海相侏罗纪地层、苟金（1993）和冀六祥（1994）对陆相红层进行研究，张以茀和郑祥身（1996）、朱同兴（1999）分别对可可西里盆地和羌塘盆

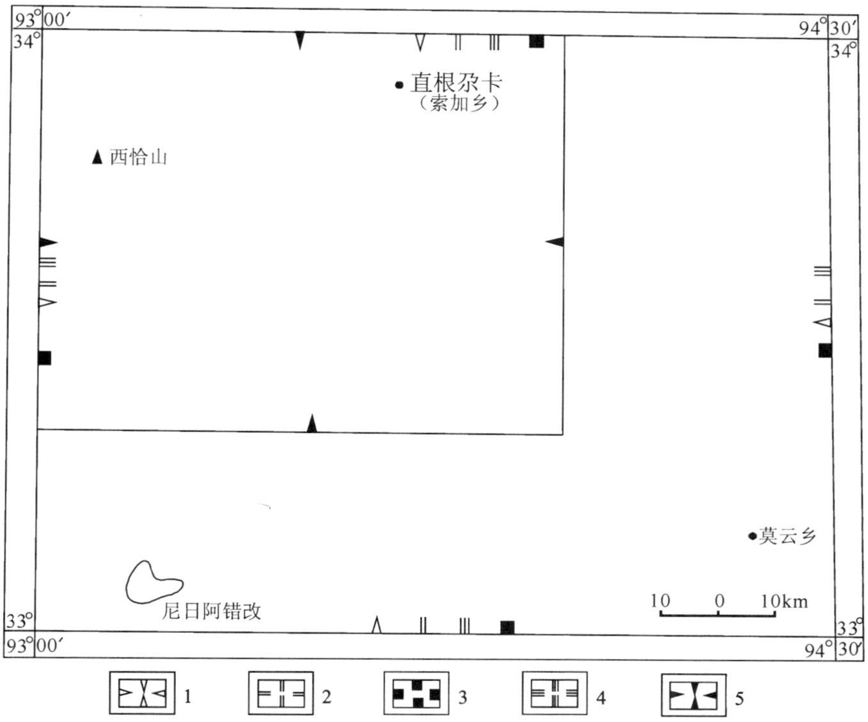

图 1-2 调查区地质调查研究程度图

1. 地质部石油普查队 1∶100 万石油普查(1957)；2. 青海省地质局区测队 1∶100 万区域地质调查(1970)；
3. 航空物探大队 902 分队 1∶50 万航磁测量(1975)；4. 青海省区调综合大队 1∶20 万化探扫面(1985)；
5. 青海省区调综合大队 1∶20 万索加幅区域地质调查(1993)

表 1-1 调查区地质矿产调查历史简表

工作性质	成果名称或工作内容	完成单位	调查时间(年)	备注
区域地质矿产地质调查	1∶100 万区域地质、矿产地质调查	青海省地质局区测队	1967—1969	内部资料
	1∶100 万石油地质普查	地质部石油普查大队	1957	内部资料
	1∶100 万石油普查	青海省地质局石油唐古拉中队	1959	内部资料
	1∶50 万航磁测量	航空物探大队 902 分队	1975	内部资料
	1∶20 万化探扫面	青海省区调综合地质大队化探分队	1985	内部资料
	1∶20 万索加幅、雁石坪区域地质、矿产地质调查	青海省区调综合地质大队	1990—1993	内部资料
	羌塘盆地石油地质普查	中国石油天然气总公司新区勘探事业部、中南石油地质局	1994—1998	内部资料

地的形成演化进行了研究。20 世纪 80 年代青海省地质科研所与中国科学院南京地质古生物研究所(1990)在紧邻调查区东南部的玉树地区进行了详细的泥盆纪至三叠纪地层学与古生物学研究。上述工作的范围虽未涉及调查区，但它们在地层、构造、岩浆岩、沉积盆地演化研究等方面取得的成果对认识调查区的区域构造背景无疑具有重要意义。20 世纪 90 年代青海省地质矿产局(1991，1997)对上述地质工作进行了全面总结。

第四节　任务完成情况及工作量

在项目实施过程中，以《青藏高原艰险区(B内区)1∶250 000区域地质调查技术要求》及有关规范、标准为指导，按照任务书、设计书的基本要求，运用现代地质学的有关新理论、新技术，结合本地区的客观实际开展区域地质调查和专题研究工作，在兼顾区域地质调查一般要求的基础上，针对工作中的新发现、新认识和存在的问题，特别是关键地质问题加大了工作量的投入，不平均使用工作量。加大了石炭纪、二叠纪和古近纪等地层的古生物采集与鉴定工作量及二叠纪、三叠纪、侏罗纪火山岩的岩矿测试、同位素测年等工作量。本次工作完成的主要工作量见表1-2。

表1-2　完成的主要实物工作量一览表

<table>
<tr><th colspan="2">工作项目</th><th>计量单位</th><th>设计工作量</th><th>完成工作量</th><th>备注</th></tr>
<tr><td colspan="2">一、地质测量</td><td></td><td></td><td></td><td></td></tr>
<tr><td colspan="2">1.1∶25万区域地质调查</td><td>km²</td><td>15 462</td><td>15 462</td><td>不含扩边填图</td></tr>
<tr><td colspan="2">2.实测剖面</td><td rowspan="3">km</td><td>115</td><td>88.2</td><td></td></tr>
<tr><td colspan="2">3.地质调查路线</td><td>2 500</td><td>3 118</td><td></td></tr>
<tr><td colspan="2">4.遥感解译路线</td><td></td><td>425</td><td></td></tr>
<tr><td colspan="2">5.野外记录簿</td><td>本</td><td></td><td>105</td><td></td></tr>
<tr><td colspan="2">6.地质点</td><td>个</td><td></td><td>1 303</td><td></td></tr>
<tr><td colspan="2">二、遥感地质解译</td><td>km²</td><td>15 462</td><td>15 462</td><td></td></tr>
<tr><td rowspan="13">三、岩矿测试</td><td>1.薄片</td><td>个</td><td>1 200</td><td>1 539</td><td>含生物薄片</td></tr>
<tr><td>2.光片</td><td>个</td><td>40</td><td>5</td><td></td></tr>
<tr><td>3.岩组</td><td>个</td><td>25</td><td>10</td><td></td></tr>
<tr><td>4.光、薄片鉴定</td><td>个</td><td>1 200</td><td>1 070</td><td></td></tr>
<tr><td>5.岩石化学分析</td><td>件</td><td>100</td><td>214</td><td></td></tr>
<tr><td>6.微量元素分析</td><td>件</td><td>350</td><td>450</td><td></td></tr>
<tr><td>7.稀土分析</td><td>件</td><td>40</td><td>176</td><td></td></tr>
<tr><td>8.X射线衍射分析</td><td>件</td><td>25</td><td>3</td><td></td></tr>
<tr><td>9.大化石古生物样</td><td>件</td><td>500</td><td>628</td><td>1 362块</td></tr>
<tr><td>10.微体化石</td><td>件</td><td>104</td><td>440</td><td></td></tr>
<tr><td>11.稳定同位素</td><td>件</td><td>30</td><td>96</td><td></td></tr>
<tr><td>12.年龄样</td><td>件</td><td>67</td><td>84</td><td></td></tr>
<tr><td>13.重砂分析</td><td>件</td><td>17</td><td>14</td><td></td></tr>
<tr><td colspan="2">四、矿点检查</td><td>点</td><td>8</td><td>10</td><td></td></tr>
</table>

第二章　地层及沉积岩

调查区地层区划属于华南地层大区羌北-昌都-思茅地层区唐古拉-昌都地层分区乌丽-杂多小区，出露泥盆纪—第四纪地层。在区内共测制了27条前第四纪地层剖面(表2-1，图2-1)，系统地进行了岩石地层、生物地层、年代地层等多重地层划分与对比，划分了4个群级、22个组级(含非正式填图单位)和4个段级岩石地层单位(非正式)，24个特殊岩性层(非正式填图单位)、12个年代地层单位(阶)、24个生物地层单位(新建22个)，对部分层位进行了层序地层划分；在第四纪地层中划分了7种成因类型12个填图单位。地层序列见表2-2。

表 2-1　调查区实测剖面一览表

剖面位置	比例尺	控制层位	代号	剖面位置	比例尺	控制层位	代号
尕日扎仁南	1∶2 000	D_2s	GRS	尕日扎仁北	1∶2 000	P_2gr—P_2s	GZ
西巧日森	1∶2 000	C_1Z_1	XR	玛日儿真	1∶5 000	T_3j	MQ
索加	1∶2 000	C_1Z_2	SJ	俄撒金南	1∶2 000		E
玛日曲	1∶2 000	C_1Z，T_3b	MRQ	直梗罗拉	1∶5 000	T_3j—T_3b	ZG
玛日啊达州	1∶5 000	P_2n	MA	西恰赛素曲	1∶5 000	T_3j	XI
夏麻贡玛曲	1∶5 000	P_2g	X	苟纳梢宋	1∶2 000	J_1n	GN
尕日赛瑙贡玛	1∶2 000		GZ	区麦陇	1∶5 000	J_2q—J_2x	QM
阿日永	1∶2 000	P_2n	A	索木	1∶5 000	J_1n—J_2q	S
左支	1∶2 000	P_2n，J_1n	CZ	索木	1∶2 000	J_2b—J_2x	SM
当郎赛	1∶5 000	P_2g	D	玛日曲	1∶5 000	$E_{2-3}t$—E_3y	MR
西恰赛素曲	1∶5 000	P_2n	XS	多尕强仁曲	1∶10 000	$E_{2-3}t$—ENw	DG
西恰赛素曲	1∶5 000	P_2j	XQ	加果通	1∶5 000	N_2q	G
省尕窝玛	1∶2 000		SG	左支南	1∶5 000	$P_3\upsilon$	ZZ
赛巴苍空	1∶2 000		SB	扎那日根	1∶10 000	$T_3\delta o$—$T_3\gamma$	ZL
苟果尕	1∶2 000	P_2g	GG	直根尕云	1∶10 000	构造剖面	

注：不含第四纪剖面。

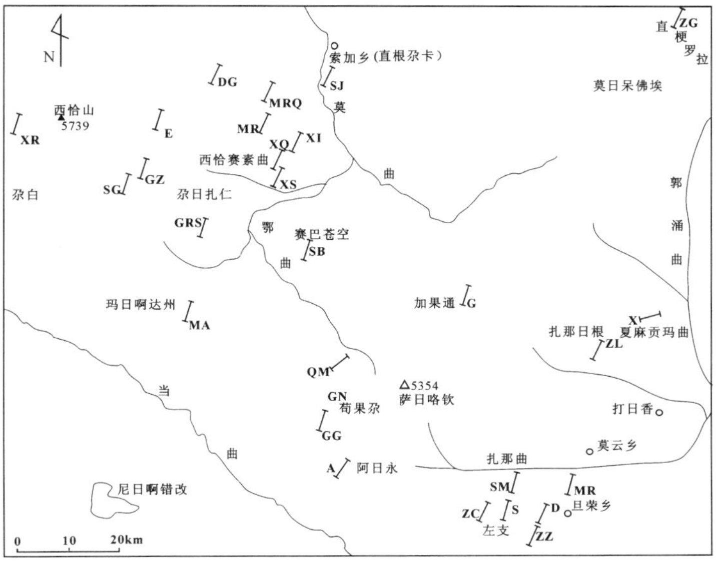

图 2-1　实测剖面分布位置图

表 2-2　研究区多重地层划分与对比表

年代地层				岩石地层						生物地层
界	系	统	阶	群	组	段	代号	特殊岩性层	厚度(m)	
新生界	第四系	全新统					Qh		0.1～4.5	
		更新统					Qp		0.4～11.0	
	新近系	上新统			曲果组	上段	N_2q^2		538.3	
						下段	N_2q^1		1 364.3	
		中新统			五道梁组		EN*w*		>170.0	
	古近系	渐新统			雅西措组		E_3y		85.1～1 230.0	
		始新统			沱沱河组		$E_{2-3}t$		0～1 120.4	
中生界	侏罗系	上统	牛津阶	雁石坪群	雪山组		$J_{2-3}x$		>700	
		中统	卡洛夫阶		索瓦组		J_2s		>380	
					夏里组		J_2x		>467.6	
			巴通阶		布曲组		J_2b		276.6～302.6	*Protocardia hepingxiangensis-P. stricland*i组合
			巴柔阶		雀莫错组		J_2q		275.3～516.7	*Camptonectes* (*C.*) *auritus-Gervillella* cf. *qianghaiensis*组合
		下统			那底岗日组		J_1n		412.8～931.7	
	三叠系	上统	诺利阶	结扎群	巴贡组		T_3bg		>220.0	*Halobia* cf. *beyrichii* *Paratibetites* cf. *timorensis*
					波里拉组	上段	T_3b^2		>100.0	*Sacofhyris sinosa-Timorhynchia nimassica* *-Rhaetiopsis* cf. *pentagonalis*组合 *Placites postsymmetricus-Cladiscites striatissimus* *-Metaganides qinghaiensis*组合
						下段	T_3b^1		>349.4	*Quemocuomegalodon-Bakevellia-Cassianella*组合
			卡尼阶		甲丕拉组		T_3j		>1 487.5	*Physocardia zhidoensis*
上古生界	二叠系	中统	冷坞阶		索加组		P_2s		>430.6	*Sumatrina annae*带 *Monticulifera sinensis* *Climacammina-Pachyphloia*组合
			茅口阶		尕日扎仁组		P_2gr		236.1	*Pachyphloia* sp. *Acosarina mimuta* *Wilkingia* sp.
			祥播阶	开心岭群	九十道班组		P_2j		>469.4	*Afghanella schencki-Neoschwagerina craticulifera*带 *Cancellina* cf. *houchangensis*带 *Parafusulina-Pseudofusulina*带 *Climacammina-Cribrogenerina-Hemigordiscus*组合 *Agathammina-Glomospira-Cribrogenerina*组合 *Ipciphyllum elegantus-I. subtimorica*组合 *Urushtenia crenulata*组合 *Waagenoceras gansuense*，　*Altudoceras* sp.
			栖霞阶		尕笛考组：诺日巴日尕保组		P_2n（P_2g）		>405.8～>2 067.4（P_2g：>1 082.4～>2 431.9）	*Misellina*带 *Pachyphloia-Cribrogenerina-Nodosaria*组合 *Wentzellophyllum-Szechuanophyllum*组合 *Tylopecta nankingensis*组合 *Agathiceras* sp.，*Pecoteris* cf. *obliqua* *Palaeoneilo* sp.，*Wilkingia* sp. 283±12Ma/Zr，U-Pb
					尕笛考组：扎日根组		P_2z		>698.5	
	石炭系	下统	德坞阶	杂多群	碳酸盐岩组		C_1Z_2		>241.7	*Eostaffella-Pseudoendothyra*组合带 *Bradyina-Endothyranopsis*组合 *Endothyra-Mediocris-Paraarchaediscus*组合 *Lithostrotion decipiens-Kueichouphyllum sinense* *-Siphonodendron irregulare asiaticum*组合 *Siphonodendron scitulus-Lithostrotionella zadoensis*组合 *Gigantoproductus edelburgensis-Stratifera striata*组合
			大塘阶		碎屑岩组		C_1Z_1		>908.0	
	泥盆系				碎屑岩组		D_2s		>113.6	*Psilophyton dapsile*

第一节　泥盆纪地层

泥盆系出露于杂多县尕日扎仁南部，面积约 2.0km^2，是本次新发现的一套具有时代依据的最老层位。

一、剖面描述

剖面位于青海省杂多县尕日扎仁南部，起点坐标：N33°37′50″，E93°16′14″，海拔 4 958m，地层顶底不全。底部与中二叠统九十道班组呈断层接触(图 2-2)，上部被第四系掩盖，走向上与下石炭统碎屑岩组呈断层接触，岩性特征自上而下描述如下：

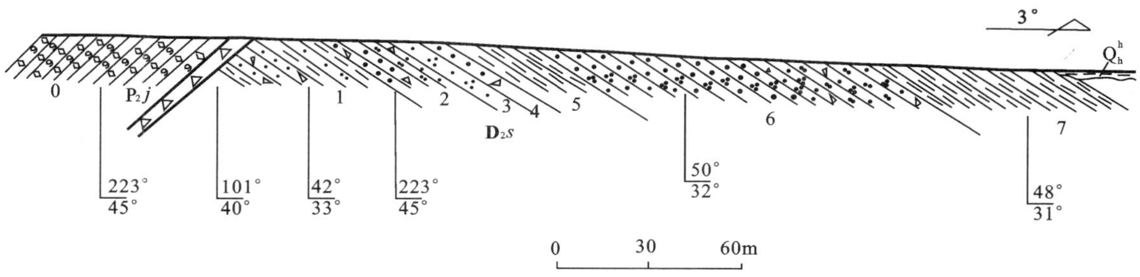

图 2-2　青海省杂多县尕日扎仁南部泥盆纪碎屑岩组实测剖面图

中泥盆统碎屑岩组(D_2s)	**＞113.62m**
7. 灰、灰黑色中薄层状泥岩，顶部被现代沼泽掩盖	＞26.03m
6. 灰白色中细粒石英砂岩(零星露头)	48.71m
5. 灰、灰绿色中层状泥岩，发育水平层理，产炭化植物化石碎片	13.44m
4. 深灰色厚层状中粗粒砂岩，层间夹泥质条带	5.04m
3. 灰色厚层状细粒石英砂岩	2.52m
2. 浅灰绿色中厚层状中细粒岩屑石英砂岩夹薄层状石英粉砂岩，发育平行层理	8.94m
1. 下部为灰、灰绿色厚层状细粒岩屑砂岩，发育平行层理；上部为黑色厚—中层状泥岩夹灰白色中层状石英粉砂岩	＞8.94m

产植物化石：*Psilophyton dapsile* Kasper
Andrews et Forbes

═══════　断　层　═══════

中二叠统九十道班组(P_2j)　浅灰、灰色厚层状泥晶生物屑灰岩

二、岩石地层

(一) 岩性特征

岩性为灰—黑色、灰绿色中薄层状泥岩夹深灰—灰白色、浅灰绿色中层状细粒石英砂岩、粉砂岩。细砂岩中偶见平行层理和小型板状斜层理，粉砂岩、泥岩中发育沙纹层理、水平层理，泥岩中普遍含炭化植物碎片，总体形成于海陆过渡相环境。厚度大于 113.62m。

在北羌塘地区泥盆纪地层为一套碳酸盐岩组合，称为查桑组，含丰富的珊瑚、腕足类、三叶虫、菊石等化石，属中泥盆统(吴瑞忠，1985)；在玉树地区称为桑知阿考组和汹钦组，汹钦组主体为一套浅水碳酸盐岩，底部为碎屑岩(陈国隆等，1990)。前人曾经将该套地层划为下石炭统杂多群(青海省区调综合地质大队,1993)。本次采获中泥盆世植物化石,因而暂将其称为碎屑岩组。岩相分析表明,直根尕卡地区中泥盆世时期处于海陆过渡相环境。

（二）时代讨论

本次工作粉砂岩中采获植物化石 *Psilophyton dapsile* Kasper,Andrews et Forbes。化石保存完整,营养枝和生殖枝均有保存,枝状体二歧分枝清晰可见。该种化石曾发现于梅茵(Maine)地区中泥盆世早期的海陆交互相或陆相环境(Kasper,1974),在我国尚未见报道。据上述化石研究,确定该套地层的时代很可能是中泥盆世早期。这是乌丽-杂多地层小区乃至青海省华南地层大区首次发现具有时代依据的中泥盆世植物化石,这不仅进一步丰富了我国泥盆纪南方区植物群的内容,而且为确定泥盆纪南方植物区向西延伸范围提供了可靠的证据(段其发等,2004),对重新认识该地区的地质发展史具有重要意义。

第二节　石炭纪地层

石炭纪地层主要分布在西恰山-莫改盖西-多钦宰(北带)和替尕-木尺通(南带)地区,呈北西向或近东西向展布。出露面积约 1 494km^2,约占调查区总面积的 9.66%。

一、剖面描述

本次工作共测制 3 条剖面,另外对前人测制的西巧冬陇剖面重新检查后,认为原记述的下石炭统杂多群碎屑岩组,应属上三叠统甲丕拉组,二者呈断层接触。实测地层剖面列述如下。

（一）青海省治多县索加石炭纪杂多群碳酸盐岩组实测剖面(SJ)

剖面位于治多县索加乡南直根尕云沟谷中,底部被古近纪沱沱河组不整合覆盖,顶部为断层错断而出露不全。起点坐标:N33°52′24″,E93°40′08″,海拔 4 551m,终点坐标:N33°51′56″,E93°39′46″,海拔 4 463m,全长 500m,露头较好(图 2-3)。

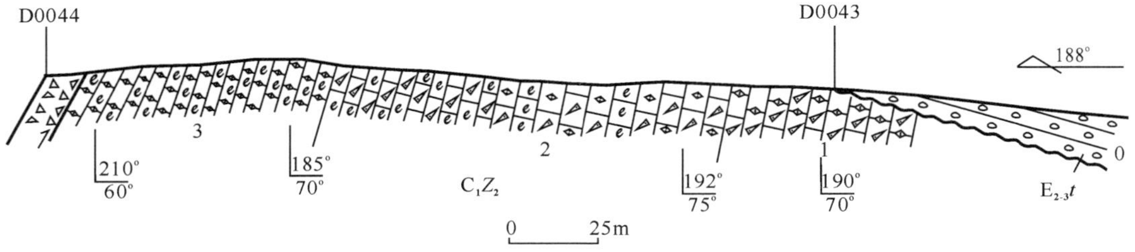

图 2-3　青海省治多县索加石炭纪杂多群碳酸盐岩组实测剖面图

杂多群		**>241.73m**
碳酸盐岩组(C_1Z_2)	**(未见顶)**	**>241.73m**

3. 灰色中厚层状生物屑泥晶灰岩夹深灰色中薄层状含燧石条带生物屑泥晶灰岩,顶部为断层切断而不全,产珊瑚化石　　>77.64m
2. 下部为浅灰色厚层状具铸模孔弱硅化泥晶粉屑砂屑灰岩夹少量生物屑灰岩、鲕状灰岩、叠层石(?)灰岩;上部为灰色中厚层状亮泥晶含生物屑砂屑灰岩。颗粒支撑,微晶化泥晶及少量亮晶充填,颗粒以泥晶灰岩砂屑为主,见少量介形虫屑、三叶虫屑、双壳屑、腹足屑、有孔虫、棘皮屑、绿藻屑　　129.56m

　距底部 101.18m 产䗴类(SJ-2f):*Eostaffella ikensis ikensis* Vissarionova

E. sp.
Pseudoendothyra sp.

非鲢有孔虫(SJ-2f):*Mediocris* sp.
Endothyra posneri Ganelina
E. kirgisana Rauser
E. spp.
Tetrataxis sp.
Howchinia exilis(Vissarionova)
H. sp.
Eotuberitina sphaera Lin
E. reitlingerae A. D. M. -Maclay
Palaeotextularia sp.
Climacaminima sp.
Archaediscus krestovikovi (Rauser-Chernousova)
Paraarchaediscus convexus Grozdilova et Lebedeva
P. sp.
Asteroarchaediscus rugosus Rauser-Chernousova
Neoarchaediscus akichimensis Grozdilova et Lebedeva
Omphalota omphalota (Rauser et Reitlinger)

珊瑚(SJ-2f):*Siphonodendron pingtangense* Wang

1. 浅灰色块状具铸模孔微粉晶化泥晶砂屑灰岩,见少量生物屑,以有孔虫、双壳屑、钙球为主,颗粒支撑,泥晶充填　>34.52m

(未见底)

(二)青海省治多县西巧日森石炭纪杂多群碎屑岩组实测剖面(XR)

剖面位于治多县西恰山南坡西侧山脊,临近治多县索加乡至雁石坪简易公路,起点坐标:N33°47′47″,E93°01′32″,海拔5 003m,终点坐标:N33°47′10″,E93°00′18″,海拔4 870m,全长2 502m,露头较好(图2-4)。

上覆地层:古近纪沱沱河组($E_{2-3}t$)　紫色、灰色块状碳酸盐质角砾岩

~~~~~~~~~~~~~~　角度不整合　~~~~~~~~~~~~~~

杂多群　>908.06m

碎屑岩组(C_1Z_1)　>908.06m

四段　55.35m

35. 灰色薄层状粉砂质泥岩夹灰色、黄灰色中层状含水云母含褐铁矿细粒岩屑石英砂岩,砂岩中平行层理、沙纹层理发育,见零星植物茎干　44.93m

34. 顶部为灰色中层状含菱铁矿细粒岩屑石英砂岩,向下为灰色薄层状粉砂质泥岩夹中层状细粒岩屑砂岩,砂岩中平行层理、沙纹层理发育,层面见波痕,见零星植物茎干　10.42m

三段　187.43m

33. 深灰色中层状细晶含石英细砂砂屑生物屑灰岩,生物屑约占37%,以棘皮屑为主,次为苔藓虫屑、腕足屑、双壳屑、珊瑚屑等。泥晶灰岩砂砾屑约占15%。另见少量灰岩薄皮鲕粒(5%)。颗粒支撑,粉—中晶(细晶为主)充填　6.65m

32. 灰色薄层状泥岩夹深灰色中—厚层状泥晶生物屑灰岩　34.15m

距底部27.99m产珊瑚(XR-4f1):*Siphonodendron curvatum* Yü
S. irregulare juntungense Yü
Syringoporalipoensis Chi

距底部13.41m产珊瑚(XR-4f3):*Siphonodendron curvatum* Yü

31. 下部为灰色薄层状泥岩夹深灰色中—厚层状亮晶粒屑灰岩、灰色中—薄层状细粒岩屑砂岩,灰岩中见棘皮屑、腕足屑、苔藓虫屑等,颗粒支撑,亮晶充填。上部为浅灰—灰色中层状含钙质细粒岩屑石英砂岩,颗粒支撑,主要为粉—细晶方解石充填　38.30m

距底部36.32m产珊瑚(XR-5f1):*Siphonodendron irregulare juntungense* Yü
Lithostrotionella baijinensis Wang
~~~~~~~~~~~~~~

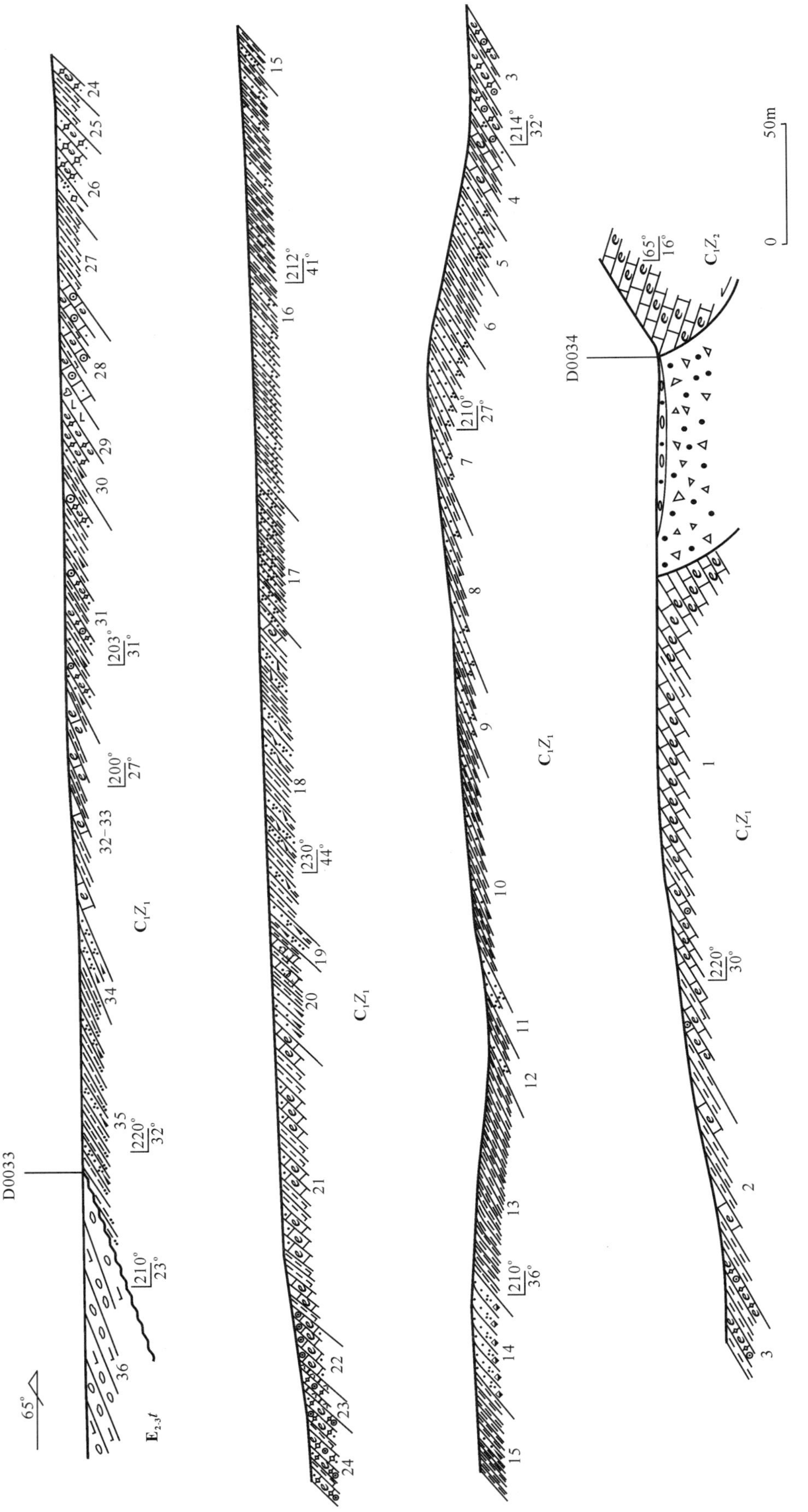

图 2-4　青海省治多县西巧日森石炭纪杂多群碎屑岩组实测剖面

30. 深灰色中—厚层状亮晶生物屑灰岩，顶部 2m 为灰黄色中层状细粒岩屑砂岩 7.39m

距底部 4.70m 产珊瑚(XR-6f1)：*Siphonodendron curvatum* Yü

S. scitulus Wu & Zhang

29. 灰色中层状弱绿泥石化弱碳酸盐岩化玄武岩，见少量方解石充填的杏仁体 4.37m

28. 深灰色厚层状泥晶含石英中细砂生物屑砂屑鲕粒灰岩夹钙质泥岩，灰岩中生物屑约占 15%，主要为棘皮屑，其次为珊瑚屑、腕足屑、苔藓虫屑，颗粒支撑，主要为泥晶充填 14.46m

27. 深灰色薄层状钙质泥岩，水平层理发育 13.47m

26. 深灰色厚层状亮晶砂屑生物屑灰岩，生物屑占 35%，主要为棘皮屑，次为腕足屑、苔藓虫屑、双壳屑、腹足屑等。颗粒支撑，亮晶充填，顶部 0.50m 为黄灰色厚层状含菱铁质含钙质细粒岩屑石英砂岩，粉—细晶方解石及少量微—细晶菱铁矿充填 13.87m

距底部 33.08m 产珊瑚(XR-10f1)：*Lithostrotionella unica* Yabe et Hayasaka

25. 深灰色薄层状钙质泥岩，水平层理发育 5.94m

24. 深灰色厚层状亮晶砂屑生物屑灰岩，夹少量亮晶含生物屑鲕粒灰岩、钙质泥岩 6.34m

23. 深灰色厚层状亮泥晶含砂屑含鲕粒生物屑灰岩、泥晶砂屑生物屑灰岩，生物屑以棘皮屑为主，次为腕足屑、腹足屑、苔藓虫屑、双壳屑等，顶、底见顺层分布灰绿色基性凝灰岩 1.04m

22. 深灰色厚层状微粉晶化泥晶含鲕粒含砂屑生物屑灰岩，生物屑以双壳屑为主，次为腹足屑、棘皮屑、腕足屑、苔藓虫屑等。颗粒支撑为主，部分微粉晶化泥晶支撑 2.07m

距底部 1.76m 产珊瑚(XR-14f1)：*Lithostrotionella baijinensis* Wang

21. 深灰色中层状泥晶砂屑生物屑灰岩与钙质泥岩互层，灰岩颗粒支撑，泥晶充填为主，部分泥晶支撑。生物屑主要为异地的双壳屑，次为微异地—异地棘皮屑。泥岩中水平层理发育 39.38m

二段 **523.45m**

20. 顶部 0.60m 为黄灰色中层状含菱铁质细粒岩屑石英砂岩，向下为深灰色薄层状泥岩夹灰色中层状含菱铁质砂屑灰岩、黄灰色中层状含钙质细粒石英砂岩 22.29m

19. 灰色厚层状含水云母细粒岩屑石英砂岩，大部分颗粒呈线状接触，残余孔隙及部分粒间缝为杂基及少量褐铁矿充填，发育大型板状斜层理 6.52m

18. 灰色薄层状泥岩与中层状含水云母细粒岩屑石英砂岩不等厚互层，间夹少量黄灰色中层状含菱铁质生物屑泥晶灰岩，泥岩中水平层理发育，砂岩中平行层理、沙纹层理发育 79.26m

17. 灰色中层状细粒岩屑石英砂岩夹薄层状泥岩，砂岩中平行层理、沙纹层理发育 34.55m

16. 灰色薄层状粉砂质泥岩夹中层状细粒石英砂岩，泥岩中水平层理发育，砂岩中平行层理、沙纹层理发育，见零星植物茎干 102.33m

15. 灰黑色薄层状泥岩，偶夹灰色中层状细粒岩屑砂岩。顶部 0.50m 为深灰色中层状含菱铁矿细粒岩屑石英砂岩，见垂直层面的虫管 24.49m

14. 灰色中层状含褐铁矿中粒石英砂岩，平行层理发育 23.17m

13. 灰黑色薄层状泥岩，水平层理发育 63.61m

12. 灰黑色薄层状泥岩，偶夹灰色薄层状粉砂岩。顶部 1.00m 为青灰色中层状细粒石英岩状砂岩，细粒花岗变晶结构，颗粒支撑，粒间为共轴生长石英充填，平行层理发育 9.81m

11. 青灰色中层状细粒石英砂岩，颗粒间多呈线状-镶嵌接触，平行层理发育 5.81m

10. 灰黑色薄层状泥岩，偶夹粉砂岩、细粒岩屑砂岩，泥岩中水平层理发育，砂岩沙纹层理发育 38.91m

9. 青灰色中层状含菱铁矿细粒石英砂岩夹灰黑色薄层状泥岩，砂岩中平行层理发育 17.45m

8. 灰黑色薄层状泥岩，偶夹粉砂岩、细粒岩屑砂岩，泥岩中水平层理发育 25.55m

7. 青灰色中层状细粒石英岩状砂岩夹灰黑色薄层状泥岩，砂岩为再生变晶结构，平行层理发育，泥岩中水平层理发育 32.70m

6. 灰黑色薄层状泥岩，水平层理发育 22.61m

5. 灰色中层状含菱铁质细粒岩屑石英砂岩夹泥岩，砂岩中平行层理、沙纹层理发育 14.39m

一段 **141.73m**

4. 深灰色中层状生物屑泥晶灰岩夹泥岩 19.28m

距底部 13.80m 产珊瑚(XR-32f)：*Aulokoninckophyllum*? sp.

Lithostrotionella? sp.

Siphonodendron kuangsienses Yü

底部 2.00m 为黄灰色厚层状亮晶含砂屑含薄皮鲕细粒石英砂岩，颗粒支撑，亮晶充填，颗粒分选性好，陆源碎屑与盆屑颗粒（生物屑、微晶化泥晶灰岩砂屑、灰岩薄皮鲕粒）较均匀混生

3. 深灰色中层状亮晶生物屑鲕粒灰岩与泥岩互层，泥岩中水平层理发育　33.87m

距底部 25.30m 产非䗴有孔虫(XR-33f)：*Endothyra* sp.

珊瑚(XR-33f)：*Siphonodendron kuangsienses* Yü

S. petalaxoidea Yü

S. scitulus Wu & Zhang

Syringopora geniculata Phillips

2. 灰色薄层状泥岩夹深灰色中厚层状泥晶生物屑灰岩　19.67m

距底部 12.59m 产䗴类(XR-34f4)：*Eostaffella proikensis* Rauser

E. ikensis ikensis Vissarionova

E. sp.

Pseudoendothyra sp.

非䗴有孔虫(XR-34f4)：*Endothyra wjasmensis* Ganelina

E. posneri Ganelina

E. excelsa Ganelina

E. spp.

Endostaffella parva (Moeller)

Mediocris cf. *lianxianensis* Lin

Archaeodiscus krestovnikovi (Raus.)，*A.* sp.

Eotuberitina reitlingerae A. D. M.-Maclay

Neotuberitinia maljavkini (Milkhailov)

? *Parapermodiscus* sp.

Planoendothyra invicta Lin

Tetrataxis nota Malakhova，*Earlandia* sp.

珊瑚(XR-34f)：*Siphonodendron intermedium* (Chi)

S. scitulus Wu & Zhang

Caninia? sp.

1. 深灰色厚层状泥晶含鲕粒生物屑灰岩、生物屑泥晶灰岩夹少量钙质泥岩　68.91m

距底部 56.05m 产珊瑚(XR-35f1)：*Dibunophyllum* cf. *vediculosum* Wu & Zhang

Siphonodendron irregulare juntungense Yü

距底部 29.49m 产珊瑚(XR-35f2)：*Siphonodendron yaolingense* Chu

S. irregulare (Phillips)

Lithostrotionella zadoensis Li & Liao

距底部 21.43m 产非䗴有孔虫(XR-353)：*Endothyra* spp.

Mediocris breviscula (Ganelina)

Paraarchaediscus sp.

Ammodiscus sp.

Glomospira guangdongensis Lin

G. regularis Lipina

G. elegans Lipina

珊瑚(XR-35f3)：*Siphonodendron irregulare juntungense* Yü

距底部 10.56m 产䗴类(XR-35f4)：*Eostaffella proikensis* Rauser

E. spp.

非䗴有孔虫(XR-35f4)：*Mediocris breviscula* (Ganelina)

M. sp.

Endothyra sp.

Quasidiscus explanatus (Vdovenko)

Diploshaerina inaequalis (Derville)

Paraarchaeodiscus sp.

珊瑚(XR-35f4/8/9)：*Syringopora parallela* (Fischer)

Lonsdaleia guizhouensis Wang

Lithostrotionella guiyangensis Jiang

Lophophyllum sp.

断　层

杂多群碳酸盐岩组(C_1Z_2)　浅灰色块状生物屑泥晶灰岩及浅灰、灰色中—厚层状含少量燧石团块弱白云石化粉晶含粉屑砂屑灰岩

(三) 青海省治多县玛日曲石炭纪杂多群实测剖面(MRQ)

剖面位于西恰山北坡治多县索加乡西侧玛日曲沟谷中，起点坐标：N33°50′36″，E93°33′30″，海拔4 640m，终点坐标：N33°50′43″，E93°34′02″，海拔4 625m，全长1 100m，露头较好(图2-5)。

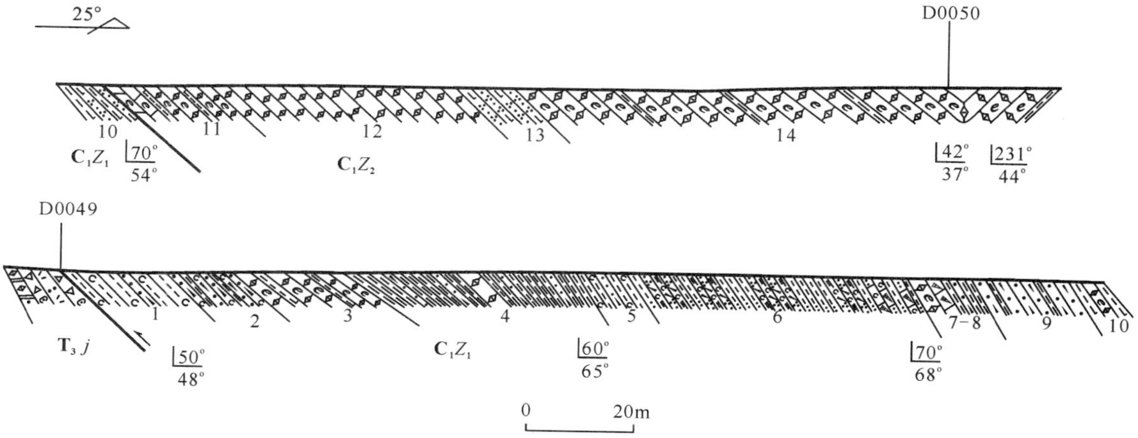

图2-5　青海省治多县玛日曲下石炭统杂多群碎屑岩组—碳酸盐岩组实测剖面图

杂多群 **>654.05m**

碳酸盐岩组(C_1Z_2)　　(未见顶)　　**>199.49m**

14. 黑色厚层状含生物屑泥晶灰岩，本层构成向斜核部

　距底部51.46m产有孔虫(MRQ-27b)：*Endothyra posneri* Ganelina，
E. cf. *advena* Durkina
E. spp.
Mediocris mediocris (Vissarionova)
Paraarchaeodiscus sp.
Glomospira sp.
Earlandia sp.
Omphalotis sp.
Palaeotextularia sp.
Archaeosphaera minima Suleimanov
Eoforschia moelleri (Malakhova)

　距底部42.84m产珊瑚(MRQ-27f)：*Siphonodendron curvatum* Yü及腕足类　　52.08m

13. 灰色中厚层状钙质细粒石英砂岩，碎屑主要为石英，其次为硅质岩，呈次棱角状—次圆状，磨圆度中等，分选性好，颗粒支撑，孔隙式胶结　　25.87m

12. 深灰色中厚层状泥晶灰岩　　72.93m

11. 底部0.40m为红色白云质灰岩，向上为黑色厚层状生物屑泥灰岩、泥晶灰岩夹钙质泥岩

　距底部9.53m产珊瑚(MRQ-24f)：*Siphonodendron curvatum* Yü　　48.61m

整　合

碎屑岩组(C_1Z_1) **>454.56m**

四段 **85.30m**

10. 深灰色厚层状钙质泥岩夹黑色中层状钙质细粒石英砂岩、生物屑泥晶灰岩，砂岩碎屑主要为石英，其次为硅质岩。石英磨圆度较好，呈次棱角状、次圆状，分选性好，灰岩中生物屑(34%)，计有棘皮屑、有孔虫等，基底式胶结，产珊瑚化石　　29.61m

9. 灰色厚层状细粒岩屑砂岩夹黑色泥岩　55.69m

三段　**185.10m**

8. 黑色页片状泥岩夹透镜状泥晶含砂屑粉屑灰岩　39.12m

7. 灰黑色厚层状—薄层状生物屑泥晶灰岩，层间夹黑色泥岩　6.34m

6. 深灰、灰黑色中厚层状含水云母含炭屑细粒岩屑石英砂岩与黑色薄层状泥晶含炭质石英粉砂质粉屑灰岩不等厚互层，砂岩颗粒多呈镶嵌状接触，残余粒间孔为少量杂基充填，分选性好，但磨圆度及矿物成熟度较低。灰岩颗粒支撑，粒间为泥晶及游离碳泥生充填，分选性好　139.64m

二段　**>184.16m**

5. 黑色薄层状含炭质泥岩与黑色薄层状细粒岩屑砂岩不等厚互层或韵律状产出　20.82m

4. 黑色薄层状泥岩夹薄层状细粒岩屑砂岩，中部夹两层泥晶灰岩　85.19m

3. 黑色中层状生物屑泥晶灰岩与钙质泥岩不等厚互层，产珊瑚化石　29.85m

2. 深灰色薄—中层状含炭质细粒岩屑砂岩与黑色薄层状泥岩不等厚互层　19.99m

1. 黑色厚层状炭质泥岩，偶夹薄—中层状细粒岩屑砂岩　>28.31m

断　层

三叠纪结扎群甲丕拉组(T_3j)　底部为灰色厚层状含残余砂屑粉晶白云岩，其上为灰色、红色厚层状玄武安山岩，中上部为紫红色块状凝灰岩，顶部 3.5m 为灰色块状碳酸盐质张性断层角砾岩

二、地层划分与对比

（一）岩石地层

杂多群的原义包括下部碎屑岩组、下部碳酸盐岩组和上部碎屑岩组、上部碳酸盐岩组。重新厘定后的杂多群，自下而上划分为含煤碎屑岩组和碳酸盐岩组，并建立早石炭世珊瑚、腕足类、植物化石组合（刘广才，1988）。该划分方案被广泛沿用（青海省地质矿产局，1997；赵政璋等，2001a）。调查区及邻区下石炭统划分沿革见表 2-3。

表 2-3　调查区及邻区下石炭统对比沿革表

<table>
<tr><td>作者</td><td>青海省地质局区测队(1970)</td><td colspan="2">青海省第二区域地质调查队(1982)</td><td colspan="2">青海省区调综合地质大队(1993)</td><td colspan="2">青海省地质矿产局(1991)</td><td colspan="2">刘广才(1988)</td><td colspan="2">青海省地质矿产局(1997)</td><td colspan="2">本文</td></tr>
<tr><td rowspan="4">地层序列</td><td>含煤层组</td><td rowspan="4">杂多群</td><td>上碳酸盐岩组</td><td rowspan="4">杂多群</td><td>碳酸盐岩组</td><td rowspan="4">杂多群</td><td>查然宁组</td><td rowspan="4">杂多群</td><td>碳酸盐岩组</td><td rowspan="4">杂多群</td><td>碳酸盐岩组</td><td rowspan="4">杂多群</td><td>碳酸盐岩组</td></tr>
<tr><td>灰岩组</td><td>上碎屑岩组</td><td>碎屑岩组</td><td>俄群嘎组</td><td>含煤碎屑岩组</td><td>含煤碎屑岩组</td><td>碎屑岩组</td></tr>
<tr><td>碎屑岩组</td><td>下碳酸盐岩组</td><td></td><td>那容浦组</td><td></td><td></td><td></td></tr>
<tr><td></td><td>下碎屑岩组</td><td></td><td></td><td></td><td></td><td></td></tr>
</table>

注：此表只反映地层划分的沿革，并不完全代表各岩石地层间的对比关系。

1. 碎屑岩组(C_1Z_1)　>908.06m

分布于调查区西部西恰山-玛日曲一带，岩性特征与青海省地质矿产局（1997）的定义基本一致，但是泥岩、灰岩层位增多，砂岩减少，未见煤层。以上覆层位大量出现的灰岩底层面为顶界作为划分标志，在调查区内未见底。本次工作将该组中的火山岩夹层作为非正式填图单元，根据岩性组合特征划分为四段。

一段：仅见于西恰山南坡，为深灰色中厚层状生物屑泥晶灰岩、泥晶含鲕粒生物屑灰岩、亮晶生物屑鲕粒灰岩夹泥岩、黄灰色厚层状亮晶含砂屑含薄皮鲕细粒石英砂岩。泥岩中水平层理发育，未见底，厚度大于 141.73m。

灰岩中颗粒以生物屑（棘皮屑、双壳屑、腕足屑、介形屑、苔藓虫屑、有孔虫等，含量 32%～46%）、同心

放射鲕粒(10%～33%)为主,见少量灰岩砂屑、砾屑(3%～5%),颗粒支撑,部分为灰泥支撑,微晶化泥晶、亮晶充填。砂岩仅见一层,位于近顶部,以陆源碎屑石英及石英岩岩屑(53%)为主,另见少量硅质岩岩屑、绢云板岩岩屑,盆屑颗粒以微晶化泥晶灰岩砂屑(15%)、灰岩薄皮鲕(20%)及少量生物屑(棘皮屑、腕足屑)为主,颗粒支撑,亮晶充填,颗粒分选性好。产䗴类 *Eostaffella-Pseudoendothyra* 组合,非䗴有孔虫 *Endothyra-Mediocris-Paraarchaediscus* 组合,珊瑚 *Siphonodendron scitulus-Lithostrotionella zadoensis* 组合等早石炭世古生物组合。

基本层序特征为泥岩(A)→泥晶生物屑(鲕粒)灰岩(B)→细粒石英砂岩(C),显示出向上粒度变粗的结构,其中C单元较为少见,多以A、B单元反复叠置而成,且以B单元的厚度较大,单个层序厚约1～3m。A单元在中部层位略厚,向上变薄,C单元在顶部发育。本段属陆棚相,间夹台地边缘浅滩相。

二段:以深灰色薄层状泥岩、灰色中层状细粒岩屑石英砂岩、细粒石英砂岩为主,夹细粒石英岩状砂岩、含褐铁矿中粒石英砂岩,顶部见少量深灰色中层状生物屑灰岩,产少量珊瑚、腕足类化石。厚523.45m。

泥岩中水平层理发育,为该段中下部的主体岩性,其与砂岩层间夹有粉砂岩层。砂岩以细粒岩屑石英砂岩、细粒石英砂岩为主,部分层位出现石英岩状砂岩,陆源碎屑物以石英及石英岩岩屑(69%～89%)为主,另见有硅质岩岩屑(0.5%～4%)、水云母粘土岩及绢云板岩岩屑(1%～10%),填隙物为微一粉晶褐铁矿化菱铁矿、共轴生长石英,部分层位见水云母、粉—细晶方解石,颗粒分选性好,磨圆度低至中等,石英砂岩矿物成熟度高,岩屑石英砂岩、水云母岩屑石英砂岩矿物成熟度较低,该段自下而上砂岩中见菱铁矿,发育沙纹层理、平行层理、板状斜层理,见垂直层面的虫管。

基本层序特征为泥岩夹细砂岩、粉砂岩(A)→细砂岩(B),显示出向上粒度变粗的结构,以A单元为主(图2-6),在本段的中部层位(西巧日森剖面14层)泥岩层厚约100m,而在该段的上、下部层位,砂岩层相对较多。基本层序叠置在下部层位呈退积型,中部为加积型,上部层位为进积型,显示出海平面上升至下降的过程,属三角洲前缘相、前三角洲间夹陆棚相。

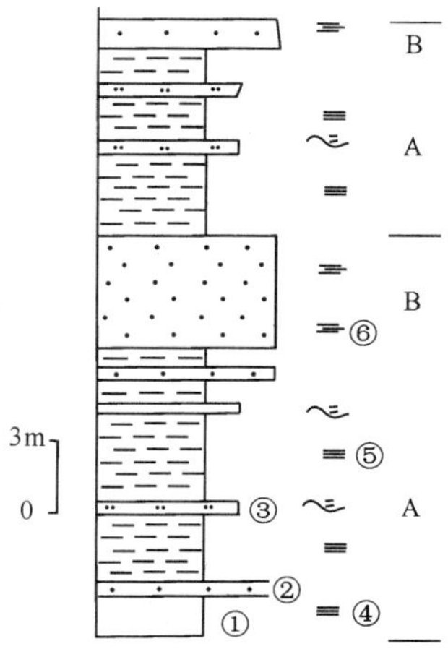

图2-6 碎屑岩组二段基本层序图
(治多县西巧日森)
①泥岩;②粉砂岩;③细粒石英砂岩;
④水平层理;⑤平行层理;⑥沙纹层理

三段:为深灰色中厚层状生物屑泥晶灰岩、泥晶生物屑灰岩、鲕粒灰岩夹钙质泥岩、含菱铁矿含钙质细粒岩屑石英砂岩及一层厚4.37m的弱绿泥石化弱碳酸盐化玄武岩,局部见珊瑚点礁。厚187.43m。

该段中下部灰岩层较多,向上泥岩逐渐增多。灰岩类型复杂,计有细晶砂屑生物屑灰岩、亮晶砂屑灰岩、亮晶砂屑生物屑灰岩、亮(泥)晶粒屑灰岩、泥晶粒屑灰岩等,灰岩颗粒成分有陆源石英及石英岩岩屑(1%～30%)、硅质岩岩屑(1%)、水云母粘土岩及绢云板岩岩屑(1%～4%)、砂屑—细砾屑(3%～60%)、鲕粒(5%～58%,均为同心放射鲕)、生物屑(棘皮屑、腕足屑、苔藓虫屑、双壳屑、腹足屑、介形屑、有孔虫等)等,多为颗粒支撑,部分为泥晶支撑,亮晶充填为主。产珊瑚化石 *Siphonodendron scitulus-Lithostrotionella zadoensis* 组合。

砂岩呈夹层状产出,多为中层状,颗粒支撑,主要为粉—细晶方解石及少量微—细晶菱铁矿充填,分选性好,磨圆度中等至低,矿物成熟度低。

在该段上部见一层玄武岩,厚4.37m,变余间粒结构,块状构造,受到较强的蚀变作用,多见由方解石充填的杏仁体。

基本层序特征为泥岩(A)→泥晶生物屑灰岩(B)→白云质粉晶灰岩(C),显示出向上海水变浅的结构(图2-7),该段总体以B单元为主,而C单元极少见,大部分层位表现为A、B单元的反复叠置,单个层序厚1～2m。

四段:为灰色薄层状粉砂质泥岩夹中层状(含水云母)含菱铁质细粒岩屑石英砂岩、钙质细粒石英砂岩，在治多县玛日曲顶部夹少量生物屑泥晶灰岩，见零星植物茎干。泥岩中水平层理发育，砂岩中陆源碎屑物以棱角状—次棱角状的石英及石英岩岩屑为主(46%～71%)，另见绢云板岩岩屑(6%～10%)、硅质岩岩屑(2%)，填隙物以褐铁矿化菱铁矿(15%～20%)、水云母(4%～5%)为主，颗粒分选性好，沙纹层理发育，层面见波痕。

基本层序特征为泥岩夹薄层细砂岩(A)→细砂岩(B)，其中A单元常夹有粉(细)砂岩条带或薄层(图2-8)，与二段基本层序基本相同。单个层序厚约1m至数米不等，属前三角洲相至三角洲前缘相。该组地质时代为早石炭世大塘早中期，属局限台地潮下相—台地边缘浅滩相—三角洲相—陆棚相。厚85.30m。

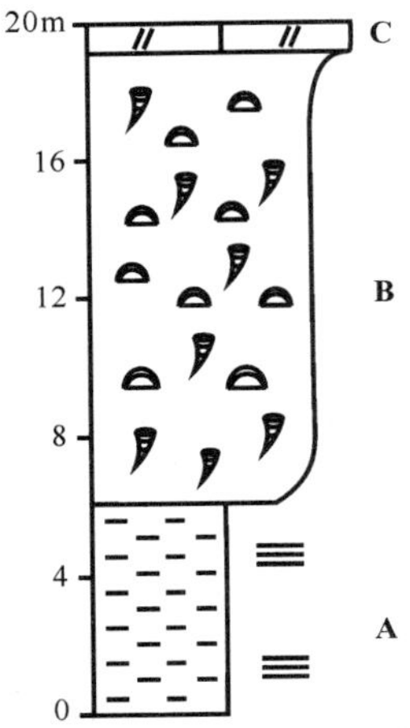

图2-7　碎屑岩组三段基本层序图

(治多县西巧日森)

A.水平层理砂岩；B.厚层生物屑灰岩；

C.白云质灰岩

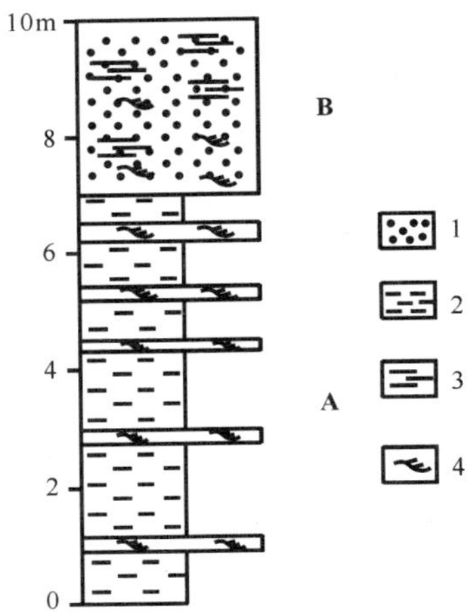

2-8　碎屑岩组四段基本层序图

(治多县西巧日森)

1.砂岩；2.水平层理泥岩；

3.平行层理；4.沙纹层理

2. 碳酸盐岩组(C_1Z_2)　　>241.73m

以厚层状—块状灰岩的出现与消失作为底、顶界划分标志，其中的珊瑚点礁作为非正式填图单元。

底部为红色厚层状白云质灰岩，向上为深灰色、黑色厚层状生物屑泥灰岩、泥晶灰岩夹钙质泥岩、灰色中厚层状钙质细粒石英砂岩，下部为灰色厚—巨厚层状亮晶生物屑灰岩、生物屑粉屑泥晶灰岩、亮晶砂屑灰岩，部分层位夹少量灰黑色燧石结核，上部为灰、浅灰色巨厚层状含生物屑粉—细晶灰岩，在治多县索加剖面中下部的灰岩见铸模孔，颗粒支撑，泥晶充填，颗粒以细砂屑为主，次为粉屑，零星见生物屑，发育小型交错层理。产䗴类 *Eostaffella-Pseudoendothyra* 组合，非䗴有孔虫 *Bradyina-Endothyranopsis* 组合，珊瑚 *Lithostrotion decipiens-Kueichouphyllum sinense-Siphonodendron irregulare asiaticum* 组合，腕足类 *Gigantoproductus edelburgensis-Striatifera striata* 组合，苔藓虫 *Fistuliporide wrich* 等古生物组合，地质时代为早石炭世大塘晚期至德坞期。

基本层序表现为中薄层状灰岩(A)→厚层状灰岩(B)→块状灰岩(C)，即是以灰岩的单层厚度来划分基本层序，总体显示出了向上变厚的结构，单个层序厚2～5m。与下伏碎屑岩组呈整合接触，以陆棚相为主。

3. 杂多群区域对比

在两条杂多群碎屑岩组实测剖面中，玛日曲未见一段层位。该组的共同特点是不含煤层，从岩性上看，玛日曲一带深灰色泥岩含量多于西恰山南坡，而且三段的玄武岩、凝灰岩夹层亦仅见于西恰山南坡西巧日森剖面。在毗邻调查区西部的刻莫西碎屑岩组相当于调查区的二至四段，但其厚度增大，且粒度变粗，以灰、深灰色中厚—厚层状岩屑石英细粉砂岩和具轻微变质的中厚层状粉砂质细粒岩屑砂岩为主，夹少量细粒长石岩屑砂岩、长石粉砂岩及细粒岩屑石英砂岩，未见灰岩、火山岩夹层。产植物化石 *Archaecalamites* sp.，未见底，厚度大于 761.8m（青海省区调综合地质大队，1987）。

在杂多县结多乡解曲上游，碎屑岩组厚度大于 1 297.88m，与调查区可很好地对比：相当于调查区二段的层位为深灰色、灰色薄层状细粒石英变砂岩夹粉砂质板岩，相当于调查区三段的层位为灰色中厚层状结晶灰岩、泥质灰岩夹细粒石英变砂岩，两地均出现有厚约 8m 的鲕粒灰岩，相当于调查区四段的层位与玛日曲相近，为厚约 40m 的黄褐色中薄层状细粒长石石英变砂岩。该剖面曾作为杂多群的选层型剖面（青海省地质矿产局，1997），但将相当于调查区三、四段层位的 11、12 层划入上覆的碳酸盐岩组，同时将刘广才（1988）归入加麦弄群的 16、17 层也纳入碳酸盐岩组中，而且对 16 层的化石一部分挪到 15 层。吉那涌至果下嘎一带该组厚度大于 1 078.6m，见较多的中酸性凝灰岩、安山岩、凝灰质粘土岩等火山岩和沉积-火山碎屑岩夹层，但剔除火山岩夹层后，其岩性特征仍可与调查区的二至四段很好地对比，即显示出灰岩与碎屑岩呈大套互层的特点（刘广才，1988）。

在囊谦县境内，加麦弄群厚度大于 460m，其特征是见有可采煤层。与调查区二段相当的层位为灰黑色板岩、粉砂岩夹薄层状长石石英砂岩、泥灰岩及煤线，与三段相当的层位为浅灰色中厚层状、块状结晶灰岩，下部含燧石团块，与四段相当的层位为灰黑色板岩、炭质板岩夹中厚层状石英砂岩及可采煤层（刘广才，1988）。

在调查区碎屑岩组中下部见有火山岩层，在西恰山一带厚约 5m，在南部莫云乡及左支一带，在含丰富的早石炭世有孔虫、珊瑚的碳酸盐岩组层位之下，多见一套灰黑色、灰绿色的玄武岩、凝灰岩层，横向变化大，厚可达数百米，可能代表另外一种沉积类型，即以火山岩为主。碳酸盐岩组多呈断块状分布于西恰山、木尺通、替尕、鄂曲、萨日喀钦、莫云一带，野外识别特征为灰岩中常见有燧石条带或团块，群体珊瑚发育。从区域上看，在青海南部该组以浅灰色至灰色的厚层状灰岩为主要特征，产腕足类、珊瑚、苔藓虫等，各地略有不同。在毗邻调查区西部的刻莫西，该组厚度巨大，达 2 923.6m，以亮晶生物屑灰岩、砂屑灰岩为主。在杂多县吉那涌至果下嘎一带该组厚度大于 494.4m，以灰、浅灰色厚层状生物屑灰岩、硅化灰岩为主，夹少量灰质白云岩；结多乡解曲上游厚 674.7m，较具特征的是出现较多鲕粒灰岩夹层；向南东至囊谦县，加麦弄群厚 570m，以结晶灰岩为主夹灰绿色钙质泥岩、泥灰岩（前述 3 个地点资料均引用刘广才，1988），总体上显示出杂多群碳酸盐岩组自东而西地层厚度逐渐增厚，反映出沉积环境的差异，见区域对比图 2-9。

从上述区域对比分析，自东而西，除一段的灰岩层位外，本次所划分的碎屑岩组二至四段及上部的碳酸盐岩组均可很好地对比。

西藏昌都地区的马查拉群的层序（西藏自治区地质矿产局，1997）与调查区杂多群可以很好地对比。该群下部的加卡组为灰、深灰色厚层状生物屑灰岩、泥质灰岩夹泥岩、石英砂岩等，含腕足类 *Eochoristites*，*Striatifera*，珊瑚 *Diphyphyllum convexum*，*D.* cf. *hochangpingense*，*D. multicystatum* 等和䗴类化石，地质时代为早石炭世大塘早期，与调查区碎屑岩组一段大体相当，而中部的珊瑚河组以灰、灰黑色薄至中厚层状石英砂岩、泥质砂岩、砂质页岩为主，夹煤层，含珊瑚 *Kueichouphyllum*，*Yuanophyllum*，腕足类和植物等化石，与碎屑岩组二至四段大体相当。与碳酸盐岩组大体相当的是上部的东风岭组，为一套含白云质和燧石条带或结核的灰岩，产珊瑚 *Kueichouphyllum*，*Yuanophyllum*，*Lithostrotion*，*Palaeosmilia* 等、腕足类及少量的䗴类化石。从生物群面貌和岩性组合上看，与调查区碳酸盐岩组较为相近。

（二）生物地层与年代地层

调查区石炭纪地层中含丰富的䗴类、非䗴有孔虫、珊瑚类化石，另见少量腕足类、苔藓虫类化石。本次工作划分了 6 个生物组合和 2 个年代地层单位（表 2-4）。总体来看，调查区生物群的性质与华南地区极为接近，显示出特提斯低纬度“暖水型”动物群面貌。

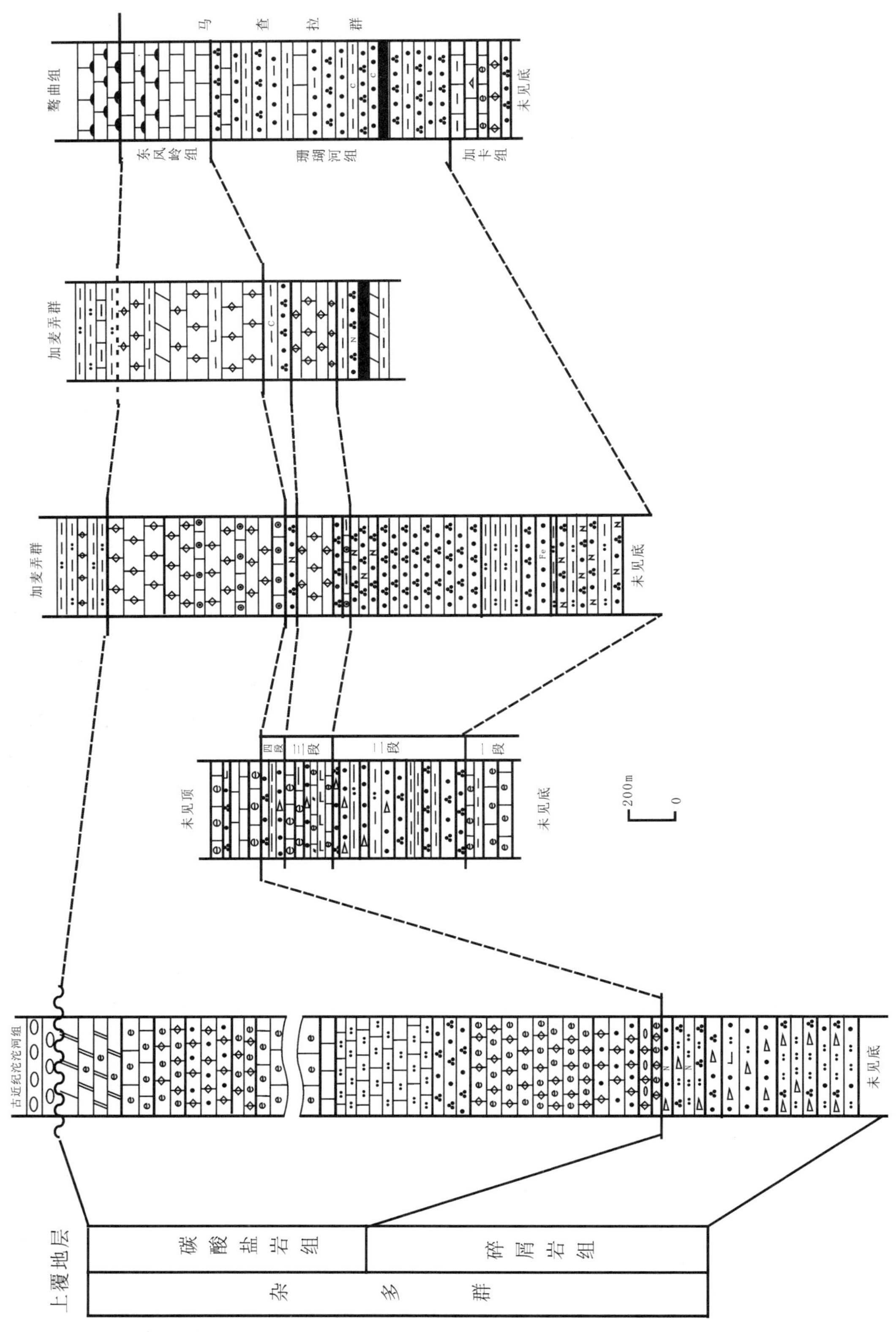

图 2-9　调查区石炭纪杂多群区域对比图

表 2-4　调查区早石炭世古生物组合

阶	组	䗴类	非䗴有孔虫	珊瑚	腕足类
德坞阶	碳酸盐岩组	*Eostaffella-Pseudoendothyra* 组合	*Bradyina-Endothyranopsis* 组合	*Lithostrotion decipien-Kueichouphyllum sinense-Siphonodendron irregulare asiaticum* 组合	*Gigantoproductus edelburgensis-Striatifera striata* 组合
大塘阶	碎屑岩组		*Endothyra-Mediocris-Paraarchaediscus* 组合	*Siphonodendron scitulus-Lithostrotionella zadoensis* 组合	

1. 䗴类 *Eostaffella-Pseudoendothyra* 组合与对比

见于碎屑岩组一段和碳酸盐组中，主要分子有 *Eostaffella anhuiana* Chang，*E. ikensis* Vissarionova，*E. ikensis tenebrosa* Vissarionova，*E. proikensis* Rauser-Chernousova，*E. accepta* Ganellina，*E.* cf. *mosquensis* Vissarionova，*E.* sp.，? *E.* sp.，*Dainella* sp.，*Millerella* sp.，*Pseudoendothyra kremenskensis* Rosovskaya，*P. wanwantouensis* Chang，*P.* cf. *plummeri* Thompson，*P. abrupta* Rosovskaya，*P.* spp.，? *Ozawainella* sp. 等。该生物群以 *Eostaffella* 属为主，在碎屑岩组一段仅见有 *E. ikensis* 和 *E. proikensis*，且数量较少，向上延入碳酸盐岩组，包括了上述所有分子，且数量丰富(牛志军等，2006a)。

Eostaffella 属一般只见于下石炭统上部。在青藏高原见于西藏类乌齐、四川巴塘中咱区格马扎普(张遴信，1982)及新疆伊宁(张遴信、孙巧缡，1985)、青海省祁漫塔格一带(刘广才等，1987)、青海省怀头他拉—克鲁克(穆恩之等，1963)，在西秦岭地区见于石门塘组上部至岷河山组下部(曾学鲁等，1996)。*E. proikensis* Rauser Chernousova 首次见于前苏联莫斯科盆地的下石炭统中，在我国塔里木盆地乌什组、库鲁组(郑元泰、林甲兴，1991)和什拉甫组(李罗照，1996)也有产出。在华南最早见于大塘阶下部的石磴子组(林甲兴，1981)和江苏贾汪煤田泉旺头灰岩(芮琳，1983)。*E. anhuiana* 首次见于安徽和县夹山关下石炭统和州组(张遴信，1962)，在新疆伊宁昭苏县阿克沙克组也有报道(张遴信、孙巧缡，1985)。*E. mosquensis* 亦首现于前苏联莫斯科盆地的下石炭统，在我国华南地区分布广泛，其出现的最低层位为大塘阶下部石磴子组(林甲兴，1981)，但目前所报道产该种的层位多为下石炭统上部的德坞阶层位，即为 *Eostaffella mosquensis* 和/或 *E. hosienica* 带(张遴信，2000；金玉玕等，2000a)。*Pseudoendothyra* 属多与 *Eostaffella* 属共生，可上延至二叠系。*P. plummeni* Thompson，*P. wanwantouensis* Chang 见于西南地区早石炭世地层中；*P. kremenskensis* Rosovskaya 见于江苏大丰石炭系(张遴信、李万英，1987)。尽管在命名化石带的组名上略有不同，可以很好地对比，但底部层位较上述地区略低，时代为早石炭世大塘早期至德坞期。

2. 非䗴有孔虫

(1) *Endothyra-Mediocris-Paraarchaediscus* 组合

见于杂多群碎屑岩组一段，主要分子有 *Mediocris breviscula* (Ganelina)，*M. mediocris* (Vissarionova)，*M. ovalis* (Vissarionova)，*M.* cf. *lianxianensis* Lin，*Endothyra excelsa* Ganelina，*E. posneri* Ganelina，*E. longlinensis* Lin，*E. wjasmensis* Ganelina，*E. timanica* Durkina，*E. xiangnanense* (Lin，Li et Sun)，*E.* cf. *guangdongensis* Lin，*E.* cf. *perucida* (Lin)，*E. rigida* Durkina，*E. similis* Rauser et Reitlinger，*E. kirgisana* Rauser，*E.* sp.，*Priscella prisca* (Rauser et Reitlinger)，? *Semiendothyra* sp.，*Eoendothyranopsis angustus* (Durkina)，*Planoendothyra tschikminica* (Malakanova)，*P. invicta* Lin，*P. pulchra* Li，*Ammodiscus* sp.，*Glomospira guangdongensis* Lin，*G. regularis* Lipina，*Archaesphaera minima* Suleimanov，*A.* sp.，*Earlandia* sp.，*Diploshaerina inaequalis* (Derville)，*Eotuberitina reitlingerae* A. D. M.-Maclay，*Eo. sphaera* Lin，? *Parapermodiscus* sp.，*Permodiscus sumsarensis* Skrozov，*Endostaffella* sp.，*Neotuberitinia maljavkini* (Milkhailov)，*Archaediscus krestovnikovi* (Raus.)，*A.* sp.，*Paraarchaediscus koktjubensis* Rauser-Chernousova，*Pseudoglanulina* sp.，*Omphalo-*

tis cf. *omphalois* (Rauser et Reitlinger), *Palaeotextularia gibbosa minima* Lipina, *P. longiseptata* Lipina, *P. longiseptata crassa* Lipina, *P. consobrina intermedia* Lipina, *Cribrostomum speciosus* Lin, *C.* sp., *Tetrataxis nota* Malakhova, *T. planolocula* Lee et Chen, *T. schellwieni* Ozawa, *T. angusta* Vissarionova, *T.* cf. *angusta* Vissarionova, *T.* sp., *Quasidiscus explanatus* (Vdovenko), *Q.* sp., *Brunsia spirillinoides* (Grozdilova et Glebovskaja)等。本组合的特点是大量出现比较典型的内卷虫科分子。其中以 *Mediocris* 属最为常见,在世界各地,该属的出现通常视作维宪阶开始的标志之一。*Mediocris breviscula* 在广东、湖南一带见于石磴子组上段和梓门桥组。*Endothyra* 繁盛于大塘阶底部至上石炭统,但在该组合中大多为一些壳体较小,壳圈较少而构造比较简单的种,*E. posneri* 繁盛于石磴子组上段(林甲兴,1981);*Tetrataxia* 在湖南邵阳始现于大塘阶石磴子组;*Archaediscus* 属类型的出现是该组合的特征,都是个体相对较小的种,但壳壁为独特的纤维状透明壳,呈盘形或透镜状。该属在维宪期早期即出现,分布较广,在北美、俄罗斯地台、英国、日本及我国的华南等地均有报道(王超等,2004)。在华北内蒙古阿拉善左旗(张祖辉、洪祖寅,1999)也有报道。

该组合与华南早石炭世大塘早—中期的有孔虫 *Dainella gumbeica-Plectogyra posneri* 组合和 *Lituotubella glomospiroides-Quasidiscus guangdongensis* 组合(林甲兴等,1990)生物群相似,二者可以大致对比;与塔里木盆地北缘 *Dainella wushiensis-Endothyra parainflata* 组合(李汉敏,1991)、羌塘西北部帕那群双陷达坂组的 *Uralodiscus-Endostaffella-Pseudolituotuba* 组合(罗辉,1998)也具有可比性,亦大致相当于华南大塘阶下部石磴子组中的有孔虫组合(王克良,1983)。地质时代为早石炭世大塘早—中期。

(2) *Bradyina-Endothyranopsis* 组合

见于杂多群碳酸盐岩组,主要分子有 *Endothyra posneri* Ganelina, *E. bowmani* Phillips, *E.* cf. *advena* Rauser, *E. kirgisana* Rauser, *E. longa* Durkina, *E.* spp., *Priscella prisca* (Rauser et Reitlinger), *Bradyina* spp., *B.* sp. (cf. *B. saucraeformis* Lin, Li et Sun), *Mediocris breviscula* (Ganelina), *M. ovalis* (Vissarionova), *M.* cf. *minima* (Durkina), *M.* sp., *Omphalois omphalota* (Rauser et Reitlinger), *Endothyranopsis crass sphaerica* (Rauser et Reitlinger), *E. crassa crassa* (Brady), *E.* sp., *Howchinia exilis* (Vissarionova), *H.* sp., ? *Brunsia* sp., *Ammodiscus semiconstrictus regularis* Waters, *A.* sp., *Glomospira elegans* Lipina, *G. regularis* Lipina, *G. gordialis* (Jones et Parker), *G.* sp., *Eotuberitina reitlingerae* A. D. M.-Maclay, *E. sphaera* Lin, *Calcivertella adherens* Cushman et Waters, *C.* sp., *Tetrataxis schellwieni* Ozawa, *T. hemisphaerica elongate* Morozova, *T. lata* Bogush et Jufer, *T.* sp., *Earlandia elegans* (Rauser et Reitinger), *E. vulgaris* (Rauser et Reitinger), *Paratikhinella* sp., *Pseudoglanulina* sp., *Endostaffella parva* (Moeller), *Endothyraella* sp., *Palaeotextularia longissima* (Reitinger), *P.* sp., *Cribrostomum speciosus* Lin, *C.* cf. *prisca* Lipina, *C.* cf. *eximium paraeximium* Lipina, *Archaediscus krestovikovi* (Rauser-Chernousova), *A.* sp., *Paraarchaediscus koktjubensis* Rauser-Chernousova, *P. convexus* (Grozdilova et Lebedeva), *P.* sp., *Neoarchaediscus akchimensis* Grozdilova et Lebedeva, *Asteroarchardiscus pustalus* Grozdilova et Lebedeva, *Planoendothyra invicta* Lin, *Spumisalebra* sp., *Climacaminima molleri timanica* Reitlinger, *C.* sp., *Cribrogenerina* sp., *Deckerella* sp., *Globivalvulina* sp., *Enforschia molleri* (Malakhova)等。该组合的特点仍是以 *Endothyra* 属占优势,尽管有一些下部组合上延的分子,但也新出现较多个体较大者。该组合另一特点是新出现了 *Bradyina* 属,该属最早见于广东、湖南一带梓门桥组(林甲兴,1981),在华北见于内蒙古阿拉善左旗(张祖辉、洪祖寅,1999),该属的地质时代为早石炭世晚期至晚石炭世;该组合中的 *Bradyina* 未鉴定至种,但从其壳体较小的特征来看,应是早石炭世晚期分子。*Mediocris* 属的分子较多,壳体较小,其中以 *M. mediocris* 较常见,在华南见于大塘阶底部,向上可延至上石炭统,在广东、湖南一带见于石磴子组一段和梓门桥组(林甲兴,1981)。*Howchina* 属在组合中较少,在特提斯石炭纪地层中首次出现于带 14,繁盛于带 16,而绝灭于维宪阶与纳缪尔阶界线之下(Mamet,1976),*Howchina exilis* 最早见于前苏联莫斯科盆地下石炭统中,在华南最早见于梓门桥组(林甲兴,1981)。*Endothyranopsis* 属分布广,见于广东、湖南一带梓门桥组和前苏联东欧勒拿一带维宪阶上部、英格兰上阿翁组中 D 带上部的下端、苏格兰

下石灰岩群(林甲兴,1981)。*Paraarcheodiscus* 属在组合中为一些较大个体的分子,在广东、湖南一带梓门桥组也有报道(林甲兴,1981)。

当前组合与华南下石炭统大塘阶上部梓门桥组有孔虫 *Endothyranopsis crassus-Archaeodiscus mellitus* 组合(林甲兴等,1990)生物群特征基本一致,大致可以对比,该生物群除继承了大塘阶下部有孔虫组合的分子(如 *Mediocris*,*Endothyra* 的大部分种群),出现了较为特征的 *Endothyranopsis crassus* 和 *Archaeodiscus* 类分子,与塔里木盆地北缘的 *Eostaffella hosienica-Archaeodiscus moelleri* 和 *Eostaffellinella protvae-Climacammina ferra* 组合(李汉敏,1991)、西秦岭地区石门塘组上部至岷河山组下部的早石炭世晚期至晚石炭世早期 *Plectogyra* 动物群(曾学鲁等,1996)、长江三峡地区下石炭统和州组 *Plectogyra perlucida-P. furongshanensis* 组合(林甲兴等,1984)、四川龙门山总长沟群上部的 *Endothyranopsis crass-Plectogyra korbensis* 组合(叶干等,1987)以及比利时狄南盆地的 V1b 至 V2a 有孔虫组合亦可对比,其地质时代为早石炭世大塘晚期—德坞期。早石炭世中晚期有孔虫生物地层的对比详见表 2-5。

表 2-5 调查区早石炭世中晚期有孔虫生物组合区域对比表

	调查区	塔里木盆地 (李汉敏,1991)	华南 (林甲兴等,1981)	四川龙门山 (叶干等,1987)	西秦岭 (曾学鲁等,1996)
德坞期	*Bradyina-Endothyranopsis* 组合	*Eostaffellinella protvae-Climacammina ferra* 组合 *Eostaffella hosiensis-Archaediscus molleri* 组合	*Endothyranopsis crassus-Archaediscus mellitus* 组合带	*Endothyranopsis crass-Plectogyra korbensis* 组合	*Plectogyra* 组合
大塘期	*Endothyra-Mediocris-Paraarchaediscus* 组合	*Dainella wushiensis-Endothyra parainflata* 组合	*Lituotubella glomospiroides-Quasidiscus guangdongensis* 组合 *Dainella gumbeica-Plectogyra posneri* 组合		

3. 珊瑚

(1) *Siphonodendron scitulus-Lithostrotionella zadoensis* 组合

产于西巧日森、玛日曲、省岗窝玛等地杂多群下部的碎屑岩组,主要分子有 *Lophophyllum* sp.,*Caninia*? sp.,*Corwenia* cf. *batangensis* Wu & Zhang,*Dibunophyllum* cf. *vesiculosum* Wu & Zhang,*Carcinophyllum delepini* Salee,*C.* sp.,*Lithostrotionella baijinensis* Wang,*L. guiyangensis* Jiang,*L. unica* Yabe & Hayasaka,*L. zadoensis* Li & Liao,*L.*? sp.,*Siphonodendron curvatum* Yü,*S. intermedium* (Chi),*S. irregulare* (Phillips),*S. irregulare juntungense* (Yü),*S. irregulare asicatica* Yabe & Hayasaka,*S. kuangsienses* Yü,*S. petalaxoidea* Yu,*S. scitulus* Wu & Zhang,*S. yaolingense* Chu,*S.* sp.,*S.*? sp.,*Aulokoninckophyllum*? sp.,*Lonsdaleia guizhouensis* Wang,*L.*? sp.,另见有横板珊瑚:*Syringopora geniculata* Phillips,*S. lipoensis* Chi,*S. parallela* (Fischer),*Chia humanensis* Jia,*Neokueichowpora haydeni* (Cowper Reed)等。计有 6 科 9 属 31 种(含未定种)以及横板珊瑚的 3 科 3 属 5 种。该组合的特点:一是以群体的 *Siphonodendron* 属和 *Lithostrotionella* 属最为常见,尤以前者为甚,同时分异度高,计有 11 种(含未定种、亚种);二是以地方性属种为主,以组合分子为代表。*S. scitulus* 最早见于西藏昌都类乌齐的马查拉组(吴望始等,1985),目前仅见于青南、川西、藏东地区。*Siphonodendron* 的其余各种均是华南下石炭统大塘期地层中的常见分子,如 *S. yaolingense* 首次见于湖南郴县,*S. petalaxoidea* 曾见于贵州罗甸等地,*S. irregulare* 广泛产于湘、黔、桂等地的下石炭统,而 *S. kuangsienses* 除见于广西柳城等地,在青海的洛多也有见及。该组合中的另一个重要分子为 *Lithostrotionella* 属,虽仅采获 4 种,但其数量较为丰富。*L. zadoensis* 最早见于青海杂多县吉扎乡巨浪寺、格尔木县待拉俄博莫奔登下石炭统上部(李璋荣、廖卫华,1979),目前其亦仅见于青海南部地区,其余的种在

华南下石炭统亦有见及；*L. baijinensis* 最早见于贵州的摆金，*L. guiyangensis* 则首见于湖南桂阳，*L. unica* 产于云南会泽。该组合代表调查区早石炭世维宪期早期的珊瑚组合。

（2）*Lithostrotion decipiens-Kueichouphyllum sinense-Siphonodendron irregulare asiaticum* 组合

见于杂多群上部的碳酸盐岩组，广泛产于西恰山一带、木尺通、果涌、果巴扎南、萨日喀钦及莫云乡等地。主要分子有 *Kueichouphyllum sinense* Yü，*K. heishihkuanense* Yü，*Palaeosmilia tanggulaensis* Li et Liao，*P.* cf. *tanggulaensis* Li et Liao，*P.* sp.，*Arachnolasma* cf. *dibunophylloidea* Wu et Zhang，*A.* sp.，*Carcinophyllum delepini* Salee，*C.* sp.，*Carcinophyllidium* cf. *minor* Wu & Zhang，*Lithostrotion decipiens*（M'Coy），*L. columellata* Dobrolyubova，*Lithostrotionella unica* Yabe & Hayasaka，*L.*? sp.，*Siphonodendron irregulare*（Phillips），*S. irregulare juntungense*（Yü），*S. irregulare asiatica* Yabe & Hayasaka，*S. kuangsienses* Yü，*S. petalaxoidea* Yü，*S. pingtangense* Wang，*S. scitulus* Wu & Zhang，*S. yaolingense* Chu，*S.* sp.，*S.*? sp.，*Diphyphyllum hochangpingense* Yü，*D.*? sp.，*D.* sp.，*Opiphyllum* cf. *irregulare* Wu，*Durhamina jomdaensis* Wu，*Aphrophyllum* sp.，*Thysanophyllum* sp.，*Lonsdaleia*? sp.，*Kepingophyllum*? sp. 等。此外，青海省地质局(1970)在 1：100 万温泉幅区调报告中记述了珊瑚 14 属 15 种(含未定种)，青海省区调综合地质大队(1993)在邻幅 1：20 万区调报告中记述了珊瑚 17 属 20 种(含未定种)，其中大部分属种可归为此组合。

该组合带计有 10 科 16 属 30 种(含未定种)，仍是以下部组合延续上来的群体 *Siphonodendron* 属和 *Lithostrotionella* 属最为常见，但新出现了较为重要的单体分子 *Kueichouphyllum* 属，为华南地区暖水型珊瑚类的典型代表。*Gangamophyllum* 属为欧亚区北方类型的重要分子，曾见于青海欧龙布鲁克怀头他拉组上部、贵州西部下石炭统赵家山组，显示出混生的特征。另外属种的分异度也明显高于下部的珊瑚组合，与刘广才(1988)建立于青海省南部杂多-吉多-囊谦地区的杂多群珊瑚 *Kueichouphyllum-Siphonodendron irregulare asiaticum* 组合大体相当。代表调查区早石炭世维宪期晚期的珊瑚组合。

S. irregulare asiaticum 曾见于广西柳城、安徽和县及青海省南部杂多-吉多-囊谦地区等地的维宪期地层中，也是青海柴达木盆地北缘怀头他拉组上部的典型分子，在贵州西部见于赵家山组上部、草海组新官厅段；*S. irregulare* 分布于甘肃肃南白压子臭牛沟、江苏南京龙潭黄龙山、安徽无为打鼓庙的和州组，在贵州罗甸和青海下石炭统也较常见(刘广才，1988)；*S. curvatum* 曾见于贵州罗甸等地；*S. kuangsienses* Yü 曾见于广西柳城、青海洛多等地；*K. sinense* Yü 和 *K. heishihkuanense* Yü 为华南和西北及藏东地区早石炭世晚期大塘阶常见属种，其中 *K. sinense* 曾见于格尔木县毛盖盖西下石炭统上部，*K. heishihkuanense* 见于藏东地区马查拉组上部。另外 *Arachnolasma* cf. *dibunophylloidea* Wu et Zhang，*Carcinophyllum delepini* Salee，*Palaeosmilia tanggulaensis* Li et Liao 均为维宪阶产物，其中 *Carcinophyllum delepini* 在欧、亚洲维宪期地层中分布较广，曾见于青海囊谦地区马查拉组上部。

在该组合中还可见一个层位相对较高的种 *Lithostrotion decipiens*（M'Coy），分布较广，在青海南部见于囊谦地区马查拉组上部(赵嘉明，1984)，在贵州西部为赵家山组上部 *Dibunophyllum turbinatum-Lithostrotion decipiens* 组合中的特征分子，该层位目前被置于下石炭统德坞阶上部(张遴信，2000)。*Lithostrotion decipiens* 在湖南中部层位较低，于 *Yuanophyllum* 带下部的 *Archnolasma sinense-Heterocaninia tholusitabulata* 亚带即开始出现，直至上部的 *Lophophyllum lophophylloidea* 亚带。该组合的属种多系路线中采集，无法判断化石的上下层位。

从以上珊瑚属种时代分布可以看出，早石炭世晚期大塘期珊瑚群特征较明显，有不少三带型珊瑚分子如 *Arachnolasma*，*Carcinophyllum*，*Lithostrotion*，也有典型的大塘期 *Yuanophyllum* 带重要代表 *K. heishihkuanense* Yü，另外还可见德坞阶 *Lithostrotion decipiens-D. bipartitum* 组合的代表性分子。因此，总体来看，上述两个珊瑚组合的时代均可归入早石炭世晚期(大塘期—德坞期)。

在青海囊谦地区(加麦弄、岗作涌、昂欠寺)和西藏类乌齐、芒康、江达、左贡地区马查拉组产丰富的珊瑚化石，常见的是 *Kueichouphyllum*，*Yuanophyllum*，*Dibunophyllum* 和 *Aulina* 属，显示出"中国型"(吴望始、章炎生，1985)，与调查区同期珊瑚群一致，二者共同的属即有 14 个，为 *Arachnolasma*，*Carcinophyllidium*，*Carcinophyllum*，*Clisiophyllum*，*Corwenia*，*Dibunophyllum*，*Kueichouphyllum*，*Lithostrotion*，*Lithostrotionella*，*Lonsdaleia*，*Lophophyllum*，*Palaeosmilia*，*Thysanophyllum*，*Yuanophyllum* 等，可以很好地对比。

调查区的两个珊瑚组合也与华南及邻区同期生物群可以很好地对比，产出层位大体相当(表 2-6)。

表 2-6 调查区早石炭世珊瑚组合区域对比表

测区		藏东川西（骆金锭等，1989）	西秦岭（曾学鲁等，1996）	塔里木盆地（廖卓庭等，1990）	华南（张遴信，2000）
德坞阶	*L. decipiens-K. sinense-S. irregulare asiaticum* 组合 *S. scitulus-Li zadoensis* 组合	*Hiroshimaphyllum* 组合	*Aulina-Parathysanophyllum* 组合带	*Gangamophyllum-P. murchisoni* 组合带	*L. decipiens-D. bipartitum* 组合 *P. murchisoni murchisoni* 组合
大塘阶		*Yuanophyllum* 带 *K. sinense* 带	*Gangamophyllum-Axophyllum* 组合带 *Parazaphriphyllum-Hunanoclisia* 组合带		*S. irregulare-Axophyllum* 组合

注：L. = *Lithostrotion*，K. = *Kueichouphyllum*，S. = *Siphonodendron*，Li. = *Lithostrotionella*，P. = *Palaeosmilia*，D. = *Dibunophyllum*

4. 腕足类 *Gigantoproductus edelburgensis-Striatifera striata* 组合

该组合建立于杂多-吉多-囊谦地区（刘广才，1988），为本书沿用。计有 9 属 10 种（含未定种、相近种）：*Gigantoproductus edelburgensis* (Phillips)，*G.* sp.，*Linoproductus corrugatus* (M'Coy)，*Balakhonia* sp.，*Fluctuaria undata* (Defrance)，*Striatifera striata* (Fischer)，*Girtyella depressa* Wang，*Datangia* sp.，*Dictyclostus* cf. *zimmermanni* (Pach)，*Cgondolina* cf. *tenuicostata* Yang 等，这些化石主要产于杂多群上部碳酸盐岩组中。*Gigantoproductus*，*Datangia* 为上司组上部 *Delepineaco moides-Datangia weiningensis* 组合的重要成员。该组合中的重要分子 *Gigantoproductus edelburgensis* 是摆佐组 *Condonlina weiningensis-Gigantoproductus* 组合的标准化石，在青藏高原该种亦见于柴达木盆地北缘的早石炭世 *Gigantoproductus edelburgensis* 组合中，为国内外维宪阶顶部的带分子（金玉玕，1979）。*Balakhonia*，*Fluctuaria* 为我国华南旧司组上部和上司组下部 *Vieiliproductus groberi-Pugilis hunanensis* 组合和 *Balakhonia yunnanensis* 组合的重要分子。*Striatifera striata* 则广泛分布于全球早石炭世地层中，如英国、比利时、德国、前苏联新地岛、弗尔干纳、北吉尔吉斯、越南北部长山维宪中晚期至纳缪尔期，在前苏联乌拉尔、中哈萨克斯坦维宪期顶部和莫斯科附近的谢尔普霍夫阶均可见及，在我国华南多见于大塘阶，在我国西北地区分布于下石炭统上部（刘广才，1988）。

第三节 二叠纪地层

二叠系分布较广泛，地层多呈东西向、北西向断块状展布，未见下二叠统。出露面积 1 606km^2，占调查区总面积的 10.39%。中二叠统与其下伏的下石炭统均为断层接触，其间关系不明。

一、剖面描述

本次工作共实测 12 条二叠纪地层剖面，其中对 1∶20 万索加幅、雁石坪幅区调中测制的 3 条剖面（玛日啊达州剖面、尕日扎仁剖面和西恰赛索曲剖面）重新实测，提出新的认识。本书选取在岩性组合、沉积类型和生物化石方面均具代表性的剖面列述如下。

（一）青海省治多县尕日扎仁北二叠纪尕日扎仁组和索加组实测剖面(GZ)

剖面位于治多县尕日扎仁山北侧，临近索加乡至雁石坪简易公路，起点坐标：N33°39′15″，E93°17′09″，海拔 4 903m，终点坐标：N33°39′54″，E93°08′28″，海拔 4 840m，全长 1 800m，露头较好（图 2-10）。该剖面为本次工作中新发现的层位，青海省区调综合地质大队(1993)曾当做石炭纪地层。

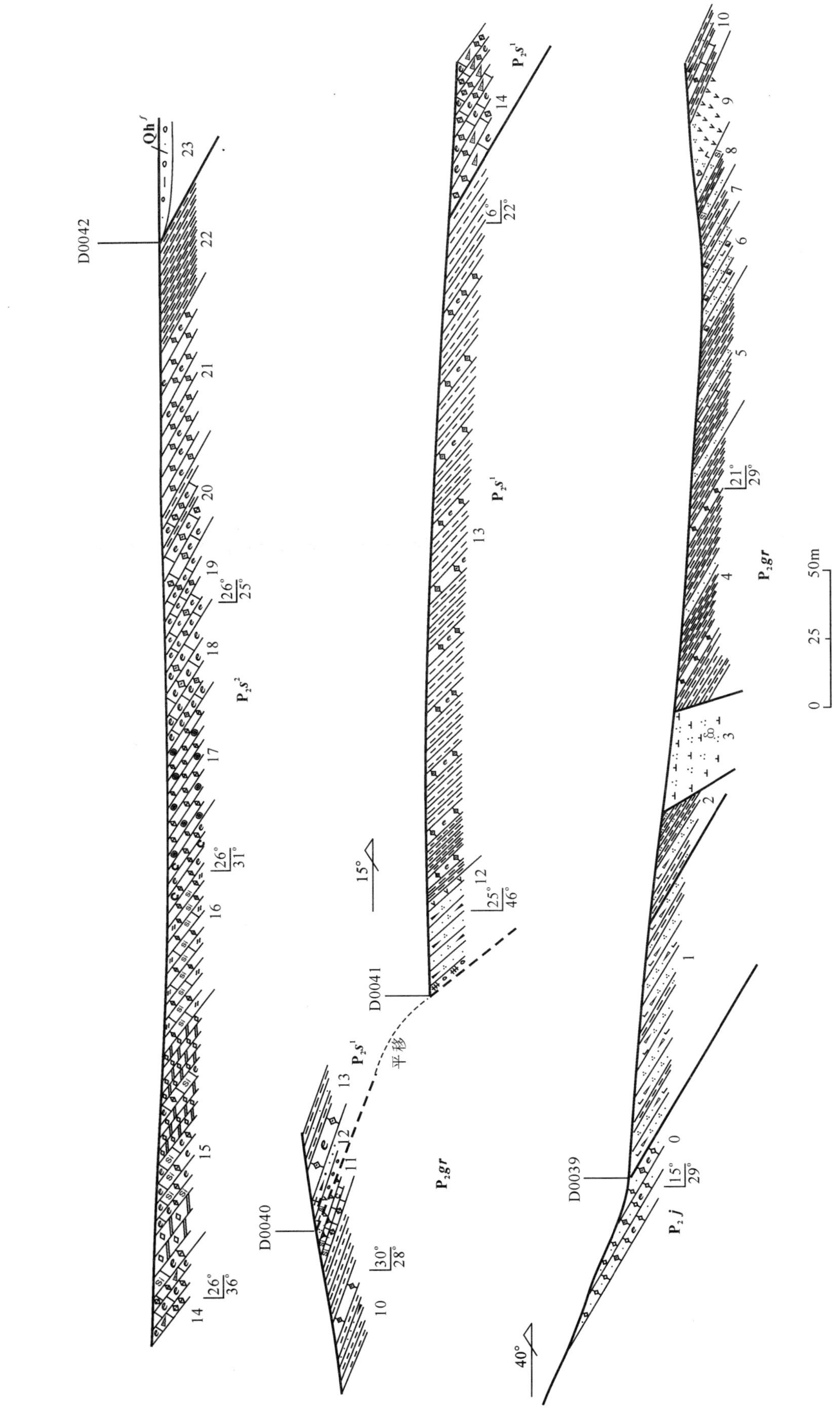

图 2-10　青海省治多县尕日扎仁北二叠纪尕日扎仁组和索加组实测地层剖面图

索加组(P_2s) （未见顶） **>430.66m**

上段 **>269.56m**

22. 灰黑色薄层状泥岩，水平层理发育 >22.37m
21. 浅灰、灰色厚层状微粉晶化泥晶生物屑灰岩，生物屑以棘皮屑为主(20%)，次为多细胞绿藻屑(15%)，另见有床板珊瑚、苔藓虫、双壳类、腕足类、有孔虫等生物屑，颗粒支撑为主，部分泥晶支撑 30.27m
20. 深灰色厚层状含燧石条带泥晶生物屑灰岩 21.36m
 距底部0.46m产腕足类(GZ-20f)：*Haydenella kiangsiensis* (Kayser)
 Transennatia sp.
 Leptodus? sp.
19. 深灰色中—薄层状含燧石条带泥晶生物屑灰岩，生物屑以多细胞绿藻屑为主(32%)，次为双壳屑，其他种类多达7种，泥晶支撑为主，次为颗粒支撑、泥晶充填，生物屑分选性差 13.46m
18. 浅灰—灰色厚层状含燧石条带泥晶生物屑灰岩，生物屑仍以多细胞绿藻屑为主(42%)，次为双壳屑、棘皮屑，其他种类多达7种，破碎细小，颗粒支撑、泥晶充填，局部泥晶支撑 18.21m
 距底部2.53m产腕足类(GZ-18f)：*Squamularia* sp.
17. 深灰色中层状含燧石结核泥晶生物屑灰岩夹生物屑泥晶灰岩，生物屑以绿藻屑为主(30%～42%)，其他种类多达10种 25.78m
 底部产䗴类(GZ-17b)：*Dunbarula schubertellaeformis* Sheng
 Codonofusiella paradoxica Dunbar et Skinner
 C. sp.
 非䗴有孔虫(GZ-17b)：*Cribrogenerina* sp.
 Climacammina sp.
 Multidiscus sp.
 Pachyphloia sp.
 Nodosaria sp.
16. 下部2m为深灰色厚层状燧石条带白云石化硅化泥晶灰岩，含少量生物屑(但种类多)，泥晶石英充填于白云石晶间孔中，向上为灰、深灰色中层状夹薄层状含燧石条带含炭质泥晶生物屑灰岩，生物屑种类多。局部见倒"小"字构造，丘状层理发育，显示出风暴沉积特征 42.40m
 距底部7.83m产䗴类(GZ-16b2, GZ-16f)：? *Codonofusiella* sp.
 C. kwangsiana fusiformis Sheng
 Sumatrina annae Volz
 Chusenella conicocylindrica Chen
 C. cf. *tieni* Chen
 非䗴有孔虫(GZ-16b2)：*Climacammina* sp.
 Pachyphloia sp.
15. 深灰色中层状燧石条带硅化泥晶生物屑灰岩、细晶白云岩。灰岩颗粒以生物屑、硅化海绵骨针为主，另有少量双壳类、腕足类、苔藓虫、腹足类、硅化绿藻等生物屑，颗粒支撑，部分泥晶支撑。白云岩中见零星的残余双壳屑、棘皮屑 56.62m

下段 **130～161m**

14. 深灰色厚层状含燧石条带粉晶化泥晶粉砂屑生物屑灰岩夹中层状泥晶灰岩，灰岩生物屑种类多，计有双壳类、腕足类、棘皮、有孔虫、介形类、苔藓虫、腹足类、珊瑚、钙质海绵骨针等生物屑，颗粒支撑，粉晶、泥晶为主充填 38.80m
 距底部0.34m产腕足类(GZ-14f)：*Haydenella*? sp.
13. 灰黑色薄层状泥岩夹深灰色中层状生物屑泥晶灰岩、泥晶灰岩，灰岩生物屑以藻屑为主(30%)，另见少量双壳屑、腕足屑、棘皮屑、有孔虫屑、介形屑、苔藓虫屑、腹足屑、钙质海绵骨针等，泥晶支撑为主，泥岩中水平层理发育 130.29m
 距底部65.87m产腕足类(GZ-13f)：*Haydenella kiangsiensis* (Kayser)

12. 底部0～30cm为灰色中厚层状含钙质含硅质火山岩质细砾岩，砾石成分主要有基性火山岩(52%)、极少量石英及石英岩屑、变质石英砂岩、硅质岩、斜长石等，半圆—次棱角状，无定向性，大小约2～11mm，分选中等，硅质胶结；向上为灰色厚层状含高岭石粗中粒岩屑砂岩，颗粒主要为次棱角状中基性火山岩岩屑(71%)，其次为硅质岩岩屑、基性斜长石、石英等，分选较好，平行层理、板状斜层理发育，近顶部夹硅化砂屑灰岩。顶部为灰绿色中层状玄武安山岩，斑晶(3%)为斜长石、铁镁质假晶，基质以柱条状斜长石(55%)、铁镁质假晶(25%)为主，浑圆状或拉长状杏仁体发育，内多充填石英、方解石　7.14～31.10m

--------- 平行不整合 ---------

尕日扎仁组(P_2gr)　**236.10m**

11. 深灰色中层状硅质粉晶灰岩、强硅化含炭质泥晶海绵骨针灰岩，近顶部为灰绿色中层状玄武岩。灰岩中生物屑种类较多，主要有无铰纲腕足屑、硅质海绵骨针、介形屑、三叶虫屑、有孔虫、棘皮屑、硅化生物细屑、炭屑等，部分颗粒支撑，泥晶充填，略显断续微波状层理，下部见丘状层理，属远源风暴岩沉积。顶部的石英玄武岩斑晶(15%)为斜长石、铁镁矿物假晶，基质以自形板状斜长石、半自形铁镁矿物假晶为主，另见少量方解石、绿泥石、石英等　10.11m

10. 灰黑色薄层状泥岩，偶夹中层状泥晶灰岩、细粒岩屑砂岩　45.71m

9. 灰色中层状玄武岩，斑晶(8%)为斜长石、铁镁矿物假晶，基质以斜长石、铁镁矿物假晶为主，浑圆形杏仁状构造发育，充填物为绿泥石、方解石及石英　15.45m

8. 深灰色中层状含硅质石英粉砂岩夹泥岩　9.59m

7. 灰黑色薄层状泥岩夹深灰色薄层状细粒石英砂岩，砂粒以石英及石英岩岩屑为主(79%)，填隙物为微晶石英、有机质，分选性好　6.93m

6. 灰色中层状含褐铁矿含钙质细粒石英砂岩，砂粒以石英及石英岩岩屑为主(80%)，呈线状接触，残余孔隙为共轴生长石英充填，分选性好，矿物成熟度高　15.66m

5. 底部2m为灰色中层状石英细砂质粉砂岩，贫杂基，颗粒间呈线状接触，分选性中等，向上为灰黑色薄层状泥岩夹深灰色中层状细粒石英砂岩、泥晶灰岩　25.54m

4. 灰黑色薄层状泥岩夹灰绿色中层状凝灰质砂岩、泥晶灰岩，横向追索在剖面西部该层中产双壳类、腕足类

双壳类(GZ-4f)：*Wilkingia* sp.

腕足类(GZ-4f)：*Acosarina minuta* (Abich)

Crurithyris sp.

? *Juxathyris* sp.

Haydenella kiangsiensis (Kayser)　38.04m

H. sp.

2—3. 灰黑色薄层状泥岩夹灰绿色薄—中层状细粒石英砂岩，上部为暗绿色蚀变石英闪长岩脉　31.34m

1. 灰褐色中层状含钙质含盆屑细粒石英砂岩夹粉砂质泥岩，砂粒主要为石英及石英岩岩屑，呈棱角、次棱角状，另见少量硅质岩岩屑、灰岩岩屑、双壳屑等，颗粒支撑，分选性好　37.37m

———— 整　合 ————

下伏地层：二叠纪九十道班组(P_2j)　浅灰色厚层状泥亮晶含生物屑砂屑灰岩，产䗴 *Parafusulina* sp.

（二）青海省治多县省尕窝玛二叠纪九十道班组实测地层剖面(SG)

剖面位于治多县尕日扎仁山西侧沟谷中，临近索加至雁石坪简易公路(图2-11)。剖面起点坐标：N33°39′16″，E93°14′41″，海拔4 881m；终点坐标：N33°29′50″，E93°14′46″，海拔4 852m，全长1 400m，露头较好，底部为断层错断而未见。青海省区调综合地质大队(1993)曾测制过其东侧的尕日扎仁剖面，后经重新检查，认为原测制的剖面层序颠倒且不易到达。在地层清理时，青海省地质矿产局(1997)认为该剖面层位属中二叠统底部扎日根组。本次工作在其西侧实测含䗴类化石丰富的省尕窝玛剖面，确定地层单位为九十道班组。

九十道班组(P_2j)　（未见顶）　>469.37m

12. 深灰色厚层状泥晶灰岩，上部夹深灰色厚层状生物屑泥晶灰岩　>45.89m

距底部13.77m产䗴类(SG-12f1)：*Schubertella* sp.

Sumatrina sp.

非䗴有孔虫(SG-12f1)：*Agathammina* sp.

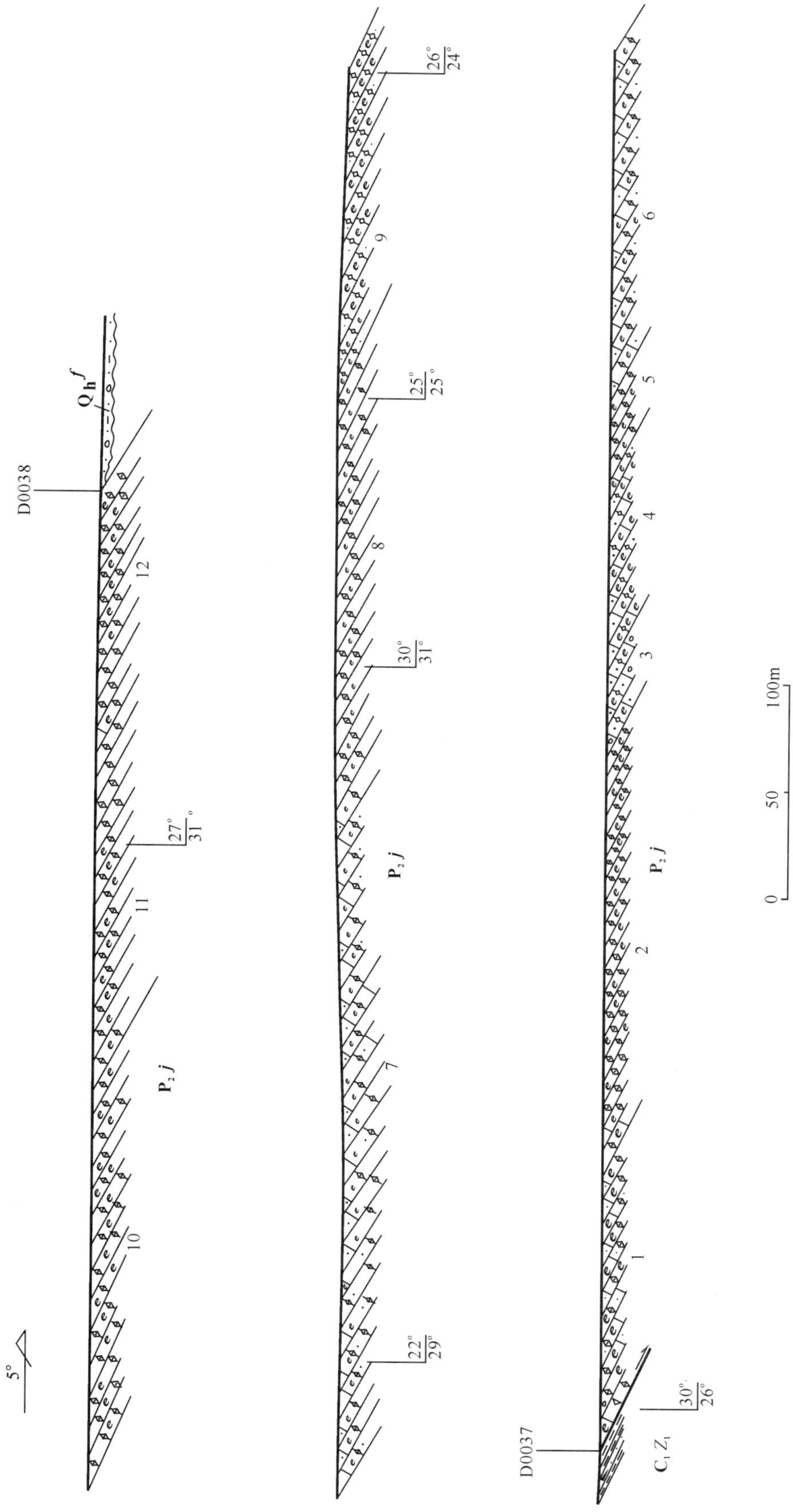

图2-11　青海省治多县省尕窝玛二叠纪九十道班组实测地层剖面图

Palaeotextularis sp.
Multidiscus sp.
Pachyphloia sp.

珊瑚(SG-12f1):*Waagenophyllum* sp.

距底部 27.54m 产䗴类(SG-12f2):*Dunbarula* sp.
Schubertella simplex Lange
S. sp.
Kahlerina sp.
Parafusulina gigantea (Deprat)
P. sp.
Verbeekina sp.
Pseudodolioliona sp.
Afghanella cf. *schencki* Thompson
Afghanella robbinsae Skinner et Wilde
Sumatrina cf. *annae* Volz, *S.* sp.

非䗴有孔虫(SG-12f2):*Agathammina* sp.
Cribrogenerina obesa Lange
C. sp.
Nodosaria tenuiseptata Lipina
N. sp.
Pachyphloia sp.

距底部 43m 产䗴类(SG-12f3):*Afghanella schencki* Thompson

2002 年 8 月踏勘时,于剖面西约 20m 的山脊处产丰富的䗴类化石(样品号 D138-f1,层位与 SG-12f3 相当):*Kahlerina* sp.
Dunbarula schubertellaeformis Sheng
D. sp.
Nankinella sp.
Chusenella schwageriaeformis Sheng
C. douvilleri Deprat
Schwagerina sp.
Parafusulina gigantea (Deprat)
P. shaksgamensis Reichel
P. sp.
Pseudofusulia houae Sheng
Neoschwagerina craticulifera (Schwager)
N. suojiaensis Niu sp. nov.
N. kueichowensis Sheng
N. sp.
Sumartrina cf. *annae* Volz
Afghanella sp.
Verbeekina heimi Thompson et Foster
V. verbeeki (Geinitz)
V. sp.

11. 灰色厚层状生物屑泥晶灰岩 24.86m

距底部 0.73m 产䗴类(SG-11f1):*Schubertella* sp.
Dunbarula schubertellaeformis Sheng
Kahlerina sp.
Parafusulina gigantea Deprat
P. cf. *shaksgamensis* Reichel
P. sp.
Afghanella sp.

? *Sumatrina* sp.

非蜓有孔虫(SG-11f1):*Cribrogenerina* sp.
Geinitzina sp.
Neodiscus sp.
Pachyphloia sp.

距底部 5.12m 产蜓类(SG-11f2):*Dunbarula schubertellaeformis* Sheng
D. sp.
Kahlerina minima Sheng
K. sp.
Schwagerina sp.
Chusenella sp.
Verbeekina sp.
Afghanella sp.
Sumatrina annae Volz
S. sp.

非蜓有孔虫(SG-11f2):*Cribrogenerina* sp.
Palaeotextularia sp.
Geinitzina sp.
Nodosaria sp.
Pachyphloia sp.

距底部 11.33m 产蜓类(SG-11f3):*Sumatrina* cf. *longissima* Deprat
S. sp.

非蜓有孔虫(SG-11f3):*Climacammina spathulata* (Lee et Chen)
Cribrogenerina sp.
Palaeotextularia sp.
Geinitzina sp.
Multidiscus sp.
Nodosaia sp.
Pachyphloia sp.

珊瑚(SG-11f3):*Ipciphyllum elegans* (Huang)

距底部 21.21m 产珊瑚(SG-11f4):*Ipciphyllum subtomorica* (Huang)

10. 灰色厚层状生物屑泥晶灰岩夹泥晶生物屑灰岩　40.99m

距底部 0.34m 产蜓类(SG-10f1):*Schubertella simpelx* Lange
Dunbarula schubertellaeformis Sheng
D. sp.
Toriyamaia cf. *laxiseptata* Kanmera
Schwagerina sp.
Parafusulina cf. *gigantea* (Deprat)
P. gigantea (Deprat)
P. sp.
Afghanella cf. *schencki* Thompson
A. sp.

非蜓有孔虫(SG-10f1):*Cribrogenerina obesa* Lange
C. sp.
Globivalvulina sp.
Palaeotextularia sp.
Tetrataxis pagodaformis Lee
T. planoseptata Morozova
Geinitzina sp.
Hemigordiopsis hubeiensis Lin
Nodosaia sp.

Pachyphloia sp.

距底部 29.29m 产䗴类(SG-10f4):*Kahlerina* sp.

Chusenella cf. *sinensis* Sheng

C. sinensis Sheng

C. sp.

Verbeekina sp.

Afghanella cf. *schencki* Thompson

A. schencki Thompson

Sumatrina annae Volz

S. cf. *longissima* Deprat

S. sp.

非䗴有孔虫(SG-10f4):*Climacammina* sp.

Cribrogenerina obesa Lange

C. sp.

Palaeotextularia sp.

Tetrataxis sp.

Nodosaia sp.

Pachyphloia sp.

距底部 36.97m 产䗴类(SG-10f5):*Dunbarula* sp.

Chusenella sp.

Parafusulina gigantea Deprat

P. cf. *shaksgamensis* Reichel

P. dalianshanensis Wang et Qian

P. cf. *subextensa* Chen

P. sp.

非䗴有孔虫(SG-10f5):*Cribrogenerina* sp.

Palaeotextularia sp.

Eotuberitinia reitlingerae A. D. M. -Maclay

Geinitzina sp.

9. 深灰—灰色厚层状泥晶生物屑灰岩夹亮晶砂屑生物屑灰岩,生物屑以棘皮屑、多细胞绿藻屑为主,另见少量苔藓虫屑、三叶虫屑、腕足屑、双壳屑等　34.68m

距底部 3.64m 产䗴类(SG-9f2):*Codonofusiella* sp.

Schubertella sp.

Parafusulina gigantea (Deprat)

P. cf. *gigantea* (Deprat)

P. sp.

非䗴有孔虫(SG-9f2):*Glomospira* sp.

Eotuberitinia reitlingerae A. D. M. -Maclay

Agathammina ovata Wang

Cribrogenerina sp.

Palaeotextularia sp.

Tetrataxis planoseptata Morozova

T. sp.

Geinitzina uralica Suleimanov

Hemigordius sp.

Neoendothyra sp.

Nodosaria sp.

距底部 14.21m 产䗴类(SG-9f3):*Codonofusiella* sp.

Parafusulina gigantea (Deprat)

P. sp.

非䗴有孔虫(SG-9f3):*Agathammina* sp.

Climacammina sp.

Palaeotextularia sp.
Geinitzina sp.
Nodosaria mirabilis caucasia K. M.-Maclay
N. sp.
Pachyphloia sp.

距底部 24.79m 产䗴类(SG-9f4):*Schubertella* sp.
Parafusulina yabei Hanzawa
P. gigantea (Deprat)
P. sp.

非䗴有孔虫(SG-9f4):*Cribrogenerina* sp.
Palaeotextularia sp.
Multidiscus sp.
Neoendothyra sp.
Pachyphloia sp.

8. 深灰色厚层状生物屑泥晶灰岩,生物屑以有孔虫、棘皮屑为主 51.54m

距底部 18.29m 产䗴类(SG-8f1):*Schwagerina* sp.
Chusenella sp.
Parafusulina gigantea (Deprat)

非䗴有孔虫(SG-8f1):*Glomospira* sp.
Cribrogenerina sp.
Globivalvulina sp.
Palaeotextularia sp.

距底部 28.10m 产䗴类(SG-8f2):? *Nankinella* sp.
Parafusulina gigantea (Deprat)
P. sp.
Afghanella sp.

非䗴有孔虫(SG-8f2):*Cribrogenerina* sp.

距底部 40.14m 产䗴类(SG-8f3):*Chusenella* sp.
Parafusulina sp.

非䗴有孔虫(SG-8f3):*Cribrogenerina* sp.

7. 深灰色厚层状强粉晶化泥晶含生物屑砂屑灰岩夹泥晶灰岩,生物屑较少(16%),但种类多,以双壳屑为主 96.85m

距底部 4.65m 产䗴类(SG-7f1):*Schwagerina* sp.
Parafusulina gigantea (Deprat)
P. sp.
Afghanella schencki Thompson
A. cf. *schencki* Thompson
A. sp.

非䗴有孔虫(SG-7f1):*Glomospira* sp.
Cribrogenerina obesa Lange
C. permica Lange
C. sp.
Climacammina eximia eximiformis (Lipina)
C. sp.
Globivalvulina sp.
Palaeotextularia sp.
Tetrataxis sp.
Geinitzina sp.
Pachyphloia sp.

距底部 19.52m 产䗴类(SG-7f2):*Codonofusiella* sp.
Sphaerulina sp.
Schwagerina sp.

Parafusulina sp.
Afghanella schencki Thompson
A. sp.

非蜓有孔虫(SG-7f2):*Cribrogenerina* sp.
Tetrataxis planoseptata Morozova
Palaeotextularia sp.
Geinitzina sp.
Neoendothyra sp.
Nodosaria sp.
Pachyphloia sp.

距底部 38.13m 产蜓类(SG-7f3):*Sphaerulina* sp.
Chusenella schwagerinaeformis Sheng
C. sp.
Parafusulina gigantea (Deprat)
P. sp.
Verbeekina sp.
Neoschwagerina sp.
Afghanella sp.

非蜓有孔虫(SG-7f3):*Cribrogenerina* sp.
Palaeotextularia sp.
Tetrataxis millsapensis Cushman et Waters
T. planoseptata Morozova
Geinitzina uralica Suleimanov
Neogeinitzina sp.
Nodosaria sp.
Pachyphloia sp.

距底部 57.06m 产蜓类(SG-7f4):*Chusenella* sp.
Parafusulina gigantea (Deprat)
P. sp.
Afghanella sp.

非蜓有孔虫(SG-7f4):*Climacammina* sp.
Cribrogenerina sp.
Globivalvulina sp.
Palaeotextularia sp.
Multidiscus sp.
Pachyphloia sp.

距底部 81.24m 产蜓类(SG-7f5):*Minojapanella* sp.
Chusenella sp.
Parafusulina gigantea (Deprat)
P. cf. *yabei* Hanzawa

非蜓有孔虫(SG-7f5):*Glomospira* sp.
Eotuberitinia reitlingerae A. D. M. -Maclay
Cribrogenerina sp.
Tetrataxis sp.
Neoendothyra sp.
Pachyphloia sp.

6. 深灰色厚层状粉晶化泥晶生物屑砂屑灰岩,生物屑以多细胞绿藻屑为主,其他种类多达 8 种,颗粒支撑,粉晶化泥晶充填　46.36m

距底部 2.78m 产蜓类(SG-6f1):*Schubertella* sp.
Parafusulina gigantea (Deprat)
P. sp.
Afghanella sp.

非蜓有孔虫(SG-6f1):*Neotuberitinia* sp.

Cribrogenerina sp.
Palaeotextularia sp.
Globivalvulina sp.
Tetrataxis sp.
Multidiscus sp.
Neoendothyra sp.
Pachyphloia sp.

距底部 24.57m 产䗴类(SG-6f2):*Pseudofusulina quasigrupeaensis* Sheng
Parafusulina gigantea (Deprat)
P. sp.

非䗴有孔虫(SG-6f2):*Glomospira* sp.
Cribrogenerina sp.
Eotuberitinia reitlingerae A. D. M.-Maclay
Multidiscus sp.

距底部 44.51m 产䗴类(SG-6f3):*Schwagerina* sp.
Parafusulina gigantea (Deprat)
P. sp.
Afghanella sp.

非䗴有孔虫(SG-6f3):? *Septagathammina* sp.
Cribrogenerina sp.
Tetrataxis planoseptata Morozova
T. sp.
Globivalvulina sp.
Geinitzina sp.
Plectogyra sp.
Multidiscus sp.
Neoendothyra sp.
Nodosaria sp.
Pachyphloia sp.

5. 灰—浅灰色厚层状泥晶生物屑灰岩 9.50m

底部产䗴类(SG-5f):*Parafusulina gigantea* (Deprat)
P. cf. *gigantea* (Deprat)
P. cf. *yabei* Hanzawa
P. sp.

非䗴有孔虫(SG-5f):*Palaeotextularia* sp.
Cribrogenerina sp.
Neodiscus sp.
Multidiscus sp.
Geinitzina sp.
Nodosaria sp.

4. 深灰色厚层状亮泥晶含砂屑生物屑灰岩,生物屑主要为棘皮屑(48%),其次为苔藓虫屑、红藻屑、双壳屑等颗粒支撑,大部分粒间孔为泥晶充填,小部分为亮晶充填,略显交错层理 23.31m

距底部 0.43m 产䗴类(SG-4f1):*Parafusulina gigantea* (Deprat)
P. sp.

珊瑚(SG-4f1):*Ipciphyllum* cf. *asperum* Zhao

3. 灰—浅灰色厚层状亮晶生物屑含砾屑砂屑灰岩,生物屑以棘皮屑为主(30%),另见少量苔藓虫屑、绿藻屑、介形屑、䗴类等,砂砾屑(40%)半圆—滚圆状,颗粒支撑,亮晶充填,略显低角度交错层理 10.36m

距底部 5.18m 产䗴类(SG-3f/b):*Cancellina* sp.

Parafusulina gigantea (Deprat)

P. sp.

珊瑚(SG-3f):*Ipciphyllum* cf. *asperum* Zhao

2.深灰色厚层状泥晶生物屑灰岩　49.96m

距底部 8.77m 产䗴类(SG-2f1):*Codonofusiella* sp.

Schubertella sp.

Parafusulina cf. *yabei* Hanzawa

P. gigantea (Deprat)

P. sp.

Pseudodoliloliona sp.

非䗴有孔虫(SG-2f1):*Cribrogenerina* sp.

Multidiscus sp.

Palaeotextularia sp.

Pachyphloia sp.

距底部 15.36m 产䗴类(SG-2f2):*Cancellina* cf. *houchangensis* Zhang et Dong

C. sp.

Codonofusiella sp.

Dunbarula sp.

Parafusulina gigantea (Deprat)

P. yabei Hanzawa

P. sp.

Pseudodoliolina sp.

非䗴有孔虫(SG-2f2):*Glomospira* sp.

Cribrogenerina sp.

Multidiscus sp.

Nodosaria sp.

距底部 34.31m 产䗴类(SG-2f3):*Schubertella* sp.

Parafusulina gigantea (Deprat)

P. sp.

Pseudodoliloliona cf. *ozawai* Yabe et Hanzawa

P. sp.

非䗴有孔虫(SG-2f3):*Agathammina* sp.

Eotuberitinia reitlingerae A. D. M.-Maclay

Palaeotextularia sp.

Geinitzina sp.

Neotuberitina sp.

Neodiscus sp.

珊瑚(SG-2f3):*Waagenophyllum indicum* (Waagen et Wentzel)

1.浅灰色厚层状碎裂岩化生物屑泥晶灰岩、粉晶化泥晶生物屑含砾屑砂屑灰岩,生物屑种类多,以棘皮屑、䗴类为主,另见有孔虫、三叶虫屑、腕足屑、双壳屑、钙球、介形屑、苔藓虫屑、藻类等,砂砾屑在上部约占 35%,次棱状—半圆状　35.07m

底部产䗴类(SG-1f1)*Schubertella simplex* Sheng

S. sp.

Dunbarula schubertellaeformis Sheng

D. sp.

? *Toriyamaia* sp.

Parafusulina gigantea (Deprat)

P. sp.

Pseudodoliloliona sp.
Verbeekina sp.
非䗴有孔虫(SG-1f1):*Agathammina* sp.
Eotuberitinia reitlingerae A. D. M. -Maclay
Palaeotextularia sp.
Cribrogenerina sp.
Globivalvulina sp.
Tetrataxis pagodaformis Lee
T. planoseptata Morozova
Hemigordius sp.
Neodiscus sp.
Neoendothyra sp.
Geinitzina sp.
Nodosaria sp.
Pachyphloia sp.
该剖面底部2002年8月踏勘时采获到䗴类化石(D139-f1):*Dunbarula* sp.
Schubertella sp.
? *Toriyamaia* sp.
Chusenella schwagerinaeformis Sheng
Parafusulina gigantea (Deprat)
Pseudofusulina houae Sheng
Verbeekina sp.

断 层

下石炭统杂多群碎屑岩组(C_1Z_1) 深灰色薄层状泥岩夹生物屑泥晶灰岩、凝灰岩
产珊瑚(SG-0f):*Lithostrotionella* sp.
Caninia? sp.
䗴类(SG-0f):*Pseudoendothyra* sp.
非䗴有孔虫(SG-0f):*Mediocris mediocris* (Vissarinova)
Endothyra sp.
Palaeotextularia sp. 等
在该剖面相当于SG-0f的层位中采获到
非䗴有孔虫(D139-f2):*Pseudoammodiscus volgensis* (Rauser-Chernousova)
Ammodiscus sp.
Glomospira spp.
Archaesphaera crassa Lipina
A. minima Suleimanov
Diploshaerina inaequalis (Derville)
Eotuberitina reitlingerae A. D. M. -Maclay
E. sphaera Lin
Neotubertinia maljavkini (Mikhailov)
Palaeotextularia brevisepta Lipina
P. consobrina intermedia Lipina
P. gibbosa minima Lipina
P. longiseptata Lipina
P. longiseptata crassa Lipina
P. spp.
Cribrostomum speciosus Lin
C. sp.

Endothyra advena Durkina
E. geniculata Ganelina
E. posneri Ganelina
E. praesimilis Lin
E. similis Rauser et Reitlinger
E. rigida Durkina
E. excelsa Ganelina
E. xiangnanensis (Lin)
E. kirgisana Rauser
E. spp.
Priscella prisca (Rauser. et Reitlinger)
Endothyraella sp.
? *Semiendothyra* sp.
Mediocris breviscula (Ganelina)
M. mediocris (Vissarionova)
M. ovalis (Vissarionova)
Brunsia spirillinoides (Grozdilova et Glebovskaja)
Planoendothyra tschikminica (Malaknova)
P. pulchra Li
Paraarchaediscus convexus (Grozdilova et Lebedeva)
P. sp.
Archaediscus sp.
Parapermosdiscus? sp.

䗴类(D139-f2):*Pseudoendothyra* sp.
Eostaffella ikensis Vissarionova
E. ikensis ikensis Vissarionova
E. sp.

珊瑚化石(D139-f2):*Durhaminia jomdaensis* Wu

(三)青海省杂多县阿日永二叠纪诺日巴尕日保组实测剖面(A)

剖面位于调查区南部杂多县阿日永,起点坐标:N33°05′54″,E93°43′53″,海拔 5 100m,终点坐标:N33°04′44″,E93°42′54″,海拔 4 803m,全长 2 814m,露头较好,中部略差,顶、底均为断层错断而不全(图 2-12)。

上覆地层:中二叠统九十道班组(P_2j) 灰色厚层-块状泥晶灰岩夹生物屑灰岩 >146.19m

断 层

诺日巴尕日保组(P_2n) **>2 067.41m**

五段 **204.87m**

42. 下部为暗紫色中层状凝灰岩,上部为灰绿色中层状钙质泥岩,泥岩中见少量放射虫,局部凝灰质碎屑呈层状条带 21.21m

41. 深灰色中层状微晶含生物屑砾屑灰岩,砾屑以微晶生物屑砂屑灰岩为主,䗴类化石本身也构成砾屑的一部分,正粒序层理发育 8.84m

距底部 4.42m 产䗴类(A-41wt):*Pseudofusulina kraffti magna* Toriyama
P. vulgaris globosa Schellwien
P. sp. indet.
Schubertella giraudi (Deprat)
S. simplex Lange
S. sp.
Schwagerina sp.

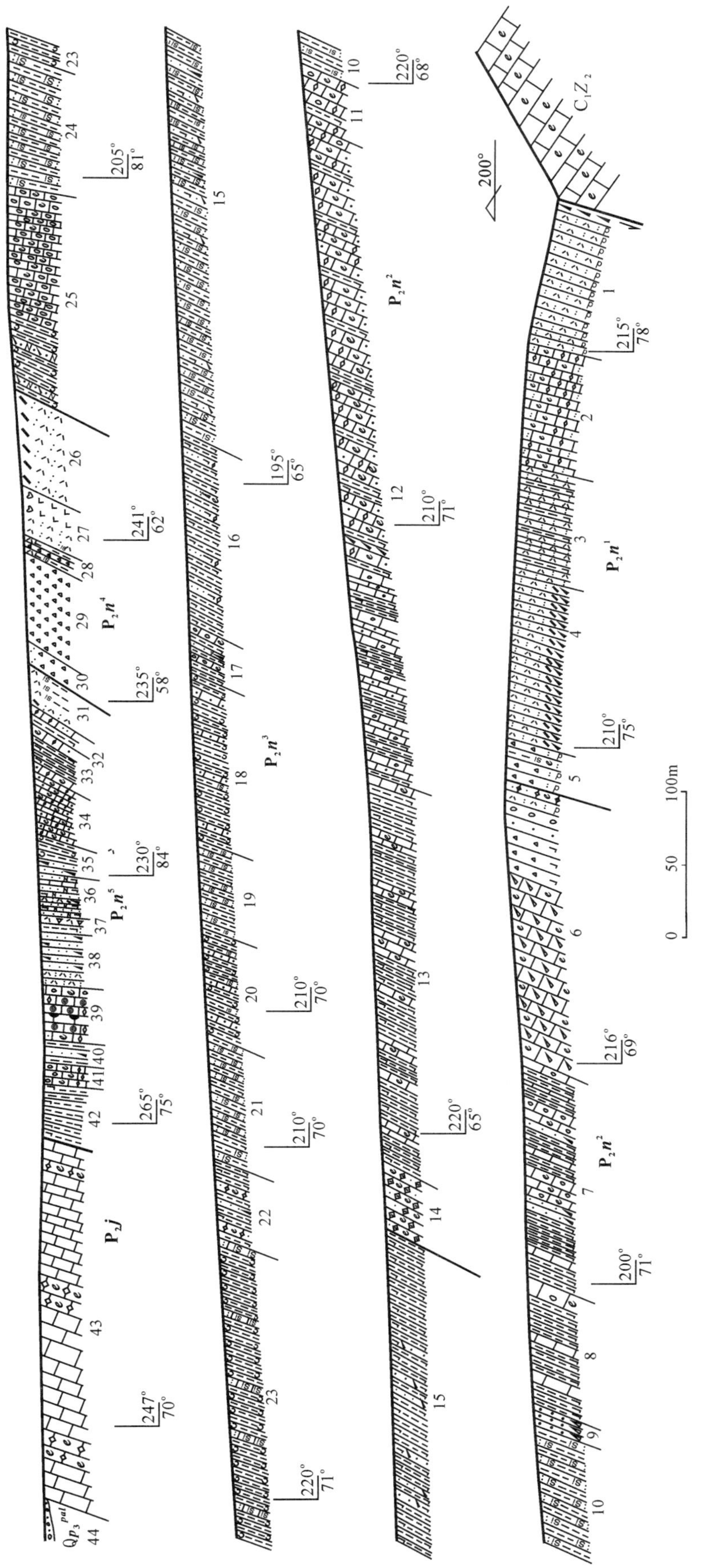

图 2-12　青海省杂多县阿日永二叠纪诺日巴尕日保组实测剖面图

Pamirina sp.

Minojapanella sp. 等

非䗴有孔虫(A-41wt):*Palaeotextularia* sp.

Glomospira sp.

Climacammina sp.

40. 灰、灰黑色薄—中层状泥岩夹细粒岩屑砂岩,砂岩中平行层理发育,泥岩中水平层理发育,层面见炭化植物碎片 10.35m

39. 下部为灰黑色厚层状含生物屑泥晶灰岩、块状砾屑灰岩夹微晶生物屑核形石灰岩,见燧石结核,发育似瘤状构造,核形石灰岩中核形石占40%,大小为2.5~12mm。生物屑计有䗴类、有孔虫、珊瑚、棘皮屑、介壳等

距底部10.88m产䗴类:*Pseudofusulina vulgaris globosa* Schellwien

P. sp. indet.

Schubertella giraudi (Deprat)

非䗴有孔虫(A-39wt):*Nodosaria* sp.

Pachyphloia sp.

Archaesphaera minima Suleimanov

中部为灰色厚层状含燧石团块泥晶灰岩;上部为灰色中层状微晶砂质含生物屑砂屑灰岩,生物屑(15%)计有棘皮屑、有孔虫、介壳、苔藓虫、腕足屑等 19.78m

38. 浅灰绿色厚层状中粗粒岩屑砂岩,上部夹黑色薄层状泥岩 26.70m

37. 中下部为灰黑色厚层状角砾凝灰岩,上部1.50m为灰黑色厚层状凝灰质钙质泥岩 6.92m

36. 灰黑色薄—中层状泥岩夹灰黑色薄层状泥晶灰岩、钙质泥岩,中上部夹厚0.45m含砾岩屑晶屑凝灰岩,顶部夹薄层状细粒钙质长石砂岩,发育水平层理和逆粒序层理 17.80m

35. 下部为黑色薄层状含炭质泥岩,水平层理发育;上部为灰绿色薄层状中粗粒岩屑砂岩 16.81m

34. 灰、深灰色薄—中层状微晶含砂屑生物屑灰岩,生物屑(40%),主要有棘皮屑、䗴类、有孔虫、介形虫、苔藓虫、绿藻屑等 27.84m

距底部8.59m产䗴类(A-34wt):*Pseudofusulina vulgaris globosa* Schellwien

P. sp.

Schwagerina sp.

Schubertella giraudi (Deprat)

非䗴有孔虫(A-34wt):*Neotuberitina maljavkini* (Mikhailov)

Climacammina sp.

33. 灰色薄—中层状砂屑泥晶灰岩夹钙质泥岩及微晶含砂生物屑含砾砂屑灰岩,生物屑计有棘皮屑、有孔虫、苔藓虫、腕足屑、介壳等 22.18m

32. 灰、深灰色薄层状钙质泥岩、砂微晶质含生物屑砂屑灰岩夹薄层状粉—细砂质微晶灰岩,发育水平层理。灰岩中陆源碎屑以棱角状石英、斜长石为主,生物屑为有孔虫、介壳、棘皮屑、腕足屑、苔藓虫、绿藻等 7.87m

31. 浅灰绿色厚层状凝灰质硅质泥岩夹黑色薄—中层状泥岩,中下部夹0.35m灰色中层状晶屑凝灰岩。凝灰岩中晶屑以斜长石为主,另见少量石英、绿泥石等 18.60m

四段 123.00m

30. 灰绿色块状凝灰角砾岩,角砾以中基性熔岩为主,晶屑呈棱角状,以斜长石为主,填隙物主要为晶粒方解石 11.97m

29. 暗红色、灰绿色等杂色厚层状火山角砾岩,角砾为中基性熔岩类,晶屑镜下可见斜长石及其假晶、铁镁矿物假晶(9%),填隙物为亮晶方解石 45.50m

28. 灰绿色中层状含凝灰含钙硅质泥岩,晶屑(5%)、玻屑(10%),镜下见放射虫等,水平层理发育,顶部夹0.25m火山角砾岩,角砾主要为中基性熔岩岩屑、少量为凝灰岩屑,呈棱角状 9.58m

27. 下部为灰黑色块状粗面玄武岩,上部为沉凝灰岩,前者具斑状结构,斑晶为普通辉石(10%)、角闪石假晶(6%),基质具间粒结构、斑状结构,以更长石(37%)、普通辉石(35%)等为主,方解石充填的杏仁状构造发育。沉凝灰岩晶屑(20%)呈棱角状,含岩屑(35%),见有3%的放射虫 30.36m

26. 灰绿色块状晶屑凝灰岩，晶屑成分复杂，计有斜长石、普通角闪石、普通辉石、绿泥石集合体等，偶见基性熔岩和碳酸盐岩岩屑　25.59m

三段　772.03m

25. 下部为灰黑色中层状生物屑砾屑颗粒灰岩　74.63m

距底部 69.83m 产䗴类(A-25wt)：*Pseudofusulina krafft*i Schellwien

P. vulgaris globosa Schellwien

P. sp.

Schwagerina cushmani longa Zhou

S. ex gr. *cushmani* Chen

Schubertella sp.

Minojapanella sp.

Nankinella quasihunanensis Sheng

非䗴有孔虫(A-25wt)：*Glomospira* sp.

上部为黑色薄层状含炭质泥岩夹薄层状含绿泥石细粒长石岩屑砂岩，砂岩颗粒支撑，杂基为主充填，分选性好，磨圆度低，矿物成熟度极低

24. 灰绿色中层状凝灰质硅质泥岩，晶屑(5%)以石英、斜长石为主，玻屑(20%)，岩屑少量，基质为微晶石英、绿泥石、粘土矿物等　50.16m

23. 黑色薄层状含炭质泥岩夹灰黑色薄—中层状含凝灰含硅质泥晶灰岩，灰岩中晶屑(10%)呈棱角状，以石英、斜长石为主，另见少量玻屑、中基性熔岩屑，基质以微晶—细晶方解石为主，微晶长英矿物次之　124.12m

22. 黑色薄层状泥岩与薄—中层状砂质含生物屑微晶灰岩不等厚互层，偶夹薄层状细粒岩屑砂岩，灰岩中含石英砂及粉砂(27%)，呈次棱角状，生物屑类型多，计有腕足屑、介形虫、有孔虫、棘皮屑、骨针等(12%)。泥岩、灰岩中水平层理发育　27.65m

21. 浅灰绿色中层状凝灰质硅质泥岩夹黑色薄—中层状泥晶灰岩、钙质泥岩　44.49m

20. 黑色薄层状含炭质泥岩夹薄层状砂屑灰岩，泥岩中水平层理发育　43.06m

19. 灰绿色、深绿色中层状含凝灰硅质泥岩夹薄层状钙质泥岩，泥岩中含晶屑 6%，岩屑 3%，玻屑 5%，生物屑 5%(棘皮屑、放射虫)，基质为微晶长英质矿物、绿泥石和粘土矿物等　37.63m

18. 黑色薄层状含凝灰硅质泥岩夹薄层状砂屑灰岩，泥岩中玻屑占 15%，生物屑为放射虫(3%)，水平层理发育　46.96m

17. 底部 0.30m 为深灰色中层状含生物屑砾屑灰岩，砾屑(55%)成分有生物屑微晶灰岩、微晶灰岩、介壳灰岩、藻粘结灰岩等，多呈棱角状，生物屑(20%)主要有䗴类、棘皮屑、介壳、苔藓虫等，另见少量砂屑　16.16m

产䗴类(A-17f1)：*Pseudofusulina* sp.

非䗴有孔虫(A-17f1)：*Cribrogenerina* sp.

Palaeotextularia sp.

上部为黑色薄层状泥岩夹深灰色中层状含菱铁质生物屑泥晶灰岩及细粒石英砂岩

距底部 13m 产䗴类(A-17f2)：*Schubertella umbilicata* Lin

S. sp.

Pseudofusulina sp. indet.

非䗴有孔虫(A-17f2)：*Eotuberitina reitlingerae* A. D. M. -Maclay

Cribrogenerina sp.

Globivalvulina sp.

Pachyphloia sp.

Nodosaria sp.

16. 深灰色薄层状泥岩夹中层状含生物屑细粒岩屑石英砂岩，砂岩中陆源碎屑石英砂(40%)呈次棱角—次圆状，多富集呈纹层，分选性好，岩屑(23%)多呈棱角状，成分以微晶灰岩岩屑为主，生物屑(22%)类型丰富，计有棘皮屑、腕足屑、介形虫屑、有孔虫、腹足屑、绿藻等，基质为微粉晶方解石、尘状粘土矿物，泥岩中水平层理发育，砂岩中平行层理发育　60.80m

15. 灰黑色薄层状泥岩夹深灰色中层状凝灰质硅质泥岩、钙质细粒岩屑砂岩，硅质泥岩中见玻屑占 25%，已脱玻化被石英、粘土、绿泥石取代，另见少量晶屑（3%）、岩屑（5%），水平层理发育　246.37m

二段　729.91m

14. 深灰色中层状泥晶石英细砂质生物屑砂屑灰岩，颗粒成分有陆源碎屑物（石英及石英岩岩屑为主，35%）、生物屑（棘皮屑、双壳屑、炭化植物碎片为主，另见少量腕足屑、介形屑、多细胞绿藻屑，16%）、次棱角—半圆状—长条状灰岩砂屑（20%），颗粒支撑，粒间为微粉晶化泥晶充填。灰岩近上层面平行层理发育　24.32m

底部产䗴类（A-14f$_1$）：*Misellina* sp. indet.
Schubertella sp.
Dunbarula sp.
Toriyamaia sp.
Pseudofusulina vulgaris globosa Schellwien
Parafusulina elliptica Sheng
P. cf. *elliptica* Sheng
P. sp.

非䗴有孔虫（A-14f$_1$）：*Eotuberitina reitlingerae* A. D. M. -Maclay
Climacammina sp.
Plectogyra sp.

13. 灰色薄层状泥岩夹中层状生物屑泥晶灰岩，泥岩水平层理发育，灰岩略显平行层理　135.71m

距底部 1.52m 产䗴类（A-13f1）：*Schubertella* sp.
Pseudofusulina sp. indet.
Pseudofusulina sp. nov.
Schwagerina ex gr.
crassitectoria Dunbar et Skinner

距底部 55.60m 产䗴类（A-13f2）：*Schubertella obscuta* Sheng
S. sp.
Toriyamaia sp.
Minojapanella minuta Sheng
M. sp.
Pseudofusulina vulgaris globosa Schellwien
Schwagerina crassitectoria Dunbar et Skinner

非䗴有孔虫（A-13f2）：*Eotuberitina reitlingerae* A. D. M. -Maclay
Cribrogenerina permica Lange
C. sp.
Palaeotextularia sp.
Globivalvulina sp.
Tetrataxis planoseptata Morozova
Plectogyra sp.
Multidiscus sp.
Pachyphloia sp.

12. 深灰色中层状生物屑砂屑泥晶灰岩夹钙质泥岩，灰岩生物屑（30%）以䗴类、有孔虫、棘皮屑、腕足屑、介壳、红藻、绿藻等为主，另见少量（8%）的凝灰质碎屑，具小型沙纹层理　237.43m

距底部 143.42m 产䗴类（A-12f1）：*Schubertella simplex* Lange，*S.* sp.
Pseudofusulina sp. indet.
? *Boultonia* sp.
Schwagerina ex gr. *crassitectoria* Dunbar et Skinner
Minojapanella sp.

非䗴有孔虫（A-12f1）：*Eotuberitina sphaera* Lin

Globivalvulina sp.
Cribrogenerina obesa Lange
Pachyphloia sp.
Nodosaria sp.
距底部 233.83m 产䗴类(A-12f2):*Schwagerina* sp.
Schubertella sp.
Pseudofusulina sp. indet.

11. 灰色中层状亮晶砾屑灰岩夹中层状亮晶生物屑灰岩、钙质泥岩。灰岩砾屑磨圆度中等,大小约 1～5cm,分选性中等,具平行层理 19.89m
距底部 4.97m 产䗴类(A-11f1):*Schubertella giraudi* (Deprat)
S. umbilicata Lin
S. sp.
Schwagerina sp. indet.
Pseudofusulina vulgaris globosa Schellwien
P. sp. nov.
Parafusulina australis Thompson et Miller
非䗴有孔虫(A-11f1):*Cribrogenerina* sp.
Palaeotextularia sp.

10. 灰绿色中层状夹薄层状含凝灰硅质岩、硅质泥岩,底部常见透镜状灰岩角砾岩,角砾呈次棱角状,向两侧延伸,呈层状,可见灰岩角砾最大者可达 1～2m,另见少量玄武岩角砾,灰岩角砾"漂浮"于凝灰质的基质中,显示出混杂堆积特点,其中产䗴类化石 53.29m
底部产䗴类(A-10f):*Schubertella rara* Sheng
S. sp. indet.
Schwagerina sp.
非䗴有孔虫(A-10f):*Eotuberitina reitlingerae* A. D. M.-Maclay
Globivalvulina sp.
Palaeotextularia sp.
Plectogyra sp.
Geinitzina sp.
Pachyphloia sp. 等

9. 暗绿色中层状含火山角砾粗砂岩夹中薄层状沉凝灰岩。粗砂岩底部含砾石,多顺层分布,磨圆度中等—差,向上平行层理发育。沉凝灰岩晶屑以斜长石为主,中基性熔岩岩屑、硅质岩岩屑、灰岩岩屑常见,另见少量生物屑 10.55m

8. 底部为灰色厚层状亮晶生物屑砾屑灰岩,向上为深灰色薄层状泥岩夹灰色中层状生物屑泥晶灰岩及粉砂岩,灰岩底部生物屑顺层展布,以海百合茎碎片、䗴类为主,磨圆度中等。泥岩中水平层理发育,粉砂岩中水平层理、沙纹层理发育 53.64m
底部产䗴类(A-8f)*Pseudofusulina* sp. nov.
Schubertella umbilicata Lin
S. sp.
非䗴有孔虫(A-8f):*Eotuberitina reitlingerae* A. D. M.-Maclay
E. sphaera Lin
Palaeotextularia sp.
Cribrogenerina sp.

7. 底部 3m 为灰色厚层状含燧石结核亮晶生物屑灰岩,向上为灰色中薄层状砾屑灰岩夹中层状生物屑泥晶灰岩及少量的粉砂岩、细砂岩,细砂岩底部含少量砾石,沙纹层理发育 148.81m
距底部 58.95m 产䗴类(A-6f):*Pseudofusulina vulgaris globosa* Schellwien
P. sp.
P. sp. nov.
Schubertella sp.
非䗴有孔虫(A-6f):*Cribrogenerina* sp.

6. 灰色厚层状碳酸盐质角砾岩夹深灰绿色中厚层状含砾粗砂岩、沉凝灰岩、泥亮晶生物屑砂砾屑灰岩。角砾岩中砾石成分以碳酸盐质为主，另见有玄武质、凝灰质、硅质、砂质等，呈次棱角状，大小混杂，具重力滑塌构造。沉凝灰岩中凝灰颗粒占58%，生物屑以棘皮屑、有孔虫、藻屑、苔藓虫等为常见，底部常可见正粒序层理，灰岩层见于该层上部，生物屑以棘皮屑为主，另见少量苔藓虫屑、珊瑚屑、腕足屑、双壳屑、有孔虫、介形虫屑、三叶虫屑等，砂砾屑占47%，呈次棱角状—半圆状，零星长条状，成分以灰岩为主，水云母粘土岩次之，颗粒支撑，以亮晶充填为主，部分粒间孔微晶化泥晶充填，分选性和磨圆度低。灰岩具重力流沉积特征。粗砂岩中平行层理发育 46.27m

距底部41.74m产䗴类(A-6f1)：*Schubertella* sp.

非䗴有孔虫(A-6f1)：*Cribrogenerina* sp.

Palaeotextularia sp.

Lasiodiscus sp.

Eotuberitina reitlingerae A. D. M. -Maclay

Globivalvulina sp.

一段 **236.65m**

5. 暗红色中厚层状沉凝灰质角砾岩夹灰绿色中层状凝灰质含生物屑硅质泥岩。角砾岩中晶屑呈棱角状，以斜长石为主，岩屑以中—基性熔岩岩屑为主，另有少量沉凝灰岩岩屑。硅质泥岩中凝灰质成分约占25%，以斜长石晶屑、中—基性熔岩岩屑、玻屑为主，生物屑以放射虫最为常见 17.44m

4. 灰色中层状岩屑晶屑凝灰岩，晶屑以斜长石为主(38%)，另见少量普通辉石、普通角闪石，岩屑为中基性熔岩(28%)，填隙物为绿泥石、方解石和尘状粘土矿物，纹层构造，局部为粒序层构造 64.92m

3. 灰绿色薄层状凝灰岩夹泥岩 44.51m

2. 灰绿色中层状含凝灰生物屑微晶灰岩，生物屑以空球虫、放射虫为主，另见少量有孔虫、介形屑、棘皮屑等，火山碎屑主要为玻屑(15%)，少量的晶屑、磷灰石 50.04m

1. 暗紫红色中层状细粒石英砂岩夹灰绿色薄层状沉凝灰岩，沉凝灰岩含生物屑凝灰结构，条带—纹层构造，见少量放射虫 59.74m

═══════ 断　层 ═══════

下石炭统杂多群碳酸盐岩组(C_1Z_2)　浅灰色块状生物屑泥晶灰岩，产珊瑚(A-0f)：*Waagenophyllum*? sp.

(四) 青海省杂多县玛日啊达州中二叠统扎日根组—诺日巴尕日保组实测剖面(MA)

剖面位于调查区中部玛日啊达州山一带。起点坐标：N33°27′09″，E93°22′19″，海拔4 786m，终点坐标：N33°25′11″，E93°20′41″，海拔4 704m，全长4 672m，露头较好(图2-13)。青海省区调综合地质大队(1993)曾测制该剖面，认为其中存在向斜构造。青海省地质矿产局(1997)认为该剖面层位应为诺日巴尕日保组。本次工作重新测制该剖面，发现丰富的䗴类、珊瑚、腕足类化石，而未见向斜构造，并认为原测制的剖面层序颠倒。

二叠纪诺日巴尕日保组(P_2n) **>763.52m**

三段 **(未见顶)** **>295.37m**

33. 灰绿色薄—中层状含绿泥石含钙质细粒岩屑石英砂岩，陆源砂粒以棱角—次棱角状—长条状石英及石英岩岩屑为主，另见少量棱角状硅质岩岩屑、水云母粘土岩及绢云板岩岩屑、灰岩岩屑等，分选中等，颗粒支撑，杂基及少量成岩胶结质(粉—细晶方解石)充填，具中、小型板状斜层理 >73.54m

32. 底部1.5m为灰色块状弱硅化泥晶含生物屑含砾屑砂屑灰岩，颗粒以次棱角状砂砾屑为主，分选性差，颗粒支撑，泥晶充填为主，局部为泥晶支撑 12.60m

底部产䗴类(MA-32f)：*Parafusulina* sp. indet.

向上为灰色—薄层状泥晶含生物屑含砾屑砂屑灰岩，砂砾屑为棱角状—半圆粒状，生物屑多达9种，以䗴类为主，颗粒支撑，微粉晶化泥晶充填

31. 暗绿色中层状夹薄层状晶屑凝灰岩夹玻屑晶屑凝灰岩、含砾岩屑凝灰岩，晶屑以斜长石为主，角砾状中基性熔岩屑最高可达70%，玻屑呈弧面状、鸡骨状等 35.87m

30. 底部3.6m为暗绿色中层状晶屑凝灰岩，向上为灰绿色中—薄层状凝灰岩 20.18m

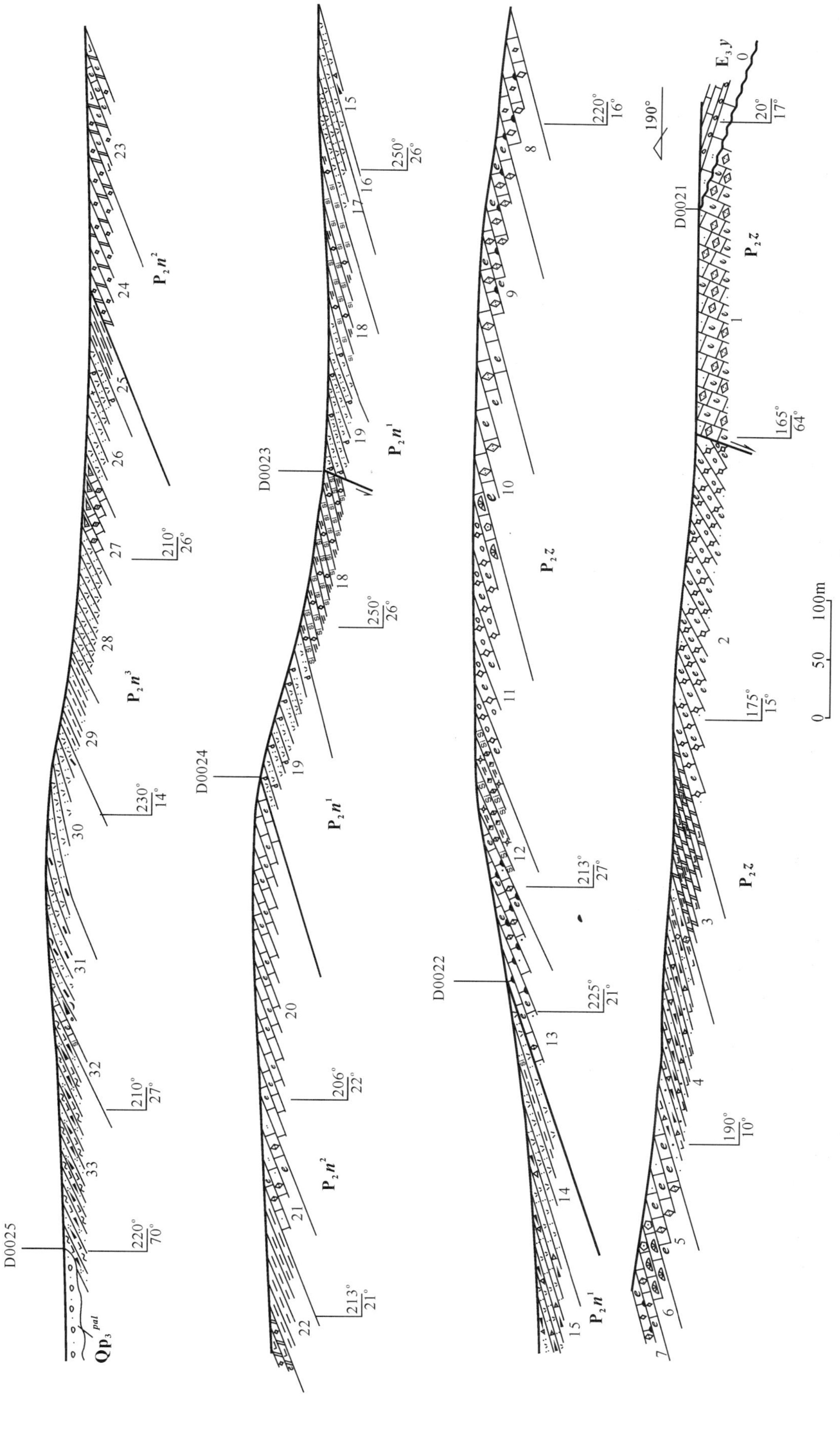

图 2-13 青海省杂多县玛日啊达州二叠纪扎日根组—诺日巴尕日保组实测剖面图

29. 灰绿色夹暗红色中层状凝灰质泥岩，碎屑(37%)多呈棱角状，以板柱状斜长石为主，另有少量石英、岩屑等不均匀分布　21.62m
28. 暗绿色夹暗红色(上部)中层状夹薄层状凝灰岩　52.96m
27. 灰色中层状凝灰岩，上部夹少量浅灰色薄层状微细晶化残余砂屑灰岩，灰岩中见少量石英、生物屑(双壳屑、腕足屑、棘皮屑)　30.11m
26. 暗绿色薄层状沉凝灰岩夹含赤铁矿含放射虫泥微晶硅质岩，沉凝灰岩晶屑(27%)以斜长石为主，岩屑(35%)主要为碳酸盐岩，少量为中基性熔岩和碎屑状绿泥石集合体，填隙物以微晶方解石为主(20%)。含有较多平行于层面的灰—灰白色硅质条带。硅质岩中放射虫占10%　36.91m
25. 暗红色薄层状泥岩　11.58m

二段　**238.64m**

24. 浅灰—灰白色中厚层状细晶白云岩，含零星残余生物屑(棘皮屑、双壳屑)　45.25m
距底部44.57m产腕足类(MA-24f)：*Cathaysia* sp.
Transennatia gratiosa (Waagen)
Squamularia sp.
Terebratuloidea sp.
Haydenella sp.
23. 深灰—灰色中层状弱硅化含残余生物屑含钙质细晶白云岩夹生物屑泥晶灰岩、泥晶灰岩，白云岩生物屑以棘皮类为主(10%)，另见少量腕足屑(2%)，含少量燧石　37.41m
22. 暗红色薄层状泥岩　33.43m
距底部9.82m产腕足类(MA-22f)：*Crurithyris* sp.
21. 浅灰色—灰白色中层状含燧石结核残余砂屑粉晶灰岩、泥晶生物屑灰岩，颗粒为泥晶灰岩砂砾屑、生物屑(三叶虫屑、腕足屑、棘皮屑)，局部为颗粒支撑，粉晶充填　29.78m
20. 浅灰色—灰色厚层状泥晶生物屑灰岩及生物屑泥晶灰岩，部分层间夹页片状泥岩　92.77m
距底部11.06m产䗴类(MA-20f)：*Parafusulina* cf. *splendens* Dunbar et Skinner
Pseudofusulina sp. indet.
Schwaegrina cf. *tschernyschewi* Schellwien
非䗴有孔虫(MA-20f2)：*Pachyphloia* sp.
Nodosaria sp.
珊瑚(MA-20f2)：*Paracaninia*? sp.

一段　**229.51m**

19. 灰绿色中层状夹薄层状沉凝灰岩，晶屑呈棱角状，以斜长石为主(20%)，另见碳酸盐岩岩屑(40%)，填隙物主要为微—细晶方解石(20%)　106.44m
距底部36.87m产腕足类(MA-19f)：Lyttoniidae
18. 暗红色中夹薄层状含水云母泥微晶硅质岩，见少量硅质放射虫(2%)、有孔虫、介形虫等及微量陆源粉砂，泥晶赤铁矿呈尘点状散布于基质中　28.07m
17. 灰绿色中层状凝灰岩　15.33m
16. 灰色中层状晶屑凝灰岩，晶屑凝灰结构，基质为霏细结构　3.10m
15. 暗红色中层状岩屑角砾凝灰岩，火山碎屑主要为中基性熔岩屑，呈角砾状，填隙物为微鳞片状绿泥石和粘土矿物　48.34m
14. 暗绿色中层状沉凝灰岩夹含凝灰硅质泥岩。火山凝灰以弧面状玻屑(10%)为主，另有少量石英及斜长石、岩屑，产少量放射虫化石　28.23m

——————　整　合　——————

中二叠统扎日根组(P_2z)　**698.49m**

13. 深灰色中层状含生物屑砾砂屑粉晶化泥晶灰岩，含较多燧石结核，颗粒分选性差，生物屑种类多达9种，主要为有孔虫、棘皮屑、双壳屑等，粉晶化泥晶支撑，局部为颗粒支撑　40.62m
距底部2.92m产珊瑚(MA-13f)
腕足类(MA-13f)：? *Liraplecta* sp.
距底部37.19m产非䗴有孔虫(MA-13b)：*Glomospira* sp.
Ammodiscus semiconstrictus Waters
Eotuneritina sphaera Lin
Palaeotextularia sp.
Cribrogenerina sp.
Globivalvulina sp.

Tetrataxis sp.

Plectogyra sp.

12. 暗红色薄层状含放射虫含水云母含赤铁矿泥晶硅质岩,放射虫约占6% 30.82m

11. 浅灰色厚层状苔藓虫骨架灰岩夹弱硅化亮晶含生物屑砾屑灰岩,下部含少量燧石结核,苔藓虫灰岩中苔藓虫占41%,其他生物屑为棘皮屑、腕足屑,见少量灰岩砂屑(8%),填隙物为亮晶方解石(40%)。砾屑灰岩中生物屑以海百合茎为主(10%),次为苔藓虫、多细胞绿藻屑 57.61m

距底部24.81m产腕足类(MA-11f):*Linoproductus* sp.

Haydenella kiangsiensis (Kayser)

Spinomarginifera sp.

10. 浅灰色厚层状弱硅化含生物屑粉晶化泥晶灰岩。生物屑主要为双壳屑(10%),另有少量棘皮屑、有孔虫,基质具中等强度的粉晶化 50.08m

9. 灰色厚层状含燧石团块生物屑粉晶化泥晶灰岩,生物屑主要为棘皮屑和双壳屑,另有少量腕足屑、苔藓虫屑 51.03m

距底部3.84m产䗴类(MA-9f1):*Schubertella* sp.

珊瑚(MA-9f1,保存差,无法鉴定)

距底部38.37m产非䗴有孔虫(MA-9f2):*Glomospira* sp.

Plectogyra sp.

珊瑚(MA-9f2,保存差,无法鉴定)

8. 灰白色厚层状残余微晶不等晶灰岩,见少量硅质结核,镜下见方解石以中细晶为主,次为粗—砾晶及少量微晶 32.46m

7. 灰色厚层状粉细晶生物屑灰岩,上部含燧石结核,生物屑主要为腕足屑(32%),次为棘皮屑(15%)、有孔虫(10%)等,另见少量灰岩砂屑(5%),呈次棱—半圆粒状。颗粒支撑,粒间孔为粉—细晶及微量微晶充填 15.53m

距底部0.27m产珊瑚(MA-7f1):*Wentzelella* cf. *salinaria* (Waagen & Wentzel)

在该层位的岩石薄片中产非䗴有孔虫(MA-7b):*Palaeotextularia* sp.

Endothyra sp.

Plectogyra sp.

Pachyphloia sp.

6. 浅灰—灰白色厚层状苔藓虫格架灰岩,苔藓虫约30%,另见少量棘皮屑、绿藻屑,方解石脉发育,生物格架间为两个世代栉壳状亮晶方解石充填 10.86m

5. 深灰—灰色厚层状微粉晶化泥晶砂屑生物屑灰岩,下部含少量燧石结核。生物屑以双壳屑为主(25%),次为腕足屑(10%),砂屑以小于0.25mm的细砂屑为主,呈次棱—半圆状,颗粒支撑为主,粒间为微粉晶化泥晶充填,局部微晶化泥晶支撑 20.85m

距底部6.32m产䗴类(MA-5f2)*Kahlerina* sp.

非䗴有孔虫(MA-5f2):*Palaeotextularia* sp.

Cribrogenerina sp.

Hemigordius sp.

珊瑚(MA-5f2):*Liangshanophyllum* cf. *chisiaense* (You)

4. 灰、灰绿色薄层状粉砂质泥岩夹中层状含钙质含水云母含菱铁矿细粒岩屑砂岩,上部夹少量含钙质含角砾不等粒岩屑砂岩,砂岩颗粒呈棱角—次棱角状,成分为石英及石英岩岩屑、板岩岩屑、灰岩岩屑等,见少量生物屑(腕足屑、棘皮屑、双壳屑、苔藓虫等),颗粒支撑,板状斜层理、沙纹层理发育 47.31m

3. 暗红色中—薄层状含钙质水云母质微晶白云岩,见零星棘皮屑、腕足屑、介形屑、苔藓虫屑和微量陆源碎屑石英(2%) 40.23m

2. 灰色厚层状泥亮晶含砾屑砂屑生物屑灰岩,生物屑主要为绿藻屑(20%~40%),颗粒支撑,亮晶充填为主,少量粒间孔为强粉晶化泥晶充填 117.35m

距底部5.81m产䗴类(MA-2f1):*Parafusulina splendens* Dunbar et Skinner

P. gruperaensis Thompson et Miller

Schubertella sp.

非䗴有孔虫(MA-2f1):*Climacammina* sp.

距底部15.89m产䗴类(MA-2f2):*Schubertella umbilicata* Lin

S. cf. *giraudi* Deprat

Pisolina sp.

Misellina cf. *sphaerica* Chang

非蜓有孔虫(MA-2f2):*Globivalvulina* sp.
Tetrataxis sp.
Geinitzina sp.
Pachyphloia sp.

距底部 73.98m 产蜓类(MA-2f3):*Parafusulina gruperaensis* Thompson et Miller
Schubertella simplex Sheng
S. sp.
Schwagerina cushmani Chen
Pseudofusulina sp. indet.
Misellina? sp.

非蜓有孔虫(MA-2f3):*Cribrogenerina permica* Lange
C. sp.
Eotuberitina reitlingerae A. D. M. -Maclay

距底部 88.61m 产蜓类(MA-2f4):*Schubertella* sp.
Minojapanella sp.

非蜓有孔虫(MA-2f4):*Cribrogenerina* sp.

距底部 98.12m 产蜓类(MA-2f5):*Parafusulina gruperaensis* Thompson et Miller
Pseudofusulina cf. *vulgaris* (Schellwien)
Schubertella simplex Chen
S. sp
Schwaegrina compact White
S. cushmani Chen,*Misellina*? sp.

非蜓有孔虫(MA-2f5):*Eotuberitina reitlingerae* A. D. M. -Maclay
Neotuberitina maljavkini (Milkhailov)
Frondina sp.
Cribrogenerina sp.
Climacammina sp.
Palaeotextularia sp.
Geinitzina sp.
Pachyphloia sp.

珊瑚(MA-2f5,保存差,无法鉴定)等

1. 浅灰色厚层状粉细晶化泥晶含砂屑生物屑灰岩,生物屑占 50%,主要为绿藻屑(30%),其次为双壳屑,腕足屑、介形屑、棘皮屑等。颗粒支撑为主,局部为泥晶支撑　183.74m

距底部 13.78m 产蜓类(MA-1f1):*Schwagerina japonica* Guembel
S. cushmani Chen
S. sp.
Pseudofusulina kueichowensis obesa Sheng

非蜓有孔虫(MA-1f1):*Eotuberitina reitlingerae* A. D. M. -Maclay
Cribrogenerina sp.
Pachyphloia sp.
Geinitzina sp.

珊瑚(MA-1f1):*Waagenophyllum indicum* (Waagen & Wentzel)

在该层的岩石薄片中产蜓类(MA-1b):*Misellina* sp. indet.

距底部 119.43m 产珊瑚(MA-1f2)*Liangshanophyllum*? sp.

(未见底)

(五) 青海省杂多县夏麻贡玛曲二叠纪尕笛考组实测剖面(X)

剖面位于调查区东部杂多县夏麻贡玛曲沟谷中,起点坐标:N33°27′13″,E94°23′49″,海拔4 635m,

终点坐标：N33°26′06″，E94°21′57″，海拔 4 705m，全长 4 112m，露头良好，顶部与上三叠统巴贡组呈断层接触（图 2-14）。

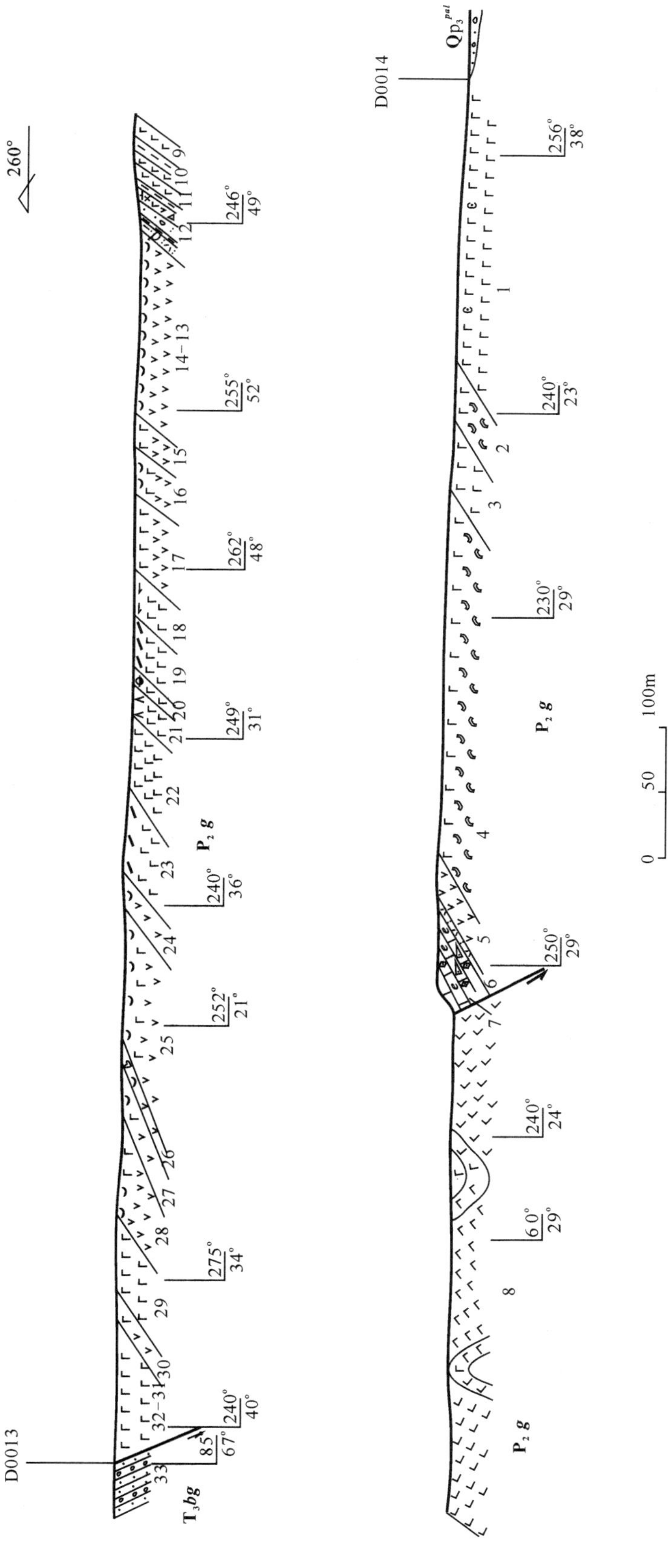

图 2-14　青海省杂多县夏麻贡玛曲二叠纪尕笛考组实测地层剖面图

上三叠统巴贡组(T_3bg)　暗红色、灰绿色中层状砂岩夹砾岩

断　层

二叠纪尕笛考组(P_2g)　　**>1 683.62m**

32. 灰绿色块状玄武粗安岩，斑状结构，基质为间粒结构，斑晶(35%)为中—拉长石、假象辉石，基质为中—拉长石、单斜辉石、绿泥石、磁铁矿等　17.10m

31. 深灰绿色厚层-块状玄武安山岩，斑状结构，基质为间粒结构，斑晶(45%)为拉长石、普通辉石，基质为拉长石、普通辉石、绿泥石、磁铁矿、白钛矿等，常见气孔状、杏仁状构造，杏仁体充填物为石英　73.03m

30. 深灰绿色块状粗面安山岩，斑状结构，基质为玻基交织结构，斑晶(45%)为拉长石、假象辉石，基质为中—拉长石、磁铁矿、赤铁矿、绿泥石等，杏仁体形态不规则，充填物为绿泥石、碳酸盐矿物、石英和钠长石　19.33m

29. 灰绿色厚层-块状粗面玄武岩，斑状结构，基质为间粒结构，斑晶(49%)为拉长石、普通辉石，基质为中—拉长石、单斜辉石、绿泥石、磁铁矿等，杏仁体形态不规则，充填物为绿泥石、碳酸盐矿物和绿帘石　57.82m

28. 深灰色夹暗红色块状玻基粗面安山岩、玄武安山岩。斑状结构，基质为玻基交织结构、雏晶结构，斑晶(33%～53%)为拉—中长石、普通辉石，基质为玻璃质、拉—中长石、绿泥石、褐铁矿、磁铁矿等，杏仁体形态不规则，充填物为绿泥石、石英和绿帘石　64.75m

27. 灰绿色块状玻基玄武粗安岩，斑状结构，基质为玻基交织结构，斑晶(38%)为拉—中长石、单斜辉石、假象橄榄石，基质为玻璃质、拉—中长石、磁铁矿、褐铁矿等，杏仁体零星，充填碳酸盐矿物　24.34m

26. 暗紫红色块状含杏仁玻基粗安岩、玄武安山岩，斑状结构，基质为玻基交织结构、雏晶结构，斑晶(53%)为斜长石、单斜辉石，基质为玻璃质、雏晶斜长石、磁铁矿、褐铁矿等，杏仁体形态不规则，充填物为绿泥石、石英和绿帘石　7.16m

25. 深灰绿色夹暗红色块状玻基玄武粗安岩，斑状结构，基质为玻基交织结构，斑晶(63%)为中—拉长石、单斜辉石，基质为玻璃质、中—拉长石、单斜辉石、绿泥石、磁铁矿等，杏仁体形态不规则　75.92m

24. 深灰绿色厚层状玄武质角砾熔岩，近顶部见2.5m玻基安山岩。玻基安山岩，斑状结构，基质为玻基交织结构，斑晶(58%)为中长石，基质为玻璃质、中长石、绿泥石、褐铁矿等，杏仁体形态不规则，充填物为绿帘石　23.51m

23. 灰绿色厚层状玄武岩　55.29m

22. 灰绿色块状玄武岩，矿物由拉长石、单斜辉石、绿泥石、磁铁矿等组成，具不规则状杏仁体　46.23m

21. 深灰绿色厚层状橄榄玄武岩，斑状结构，基质为间粒结构，斑晶(57%)为拉长石、假象橄榄石、单斜辉石，基质为拉长石、单斜辉石、绿泥石、磁铁矿等　19.81m

20. 灰绿色夹暗红色块状钠黝帘石化玄武粗安岩，变余斑状结构，基质为变余间粒结构，斑晶(23%)为拉长石、假象辉石，基质为拉长石、绿帘石、石英、碳酸盐矿物、磁铁矿等　9.22m

19. 深灰绿色厚层状晶屑玄武岩，气孔、杏仁构造发育　27.67m

18. 暗紫红色厚层状辉石玄武安山岩，斑状结构，基质为间粒结构，斑晶(30%)为拉长石、普通辉石，基质为拉长石、普通辉石、碳酸盐矿物、绿帘石、赤铁矿等，杏仁体形态不规则，充填物为绿泥石、绿帘石和石英　32.09m

17. 深灰绿色块状玄武粗安岩、玄武岩，近顶部2m气孔、杏仁构造发育，斑状结构，基质为间粒结构，斑晶(30%)为拉长石、单斜辉石，基质为中—拉长石、单斜辉石、绿泥石、绿帘石等，杏仁体形态不规则，充填物为绿泥石、绿帘石和石英　62.81m

16. 暗红色玻基玄武粗安岩，斑状结构，基质为玻基交织结构，斑晶(41%)为拉长石、单斜辉石，基质为中—拉长石、玻璃质、单斜辉石、褐铁矿、绿泥石、绿帘石等　41.25m

15. 灰绿色块状玄武粗安岩，斑状结构，基质为间粒结构，斑晶为斜长石，基质为中—拉长石、单斜辉石、绿泥石、绿帘石、磷灰石等，气孔、杏仁状构造发育，杏仁体形态不规则，充填物为绿帘石　38.06m

14—13. 暗红色夹灰绿色块状玻基玄武安山岩，斑状结构，基质为玻基交织结构，斑晶为中长石，基质为中长石、玻璃质、赤铁矿、绿泥石、绿帘石，其底部见灰绿色闪长玢岩脉侵入　114.33m

12. 深灰色中层状沉凝灰岩夹泥岩、厚层状凝灰质含砾砂岩，上部10m为深灰色中层状中基性火山角砾岩与黑色薄层状炭质泥岩互层　42.60m

距底部36.92m泥岩中产植物化石(X-12f)：? *Annularia* sp.

Cordaites sp.

Taeniopteris sp.

11. 灰绿色厚层状玄武岩　14.20m

10. 灰绿色中层状粒玄岩与泥岩互层，粒玄岩为斑状结构，基质为间粒间隐结构，斑晶(54%)为中—拉长石、单斜辉石，基质为中—拉长石、单斜辉石、绿泥石、绿帘石、磁铁矿等，杏仁体形态不规则，充填物为绿帘石、石英　21.30m

9. 暗红色厚层状玄武岩　23.06m

8. 灰绿色厚层-块状玄武岩，斑状结构，基质为玻基交织结构，斑晶(38%)为拉—中长石、假象橄榄石、单斜辉石，基质为中—拉长石、单斜辉石、绿泥石等，与下伏7层呈断层接触　233.18m

7. 深灰色块状含残余砂屑生物屑细晶灰岩，残余生物屑(4%)为腕足屑、介形屑、双壳屑，砂屑仅1%　16.58m

距底部14.92m产蜓类(X-7f1)：*Parafusulina gigantea* (Deprat)

P. sp.

距底部9.95m产珊瑚(X-7f2，保存差，无法鉴定)等

6. 灰色中层状凝灰岩，后期蚀变为绢云石英钠长岩　2.40m

5. 深灰绿色块状粗面玄武岩，斑状结构，基质为间粒间隐结构，斑晶(10%)为斜长石，基质为斜长石、绿泥石、绿帘石、碳酸盐矿物等，杏仁体呈圆形，充填物为绿泥石　15.50m

4. 深灰绿色块状玄武质火山集块岩，集块成分为杏仁状玻基安山岩、蚀变玄武安山岩等，基质为玄武质　212.61m

3. 深灰—灰绿色块状玄武岩，斑状结构，基质为间粒间隐结构，斑晶(5%)为拉长石，基质为拉长石、绿泥石、单斜辉石、磁铁矿、碳酸盐矿物等，杏仁体呈椭圆形，充填物为绿泥石及少量碳酸盐矿物　44.09m

2. 深灰绿色块状玄武质火山集块岩，集块成分有玄武岩、玄武安山岩、玄武质火山角砾岩等，基质为玄武质　88.60m

1. 深灰绿色块状粒玄岩、碳酸盐化玄武岩，斑状结构，基质为间粒间隐结构，斑晶(17%～42%)为拉长石，基质为拉长石、碳酸盐矿物、绿泥石、磁铁矿等　>105.00m

(未见底)

(六) 青海省杂多县尕日赛瑙贡玛二叠纪尕笛考组实测剖面(GR)

剖面位于杂多县尕日扎仁山南侧沟谷中。起点坐标：N33°36′33″，E93°20′53″，海拔4 984m；终点坐标：N33°38′42″，E93°20′31″，海拔5 442m，全长4 100m，露头良好(图2-15)。青海省区调综合地质大队(1993)曾测制该剖面，认为是燕山期次火山岩。经本次工作重新测制，在其沉积岩夹层中发现丰富的蜓类化石，确定该套火山岩属中二叠统尕笛考组。

上覆地层：二叠纪九十道班组(P_2j)　灰色厚层状生物屑泥晶灰岩

距底部21.66m产蜓类(GR-30f)：*Schubertella* sp.

Toriyamaia sp.

Pseudofusulina ex gr. *vulgaris* Schellwien

P. sp.

Parafusulina cf. *quasigruperaensis* Sheng

非蜓有孔虫(GR-30f)：*lobivalvulina* sp.

Glomospira sp.

Pachyphloia sp.

距底部10.38m产蜓类(GR-29f)：*Schubertella* sp.

? *Toriyamaia* sp.

Pseudofusulina ex gr. *vulgaris* Schellwien

P. sp. nov.

P. sp.

非蜓有孔虫(GR-29f)：*Climacammina* sp.

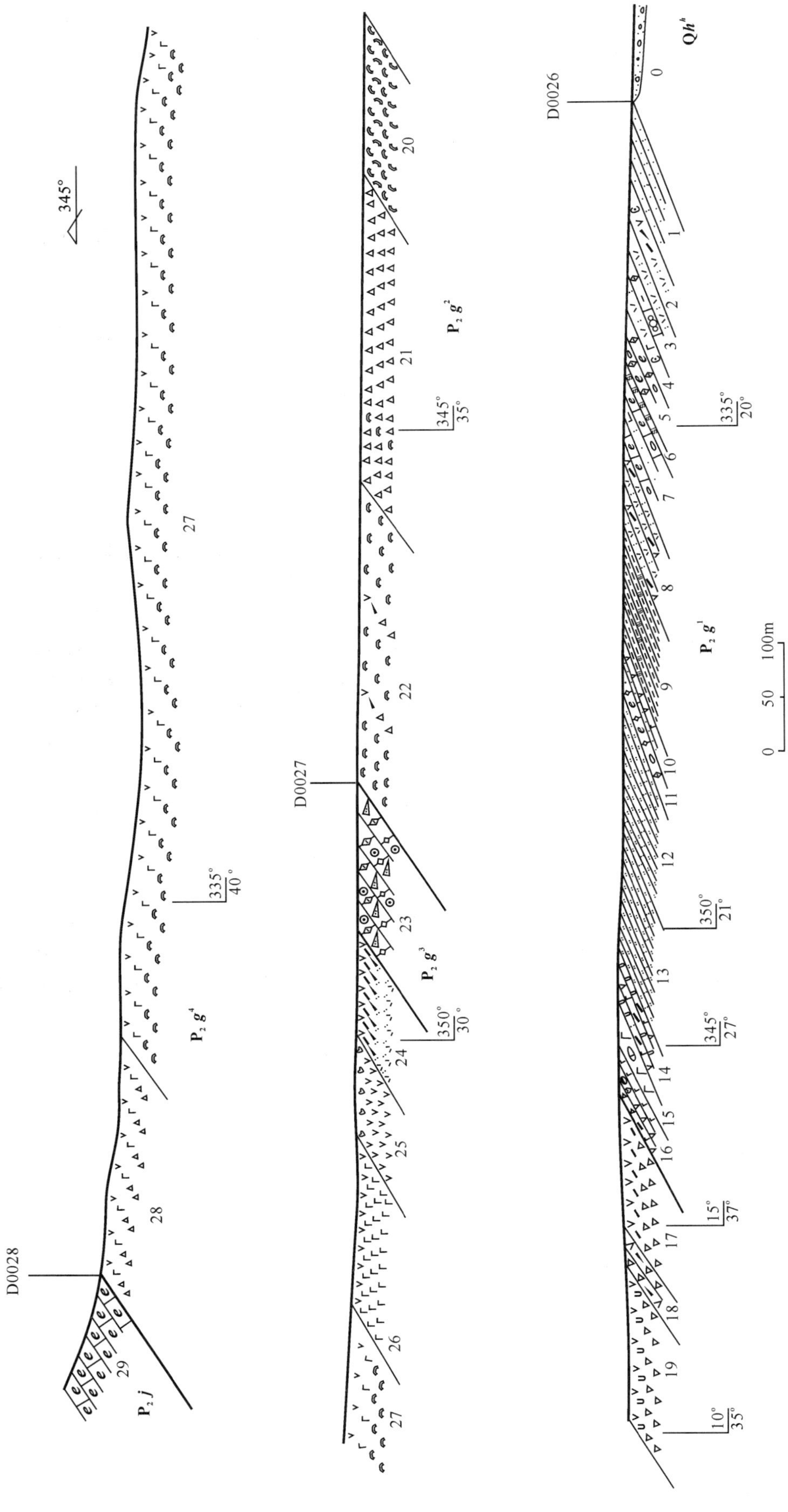

图2-15　青海省杂多县尕日赛瑙贡玛二叠纪尕笛考组实测剖面图

Nodosaria sp.

Neodiscus sp. ＞100m

——————— 整　合 ———————

二叠纪尕笛考组(P_2g) （未见顶） **＞2 431.94m**

四段 **1 367.21m**

28. 灰绿色块状火山角砾岩，角砾多为安山质 204.48m

27. 灰绿色块状火山集块岩，角砾多为安山质 928.70m

26. 灰绿色块状粗面玄武岩，斑状结构，基质为玻基交织结构，杏仁状构造，斑晶主要为中—拉长石、单斜辉石、假象角闪石，基质为玻璃质、中—拉长石、铁质氧化物、绿泥石，杏仁体呈不规则状，充填物为石英、绿泥石、方解石 130.36m

25. 紫灰色块状粗面玄武岩，斑状结构，基质为玻基交织结构，杏仁状构造，斑晶主要为拉长石、假象角闪石，基质为中—拉长石、玻璃质、铁质氧化物、绿泥石，杏仁体呈不规则状，充填物为石英、绿帘石 48.51m

24. 灰绿色块状晶屑岩屑凝灰岩，岩屑为安山岩，晶屑为单斜辉石、中长石，胶结物为绿泥石、绿帘石、铁质氧化物 55.16m

三段 **80.09m**

23. 灰色厚层状—块状亮泥晶砂粉屑核形石灰岩，核形石(30%)，呈等轴状、长条状，见零星珊瑚屑、双壳屑、苔藓虫屑、三叶虫屑等生物屑，颗粒支撑为主，泥晶及少量亮晶充填，局部为微晶化泥晶支撑 80.09m

距底部 8.92m 产䗴类(GR-23f1)：*Schubertella giraudi* Deprat

S. sp.

Schwagerina sp. indet.

Pseudofusulina sp.

Misellina sp. indet.

非䗴有孔虫(GR-23b)：*Cribrogenerina* sp.

Hemigordius sp.

Pachyphloia sp.

二段 **643.14m**

22. 灰绿色块状火山集块岩夹岩屑火山角砾岩，角砾岩为斑杂状构造，角砾、岩屑成分为碱玄岩，胶结物为方解石、绿泥石、铁质氧化物等 276.66m

21. 灰绿色块状火山角砾岩 113.12m

20. 灰绿色块状火山集块岩 100.64m

19. 灰绿色厚层-块状火山熔结角砾岩，角砾为杏仁状安山岩、玻基安山岩，岩屑成分为安山岩，胶结物为绿泥石及微量磁铁矿等 75.45m

18. 灰绿色厚层状安山质岩屑火山角砾岩，角砾为杏仁状安山岩、安山岩、玄武岩，岩屑成分为安山岩，胶结物为方解石、绿泥石、铁质氧化物等 20.92m

17. 灰绿色厚层-块状晶屑火山角砾岩，角砾为杏仁状安山岩、安山岩、玄武岩，晶屑为中长石、单斜辉石，胶结物为中长石、绿泥石、磁铁矿等 56.35m

一段 **341.50m**

16. 灰绿色中厚层状玄武岩、杏仁状安山岩夹安山玄武质晶屑火山角砾岩，玄武岩斑状结构，基质为间粒结构。斑晶为拉长石、单斜辉石，基质为中—拉长石、单斜辉石、绿泥石、绿帘石等，火山角砾成分主要为安山岩、玄武岩，晶屑为中—奥长石、单斜辉石、单斜角闪石，胶结物为绿泥石、绿帘石、方解石等 20.85m

15. 灰绿色厚层状玄武岩，含灰色生物屑泥晶灰岩捕虏体，玄武岩斑晶为中—拉长石、单斜辉石，基质为中—拉长石、单斜辉石、绿泥石、绿帘石等，斑状结构，基质为间粒结构，灰岩捕虏体呈"漂砾"状分布于玄武岩中 17.79m

产䗴类(GR-15f)：*Parafusulina* cf. *splendens* Dunbat et Skinner

14. 深绿色中厚层状基性晶屑凝灰熔岩，火山晶屑以中—拉长石、单斜辉石为主，岩屑成分为玄武岩，熔岩物质以拉长石、单斜辉石斑晶为主，基质具交织结构、间粒结构，胶结物为中—拉长石、单斜辉石、绿帘石、绿泥石、方解石等 17.78m

13. 浅绿色中—薄层状凝灰质粉砂岩 40.80m

12. 灰绿色中层状凝灰质粉砂岩 46.61m

11. 灰色厚层状泥亮晶砂屑生物屑灰岩，生物屑磨蚀明显，为异地埋藏，主要为钙质海绵屑、绿藻屑、腹足屑、双壳屑、棘皮屑等，砂屑呈次—半圆状短轴粒状。颗粒支撑，亮晶为主、泥晶次之充填　11.07m
距底部 2.58m 产䗴类(GR-11f1) *Pseudofusulina* sp.
珊瑚和海绵等化石

10. 绿色中层状弱碳酸盐化粗面玄武岩夹凝灰质细砂岩，粗面玄武岩为斑状结构，基质为粒玄结构，斑晶为中—奥长石和假象角闪石，基质由中—奥长石、方解石、绿帘石组成　9.23m

9. 浅绿色中层状硅质泥岩，硅质成分为隐晶质石英，镜下见少量生物碎屑　36.97m

8. 灰绿色中层状晶屑凝灰岩，晶屑为奥—中长石，胶结物为脱玻化玻屑、火山灰、绿泥石、水云母等　26.43m

7. 灰色厚层状砾屑生物屑泥晶灰岩夹钙质凝灰质砂岩、砂屑泥晶灰岩及泥晶灰岩，底部见凝灰质胶结的砾岩，砾石向上逐渐减小。该层灰岩属重力流沉积　11.13m
产䗴类(GR-7f)：*Pseudofusulina* sp. indet.
Schwagerina sp. indet.
珊瑚及海绵等化石

6. 灰绿色中层状硅质岩，主要由隐晶质—微粒石英组成，见少量硅质放射虫　14.52m

5. 灰色厚层状砾屑生物屑泥晶灰岩夹泥晶灰岩，该层灰岩具重力流沉积特征　17.40m
底部产䗴类(GR-5f)：*Schubertella rara* Sheng
S. cf. *giraudi* Deprat
S. sp. ，*Kahlerina* sp.
Schwagerina tschernyschewi Schellwien
Pseudofusulina sp.
非䗴有孔虫(GR-5f)：*Eotuberitina reitlingerae* A. D. M. -Maclay
Cribrogenerina sp.
Globivalvulina sp.
Tetrataxis sp.
Plectogyra sp.
Nodosaria sp.
Pachyphloia sp.

4. 浅绿色中层状碳酸盐化玄武质熔结凝灰岩，凝灰为碳酸盐化玄武岩，呈火焰状，晶屑成分为中—拉长石，填隙物为碳酸盐矿物、绿泥石　21.47m

3. 灰绿色中—薄层状火山灰凝灰岩夹少量含生物屑泥质泥晶灰岩，灰岩中生物屑主要为空球虫，水云母定向排列　8.95m

2. 深灰色中层状碳酸盐化岩屑晶屑凝灰岩，晶屑为奥长石(29%)，岩屑为次棱角状熔岩(40%)，胶结物为碳酸盐矿物，孔隙式胶结　15.98m

1. 灰绿色中层状火山凝灰质细粒砂岩，火山晶屑以奥长石、石英为主，胶结物主要为碳酸盐矿物、水云母等　22.52m

（未见底）

（七）青海省杂多县当朗赛二叠纪尕笛考组实测剖面(D)

剖面位于调查区东南部杂多县当朗赛，临近杂多县至莫云乡简易公路。起点坐标：N33°00′37″，E94°03′44″，海拔 4 869m；终点坐标：N33°01′48″，E94°04′52″，海拔 5 050m，全长 3 500m，露头中上部略差，且为断层错断而缺失(图 2-16)。

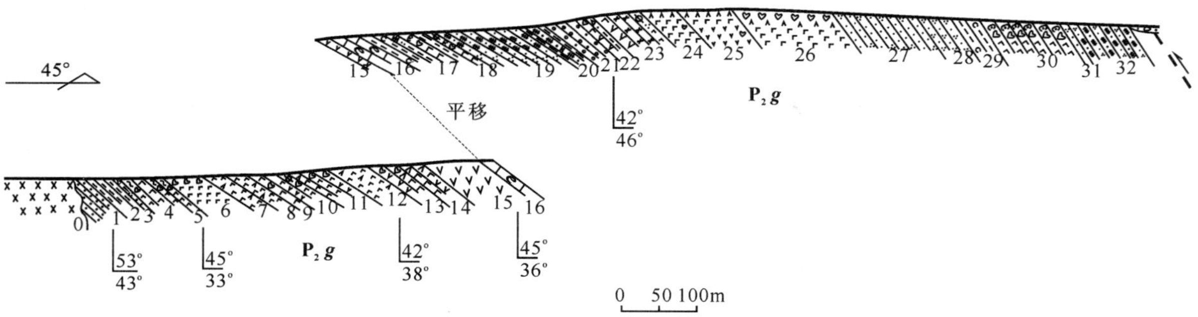

图 2-16　青海省杂多县当朗赛二叠纪尕笛考组实测剖面图

二叠纪尕笛考组(P_2g)　>1 082.38m

五段　>258.85m

32. 浅灰绿色中薄层状细—中粒石英杂砂岩，顶部为断层错断而不全　>53.74m

31. 深灰色块状弱碳酸盐化含杏仁玄武岩，斑状结构，基质为间粒间隐结构，斑晶(9%)为假象斜长石、假象辉石、假象橄榄石，基质为中—拉长石、方解石，被绿泥石、方解石、石英所充填　6.41m

29. 灰黑色薄层状含炭质泥岩，水平层理发育　28.00m

28. 浅灰绿色中薄层状细粒石英砂岩，石英呈次圆状、次棱角状，岩屑成分为硅质岩、中基性火山岩，颗粒分选性好，磨圆度中等—好　25.52m

27. 浅灰绿色薄层状细粒石英砂岩夹灰色薄层状粉砂质泥岩，砂岩颗粒呈次圆状、次棱角状，磨圆度好，分选性好　74.49m

四段　259.22m

26. 灰绿色块状橄榄玄武岩，斑状结构，基质为间粒间隐结构，斑晶(9%)为假象橄榄石，基质主要由拉—中长石组成，另见少量绿泥石、方解石、钛铁矿等，局部见杏仁状构造，杏仁体呈圆状、椭圆形，被绿泥石、方解石、石英充填　91.25m

25. 紫灰色块状橄榄粗安岩，斑状结构，基质为间粒间隐结构、间粒结构、交织结构，斑晶(10%)为假象橄榄石、拉—中长石、玄武闪石，基质为中—拉长石、普通辉石、绿泥石、磁铁矿、钛铁矿、赤铁矿等，局部具杏仁状构造，杏仁体呈圆状，被绿泥石、方解石、石英充填　57.15m

24. 灰紫色块状橄榄粗安岩，斑状结构，基质为间粒间隐结构、间粒结构，斑晶为橄榄石、普通辉石，基质为中—拉长石、普通辉石、绿泥石、赤铁矿等，局部具杏仁状构造，杏仁体呈不规则多边形，被绿泥石、方解石、石英充填　35.62m

23. 灰绿色块状粗面玄武岩、含绿帘石化硅化玄武岩，斑状结构、间粒间隐结构、变余间粒结构、假象交代结构，见辉绿岩脉　45.81m

22. 灰绿色块状玄武岩夹杏仁状玄武安山岩、火山角砾砂状泥岩，火山岩为间粒间片结构，矿物主要由中—拉长石、普通辉石、绿泥石、磁铁矿、钛铁矿等组成，杏仁体呈不规则状，充填物为绿泥石、石英。泥岩中火山角砾为玄武岩、玄武安山岩，呈次棱状、棱角状，无定向性，砂级碎屑成分为石英和少量钠长石，分选性差　29.39m

三段　219.14m

21. 浅灰色中薄层状中粒含岩屑石英砂岩夹中层状含砂细砾岩，砂岩中石英呈次圆状、次棱角状，磨圆度较好，分选性好，另见硅质岩岩屑。细砾岩砾石(65%)成分复杂，计有硅质岩、玄武岩、砂岩等，呈次圆状、次棱角状，无定向性　32.57m

20. 灰色薄层状粘土岩与中厚层状中粒长石杂砂岩互层。砂岩磨圆度差，呈次棱角状，分选性好　28.33m

19. 灰黑色薄层状含炭质泥岩夹薄层状细粒石英杂砂岩，砂岩颗粒磨圆度较好，分选性中等　75.91m

18. 浅灰色厚层状绿泥石化碳酸盐化含杏仁状玄武岩，变余斑状结构，基质为变余间粒间隐结构，斑晶以假象斜长石、假象橄榄石为主，基质主要为板条状斜长石、绿泥石、钛铁矿等，杏仁体呈不规则状，充填物为绿泥石、方解石等　5.43m

17. 灰黑色薄层状粉砂质泥岩夹灰色中薄层状砂岩、碳酸盐化杏仁状玄武岩，顶部0.03m为白色水云母粘土岩，玄武岩为变余斑状结构，基质为间粒间隐结构，杏仁体呈不规则状，充填物为方解石　48.48m

16. 灰色中厚层状生物屑泥晶灰岩　28.42m

底部产腕足类(D-16f)：*Hustedia* sp.

? *Ogbinia* sp.

Cleiothyridina cf. *subexpansa* (Waagen)

Transennatia cf. *gratiosa* (Waagen)

Tyloplecta crassica Jing et Sun

Dielasma sp.

双壳类(D-16f)：*Wilkingia* sp.

二段　　308.34m

15. 紫色块状玄武岩　　51.56m

14. 灰紫色杏仁状橄榄玄武岩，斑状结构，基质为间粒结构、交织结构、间粒间隐结构，斑晶为假象橄榄石，基质为中—拉长石、普通辉石、方解石、磁铁矿、黝帘石等，杏仁体呈不规则状，充填物为绿泥石、石英等　　23.51m

13. 紫色块状橄榄玄武岩夹安山岩，斑状结构，基质为间粒结构、交织结构、间粒间隐结构，斑晶为假象橄榄石，基质为中—拉长石、普通辉石、方解石、磁铁矿、黝帘石等，杏仁体呈不规则状，充填物为绿泥石、石英等　　22.10m

12. 灰紫色块状橄榄玄武岩，斑状结构，基质为间粒结构，斑晶为假象橄榄石，基质为拉长石、普通辉石、磁铁矿等，杏仁体呈不规则状，充填物为绿泥石　　38.12m

11. 灰色块状橄榄玄武岩夹块状玄武安山岩，斑状结构，基质为间粒结构、间粒间隐结构，局部见杏仁状构造，裂隙中见孔雀石矿化　　37.39m

10. 紫灰色杏仁状橄榄粗安岩夹硅化帘石化杏仁状玄武岩。橄榄粗安岩具斑状结构，基质为间粒间隐结构，斑晶主要为假象橄榄石、假象辉石，基质为拉长石、黝帘石、普通辉石、绿泥石等，杏仁体呈不规则状、云朵状，充填物主要为石英。玄武岩具变余间粒结构，矿物为帘石、假象斜长石、方解石、石英等，杏仁体呈不规则状，充填物为石英、方解石　　22.68m

9. 灰绿色块状玄武岩，斑状结构，基质为间粒结构，斑晶为假象橄榄石，基质为拉长石、普通辉石、绿泥石等，局部见气孔、杏仁状构造，充填物为绿泥石和石英　　13.25m

8. 绿灰色厚层状—块状橄榄玄武岩，斑状结构，基质为间粒间片结构，斑晶主要为假象橄榄石，基质为拉长石、绿泥石、磁铁矿等，杏仁体呈圆状，充填物主要为绿泥石　　15.71m

7. 灰色厚层状—块状橄榄玄武岩，斑状结构，基质为间粒间隐结构，斑晶主要为假象橄榄石，基质为拉长石、普通辉石、绿泥石等　　16.99m

6. 深灰绿色块状玄武岩，交织结构、斑状结构、间粒间隐结构，矿物由中—拉长石、普通辉石、绿泥石等组成，局部见气孔、杏仁状构造，杏仁充填物为绿泥石、方解石、石英　　31.47m

5. 深绿灰色块状绿泥石化含杏仁状粗玄岩，间粒结构，矿物由中—拉长石、普通辉石、绿泥石等组成，杏仁体呈不规则圆状，充填物为绿泥石、方解石　　6.19m

4. 深绿灰色厚层-块状绿泥石化碳酸盐岩化含杏仁状玄武岩夹块状粗玄岩，玄武岩为斑状结构，基质为间粒间片结构、间粒间隐结构，杏仁状构造，粗玄岩为斑状结构，基质为间粒结构式　　29.37m

一段　　>36.83m

3. 深灰色薄—中层状含火山角砾细粒岩屑石英砂岩，夹深灰色中粒石英砂岩，顶部见厚约 1.00m 灰黑色薄层状粉砂质泥岩及 0～0.10m 厚的透镜状细砾岩　　2.92m

底部产植物化石(D-3f)：*Pecopteris* cf. *obliqua* Yang et Chen

Cordaites sp.

2. 深灰色薄层状泥岩，水平层理发育　　25.14m

1. 深灰色中—厚层状砂岩　　>8.77m

底部产腕足类(D-1f)：*Geyerella* sp.

Cathaysia chonetoides (Chao)

Hustedia roemota (Eichwald)

Spinomarginifera lopingensis (Chao)

Transennatia gratiosa (Waagen)

Cleiothyridina sp.

C. cf. *subexpansa* (Waagen)

Dielasma cf. *plica* (Kutorga)

其下与灰色细粒辉长岩侵入接触

（未见底）

二、地层划分与对比

（一）岩石地层

青海省石油局 623 队（1957）创名开心岭群（CPK），代表唐古拉山地区中二叠统地层。青海省区测队（1970）将唐古拉山地区的中二叠统地层自下而上归纳为下碎屑岩组、石灰岩组、上碎屑岩组及火山岩组。青海省地层表编写组（1980）沿用开心岭群，并引用后 3 个岩性组。随后，开心岭群被广泛地应用于青海省南部地区的 1∶20 万区域地质调查中。刘广才和田琪（1993）分别正式命名为扎日根组、诺日巴尕日保组和九十道班组，并建立 3 个生物化石组合带。青海省地质矿产局（1997）对扎日根组进行了修订。

调查区出露较广的二叠系火山岩，最早被称为"下二叠统"（青海省区测队，1970）。青海省第二区调队（1982）在杂多县尕笛考创名的尕笛考组和上覆的扎格涌组代表该地区的下二叠统。在进行地层清理时，青海省地质矿产局（1997）认为"扎格涌组应是尕笛考组的同物异名"而停用，并修订了尕笛考组。调查区及邻区中二叠统划分沿革见表 2-7。

本次工作采用青海省地质矿产局（1997）的划分方案，但对尕笛考组、九十道班组进行了修订，并新建尕日扎仁组和索加组（牛志军等，2006d）。

1. 岩性组合

（1）扎日根组（P_2z）　　>698.49m

在调查区扎日根组以灰岩的大量出现与消失作为底、顶界的划分标志，与刘广才（1993）的原始定义基本一致，仅分布于玛日啊达州一带，其中发现大量中二叠世早期的 *Misellina* 生物群，将其限定于中二叠世层位中。其中块状的礁相灰岩作为非正式填图单元。地质时代为中二叠世栖霞早—中期（䗴类 *Misellina* 带）。

下部为浅灰色厚层状—块状泥亮晶含砾屑砂屑生物屑灰岩、粉细晶化泥晶含砂屑生物屑灰岩，生物屑主要为绿藻屑，其次为双壳屑，少量的腕足屑、介形屑、棘皮屑等。未见底。产䗴类 *Misellina* 带的 *Schubertella*，*Parafusulina*，*Pseudofusulina*，*Misellina* 等属，非䗴有孔虫 *Pachyphloia-Cribrogenerina-Nodosaria* 组合的 *Eotuberitina*，*Neotuberitina*，*Climacammina*，*Cribrogenerina*，*Globivalvulina*，*Geinitzina*，*Pachyphloia* 等属，珊瑚 *Wentzellophyllum-Szechuanophyllum* 组合的 *Waagenophyllum* 和 *Liangshanophyllum* 等属，属开阔台地相、台地边缘浅滩相。

中部为暗红色中—薄层状含钙质水云母质微晶白云岩、灰—灰绿色薄层状粉砂质泥岩夹中层状含钙质含水云母含菱铁矿细粒岩屑砂岩，向上夹少量含钙质含角砾不等粒岩屑砂岩，颗粒支撑，板状斜层理、沙纹层理发育，产少量生物屑，属局限台地相。

上部为浅灰色厚层状生物屑粉晶化泥晶灰岩、浅灰色厚层状苔藓虫格架灰岩夹弱硅化亮晶含生物屑砾屑灰岩、暗红色薄层状含放射虫（6%）含水云母含赤铁矿泥晶硅质岩。生物屑主要有海百合茎、苔藓虫、多细胞绿藻屑、腕足屑、双壳屑等，燧石结核、条带发育。产䗴类 *Misellina* 带的 *Kahlerina* 和 *Schubertella* 等属，非䗴有孔虫 *Pachyphloia-Cribrogenerina-Nodosaria* 组合的 *Ammodiscus*，*Glomospira*，*Eotuneritina*，*Palaeotextularia*，*Cribrogenerina*，*Pachyphloia* 等属，珊瑚 *Wentzellophyllum-Szechuanophyllum* 组合的 *Liangshanophyllum* 和 *Wentzelella* 等属，腕足类 *Tylopecta nankingensis* 组合的 *Linoproductus*，*Haydenella*，*Spinomarginifera* 等属及硅质放射虫等。属开阔台地相、台地边滩相、生物礁相及深水斜坡相。

基本层序有两种类型：①灰色—深灰色厚层状生物屑泥晶灰岩（A）→浅灰色厚层状泥晶灰岩（B）→灰—灰白色块状生物格架灰岩（C），显示出向上海水变浅的沉积结构，单个层序厚约 2～10m，在该组的下部层位主要以 A、B 单元为主，在中上部层位则出现较多的 B、C 单元；②基本层序表现为一种非韵律性的特征，即以泥岩为主体，随机性地出现有细粒岩屑砂岩的夹层（图 2-17），该类型仅见于中下部层位。

表 2-7　调查区及邻区二叠纪地层划分沿革表

作者	地层序列
青海省石油局623队（1957）	下二叠统开心岭群
尹赞勋（1958）	下二叠统开心岭群
青海省区测队（1970）	火山岩组；上碎屑岩组；石灰岩组；下碎屑岩组
青海省地层编写组（1980）	开心岭群：火山岩组；上碎屑岩组；石灰岩组；下碎屑岩组
青海省第二区测队（1982）	扎格涌组：碳酸盐岩段；碎屑岩夹火山岩段 尕笛考组：碳酸盐岩段；碎屑岩段
青海省区调综合地质大队（1987）	开心岭群：火山岩灰岩组；碳酸盐岩组；碎屑岩组
青海省区调综合地质大队（1989）	开心岭群：上碳酸盐岩组；碎屑岩组；下碳酸盐岩组
青海省地质矿产局（1991）	开心岭群：扎格涌组；尕笛考组
刘广才　和田琪（1993）	开心岭群：九十道班组；诺日巴尕日保组；扎日根组
青海省地质矿产局（1997）	开心岭群：九十道班组；诺日巴尕日保组；扎日根组（与尕笛考组并列） 尕笛考组
本　文	索加组 尕日扎仁组 开心岭群：九十道班组；诺日巴尕日保组；扎日根组（诺日巴尕日保组、扎日根组与尕笛考组并列） 尕笛考组

注：此表只反映地层划分的沿革，并不代表各岩石地层间的对比关系。

(2) 诺日巴尕日保组(P_2n)　405.76～2 067.41m

诺日巴尕日保组以碎屑岩的大量出现与消失作为底、顶界的划分标志，与正层型剖面相比，碎屑岩的成分相对减少，且以泥岩为主，灰岩及火山岩相对增多，且在岩性上明显地与同期异相的尕笛考组呈渐变。本次调查将玄武岩、角砾岩作为非正式填图单元。该组主要分布于调查区南部的阿日永-左支一线，中部的萨日喀钦-果哇通-玛日啊达州一线，北部的宰木通-西恰山东部一线，总体上呈北西向展布。在岩性组合上可分出两种沉积类型，分别以南部阿日永和中部玛日啊达州为特点。

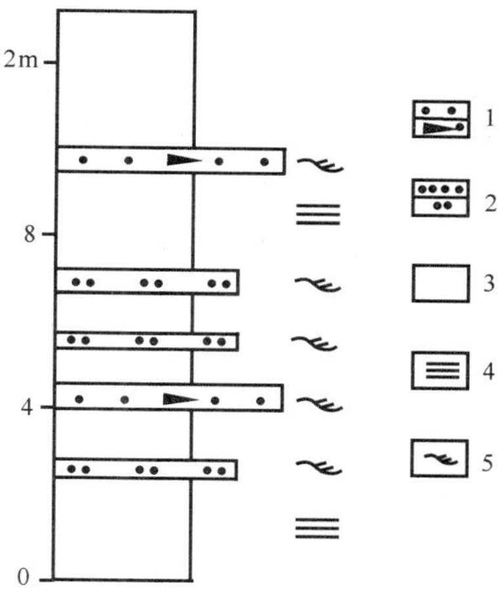

图 2-17　扎日根组中部非韵律性基本层序

(杂多县玛日啊达州)

1. 岩屑砂岩；2. 粉砂岩 3. 泥岩；

4. 水平层理；5. 沙纹层理

南部阿日永一带出露较齐全，厚度最大，根据岩性组合特征自下而上可分为五段。

一段：灰绿色中层状岩屑晶屑凝灰岩、凝灰岩、沉凝灰岩为主，下部夹暗紫红色中层状细粒石英砂岩、灰绿色中层状含凝灰生物屑微晶灰岩，近顶部夹暗红色中厚层状沉凝灰质角砾岩、灰绿色中层状凝灰质含生物屑硅质泥岩，见少量放射虫。厚 236.65m。

二段：底部为灰色厚层状碳酸盐质角砾岩夹深灰绿色中厚层状含砾粗砂岩、凝灰岩、生物屑泥晶灰岩、钙质砾岩；角砾岩中砾石成分以碳酸盐质为主，另见有玄武质、凝灰质、硅质、砂质等，呈次棱角状，大小混杂，具重力滑塌构造等重力流沉积特征。灰岩角砾最大者可达 1～2m，其中产䗴类化石，灰岩角砾“漂浮”于凝灰质的基质中，显示出混杂堆积特点。粗砂岩中平行层理发育。厚 729.91m。

下部灰色中层状生物屑泥晶灰岩、亮晶生物屑砾屑灰岩、灰绿色中层状夹薄层状凝灰岩、暗绿色中层状含火山角砾粗砂岩、中薄层状细粒岩屑砂岩；粗砂岩底部含砾石，多顺层分布，磨圆中等—差，向上平行层理发育。沉凝灰岩晶屑以斜长石为主，中基性熔岩岩屑、硅质岩岩屑、灰岩岩屑常见。砾屑灰岩也具有重力流沉积特征。

上部为灰色薄层状泥岩与深灰色中层状亮晶砾屑灰岩、泥晶石英细砂质生物屑砂屑灰岩、生物屑泥晶灰岩不等厚互层，夹薄层状含凝灰硅质岩、硅质泥岩。灰岩砾屑磨圆度中等，大小约 1～5cm，分选性中等，生物屑(棘皮屑、双壳屑、炭化植物碎片为主，另见少量腕足屑、介形屑、多细胞绿藻屑，16%)、次棱角—半圆状灰岩砂屑(20%)，颗粒支撑，粒间为微粉晶化泥晶充填。具平行层理、小型沙纹层理。泥岩中水平层理发育，粉砂岩中水平层理、沙纹层理发育。

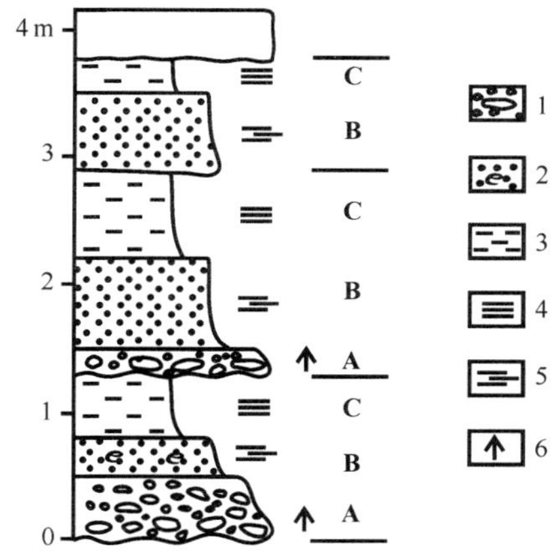

图 2-18　诺日巴尕日保组下部基本层序

(杂多县阿日永)

1. 砾屑灰岩或角砾岩；2. 生物屑砂屑灰岩；3. 泥岩；4. 水平层理；5. 平行层理；6. 正粒序层理

该段灰岩中产䗴类 *Misellina* 带的 *Schwagerina*，*Schubertella*，*Toriyamaia*，*Dunbarula*，*Minojapanella*，*Parafusulina* 等属，非䗴有孔虫 *Pachyphloa-Cribrogenerina-Nodosaria* 组合的 *Eotuberitina*，*Tetrataxis*，*Palaeotextularia*，*Climacammina*，*Cribrogenerina*，*Globivalvulina*，*Lasiodiscus*，*Plectogyra*，*Multidiscus*，*Geinitzina*，*Nodosari*，*Pachyphloia* 等属。

本段基本层序为砾屑灰岩或角砾岩(A)→砂屑或生物屑灰岩(B)→泥岩(C)，总体上显示出向上粒度渐细的结构(图 2-18)，垂向叠置上显示出 C 单元向上增厚的特征，且其中可夹有薄层灰岩，该类型见于该段的底部与上部层位，但是底部层位中以 A 单元厚度较大，单个层序厚达 1～3m，重力滑塌构造发育，显示出近源特点；在上部层位中以 B 单元最为常见，但同时其单个层序仅有 20cm，其规模明显小于底部层位，显示出远源浊积岩的特点。

三段：为黑色薄层状泥岩、灰绿色中层状凝灰质硅质泥岩夹灰—深灰色中层状含生物屑砾屑灰岩、含凝灰含硅质泥晶灰岩、生物屑泥晶灰岩及细粒石英砂岩、中层状含生物屑细粒岩屑石英砂岩、钙质细粒岩屑砂岩，近顶部夹有少量灰绿色中层状凝灰岩。基本层序表现为一种非韵律性的特征，即是以泥岩为主体，随机性地出现有灰岩及砂岩的夹层。厚772.09m。

灰岩中生物屑类型丰富，计有棘皮屑、腕足屑、介形虫屑、有孔虫、腹足屑、绿藻、放射虫等。泥岩中水平层理发育，砂岩中平行层理发育。产䗴类 *Misellina* 带的 *Pseudofusulina*，*Schwagerina*，*Minojapanella*，*Nankinella*，*Schubertella* 等属。非䗴有孔虫 *Pachyphloia-Cribrogenerina-Nodosaria* 组合的 *Glomospira*，*Eotuberitina*，*Palaeotextularia*，*Cribrogenerina*，*Globivalvulina*，*Pachyphloia*，*Nodosaria* 等属。

四段：下部为灰绿色块状玄武岩夹灰绿色中层状晶屑凝灰岩、含凝灰含钙硅质泥岩，上部为暗红色、灰绿色等杂色厚层状凝灰火山角砾岩，角砾呈棱角状，以中基性熔岩为主，少量为凝灰岩屑。粗面玄武岩发育方解石充填杏仁状构造。硅质泥岩镜下见放射虫等，水平层理发育。厚123.00m。

五段：下部灰、深灰色薄—中层状微晶砂质含生物屑砂屑灰岩夹薄层状粉—细砂质生物屑砂屑微晶灰岩，灰、深灰色薄层状钙质泥岩，凝灰质硅质泥岩，晶屑凝灰岩。灰岩中陆源碎屑以棱角状石英、斜长石、灰岩岩屑为主，生物屑为有孔虫屑、介壳屑、棘皮屑、苔藓虫屑、绿藻屑等，具小型滑塌构造。泥岩发育水平层理。中部为浅灰绿色厚层状中粗粒岩屑砂岩、黑色薄层状泥岩夹灰黑色厚层状砾屑灰岩、泥晶灰岩，发育水平层理和逆粒序层理。上部为浅灰色厚层状含生物屑泥晶灰岩、块状砾屑灰岩夹微晶生物屑核形石灰岩、细粒岩屑砂岩、暗紫色中层状凝灰岩、灰绿色中层状钙质泥岩，砾屑灰岩中常见䗴类构成砾屑，含生物屑泥晶灰岩中生物屑计有棘皮、有孔虫、介壳、苔藓虫、腕足等生物屑，砾屑灰岩中见燧石结核，具正粒序层理，显示出重力流沉积特征，砂岩中平行层理发育，泥岩中见放射虫，水平层理发育。厚204.87m。

灰岩中产䗴类 *Misellina* 带的 *Schubertella*，*Pseudofusulina*，*Schwagerina*，*Pamirina*，*Minojapanella*. 等属，非䗴有孔虫 *Pachyphloa-Cribrogenerina-Nodosaria* 组合的 *Glomospira*，*Archaesphaera*，*Neotuberitina*，*Palaeotextularia*，*Climacammina*，*Nodosaria*，*Pachyphloia* 等属，腕足类 *Tylopecta nankingensi* s组合的 *Paramarginifera*，*Hustedia*，*Streptohynchus* 等属。

基本层序有两种类型：①细粒岩屑砂岩(A)→泥岩夹灰岩(B)，砂岩底部多含砾，总体上显示出向上粒度渐细的结构，以B单元厚度最大，单个层序厚约1～2m，该类型见于本段的上部层位；②砾屑灰岩(A)→砂屑生物屑灰岩(B)→泥岩(C)，显示出重力流特点，总体上显示出向上粒度渐细的结构，以B单元厚度最大，A单元呈透镜状或厚层状，单个层序厚约0.5～8m，该类型见于本段的下部、上部层位(图2-19)。

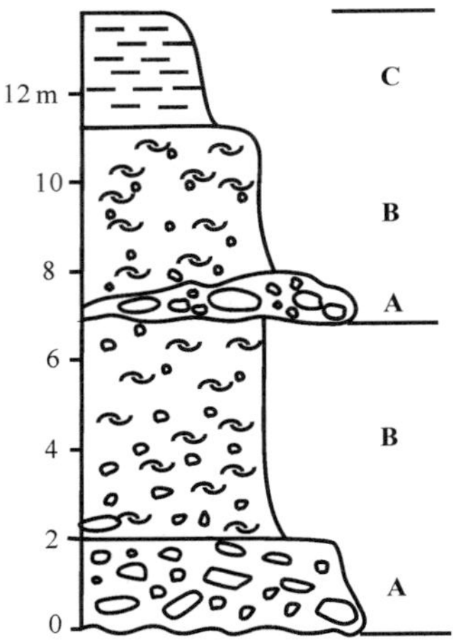

图2-19　诺日巴尕日保组五段基本层序
(杂多县阿日永)
A.砾屑灰岩或砾岩；B.生物屑砂屑灰岩；C.泥岩

总体上看，调查区南部的诺日巴尕日保组发育异地的 *Pseudofusulina-Schwagerina* 䗴类生物群，地质时代为中二叠世栖霞早期，属火山岛前缘浅水—深水斜坡相沉积。

中部玛日啊达州一带岩性组合与南部阿日永一带略有不同，主要表现为沉凝灰岩与灰岩的大套互层，厚度大于763.52m，岩性组合可分为三段。

一段：灰绿色、暗红色中层状夹薄层状凝灰岩、岩屑角砾凝灰岩、沉凝灰岩夹含凝灰硅质泥岩、暗红色中夹薄层状含水云母泥微晶硅质岩。凝灰岩晶屑呈棱角状，另见碳酸盐岩岩屑，基质为霏细结构，填隙物主要为微—细晶方解石。产腕足类 Lyttoniidae、放射虫、有孔虫等，属火山岛前缘浅水—深水斜坡相沉积。厚229.51m。

二段：下部浅灰—灰白色中层状含燧石结核残余砂屑粉晶灰岩、泥晶生物屑灰岩，生物屑泥晶灰岩，部分层间夹页片状泥岩，灰岩中颗粒为泥晶灰岩砂砾屑、生物屑(三叶虫屑、腕足屑、棘皮屑)，局部为颗粒支撑，粉晶充填。中部暗红色薄层状泥岩。上部浅灰—灰白色中厚层状细晶白云岩、深灰—灰色中层状弱硅化含残余生物屑含钙质细晶白云岩夹少量生物屑泥晶灰岩、泥晶灰岩，见少量棘皮屑、腕足屑，显示出碳酸盐岩台地沉积层序(图 2-20)。厚 238.64m，属开阔台地相—局限台地相。本段产䗴类 *Misellina* 带的 *Parafusulina*，*Pseudofusulina* 和 *Schwaegrina* 等属，非䗴有孔虫 *Pachyphloia* 和 *Nodosaria* 等属，珊瑚 *Paracaninia* 属，腕足类 *Tylopecta nankingensis* 组合的 *Cathaysia*，*Transennatia*，*Squamularia*，*Terebratuloidea*，*Haydenella*，*Crurithyris* 等属。

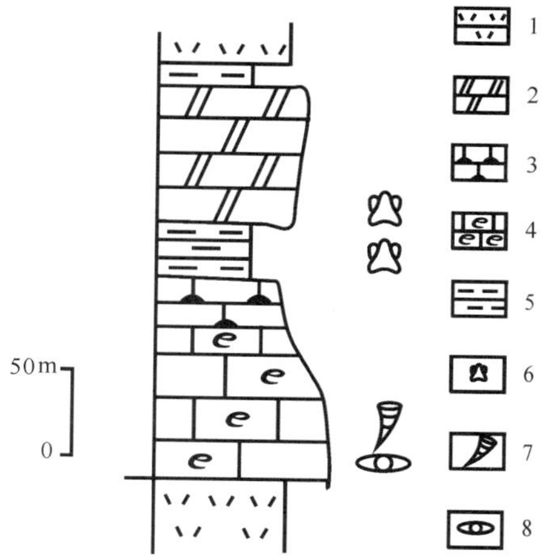

图 2-20　诺日巴尕日保组碳酸盐岩台地沉积层序

(杂多县玛日啊达州)

1. 凝灰岩；2. 白云岩；3. 燧石结核灰岩；4. 生物屑灰岩；5. 泥岩；6. 腕足化石；7. 珊瑚化石；8. 䗴类化石

三段：灰绿色中层状晶屑凝灰岩、玻屑晶屑凝灰岩、含砾岩屑凝灰岩夹暗红色中层状沉凝灰岩、凝灰质泥岩、泥岩、暗绿色微晶硅质岩，上部夹浅灰色中—厚层状弱硅化泥晶含生物屑含砾屑砂屑灰岩、含绿泥石含钙质细粒岩屑石英砂岩，砂岩不稳定，岩屑多，分选性中等，颗粒支撑，杂基及少量成岩胶结质(粉—细晶方解石)充填，矿物成熟度低，具中、小型板状斜层理。灰岩颗粒以次棱角状砂砾屑为主，分选性差，颗粒支撑，泥晶充填为主，未见顶，产䗴类 *Parafusulina* sp. indet. 、放射虫等，属开阔台地相—火山岛前缘浅水—深水斜坡相，个别层位出现盆地相。厚度大于 295.37m。

(3) 九十道班组(P_2j)　>469.37m

与正层型剖面不同的是调查区九十道班组主要覆于尕笛考组之上，仅在南部阿日永一带见其覆于诺日巴尕日保组之上，但分布明显不如前者广泛。本次工作对九十道班组的含义进行了修订，指位于尕笛考组或诺日巴尕日保组之上的一套灰岩层，以灰岩的大量出现与消失作为底、顶界的划分标志，相当于祥播阶—茅口阶下部地层。该组中的生物骨架灰岩作为非正式填图单位。

灰—深灰色厚层状亮晶生物屑含砾屑砂屑灰岩、亮晶生物屑灰岩、泥晶生物屑灰岩夹泥晶灰岩，生物屑种类多，计有棘皮屑、有孔虫、三叶虫屑、腕足屑、双壳屑、钙球、介形屑、苔藓虫屑、藻类等，亮晶生物屑含砾屑砂屑灰岩中砂砾屑半圆一滚圆状，圆度好，颗粒支撑，亮晶充填，略显低角度交错层理。

基本层序为浅灰色厚层状砾屑砂屑灰岩(A)→灰色中厚层状生物屑灰岩(B)→灰色厚层至块状生物屑灰岩(C)，即是以灰岩的单层厚度来划分层序特征，单个层序厚约 1～5m，显示出底部海侵，中部水体加深，至顶部海水变浅的进程(图 2-21)。主体属开阔台地相，间夹台地边缘浅滩相。

本组产䗴类 *Parafusulina-Pseudofusulina* 组合、*Cancellina* cf. *houchangensis* 组合和 *Afghanella schencki-Neoschwagerina craticulifera* 组合，珊瑚 *Ipciphyllum elegans-I. subtimorica* 组合，腕足类 *Urushtenia crenulata* 组合，苔藓虫 *Fenestella*，*Pseudobatostomella* 和 *Dybowskiella* 等属，菊石 *Agathiceras*，*Waagenoceras* 和 *Altudoceras* 等属，地质时代为中二叠世祥播期至茅口早期。

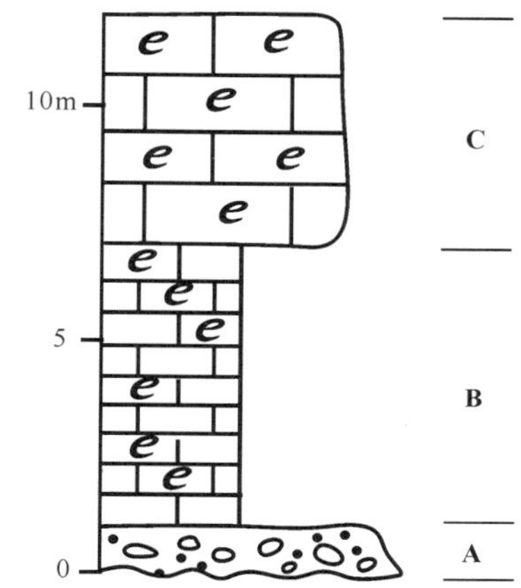

图 2-21　茅口阶九十道班组基本层序

(治多县采佛果)

A. 厚层状砾屑灰岩；B. 中层状生物屑泥晶灰岩；C. 厚层状泥晶生物屑灰岩

与下伏地层诺日巴尕日保组呈整合接触，与尕笛考组似整合接触，在杂多县辛木通北见厚约 17m 的灰色中厚层状细砾岩，砾石成分主要是下伏的火山岩，颗粒支撑，钙质胶结，反映二者之间在部分地区存在沉积间断。

(4) 尕笛考组(P_2g)　1 082.38～2 431.94m

由于调查区内尕笛考组的上覆地层为九十道班组，且含丰富祥播期一茅口期䗴类化石的灰岩，故本书对尕笛考组的定义作了修订。修订后的尕笛考组仅限于以火山岩为主，夹少量泥岩、砂岩及灰岩，其顶界以九十道班组大套灰岩的底界为定，底界出露不全，地质时代为中二叠世栖霞期(牛志军等，2006b)，相当于开心岭群下部地层(扎日根组和诺日巴尕日保组)。本次工作将其中的火山角砾岩(集块岩)、灰岩作为非正式填图单元。分布于调查区中部的尕日扎仁-夏麻贡玛曲一线,南部的苟果尕-当朗赛一线,出露的最大厚度为 2 431.94m,岩性组合可分至段,彼此之间精细对比较为困难,尕日赛瑙贡玛一带可以划分为四段。

一段:下部为灰、灰绿色中—厚层状凝灰岩夹灰色厚层状灰岩、浅绿色中—薄层状火山凝灰质细粒砂岩、硅质泥岩、硅质岩等,向上则以灰绿色中厚层状玄武岩、玄武安山岩、安山玄武质晶屑火山角砾岩为主,气孔状—杏仁状构造发育。凝灰岩类型多,计有玄武质晶屑凝灰熔岩、安山质晶屑凝灰岩、岩屑晶屑凝灰岩,碳酸盐化玄武质熔结凝灰岩等,具交织结构、粒玄结构、间粒结构等。仅见于尕日赛瑙贡玛一带。属深水斜坡相。未见底,厚度大于 341.50m。

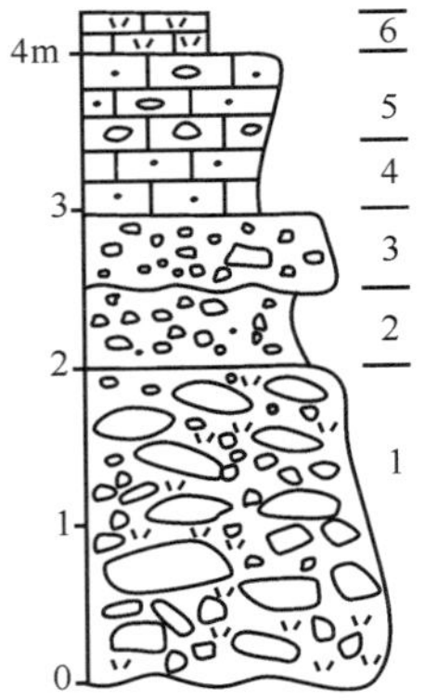

图 2-22　尕笛考组下部重力流灰岩层序

(杂多县尕日赛瑙贡玛)

1.凝灰质胶结的碳酸盐质砾岩;2.凝灰质砾屑灰岩;3.砾屑颗粒灰岩;4.砂屑灰岩;5.砂屑砾屑灰岩;6.凝灰质泥晶灰岩

所夹的灰色厚层状泥亮晶砂屑、砾屑生物屑灰岩中生物屑磨蚀明显,为异地埋藏,主要为钙质海绵屑、绿藻屑、腹足屑、双壳屑、棘皮屑等,灰岩角砾呈"漂砾"状分布于玄武岩基质中,具重力滑塌构造(图 2-22)。产异地的䗴类 *Parafusulina*、*Schubertella*、*Kahlerina*、*Schwagerina*、*Pseudofusulina* 等属,非䗴有孔虫 *Eotuberitina*、*Globivalvulina*、*Cribrogenerina*、*Tetrataxis*、*Plectogyra*、*Nodosaria*、*Pachyphloia*. 等属和珊瑚类、海绵化石。

二段:灰绿色块状火山集块岩、安山质岩屑火山角砾岩、火山熔结角砾岩、岩屑晶屑火山角砾岩夹灰绿色块状玄武岩,角砾岩为斑杂状构造,火山角砾为杏仁状安山岩、安山岩、玄武岩,岩屑成分为安山岩,晶屑为斜长石、单斜辉石,胶结物为方解石、绿泥石、铁质氧化物、磁铁矿等。厚 643.14m。

三段:在尕日赛瑙贡玛一带厚仅 80m,且仅见灰色厚层状—块状亮泥晶砂粉屑核形石灰岩,核形石呈等轴状、长条状,生物屑为珊瑚屑、双壳屑、苔藓虫屑、三叶虫屑等,灰岩砂屑、粉屑、砾屑呈次棱—半圆状,分选性差,颗粒支撑,泥晶及少量亮晶充填为主,次为微晶化泥晶支撑,属台地相。在苟果尕一带三段厚达 600m,岩性可分为三部分:下部为灰色厚层状微粉晶化泥晶棘皮屑灰岩、生物屑泥晶灰岩、灰色中层状生物屑砾屑灰岩,层间夹深灰色中层状含砾屑钙质水云母粘土岩,生物屑种类多,主要为棘皮屑,次为䗴类、钙质海绵屑、珊瑚屑、苔藓虫屑、腕足屑、介形屑、有孔虫、菊石碎片等。颗粒支撑,微晶化泥晶充填。灰岩中水平层理、正粒序层理发育。与下伏的玄武岩层之间为灰黑色薄层状含粉砂水云母粘土岩。中部为深灰色薄层状粉砂质泥岩夹灰色中层状细粒岩屑石英砂岩、水云母质岩屑石英含细砂粉砂岩、含燧石结核生物屑泥晶灰岩,砂岩颗粒支撑,杂基充填,并见少量不稳定的岩屑及无结构细炭屑,平行层理发育,常见植物碎片。上部为灰色中厚层状生物屑泥晶灰岩夹砾屑泥晶灰岩。三段中产丰富的䗴类,计有 *Misellina* 带的 *Misellina*,*Schubertella*,*Kahlerina*,*Minojapanella*,*Yangchienia*,*Wutuella*,*Schwagerina*,*Pseudofusulina* 等属,另见有非䗴有孔虫 *Pachyphloa-Cribrogenerina-Nodosaria* 组合的 *Glomospira*,*Tetrataxis*,*Cribrogenerina*,*Globivalvulina*,*Nodosaria*,*Pachyphloia* 等属,珊瑚 *Multithecopora* 和 *Waagenophyllum* 等属,菊石 *Agathiceras* 属,植物? *Annularia*,*Cordaites* 和 *Taeniopteris* 等属及双壳类化石。

在调查区东部的夏麻贡玛曲剖面中的12层为深灰色中层状沉凝灰岩夹泥岩、厚层状凝灰质含砾砂岩,上部 10m 深灰色中层状中基性玄武质安山质火山角砾岩与黑色薄层状炭质泥岩互层,厚 42.60m,大致可以与之对比。

四段:灰绿色块状火山角砾岩、火山集块岩夹灰绿色块状粗面玄武岩、灰绿色块状晶屑岩屑凝灰岩等,横向上顶部可见少量深红色泥岩。厚 1 367.21m。与上覆九十道班组呈整合接触。

该组在南部当朗赛一带可分为五段,表现为火山岩与陆源碎屑岩的大套互层,地质时代为中二叠世栖霞期(䗴类 *Misellina* 带)。

(5) 尕日扎仁组(P_2gr)　　236.10m

以治多县尕日扎仁剖面为代表,位于九十道班组之上的一套细碎屑岩夹灰岩、火山岩地层,为本次工作中新发现的岩石地层单位。

岩性以灰褐色中层状含钙质细粒石英砂岩、灰黑色薄层状泥岩为主，夹深灰色中层状含硅质石英粉砂岩、灰色中层状硅质粉晶灰岩、强硅化含炭质泥晶海绵骨针灰岩。砂岩分选性好，略显沙纹层理，上部的灰岩中生物屑种类较多，部分颗粒支撑，泥晶充填，略显断续微波状层理，下部见丘状层理，属远源风暴岩沉积。该组中见两层玄武岩，斑晶为斜长石、铁镁矿物假晶，基质主要为中一更长石、铁镁矿物假晶、钾长石、石英等，浑圆形杏仁状构造发育。与下伏九十道班组呈整合接触。

在灰岩中产少量有孔虫 *Pachyphloia* sp.，双壳类 *Wilkingia* sp.，腕足类 *Acosarina minuta* 组合等。上述的化石尚不能确切反映其地质时代，但根据上覆、下伏层位的䗴类化石，我们认为其应为中二叠世茅口晚期。

尕日扎仁组基本层序以深灰色泥岩为主，随机性地出现砂岩、粉砂岩、灰岩的非韵律性的特征，砂岩、粉砂岩、灰岩一般为中—薄层状，下部砂岩略多，近顶部灰岩增多，属三角洲相—陆棚相。

(6) 索加组(P_2s)　　>430.56m

以治多县尕日扎仁剖面为代表，该组的特点是灰岩见较多的燧石条带及结核。据岩性组合特征可分为两段，为本次工作中新发现的岩石地层单位。

下段：底部 0～0.30m 为灰色中层状(含钙质含硅质火山岩质石英质)单成分(火山岩质)细砾岩、灰色厚层状含高岭石粗中粒岩屑砂岩，砾石成分复杂，主要为火山岩(52%)，并见有少量石英及石英岩屑、变质石英砂岩岩屑、硅质岩岩屑、斜长石等，砾石半圆—次棱角状，无定向性，大小约 2～11mm，分选中等，硅质胶结，砂岩颗粒主要为次棱角状中基性火山岩岩屑，其次为硅质岩岩屑、基性斜长石、石英及斜长石等，分选较好，发育平行层理、板状斜层理，另见一层灰绿色中层状玄武安山岩，斑晶为斜长石、铁镁质假晶，基质以柱条状更长石、铁镁质假晶为主，浑圆状或拉长状杏仁体发育，内多充填石英、方解石；向上为灰黑色薄层状泥岩夹深灰色中层状生物屑泥晶灰岩、泥晶灰岩、硅化砂屑灰岩。灰岩生物屑以藻屑为主(30%)，另见少量双壳屑、腕足屑、棘皮屑、有孔虫、介形屑、苔藓虫屑、腹足屑、钙质海绵骨针等，泥晶支撑为主，泥岩中水平层理发育，产腕足类化石 *Haydenella kiangsiensis* (Kayser)。与下伏地层呈平行不整合接触，厚 130～161m。

索加组下段基本层序有两种类型，底部为砾岩(A)→砂岩(B)→砂岩夹灰岩(C)→泥岩(D)，仅见一个基本层序，砂岩中发育板状斜层理、平行层理，厚约 40m，显示出向上粒度变细，叠置型式为退积型，表明向上水体的加深，属滨岸相(图 2-23)。该类型向上变为第二种基本层序，即以泥岩为主，随机性地夹有中—薄层状灰岩的一种非韵律性特征，属局限台地相。

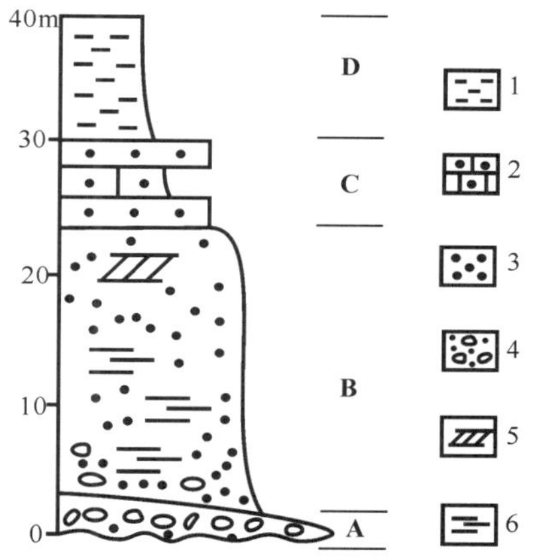

图 2-23　索加组下段基本层序
(治多县尕日扎仁)
1. 泥岩；2. 砂屑砂岩；3. 砂岩；4. 砾岩；5. 板状斜层理；6. 平行层理

上段：灰色—深灰色中厚层状含燧石条带、团块生物屑泥晶灰岩、泥晶生物屑灰岩夹细晶白云岩、泥岩等，生物屑以棘皮屑、多细胞绿藻屑为主，另见珊瑚屑、苔藓虫屑、双壳屑、腕足屑、有孔虫等，未见顶，部分层位具白云石化，局部层位生物屑灰岩中见倒"小"字构造，丘状层理发育，显示出风暴沉积。厚度大于 269.56m，属开阔台地相夹少量局限台地相。产䗴类 *Sumatrina annae* 组合，非䗴有孔虫 *Pachyphloia* 组合及珊瑚等。

䗴类 *Sumatrina annae* Volz, *Chusenella conicocylindrica* Chen, *C.* cf. *tieni* Chen，多见于华南地区的中二叠世茅口期至冷坞期，但以前者较为多见。本书根据其覆于含茅口中晚期的䗴类 *Afghanella schencki-Neoschwagerina craticulifera* 带之上，且其与下伏地层间存在明显的沉积间断，认为其地质时代为中二叠世冷坞期。

索加组上段基本层序为深灰色厚层状泥晶生物屑灰岩(A)→生物屑泥晶灰岩(B)→泥晶灰岩夹泥岩(C)→白云岩(D)，显示出向上粒度变细的特征，表明向上水体能量渐低，单个层序厚约 10～20m。白云岩层仅在中下部层位出现，属开阔台地相→陆棚相，间夹局限台地、台地边缘浅滩相。

2. 二叠纪地层区域对比

调查区二叠纪地层出露广泛，沉积类型复杂，生物化石丰富，但多呈断块状产出，岩石地层单位顶、底界线不全。另外调查区二叠纪地层处于台区（沱沱河地区）与槽区（杂多地区）之间的过渡地带，岩石地层单位相变快，与周边地区的地层划分对比较为困难。本次工作对二叠系区域对比的原则是：首先是岩石组合与正层型剖面的对比；二是火山岩层可作为一个很好的事件对比标志；三是生物化石（重点是䗴类化石）的横向及纵向对比。调查区栖霞阶期实测地层剖面的对比见图2-24，显示出栖霞期地层是以火山岛为中心向两侧渐变为碳酸盐岩、凝灰岩、砂泥岩至砾岩；与正层型剖面的对比见图2-25，总体分析，与正层型剖面较好对比。

（1）扎日根组的对比

在区域上，该组的分布很局限，主要见于青海省沱沱河地区的诺日巴纳保、大红山沟口一带，基本上亦是呈断块状产出。从岩性上调查区扎日根组与正层型剖面（诺日巴纳保）基本一致，但其间所夹的白云岩、硅质岩、砂岩及泥岩在正层型剖面未曾见及，而且本区的扎日根组仅见中二叠世早期的 *Misellina* 䗴类化石带，未见原来被划入晚石炭世（现应划入早二叠世）的 *Sphaeroschwagerina sphaerica gigas*，*Zellina colaniae*，*Robustoschwagerina* cf. *flura* 分子，即调查区的扎日根组仅相当于正层型剖面的上部层位。

（2）诺日巴尕日保组的对比

该组在调查区内相变大，本次工作中测制了4条剖面，可划分为3种沉积类型。

① 砾岩型：以阿日永剖面为代表。特征是以深灰色的泥岩为主，夹灰绿色的沉凝灰岩、凝灰岩、砾屑灰岩、碳酸盐质角砾岩及含砾粗砂岩、玄武岩等，该类型中较为特征的是见较多重力流沉积的砾岩与灰岩，滑塌构造发育，产异地的 *Pseudofusulina-Schwagerina* 组合。

② 砂-泥岩型：以左支剖面为代表。在空间上位于尕笛考组火山岩之间的沉积洼地内，以灰色厚层状细粒岩屑砂岩、灰黑色薄中层状含粉砂泥岩为主，夹少量粉砂岩、灰岩，火山岩夹层较薄。灰岩中产丰富的䗴类生物群，以 *Parafusulina* 属数量最为丰富，分异度相对低，未见特征的 *Misellina* 属。另见有腕足类化石 *Cleiothyridina* sp.，*Martinia* sp.（cf. *lopingensis* Chao），*Martinia* cf. *lopingensis* Chao，*Squamularia* cf. *waageni*（Lo czy）及珊瑚类、炭化植物碎片等，厚度大于405.76m。

③ 沉凝灰岩型：以玛日啊达州剖面为代表。总体的岩性组合特征是以沉凝灰岩与灰岩的大套互层为主，间夹浅灰绿色中层状岩屑杂砂岩、红色硅质泥岩、白云岩等，厚度大于763.52m。灰岩中䗴类化石丰富，但其多见于灰岩层底部，向上则多为珊瑚或腕足类化石。该沉积类型亦见于调查区北部的西恰赛索曲一带及西部的尕白一带，但在西恰赛索曲剖面中未见灰岩夹层，其层位仅相当于玛日啊达州剖面的一段层位。该沉积类型实际上是诺日巴尕日保组与尕笛考组的过渡类型。

与正层型剖面的对比：调查区的诺日巴尕日保组首先表现在砂岩相对较少，而重力流灰岩或滑塌砾岩明显增多；其次在左支一带，见有较多砂岩层，但却极少见长石砂岩，反映沉积水体较深，同时火山岩夹层多，厚度大，灰岩横向分布亦不稳定；三是本区岩性比正层型剖面则更为复杂，类型多，由于含丰富的䗴类而易于对比，其岩性组合更接近于青海省地质矿产局(1997)关于该组的现在定义。

（3）尕笛考组的对比

尕笛考组总体上以火山岩为主，分布于调查区南部苟果尕-当朗赛一线及北部的尕日赛瑙贡玛-夏麻贡麻曲一线，呈北西向的条带状分布。本次工作中测制了4条尕笛考组剖面。尽管火山岩层是很好的事件对比标志，但各条剖面间的对比仍存在一定的难度。

北部的尕日赛瑙贡玛一带岩性上可分为4个段，厚度最大，大于2 431.94m，未见底，特点是火山集块岩厚度较大，且分布于该组的上部层位，与灰岩呈互层状产出，上部的灰岩产原地的 *Misellina-Schwagerina* 组合，下部的灰岩中产异地的 *Pseudofusulina-Schwagerina* 组合。

向东至夏麻贡玛曲，尕笛考组厚度大于1 683.62m，顶、底均未见，其特点是火山集块岩厚度较大，但分布于该组的下部层位，间夹少量的灰岩与砂、泥岩。灰岩中䗴类化石丰富，但较为单调，以

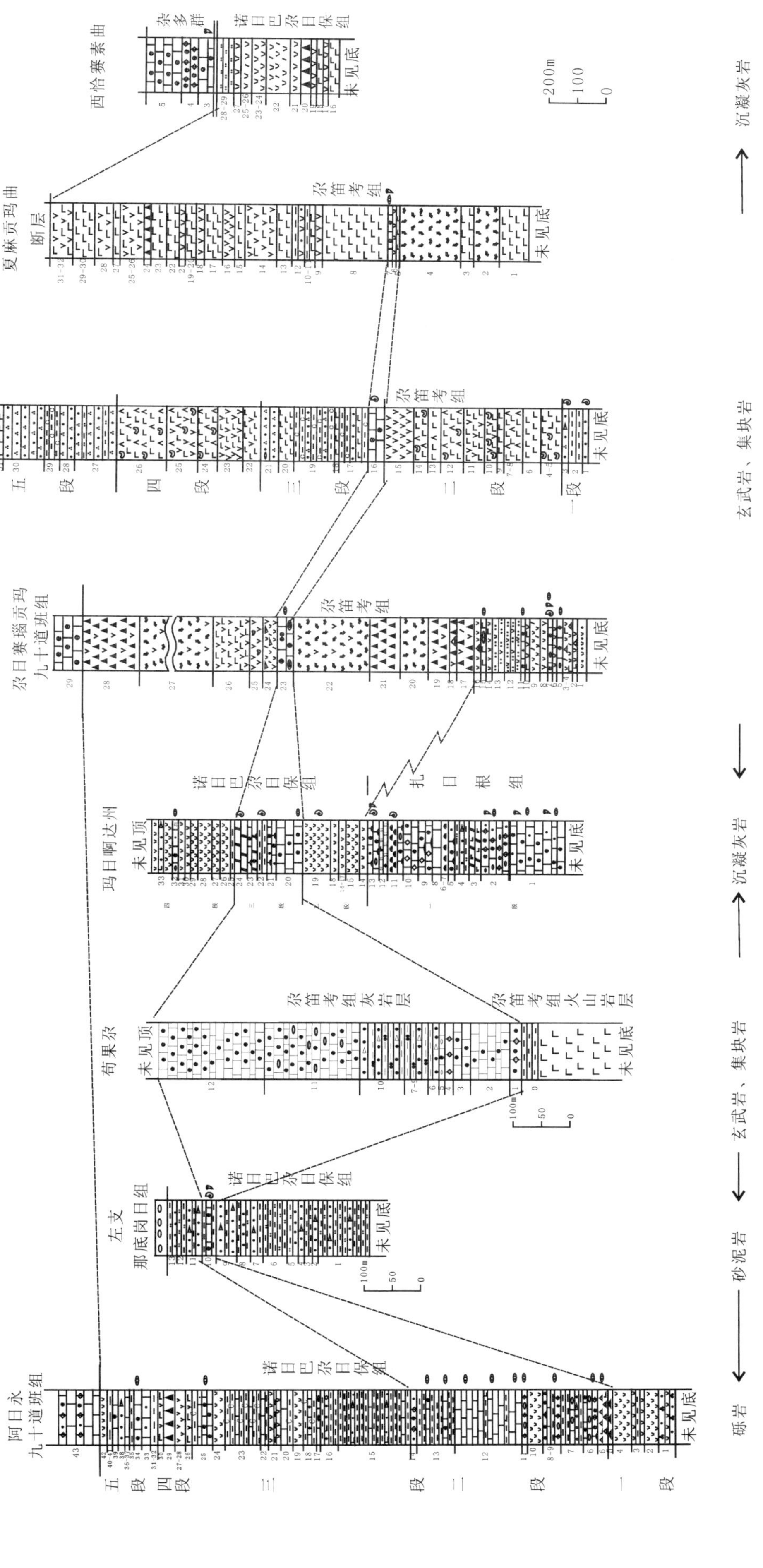

图2-24　调查区栖霞期地层剖面实测剖面对比图

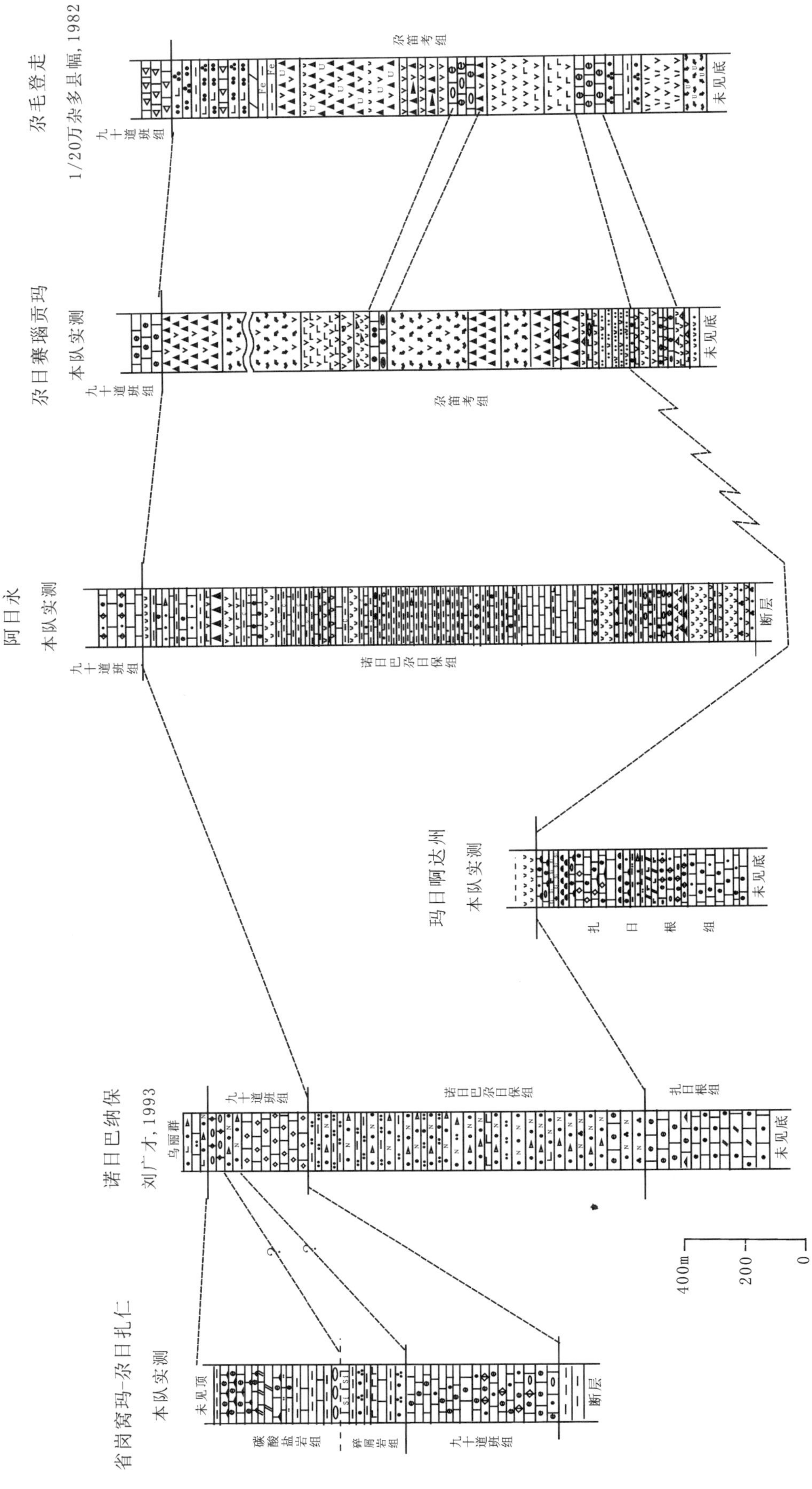

图2-25 调查区二叠纪地层与正层型剖面对比图

Parafusulina gigantea (Deprat)为主。

南部的苟果尕-当朗赛一线，岩性上可分为 5 个段，表现为火山岩与碎屑岩或灰岩的大套互层，厚达 1 082.38m。其特点是沉积岩夹层较厚，且类型较为复杂，具有诺日巴尕日保组与火尕笛考组的过渡类型特征，因其间火山岩略多一些，划归尕笛考组。下部层位出露不全，仅见有深灰色薄—中层状细粒岩屑石英砂岩、深灰色薄层状泥岩夹少量灰色透镜状细砾岩，产腕足类 *Tylopecta nankingensis* 化石组合。灰岩在横向上变化较大，如当朗赛剖面的下部灰岩厚仅 28.4m，向东相变为浅灰色厚层状生物屑灰岩，含䗴类化石 *Pseudofusulina* sp. nov.，*Nankinella quasihunanensis* Sheng 等，而在苟果尕覆于玄武岩之上的灰岩层可厚达 600m，间夹砂岩、泥岩等，产原地的䗴类 *Misellina*-*Schwagerina* 组合。实际上，当灰岩层厚度较大时，尕笛考组在野外很难与九十道班组、扎日根组区分。

当朗赛剖面的岩性组合与正层型剖面的中上部层位很相近，沉积岩夹层多，而调查区北部的尕笛考组则以大套的火山集块岩、火山角砾岩为主，少见沉积岩夹层，与正层型剖面较为接近的根据其中的沉积岩夹层也可划分出 3 个火山-沉积旋回。另外，在尕毛登走剖面火山岩顶部与灰岩层之间见有约 350m 的紫红色粘土岩、灰岩、石英粉灰岩等；在调查区的西恰赛素曲凝灰岩层顶部亦可见暗红色含硅质的粘土岩，岩性可大致对比。

总体上看，调查区北部一线的尕笛考组沉积岩夹层较少，见厚度较大的火山集块岩、火山角砾岩，而南部一线的尕笛考组沉积岩夹层较厚，产丰富的化石，未见火山集块岩、火山角砾岩等。

(4) 九十道班组的对比

调查区的九十道班组岩性与正层型剖面基本一致，但未见有砂岩的夹层(该砂岩层在正层型剖面厚 55.52m)。从䗴类化石来看，调查区的九十道班组最高层位为茅口期的 *Afghanella schencki*-*Neoschwagerina craticulifera* 带，即仅相当于正层型剖面的第 12 层灰岩 *Neoschwagerina* 带，其上部的砂岩层及灰岩(*Yabeina* 带)在调查区相变为中二叠统尕日扎仁组及索加组。

(5) 中二叠统尕日扎仁组、索加组的对比

在调查区仅见于尕日扎仁一带，另外在赛巴苍空西九十道班组之上，在路线填图时也见有少量的砂岩层出露，应属阳新统尕日扎仁组层位，即在调查区这两个组是围绕着九十道班组分布的。区域对比上也存在一定的难度。如上所述，九十道班组正层型剖面的第 13 层深灰色厚层状中细粒长石岩屑砂岩(厚 55.52m)，在层位上可能与阳新统尕日扎仁组相当；第 14 层的深灰色厚层状含生物屑亮晶砾晶砾屑灰岩(厚 51.70m)，产䗴类 *Yabeina* 生物群，可能与中二叠统索加组层位相当。

(二) 生物地层及年代地层

二叠纪地层化石丰富，目前发现的有非䗴有孔虫、䗴类、珊瑚、腕足类、菊石、双壳类、放射虫、藻类等，其中以䗴类、非䗴有孔虫及珊瑚等最为常见。生物组合及生物地层划分详见表 2-8。

1. 䗴类

本次工作对䗴类化石作了较为详细的研究。首先识别出两种不同类型的生物群，即原地与异地生物群，划分出不同的生物组合，但对于生物地层的研究只能是建立在原地生物群的基础之上，共建立 5 个生物化石带(新建)，各化石带的特征见表 2-9。

(1) 化石带的划分

① *Misellina* 带

广泛见于扎日根组、尕笛考组和诺日巴尕日保组的灰岩夹层中，主要分子有 *Misellina* cf. *sphaerica* Chang，*Misellina* cf. *claudiae* (Deprat)，*M.* sp.，*Schubertella rara* Sheng，*S. simplex* Lange，*S. umbilicata* Lin，*S. pseudogiraudi* Sheng，*S.* cf. *giraudi* Deprat，*S.* sp.，*Dunbarula* sp.，*Kahlerina* sp.，*Pisolina* sp.，*Minojapanella minuma* Sheng，*M.* sp.，*Wutuella wutuensis* (Kuo)，*W.* sp.，*Yangchienia* sp.，*Parafusulina splendens* Dunbar et Skinner，*P.* cf. *splendens* Dunbar et Skinner，*P. yunnanica* Sheng，*P.* cf. *yunnanica* Sheng，*P. gruperaensis* Thompson et Miller，*P.* cf. *yabei* Hanzawa，*P.* cf. *subextensa* *Chen*，

表 2-8　调查区中二叠世生物组合(带)划分一览表

地质时代		岩石地层	生物群				
世	期	组	鏇类	非鏇有孔虫	珊瑚	腕足类	其他
中二叠世	冷坞期	P_2s	*S. annae* 带	*Climacammina-Pachyphloia* 组合		*H. kiangsiensis* *M. sinensis* *S. lopingensis*	
	茅口期	P_2gr		*Pachyphloia* sp.		*A. minuta*	
	茅口期	P_2j	*A. schencki-N. craticulafera* 带	*Climacammina-Cribrogenerina-Hemigordius* 组合	*I. elegans-I. subtimorica* 组合	*U. crenulata* 组合	双壳 *Wikingia* 菊石 *W. gansuense*, *Altudoceras* 苔藓 *P. permiana*, *D. tianjunensis*
	祥播期	P_2j	*Cancellina* cf. *houchangensis* 带	*Agathammina-Glomospira-Cribrogenerina* 组合			
	祥播期		*Pseudofusulina-Parafusulina* 带				
	栖霞期	P_2g / P_2n P_2z	*Misellina* 带	*Pachyphloia-Cribrogenerina-Nodosaria* 组合	*Wentzellophyllum-Szechuanophyllum* 组合	*Ty. nankingensis* 组合	植物 *P.* cf. *oblique* ? *Annularia* sp. 双壳 *Wikingia* 放射虫 Entactiniidae 菊石 *Agathiceras*

表 2-9　中二叠世鏇类化石带特征一览表

化石带	主要特征	备　注
Sumatrina annae 带	以 *Sumatrina annae* 繁盛为标志，共生有 *Chusenella*，*Conodofusiella* 属	与下伏化石带未见直接接触，其间为碎屑岩层
Afghanella schencki-Neoschwagerina craticulifera 带	以 *Afghanella schencki* 首次出现为底界识别标志，*Afghanella*、*Neoschwagerina* 属繁盛，新出现 *Sumatrina* 属	与下伏化石带连续沉积，整合接触
Cancellina cf. *houchangensis* 带	以带化石 *Cancellina* cf. *houchangensis* 的出现与结束为底、顶界划分标志，新出现 *Chusenella*、*Pseudodoliloli-na*、*Codonofusiella* 和 *Verbeekina* 属	与下伏化石带呈断层接触，未见直接接触
Pseudofusulina-Parafusulina 带	未见拟旋脊发育的类型，*Pseudofusulina*、*Parafusulina* 属繁盛，个体大	与下伏化石带未见直接接触，其间为火山岩层
Misellina 带	以 *Misellina* 属的出现与消失为底、顶界划分标志，*Schwagerina*、*Pseudofusulina* 属繁盛	

P. sp.，*Pseudofusulina vulgaris* Schellwien，*P.* cf. *vulgaris* (Schellwien)，*P. kueichowensis obesa* Sheng，*P.* cf. *kueichowensis* Sheng，*P.* cf. *postpedissequa* Rauser，*P.* cf. *vulgaris watanabei* Lee，*P. sparsivoluta* Zhang，*P. inusitata* Liu，Dong et Xiao，*P. danrongensis* Niu sp. nov.，*P.* sp.，*Schwagerina cushmani* Chen，*S. tschernyschewi* (Schellwien)，*S.* cf. *tschernyschewi* Schellwien，*S. chihsiaensis* Lee，*S. compact* White，*S. japonica* Guembel，*S.* sp. 等。

该带以 3 种类型的鏇类数量最为丰富：一是拟旋脊发育的 *Misellina* 为主，但属种相对较为单调，个体较小，而且切面不正，目前所鉴定的两个种均为相似种；二是 *Schubertella* 属，以 *S. umbilicata* Lin，*S. simple* x Sheng 为主，两个种的数量均较多，个体也较小；三是个体较大的隔壁强烈褶皱的 *Parafusulina*，*Pseudofusulina*，*Schwagerina* 属，野外易于识别，地质时代为中二叠世栖霞期。

尽管上述化石带中的 *Misellina* 属未详细鉴定至种，但是它在华南地区及世界各地层位分布相当稳定，而且地质历程短，是中二叠世早期重要的化石。组合中的 *Misellina* cf. *claudiae*，*M. claudiae* 见于长江中下游地区、西南地区及西秦岭等地，是华南地区中二叠世早期 *M. claudiae* 带的标准化石，可以很好地对比。

该带的另一个重要属 *Schwagerina* 包括有 7 个种(含相近种、未定种)，其中 *Schwagerina cushmani*，*S. tschernyschewi*，*S. chihsiaensis* 三个种在长江中下游地区具明显的上、下层位关系。*S. cushmani*，*S. tschernyschewi* 产出层位最低，在调查区见于玛日啊达州扎日根组下部及苟果尕诺日巴尕日保组灰岩段的下部层位，另在阿日永剖面上部层位也有见及，但为异地生物组合；*S. chihsiaensis* 产于苟果尕剖面的上部层位，位于 *Nankinella orbicularia* 带之上。由此看来，调查区内 *Misellina* 带还可以按 *Schwagerina* 属出现的层位再细分为亚带，但需更多的剖面及化石资料的支持。

② *Pseudofusulina-Parafusulina* 带

该带分布较广，目前所采的样品主要位于尕日赛瑙贡玛和采佛果一带，产于九十道班组的底部层位，主要分子有 *Parafusulina* cf. *rothi* Dunbar et Skinner，*P. gigantea* (Deprat)，*P. kwangsiana* Sheng，*P. lata* Reichel，*P. subextensa* Chen，*P. yabei* Hanzawa，*Pseudofusulina vulgris* Schellwien，*P.* ex gr. *vulgaris* Schellwien，*P. fusiformis* (Schellwien et Dyhrenfurth)，*P. houae* Sheng，*P. kraffti magna* Toriyama，*P.* sp.，*Schwagerina* sp.，*Dunbarula schubertellaeformis* Sheng，*D.* sp.，*Russiella pulchra* A. M. —Maclay，*Schubertella* sp.，*Toriyamaia* sp.，*Yangchienia kwangsiensis* Chen 等。

本带主要以 *Parafusulina* 和 *Pseudofusulina* 为主，尤其是前者为甚，未见上部层位中特征的新希瓦格䗴科分子及下部层位中的 *Misellina* 分子，*P. gigantea* 为本带中最为常见的分子，其个体巨大，最大者长约 14～15mm，野外极易识别，在我国广西宜山德胜茅口组下部最为常见(盛金章，1963)。地质时代为中二叠世祥播期早期。

③ *Cancellina* cf. *houchangensis* 带

见于九十道班组下部层位，主要分子有 *Cancellina* cf. *houchangensis* Zhang et Dong，*C.* sp.，*Schubertella simplex* Sheng，*S.* sp.，? *Toriyamaia* sp.，*Codonofusiella* sp.，*Dunbarula schubertellaeformis* Sheng，*D.* sp.，*Chusenella schwagerinaeformis* Sheng，*Parafusulina gigantea* (Deprat)，*P. yabei* Hanzawa，*P.* cf. *yabei* Hanzawa，*P.* sp.，*Pseudofusulina houae* Sheng，*Pseudodolilolina* cf. *ozawai* Yabe et Hanzawa，*Ps.* sp.，*Verbeekina* sp. 等。

该带以带化石 *Cancellina* cf. *houchangensis* 的大量繁盛为主要特征，以其出现与结束为划分标志。该相似种以第一旋向副隔壁较宽，下垂部分较短为标志，未见第二旋向副隔壁(张遴信、董文兰，1986)。以往多将含有 *Cancellina* 属的层位置于茅口期底部层位，但金玉玕等(2000b)将其置于祥播阶下部层位，本文采用后一划分方案。

该带的第二个特点是出现 *Pseudodolilolina* 和 *Verbeekina* 分子，尤其是后者，呈圆球形，个体大。该带的第三个特点是出现较多个体较小的 *Codonofusiella* 属，为华南地区上二叠统下部 *Codonofusiella* 带的典型分子。在特提斯区如日本，该属大都和 *Yabeina*，*Neoschwagerina* 和 *Lepidolina* 属共生。下伏层位的 *Parafusulina* 属在本带仍很繁盛，且个体亦较大。

④ *Afghanella schencki-Neoschwagerina craticulifera* 带

见于九十道班组的中上部层位，主要分子有 *Neoschwagerina craticulifera* (Schwager)，*N. kueichowensis* Sheng，*N. suojiaensis* Niu sp. nov.，*N.* sp.，*Afghanella schencki* Thompson，*A.* cf. *schencki* Thompson，*A. robbinsae* Skinner et Wilde，*A.* sp.，*Sumatrina annae* Volz，*S.* cf. *annae* Volz，*S.* cf. *longissima* Deprat，*S.* sp.，*Codonofusiella* sp.，*Schubertella simpelx* Lange，*S.* sp.，*Dunbarula schubertellaeformis* Sheng，*D.* sp.，*Toriyamaia* cf. *laxiseptata* Kanmera，*Toriyamaia* sp.，*Kahlerina minima* Sheng，*K.* sp.，*Minojapanella* sp.，*Sphaerulina* sp.，*Nankinella* sp.，*Schwagerina* sp.，*Chusenella schwageriaeformis* Sheng，*C. sinensis* Sheng，*C.* cf. *sinensis* Sheng，*C. douvilleri* Deprat，*C.* sp.，*Parafusulina gigantea* (Deprat)，*P.* cf. *gigantea* (Deprat)，*P. yabei* Hanzawa，*P.* cf. *yabei* Hanzawa，*P.*

shaksgamensis Reichel, *P.* cf. *shaksgamensis* Reichel, *P.* cf. *subextensa* Chen, *P. dalianshanensis* Wang et Qian, *P.* sp. , *Pseudofusulina quasigrupeaensis* Sheng, *P. houae* Sheng, *Verbeekina heimi* Thompson et Foster, *V. verbeeki* (Geinitz), *V.* sp. , *Pseudodolioliona* sp. 等。

该带出现 Neoschwagerinidae 科分子，具拟旋脊及副隔壁，以新出现具有较复杂的副隔壁 *Afhanella* 属为底界识别标志，相对较为单调，目前能确定至种的仅有 *Afhanella schencki* 和 *A. robbinsae*，但以前者数量丰富，同时仍以下伏层位个体较大的 *Parafusulina* 属种较多。*Neoschwagerina* 属仅在极少数的层位中见及，但至顶部层位则种类较多。在局部层位个体相对较小的 *Schubertella*、*Dunbarula* 及 *Codonofusiella* 属较为富集，时代为中二叠世茅口阶中、下部。

本带中所记述的 18 个属均是华南地区茅口期的常见属，*Sumatrina* 及 *Afghanella* 属分子的始现层位都是茅口阶底部，属华南地区 *Neoschwagerina* 带的典型分子；*Afhanella schencki* 在特提斯区及华南地区分布较为广泛(陈旭，1956)。

⑤ *Sumatrina annae* 带

仅见于索加组，主要分子有：*Sumatrina annae* Volz, *Chusenella conicocylindrica* Chen, *C.* cf. *tieni* Chen, *Dunbarula schubertellaeformis* Sheng, *Codonofusiella paradoxica* Dunbar et Skinner, *Co. kwangsiana fusiformis* Sheng, *Co.* sp. , ? *Co.* sp. 等。其特点是化石相对较为单调，但数量较为丰富，且在局部层位中富集。*S. annae* Volz 的相近种在西藏北部双湖地区玛尔盖茶卡下二叠统宁共曲久隆组中也有见及(王玉净等，1981)，该种的地理分布很广，常见于我国南方及南斯拉夫、俄罗斯克里米亚及高加索、土耳其、阿富汗、东南亚等地的中二叠统中；*C. conicocylindrica* Chen 和 *C.* cf. *tieni* Chen 的相似种亦是华南地区常见的分子。*Codonofusiella* 属在该带中较为丰富，其个体小，在我国，以往多出现于晚二叠世吴家坪期层位中；*Co. kwangsiana fusiformis* Sheng 首见于广西宜山德胜上二叠统合山组的 *Codonofusiella* 带(盛金章，1963)。

在调查区目前尚未见到冷坞阶蜓类 *Yabeina* 带，在省岗窝玛剖面的顶部层位(D139-f1 样品)中产丰富的蜓类化石，详见 SG 剖面第 12 层描述，其中本次工作建立的蜓类新种 *Neo. suojiaensis* Niu sp. nov. ，从形态上与 *Yabeina gubleri* 较为接近，本书认为当前所定新种从形态上为 *Neoschwagerina* 至 *Yabeina* 属的一个过渡类型，而且其与 *Neo. craticulifera* (Schwager)共生，层位上明显低于 *Yabeina* 带，而将该种归入 *Neoschwagerin* 属。青海省区调综合地质大队(1993)记述了产于九十道班组中蜓类 12 属 8 种化石，主要有：*Yabeina* sp. , *Neomisellina* sp. , *Chusenella* sp. , *Afghanella* sp. , *A. sumatrinaeformis*, *Sumartrina* sp. , *Schwagerina margheriti*, *S. granumavenae*, *Yangchienia* aff. *tobleri*, *Cancenella* sp. , *Parafusulina gigantea*, *P.* sp. , *Pseudofusulina* sp. , *P.* cf. *houae*, *P.* aff. *kueichowensis* 等。从其化石名单来看，似应归入 *Yabeina* 带或更高的 *Neomisellina* 带，但因其多为路线填图中采集，对于其精确的生物地层对比尚需详细研究。

(2) 蜓类化石带的区域对比

① 与贵州南部的对比

调查区的蜓类化石带不连续，但从共生的分子来看，*Misellina* 带中下部所见的 *Schwagerina cushmani* Chen, *S. tschernyschewi* (Schellwien)见于贵州南部的 *Misellina termieri* 亚带(张遴信、董文兰，1986)，未见上部的 *Misellina claudiae* 顶峰亚带；*Misellina* 带上部的 *S. chihsiaensis* 见于贵州南部 *Misellina claudiae* 带之上的 *Shengella simplex* 带至茅口期地层中。可见，调查区的 *Misellina* 带与贵州南部的 *Misellina termieri* 延限亚带和 *Misellina claudiae* 顶峰亚带大体相当。

调查区 *Cancellina* cf. *houchangensis* 带的带化石为该带中的重要分子，首见于 *Neoschwagerina* 延限带底部的 *Cancellina liuzhiensis* 延限亚带中，而且在该带中还新出现 *Pseudodolilolina* 和 *Verbeekina* 分子及个体较小的 *Codonofusiella* 属，下伏层位的 *Parafusulina* 属仍很繁盛，且个体亦较大。这些特征与贵州南部的 *Cancellina liuzhiensis* 延限亚带基本一致，二者之间可很好地对比。

在相邻的治多县扎河地区采佛果的九十道班组下部层位中见 *Neoschwagerina simplex* Sheng，为贵州 *Neoschwagerina simplex* 带的特征分子，但在调查区内的省岗窝玛剖面未见该属。

Afghanella schencki-Neoschwagerina craticulifera 带与下伏的 *Cancellina* cf. *houchangensis* 带之间的灰岩层较为破碎，二者之间的关系尚不太清楚。该带化石以 *A. schencki* 首先大量出现为标志，与 *N. craticulifera* 共同繁盛于该带的顶部，尽管如此，其与贵州南部茅口组中部的 *Afghanella schencki* 带（肖伟民等，1986；盛金章，1963）仍可以很好地对比。

② 与宁镇地区的对比

调查区的 *Misellina* 带应大体上与宁镇地区栖霞组 *Darvasites ordinatus* 和 *Misellina claudiae* 带相当（周建平、张遴信，1984），*Schwagerina cushmani*，*S. tschernyschewi* 产出层位相当于早二叠世隆林期 *Darvasites ordinatus* 带，产于宁镇地区臭灰岩段、湘东南、福建漳平等地（张遴信，1983；周祖仁，1982；张祖辉、洪祖寅，1998），该两个种在调查区内与 *Misellina* 属共生。在宁镇地区，这两个种是不与 *Misellina* 属共生的（周建平、张遴信，1984），但 *Misellina claudiae* 的比较种可上延至 *S. chihsiaensis* 带中，在调查区苟果尕的确可见二者共生，但是该带是否与宁镇地区的 *S. chihsiaensis* 带相当，目前尚无法断言。

在我国西南地区 *Parafusulina* 带，下分 *Misellina* 亚带和 *Cancellina* 亚带。调查区的 *Pseudofusulina-Parafusulina* 带中常见的 *P. gigantea*，大致相当于江浙一带栖霞组顶部 *Parafusulina multiseptata* 带（王建华、唐毅，1986；周建平、张遴信，1984），层位位于 *Misellina* 带和 *Cancellina* 带之间（盛金章，1963），但当前层位均未见 *Misellina*、*Cancellina* 这两个属的分子。

③ 与长江三峡地区的对比

长江三峡地区的中二叠世䗴类化石丰富，以湖北省秭归县新滩剖面为代表，自下而上可划分为 *Nankinella orbicularia* 带、*Verbeekina grabaui* 带、*Chusenella conicocylindrica* 带、*Neoschwagerina haydeni* 带和 *Yabeina* 带（林甲兴，1984）。

栖霞组灰岩段中、下部的䗴类化石称 *Nankinella orbicularia* 带，该带除 *Yangchienia*，*Schubertella* 外，皆属史塔夫䗴亚目的代表，壳体多矿化，其中较多分子与沱沱河扎日根组的䗴类一致。该带目前尚无法与调查区的对比，可能与此时火山岩喷发而不适宜于䗴类生存有关。

栖霞组灰岩段上部的䗴类化石称 *Verbeekina grabaui* 带，该带的特点是出现较多新生分子，以 *Verbeekina*，*Chusenella*，*Codonofusiella* 属为代表，另见有 *Schwagerina*，*Chusenella*，*Kahlerina* 及 *Schubertella* 等，这与调查区的 *C.* cf. *houchangensis* 带相似，前述 3 个属亦是在该带中首次出现的。林甲兴（1984）认为 *V. grabaui* 带可与华南地区的 *Cancellina-Parafusulina multiseptata* 带对比，因此可认为三峡地区的 *V. grabaui* 带可与调查区 *C.* cf. *houchangensis* 带对比，但其与下部的 *Parafusulina-Pseudofusulina* 带能否对比，或相当于一部分，目前还无法确定。

在三峡地区，茅口期 *Neoschwagerina* 带之下，尚见 *Chusenella conicocylindrica* 带，其相当于华南地区 *Neoschwagerina* 带的下部层位。*C. conicocylindrica* Chen 首见于湖南湘乡县壶天镇的清溪冲灰岩中（陈旭，1956），随后在华南茅口期中下的层位广泛见及，该种在长江三峡地区是茅口组灰岩段下部的带化石（林甲兴，1984），从其化石分布来看，与调查区相似性较小，因而 *Chusenella conicocylindrica* 带在调查区不存在。

三峡地区茅口组灰岩段上部的䗴类化石称 *Neoschwagerina haydeni* 带，其中主要的分子有 *Neoschwagerina* 的 3 个种，*Sumatrina*，*Codonofusiella*，*Kahlerina*，*Rugososchwagerina*，*Chusenella*，*Schwagerina*，*Pseudofusulina*，*Verbeekina*，*Leella* 等，其中 *N. craticulifera* 见于调查区的 *Afghanella schencki-Neoschwagerina craticulifera* 带内，尽管在三峡地区未见 *Afghanella* 属，但二者之间仍可很好地对比。茅口组灰岩段顶部的 *Yabeina* 带在调查区未见，只能大致地与调查区 *Sumatrina annae* 带对比。

④ 与西秦岭地区的对比

曾学鲁等（1996）在西秦岭中二叠统建立了 2 个䗴类化石带 8 亚带。其中栖霞阶 *Misellina* 延限带自下而上划分为 5 个亚带，分别为 *Brevaxina dyrenfurthi*，*M. termieri*，*M. claudiae*，*M. megalocula* 和 *Maklaya* 亚带。从共生的分子来看，调查区的 *Misellina* 带内的 *Schwagerina cushmani* Chen，

S. tschernyschewi (Schellwien)和 *S. chihsiaensis* Lee 主要见于早二叠世隆林阶 *Pamirina* 带内，但在 *Misellina termieri* 亚带内亦可见少量的 *S. cushmani* Chen，与贵州南部不同的是层位较高的 *S. chihsiaensis* Lee 在 *Pamirina* 带中也有少量出现。综合起来看，调查区的 *Misellina* 带应大体与 *M. termieri* 带和 *M. claudiae* 带相当。*M. megalocula* 和 *Maklaya* 亚带在西秦岭地区未见 *Pseudofusulina* 属，*Maklaya* 亚带零星见少量 *Parafusulina* 属，因而与调查区内的对比较为困难。

上部茅口阶 *Neoschwagerina* 延限带自下而上划分为 3 个亚带，分别为 *Cancellina*、*Neoschwagerina simplex* 和 *Afghanella schencki* 延限亚带。下部的 *Cancellina* 延限亚带重要分子有 *C. liuzhiensis*，*C. houchangensis*，*Verbeekina minima* 等，另见有 *Neoschwagerina*，*Maklaya*，*Staffella*，*Nankinella*，*Pseudodoliolina*，*Pisoina* 等属共生，该带中的重要分子 *C. houchangensis*，其相似种为调查区 *Cancellina* cf. *houchangensis* 带的带化石，二者之间可很好地对比。

如前所述，在调查区相邻的治多县扎河地区采佛果的九十道班组下部层位中见 *Neoschwagerina simplex* Sheng，它为西秦岭 *Neoschwagerina simplex* 亚带的特征分子，二者可大致对比，但需进一步工作。

Afghanella schencki 亚带产于西秦岭地区的杨家河组上部，计有 11 属 20 余种，重要分子中 *Afghanella* 属有 8 种(曾学鲁等，1996)，从其组成分子及带化石来看，调查区中的 *Afghanella schencki-Neoschwagerina craticulifera* 带可以与其很好地对比。

⑤ 与川西藏东地区的对比

在青藏高原地区，中二叠世的䗴类化石分布也较为广泛。张遴信(1982)在四川巴塘县中咱区格马扎普剖面中二叠统划分了 3 个䗴类化石带，自下而上分别为 *Misellina claudiae* 带、*Nankinella hunanensis-Pisoina excessa* 带和 *Neoschwagerina cheni* 带。

下部的 *Misellina claudiae* 带的分子有 *Misellina ovalis* Deprat，*M. claudiae* Deprat，*M.* (*Brevaxina*) *compressa* Deprat，*M.* (*B.*) *zhongzaensis* Zhang，属种较为单调，且均为拟旋脊发育的分子，但其数量丰富，在野外易于发现。从其分子来看，除具栖霞期较为典型的 *Misellina* 属外，其仍可再分为下部的 *Brevaxina* 带。其中，*Misellina* cf. *sphaerica* Chang 首次出现于西藏芒康、四川巴塘中咱等地区中二叠统下部(张遴信，1982)。从该带与调查区种属的分布来看，可以大致对比，但因缺少 *Pseudofusulina*，*Parafusulina*，*Schwagerina* 等属，精细地对比目前还无法实现，其中 *Parafusulina gigantea* 在青藏高原产于西藏芒康扎拉工贡格山及交嘎乡、四川西昌县大桥区玻璃厂(张遴信，1982)和青海省曲麻莱县毛盖赛巴西、沱沱河弄加巴挪宝山(盛金章和孙大德，1975)；*Parafusulina yabei* 一种在西藏芒康、四川木里、云南德钦等地中二叠世地层中也常见及(张遴信，1982)。

中部的 *Nankinella hunanensis-Pisoina excessa* 带，属种也较为单调，仅见有带化石，*Nankinella* 属分布较为广泛，其在调查区内却较少，因缺少相同的属种，因而该带的对比也存在一定的难度。

上部的 *Neoschwagerina cheni* 带，从生物分子组成来看，应大体相当于调查区茅口期 *Afhanella schencki-Neoschwagerina craticulifera* 带，可以很好地对比，尽管未见调查区该 *Neoschwagerina cheni* 带化石；在青藏高原上见于西藏芒康县小邦区交嘎乡及安娜藏卡(张遴信，1982)；在青海玛沁、杂多、都兰等地茅口阶曾见及 *Afghanella robbinsae* Skinner et Wilde，*Sumatrina annae* Volz 等属种(盛金章、孙大德，1975)；在西藏芒康茅口阶地层中，也见有 *Afghanella robbinsae* Skinner et Wilde，*Sumatrina annae* Volz 分子等。

⑥ 与青海南部沱沱河地区的对比

刘广才(1993)、刘广才和田琪(1993)在沱沱河地区中二叠统自下而上建立了 3 个组合带，分别为 *Staffella mollerona-Nankinella orbicularia* 组合带、*Neoschwagerina* 带和 *Yabeina* 带。

下部的 *S. mollerona-N. orbicularia* 组合带计有 *Pseudofusulina*，*Pamirina*，*Staffella*，*Sphaerulina*，*Biwaella*，*Neofusulina*，*Nankinella*，*Pisolina* 等 12 属 13 种。该带目前与调查区的对比尚存在一定难度，从属的分布来看，它可与调查区的 *Misellina* 带或 *Parafusuina-Pseudofulina* 带对比，但沱沱河地区的正层型剖面上并未见 *Parafusulina* 属。*N. orbicularia* 带与沱沱河地区的扎日根组䗴类可很好地对比，但与调查区不能对比。

中部的 *Neoschwagerina* 带计有 *Neoschwagerina douvillei*，*N. megasphaerica*，*N. craticulifera*，*Sumatrina annae*，*S.* cf. *longissima*，*S. fusiformis*，*Verbeekina* cf. *verkeei*，*Chusenella* cf. *deprat*，*Pseudofusulina* cf. *hupeheensis*，*Schwagerina kwangchiensis*，*Dunbarula schubertellaeformis* 等 7 属 12 种。多数属种见于调查区的 *Afghanella schencki-Neoschwagerina craticulifera* 带内，其中 *Afghanella schencki* 见于青海省兴海县北(盛金章，1958)，因此二者可以很好地对比。但是相当于调查区 *Cancellina* cf. *houchangensis* 带的分子在沱沱河地区尚未见报道，这表明调查区九十道班组底界略低，与沱沱河地区相比存在着穿时现象。

上部的 *Yabeina* 带计有 10 属 11 种。*P. yabei* 一种曾见于青海杂多、玛沁、昂欠等地中二叠世地层(盛金章、孙大德，1975)。如上所述，在调查区尚未见典型的 *Yabeina* 带分子，因而这个带的对比也存在一定的难度。调查区中二叠世顶部的 *Sumatrina annae* 带，根据上、下层位对比来看，应与沱沱河地区 *Yabeina* 带大体相当。*Yabeina* 带与调查区中二叠统索加组的 *Sumatrina annae* 带大致相当，也说明了调查区的九十道班组的顶界层位略低，与沱沱河地区相比存在着穿时现象。调查区中二叠世䗴类化石带与相邻地区的对比见表 2-10。

2. 非䗴有孔虫

调查区非䗴有孔虫化石非常丰富，但其多发现于与䗴类共生的岩石薄片中，多数属种切片不正而只能鉴定至属。与䗴类一致，也可识别出原地与异地两种不同类型生物群，下述生物地层的研究即是建立在原地生物群的基础之上，共新建立 5 个生物化石带，各化石组合的特征如下。

(1) *Pachyphloia-Cribrogenerina-Nodosaria* 组合

见于调查区栖霞期地层中，即诺日巴尕日保组、尕笛考组、扎日根组，分布较广泛，常见的属种有 *Ammodiscus semiconstrictus* Waters，*Climacammina* sp.，*Cribrogenerina permica* Lange，*C.* sp.，*Endothyra* sp.，*Eotuberitina reitlingerae* M.-Maclay，*E. sphaera* Lin，*Frondina* sp.，*Geinitzina* sp.，*Globivalvulina* sp.，*Glomospira* sp.，*Hemigordius* sp.，*Langella* sp.，*Neodiscus* sp.，*Neotuberitina maljavkini* (Milkhailov)，*Nodosaria mirabilis caucasica* K. M.-Maclay，*N.* sp.，*Pachyphloia* sp.，*Palaeotextularia* sp.，*Plectogyra* sp.，*Tetrataxis hemiovoides* Morozova，*T. schellwieni* Ozawa，*T.* sp.，计有 19 属，产出层位与䗴类 *Misellina* 带相当。以 *Pachyphloia*，*Cribrogenerina*，*Nodosaria* 三个属的数量最为丰富，但多为个体较小的类型。上述种属均是中二叠世的常见分子。

(2) *Agathammina-Glomospira-Cribrogenerina* 组合

见于调查区祥播期地层中，即九十道班组下部层位，常见属种有 *Agathammina* sp.，*A. asymmetrica* (Han)，*Cribrogenerina* sp.，*Eotuberitinia reitlingerae* M.-Maclay，*Geinitzina* sp.，*Globivalvulina* sp.，*Glomospira* sp.，*G. dublicata* Lipina，*G. regularis* Lipina，*Hemigordius* sp.，*Multidiscus* sp.，*Neodiscus* sp.，*Neoendothyra* sp.，*Neotuberitina maljavkini* (Milkhailov)，*Nodosaria* sp.，*Pachyphloia* sp.，*Palaeotextularia* sp.，*Tetrataxis pagodaformis* Lee，*T. planoseptata* Morozova，*T. conica* Rhrenberg 等，计有 15 属，产出层位与䗴类 *Pseudofusulina-Parafusulina* 带至 *Cancellina* cf. *houchangensis* 带相当，与下伏的生物组合一致，仍是以 *Pachyphloia*，*Cribrogenerina*，*Nodosaria* 三个属的数量最为丰富，但本组合出现了许多新生分子，如 *Agathammina* 和 *Neoendothyra* 等，*S.* =*Sumatrina*，*A.* =*Afghanella*，*N.* =*Neoschwagerina*，*C.* =*Cancellina*，*Neo.* =*Neomisellina*，*Y.* =*Yabeina*，*Ma.* =*Maklaya*，*She.* =*Shengella*，*M.* =*Misellina*，*B.* =*Brevaxina*，*Sta.* =*Stafella*，*Nan.* =*Nankinella*，*Pi.* =*Pisolina*，*Ch.* =*Chusenella*，*V.* =*Verbeekina*，*Pa.* =*Parafusulina*，*Sch.* =*Schwagerina*，*D.* =*Darvasites* *Glomospira* 属种数量也明显增多。

(3) *Climacammina-Cribrogenerina-Hemigordius* 组合

见于九十道班组中上部层位，常见属种有? *Septagathammina* sp.，*Agathammina ovata* Wang，*A. asymmetrica* (Han)，*Climacammina eximia eximiformis* (Lipina)，*C. spathulata* (Lee et Chen)，*C. lagenalis* Lange，*C. gigas* Suleimanov，*C.* sp.，*Cribrogenerina obesa* Lange，*C. permica* Lange，*C.* sp.，

表 2-10　调查区中二叠世䗴类化石带区域对比表

地质时代	调查区	贵州南部 （张遴信、董文兰，1986）		西秦岭 （曾学鲁等，1996）		唐古拉山中段 （刘广才、田琪，1993）	川西藏东 （张遴信，1982）	长江三峡 （林甲兴，1984）	宁镇地区 （周建平、张遴信，1984）
冷坞期	*S. annae* 带	***Neoschwagerina* 延限带**	*Neo. multivoluta* 亚带	***Neoschwagerina* 延限带**		*Yabeina* 带		*Yabeina* 带	
			Y. gubleri 亚带						
茅口期	*A. schenck-* *N. craticulafera* 带		*A. schencki* 亚带		*A. schencki* 亚带	*Neoschwagerina* 带	*N. cheni* 带	*N. haydeni* 带 *Ch. conicocy-* *lindrica* 带	
祥播期	C. cf. *houchang-ensis* 带		*N. simplex* 亚带 *C. liuzhiensis* 亚带		*N. simplex* 亚带 *Cancellina* 亚带			*V. grabaui* 带	
	Pseudofusulina- *Parafusulina* 带	***Misellina* 延限带**	*Ma. elliptica* 亚带 *She. simplex* 亚带	***Misellina* 延限带**	*Maklaya* 亚带 *M. megalocula* 亚带	*Sta. mollerona-* *Nan. orbicularia* 组合带	*Nan.* *hunanensis-Pi.* *excessa* 带 *M. claudiae* 带	*Nan. orbicularia* 带	*Pa. multiseptata* 带 *Sch. chihsiaensis* 带 *Nan. orbicularia* 带 *M. claudiae* 带 *D. ordinatus* 带
栖霞期	*Misellina* 带		*M. claudiae* 亚带 *M. termieri* 亚带 *B. dyrenfurthi* 亚带		*M. claudiae* 亚带 *M. termieri* 亚带 *B. dyrenfurthi* 亚带				

S. = *Sumatrina*, *A.* = *Afghanella*, *N.* = *Neoschwagerina*, *C.* = *Cancellina*, *Neo.* = *Neomisellina*, *Y.* = *Yabeina*, *Ma.* = *Maklaya*, *She.* = *Shengella*, *M.* = *Misellina*, *B.* = *Brevaxina*, *Sta.* = *Stafella*, *Nan.* = *Nankinella*, *Pi.* = *Pisolina*, *Ch.* = *Chusenella*, *V.* = *Everbeekina*. *Pa.* = *Parafusulina*, *Sch.* = *Schwagerina*, *D.* = *Darvasites*

Eotuberitinia reitlingerae M. -Maclay，*Geinitzina uralica* Suleimanov，*G.* sp.，*Globivalvulina* sp.，*Glomospira articulosa* Plummer，*G. dublicata* Lipina，*G.* sp.，*Hemigordiopsis hubeiensis* Lin，*Hemigordius* sp.，*Multidiscus* sp.，*Neodiscus* sp.，*Neoendothyra laminate* Wang，*N.* sp.，*Neogeinitzina* sp.，*Neotuberitinia maljavkini* (Milkhailov)，*Nodosaria mirabilis caucasia* K. M. -Maclay，*N. tenuiseptata* Lipina，*N.* sp.，*Pachyphloia* sp.，*Palaeotextularis* sp.，*Plectogyra* sp.，*Tetrataxis millsapensis* Cushman et Waters，*T. pagodaformis* Lee，*T. planoseptata* Morozova，*T.* sp. 等，计有 20 属，产出层位与䗴类 *Afghanella schencki-Neoschwagerina craticulifera* 带相当。下伏层位的 *Pachyphloia*，*Nodosaria* 属虽然仍可见，但该组合以个体较大的 *Climacammina* 和 *Cribrogenerina* 属为主，而且这两个属的种也较多，反映出该组合的分异度明显高于下伏层位。在该组合的上部层位，即省岗窝玛剖面第 12 层，上述属种明显减少，而以 *Hemigordius* 属单调而繁盛。

(4) *Climacammina-Pachyphloia* 组合

见于索加组，常见属种有 *Cribrogenerina* sp.，*Multidiscus* sp.，*Climacammina* sp.，*Nodosaria* sp.，*Pachyphloia* sp.，目前仅鉴定出上述属，与下伏层位相比，属的数量明显减少，但与共生的䗴类 *Sumatrina annae* 带相似，其个体数量丰富，即该组合显示出分异度低、丰度高的特点，尤其是以 *Climacammina* 和 *Pachyphloia* 属最为富集。

3. 珊瑚

调查区中二叠统珊瑚化石的数量不及孔虫类，而且多数样品为地质路线中采集，系统性相对较差。在栖霞阶及九十道班组中相对较多，而在顶部索加组则较为零星，尕日扎仁组中未见珊瑚，可划分为两个组合。

(1) *Wentzellophyllum-Szechuanophyllum* 组合

产于栖霞阶，主要分子有 *Ipciphyllum* sp.，*Liangshanophyllum* cf. *chisiaense* (Yoh)，*L.* sp.，*L.*? sp.，*Multithecopora* cf. *tianjunensis* Li & Liao，*Paracaninia*? sp.，*Pseudocarniaphyllum*? sp.，*Waagenophyllum indicum* (Waagen et Wentzel)，*Waagenophyllum* sp.，*W.*? sp.，*Wentzelella* cf. *salinaria* (Waagen & Wentzel)，*Wentzellophyllum* sp. 等。青海省区调综合地质大队(1993)在中二叠统地层中采获珊瑚化石 8 属 2 种，计有 *Ipciphyllum* sp.，*Huayunophyllum* cf. *chiahsiaense*，*Waagenophyllum* sp.，*Parawentzelella* sp.，*Wentzelella* sp.，*Liangshanophyllum* sp.，*Szechuanophyllum* sp.，*Yatsengia* sp.，*Y. hsinanense* 等，从其所列的化石来看，以栖霞期分子居多，可以归入本组合中。该组合产出层位大体相当于䗴类 *Misellina* 带。目前所记述的 13 属，除 *Ipciphyllum* 属常见于茅口阶外，其余多为华南地区栖霞阶的常见分子。*Wentzellophyllum* 属是华南和扬子区栖霞阶中下部的典型分子，一般多将其作为栖霞阶下部的带化石；*Multithecopora* cf. *tianjunensis* 首见于青海省乌兰县、天峻县等地的下石炭统怀头他拉组。*Waagenophyllum indicum* (Waagen et Wentzel)曾见于西藏的二叠纪地层中；*Szechuanophyllum* 属虽未鉴定至种，但其在西南地区常与 *Wentzellophyllum* 共生，在川西藏东地区见于栖霞期的组合带中，在长江三峡见于栖霞组 *Hayasakaia* 顶峰带(许寿永，1984)，在伊朗见于 *Zinner* 组，在前苏联外高加索见于 Артиннский 组(赵嘉明，1984)。

总体来看，该组合与华南栖霞期的珊瑚化石带可以大体地对比，与其相当的珊瑚带(组合)主要有：川西藏东地区 *Hayasakaia elegantula-Szechuanophyllum magnum* 组合带(赵嘉明，1984)、西秦岭 *Wentzellophyllum volzi-Yatsengia simplex* 组合(曾学鲁等，1996)、长江三峡地区 *Wentzellophyllum volzi-Cystomichelinia* 组合和 *Hayasakaia* 顶峰带(许寿永，1984)和贵州南部 *Wentzellophyllum* 延限带(肖伟民等，1986)。

(2) *Ipciphyllum elegans-I. subtimorica* 组合

见于九十道班组中，主要分子有 *Ipciphyllum* cf. *asperum* Zhao，*I. elegans* (Huang)，*I. subtimorica* (Huang)，*I. timoricum* (Gerth)，*I. paraipciphylloidea* Zhao，*Liangshanophyllum* cf. *lipoense* (Huang)，*L.* cf. *dispar* Zhao，*Lonsdaleia*? sp.，*Lophocarinophyllum*? sp.，*Lophophyllidium irregu-*

lare (Phillips), *Multimurinus*? sp., *Waagenophyllum tibeticum* (Reed), *Wannerophyllum*? sp., *Yatsengia asiatica* Huang,计有 9 属 12 种(含相似种、未定种),其产出层位大体相当于䗴类 *Afghanella schencki-Neoschwagerina craticulifera* 带。

本组合以 *Ipciphyllum* 属发育为特色,见有 5 个种,在华南茅口组均有见及。该属在世界其他地区如土耳其、伊拉克、伊朗、日本、越南、老挝及柬埔寨等中二叠世中亦广泛分布。其中,*I. elegans* 多见于华南茅口组下部或中、下部,*I. subtimorica*, *I. timoricum* 则仅限于茅口组;*Ipciphyllum* cf. *asperum* 见于江西宜春茅口阶中,*I. paraipciphylloidea* 首见于西藏芒康宗西区曲河东岸中二叠统上部交嘎组(赵嘉明,1984)。该组合中的其他分子亦是华南地区中二叠世的常见种,如 *Liangshanophyllum* cf. *lipoense* 相似种首见于广西荔波地区,*Lophophyllidium irregulare* 则见于贵州瓮安地区,*Waagenophyllum tibeticum* 见于西藏南部地区的中二叠统,*Yatsengia asiatica* 见于贵州独山,也见于长江三峡地区栖霞组 *Hayasakaia* 顶峰带(许寿永,1984)。

总体来看,该组合与华南茅口期的珊瑚化石带可以很好地对比,与其相当的珊瑚带(组合)主要有:川西藏东地区的 *Ipciphyllum huangi-Wentzelella markamensis-Iranophyllum interlium* 组合带(赵嘉明,1984)、西秦岭 *Paracaninia sinensis-Paracaninoides* 组合和 *Iranophyllum* 组合(曾学鲁等,1996)、长江三峡地区 *Ipciphyllum elegantum-I. subtimorica* 组合(许寿永,1984)、贵州南部 *Ipciphyllum-Iranophyllum* 顶峰带下部和 *Wentzelellites liuzhiensis* 延限带(肖伟民等,1986)。

4. 腕足类

在调查区二叠纪腕足类的数量明显减少,而且多为地质路线中采集,系统性相对较差。在栖霞阶及九十道班组中相对较多,而在尕日扎仁组和索加组中则较为零星。

(1) *Tylopecta nankingensis* 组合

产于栖霞阶,主要的产地及分子有:玛日啊达州一带产 *Linoproductus* sp.、*Haydenella kiangsiensis* (Kayser)、*Spinomarginifera* sp.、? *Liraplecta* sp. 等(扎日根组),*Crurithyris* sp.、*Cathaysia* sp.、*Transennatia gratiosa* (Waagen)、*Squamularia* sp.、*Terebratuloidea* sp.、*Haydenella* sp. 等(诺日巴尕日保组);在杂多县左支剖面产 *Martinia* sp. (cf. *lopingensis* Chao), *Neoplicatifera* sp., *Squamularia* cf. *waageni* (Loczy)等;杂多县当朗寨剖面产丰富的腕足类,主要有? *Ogbinia* sp., *Cathaysia chonetoides* (Chao), *Dielasma* cf. *plica* (Kutorga), *Dielasma* sp., *Geyerella* sp., *Hustedia remota* (Eichwald), *Hustedia* sp., *Tylopecta nankingensis* (French), *Ty. crassica* Jing et Sun, *Spinomarginifera lopingensis* (Chao), *Sp.* sp., *Transennatia gratiosa* (Waagen), *Tr.* cf. *gratiosa* (Waagen)等;另在杂多县左支北部尕笛考组产 *Spinomarginifera* sp., *Linoproductus* cf. *tingtiensis* Ching, cf. *Lopingia ruber* (Frech)等。该组合计有 17 属 26 种(含相似种、未定种),产出层位相当于䗴类 *Misellina* 带。其中,具有时代意义的为 *Tylopecta nankingensis* 。该种在华南地区多见于中二叠统,在长江三峡地区为栖霞组灰岩段上部的 *Cryptospirifer semiplicatus-Tylopecta nankingensis* 组合的典型分子,向上在茅口组底部亦较多见(冯少南等,1984);该种在西秦岭是茅口阶下部 *Urushtenia maceus-Tylopecta nankingensis* 组合的重要组成分子(曾学鲁等,1996);在华东地区,该种见于江西信丰太平围、江苏南京中二叠统栖霞组、江西莲花下坊中二叠统小江边组、安徽广德等地中二叠统孤峰组。*Haydenella kiangsiensis* 在长江三峡地区见于茅口组灰岩段及晚二叠世吴家坪组,但在后者中较多见(冯少南等,1984)。其余各属种亦多为华南中、晚二叠世的常见分子。

(2) *Urushtenia crenulata* 组合

产于九十道班组,主要的产地及分子有:在治多县采佛果采获 *Neospirifer*? sp., *Stenoscisma* sp., *Squamularia*? sp. 等;鄂阿西贡卡涌产 *Martinia* sp., *Dielasma* cf. *plica* (Kotorga), *Compressopraductus* sp., *Urushtenia crenulata* (Ting)等;尕日扎仁东部产 *Uncinunellia* cf. *mongolicus* (Grabau), *Neospirifer* cf. *kubeiensis* (Chang et Jin)等;在杂多县莫云一带产 *Costispirifera* cf. *strita* Liao, *C.* sp., *Spinomarginifera* cf. *lopingensis* (Chao), *Geyerella* sp., *Hustedia* sp. 等。该组合计有 12 属 14

种(含相似种、未定种),产出层位相当于䗴类 *Parafusulina-Pseudofusulina* 带至 *Afghanella schencki-Neoschwagerina craticulifera* 带。其中,*Urushtenia crenulata* 在华南地区分布广泛,而且主要见于茅口阶中,主要见于西秦岭热让沟 *Urushtenia maceus-Tylopecta nankingensis* 组合(曾学鲁,1996)、长江三峡地区栖霞组及茅口组[且以后者较多见(冯少南等,1984)]、四川巫溪门洞茅口组、四川岳池溪口茅口组及贵州遵义石子铺茅口组;*Costispirifera* cf. *strita* Liao 相似种见于长江三峡吴家坪组 *Tschernyschewia sinensis-Lopingia ruber* 组合(冯少南等,1984);*Uncinunellia* cf. *mongolicus* 亦见于西秦岭上二叠统石关组(曾学鲁等,1996)。尽管整个生物群以晚二叠世色彩较浓,但其中 *Urushtenia crenulata* 尚未在上二叠统中出现过,而且与该生物群共生的䗴类化石是中二叠统茅口阶的典型分子,因此该组合属中二叠世茅口期。

(3) 尕日扎仁组的腕足类组合

仅见于尕日扎仁剖面中部,在剖面向西追索,在相当于 GZ 剖面第 4 层灰岩中采获 *Acosarina minuta* (Abich),*Crurithyris* sp.,? *Juxathyris* sp.,*Haydenella kiangsiensis* (Kayser),*Haydenella* sp.等。该组合中属种较少,但个体较多,化石个体多较小,其地质时代意义不大。其中 *Haydenella kiangsiensis* 见于华南地区的中、晚二叠世地层中,如安徽泾县上二叠统龙潭组、西秦岭地区茅口阶迭山组中上部、长江三峡地区吴家坪组、长江源各拉丹冬地区上二叠统拉卜查日组中;*Acosarina minuta* 见于浙江长兴黄芝山上二叠统长兴组。

(4) 索加组的腕足类组合

在尕日扎仁剖面产 *Haydenella kiangsiensis* (Kayser),*Haydenella*? sp.,*Squamularia* sp.,*Cathaysia* sp.,*Transennatia* sp.,*Leptodus*? sp.,*Juxathyris* sp.等。在该剖面东部采到 *Monticulifera sinensis* (Frech),*Spinomarginifera lopingensis* (Kayser)等。该剖面的腕足类组合中属种较少,但个体较多,化石个体多较小,其地质时代意义不大。该组合产出层位与䗴类 *Sumatrina annae* 带相当。值得注意的是在剖面采集到的壳体较大的 *Monticulifera sinensis* (Frech),是我国华南地区中二叠世茅口期地层中的重要分子,它见于湖北秭归茅口组、湖南大庸茅口组、西秦岭地区茅口阶迭山组中上部、安徽无为栖霞组、江西修水清水岩茅口组、福建龙岩童子岩组;在青海德令哈野马滩、杂多县扎青等地中二叠统见有该属分布;*Spinomarginifera lopingensis* 则常见于华南晚二叠世地层中,如湖北松滋刘家场吴家坪组,江西丰城东神岭、仙姑岭乐平组。

在邻区二叠纪地层中采获腕足类 15 属 5 种,计有 *Tylopecta* sp.,*T. yangtzeensis*,*Squamularia* sp.,*Composita yangkaensis*,*Cancrinella* sp.,*Dielasma* sp.,*Eliva* cf. *panduriformis*,*Phricodothyris* sp.,*Terebratuloidea* aff. *kweichowensis*,*Enteletes kayseri*,*Dictyoclostus* sp.,*Marginifera* sp.,*Uncinunellina* sp.,*Uncinella* sp.,*Stenoscisma* sp.,*Meekella* sp.等,已归入开心岭群碳酸盐岩组,但在本次工作中已将该组分别归入不同的层位中,且化石多系地质路线中采集,目前尚无法归入上述组合中。

5. 其他古生物化石

除上述记述的化石门类外,在调查区尚见少量的菊石类、双壳类、放射虫、植物及藻类等。

(1) 菊石

在调查区南部尕笛考组灰岩中产 *Agathiceras* sp.,? *Waagenoceras* sp.;在九十道班组中产 *Agathiceras* cf. *vulgatum* Ruzhencev,*A.* sp.,*Waagenoceras gansuense* Liang,*Altudoceras* sp.等。*Agathiceras* 属是晚石炭世至中二叠世开阔海生态类型中较常见的化石之一,分布广泛。*Waagenoceras gansuense* 首见于甘肃安北中二叠统菊石滩组。*Altudoceras* 属常见于华南地区中二叠统茅口阶,即浙江丁家山组,福建、广东文笔山组,湖南当冲组,湖北武穴组等地层中。

(2) 双壳类

在尕日扎仁剖面尕日扎仁组采获 *Wikingia* sp.,当朗赛剖面尕笛考组产 *Wilkingia* sp.,*Palaeoneilo* sp.,均为世界性广泛分布的分子,产于石炭纪至二叠纪地层中。

（3）放射虫

见于玛日啊达州扎日根组顶部及诺日巴尕日保组底部层位，为 Entactiniidae 科，化石保存较差，未鉴定至属。

（4）苔藓虫

产于九十道班组中，计有 *Fenestella* sp.，*Pseudobatostomella permiana* Yang et Lu，*Dybowskiella tianjunensis* Yang，Lu et Zhou 等。其中，*Fenestella* 属最为常见，呈复体分枝状、扇形或漏斗状，在青海省祁连县、乌兰县、天峻县等地石炭纪至二叠纪地层中常见；*P. permiana* 曾见于青海怀头他拉一带中二叠统巴音河群上部；*D. tianjunensis* 首见于青海天峻县哈布及江苍的中二叠统巴音河群上部(陆麟黄、周光第，1979)。

（5）植物

见于夏麻贡玛曲尕笛考组中部的砂岩夹层中，计有？*Annularia* sp.，*Cordaites* sp.，*Taeniopteris* sp.；调查区南部当朗赛尕笛考组下部的砂岩层中见 *Pecopteris* cf. *obliqua* Yang et Chen，*Cordaites* sp.；与之相邻的左支剖面见 *Pecopteris* sp. 等。其中，*Cordaites*，*Taeniopteris*，*Pecopteris* 等均为世界性广布分子。*Annularia* 属目前仅见于中国地区，且多见于晚石炭世至晚二叠世早期，以中二叠世最为繁盛。

第四节　三叠纪地层

三叠纪地层分布于调查区北部和西南部，仅出露上三叠统，自下而上分别为结扎群甲丕拉组、波里拉组和巴贡组，面积为 1 330km^2，占调查区总面积的 8.6%。地层多出露不全，最大厚度为 2 062m。

一、剖面描述

本次工作共测制了 5 条地层剖面。选择代表性剖面分述如下。

（一）青海省治多县俄撒金北部三叠纪巴贡组路线剖面

剖面位于青海省治多县俄撒金北部，起点坐标：N33°11′53″，E93°41′23″，海拔 4 815m，剖面地层露头良好(图 2-26)，顶底界线清楚。岩性自上而下描述如下：

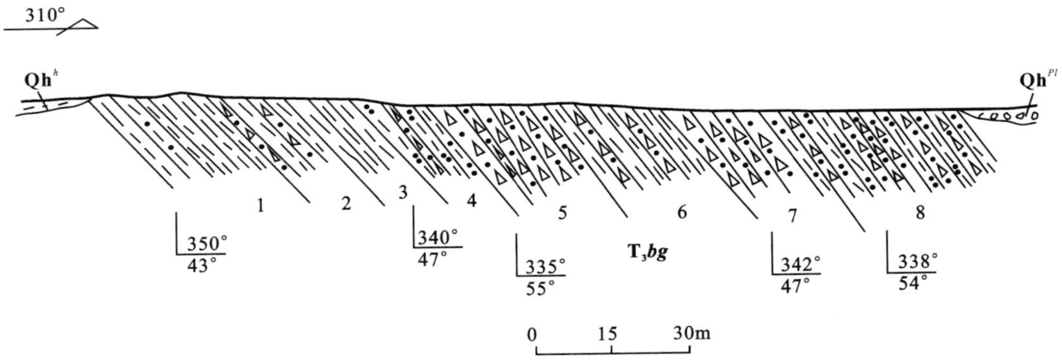

图 2-26　青海省治多县俄撒金北部三叠纪巴贡组地质路线剖面图

三叠纪巴贡组(T_3bg)	**(未见顶)**	**>220m**
8. 黑色薄层状含粉砂质泥岩与深灰色薄层状细粒岩屑砂岩互层，下部泥岩较厚，中上部砂泥形成韵律层		>55m
7. 浅灰、灰色中厚层状细粒岩屑砂岩夹灰黑色薄层状泥岩，向上砂岩含量增加		23m

6. 深灰色薄层状泥岩夹灰色薄层状细粒岩屑砂岩。泥岩中发育水平层理，并含有炭化植物碎片　27m
5. 浅灰、灰白色中厚层状细粒岩屑砂岩，含炭化植物碎片，发育平行层理，向上层厚变薄　31m
4. 深灰色粉砂质泥岩夹灰色薄、中层状细粒岩屑砂岩，含大量的炭化植物碎片，发育水平层理、平行层理　18m
3. 黑色薄层状泥岩，见粉砂质条带，发育水平层理，含炭化植物碎片　14m
2. 深灰色中层状细粒岩屑砂岩与灰色—灰黑色薄—中层状泥岩不等厚互层，向上砂岩厚度变小，砂岩发育平行层理，并含炭化植物碎片　22m
1. 灰、深灰色薄—中层状泥岩夹灰色中层状细粒岩屑砂岩，发育平行层理，含炭化植物碎片。底部掩盖　>30m

（未见底）

（二）青海省治多县直梗罗拉曲三叠纪结扎群甲丕拉组—波里拉组实测剖面（ZG）

剖面位于青海省治多县直梗罗拉曲，起点坐标：N33°57′59″，E94°26′16″，海拔 4 859m，终点坐标：N33°59′54″，E94°27′31″，海拔 4 930m，长 3 000m。剖面地层露头良好，但因岩层褶皱构造发育，致使剖面顶、底界线出露不全（图 2-27）。岩性自上而下描述如下：

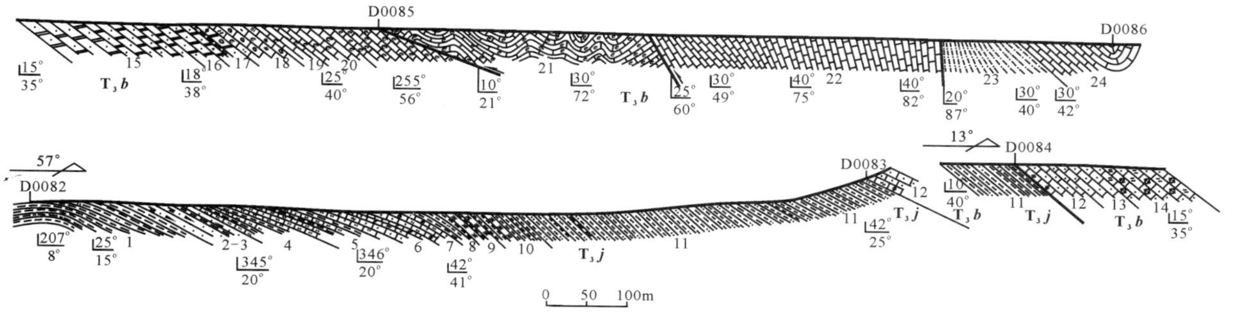

图 2-27　青海省治多县直梗罗拉曲三叠纪结扎群甲丕拉组—波里拉组实测剖面图

22—24. 灰色中层状泥晶含生物屑灰岩，与前面描述层位重复

三叠纪波里拉组（T_3b）　**（未见顶）**　**>349.44m**

21. 灰色中层状泥晶含生物屑灰岩，含燧石条带、结核　>50m

══════ 断　层 ══════

下段（T_3b^1）　**>299.44m**

20. 灰色中层状泥晶生物屑灰岩，含燧石条带、结核　36.32m
产菊石：*Placites myophorus* (Mojs)
双壳类
19. 灰色薄层状夹中层状泥晶生物屑灰岩，见燧石团块，向上燧石增多，局部呈条带状　20.43m
上部产菊石：*Placites myophorus* (Mojs)
18. 浅灰色中薄层状弱白云石化泥晶含生物屑粉屑灰岩夹中薄层状泥晶砾屑灰岩和弱硅化砂砾屑泥晶灰岩，可见燧石条带，层面具生物扰动构造、似瘤状构造　36.30m
17. 浅灰色中层状含残余砂屑不等晶白云岩夹黑色炭质泥岩，发育鸟眼构造，向上发育平行于层面的燧石条带　22.25m
16. 灰白色中厚层状含残余砂屑细晶白云岩　19.71m
15. 灰白色中厚层状粉晶灰岩，局部夹灰色中层白云石化砂屑灰岩，向上单层厚度变薄，为中薄层状白云石化灰岩夹灰白色中层状细晶白云岩，层面见晶洞、鸟眼构造　102.12m
14. 底部为深灰色中层状粉晶白云石化泥晶砂屑灰岩，中上部夹厚层状泥晶灰岩　49.01m
13. 深灰色厚层状生物屑泥晶砂屑灰岩　31.65m
12. 深灰色中层状泥晶砂屑灰岩夹弱白云石化泥晶灰岩　31.65m

—————— 整　合 ——————

三叠纪甲丕拉组（T_3j） >**571.65m**

上段（T_3j^3） >**571.65m**

11. 紫红色薄层状泥岩与粉砂质泥岩不等厚互层　252.13m
10. 灰绿色薄层状泥岩夹杂色中层状石膏岩，石膏岩中发育变形条带　47.56m
9. 灰白色中厚层状石膏岩夹少量钙质泥岩，石膏多呈纤维状，发育黑色条带泥岩，且多弯曲变形　20.38m
8. 灰绿色薄层状泥岩、粉砂质泥岩夹少量紫红色泥岩　49.52m
7. 底部为灰黑色块状泥晶灰岩，向上为中层状泥晶粉屑砂屑灰岩　25.27m
6. 灰黑色中层状弱白云石化泥晶含生物屑砂屑灰岩，中上部夹灰色薄层状泥晶灰岩，向上单层变薄　28.30m
5. 深灰色中层状泥晶砂屑粉屑灰岩夹灰色薄层状钙质泥岩，向上泥岩减少，灰岩变薄　33.61m

　中部产丰富的双壳类：*Myophoria* (*Costatoria*) *goldfussi intermedia* Sha

　Chlamys cf. *biformata* (Bittner)

　Bakevellia pracecursor (Quenstedt)

　B. sp.

　Cassianella cf. *angusta* Bittner

　Schafhaeutlia cf. *astartiformis* (Munster)

4. 灰白色中层状泥晶粉屑灰岩与紫红色薄层状泥岩互层　20.81m

　中上部产双壳类：*Bakevellia*? sp.

　Schafhaeutlia? sp.

　Myophoria (*Costatoria*) *seperata kunlunensis* Lu

　Myophoria sp.

　Schafhaeutlia sp.

3. 紫红色薄层状泥岩夹紫红色中薄层状细粒岩屑砂岩　7.11m
2. 灰绿色中层状含水云母细粒岩屑砂岩夹中层状粉砂质泥岩，发育平行层理、交错层理　28.95m
1. 紫红色薄层状泥岩夹粉砂质泥岩，发育水平层理，偶见砂质条带　>57.74m

（未见底）

（三）青海省治多县玛日几真三叠纪甲丕拉组实测剖面（MQ）

该剖面最先由青海省区调综合地质大队（1993）测制，本次重新测制。剖面位于青海省治多县玛日几真，起点坐标：N33°47′20″，E93°32′22″，海拔4 708m，终点坐标：N33°48′00″，E93°32′51″，海拔4 652m，剖面长3 250m。剖面地层露头良好，底界清楚，顶部被断层错断，未见顶（图2-28）。岩性自上而下描述如下：

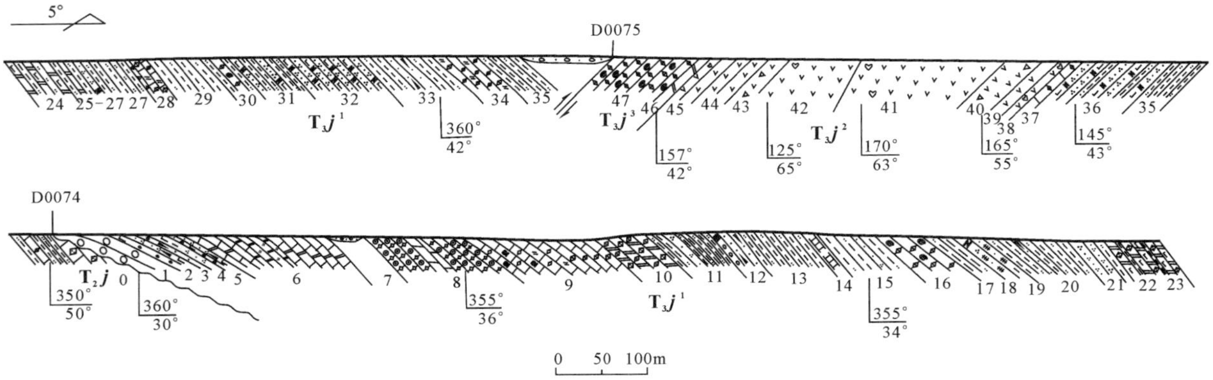

图2-28　青海省治多县玛日几真三叠纪甲丕拉组实测剖面图

上覆地层：三叠纪波里拉组　深灰色厚层状泥晶灰岩

断层接触

三叠纪甲丕拉组（T_3j） >**1 487.48m**

上段（T_3j^3） >**53.04m**

47. 深灰色厚层状泥晶灰岩　>51.42m

46. 灰黄色中厚层状粉晶白云岩　1.62m

中段(T_3j^2)　**331.92m**

45. 深灰色块状辉石玄武岩，发育杏仁状构造　1.75m
44. 深灰色致密块状玄武岩　7.39m
43. 紫红色块状火山熔结角砾岩　2.69m
42. 深灰色块状玄武岩，上部发育杏仁构造　56.65m
41. 灰色块状凝灰集块岩　166.55m
40. 灰绿色块状基—中性熔结集块岩，集块为中酸性含火山角砾凝灰岩　57.40m
39. 灰绿色块状熔结火山角砾岩，角砾成分为杏仁状辉石玄武岩，中部见基性岩脉侵入　30.20m
38. 灰绿色块状玄武岩　9.29m

下段(T_3j^1)　**1 104.14m**

37. 深灰色厚层状泥晶灰岩　14.19m
36. 紫红色中层状细粒岩屑砂岩与紫红色页片状粉砂质泥岩互层，二者构成韵律层　58.60m
35. 紫红色粉砂质泥岩　93.39m
34. 深灰色中厚层状白云石化泥晶灰岩　30.55m
33. 紫红色粉砂质泥岩夹中厚层状细粒长石石英砂岩，发育水平层理　54.90m
32. 紫红色厚层状中细粒长石石英砂岩　57.79m
31. 紫红色页片状粉砂质泥岩夹中层状含钙质细粒长石石英砂岩，发育水平层理　39.24m
30. 紫红色页片状粉砂质泥岩夹灰绿色中厚层状泥晶生物屑灰岩，其中生物屑见倒“小”字形构造　25.15m
29. 紫红色块状粉砂质泥岩　41.54m
28. 底部 0.8m 为灰色中层状白云质角砾岩，角砾呈棱角状，砾径一般为 1～2cm；其上为深灰色厚层状细粉晶白云质灰岩　13.00m
27. 紫红色厚层块状粉砂质泥岩夹紫红色厚层状石英粉砂岩　31.90m
26. 紫红色厚层状细粒长石石英砂岩　2.52m
25. 紫红色厚层-块状粉砂质泥岩，夹少量土浅黄色中层状粉晶白云岩　9.38m
24. 浅黄色中层状粉晶含灰质白云岩夹紫红色厚层状粉砂质泥岩、粉砂岩　22.61m
23. 深灰色厚层状粉晶灰质白云岩夹深灰色页片状泥岩　41.31m
中部产丰富的双壳类：*Neomegalodon* (*Neomegalodon*) cf. *ampezzanus* (Hoernes)
22. 紫红色块状粉砂质泥岩　7.10m
21. 中下部为灰绿色块状粉砂质泥岩夹灰绿色薄层状细粒岩屑砂岩，上部为灰色块状中细粒石英砂岩，发育平行层理　24.17m
20. 底部为 4.2m 为灰色块状细粒岩屑砂岩，向上为紫红色厚层-块状粉砂质泥岩夹灰绿色薄层状细粒岩屑石英砂岩，发育水平层理、沙纹层理　66.33m
19. 紫红色厚层-块状水云母质细粒岩屑石英杂砂岩　2.73m
18. 灰绿、灰色块状钙质水云母质中细粒长石石英杂砂岩，底部含泥砾，砾径约为 0.5～1cm，含量约占 5%　5.92m
17. 紫红色粉砂质泥岩　15.49m
16. 深灰色厚层状含生物屑泥晶灰岩，见顺层面分布的双壳类碎片　24.33m
15. 灰黑色厚层状粉砂质泥岩，偶夹深灰色薄层状细粒石英砂岩　31.15m
14. 灰白色条带状细晶硬石膏岩，沿走向向西约 300m 尖灭　7.04m
13. 紫红色厚层状粉砂质泥岩　23.46m
12. 中下部为紫红色中厚层状复成分细砾岩夹紫红色厚层状中粒岩屑砂岩，砾石主要为硅质岩，具下粗上细特征，上部为紫红色厚层状中粒岩屑砂岩，发育平行层理　27.82m
11. 灰黑色薄层状粉砂质泥岩夹青灰色薄层—中层状中细粒石英砂岩　45.71m
10. 深灰色厚层块状粉细晶白云岩，发育鸟眼构造　32.36m
9. 灰黑色中层状弱硅化微晶灰岩、灰黄色中层状粉晶白云质灰岩　37.13m
8. 灰色中层状亮晶鲕粒灰岩夹薄中层状泥晶灰岩　50.47m
7. 掩盖　19.63m
6. 灰黄色薄层中层状细—粉晶白云质灰岩夹灰黑色页片状硅质白云岩　88.52m

5. 底部 2.5m 为灰色厚层状复成分中砾岩，其上为灰色中层状含砾粗粒岩屑砂岩与薄层状钙质中细粒岩屑砂岩互层，上部夹少量页片状泥岩，具下粗上细的旋回特征　15.56m

4. 紫红色中层状钙质泥质细粒岩屑石英砂岩与紫红色页片状粉砂质泥岩互层，可划分出两个旋回，砂岩中发育大型低角度板状斜层理　9.83m

3. 紫红色中层状含砾岩屑砂岩、薄层状粉砂质泥岩夹薄层状细粒岩屑石英砂岩，含砾砂岩、砂岩和泥岩，构成向上变细的基本层序　2.41m

2. 灰色厚层状复成分细砾岩与紫红色块状泥质钙质含砾细粒岩屑石英砂岩互层，形成韵律层，总体向上砾岩含量减少　13.02m

1. 灰色块状碳酸盐质中粗砾岩　17.91m

~~~~~~~~~~~~~~ 角度不整合 ~~~~~~~~~~~~~~

下伏地层：二叠纪九十道班组　灰色块状亮晶生物屑灰岩

二、地层划分与对比

（一）岩石地层

在调查区三叠系仅见结扎群，自下而上划分为甲丕拉组、波里拉组和巴贡组，与下伏二叠系呈角度不整合接触。

1. 甲丕拉组（T_3j）　571.6～1 487.48m

层型剖面位于西藏昌都城东甲丕拉山，主要为红色碎屑岩夹火山岩的沉积。该组在调查区仅分布于西恰山和直梗罗拉一带，出露面积不大，未见顶，岩性与层型剖面差异不大，控制的最大厚度大于 1 487.48m，最小厚度大于 571.6m。可将甲丕拉组可分为三段。

下段：底部为灰色块状粗砾岩、紫红色中层状—块状含砾岩屑细砂岩和灰黄色薄层—中层状钙质细粒岩屑石英砂岩夹紫红色页片状粉砂质泥岩。砾石成分以灰岩为主，另有少量的硅质岩和火山岩，砾石分选差，磨圆差，呈次棱角状，大小混杂，为洪积相。含砾砂岩和砂岩中发育正粒序层理和大型板状斜层理，为冲积相沉积。下部—中上部岩性为紫红色中—厚层状粉砂质泥岩、细粒岩屑砂岩、石英粉砂岩与深灰色厚层状泥晶灰岩、白云质灰岩不等厚互层，夹深灰色厚层块状粉细晶白云岩和硬石膏岩；细砂岩中发育板状斜层理，灰岩中发育水平层理，白云岩中见鸟眼构造，为浅海陆棚相—泻湖相。本套地层见于图幅北部地区，下伏地层为中二叠世九十道班组，两者为角度不整合接触。在玛日几真甲丕拉组下段厚 1 104.14m，在西恰赛索曲厚度大于 867.26m。

下段基本层序可分为两种类型：由复成分砾岩（A）→含砾砂岩中细粒砂岩（B）→岩屑砂岩（C）组成[图 2-29(a)]，见于底部层位，其中 A 单元分布不稳定，自下往上以 C 单元构成基本层序的主体；由紫红色中—厚层状细粒岩屑砂岩（A）→粉砂质泥岩（B）→泥晶灰岩（C）→灰质的白云岩（粉晶白云岩）（D）组成[图 2-29(b)]，是本段地层的典型基本层序类型，其中 C 单元分布不稳定。代表由碎屑滨岸沉积相向泻湖沉积的演化序列。

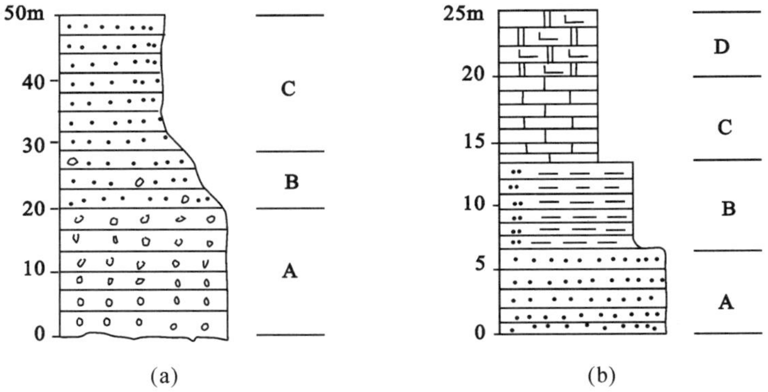

图 2-29　甲丕拉组下段基本层序

（玛日几真）
~~~~~~~~~~~~~~

中段：分布于调查区北部，玛日几真为一套灰黑、深灰色、灰绿色块状玄武质岩、集块岩、熔结火山角砾岩、杏仁状辉石玄武岩，自玛日几真向西侧粗火山碎屑岩消失，代之出现熔岩、凝灰岩夹沉积岩的组合，如在俄撒金南火山岩主要为辉石角闪粗面玄武岩、角闪碱玄岩、玄武质粗面安山岩、辉石角闪粗面安山岩、紫红色块状安山岩、安山质岩屑凝灰熔岩、凝灰岩，熔岩中发育杏仁构造。沉积岩夹层岩性为深灰、灰黑色砂屑粉晶灰岩、砂屑亮晶生物屑砂屑灰岩、含钙质残余砾砂屑细晶白云岩、含菱铁矿含水云母细粒岩屑砂岩和钙质泥岩、石膏岩，并出现过渡岩性——安山质火山角砾凝灰质泥晶灰岩。沉积岩夹层中发育水平层理、水平虫迹构造，灰岩中偶见鸟眼构造，在灰岩夹层中产双壳类 *Quemocuomegalodon orientus*，*Neomegalodon boechi* 等。火山岩岩石地球化学特征显示其主体形成于火山弧构造环境，而在火山活动的间隙沉积了浅水碳酸盐岩和碎屑岩。本套地层见于图幅北部，呈断块状产出，在治多县俄撒金南部厚度大于 469.99m，在玛日几真厚度为 331.92m。

上段：深灰色中—厚层状泥晶含生物屑砂屑粉屑灰岩，泥晶灰岩，紫红色、灰绿色薄层状泥岩不等厚互层，夹灰黑色中层状生物屑泥晶灰岩、灰绿色中层状岩屑细砂岩和硬石膏岩，局部地段灰岩中发育白云石化现象；为泻湖相沉积。产双壳类 *Myophoria*（*Costatoria*）*goldfussi intermedia* Sha，*M.*（*C.*）*seperata kunlunensis* Lu，*M.* sp.，*Chlamys* cf. *biformata*（Bittner），*Bakevellia pracecursor*（*Quenstedtia*），*Bakevellia* sp.，*Cassianella* cf. *angusta* Bittner，*Schafhaeutlia* cf. *astartiformis*（Munster），*S.*？sp.，本段见于图幅北部地区，未见底，与上覆波里拉组呈整合接触。在治多县俄撒金南厚 222.48m，在直梗罗拉曲厚度大于 571.65m，在玛日几真厚度大于 53.04m。

2. 波里拉组（T_3b）　　1 540.7m

层型剖面位于西藏察雅县波里拉。调查区未见其顶部层位，底部以大量的灰岩出现为标志，野外易于区分。可以划分为两段。

下段：深灰、灰色中层—厚层状泥晶生物屑灰岩、泥晶砂屑灰岩夹浅灰、灰白色中—薄层状细晶白云岩、灰质白云岩、白云石化泥晶灰岩、白云石化砂屑灰岩和砾屑灰岩等，偶夹黑色炭质泥岩，含燧石条带，发育生物扰动构造、似瘤状构造，总体上为泻湖相沉积。该段地层岩性的基本层序（图 2-30）为：从底部向上由灰色中厚层状泥晶生物屑（或砂屑）灰岩（A）→浅灰、灰白色中—薄层状白云岩化泥晶灰岩（B）组成。其中 A 单元是主体，它可以是生物屑灰岩，或为砂屑灰岩或为粉屑灰岩，但均为泥晶充填，属中—低能环境的产物；B 单元厚度较薄，并且还可出现中层状细晶白云岩，此外，层序中偶见潮道沉积的泥晶砾屑灰岩。产菊石 *Placites myophorus*（Mojs）；双壳类 *Halobia beyrichil*，*H.* sp.，*Quemocuomeglodon* sp.，*Prosogyrotrigonia*？sp.，*Cardium*（*Tulongocardium*）？sp. nov. 和腕足类 *Sacothyris sinosa*（Ching et Fang），*Timorhynchia nimassica*（Krumbeck）；在治多县哑赤扎加剖面产双壳类 *Costatoria goldfussi intermedia* Sha et Chen and Qi，*Myophoria*（*Costatoria*）*napengensis* Healey，*M.*（*C.*）sp.，*Cardium*（*Tulongocardium*）*napengensis* Healey，*Veteranella*（*Ledoides*）*langnongensis* Wen et Lan 和腕足类 *Mentzelia* sp.，*Rhaetinopsis orata* Yang et Xu。本段厚度大于 349.44m，仅见于图幅的北东角直梗罗拉地区，在邻区治多县哑赤扎加厚度为 814.3m。

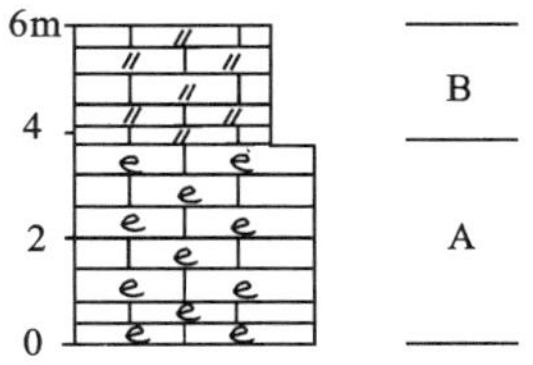

图 2-30　波里拉组基本层序（直梗罗拉）

上段：灰白色厚层状亮晶颗粒灰岩，生物屑泥晶灰岩夹少量泥岩，发育水平层理和小型交错层理，含双壳类和腕足类化石碎片，为浅海陆棚相沉积。产头足类 *Placites postsymmetricus*-*Cladiscites striatissimus*-*Metaganides qinghaiensis* 组合和大个体双壳类 *Neomegalodon* sp. 等，波里拉组上段广泛分布于图幅的北东部，多形成较紧闭的褶皱，出露较差。路线调查估计厚度大于 100.0m，邻区治多县哑赤扎加厚度为 726.4m。

3. 巴贡组（T_3bg）　　＞220.0m

巴贡组由"巴贡煤系"演变而来。调查区内巴贡组的顶、底未见出露，地层多呈断块状产出，主要分布于图幅南西当曲之南，在北部也有零星出露。岩性主要为浅灰、灰色中厚层状岩屑细砂岩夹灰黑色薄层状泥岩、粉砂质泥岩，发育水平层理、平行层理，含大量的炭化植物碎片，主体三角洲相沉积。这段地层在岩性上可以与赤布张错地区巴贡组的下部层位对比，本次工作采获少量头足类 *Paratropites sellai*

(Mojs.),*Paratibetites* cf. *timorensis* Walter 等。厚度大于 220.0m。

(二) 生物地层及年代地层

在调查区三叠纪地层中以双壳类化石最为丰富,其次为腕足类、菊石及少量珊瑚化石,共建立 3 个生物组合。

1. 双壳类

上三叠统双壳类化石比较单调,保存较差,共 4 科 6 属 6 种,以伟齿蛤为主,另有少量鸟蛤类,名单如下:*Physocardia zhidoensis* Zhang, *Dicerocardium*? ex gr. *pannonicus* Oravecz, *Neomegalodon* (*Neomegalodon*)cf. *ampezzanus* (Hoernes),*Quemocuomegalodon* sp. ,*Cardium* (Tulongocardium)? sp. ,*Prosogyrotrigonia*? sp. 。该组合的主要分子 *Neomegalodon* (*Neomegalodon*)*ampezzanus*,*Dicerocardium pannonicu* s 最早发现于意大利北部上三叠统诺利期,我国青海南部产于上三叠统结扎群;*Physocardia* 一属在南阿尔卑斯和北阿尔卑斯山区产于卡尼期;*Physocardia zhidoensis* 是唐古拉山区上三叠统的本土种,最先报道于上三叠统结扎群;*Quemocuomegalodon* 一属是长江源地区上三叠统诺利期的本土属,而 *Cardium* (*Tulongocardium*)最早见于西藏上三叠统,在欧洲上三叠统也有分布。

总之,上述含双壳类 *Physocardia zhidoensis* 的甲丕拉组下部可能属卡尼期;含双壳类 *Quemocuomegalodon*,*Neomegalodon* 等的甲丕拉组中上部属上三叠统诺利期,称 *Quemocuomegalodon-Bakevellia-Cassianella* 组合。

2. 头足类

(1) 波里拉组头足类

波里拉组头足类可建立 *Placites postsymmetricus-Cladiscites striatissimus-Metaganides qinghaiensis* 组合,产于治多县扎根额钦曲一带,计有 *Placites postsymmetricus* (Mojs.),*Placites myophorus* (Mojs),*Paratibetites* cf. *murificus* Wang et He,*Arcestes* cf. *decipiens* (Mojs),*Sphingites* sp. ,*Megaphyllites* cf. *jarbas* (Muenster),*Metaganides qinghaiensis* He,Wang et Chen,*Cladiscites striatissimus* (Mojs.),*Cladiscites* sp. 等及一块保存差的鹦鹉螺类化石;另在俄撒金南波里拉组产 *Placites myophorus* (Mojs),该组合菊石类有 7 科 7 属 9 种(含未定种、相似种),以 *P. postsymmetricu* 数量最为丰富,另见有较多的 *M.* cf. *jarbas* (Muenster),*A.* cf. *decipiens* (Mojs)和 *M. qinghaiensis* He. Wang et Chen,显现出世界性分布分子与特提斯型分子共生的生物群面貌。该组合的主要分子 *Placites* 属壳体内卷,缝合线具脐叶,是一个世界性分布的晚三叠世分子,以诺利阶最多。在阿尔卑斯、巴尔干、西西里、帝汶岛、西伯利亚东部、北美、秘鲁等地均有报道。在我国见于西藏南部定日、聂拉木土隆组上部和阿里地区,青海杂多县聂巴弄、治多当江一带的结扎群。其中,*P. postsymmetricus* 首见于欧洲阿尔卑斯地区,在青、藏地区广泛分布(王义刚、何国雄,1981;何国雄等,1990);*P. myophorus* (Mojs)在青海治多县当江阿尼弄结扎群肖恰错组上部也有报道(何国雄等,1990)。*Paratibetites* 主要分布于特提斯区,见于西藏聂拉木县土隆、定日县龙江西山、苏热山,在青海见于杂多县庭曲东岸 13km 的上三叠统及格尔木市唐古拉山乡雀莫错结扎群巴贡组中上部;*P. murificus* Wang et He 首见于西藏聂拉木县土隆的上三叠统土隆群上组上部(王义刚和何国雄,1981)。*Arcestes* 属广泛分布于特提斯区、环太平洋区及北方区,其在中三叠世出现,在晚三叠世最为繁盛。该属在青藏高原上见于西藏南部的聂拉木县土隆、定日县苏热山、乃隆后山、阿里地区、青海治多县扎河南 40km 和当江乡、杂多县的子曲角然弄沟头和结扎乡、四川义敦县德达沟等地上三叠统中。*A. decipiens* (Mojs)种在青海产于杂多县结扎乡肖恰错、治多县当江乡阿尼弄结扎群肖恰错组上部(何国雄等,1990)。*Cladiscites* 属主要见于特提斯区上三叠统中,产于我国青海、云南、四川及喜马拉雅山、阿尔卑斯、帝汶岛等地。该组合中的 *C. striatissimus* (Mojs.)产于治多县当江乡阿尼弄、托莫能的上三叠统结扎群肖恰错组上部层位中(何国雄等,1990)。*Megaphyllites* 属是一个世界性分布的分子,除北极区目前尚未见报导外,在特提斯区及环太平洋区均有分布，地质历程长，自安尼期至三叠纪末期。该属在西藏见于定日县卡岗拉山、苏热山、昌都察雅县王卡等地上三叠统中；在青海产于兴海县赛宗寺中三叠统、杂多县聂巴弄、治多县阿尼弄、玉树县叶龙达等地上三叠统中。*M. jarbas* (Muenster)在青海最早见于杂多县聂巴弄上三叠统结扎群下部（王义刚等，1976a)，其相似种产于治多县当江乡阿尼弄结扎群肖恰错组上部层位（何国雄等，1990)。

当前组合大体与青海省玉树地区的晚三叠世诺利期 *Placites-Cladiscites* 组合和上部 *M. qinghaiensis* 层层位相当（何国雄等，1990)；与西藏昌都察雅县王卡附近波里拉组 *Cyrtopleurites* cf. *bicrenatus* 带大致可对比。此外，也可与珠穆朗玛峰地区的 *N. nodosus* 带和 *Griesbachites-Gonionotites* 带层位大致对比。

(2) 巴贡组头足类

目前仅见两个种，即 *Paratropites sellai* (Mojs.)，*Paratibetites* cf. *timorensis* Walter，产于调查区东部夏麻贡麻曲。*Paratropites* 属是世界性广泛分布的属，多见于特提斯区的阿尔卑斯地区、地中海沿岸、喜马拉雅地区及印度支那半岛、帝汶岛、北美等地的晚三叠世卡尼期层位中。*P. sellai* 在青海见于杂多县结扎乡扎纳涌结扎群肖恰组下部，在青海诺利期地层中尚属首次发现。*Paratibetites* 属西藏菊石科，该科主要见于特提斯区，尤其是喜马拉雅地区相当繁盛。一般认为，西藏菊石科虽然在卡尼期已经出现，但其高峰期主要在诺利期，至诺利晚期开始衰退。*P. timorensis* 见于西藏定日县龙江东山曲龙贡组中部（王义刚等，1976b)，亦见于西藏聂拉木县土隆、定日县龙江西山、苏热山，在青海见于杂多县庭曲东岸 13km 的晚三叠世地层中，亦为格尔木市唐古拉山乡雀莫错结扎群巴贡组中上部 *Nodotibetites* cf. *nodosus-Paratibetites* cf. *wheeleri* 组合的重要分子（牛志军等，2002)。尽管调查区巴贡组的头足类化石较少，但其头足类生物群面貌与唐古拉山乡雀莫错结扎群巴贡组菊石生物群基本一致，层位相当。

3. 腕足类

腕足类 *Sacothyris sinosa-Timorhynchia nimassica-Rhaetiopsis* cf. *pentagonalis* 组合，主要见于波里拉组上段的厚层状—块状灰岩中。在夏麻贡玛采获 *Sacothyris sinosa* (Ching et Fang)，*Timorhynchia nimassica* (Krumbeck)；在西恰赛索曲北采获 *Cubanothyris corpulentus* Dagys，*C. vertricosa* Ching，Sun et. Ye，*Caucasorhynchia* sp.；在西恰赛索曲东采获 *Sacothyris sinosa* (Ching et Fang)，*Oxycolpella robinsoni* Dagys，*Aequspiriferina*? sp.?，*Koninckina*? sp.，*Sanqiaothyris* cf. *dorsaplana* Ching，Sun et Ye，*Coenothyris* sp.，*Rhaetiopsis* cf. *pentagonalis* Ching，Sun et Ye，*Yidunella* cf. *magna* Ching，Sun et Ye，*Y. yunnanensis* (Ching et Fang)，*Lunaria* sp.。计有 6 科 12 属 14 种（含未定种、相似种)，其中小嘴贝科（3 属）和两板贝科（4 属）数量丰富，为组合的最常见分子，绝大多数是三叠纪腕足动物类群。该生物组合生物群分异度高，属种丰富，既有地方性属种，又有世界广布性分子，尤其是多见特提斯区属种，应属于特提斯生物区系。化石产于厚层-块状亮晶生物屑灰岩中，为正常开阔浅海环境，地质时代为晚三叠世诺利期。该组合的主要分子区域分布特征如下。

Caucasorhynchia 属见于我国青海、西藏及云南，前苏联高加索的晚三叠世地层中，其中一些种如 *C. circularia*，*C. kunensis*，*C. zhidoensis* 等见于青海格尔木市唐古拉山乡木尺扎楞、囊谦县查里寺它哈布沟、治多县口前曲上游等地上三叠统结扎群；另有一些种见于贡觉县东孝波里拉组中。*Lunaria* 属是金玉玕等(1979)以产于治多县新乡东南、囊谦县囊谦寺结扎群中的 *L. dorsata* Ching，Sun et Ye 为模式种建立起来的属，产于我国青海、西藏、四川及云南的上三叠统中。*Yidunella* 属为我国青、藏、川、滇一带上三叠统中最常见的腕足化石之一。*Y. magna* 为该属的模式种，产于青海囊谦县囊谦卡大羽羊、四川义敦县曲嘎寺和西藏贡觉县东孝上三叠统中；*Y. yunnanensis* (Ching et Fang)首见于西藏江达县盖曲郭堆上三叠统及杂多县格玛煤矿东南结扎群，在西藏昌都县希雄沟波里拉组也有见及（金玉玕等，1979)。*Timorhynchia* 属为亚洲晚三叠世诺利期常见分子，地质历程相对较短。*T. nimassica* (Krumbeck)产于西藏江达县青尼洞区玉龙沟波里拉组下灰岩段，双湖地区西雅尔岗西北恰格拉诺利阶及印度尼西亚、帝汶岛诺利期层位中（孙东立，1981)。*Koninckina* 为世界性广泛分布的分子，一些种见于贡觉县东孝波里拉组，吉隆县北部、萨噶县加加一带吉隆群下部、青海囊谦县囊谦卡大羽羊、查里寺它哈布沟、玉树县那龙多东崇寺、杂多县扎曲上游地结扎群中。*Aequspiriferina* 属见于我国及欧洲中至晚三

叠世，在青海分布于天峻、囊谦县囊谦卡大羽羊。*Oxycolpell* 属见于亚洲、欧洲晚三叠世地层中，在青藏高原见于西藏察雅县巴贡、达龙纳、觉勒拉波里拉组，聂拉木县土隆村土隆群上组下部。在青海，*O. robinsoni* 见于杂多县格玛煤矿西 2km 上三叠统结扎群。*Cubanothyris* 属见于我国青海，前苏联高加索、帕米尔的晚三叠世地层中。*Cubanothyris corpulentus* 见于格尔木市唐古拉山乡通天河比究的结扎群。*Cub. vertricosa* 则首见于杂多县肖卡错聂巴弄结扎群。*Coenothyris* 属产于我国贵州、青海、前苏联高加索、欧洲西部的中、晚三叠世地层中。*Sanqiaothyris* cf. *dorsaplana* 首见于治多县日贡贡玛沟垴上三叠统结扎群及四川义敦县曲嘎寺上三叠统中。*Rhaetiopsis* cf. *pentagonalis* 首见于青海杂多县着晓乡班尕涌达日陇巴上三叠统结扎群中（金玉玕，1979），在江达县青尼洞区玉龙沟波里拉组下灰岩段也有见及。*Sacothyris* 属在青藏高原晚三叠世地层中分布广泛，*S. sinosa* 在青海省见于杂多县肖卡错聂巴弄、格玛煤矿米卯弄巴，格尔木市唐古拉山乡通天河比究等地，在西藏江达县郭堆、贡觉县东孝波里拉组也有报道。

当前组合与青海南部晚三叠世腕足类组合 *Omolonella cephaloformis*-*Septamphiclina qinghaiensis*-*Yulongella bolilaensis*-*Mentzelioides zadoensis* 组合（孙东立和李炳有，1990）相比，二者具有许多相同的属种，生物群面貌一致，且与菊石 *Placites*-*Cladiscites* 组合共生，调查区的波里拉组也有相似的菊石 *Placites postsymmetricus*-*Cladiscites striatissimus*-*Metaganides qinghaiensis* 组合，二者在层位上相当，可很好地对比。与“三江”地区的晚三叠世诺利期腕足类也有相似之处。与当前组合相同的许多分子也见于川西藏东地区上三叠统腕足类生物群中（金玉玕等，1979）。在调查区治多县俄撒金南部上三叠统甲丕拉组地层实测剖面甲丕拉组中部（第 14 层）玄武岩中获得 $^{40}Ar/^{40}K$ 年龄为 208Ma，相当于诺利期，与前述各门类生物组合反映的地层时代一致。

第五节 侏罗纪地层

侏罗纪地层分布于治勤赛加玛-区麦陇-赛茸多坑-宋卡赛玛一线的南部，下、中、上三统均有分布，地层走向为北西-南东向，地层露头较为分散。自下而上分别为下统那底岗日组，中-上统雁石坪群雀莫错组、布曲组、夏里组、索瓦组和雪山组，以中统雀莫错组、布曲组和夏里组分布最广。地层总厚度为大于 3 754.8m，面积为 1 280km^2，占调查区总面积的 8.27%。

一、剖面描述

本次工作共测制了 5 条剖面，控制了那底岗日组、雀莫错组、布曲组和夏里组，由于索瓦组和雪山组分布零星，出露面积小，且断层发育，无实测剖面控制。

（一）青海省杂多县索木侏罗纪布曲组一夏里组实测剖面（SM）

剖面位于青海省杂多县索木，起点坐标：N33°04′38″，E94°01′39″，海拔 4 770m，终点坐标：N33°05′27″，E94°01′51″，海拔 4 748m，剖面长 1 700m。剖面露头良好，底界清楚，顶部出露不全（图 2-31）。岩性自上而下描述如下：

侏罗纪夏里组（J_2x） **>791.54m**

32. 暗紫红色厚层状含钙质细粒岩屑石英砂岩夹暗紫红色中厚层状粉砂质泥岩，发育平行层理、沙纹层理 >93.30m
31. 暗紫红色厚层状含赤铁矿含钙质细粒岩屑石英砂岩，中上部夹紫红色中层状粉砂岩、粉砂质泥岩，顶部为紫红色厚层状粉砂岩与粉砂质泥岩互层 37.93m
30. 紫红色厚层状含粉砂质泥岩夹中厚层状泥质粉砂岩，发育沙纹、波状层理 130.61m
29. 暗紫红色中厚层状含赤铁矿细粒岩屑石英砂岩，发育平行层理和小型板状斜层理，中上部夹钙质含砾中细粒岩屑石英砂岩透镜体 61.91m

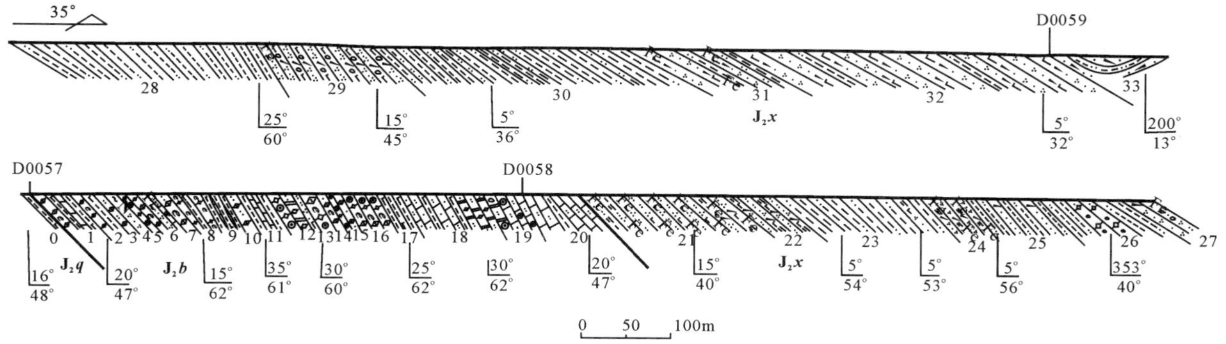

图 2-31　青海省杂多县索木侏罗纪布曲组—夏里组实测剖面图

28. 紫红色厚层状含粉砂质泥岩，发育沙纹层理　130.20m
27. 浅灰绿色中厚层状细粒岩屑石英砂岩夹紫红色薄层状含赤铁矿含水云母含砂砾屑石英粉砂岩，细砂岩中发育平行层理　17.38m
26. 紫红色厚层状粉砂质泥岩夹灰绿色中层状亮晶砂屑细砾屑灰岩、灰绿色含水云母细粒岩屑石英砂岩　49.86m
25. 紫红色厚层状粉砂质泥岩夹灰绿色中层状细粒岩屑石英砂岩，细砂岩中发育平行层理　44.53m
24. 灰绿、紫红色中厚层状含菱铁矿含水云母细粒岩屑石英砂岩夹紫红色中层状粉砂质泥岩。细砂岩中发育平行层理，中上部细砂岩中偶见生物屑　27.77m
23. 紫红色厚层块状粉砂质泥岩，中上部夹灰绿色中层状含水云母含钙质细粒岩屑石英砂岩。前者发育水平、沙纹层理，后者发育平行层理和小型板状斜层理及与层呈斜交的遗迹化石　90.93m
22. 灰、浅灰绿色中层状含水云母含钙质岩屑石英细砂质粉砂岩夹红色细粒岩屑石英砂岩条带，发育小型板状斜层理、沙纹层理　31.82m
21. 紫红色厚层块状含赤铁矿石英粉砂质水云母粘土岩，中部夹 3 层中层状含赤铁矿含钙质石英粉砂岩(每层厚约 0.3m)。粉砂岩中发育小型板状斜层理和沙纹层理　75.68m

———————— 整　合 ————————

侏罗纪布曲组(J_2b)　302.58m

20. 灰绿色中薄层状泥晶粉屑灰岩夹紫红色泥质条带　35.47m

下部产双壳类：*Astarte* cf. *elegans* Sowerby
A. sp.
Tancredia? sp.
Protocardia cf. *strickendia* (Morris & Lycett)
P. sp.

19. 灰色厚层状粉晶鲕粒砾屑钙质白云岩夹薄中层状粉泥晶含石英细砂鲕粒砂屑灰岩，砾屑多呈长条状，长轴与层面斜交　25.34m
18. 下部为灰色中厚层状含石英粉细砂含砂屑粉屑灰岩与灰色薄层状钙质泥岩不等厚互层，泥岩中发育水平层理，灰岩中见泥质团块；上部为灰色厚层状泥灰岩；顶部 1.3m 为灰褐色厚层状含石英粉砂含残余砂屑微晶钙质白云岩，层间发育冲刷构造　52.92m
17. 浅灰、灰绿色薄层状钙质泥岩夹泥灰岩条带，发育水平层理　14.22m
16. 底部 0.8m 为灰黑色厚层状生物屑泥晶灰岩，其上为灰黑色厚层状泥亮晶生物屑鲕粒灰岩夹中层状泥晶灰岩　21.75m
15. 下部为灰、深灰色厚层状泥亮晶鲕粒灰岩，发育晶洞构造，中上部为深灰、灰黑色中薄层状泥晶粉屑灰岩　10.87m

中部产双壳类：*Pleuromya uniformis* (Sowerby)
Protocardia stricklandi (Morris & Lycett)
Lopha cf. *baqenensis* Wen
Astarte cf. *elegans* Sowerbyt

菊石：*Dolikephalites* cf. *typicus* (Blake)

14. 下部为深灰色厚层状含砂屑生物屑泥晶灰岩，中上部为中—薄层状泥晶生物屑粉屑灰岩，向单层厚度变薄　5.02m
13. 底部 1.2m 为灰黑色厚层状亮泥晶生物屑鲕粒灰岩，其上为灰黑色厚层状亮晶鲕粒灰岩，二者之间夹 0.6m 厚的灰色中层状泥灰岩　10.46m

上部产双壳类：*Liostrea*? sp.

Lopha sp.

L. zadoensis Wen

Modiolus sp.

12. 底部为深灰、灰黑色厚层状亮泥晶鲕粒灰岩，中上部为灰、浅灰绿色中层状石英粉砂质微晶白云岩、钙质含砂屑石英粉砂岩夹灰黑色中层状泥晶生物屑灰岩，层面见稀疏水平虫管　20.04m

底部产双壳类：*Pleuromya* sp.

Protocardia sp.

Liostrea sp.

Astarte elegans Sowerby

A. sp.

Pleuromya? sp.

中部产双壳类：*Protocardia*? sp.

Astarte cf. *elegans* Sowerby

Protocardia sp.

Pleuromya auduini (Brongniat)

P. sp

Liostrea? sp.

Lopha sp.

L. zadoensis Wen

11. 灰、深灰色薄—中层状钙质泥岩夹中层状泥灰岩，向上泥质增多，发育水平层理　16.90m

10. 灰色厚层状泥晶含粉砂粉屑灰岩，发育水平层理　6.76m

9. 灰、深灰色中薄层状钙质泥岩夹泥晶生物屑灰岩透镜体，泥岩中发育水平层理　13.52m

8. 下部为灰色厚层状泥灰岩，中上部为深灰、灰黑色中厚层状亮泥晶生物屑灰岩夹泥晶含粉砂粉屑灰岩，顶部为深灰色中层状泥晶生物屑灰岩，发育水平层理　19.90m

7. 灰、深灰色厚层块状泥晶石英粉砂质生物屑灰岩，偶夹泥质条带，生物屑主要为双壳类，顶部0.2m为介壳灰岩　5.97m

6. 深灰、灰黑色薄—中层状水云母质泥晶粉屑灰岩夹深灰色薄—中层状微晶化泥晶生物屑灰岩，中部夹1.8m浅灰色中层状含菱铁质细粒岩屑石英砂岩　12.59m

下部产双壳类：*Lopha* cf. *gregarea* (Sowerby)

Modiolus (*Modiolus*) *imbricatus* (Sowerby)

中部产双壳类：*Astarte* cf. *elegans* Sowerby

A. sp.

Radulopecten? sp.

5. 底部0.8m为灰黑色厚层状亮泥晶鲕粒灰岩；其上为深灰、灰黑色厚层状含生物屑泥灰岩，中上部夹两层中层状泥晶含粉砂质含水云母灰岩。总体构成下粗上细的特征　3.31m

下部产双壳类：*Inoperna sowerbyana* (d'Orbigny)

Protocardia sp.

Pseudolimea cf. *duplicata* (Sowerby)

上部产双壳类：*Inoperna sowerbyana* (d'Orbigny)

Liostrea sp.

4. 灰、浅灰绿色中厚层状含绿泥石细粒长石石英砂岩夹薄层状粉砂岩，发育大型板状斜层理和平行层理，砂岩呈大型楔状体，顶、底为粉砂质泥岩　4.46m

3. 深灰色厚层状泥晶粉屑灰岩，偶夹泥质条带　6.63m

底部产双壳类：*Pleuromya auduini* (Brongniat)

Pseudolimea cf. *duplicata* (Sowerby)

Astarte sp.

Anisocardia (*Antiquicyprina*) *trapezoidalis quadrata* Wen.

2. 底部1.5m为深灰、灰黑色厚层状含生物屑泥晶灰岩，生物屑主要为双壳屑；其上为灰色薄层状钙质泥岩，偶夹中薄层状泥灰岩，发育水平层理　10.89m

底部产双壳类：*Lopha* sp.

Pleuromya uniformis (Sowerby)

1. 底部1m为深灰色厚层状生物屑泥晶灰岩，生物屑主要为双壳类，偶见棘皮类、腕足类和有孔虫等生物碎屑，发育板状斜层理和水平层理及斜交层面的细小虫管；其上为灰色薄层状钙质泥岩，偶夹薄层状泥灰岩，发育水平层理 15.38m

上部产双壳类：*Camptonectes* (*Camptonectes*) *auritus* (Schlotheim)

C. (*C.*) sp.

Pleuromya sp.

——————— 整　合 ———————

下伏地层：侏罗纪雀莫错组　浅灰绿色厚层状含赤铁矿水云母粘土岩，发育水平层理

(二) 青海省杂多县区麦陇侏罗纪雀莫错组—夏里组实测剖面(QM)

剖面位于青海省杂多县区麦陇，起点坐标：N33°13′50″，E93°44′09″，海拔5 035m，终点坐标：N33°14′18″，E93°45′04″，海拔4 964m，全长2 100m。剖面露头良好，底界清楚，顶部出露不全(图2-32)。岩性自上而下描述如下：

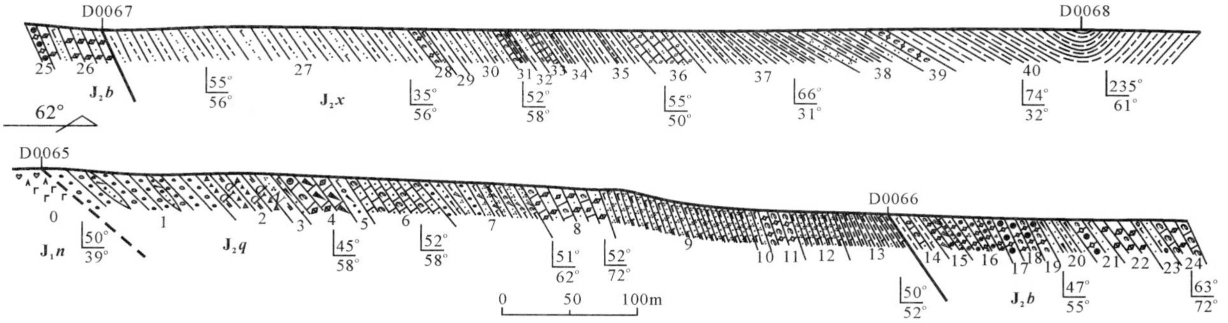

图2-32　青海省杂多县区麦陇侏罗纪雀莫错组—夏里组实测剖面图

侏罗纪夏里组(J_2x)	**(未见顶)**	**>467.63m**

40. 紫红色厚层块状泥岩夹灰绿色泥岩条带，局部见粉砂岩条带，发育水平层理 >68.94m

39. 底部0.75m为灰褐色中层状钙质石英粉砂岩，其上为灰绿色薄层状钙质泥岩，中部夹0.65m灰色中层状微晶化泥晶含石英粉砂含鲕粒双壳屑灰岩 13.64m

38. 底部1.56m为浅灰、灰绿色中层状钙质细粒石英砂岩，发育小型交错层理，其上为红色厚层状粉砂质泥岩，发育水平层理 26.85m

37. 下部为紫红色厚层状含粉砂质泥岩，发育水平层理，上部为紫红色中厚层状粉砂质泥岩与紫红色厚层状泥岩不等厚互层 57.73m

36. 底部1.2m为灰绿色中层状石英粉砂质泥晶灰岩，其上为灰色中层状粉砂质泥岩与紫红色厚层状泥岩不等厚互层，向上紫红色泥岩增多，顶部岩层有变形现象 27.53m

35. 紫红色厚层状泥岩夹少量灰绿色钙质泥岩条带，发育水平层理 33.57m

34. 浅褐色厚层状泥岩夹灰绿色薄层状钙质泥岩，顶部为灰绿色粉砂质泥岩，发育水平层理 13.27m

33. 灰绿色薄层状泥质不等晶灰岩夹亮晶砂屑灰岩条带，发育水平层理 11.71m

32. 紫红色厚层状泥岩夹含赤铁矿钙质含砂屑石英粉砂岩条带，发育水平层理和沙纹层理 7.03m

31. 底部0.8m为灰色薄—中层状介壳灰岩，介壳凸面向上，其上为灰色薄层状钙质泥岩，发育水平层理 12.49m

30. 底部1.2m为灰色中层状粉砂岩夹薄层状泥岩，其上为灰色薄层状钙质泥岩，泥质粉砂岩与钙质粉砂岩相间分布形成水平层理 15.79m

29. 紫红色厚层状泥岩，发育水平层理 5.13m

28. 灰色厚层状亮晶生物屑灰岩与灰绿色薄层状钙质石英粉砂岩不等厚互层，泥岩中发育水平层理，灰岩中发育垂直层面的虫管，粉砂岩中见泄水沟造 3.95m

27. 紫红色厚层状含赤铁矿含石英粉砂质泥岩夹厚层状含赤铁矿泥晶灰岩，泥岩中发育水平层理，粉砂岩中发育平行层面的灰绿色条带及沙纹层理 170.00m

——————— 整　合 ———————

侏罗纪布曲组(J_2b) **276.64m**

26. 深灰色中层状石英粉砂质含内碎屑泥晶灰岩，下部夹中层状含生物屑钙质石英粉砂岩 45.37m

25. 深灰色厚层状亮晶含粉砂鲕粒灰岩夹含砂质泥晶灰岩，前者底层面见有砾屑，发育板状斜层理，后者层面见波痕　6.35m

24. 深灰色厚层状泥晶生物屑灰岩夹中层状泥晶灰岩，上部约 4.5m 为灰色中薄层状细粒石英砂岩，发育沙纹层理，生物屑为双壳类　24.38m

底部产双壳类 *Pseudotrapezium* cf. *cordiforme* (Deshanyes)

23. 灰色中层状钙质含砾屑细粒石英砂岩，发育波痕和板状斜层理　11.26m

上部产双壳类 *Pleuromya*? sp.

22. 深灰色中层状泥晶灰岩夹生物屑泥晶灰岩　28.16m

下部产双壳类：*Pleuromya alduini* (Brongniat)

P. sp.

Protocardia stricklandi (Morris et Lycett)

P. sp.

Tancredia triangularis Chen et Wen

T. sp.

Gervillella qinghaiensis Wen

Miyagipecten laevis (Wen)

21. 深灰色厚层状亮晶含生物屑鲕粒灰岩夹生物屑泥晶灰岩，偶夹灰色中层状钙质细粒石英砂岩。岩层底面常见砾屑，向上泥晶灰岩增多　14.48m

20. 灰色中层状细粒岩屑砂岩夹粉砂质泥岩，发育沙纹层理和不对称波痕以及垂直或斜交层面的虫管　18.50m

中部产双壳类：*Astarte*? sp.

19. 深灰色厚层状亮晶鲕粒生物屑灰岩与中厚层状泥晶灰岩互层，生物屑以双壳类为主，长轴平行层面　15.24m

中部产双壳类：*Protocardia*? sp.

Modiolus cf. *imbricatus* Sowerby

18. 深灰色厚层状亮晶鲕粒生物屑灰岩，偶含砾屑，向上鲕粒渐增多，单层变厚，岩性变为亮晶生物屑鲕粒灰岩，局部生物屑富集形成介壳层　23.55m

中部产双壳类：*Radulopecten* cf. *tipperi* Cox

Protocardia sp.

Pleuromya alduini (Brongniat)

Pleuromya sp.

17. 灰色中层状亮晶鲕粒灰岩夹深灰色厚层状弱白云石化亮泥晶含生物屑鲕粒灰岩　15.24m

底部产双壳类：*Astarte* cf. *togtonheensis* Wen

Astarte sp.

Liostrea? sp.

腹足类化石

下部产双壳类：*Astarte* sp.

16. 深灰色薄层状亮晶含石英中细砂鲕粒灰岩夹中薄层状泥晶灰岩　38.53m

产双壳类：*Protocardia hepingxiangensis* Chen

15. 深灰色厚层状亮泥晶生物屑灰岩夹灰色中层状泥晶粉屑灰岩，偶夹黄灰色薄层状钙质细粒长石石英砂岩　17.19m

上部产双壳类：*Camptonetes* (*Camptochlamys*) *clathratus* (Roemer)

Pleuromya? sp.

14. 深灰色厚层状钙质泥岩夹中层状中细晶含陆源砂生物屑砂砾屑灰岩，泥岩中发育水平层理，陆源砂含量达 20%　18.38m

下部产双壳类：*Protocardia hepingxiangensis* Chen

Camptonetes (*Camptonetes*) *auritus* (Schlotheim)

C. (*C.*) sp.

Astarte togtonheensis Wen

A. sp.

Gervillella qinghaiensis Wen

G. sp.

Liostrea birmanica (Reed)

腕足类化石

———————— 整 合 ————————

侏罗纪雀莫错组(J_2q) **516.70m**

13. 灰绿色薄层状钙质泥岩夹紫红色粉砂质泥岩条带 42.24m

12. 浅灰色中层状钙质细粒石英砂岩与紫红色块状粉砂质泥岩组成下粗上细的旋回，发育平行层理和沙纹层理 33.13m

11. 灰、深灰色厚层状亮晶含砂屑生物屑灰岩夹泥晶灰岩，生物屑含量达60%，主要为双壳屑 25.74m

10. 灰色中厚层状钙质细粒石英砂岩，发育平行层理 11.54m

9. 灰绿色中层状钙质含砂屑细粒石英砂岩夹细砾岩条带和透镜体 98.46m

8. 灰色厚层状亮晶石英粉砂质含生物屑砂屑微晶灰岩与泥晶砂屑灰岩互层，发育平行层理 52.02m

7. 底部0.25m为灰色中层状细砾岩，其上为灰色中层状钙质含砂屑粗中粒岩屑石英砂岩夹石英细砂质细晶灰岩，含少量生物屑，中部夹0.8m灰色砂砾岩。发育平行层理，砾石主要为火山岩 67.75m

6. 灰色中层状微晶化泥晶石英细砂质生物屑砂屑灰岩。生物屑以双壳类为主，含量达15% 42.94m

底部产双壳类：*Meleagrinella* cf. *jiangmaiensis* Wen

Gervillella cf. *siliqua* (Eudes-Deslongchamps)

腕足类、腹足类和箭石化石

5. 灰色中厚层状钙质含砾粗粒岩屑砂岩。碎屑成分主要为石英岩、硅质岩和火山岩，具下粗上细特征 10.74m

4. 底部1.3m为灰色厚层状泥晶含鲕粒生物屑灰岩，其上为灰色薄—中层状泥晶含石英粉砂粉屑灰岩 7.47m

下部产双壳类：*Camptonetes* (*Camptonetes*) *auritus* (Schlotheim)

Chlamys levis Wen

Radulopecten sp.

R. cf. *scarburgensis* (Young et Bird)

Schafhaeutlia sp.

箭石化石

3. 灰色厚层状含水云母中细粒长石石英砂岩，发育平行层理 9.30m

2. 灰绿、浅褐色厚层状复成分含粗砾中细砾角砾岩，砾石成分主要为灰绿色凝灰岩、岩屑细砂岩，其次为玄武岩、硅质岩，以次棱角状为主，砾间为砂屑及少量水云母充填 27.27m

1. 浅红色厚层状中细砾角砾岩夹含砾不等粒岩屑砂岩透镜体。砾石成分主要为下伏地层的玄武岩，以长条状角砾为主，棱角明显，总体具下粗上细特征，胶结物以硅质为主 68.10m

- - - - - - - - - 平行不整合 - - - - - - - - -

下伏地层：侏罗纪那底岗日组 黑、深褐色块状杏仁状橄榄玄武岩

（三）青海省杂多县索木侏罗纪那底岗日组—雀莫错组实测剖面(S)

剖面位于青海省杂多县索木，起点坐标：N33°02′51″，E94°01′49″，海拔4 870m，终点坐标：N33°03′57″，E94°01′21″，海拔4 868m，剖面长2 400m。剖面露头良好(图2-33)，顶底界线清楚。岩性自上而下描述如下：

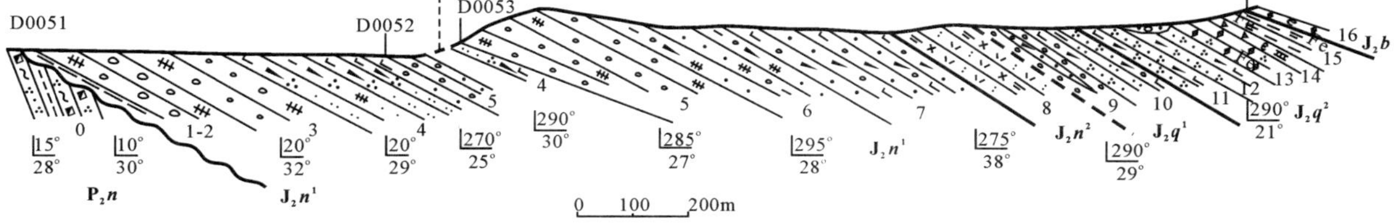

图2-33 青海省杂多县索木侏罗纪那底岗日组—雀莫错组实测剖面图

上覆地层：侏罗纪布曲组 深灰色中层状泥晶灰岩

整　合

侏罗纪雀莫错组(J_2q)　　275.25m

15. 浅灰绿色厚层状含褐铁矿水云母粘土岩，发育水平层理　　32.45m
14. 紫红色块状泥岩，底部夹0.1m灰绿色含石膏碳酸盐质盐溶角砾岩　　14.75m
13. 紫红色块状石英粉砂质泥晶灰岩，发育水平层理，镜下见渣状结构(假角砾结构)　　38.03m
12. 掩盖，局部见半风化紫红色薄层状粉砂质泥岩　　53.86m
11. 紫红色中厚层状钙质细粒岩屑石英砂岩　　37.69m
10. 紫红色中层状钙质含砾细粒岩屑石英砂岩夹紫红色薄—中层状泥质粉砂岩　　54.00m
9. 灰紫红色块状碳酸盐质含粗砾中砾岩夹灰紫红色透镜状含砾粗粒岩屑砂岩、细角砾岩。砾石以灰岩为主，偶见紫红色砂岩，粒径1～10cm不等，且以1～3cm为主，多呈次圆状—滚圆状，颗粒支撑，砾间为砂屑充填　　44.44m

- - - - - - - - -　平行不整合　- - - - - - - - -

侏罗纪那底岗日组(J_1n)　　931.74m

上段　　92.30m

8. 紫红色中厚层状含水云母基性火山层凝灰岩，发育水平层理　　92.30m

下段　　839.44m

7. 灰绿色厚层状钙质含砾粗粒岩屑砂岩与灰绿色厚层状粉砂岩不等厚互层，夹紫红色中层状含水云母钙质含砾细粒岩屑砂岩，总体具下粗上细的旋回特征　　157.12m
6. 灰绿色厚层状含水云母含砾粗粒岩屑杂砂岩。岩屑主要为灰绿色硅质岩、石英及石英砂岩，砾石含量为5%～10%，以次圆状为主　　147.92m
5. 灰绿色块状中砾岩与灰绿色厚层状含绿泥石含砾粗粒岩屑杂砂岩不等厚互层，具下粗上细的旋回特征，旋回厚度一般为4～5m，局部夹透镜状含水云母含钙质砾质粗粒岩屑砂岩。砾石大小为0.2～30cm，以1～3cm为主，最高含量达70%，成分主要为石英砂岩和硅质岩，磨圆差—中等，砾间为砂屑充填　　174.32m
4. 紫红色中厚层状含钙质细砂质粉砂岩夹紫红色中层状含赤铁矿含水云母细粒岩屑石英砂岩　　54.17m
3. 紫红色厚层块状复成分中细砾岩夹透镜状含赤铁矿含钙质含角砾粗粒岩屑砂岩。向上粒度变细，砾石成分以火山岩和砂岩为主，平均粒径为2～4cm，含量40%～50%，局部定向，砾间为砂屑充填　　97.40m
2. 底部0.5m为红色厚层状石英质细砾岩，其上为紫红色块状复成分中粗砾岩，偶夹含赤铁矿含钙质含角砾粗粒岩屑砂岩。向上粒度变细，砾石以火山岩为主，其次为灰岩、泥岩和砂岩　　85.28m
1. 紫红色薄层状—页片状粉砂质泥岩　　23.25m

～～～～～～～～　角度不整合　～～～～～～～～

下伏地层：二叠纪诺日巴尕日保组　灰绿色中层状含褐铁矿含绿泥石中粒石英砂岩夹黄色薄片状钙质泥岩

(四) 青海省杂多县左支侏罗纪那底岗日组实测剖面(ZC)

剖面位于青海省杂多县左支，起点坐标：N33°04′09″，E93°59′33″，海拔4 859m，终点坐标：N33°04′25″，E93°59′53″，海拔4 859m，长750m。剖面露头良好，顶底界线清楚(图2-34)。岩性自上而下描述如下：

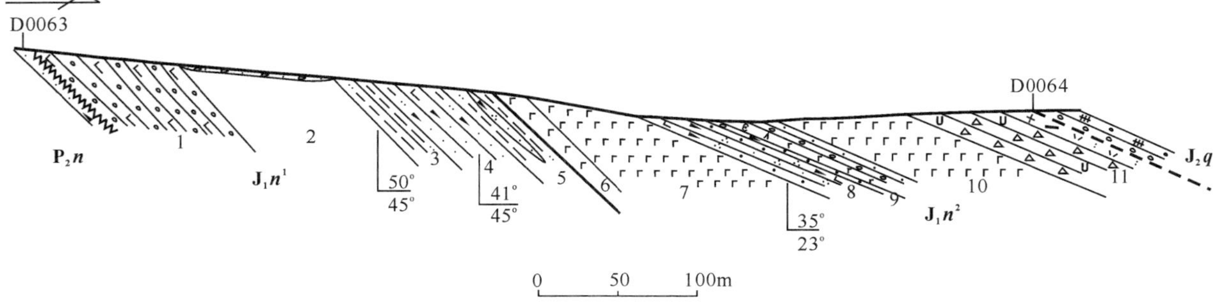

图2-34　青海省杂多县左支侏罗纪那底岗日组实测剖面图

上覆地层：中侏罗世雀莫错组(J_2q)　紫红色厚层状复成分细砾岩

---------　平行不整合　---------

下侏罗统　那底岗日组(J_1n)　**412.81m**

上段　**202.94m**

11. 中下部为杂色厚层状中基性火山角砾岩，顶部为晶屑凝灰岩　45.41m
10. 底部为黑色致密块状碳酸盐化橄榄玄武岩，中上部为黑色致密块状玄武岩　69.69m
9. 灰绿色厚层-块状钙质砾质粗粒岩屑砂岩。砾石以次棱角状细砾石为主，含量10%左右，成分主要为基性火山岩和变质石英砂岩　2.72m
8. 灰绿色中厚层状钙质粗粒岩屑石英砂岩夹中层状细粒岩屑石英砂岩　19.41m
7. 底部1.5m为灰黑色块状橄榄玄武质粗面安山岩，其上为深灰绿色气孔状、杏仁状橄榄玄武质粗面安山岩　51.04m
6. 深灰绿色块状橄榄玄武质粗面安山岩夹灰黑色气孔状、杏仁状橄榄玄武质粗面安山岩，底面不平整　14.67m

下段　**209.87m**

5. 紫红色、灰绿色中薄层状粉砂质泥岩夹灰色薄层状、条带状、透镜状细粒岩屑砂岩，向上粉砂岩减少，细粒砂岩增多。在细粒砂岩层面上偶见红色扁平状泥岩砾石　22.46m
4. 中下部为杂色中厚层状钙质中细粒岩屑砂岩与泥质粉细砂岩不等厚互层，上部为灰色厚层状含砾粗粒岩屑杂砂岩　30.42m
3. 紫红色薄层状粉砂质泥岩。发育水平、沙纹层理　24.61m
2. 掩盖　76.21m
1. 下部为紫色厚层状碳酸盐质中细砾岩，砾石成分主要为灰岩，上部为紫红色薄层状粉砂质泥岩夹砂岩透镜体　56.17m

~~~~~~~~~~~~~~~　角度不整合　~~~~~~~~~~~~~~~

下伏地层：中二叠统诺日巴尕日保组　灰、灰绿色厚层状中细粒岩屑石英砂岩夹灰黑色中层状含粉砂泥岩，偶见炭化植物碎片

(五) 青海省杂多县苟纳梢宋侏罗纪那底岗日组实测剖面(GN)

剖面位于青海省杂多县苟纳梢宋，起点坐标：N33°11′53″，E93°41′23″，海拔4 815m，终点坐标：N33°11′52″，E93°42′07″，海拔4 842m，长1 400m。剖面地层露头良好，顶底界线清楚(图2-35)。岩性自上而下描述如下：

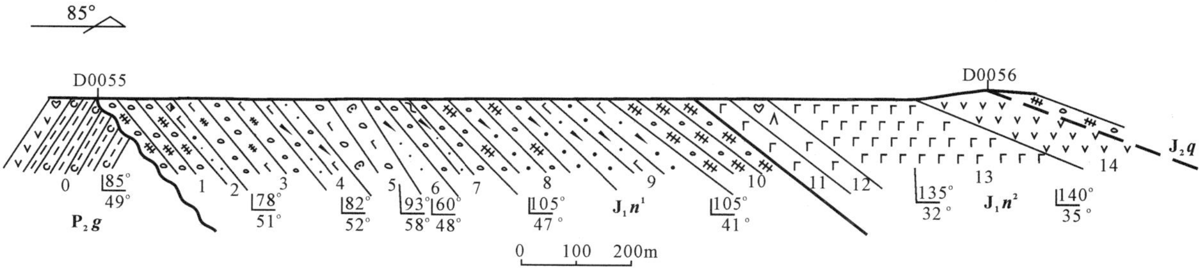

图2-35　青海省杂多县苟纳梢宋侏罗纪那底岗日组实测剖面图

上覆地层：中侏罗世雀莫错组　紫红色块状复成分粗砾岩。砾石有灰岩、火山岩等

---------　平行不整合　---------

侏罗纪那底岗日组(J_1n)　**751.54m**

上段　**197.73m**

14. 浅紫红色块状橄榄玄武质粗面安山岩。下部致密块状，发育气孔和杏仁构造，气孔呈椭圆状，长2～5mm，杏仁体为白色方解石　57.25m
13. 浅灰绿色块状橄榄玄武质粗面安山岩。下部致密块状，上部发育杏仁构造　92.22m
12. 浅灰绿色块状橄榄玄武质粗面安山岩。下部致密块状，中上部发育杏仁构造，杏仁体多顺层分布，长2～5mm，成分主要为绿泥石，含量为10%～15%　27.17m
~~~~~~~~~~~~~~~

11. 灰绿色块状橄榄玄武质粗面安山岩。发育气孔和杏仁构造，气孔呈椭圆状，长为 2～4mm，杏仁体多为白色石英、方解石　21.09m

下段　**553.81m**

10. 紫红色块状复成分中粗砾岩。砾石成分主要为砂岩、灰岩等，其次为火山岩，砾石含量 30%～40%，砾径为 1～10cm，磨圆度中等，多呈次圆状，分选性差　59.57m

9. 紫红色厚层状含钙质中粗粒岩屑砂岩，微含细砾石。发育平行层理，砾石多呈扁平状，含量 5% 左右，多分布于岩层底面　68.05m

8. 紫红色块状复成分中粗砾岩与紫红色厚层状含砾粗粒岩屑砂岩互层。砾石主要为火山岩和灰岩，偶见硅质砾石，大小一般为 2～15cm，向上砾石变小、含量减少，含量一般为 30%～50%，多呈次圆状　85.79m

7. 灰绿色块状中细砾岩与灰绿色厚层状含绿泥石含砾中粗粒岩屑砂岩互层。二者构成下粗上细的旋回特征，向上砾石含量减少，后者含砾石 5%～8%，砾石成分以灰岩为主，多呈次棱角状到次圆状　35.59m

6. 灰色（风化色为灰黄色）块状碳酸盐质中砾岩夹厚层状含砾粗粒岩屑砂岩。砾石大小一般为 2～4cm，以次圆状为主　35.67m

5. 灰色块状碳酸盐质粗砾岩。胶结物为钙质，砾石成分为灰岩，大小为 2～20cm，以 6～8cm 为主，含量 50%～70%，颗粒支撑，块状构造　74.58m

4. 紫红色厚层状含钙质含砾中粗粒岩屑砂岩夹中层状细砾岩。砾石以火山岩、灰岩、砂岩为主，大小为 0.5～1.0cm　40.35m

3. 紫红色厚层状钙质复成分含中砾细砾岩。砾石以火山岩、砂岩和灰岩为主　81.44m

2. 紫红色厚层状含赤铁矿含钙质不等粒岩屑砂岩夹紫红色厚层状粉砂岩　19.15m

1. 紫红色块状复成分中砾岩。砾石成分主要为玄武岩、砂岩、灰岩等　53.62m

～～～～～～～～　角度不整合　～～～～～～～～

下伏地层：二叠纪尕笛考组　灰黑色薄层状炭质泥岩夹紫红色块状玄武岩

二、地层划分与对比

（一）岩石地层

1. 那底岗日组（J_1n）　412.8～931.7m

下侏罗统那底岗日组由西藏区调队（1986）创名，泛指羌北地层分区中-上侏罗统雁石坪群之下的一套位于三叠系之上的火山碎屑岩地层（西藏自治区地质矿产局，1993）。本次工作沿用该组名，代表调查区中侏罗统雀莫错组之下与上三叠统巴贡组上的一套沉积岩-火山岩组合，其底部发育底砾岩，与下伏层位呈角度不整合接触，与上覆雀莫错组呈平行不整合接触；将该组上部的火山岩作为特殊岩性层。该套地层主要分布在苟纳梢宋至索木一带，呈北西-南东向展布，向南东方向延伸出图，此外，在扎那日根也有零星分布，可细分为下部碎屑岩段和上部火山岩段。

下段：为紫红色夹灰、灰绿色厚层-块状复成分中、细砾岩、碳酸盐质粗砾岩夹厚层状含砾粗粒岩屑砂岩和钙质粗粒岩屑石英砂岩、中层状中细粒岩屑石英砂岩，索木一带见岩屑杂砂岩，总体具下粗上细的旋回特征。砾石成分以灰岩、火山岩（玄武岩）和砂岩为主，偶见硅质岩，向上火山岩砾石减少，灰岩、砂岩砾石增多；砾石多呈次圆状—次棱角状，胶结物以泥晶赤铁矿和方解石为主，少量泥质，孔隙式胶结，总体上，岩石分选性和磨圆度较差，局部见砾石长轴顺层排列或呈叠瓦状，砂岩、含砾砂岩中发育大型板状斜层理。向南东方向，在左支和索木一带砾岩变薄，中细粒岩屑石英砂岩明显增多，成分成熟度和结构成熟度变高。下部砾岩属洪积相，中-上部属冲积相。该段厚度从苟纳梢宋向南东至左支、索木厚度分别为 553.8m、209.9m、839.4m。

上段：主体岩性为浅紫红色橄榄玄武质粗面安山岩，灰绿、浅灰绿色块状橄榄玄武质粗面安山岩，发育气孔和杏仁构造，气孔多呈椭圆状，杏仁体以绿泥石、方解石为主。左支剖面，本段中部夹灰绿色中层-块状钙质砾质粗粒岩屑砂岩、细粒岩屑石英砂岩，顶部见杂色厚层状中基性火山角砾岩、晶屑凝灰岩。在苟纳梢宋厚 197.7m，在左支厚 202.9m，在索木剖面上熔岩不发育，仅发育厚约 92m 的紫红色中厚层状含水云母基性火山层凝灰岩。

2. 雀莫错组(J_2q) 275.3～516.7m

由青海区调综合地质大队(1987)在青海格尔木市雀莫错东南 7km 处创名的雀莫错组演变而来。青海省地矿局(1997)对其进行了修订，本书沿用这一划分方案。该组底界以暗红色厚层状复成分砾岩的出现为划分标志，顶界则以碎屑岩的消失及灰岩的大量出现作为标志。底部的砾岩在野外易于辨认，作为非正式填图单位。

雀莫错组底部为暗红色厚层状复成分砾岩，砾石成分主要为灰岩，其次为火山岩和凝灰岩；向上以暗紫红色、紫红色、灰—深灰色中—厚层状含砾粗粒岩屑砂岩、中细粒石英砂岩与灰色中—厚层状泥晶含鲕粒生物屑灰岩、泥晶石英细砂质生物屑砂屑灰岩、亮晶生物屑灰岩、泥晶灰岩不等厚互层，顶部为灰绿色薄层状钙质泥岩夹紫红色泥质粉砂岩。在索木一带中上部夹薄层硬石膏岩；在区麦陇一带，碎屑岩与灰岩(或钙质泥岩)构成 4 个下粗上细旋回，旋回下部碎屑岩厚度为 10～110m，旋回上部灰岩厚度为 27～42m，自下向上，灰岩厚度增大，表明雀莫错组沉积过程中发生过 4 次海平面升降过程。在区麦陇剖面灰岩夹层中采获双壳类 *Camptonectes* (*Camptonectes*) *auritus*-*Gervillella* cf. *jiangmaiensis* 组合。在调查区多呈角度不整合超覆于早石炭世杂多群或中二叠地层之上，部分地区与下伏早侏罗世那底岗日组呈平行不整合接触。区域上，该组底部的砾岩厚度变化较大，不同地区的砾石成分也有差异，此外，灰岩夹层的多少也因地而异，但总体上，其岩性组合特征具有广泛的区域可比性。

雀莫错组基本层序有两种类型：①灰色复成分砾岩(A)→紫红色中—厚层状细粒石英砂岩(B)，本类型见于雀莫错组下部；②灰色中厚层状钙质中细粒石英砂岩(或岩屑砂岩、岩屑石英砂岩)(A)→灰色厚层状微晶生物屑砂屑(或粉屑)灰岩夹泥晶灰岩(B)(图 2-36)，局部夹厚层状亮晶含鲕粒生物屑灰岩，层序底界常见冲刷面。见于雀莫错组中、上部层位，是主要的基本层序类型。

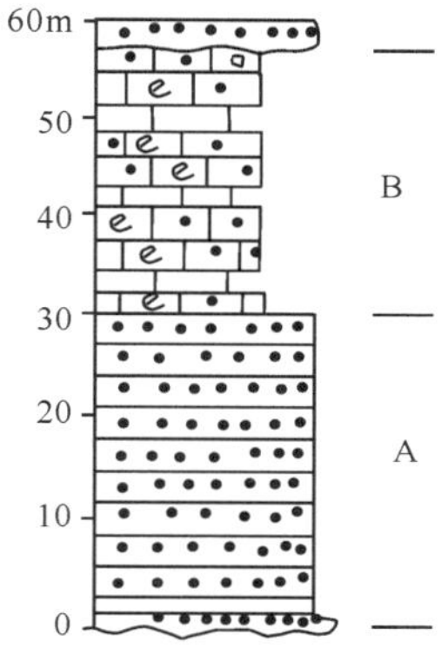

图 2-36 雀莫错组基本层序
(区麦陇)

3. 布曲组(J_2b) 276.6～302.6m

由白生海(1989)在青海省格尔木市唐古拉山乡布曲所创。其底界以灰岩的大量出现，顶界以灰岩的消失、暗红色泥岩及砂岩的大量出现为划分标志，与下伏雀莫错组和上覆夏里组易于区别。

中侏罗统布曲组底部为深灰色厚层状钙质泥岩夹薄中层状中细晶陆源砂屑砂砾屑灰岩，中下部为深灰色厚层状亮晶鲕粒生物屑灰岩、中厚层状泥晶灰岩与薄层状钙质泥岩不等厚互层，上部为深灰色厚层状泥晶生物屑灰岩、泥晶灰岩，夹少量灰色中层状钙质细粒石英砂岩、含生物屑石英粉砂岩、亮晶含粉屑鲕粒灰岩、钙质白云岩，细砂岩中发育波痕层理和板状斜层理。从区麦陇往南东至索木一带，泥质灰岩、钙质泥岩明显增多，亮晶鲕粒灰岩、细砂岩则减少。在剖面和路线上本组采获丰富的双壳类 *Protocardia hepingxiangensis*-*Protocardia stricklandi* 组合。在区麦陇，该组与下伏雀莫错组及上覆夏里组呈整合接触。区域上，与雁石坪、雀莫错等地的相应层位基本可以对比。

布曲组主要基本层序由亮晶鲕粒灰岩(或泥晶生物屑灰岩或砂屑生物屑灰岩)(A)→泥晶灰岩(B)→钙质泥岩(C)组成，为向上变细的基本层序。单个层序厚 1.5～5.5m，代表浅海开阔台地→浅陆棚相的沉积产物，为一个海进序列，本类型基本层序见于布曲组中-下部。在布曲组上部则出现泥晶灰岩→亮晶鲕粒灰岩(或白云岩)组成的层序类型，为海平面下降期的沉积产物。

4. 夏里组(J_2x) >467.6m

由青海省区调综合地质大队(1987)创名于格尔木市雀莫错东夏里山。底界以暗红色或灰绿色粉砂质泥岩夹砂岩的大量出现为标志，与下伏布曲组的深灰色中层状泥晶灰岩有明显区别；顶界以砂岩的消失及灰岩的大量稳定出现为与上覆索瓦组划分标志。该组中下部层位夹白色硬石膏岩透镜体，本次工作作为非正式填图单元划出。该组在区内出露不全。

中侏罗统夏里组岩性为紫红色中厚层状钙质岩屑石英粉砂岩与紫红色中厚层状粉砂质泥岩互层，夹中厚层状细粒岩屑石英砂岩、泥岩，向上细粒砂岩增多，钙质粉砂岩、粉砂质泥岩减少。该组中下部夹深灰色中层状含生物屑泥晶灰岩及生物屑灰岩，在扎那日根南部和西北部，该组中下部夹灰白色硬石膏岩透镜体。砂岩中常见赤铁矿胶结物，含量可达8%～15%；细砂岩中发育板状斜层理和平行层理，粉砂岩中发育沙纹层理和水平层理。在区麦陇一带厚度大于467.6m，在索木一带厚度大于817m。与下伏布曲组呈整合接触，顶部出露不全，或与上覆索瓦组呈断层接触。其岩性特征与雁石坪、雀莫错等地的夏里组可以对比，不同之处在于调查区细粒砂岩较少，这可能与本组顶部出露不全有关。

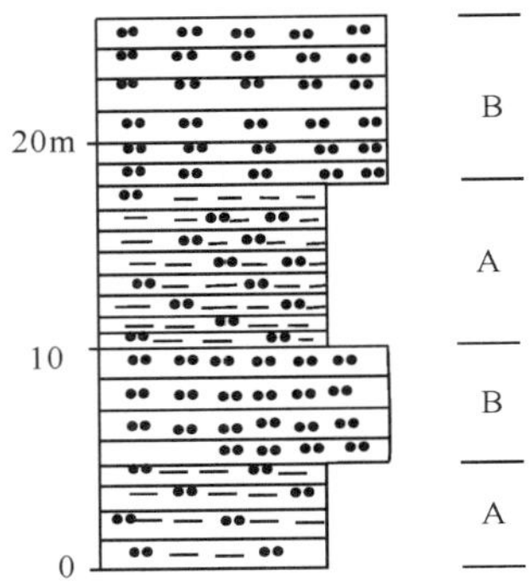

图 2-37　夏里组基本层序
（索木）

本组典型的基本层序为紫红色厚层状粉砂质泥岩(A)→紫红色中厚层状岩屑(或石英)粉砂岩(B)(图 2-37)，总体具有向上变粗的特征，主体为三角洲相沉积层序。

5. 索瓦组(J_2s)　　>380m

由青海省区调综合地质大队(1987)创名于格尔木市雀莫错东索瓦山。底界以灰岩大量出现为划分标志，与下伏夏里组岩性渐变，但界线较清晰，野外易于区分。

中侏罗统索瓦组仅在调查区西南部有零星出露，主要岩性为深灰色厚层状泥晶灰岩、泥晶生物屑灰岩、泥晶砂屑灰岩夹灰绿、深灰色钙质粉砂岩、粉砂质泥岩，灰色薄中层状细粒岩屑石英砂岩，砂岩层面见浪成波痕，垂向上灰岩与粉砂岩频繁交替出现，向上灰岩逐渐减少，粉砂岩有所增加，产海相双壳类化石，与下伏夏里组呈断层接触，与上覆雪山组为整合接触。本组的岩性组合特征与雁石坪、雀莫错等地的相应层位大致可以对比。

据地质路线观察，索瓦组的基本层序可分为两种类型：①生物屑泥晶灰岩(或泥晶生物屑灰岩)(A)→泥晶灰岩(B)→泥岩(C)，一般单个基本层序厚1.5～4m。此类型见于索瓦组的中下部，为最典型的基本层序，但在垂向上A单元一般不发育，以B,C单元反复交替为特征，部分层序以C单元为最厚。此类型层序代表海水向上变深的序列，属浅海陆棚相沉积。因为A单元不甚发育，此种基本层序可演变为以C单元为主的随机性加入B单元或A单元的一种非韵律性基本层序。上部层位的基本层序为泥岩(A)→含生物屑泥晶灰岩(B)→(钙质)石英细砂岩(C)，一般单个层序厚2～4m，代表一种向上沉积物变粗海水变浅陆源碎屑逐渐增多的层序类型。该类型见于索瓦组的上部。A单元最为发育，C单元向上逐渐增多，为进积型层序。

6. 雪山组($J_{2-3}x$)　　>700m

由原地质部石油局综合地质研究队(1966)在青海省格尔木市唐古拉山乡温泉地区创名的雪山组演变而来。底界以砂岩稳定出现、灰岩消失为划分标志，与下伏索瓦组界线较清晰，野外宏观上易于划分。本组由于后期剥蚀，顶部不全。

中-上侏罗统雪山组出露于调查区西南部，面积不大。下部为灰绿、暗红色薄层状粉砂质泥岩夹灰色中—厚层状细粒岩屑石英砂岩，偶夹灰色厚—中层状粉砂质泥晶生物屑灰岩，偶见膏溶角砾岩及硬石膏岩透镜体；上部为暗紫色、紫红色厚层状岩屑杂砂岩夹中层状复成分中—细砾岩，砂岩中偶见植物化石碎片，发育大型交错层理。在下部及底部粉砂质泥岩中产遗迹化石。下部为陆棚相沉积，中上部为三角洲相沉积。与下伏索瓦组为整合接触，顶部出露不全。岩性特征与雀莫错地区的相当层位可以对比，不同之处在于本区砾岩较少，同时地层厚度也明显变薄。

(二) 生物地层及年代地层划分

在调查区侏罗系地层产双壳类、头足类和腕足类以及箭石、腹足类等化石，其中双壳类最丰富。因此，本次工作中以双壳类化石作为生物地层学研究的重点。工作中除在布曲组中采获大量双壳类化石外，在雀莫错组和索瓦组中也采获零星双壳类化石，其余层位中未获化石，因此，生物地层和年代地层的划分主要引用邻区及区域研究成果。阴家润(1987、1988)，杨遵仪和阴家润(1988)在雁石坪和雀莫错地区建立了双壳类组合和腕足类组合，其中双壳类建立有5个组合(Yin and Fursich，1991)。段其发等(2004)对雀莫错地区侏罗纪双壳类化石作了研究，认为雀莫错组时代为中侏罗世巴柔期，布曲组时代为中侏罗世巴通期，夏里组时代属中侏罗世卡洛夫期或包括部分巴通期，索瓦组时代为中侏罗世卡洛夫期，雪山组时代为中侏罗世卡洛夫期或包括部分牛津期，本次工作采用此时代划分方案。

1. 雀莫错组双壳类 *Camptonectes* (*Camptonectes*) *auritus*-*Gervillella* cf. *jiangmaiensis* 组合

在雀莫错组中共采获双壳类4科6属7种：*Camptonectes* (*Camptonectes*) *auritus* (Schlotheim)，*Miyagipecten laevis* (Wen)，*Radulopecten* cf. *scarburgensis* (Young et Bird)，*R.* sp.，*Gervillella* cf. *jiangmaiensis* Wen，*Schafhaeutlia* sp.，它们都是海相种类，没有发现淡水蚌化石。*Camptonectes* (*Camptonectes*) *auritus* 是欧洲、印度西部和日本等地巴柔期常见种，但在非洲、南美洲、格陵兰等地见于卡洛夫期—基末利期，在唐古拉地区赤布张错、温泉等地的雀莫错均有报道，都产于中侏罗统。*Radulopecten scarburgensis* 一种在国外从卡洛夫期延至晚侏罗世，在唐古拉山地区则见于中侏罗统。*Gervillella siliqua*，*Meleagrinella jiangmaiensis* 和 *Miyagipecten laevis* 分别是中侏罗统常见种和青藏高原地区中侏罗统的本土种。

生活习性方面：本组双壳类除了 *Schafhaeutlia* 一属为营潜穴的内生食泥种类外，其余各属都是以足丝附着，其中 *Camptonectes*、*Radulopecten*、*Meleagrinella* 和 *Miyagipecten* 为表生滤食者，而 *Gervillella* 营半内生滤食生活。综上所述，调查区雀莫错组双壳类时代为中侏罗世。根据与邻近地区的双壳类动物群对比(杨遵仪、阴家润，1988；文世宣，1998)，地质时代可能为巴柔期。

2. 布曲组双壳类 *Protocardia hepingxiangensis*-*Protocardia stricklandi* 组合

双壳类比较繁盛，共有10科18属38种，包括 *Miyagipecten laevis* (Wen)，*Radulopecten* cf. *tripperi* Cox，*R.*. sp.，*Camptonectes* (*Camptonectes*) *auritus* (Schlotheim)，*Camptonectes* (*Camptochlamys*) *clathratus* (*Roemer*)，*C.* (*C.*) *yanshipingensis* Wen，*Gervillella qinghaiensis* Wen，*Pseudolimea* cf. *duplicata* (Sowerby)，*Plagiostoma* cf. *biniensis* Cox，*Lopha baqenensis* Wen，*L.* cf. *gregarea* (Sowerby)，*L. zadoensis* Wen，*Liostrea birmanica* (Reed)，*L.* sp.，*Inoperna sowerbyana* (d'Orbigny)，*Modiolus* (*Modiolus*) *imbricatus* (Sowerby)，*Protocardia stricklandi* (Morris et Lycett)，*P. hepingxiangensis* Chen，*Astarte elegans* Sowerby，*A. togtonheensis* Wen，*Tanredia triangularia* Chen et Wen，*Anisocardia* (*Antiquicypris*) *trapezoidalis quadrata* Wen，*Pseudotrapezium cordiforme* (Deshayes)，*Pleuromya alduini* (Brongniat)，*P. uniformis* (Sowerby)，*P. aocialis qinghaiennsis* Wen，*Myopholas multicostata* (Agassiz)。其中翼形类最为繁盛，有5科11属23种，占科、属、种总数的一半以上，它们大多为以足丝附着、表生的海扇类和以壳体附着表生生活的牡蛎类；异齿类次之，有4科5属9种，畸铰类1科2属6种。它们都是营潜穴生活内生或半内生食泥种类。

Protocardia striklandi 为巴通期常见种；*Astarte elegans* 从晚巴柔期延续至基末利期；*Camptonectes* (*Camptochlmys*) *clathratus* 在欧洲从中侏罗世延续至早白垩世，在伊朗、阿富汗见于巴通期—卡洛夫期，在唐古拉山地区主要见于中侏罗统。此外有若干中侏罗统常见种 *Liostrea birmanica*，*Inoperna sowerby*，*Radulopecten tripperi*，*Plagiostoma biniensis* 以及大量唐古拉山地区中侏罗统常见的地方性种，如 *Gervillella qinghaiensis*，*Lopha baquensis*，*L. zadoensis*，*Protocardia hepingxiangensis*，*Astarte togtonheensis*，*Trancredia triangularia*，*Pleuromya socialis qinghaiensis*，*Anisocardia trapezoidalis quadrata* 等。此外，还有早侏罗世延续至晚侏罗世的 *Pseudolimea duplicata*，以往认为 *Myopholas multicostata* 主要分布于晚侏罗世牛津期—基末利期，但在唐古山地区中侏罗统十分常见。综上所述，调查区布曲组双壳类为中侏罗世很可能是巴通期产物，称 *Protocardia hepingxiangensis*-*Protocardia stricklandi* 组合。

本组合包括了若干巴柔期或常见于巴柔期的种，如 *Camptonectes* (*Camptonestes*) *auritus* 。事实上，该种最早见于德国南部早侏罗世赫唐期，在西欧各地中侏罗世阿林期和巴柔期大量繁盛，而巴通期很少见及，其后，卡洛夫期和牛津期复又出现；在亚洲，它见于日本的巴柔期、印度 Cutch 地区卡洛夫期和牛津期；在我国滇西它也见于巴柔期，西藏南部聂聂雄拉群中组、阿里地区优秀沟组下段。阴家润(1987)认为该种在唐古拉山主峰及雁石坪附近稳定地出现于巴柔期晚期的雀莫错组，而沙金庚等(1990)、沙金庚(1998)主和 Sha 等(1998)则称该种在上述地区出现于巴通期—卡洛夫期。

赤布张错地区布曲组双壳类化石共计 26 科 52 属 109 种，并伴生大量狭盐性生物菊石、腕足类，从属种繁盛程度看，本地区双壳类化石从数量及属种分异度等方面都远不如赤布张错地区，本地区双壳类较差，伴生其他生物较少。从属种生态看，本地区双壳类为海相种类，*Lopha* 等牡蛎类较多，以营潜穴生活内生或半内生食泥双壳类属种为主；从菊石推测赤布张错地区布曲组沉积是海水深在 150m 左右，而含 *Camptonectes*，*Gervillella*，*Gervillelia*，*Propermussium* 的雀莫错组下部及雪山组下部当时水深大体在 20～50m 之间。总体而言，反映出本地区相对赤布张错地区布曲组沉积时海水要浅，古地理上更靠近古陆。

3. 夏里组双壳类

在调查区夏里组未采获古生物化石，但据雀莫错和雁石坪地区双壳类化石的研究成果(段其发等，2006a)：本组双壳类动物群的特点是海扇科的 *Radulopecten* 相当繁盛，此外还有大量见于中侏罗世的地方性种，如 *Gervillella qinghaiensis*，*Costigervillia minima*，*Liostrea jiangjinensis*，*Vaugonia* cf. *yanshipingensis*，*Protocardia qinghaiensis*，*Unicardiopsis andoensis*，*Corbula yanshipingensis*，*Thracia togtonheensis* 等。结合上、下层位双壳类组合分析，调查区夏里组属中侏罗世，可能为卡洛夫期或包括部分巴通期。

4. 索瓦组双壳类

仅在路线上采获少许双壳类 *Amiodon fengdengensis* (Chen)，*Astarte togtonheensis* Wen，*Camptonectes* (*Camptonectes*) *laminatus* (Sowerby)，*C.* (*Annulinectes*) *obscurus* (Sowerby)，*C.* (*C.*) *auritus*，*Lopha* cf. *tifoensis* Cox，*Myophorella*? sp.，*Myopholas multicostata* (Agassiz)，*Meleagrinella* sp. *Pinna* sp.，*Pteria* cf. *plana* (Morris et Lycett)，*Miyagipecten laevis* (Wen)，*Gervillella qinghaiensis* Wen，*G.* sp，*Nuculana* (*Praesacella*) cf. *ovum* (Sowerby)，*Protocardia stricklandi* (Morris et Lycett)，*P. qinghaiensis* Wen，*Pseudotrapezium cordiforme* (Deshayes)，*Pleuromya subelongata* (d'Orbigny)，*P.* sp.，*Radulopecten vagans* (Sowerby)，*R. fibrosus* (Sowerby)等。

虽然以往的研究者认为 *C.* (*C.*) *auritus* 是我国海相侏罗纪巴柔期双壳类组合的重要分子，其时代应该是中侏罗世，但是事实上，大量繁盛于西欧各地中侏罗世阿林期和巴柔期，尔后在卡洛夫期和牛津期复又出现；而 *C.* (*C.*) *laminata* 则是巴通期的重要分子，在西藏波密见于巴柔期，青藏交界处则见于巴通期至卡洛夫期。

本组 *Radulopecten* 也相当繁盛，其中 *R. fibrosus* 被国内一些学者认为是牛津期—基末利期的种，但以牛津期最为常见；*Placunopsis duriuscula* 数量较多，但它在布曲组、夏里组也都有出现；*Liostrea birmanica* 常见于中侏罗世；*Protocardia stricklandi* 为巴通期常见种；*Lopha maliensis* 首见于西藏洛隆中侏罗统柳湾组。

索瓦组古生物群中也有以往仅见于晚侏罗世的种 *Myopholas multicostata*，而 *Pseudolimea duplicata* 在早侏罗世—晚侏罗世都有分布。此外该组还出现地方性种类，如 *Gervillella qinghaiensis*，*Liostrea jiangjinensis*，*Protocardia qinghaiensis*，*Mactromya qinghaiensis*，*Astarte togtonheensis*，*Astortoides gambaensis*，*Amiodon fengdengensis* 等。综上所述，索瓦组双壳类化石应为中侏罗世，可能属卡洛夫期。

5. 雪山组

本次未采获化石，但在格拉丹东地区雀莫错等地的雪山组中下部产双壳类化石，其中除个别种见于晚侏罗世外，大多见于中侏罗世。因此雪山组（至少含海相双壳类化石的层位）时代应该为中侏罗世。

第六节　古近纪地层

古近纪地层主要分布于调查区北部西恰山-索加-莫日呆佛埃和东南部莫云-木尺通一带，分别呈北西-南东向、北西近东西向展布，出露面积约 2 200km²，占调查区总面积的 14.2%，构造总体较简单，以开阔向斜构造为主，自下而上由沱沱河组、雅西措组和五道梁组等构成，三者整合接触，表现为陆相碎屑岩夹膏盐岩和碳酸盐岩沉积。在调查区该套地层岩性变化大，化石门类稀少，仅采到孢粉和少量其他门类化石碎片，角度不整合覆于前古近纪不同地层之上，与上覆新近纪曲果组角度不整合接触，剖面控制最大厚度 1 763.9m。

一、剖面描述

古近纪地层共实测两条剖面，剖面特征描述如下。

（一）青海省治多县多尕强仁曲古近纪沱沱河组—五道梁组实测剖面(DG)

剖面位于青海省治多县索加乡西南约 30km 多尕强仁曲中，起点坐标：N33°47′53″，E93°20′50″，海拔 4 722m，全长 15 603m(图 2-38)。地层出露较好，构造简单，产状较平缓，与下伏晚三叠世波里拉组角度不整合接触。

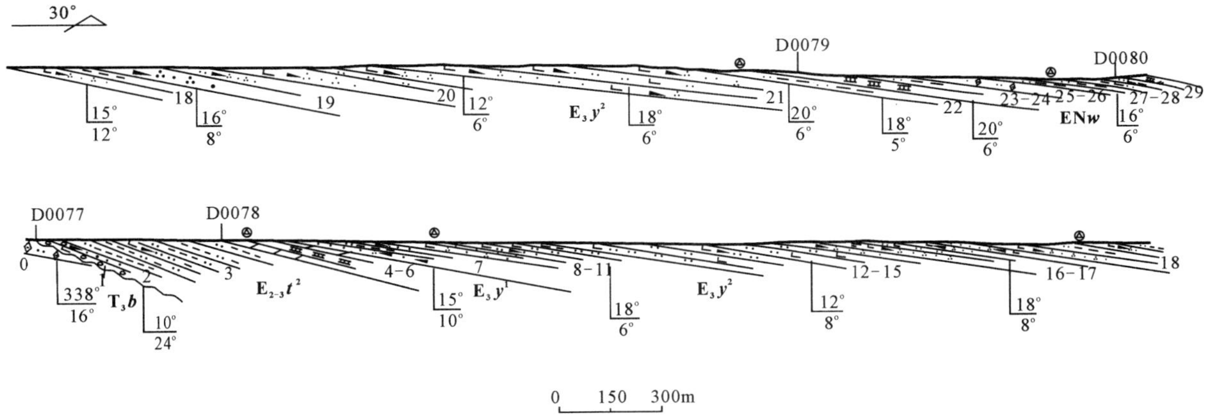

图 2-38　青海省治多县多尕强仁曲古近纪沱沱河组—五道梁组实测剖面图

五道梁组(ENw)　　　　**(未见顶)**　　　　**>172.99m**

28. 浅灰绿色厚层斑点状钙质泥岩夹灰白色中层状含白云质粉晶石膏岩　　>34.39m

27. 浅灰绿色薄—中层状含粉砂钙质泥岩夹紫红色薄层状粉砂质泥岩，岩层中发育水平层理，距底 4.08m 处采获孢粉化石(样号 DG-27wt)　　30.31m

蕨类孢子占 2.13%，计有：*Deltoidospora microlepioidites*

Polypodiisporites tenellis

Polypodiaceoisporites verrucatus

Onychiumsporites onychiumformis

Verrutetraspora elegans

裸子植物花粉占 93.61%，计有：*Abietineaepollenites lenghuensis*

A. microalatus

A. microsibiricus

A. cf. *pacltovae*

Pinuspollenites banksianaeformis

P. minutus

P. cf. *taedaeformis*

P. parvisaccatus

Podocarpidites andiniformis

P. paranageiaformis

P. tetrasacc atus

P. podocarpides

P. jiandinghanensis

P. sp.

Abiespollenites microssaccoides

Cedripites pachydermus

C. cornisaccatus

C. deodariformis

Piceapollis praemarianus

P. tobolicus

P. gigantea

Tsugapollenites zonatus

T. parvisaccatus

T. minimus

Taxodiaceaepollenites hiatus

Laricoidites sp.

被子植物花粉占 4.26%，计有：*Rutaceoipollis* cf. *cryptoporus*

Aceripollenites reticulatus

Rhoipites sp.

Malvacipollis minor

Chenopodipollis ruidus

C. microporatus

Persicarioipollis welzowensis

Ostryoipollenites nanhaiensis

Caryapollenites minor

Tricolporopollenites sp.

26. 紫红色页片状粉砂质泥岩　27.88m

25. 紫红色厚层状粉砂质泥岩夹黄色薄层状泥晶粉屑砂屑灰岩　39.84m

24. 紫红色厚层状粉砂质泥岩　13.16m

23. 灰黄色厚层状含粘土硬石膏岩夹灰绿色薄层状含钙质粉砂质泥岩　27.41m

——————　整　合　——————

雅西措组(E_3y)　1 230.00m

二段(E_3y^2)　1 144.88m

22. 紫红色厚层状粉砂质泥岩，偶夹紫红色薄层状泥质粉砂岩，距底 78.33m 处采获孢粉化石(样号 DG-22wt)　79.61m

蕨类孢子占 4.90%，计有：*Deltoidospora microlepioidites*

Pterisisporites granulatus

P. zonatus
Polypodiisporites tenellis
P. usmeisis
Polypodiaceoisporites verrucatus
Onychiumsporites onychiumformis

裸子植物花粉占 90.20%，计有：*Abietineaepollenites lenghuensis*
A. microsibiricus
A. microalatus
A. cf. *pacltovae*
Pinuspollenites banksianaeformis
P. minutus
P. parvisaccatus
P. cf. *taedaeformis*
Podocarpidites andiniformis
P. paranageiaformis
P. tetrasaccatus
P. podocarpides
P. jiandinghanensis
P. sp.
Abiespollenites sp.
Cedripites pachydermus
C. cornisaccatus
C. deodariformis
Piceapollis praemarianus
P. tobolicus
P. gigantea
Tsugapollenites zonatus
T. parvisaccatus
T. minimus
Parcisporites annulatus

被子植物花粉占 4.90%，计有：*Rutaceoipollis* cf. *cryptoporus*
Rhoipites dolium
A sp.
Ulmipollenites sp.
Malvacipollis minor
Sapindaceidites concavus
Chenopodipollis kochioides
C. microporatus
Persicarioipollis welzowensis
P.? sp.
Lonicerapollis simplex
Boehlensipollis rotundus
Diervillapollenites echinatus

21. 灰黄色中层状钙质细粒岩屑石英砂岩夹灰黄色中层状钙屑石英细砂质粉砂岩　94.32m

20. 褐黄色厚层-块状钙质细粒岩屑石英砂岩，上部偶夹中层状粉砂岩　142.26m

19. 紫红色块状中粗粒岩屑石英砂岩与黄绿色厚层状含钙质含粉砂细粒岩屑石英砂岩互层，中粗粒砂岩中发育大型槽状斜层理、平行层理　172.34m

18. 紫红色中层状钙质细粒岩屑石英砂岩、紫红色中层状粉砂质泥岩夹灰绿色中层状钙质岩屑石英粉砂岩，岩石中普遍含泥晶赤铁矿。细砂岩中发育小型板状斜层理，偶见植物碎片及虫迹；粉砂岩中发育沙纹层理，距底 3.26m 处采获孢粉化石（样号 DG-18wt） 165.49m

蕨类孢子占 2.88%，计有：*Deltoidospora microlepioidites*
Pterisisporites zonatus
Polypodiisporites usmeisis
Verrutetraspora elegans
Monolites sp.

裸子植物花粉占 90.87%，计有：*Abietineaepollenites lenghuensis*
A. microsibiricus
A. microalatus
A. cf. *pacltovae*
Pinuspollenites banksianaeformis
P. minutus
P. parvisaccatus
P. cf. *taedaeformis*
Podocarpidites andiniformis
P. paranageiaformis
P. tetrasaccatus
P. podocarpides
P. jiandinghanensis
P. sp.
Abiespollenites sp.
Cedripites pachydermus
C. cornisaccatus
C. deodariformis
Piceapollis praemarianus
P. tobolicus
P. gigantea
Tsugapollenites zonatus
T. parvisaccatus
T. minimus
Laricoidites sp.

被子植物花粉占 6.25%，计有：*Rutaceoipollis* cf. *cryptoporus*
Aceripollenites reticulatus
Rhoipites dolium
Tiliaepollenites minimus
Malvacipollis sp.
Chenopodipollis ruidus
Persicarioipollis welzowensis
Betulaceoipollenites bituitus
Ostryoipollenites nanhaiensis
Boehlensipollis rotundus
Diervillapollenites echinatus

17. 灰黄色中层状含钙质细粒岩屑石英砂岩 81.43m

16. 紫红色厚层-块状含水云母含钙质细粒岩屑石英砂岩，向上夹灰黄色薄—中层状钙质粉砂岩，细粒岩屑石英砂岩中见大型槽状斜层理、平行层理 56.65m

15. 紫红色中厚层状细粒岩屑石英砂岩夹灰黄色中层状钙质粉砂岩，细粒岩屑石英砂岩中发育小型斜层理，层面上见有对称波痕 97.60m

14. 青灰色中层状钙质粉砂岩　15.08m

13. 紫红色中厚层状钙质细粒岩屑石英砂岩，上部夹紫红色中层状泥质粉砂岩　10.22m

12. 青灰色中层状钙质粉砂岩　17.40m

11. 紫红色中厚层状细粒岩屑石英砂岩夹薄层状泥质粉砂岩，钙质细粒岩屑石英砂岩中发育低角度斜层理，泥质粉砂岩中发育水平层理　38.12m

10. 青灰色中层状钙质岩屑粉砂岩，发育沙纹层理　14.42m

9. 紫红色中厚层状钙质含粉砂细粒岩屑砂岩夹紫红色薄层状泥质粉砂岩，细粒岩屑砂岩中发育小型斜层理及平行层理，距底 5.80m 处采获孢粉化石(样号 DG-9wt)　56.59m

蕨类孢子占 5.20%，计有：*Pterisisporites granullatus*
Polypodiisporites tenellis
Verrutetraspora elegans
Pyrrosia sp.
Onychiumsporites onychiumformis
Monolites sp.

裸子植物花粉占 82.08%，计有：*Abietineaepollenites lenghuensis*
A. microsibiricus
A. microalatus
A. cf. *pacltovae*
Pinuspollenites banksianaeformis
P. minutus
P. parvisaccatus
P. cf. *taedaeformis*
Podocarpidites andiniformis
P. paranageiaformis
P. tetrasaccatus
P. podocarpides
P. jiandinghanensis
P. sp.
Abiespollenites microssaccoides
A. sp.
Cedripites pachydermus
C. cornisaccatus
C. deodariformis
Piceapollis praemarianus
P. tobolicus
P. gigantea
Tsugapollenites zonatus
T. parvisaccatus
T. minimus
Ephedripites sp.
Taxodiaceaepollenite hiatus
Parcisporites annulatus

被子植物花粉占 12.72%，计有：*Rutaceoipollis parviporus*
Aceripollenites sp.
Rhoipites sp.
Malvacipollis minor
Sapindaceidites microrugosus
Cupanieidites polaspidites

Chenopodipollis ruidus

C. kochioides

C. microporatus

Persicarioipollis welzowensis

P. ? sp.

Quercoidites minutus

Betulaceoipollenites bituitus

Alnipollenites verus

Ostryoipollenites nanhaiensis

Boehlensipollis rotundus

B. sp.

Diervillapollenites echinatus

8. 青灰色中层状钙质细粒石英砂岩夹灰色薄层状泥晶灰岩 38.94m

7. 紫红色中厚层状钙质细粒岩屑砂岩夹紫红色薄层状粉砂质泥岩，细粒岩屑砂岩中发育小型板状斜层理 4.41m

一段(E_3y^1) **85.12m**

6. 青灰色薄层状泥灰岩，发育水平层理 19.31m

5. 灰色薄—中层状含白云质石膏岩夹含粘土硬石膏岩，发育水平层理 10.19m

4. 青灰色页片状泥灰岩夹青灰色薄层状泥晶灰岩，偶夹灰黄色薄层状钙质泥岩，距底 46.37m 处采获孢粉化石(样号 DG-4wt) 55.62m

蕨类孢子占 2.17%，计有：*Deltoidospora microlepioidites*

Pterisisporites zonnatus

Polypodiisporites usmensis

Polypodiaceoisporites verrucatus

Onychiumsporites onychiumformis

裸子植物花粉占 92.17%，计有：*Abietineaepollenites lenghuensis*

A. microsibiricus

A. microalatus

A. cf. *pacltovae*

Pinuspollenites banksianaeformis

P. minutus

P. parvisaccatus

P. cf. *taedaeformis*

Podocarpidites andiniformis

P. paranageiaformis

P. podocarpides

P. jiandinghanensis

P. sp.

Abiespollenites microssaccoides

A. sp.

Cedripites pachydermus

C. cornisaccatus

C. deodariformis

Piceapollis praemarianus

P. tobolicus

P. gigantea

Tsugapollenites zonatus

T. parvisaccatus

T. minimus

Ephedripites sp.

Laricoidites sp.

被子植物花粉占5.66%,计有:*Rutaceoipollis cryptoporus*

Rutaceoipollis cf. *cryptoporus*

Aceripollenites reticulatus

Rhoipites dolium

Malvacipollis sp.

Sapindaceidites concavus

Chenopodipollis microporatus

Persicarioipollis welzowensis

Lonicerapollis simplex

Boehlensipollis rotundus

Caryapollenites minor

Tricolporopollenites eschweilerensis

——————— 整 合 ———————

沱沱河组($E_{2\text{-}3}t$) **354.14m**

二段($E_{2\text{-}3}t^1$) **354.14m**

3. 紫红色厚层状粉砂质泥岩夹紫红色薄—中层状钙质岩屑粉砂岩,粉砂质泥岩中发育水平层理;钙质岩屑粉砂岩中含双壳类化石碎片 274.14m

2. 紫红色厚层状粗砾岩与紫红色厚层状含砾不等粒岩屑砂岩互层,向上砂岩增多,砾岩减少,具下粗上细的韵律结构 34.82m

1. 砖红色巨厚层-块状钙质碳酸盐质粗砾岩 45.18m

~~~~~~ 角度不整合 ~~~~~~

下伏地层:三叠纪波里拉组(T_3b) 灰黑色中层状弱硅化含有孔虫微晶化泥晶灰岩,局部夹硅质条带

(二) 青海省杂多县玛日曲古近纪沱沱河组—雅西措组实测剖面(MR)

剖面位于青海省杂多县莫云乡南6km处玛日曲,起点坐标:N33°04′26″,E94°11′08″,海拔4 749m,全长6 965m(图2-39)。地层较平缓,出露较好,与下伏中侏罗统夏里组(J_2x)角度不整合接触。

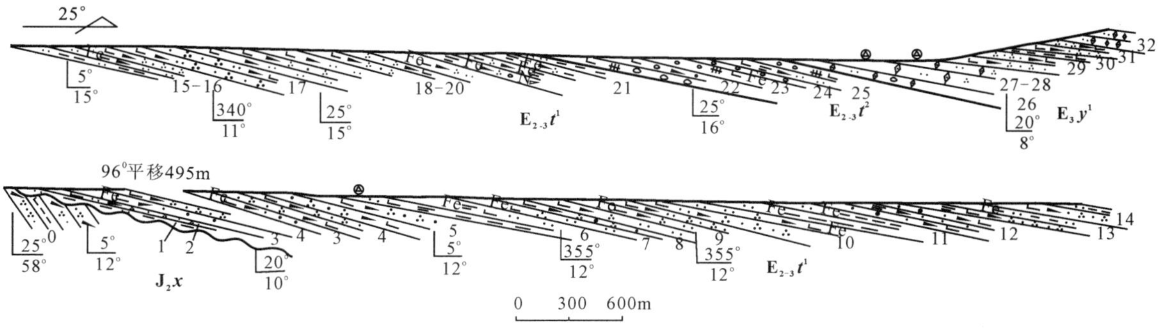

图2-39 青海省杂多县玛日曲古近纪沱沱河组—雅西措组实测剖面图

雅西措组(E_3y) **>241.74m**

一段(E_3y^1) **(未见顶)** **>241.74m**

32. 灰色—浅灰黄色厚层状微粉晶化泥晶砂屑灰岩,偶含介形类及双壳屑 >36.48m

31. 灰黄色中厚层状钙质细粒岩屑石英砂岩 60.34m

30. 灰黄色钙质泥岩 7.74m

29. 灰黄色中层状钙质中细粒岩屑石英砂岩 48.85m

28. 深灰色中层状含沥青陆源粉细砂质砂屑灰岩夹中层状含石英粉砂泥晶灰岩,岩石中含介形类及
~~~~~~

双壳屑，沥青呈显微透镜体平行层面分布，距底 2.7m 处采获孢粉化石（样号 MR-28wt_1）　26.06m

蕨类孢子占 2.13%，计有：*Pterisisporites granulatus*

P. zonatus

Polypodiisporites tenellis

P. usmensis

Verrutetraspora elegans

Onychiumsporites onychiumformis

裸子植物花粉占 89.00%，计有：*Abietineaepollenites lenghuensis*

A. microsibiricus

A. microalatus

A. cf. *pacltovae*

Pinuspollenites banksianaeformis

P. minutus

P. parvisaccatus

P. cf. *taedaeformis*

Podocarpidites andiniformis

P. paranageiaformis

P. podocarpides

P. jiandinghanensis

P. sp.

Abiespollenites microssaccoides

Cedripites pachydermus

C. cornisaccatus

C. deodariformis

Piceapollis praemarianus

P. tobolicus

P. gigantea

Tsugapollenites zonatus

T. parvisaccatus

T. minimus

Laricoidites sp.

被子植物花粉占 8.87%，计有：*Rutaceoipollis cryptoporus*

R. parviporus

Rhoipites sp.

Ulmipollenites? *rugatus*

U. sp.

Tiliaepollenites minimus

Sapindaceidites microrugosus

S. concavus

Chenopodipollis ruidus

Persicarioipollis welzowensis

P.? sp.

Lonicerapollis simplex

Quercoidites minutus

Betulaceoipollenites bituitus

Boehlensipollis rotundus

B. sp

Fupingopollenites sp.

Caryapollenites minor
Diervillapollenites sp.

27. 灰绿色中层状泥晶灰岩夹灰黑色薄层状含石英粉砂泥晶灰岩，镜下见介形类、腹足类、双壳类碎片及鱼喉齿，距底 0.8m 处采获孢粉化石（样号 MR-27wt$_1$）　17.64m

蕨类孢子占 3.13%，计有：*Deltoidospora microlepioidites*
Polypodiisporites tenellis
P. usmensis
Verrutetraspora elegans
Onychiumsporites onychiumformis
Monolites sp.

裸子植物花粉占 89.55%，计有：*Abietineaepollenites lenghuensis*
A. microsibiricus
A. microalatus
A. cf. *pacltovae*
Pinuspollenites banksianaeformis
P. minutus
P. parvisaccatus
P. cf. *taedaeformis*
Podocarpidites andiniformis
P. paranageiaformis
P. podocarpides
P. jiandinghanensis
P. sp.
Abiespollenites microssaccoides
Cedripites pachydermus
C. cornisaccatus
C. deodariformis
Piceapollis praemarianus
P. tobolicus
P. gigantea
Tsugapollenites zonatus
T. parvisaccatus
T. minimus
Taxodiaceaepollenites hiatus
Parcisporites annulatus

被子植物花粉占 7.32%，计有：*Rutaceoipollis cryptoporus*
R. parviporus
Aceripollenites reticulatus
Rhoipites sp.
Ulmipollenites sp.
Tiliaepollenites minimus
Sapindaceidites microrugosus
S. concavus
Cupanieidites polaspidites
Chenopodipollis microporatus
Persicarioipollis welzowensis
Lonicerapollis simplex
Betulaceoipollenites bituitus

Ostryoipollenites sp.

Boehlensipollis sp.

Fupingopollenites sp.

Diervillapollenites sp.

26. 灰绿色中层状粉晶化泥晶砂砾屑灰岩　44.63m

—————— 整　合 ——————

沱沱河组($E_{2\text{-}3}t$)　1 120.38m

二段($E_{2\text{-}3}t^2$)　151.01m

25. 紫红色块状含钙质复成分中细砾岩夹紫红色中层状含砾粗粒岩屑砂岩及紫红色、灰绿色透镜状含钙质水云母岩屑粉砂岩，顶部见厚约 2m 杂色细粒岩屑砂岩夹透镜状细砾岩　52.44m

24. 紫红色块状复成分中砾岩　22.58m

23. 紫红色块状含菱铁矿含钙质复成分中细砾岩夹紫红色透镜状含钙质中细粒岩屑石英砂岩及紫红色透镜状含钙质水云母岩屑粉砂岩　24.60m

22. 紫红色块状含钙质复成分粗砾岩，砾石成分以硅质岩和灰岩为主，砂岩砾石较少，单个层具下粗上细的特点　51.39m

一段($E_{2\text{-}3}t^1$)　969.37m

21. 紫红色块状含水云母含赤铁矿砂质钙质混积岩夹紫红色薄层状含赤铁矿钙质石英粉砂岩，混积岩分选性差，其中陆源碎屑物主要为石英及灰岩岩屑，发育变形层状构造　7.54m

20. 紫红色厚层-块状含赤铁矿钙质岩屑石英砂质粉砂岩夹紫红色中层状含钙质岩屑石英砂岩，岩石中发育铸模孔构造　45.42m

19. 紫红色中厚层状钙质中细粒岩屑石英砂岩，偶夹紫红色薄层状粉砂质泥岩　47.03m

18. 紫红色块状含赤铁矿钙质岩屑粉砂岩夹紫红色中薄状钙质中细粒岩屑石英砂岩，中细粒砂岩中发育平行层理及低角度交错层理　81.02m

17. 紫红色中层状钙质含粉细砂中粒岩屑石英砂岩夹紫红色薄层状粉砂质泥岩　57.22m

16. 紫红色中厚层状钙质中细粒岩屑石英砂岩与紫红色中层状粉砂质泥岩互层，中细粒砂岩中发育平行层理及低角度斜层理　31.27m

15. 紫红色中厚层状粉砂质泥岩夹紫红色薄层状含赤铁矿岩屑粉砂岩　38.85m

14. 紫红色厚层状含钙质中粒岩屑砂岩夹紫红色中层状粉砂质泥岩　47.26m

13. 紫红色厚层状含水云母含钙质细粒岩屑石英砂岩与紫红色厚层状含赤铁矿细砂质粉砂岩互层，粉砂岩中含石英、石灰岩等细砂　36.72m

12. 紫红色中厚层状含钙质不等粒岩屑砂岩夹紫红色薄层状含水云母细粒岩屑石英杂砂岩，岩石中普遍含钙质、含泥晶赤铁矿填隙物　52.84m

11. 紫红色厚层状粉砂质泥岩，偶夹紫红色薄层状钙质岩屑石英细砂质粉砂岩，岩石中普遍含泥晶赤铁矿　80.34m

10. 紫红色中厚层状钙质含粉砂中细粒岩屑石英砂岩夹紫红色薄层状粉砂质泥岩，岩石中普遍含泥晶赤铁矿　46.55m

9. 紫红色中厚层状钙质岩屑石英粉砂岩夹含钙质粉砂质细粒岩屑石英砂岩，岩石中普遍含泥晶赤铁矿　62.37m

8. 紫红色中厚层状钙质含粉砂细粒岩屑石英砂岩夹薄层状粉砂质泥岩，岩屑石英砂岩单层底部见同生泥砾，岩层中发育正粒序层理，上部发育板状及平行层理　17.36m

7. 紫红色中厚层状钙质岩屑石英粉砂岩夹紫红色薄—中层状含赤铁矿钙质石英粉砂岩，粉砂岩中发育沙纹层理　21.48m

6. 紫红色厚层状岩屑粉砂质含赤铁矿水云母粘土岩，偶夹紫红色薄层状含赤铁矿含水云母钙质岩屑粉砂岩，距底 30.1m 处采获孢粉化石(样号 MR-6wt_1)　82.12m

蕨类孢子占 2.75%，计有：*Deltoidospora microlepioidites*

Pteris-isporites granulatus

Polypodiisporites tenellis

Pyrrosia sp.

Onychiumsporites onychiumformis

Monolites sp.

裸子植物花粉占 90.84%，计有：*Abietineaepollenites lenghuensis*

A. microsibiricus

A. microalatus

A. cf. *pacltovae*

Pinuspollenites banksianaeformis

P. minutus

P. parvisaccatus

P. cf. *taedaeformis*

Podocarpidites andiniformis

P. paranageiaformis

P. sp.

P. tetrasaccatus

P. podocarpides

P. jiandinghanensis

Abiespollenites micro-ssaccoides

Cedripites pachydermus

C. cornisaccatus

C. deodariformis

Piceapollis tobolicus

P. gigantea

P. praemarianus

Tsugapollenites zonatus

T. parvisaccatus

T. minimus

Ephedripites sp.

Laricoidites sp.

被子植物花粉占 6.37%，计有：*Rutaceoipollis cryptoporus*

R. parviporus

Aceripollenites reticulatus

Rhoipites dolium

R. sp.

Tiliaepollenites minimus

Malvacipollis sp.

Cupanieidites polaspidites

Chenopodipollis koc-hioides

C. ruidus

C. microporatus

Persicarioipollis welzowensis

Salixipollenites major

Tricolporopollenites sp.

5. 紫红色厚层状钙质岩屑石英粉砂岩与紫红色中层状钙质含粉砂细粒岩屑石英砂岩，岩石中含泥晶赤铁矿，细砂岩中发育小型板状斜层理 41.26m

4. 紫红色厚层状含钙质细粒岩屑石英砂岩，向上偶夹紫红色薄层状粉砂质泥岩，细砂岩中发育板状斜层理 32.72m

3. 浅紫红色中层状含钙质细粒岩屑砂岩与紫红色厚层状含钙质不等粒岩屑石英杂砂岩，岩石中含泥晶赤铁矿，杂砂岩中杂基为水云母 21.09m

2. 紫红色中层状钙质细粒岩屑石英砂岩，偶夹紫红色薄层状粉砂质泥岩，细砂岩中发育平行及板状斜层理 12.06m

1. 紫红色粉砂质泥岩　56.85m

～～～～～～～　角度不整合　～～～～～～～

下伏地层：侏罗纪夏里组(J_2x)　暗紫红色中厚层状含钙质中细粒岩屑石英砂岩夹灰绿色中层状细粒石英砂岩、薄层状钙质泥岩

(三) 青海省治多县玛日曲古近纪沱沱河组—雅西措组剖面

该剖面是在青海省区调综合地质大队(1993)开展1：20万索加幅调查基础上野外检查修订而成。剖面位于青海省治多县索加乡西约15km的玛日曲中，起点坐标：N33°51′02″，E93°34′29″，海拔4 592m。地层出露较好，构造简单，产状较平缓，与下伏下石炭统杂多群碳酸盐岩组角度不整合接触(图2-40)。

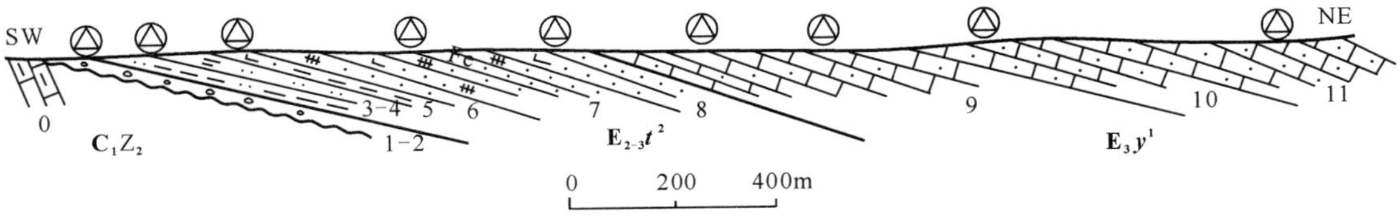

图2-40　青海省治多县玛日曲古近纪沱沱河组—雅西措组剖面

雅西措组(E_3y)　**>435.9m**

一段(E_3y^1)　**(未见顶)**　**>435.9m**

11. 浅灰色巨厚层状亮晶粒屑灰岩，含孢粉化石　>146.5m

蕨类孢子占4.92%，计有：*Granulatisporites*
Lycopodiumsporites
Lygodiumsporites
Osmundacidites

裸子植物花粉占63.93%，计有：*Taxodiaceaepollenites*
Inaperturopollenites
Piceaepollenites
Pinuspollenites
Laricoidites
Abiespollenites

被子植物花粉占31.15%，计有：*Quercoidites*
Artemisiaepollenites
Chenopodipollis
Juglanspollenites
Rosaceae
Caryophyllidtes
Betulaceoipollenites
Graminidites
Tricolporopollenites

10. 浅灰色巨厚层状亮晶团块灰岩夹紫红色巨厚层状泥粉晶粒屑灰岩，含零星孢粉化石　117.6m

计有裸子植物花粉：*Taxodiaceaepollenites*
Inaperturopollenites
Laricoidites

被子植物花粉：*Quercoidites*
Juglanspollenites
Betulaceoipollenites
Fraxinoipollenites
Echitricolporites

9. 紫红色巨厚层状粉亮晶粒屑灰岩夹浅灰色中厚层状亮晶砂屑灰岩，含孢粉化石。下部采获孢粉化石 171.8m

蕨类孢子含量占 10.93%，计有：*Lygodiumsporites*
Granulatisporites
Polypodiisporites
Lycopodiumsporites
Polypodiaceaesporites
Osmundacidites

裸子植物花粉含量占 34.43%，计有：*Taxodiaceaepollenites*
Inaperturopollenites
Laricoidites
Piceaepollenites
Pinuspollenites

被子植物花粉含量占 54.64%，计有：*Quercoidites*
Artemisiaepollenite
Chenopodipollis
Betulaceoipollenites
Salixipollenites
Euphorbiacites
Tubalifloridites
Caryophyllidtes
Retitrcolpites
Liguidambarpollenites
Echitricolporites
Rosaceae
Ranunculaceae

中上部采获孢粉化石(样号 D0707-mf)

蕨类孢子含量占 1.98%，计有：*Polypodiaceoisporites verrucatus*
Verrutetraspora elegans
Onychiumsporites onychiumformis

裸子植物花粉占 94.07%，计有：*Abietineaepollenites lenghuensis*
A. microsibiricus
A. microalatus
A. cf. *pacltovae*
Pinuspollenites banksianaeformis
P. minutus
P. parvisaccatus
P. cf. *taedaeformis*
Podocarpidites andiniformis
P. paranageiaformis
P. podocarpides
P. jiandinghanensis
P. sp.
Abiespollenites microssaccoides
A. sp.
Cedripites pachydermus
C. cornisaccatus
C. deodariformis
Piceapollis praemarianus
P. tobolicus

P. gigantea

Tsugapollenites zonatus

T. parvisaccatus

T. minimus

Ephedripites sp.

Parcisporites sp.

被子植物花粉占 3.95%，计有：*Rutaceoipollis* cf. *cryptoporus*

Aceripollenites sp.

Rhoipites dolium

Malvacipollis minor

M. sp.

Chenopodipollis kochioides

C. ruidus

Persicarioipollis? sp.

Betulaceoipollenites bituitus

Caryophyllidtes minor

——————— 整　合 ———————

沱沱河组（$E_{2\text{-}3}t$） **295.4m**

二段（$E_{2\text{-}3}t^2$） **295.4m**

8. 姜黄色厚层状钙质细粒石英砂岩夹紫红色巨厚层状粗粉砂岩，含零星孢粉化石 51.0m

裸子植物花粉：*Taxodiaceaepollenites*

Inaperturopollenites

被子植物花粉：*Graminidites* 等

7. 灰黄色中厚层状钙质细砂质粉砂岩夹紫红色厚层状铁质含细砂粉砂岩，含孢粉化石，以裸子植物和被子植物花粉为主，少量蕨类孢子 93.5m

蕨类孢子有：*Lycopodiumsporites*

Polypodiaceaesporites 等

裸子植物花粉有：*Laricoidites*

Inaperturopollenites

Taxodiaceaepollenites

Pinuspollenites

Cedripites

Piceaepollenites

Ephedripites

被子植物花粉有：*Graminidites*

Artemisiaepollenites

Fraxinoipollentes

Chenopodipollis

Quercoidites

Betulaceoipollenites

Salixipollenites

Juglanspollenites

Carpinipites

Cupuliferoipollenites

Rutaceoipollenites

Meliaceoidites

Echitricolporites

Tubalifloridites

Ericipites

Liliacidites

Ranunculaceae

6. 姜黄色厚层状细粒石英砂岩 26.4m

5. 紫红色巨厚层状钙质粉砂岩,含少量孢粉化石,以裸子植物和被子植物花粉为主 10.3m

蕨类孢子仅见:*Lycopodiumsporites*

裸子植物花粉有:*Laricoidites*

Inaperturopollenites

Taxodiaceaepollenites

被子植物花粉有:*Chenopodipollis*

Artemisiaepollenites

Fraxinoipollentes

Graminidites

Juglanspollenites

Ranunculaceae

4. 灰黄色巨厚层状钙质细粒岩屑砂岩夹紫红色中厚层状钙质粉砂岩,含少量孢粉化石 28.1m

蕨类孢子:*Lycopodiumsporites*

Polypodiaceaesporites

Polypodiisporites

Granulatisporites

裸子植物花粉:*Laricoidites*

Seguoiapollenites

Inaperturopollenites

Ephedripites

被子植物花粉:*Chenopodipollis*

Artemisiaepollenites

Fraxinoipollentes

Salixipollenites

Quercoidites

Liguidambarpollenites

Euphorbiacites

Tubalifloridites

Graminidites

Rosaceae

锦葵属

3. 灰黄色厚层状细粒岩屑石英砂岩,含孢粉化石,主要为裸子植物和被子植物花粉 22.2m

裸子植物花粉含量占 62.22%,计有:*Taxodiaceaepollenites*

Inaperturopollenites

Pinuspollenites

Abiespollenites

被子植物花粉含量占 37.78%,有:*Artemisiaepollenites*

Chenopodipollis

Graminidites

Quercoidites

Fraxinoipollenites

Tubalifloridites

Caryophyllidites

Salixipollenites

Rutaceoipollenites

Lonicerupollis

Liguidambarpollenites

Nitrariadites

Ranunculaceae

含羞草亚科

2. 紫红色厚层状泥质粉砂岩 29.7m

1. 灰褐色厚层状砂质灰岩砾岩 34.2m

~~~~~~~~~~~~ 角度不整合 ~~~~~~~~~~~~

下伏地层：下石炭统杂多群碳酸盐岩组(C_1Z_2) 深灰色巨厚层状泥亮晶豆粒灰岩

二、地层划分和时代

（一）岩石地层

在调查区古近纪地层出露较好，构造相对较简单，岩性变化大，为陆相碎屑岩夹石膏岩和碳酸盐岩沉积组合，主要岩性为紫红色砾岩、含砾砂岩、岩屑（石英）岩、粉砂岩、泥岩、浅灰色—灰黑色薄—中厚层状泥晶灰岩及石膏岩，厚度大于 1 763.9m。青海省区域地质测量队(1970)将该套地层划分为第三系砂岩组和砾岩组。青海省区调综合地质大队(1993)将该套地层划分为第三系雅西措群和五道梁群，雅西措群进一步分为砾岩组和砂岩组，时代分别为渐新世和中新世。青海省地质矿产局(1997)赋予该套地层新的涵义，将群降为组，划分出沱沱河组、雅西措组、五道梁组。此后，郑家坚等(1999)沿用该划分方案，但对沱沱河组、雅西措组时代划分略有差异(表 2-11)。本次沿用上述划分方案，岩石地层特征分述如下。

表 2-11 古近纪地层划分沿革表

<table>
<tr><th colspan="2">青海省区域地质大队(1970)</th><th colspan="2">青海省区调综合地质大队(1989)</th><th colspan="4">青海省区调综合地质大队(1993)</th><th colspan="3">青海省地质矿产局(1997)</th><th colspan="2">郑家坚等(1999)</th><th colspan="3">本书</th></tr>
<tr><td></td><td></td><td>中新统</td><td></td><td></td><td>中新统</td><td>五道梁群</td><td></td><td>新第三纪</td><td>中新世</td><td rowspan="2">五道梁组</td><td>中新世</td><td rowspan="2">五道梁组</td><td>新近系</td><td>中新统</td><td rowspan="2">五道梁组</td></tr>
<tr><td rowspan="8">第三系</td><td rowspan="6">砂岩组</td><td rowspan="4">渐新世</td><td rowspan="4">雅西措群</td><td rowspan="8">第三系</td><td rowspan="4">渐新统</td><td rowspan="4">雅西措群</td><td rowspan="2">砂岩组</td><td rowspan="8">老第三纪</td><td rowspan="4">渐新世</td><td rowspan="4">渐新世</td><td rowspan="8">古近系</td><td rowspan="4">渐新统</td></tr>
<tr><td rowspan="4">雅西措组</td><td rowspan="5">雅西措组</td><td rowspan="2">雅西措组</td></tr>
<tr><td rowspan="2">砂岩组</td></tr>
<tr><td rowspan="3">沱沱河组</td></tr>
<tr><td rowspan="3">始新世</td><td rowspan="4">沱沱河群</td><td rowspan="4"></td><td rowspan="4"></td><td rowspan="4"></td><td rowspan="3">始新世</td><td rowspan="3">始新世</td><td rowspan="3">始新统</td></tr>
<tr><td rowspan="3">沱沱河组</td></tr>
<tr><td rowspan="2">砾岩组</td><td rowspan="2">沱沱河组</td><td rowspan="2"></td></tr>
<tr><td>古新世</td><td>古新世</td><td>古新世</td><td>古新统</td></tr>
</table>

1. 沱沱河组 1 120.38m

沱沱河组由青海区调综合队(1989)创名的"沱沱河群"演变而来，代表一套红色碎屑岩局部夹灰岩组合，本次调查沿用。调查区沱沱河组按岩性组合及地层的旋回性可分为两个段。

一段：岩性为紫红色中层—厚层状中粒岩屑石英砂岩、细粒岩屑石英砂岩、薄层状含水云母细粒岩屑石英杂砂岩，紫红厚层—巨厚层状岩屑石英粉砂岩、薄层状含赤铁矿岩屑粉砂岩，紫红中层—厚层—巨厚层状粉砂质泥岩，紫红色块状含水云母含赤铁矿砂质钙质混积岩。混积岩主要由泥晶方解石及陆
~~~~~~~~~~~~

源碎屑物构成，陆源碎屑物分选性差，主要为石英及灰岩岩屑；粉砂质泥岩中的粘土矿物为水云母。本段产丰富的孢粉化石，计有蕨类孢子：三角孢属(*Deltoidospora*)，凤尾蕨孢属(*Pterisisporites*)，瘤面单缝水龙骨孢属(*Polypodiisporites*)，石苇属(*Pyrrosia*)，金粉蕨孢属(*Onychiumsporites*)，厚壁单缝孢属(*Monolites*)；裸子植物花粉：单束松粉属(*Abietineaepollenites*)，双束松粉属(*Pinuspollenites*)，罗汉松粉属(*Podocarpidites*)，冷杉粉属(*Abiespollenites*)，雪松粉属(*Cedripites*)，云杉粉属(*Piceapollis*)，铁杉粉属(*Tsugapollenites*)，麻黄粉属(*Ephedripites*)，拟落叶松粉属(*Laricoidites*)和和雏囊粉属(*Parcisporites*)；被子植物花粉：芸香粉属(*Rutaceoipollis*)，槭粉属(*Aceripollenites*)，漆树粉属(*Rhoipites*)，椴粉属(*Tiliaepollenites*)，拟锦葵粉属(*Malvacipollis*)，榆粉属(*Ulmpollenites*)，库盘尼粉属(*Cupanieidites*)，藜粉属(*Chenopodipollis*)，蓼粉属(*Persicarioipollis*)，柳粉属(*Salixipollenites*)，三孔沟粉属(*Tricolporopollenites*)。

本段主要见有两类基本层序，上部为厚层-块状细砂岩→薄层-中厚层状粉砂岩→粉砂质泥岩夹薄层粉砂岩基本层序构成[图 2-41(a)]，细砂岩呈厚层状，发育平行层理及低角度斜层理，粉砂岩呈中层状，发育沙纹层理，粉砂质泥岩中见水平层理，属滨浅湖相沉积；下部(2～4 层、10～11 层)为紫红色块状粉砂岩—厚层至块状粉砂质泥岩夹厚层砂岩基本层序，粉砂岩、粉砂质泥岩层理不发育，分选差，见石膏铸模孔构造，泥岩中发育塑性变形构造，砂岩单层底部见同生泥砾，其中发育正粒序层理、板状及平行层理，属洪积扇相扇缘亚相泥流与水流交互沉积；本段下部(7～8 层)还见有厚层-块状粉砂质泥岩→中厚层状粉砂质泥岩夹薄层粉砂岩→厚层细砂岩基本层序[图 2-41(b)]，粉砂质泥岩中发育水平层理，粉砂岩中见有沙纹层理，砂岩中发育板状斜层理，显示属湖泊三角洲相沉积。

本段仅见于调查区东南部莫云-木尺通一带，在杂多县马日曲厚 969.37m，与下伏中侏罗统地层角度不整合接触。

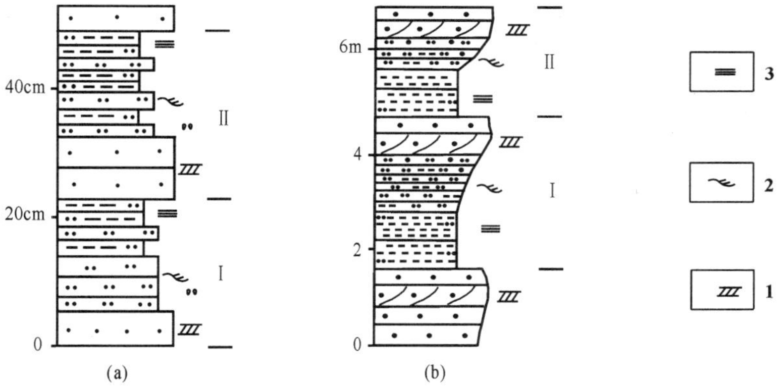

图 2-41　沱沱河组一段基本层序

(a)$E_{2\text{-}3}t^1$上部基本层序；(b)$E_{2\text{-}3}t^1$湖泊三角洲基本层序；

1. 板状斜层理；2. 沙纹层理；3. 水平层理

二段：以出现大套砾岩与一段分界。下部岩性为紫红色厚层至块状砾岩、紫红色厚层状含砾岩屑粗砂岩、紫红色中厚层状泥质粉砂岩。砾岩呈现向上由粗变细的沉积特征，砾岩中砾石成分复杂，主要为碳酸盐岩，少见砂岩、石英岩、火山岩和花岗岩等，呈次棱角—次圆状，分选差。砾石大小不一，2～8mm 和 32～130mm 居多，最大砾径 30～40cm，说明砾石经历了较近距离的搬运。砂岩具不等粒砂状结构，碎屑组分主要为岩屑、石英，长石含量很少，碎屑大多分选不好，次棱角—次圆状，为接触-孔隙式胶结，杂基含量大多在 10%左右，胶结物为铁质、钙质。

本段上部岩性为紫红、灰黄色厚层—巨厚层状细粒岩屑石英砂岩，紫红厚层—巨厚层状粉砂质泥岩，紫红厚层状粉砂岩。在治多县玛日曲剖面产丰富的孢粉化石，计有蕨类孢子：石松孢属(*Lycopodiumsporites*)，光面水龙骨孢属(*Polypodiaceaesporites*)，*Polypodiisporites*，三角粒面孢属(*Granulatisporites*)；裸子植物花粉：杉粉属(*Taxodiaceaepollenites*)，*Inaperturopollenites*，*Pinuspollenites*，*Abiespollenites*，*Laricoidites*，*Cedripites*，*Piceapollis*，*Seguoiapollenites*，*Ephedripites*；被子植物花粉：

伏平粉属（*Fupingopollenites*），拟桦粉属（*Betulaceoipollenites*），*Carpinipites*，山核桃粉属（*Caryophyllidtes*），桤木粉属（*Alnipollenites*），*Chenopodipollis*，*Cupuliferoipollenites*，杜鹃粉属（*Ericipites*），*Echitricolporites*，梣粉属（*Fraxinoipollentes*），苗榆粉属（*Ostryoipollenites*），栗粉属（*Cupuliferoipollenites*），胡桃粉属（*Juglanspollenites*），*Liguidambarpollenites*，拟百合粉属（*Liliacidites*），忍冬粉属（*Lonicerupollis*），大戟粉（*Euphorbiacites*），楝粉属（*Meliaceoidites*），拟白刺粉属（*Nitrariadites*），栎粉属（*Quercoidites*），管花菊粉属（*Tubalifloridites*），*Salixipollenites*，*Rutaceoipollis*，Ranunculaceae，Rosaceae和锦葵属及含羞草亚科。

本段下部岩层呈紫红色色调，为一套厚层至块状砾岩，向上夹紫红色含砾粗粒岩屑砂岩、泥质粉砂岩透镜体组合。在整个层序中，层理构造一般不发育，常为块状构造，总体具下粗上细的结构[图2-42(a)]，且向上砂岩增多，砾岩减少，下部为含漂砾具粒序层理砾岩韵律垂向叠覆构成，向上砾石粒径由粗粒变为细粒；向上出现紫红色块状砾岩—含砾砂岩夹透镜状粉砂岩基本层序[图2-42(b)]，砾岩具下粗上细结构，底部见冲刷构造，砾岩上部见叠瓦状构造，含砾砂岩中偶见，为洪冲积扇相扇根—扇中亚相沉积。

本段上部岩层呈紫红色、灰黄色，岩石中普遍含钙质，主要为厚层状细砂岩→中层状粉砂岩→粉砂质泥岩夹薄层粉砂岩基本层序构成[图2-42(c)]，细砂岩发育板状斜层理，粉砂岩见有沙纹层理，含双壳类化石碎片，粉砂质泥岩中见水平层理，属滨浅湖相沉积。

本段横向分布不稳定，厚度变化大，在图幅东北部直梗罗拉附近多尖灭，零星见及下部砾岩层；在索加-西恰山一带厚度较稳定，在治多县玛日曲厚295.4m，多尕强仁曲厚354.14m；在杂多县玛日曲厚151.01m。与下伏沱沱河组一段整合接触，在北部因缺失一段而直接超覆于下伏盆地基地（中生代或古生代地层）之上。

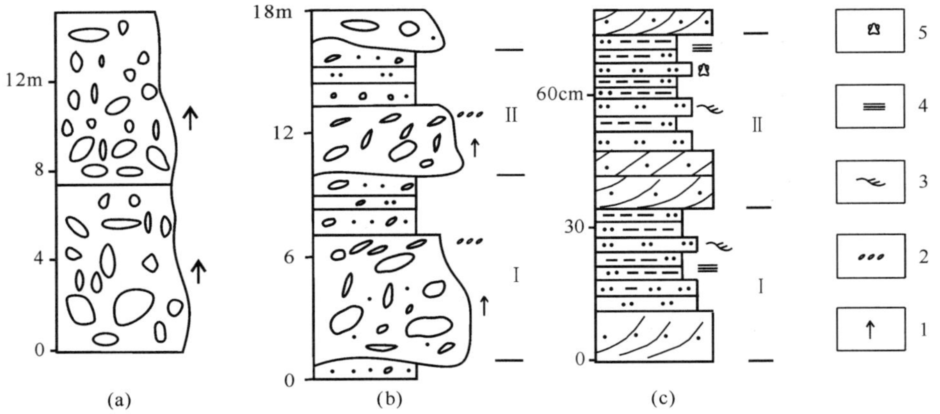

图2-42　沱沱河组二段基本层序

(a)$E_{2-3}t^2$下部砾岩中基本层序；(b)$E_{2-3}t^2$下部砂砾岩基本层序；(c)$E_{2-3}t^2$上部基本层序；
1.正粒序层理；2.叠瓦状构造；3.沙纹层理；4.水平层理；5.双壳类碎片

2. 雅西措组　　85.1～1 230.0m

雅西措组系由青海区调综合队（1989）创名的“雅西措群”演变而来，在调查区内为一套浅灰—灰黑色碳酸盐岩与紫红、灰绿色厚层状钙质碎屑岩组合，底界以碳酸盐岩的大量出现作为划分标志，与下伏沱沱河组易于区分。据岩性组合特征可划分为两段。

一段：岩性为浅灰色、青灰色厚层状、中层状、薄层状泥灰岩、泥晶灰岩、亮晶颗粒灰岩、泥晶颗粒灰岩，偶夹薄层状石膏岩及钙质泥岩、中层状细砂岩。本段产丰富的孢粉化石，计有蕨类植物孢子*Deltoidospora*，*Granulatisporites*，*Monolites*，*Lygodiumsporites*，紫萁孢属（*Osmundacidites*），*Onychiumsporites*，*Polypodiaceoisporites*，*Pterisisporites*，*Polypodiisporites*，*Verrutetraspora*；裸子植物花粉*Abiespollenites*，*Abietineaepollenites*，*Cedripites*，*Ephedripites*，*Inaperturopollenites*，*Laricoidites*，

Parcisporites, *Piceapollis*, *Pinuspollenites*, *Podocarpidites*, *Taxodiaceaepollenites*, *Tsugapollenites*；被子植物花粉 *Aceripollenites*, *Betulaceoipollenites*, *Boehlensipollis*, *Caryapollenites*, *Caryophyllidites*, *Chenopodipollis*, *Cupanieidites*, *Diervillapollenites*, *Echitricolporites*, *Euphorbiacites*, *Fraxinoipollenites*, *Fupingopollenites*, *Juglanspollenites*, *Liguidambarpollenites*, *Lonicerapollis*, *Malvacipollis*, *Ostryoipollenites*, *Persicarioipollis*, *Quercoidites*, *Retitrcolpites*, *Rhoipites*, *Rutaceoipollis*, *Salixipollenites*, *Sapindaceidites*, *Tiliaepollenites*, *Tubalifloridites*, *Tricolporopollenites*, *Ulmipollenites*，无患子粉属(*Sapindaceidites*)，山矾粉属(*Symplocospollenites*)。本段偶见介形类、腹足类、双壳类及古植物等化石碎片，与沱沱河组整合接触，在调查区东北部，直梗罗拉直接超覆于三叠纪地层之上，在北部多尕强仁曲和玛日曲，厚度分别为 85.12m 和大于 435.9m，在调查区南部玛日曲厚度大于 241.74m。

本段以灰岩为主，夹深灰色钙质泥岩和钙质粉砂岩，灰岩及钙质泥岩发育水平层理，为浅湖相沉积。在调查区北部治多县玛日曲剖面，本段底部见泥晶砾屑灰岩、亮晶砂屑灰岩，岩石中砾屑、砂屑圆度及分选性差，反映为短暂水流冲刷再沉积产物，属滨湖相沉积。在调查区北部多尕强仁曲，本段中部出现灰色薄—中层状含白云质石膏岩及含粘土硬石膏岩，发育水平层理，为浅湖相沉积，反映此时该区气候干旱，一度发展为盐湖，形成了其中的石膏夹层。在南部杂多县玛日曲剖面，本段中部出现灰黄色细粒岩屑石英砂岩夹钙质泥岩，为三角洲相沉积。反映本段沉积相变化大。

二段：以出现大套碎屑岩与一段分界。岩性主要为由紫红色、青灰色厚层-块状粗粒岩屑石英砂岩、薄—中层状中—细粒岩屑石英砂岩、粉砂岩夹薄层状粉砂质泥岩、泥晶灰岩构成的沉积序列，总体呈现出粒度由下向上由细变粗的沉积特征。砂岩中的陆源碎屑物主要为石英(50%～70%)、硅质岩岩屑(1%～5%)、灰岩岩屑(5%～15%)、绢云母板岩岩屑(1%～2%)、偶见内碎屑(泥晶灰岩)、赤铁矿屑、炭屑等，填隙物主要为微粉晶方解石(15%～25%)、泥晶赤铁矿(3%)、水云母(<5%)；粉砂岩中结构组分与砂岩相近，只是粒度细一些。本段采获丰富的孢粉化石，计有蕨类植物孢子 *Deltoidospora*, *Onychiumsporites*, *Polypodiaceoisporites*, *Polypodiisporites*, *Pterisisporites*, *Pyrrosia*, *Verrutetraspora*, *Monolites*；裸子植物花粉 *Abiespollenites*, *Abietineaepollenites*, *Cedripites*, *Ephedripites*, *Laricoidites*, *Parcisporites*, *Piceapollis*, *Pinuspollenites*, *Podocarpidites*, *Taxodiaceaepollenite*, *Tsugapollenites*；被子植物花粉 *Aceripollenites*, *Alnipollenites*, *Betulaceoipollenites*, *Boehlensipollis*, *Chenopodipollis*, *Cupanieidites*, *Diervillapollenites*, *Lonicerapolliss*, *Malvacipollis*, *Ostryoipollenites*, *Persicarioipollis*, *Quercoidites*, *Rhoipites*, *Rutaceoipollis*, *Salixipollenites*, *Sapindaceidites*, *Tiliaepollenites*, *Ulmipollenites* 。本段在调查区北部多尕强仁曲厚度达 1 144.88m，与一段整合接触。

本段主要见于调查区北部，岩性组合可分为 3 个部分，下部为紫红色与灰绿色相间的中层状、中厚层状钙质细粒岩屑石英砂岩夹薄层状粉砂岩、粉砂质泥岩、泥晶灰岩组合，砂岩中发育小型板状斜层理，粉砂岩中发育沙纹层理、水平层理，属浅湖及前三角洲—三角洲前缘沉积；中部为紫红色夹灰黄色厚层至块状粗粒岩屑石英砂岩、中细粒岩屑石英砂岩夹紫红色中层状泥质粉砂岩、紫红色中层状粉砂质泥岩组合，具紫红色夹灰黄色厚层至块状粗粒至细粒岩屑石英砂岩—紫红色中层状粉砂岩—紫红色中层状粉砂质泥岩基本层序，砂岩具下粗上细特点，发育大型板状、槽状交错层理及平行层理，细砂岩中发育小型板状斜层理，偶见植物碎片，粉砂岩偶见虫迹，向上出现砂岩夹泥岩及粉砂岩现象，并出现砂岩兼并粉砂岩与泥岩现象，为三角洲前缘—三角洲平原沉积，其中发育大型板状、槽状交错层理砂岩，应属三角洲平原曲流河沉积；上部为灰黄色中层状细砂岩、粉砂岩与紫红色厚层状粉砂质泥岩组合，粉砂岩中发育沙纹层理，属滨浅湖沉积。

3. 五道梁组 >170.0m

五道梁组系由青海区调综合队(1990)创名的“五道梁群”演变而来，指整合于雅西措组之上的橘红色、紫红色、浅灰绿色泥灰岩夹石膏及岩盐等组合而成的地层体，以较稳定的石膏层的始现与雅西措组分界。

五道梁组见于调查区西北部切特贡日-索加乡一带和东北部君曲等地，为一套紫红色、浅灰绿色厚层状粉砂质钙质泥岩、厚层斑点状钙质泥岩夹黄色薄层状泥晶粉屑砂屑灰岩、中层状含白云质石膏层组合，底部为一层稳定分布的灰黄色厚层状含粘土硬石膏岩夹灰绿色薄层状钙质粉砂质泥岩。本组上部采获丰富的孢粉化石，计有蕨类植物孢子 *Deltoidospora*，*Polypodiisporites*，*Polypodiaceoisporites*，*Onychiumsporites*，*Verrutetraspora*；裸子植物花粉 *Abietineaepollenites*，*Pinuspollenites*，*Podocarpidites*，*Abiespollenites*，*Cedripites*，*Piceapollis*，*Tsugapollenites*，*Taxodiaceaepollenites*，*Laricoidites*；被子植物花粉 *Rhoipites*，*Aceripollenites*，*Caryapollenites*，*Chenopodipollis*，*Malvacipollis*，*Ostryoipollenites*，*Persicarioipollis*，*Rutaceoipollis*，*Tricolporopollenites* 。本组未见顶，厚度大于 170.0m，与下伏雅西措组整合接触。

本组以一套杂色泥岩夹碳酸盐岩及石膏岩为主。泥晶粉屑砂屑灰岩呈薄层状，泥岩中含钙质及石英粉砂，发育水平层理，代表了一套盐湖相为主的沉积。本组岩石粒度细，夹含白云质石膏岩层，分布面积明显缩小，反映本组沉积时气候较干旱，地势低平，湖面萎缩，湖水盐度增高，当时地貌上处于夷平状态。

（二）孢粉化石组合及地层时代

由于交通条件较差，调查区地质调查研究工作程度较低，前人在生物地层方面工作较少。青海区调综合地质大队（1989）在格尔木市唐古拉山乡阿布尔日阿加宰剖面采获介形类、轮藻、孢粉等化石，认为沱沱河组、雅西措组、五道梁组时代分别为古新世—始新世、始新世—渐新世、渐新世—中新世；青海区调综合地质大队（1993）在调查区沱沱河组、雅西措组中采获较丰富的孢粉化石，两个组孢粉化石组合相差较大，时代归属分别为渐新世和中新世。本次工作在沱沱河组、雅西措组、五道梁组都采获丰富的孢粉化石，根据孢粉化石组合特征，结合前人资料及认识，对该套地层时代进行讨论。

1. 沱沱河组孢粉化石及时代

沱沱河组的孢粉组合中以裸子植物花粉为主，被子植物花粉次之，蕨类孢子含量极少。裸子植物花粉中以具气囊松柏类花粉为主，主要有 *Pinuspollenites*，*Abietineaepollenites*，*Piceapollis*，*Abiespollenites*，*Podocarpidites*，*Cedripites*，其他裸子植物花粉还有 *Tsugapollenites*，*Ephedripites*，*Taxodiaceaepollenites*，*Laricoidites* 和 *Parcisporites* 等。被子植物花粉中见有 *Fupingopollenites*，*Chenopodipollis*，*Nitrariadites*，*Ostryoipollenites*，*Betulaceoipollenites*，*Alnipollenites*，*Lonicerapollis*，*Cupuliferoipollenites*，*Rutaceoipollenites*，*Quercoidites*，*Salixipollenites*，*Aceripollenites*，*Ulmpollenites*，*Tiliaepollenites*，*Rhoipites*，*Malvacipollis*，*Persicariopollis*，*Juglanspollenites*，*Tricolporopollenites*，*Fraxinoipollenites*，*Caryophyllidites*，*Meliaceoidites*，*Euphorbiacites*，*Cupanieidites*，*Ericipites*，*Liliacidites*，*Tubalifloridites* 等。蕨类孢子主要见 *Lycopodiumsporites*，*Polypodiisporites*，*Polypodiaceaesporites*，*Pyrrosias*，*Pterisisporites*，*Onychiumsporites* 和 *Deltoidospora*、*Granulatisporites*、*Monolites* 等。

当前的孢粉组合面貌与柴达木盆地下干柴沟组的孢粉组合特征相似，均含栎粉、楝粉、栗粉、芸香粉、漆树粉等三沟、三孔沟类花粉（青海石油管理局勘探开发研究院和中国科学院南京地质古生物研究所，1985），与唐古拉山赤布张错地区沱沱河组的孢粉组合也可以对比（段其发等，2007），所代表地质时代为始新世—渐新世。考虑到调查区沱沱河组下部层位未采获可确定时代的化石，且有一定厚度，因此本次工作将沱沱河组定为始新世至渐新世，但不排除其下部可能存在古新世沉积。

当前组合中出现少量耐旱的植物花粉，如麻黄粉属；也出现较多云杉粉、冷杉粉，而云杉、冷杉等是“暗针叶林”植物群落的主要树种；组合中代表落叶阔叶、常绿阔叶树种如栎属、榆属、楝属等普遍发育，反映当时植被垂直分带明显，山地植被为以乔木为主的针、阔叶混交林，低地发育有灌木林，总体显示具温暖、干旱的古气候和山地地貌景观。

2. 雅西措组孢粉化石及时代

在雅西措组一段和二段均采获丰富的孢粉化石，且组合面貌相似，其中裸子植物花粉在组合中占绝对优势，约占孢粉总数的 80%左右，蕨类植物孢子和被子植物花粉在组合中的含量共计约 20%。裸子植物花粉以具气囊松柏类花粉为主，有 *Pinuspollenites*，*Abietineaepollenites*，*Piceapollis*，*Abiespollenites*，*Podocarpidites*，*Cedripites* 等；其他裸子植物花粉以 *Tsugapollenites* 为主，还有 *Taxodiaceaepollenites*，*Laricoidites* 和 *Parcisporites* 。蕨类植物孢子有 *Pterisisporites*，*Polypodiisporites*，*Lygodiumsporites*，*Lygodioisporites*，*Onychiumsporites* 和 *Pyrrosia*；被子植物花粉有 *Fupingopollenites*，*Chenopodipollis*，*Nitrariadites*，*Ostryoipollenites*，*Betulaceoipollenites*，*Alnipollenites*，*Lonicerapollis*，*Cupuliferoipollenites*，*Ulmipollenites*，*Plicapollis*，*Aceripollenites*，*Quercoidites*，*Salixipollenites*，*Rutaceoipollenites*，*Tiliaepollenites*，*Rhoipites*，*Malvacipollis*，*Persicariopollis*，*Symplocospollenites*，*Sapindaceidites*)，*Cupanieidites* 。

裸子植物中的松柏类花粉，尤其是具气囊的花粉，在地域和地质历史时期分布较广泛。在北半球有些地区的古近纪古新世的孢粉组合中就有大量出现，如我国江苏苏北盆地泰州组上部黑色泥岩段的孢粉组合中，松柏类花粉占 50%以上(宋之琛等，1981)。虽然该孢粉组合中的松柏类花粉含量很高，但其中被子植物花粉含量也较高，类型多样，且还有一些晚白垩世特有的孑遗类花粉，如鹰粉类、沃氏粉属、江苏粉属、江汉粉属等。本组合与之相比差别非常明显。

当前组合与地质时代为渐新世的西藏丁青县丁青组、班戈县伦坡拉组下部、青海柴达木盆地下干柴沟组和赤布张错地区雅西措组的组合特征可对比(宋之琛等，1981；宋之琛、刘金陵，1982；青海石油管理局勘探开发研究院和中国科学院南京地质古生物研究所，1985；段其发等，2008)：裸子植物花粉在组合中含量丰富，特别是云杉粉属和铁杉粉属大量增加。该二属花粉，在欧洲和我国东部及西藏等地区，均在晚始新世开始出现，渐新世逐渐增多，自渐新世晚期在组合中大量出现；被子植物花粉的类型和数量较始新世组合中显著减少，有少量的拟白刺粉属、苗榆粉属、拟桦粉属、桤木粉属、藜粉属等。

综上所述，结合前人在邻幅阿布尔日阿加宰剖面采获有轮藻 *Tectochara*、*Amblyochara*、*Hornichara*、*Obtusochara* 和介形类 *Candoniella*、*Eucypris*、*Cyprinotus* 等化石，将调查区雅西措组的时代确定为渐新世。

组合中蕨类植物孢子和被子植物花粉都很贫乏，这可能与针叶林茂盛有关。在现代植物区系中，由一些针叶林，如云杉、冷杉林组成的“暗针叶林”植物群落，因这些树种耐阴，枝冠高大而稠密，由它们构成的植物群落就呈现了潮湿、郁闭与阴暗的特征，因此难适于其他植物的生长发育。当前孢粉组合正好反映了上述特征，即以常绿乔木针叶林为主，亦有少量阔叶林和草本植物，林下分布稀疏蕨类植物。反映的古气候为暖温带-亚热带型。

3. 五道梁孢粉化石及时代

五道梁组仅有一个样品含孢粉化石，其中裸子植物花粉占绝对优势(93.61%)，被子植物花粉占孢粉总数的 4.26%，蕨类植物孢子占孢粉总数的 2.13%。

孢粉组合中以具气囊的裸子植物花粉为主，有 *Abietineaepollenites*，*Pinuspollenites*，*Piceapollis*，*Podocarpidites*，*Tsugapollenites*，*Cedripites*，占孢粉总数 92.55%；被子植物花粉有 *Rhoipites*，*Caryophyllidites*，*Aceripollenites*，*Chenopodipollis*，*Malvacipollis*，*Ostryoipollenites*，*Persicariopollis*，*Rutaceoipollenites* 等，孢粉组合面貌总体与雅西措组相似。由于本组未见顶，且上部没有采获孢粉化石，因此推测其时代为渐新世至中新世。

(三) 层序地层

陆相地层的层序是以超层序内不整合面、相转换面和湖泛面为界的充填地层，是一个成盆期内不同发育阶段的产物，其层序的形成与演化主要受控于盆地构造格架及同期幕式构造运动。在沉积基准面识别的基础上，李思田等(1995)将陆相盆地三级层序内体系域称为低位体系域(LST)或冲积体系域(AST)、湖泊扩张体系域(EST)、湖泊收缩体系域(RST)，该方案应用较广。

调查区古近系盆地基底为中生代及以前地层，在纵向上表现为由以不整合面为界的向上变细的巨型沉积旋回。根据地层接触关系、地层结构及沉积特征将这套陆相地层划分为 5 个层序(大体相当于三级层序，图 2-43)，其中最上部层序保存不完整。

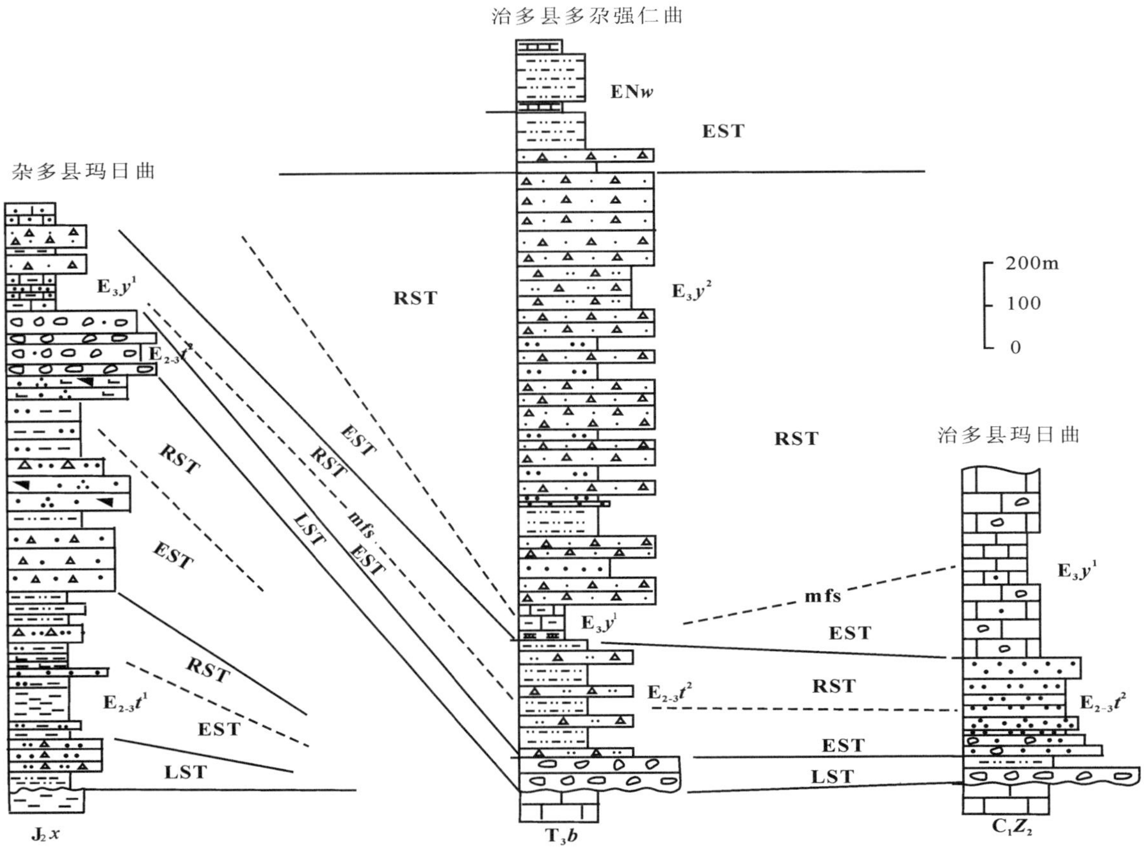

图 2-43　调查区古近纪层序地层划分与对比图

（图例见剖面描述及正文叙述）

层序 1(SQ_1)　相当于沱沱河组一段下部，底界为沱沱河组一段与下伏中侏罗统地层之间的区域性角度不整合接触界面，界面之上为沱沱河组一段底部(MR 剖面 1—4 层)砂岩、粉砂质泥岩组合，属洪积相水流、泥流沉积，代表了低位体系域(LST)，一段中下部(5—9 层)为滨浅湖相沉积，以中部为界，其下为湖泊扩张体系域(EST)，其上除发育滨浅湖相沉积外，还见有洪积相水流、泥流沉积，应为湖泊收缩体系域(RST)。

层序 2(SQ_2)　相当于沱沱河组一段上部，底界为杂多县玛日曲剖面上沱沱河组一段上部偏下层位的中厚层细粒岩屑砂岩(第 12 层)与沱沱河组一段上部粉砂质泥岩(第 11 层)岩性分界面。以沱沱河组一段上部湖相沉积粉砂质泥岩(第 18 层)分界，其下为湖泊扩张体系域，其上除主要为宾浅湖沉积外，还出现了洪积相泥流与水流沉积(第 20—21 层)，应为湖泊收缩体系域(RST)。

层序 3(SQ_3)　相当于沱沱河组二段，在杂多县玛日曲剖面还包括雅西措组底部(第 26—31 层)。底界在调查区北部为沱沱河组二段与下伏中侏罗统地层之间的区域性角度不整合接触界面，在南部为沱沱河二段与一段之间的具褪色现象接触界面，属Ⅱ型界面。界面之上为沱沱河组二段底部砂砾岩构成洪积扇体系，代表了低位体系域(LST)，在北部治多县多尕强仁曲、玛日曲剖面二段中下部滨浅湖相沉积为湖泊扩张体系域(EST)，二段上部紫红色块状—厚层状复成分砾岩夹含砾砂岩组合层位，属辫状河形成的洪冲积扇沉积体系，为湖泊收缩体系域(RST)。在调查区南部杂多县玛日曲剖面雅西措组底部出现砂岩与灰岩组合，其中第 27 层中部灰黑色薄层状钙质泥岩中含丰富双壳类、介形类碎片、腹足类幼体及鱼喉齿等浅湖环境生物，代表了最大湖泛面层，其下灰绿色强粉晶化泥晶泥屑灰岩层(第 26)代表了湖泊扩张体系域，其上灰黄色细粒岩屑石英砂岩层(第 29—31 层)代表了湖泊收缩体系域。

层序 4(SQ_4)　在调查区北部，层序底界位于沱沱河组与雅西措组接触界面，雅西措组一段中部出现泥晶灰岩，为最大湖泛期的沉积，在治多县玛日曲剖面其下砂砾屑灰岩层代表了 EST，其上的雅西措组灰岩则为 RST。在调查区南部杂多县玛日曲以雅西措组中部泥晶灰岩为界，其下、上分别为 EST 和

RST，从多尕强仁曲剖面可见雅西措组二段偏上部位具紫红色夹灰黄色厚层至块状中细粒岩屑石英砂岩、紫红色中层状泥质粉砂岩、紫红色厚层状砂质泥岩组合，为河流沉积产物，向上出现砂岩夹泥岩及粉砂岩，具进积结构层序，属湖泊收缩体系域 RST。在杂多县玛日曲剖面因雅西措组未控制到顶，认为该层序仅出露 EST（第 32 层）。

层序 5（SQ_5） 层序底界面位于雅西措组二段顶部紫红色泥岩与二段中部厚层状岩屑砂岩分界面，二段顶部紫红色泥岩覆于一段层位之上，为滨湖相沉积，五道梁组为浅湖相沉积，二者一起构成退积型层序，为 EST，由于上部层位未出露，该层序发育不全。

古近纪地层分布于调查区中部莫云-木尺通一带、北部索加-西恰山一带和东北部莫日呆佛埃等地，分别呈北西、近东西向展布。根据沱沱河组一段的分布特征，反映在 SQ_1、SQ_2 形成时调查区并不是一个统一的盆地，而是在南部形成一个较小的盆地。图幅东北部莫日呆佛埃即古近纪沉积盆地西南部沱沱河组一段厚度巨大，东北部沱沱河组零星见及，雅西措组一段灰岩直接超覆于三叠纪地层之上，且自南西向北东，沱沱河组相同层位中的碎屑岩粒度具有相对由粗变细的趋势，反映沉积盆地充填过程中存在沉积中心向北东迁移的现象。在盆地西南侧存在一北北西向断层，说明该沉积盆地在古近纪沉积时受该断层控制，推测当时主要物源来自西南部。

从以上层序地层划分可以看出，古近纪盆地经历了 5 次湖面相对升降过程，结合不同层序中沉积物的变化规律，推测始新世—早中新世时调查区曾有过阶段性隆升。这与沱沱河组、雅西措组、五道梁组的孢粉组合反映的古气候从温暖略干旱向温暖潮湿再转化为温暖干旱过程存在对应关系，似乎反映出阶段性构造隆升与古气候变化过程存在某种内在联系。

第七节 新近纪地层

新近纪地层分布于调查区中部果巴扎-加果通一带，在东南部加贡俄子拉、扎结桑巴等地零星见及，总体呈北西-南东展布，为一套陆相碎屑岩和石膏层沉积组合，出露面积约 450km²，占调查区总面积的 2.9%。由于高原隆升剥蚀，该套地层构造较简单，呈单斜产出。根据地层接触关系、岩性组合，划分为上新世曲果组。总厚度大于 1 902.56m。

一、剖面描述

青海省杂多县加果通新近系曲果组实测剖面（G）位于青海省杂多县莫云乡西北约 40km 加果通附近，起点坐标：N33°17′08″，E93°58′24″，全长 3 700m。剖面下部地层出露较好，与下伏古近系沱沱河组呈角度不整合接触（图 2-44）。剖面描述如下：

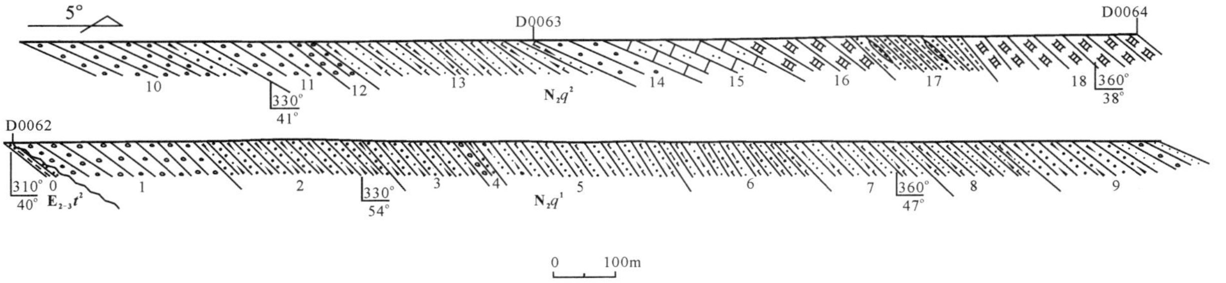

图 2-44 青海省杂多县加果通新近纪曲果组实测剖面图

新近纪曲果组（N_2q） **>1 902.56m**

二段（N_2q^2） **（未见顶）** **>538.31m**

18. 白色厚层状硬石膏—石膏岩，层间夹泥质条带，发育水平层理	>175.87m
17. 紫红色薄层状粉砂质泥岩夹灰绿色泥质条带，偶见沙纹层理及水平层理	137.24m
16. 白色块状硬石膏—石膏岩	88.65m
15. 灰白色薄—中层状陆源粉细砂质泥晶灰岩	75.69m
14. 浅灰黄色厚层状细砾岩，顶面不平整	60.86m
一段(N_2q^1)	**1 364.25m**
13. 紫红色厚层状含砾不等粒岩屑砂岩，中部夹细砾岩，总体具下粗上细特征，砂岩中发育平行层理、板状斜层理	170.57m
12. 红色厚层状中粗砾岩，偶见有花岗岩砾石	32.80m
11. 红色厚层-块状中砾岩，局部砾石成叠瓦状排列	88.72m
10. 紫红色厚层状碳酸盐质中砾岩与紫红色厚层状中粗粒岩屑砂岩互层，砂岩发育板状斜层理	191.21m
9. 紫红色厚层状粗粒岩屑砂岩、中粒岩屑砂岩、细粒岩屑砂岩夹细砾岩条带，细砂岩中发育大型板状、平行层理	75.79m
8. 紫红色中层状含钙质细粒岩屑砂岩，岩层中发育正粒序层理，上部发育平行层理	102.24m
7. 紫红色透镜状细砾岩—紫红色厚层状含钙质粗粒岩屑砂岩—紫红色厚层状细粒岩屑构成 3 个旋回层，单个旋回层具下粗上细特点，粗砂岩中发育板状斜层理，细砂岩中发育平行层理	107.68m
6. 紫红色中厚层状含钙质粗中粒岩屑砂岩，局部夹紫红色细砾岩透镜体	120.88m
5. 紫红色厚层状含钙质中粗粒岩屑砂岩，岩石中发育板状斜层理、平行层理，具下粗上细特点，底部 1.6m 为细砾岩	180.03m
4. 紫红色厚层状含砾不等粒岩屑砂岩，发育平行层理，底部见 2.2m 厚细砾岩	20.45m
3. 紫红色中厚层状中粗粒岩屑砂岩夹紫红色厚层状含砾不等粒岩屑砂岩	80.24m
2. 紫红色中层状中粗粒岩屑砂岩，发育大型板状斜层理、平行层理，中上部夹砂砾岩条带，发育冲刷构造	131.97m
1. 红色厚层-块状碳酸盐质中粗砾岩，砾石具下粗上细特点，局部定向排列，上部夹紫红色粗粒岩屑砂岩透镜体	61.67m

~~~~~~~~~~~~~~~ 角度不整合 ~~~~~~~~~~~~~~~

下伏地层：古近系沱沱河组($E_{2-3}t$)　暗红色中厚层状粉砂质泥岩夹暗红色中层状粉砂岩

二、地层划分和时代

(一) 岩石地层

曲果组由苟金(1993)命名，指一套由紫红、灰紫、灰—灰白色砾岩、含砾砂岩、砂岩夹粉砂岩、泥岩局部夹菱铁矿组合成的地层序列，下与查保马组或雅西措组不整合接触，地质时代为上新世或新近纪(苟金，1993)。本书沿用青海省地质矿产局(1997)和郑家坚等(1999)的划分方案：曲果组为一套暗红色、紫红色碎屑岩夹石膏岩沉积，为本次工作识别划分出的岩石地层单位，厚度大于 1 902.56m，按岩性组合可以分为两段。

一段：岩性为红色、紫红色厚层至块状中粗砾岩、紫红色厚层状粗粒—细粒岩屑砂岩夹细砾岩，宏观上为一套紫红色厚层至块状中粗砾岩夹紫红色厚层状中、细粒岩屑砂岩组合。与下伏侏罗纪不同层位及古近系沱沱河组角度不整合接触。下部和上部为紫红色厚层至块状中粗砾岩与紫红色厚层状岩屑砂岩交互叠覆而成，向上砂岩增多，砾岩减少，砾石成叠瓦状排列，砾石以石灰岩为主，少见火山岩、硅质岩和花岗岩，砾石大小混杂，呈次棱角状，单层中砾石具向上变细的特点；砂岩中发育板状交错层理、平行层理，为洪积相扇根部—扇中部产物；中部为紫红色厚层状粗粒岩屑砂岩、中粒岩屑砂岩、细粒岩屑砂岩组成，单个旋回层具下粗上细特点，细砂岩中发育大型板状、平行层理，局部夹紫红色细砾岩透镜体或条带，为辫状河沉积产物。总体显示为洪冲积扇沉积体系。厚 1 364.25m。

二段：下部岩性为浅灰黄色、灰黄色厚层状细砾岩，中下部为灰色薄层状泥晶灰岩，中上部为灰白色块状硬石膏—石膏岩夹紫红色薄层状泥岩、粉砂岩。本段仅见于加果通剖面，未见顶，厚度大于 538.31m。剖面上与下段接触界面不平整，区域上应为整合接触。底部砾岩中砾石成分主要为近源的各类石灰岩，
~~~~~~~~~~~~~~~

砾石呈次棱角至次圆状，分选差，砾石间含少量黄色泥质填隙物，属滨浅湖相沉积；中上部为微粉晶灰岩、泥岩、粉砂岩及石膏岩组合，泥岩中发育水平层理，粉砂岩中发育沙纹层理，属较干旱的浅湖—盐湖相沉积，总体显示盆地发育不完整的滨浅湖—盐湖相沉积。

曲果组厚度巨大，沉积物粒度粗，说明在上新世青藏高原存在一次剧烈隆升过程。二段出现大套石膏岩沉积，反映地势变低缓，物源供给减少，可能代表了一次夷平作用，同时反映沉积后期处在干旱炎热的气候环境。

（二）地层时代

一般认为曲果组的时代在区域上属上新世或新第三纪（宗冠福等，1996；青海省地质矿产局，1997）。在青海省格尔木市唐古拉山乡切尔恰藏布曲果组剖面上段下部曾采获丰富孢粉化石，见有裸子植物花粉 *Inaperturopollenites*，*Pinuspollenites*，*Laricoidites* 及 *Abietineaepollenites*，*Cedripites*，*Podocarpidites* 等；被子植物木本植物花粉中见有 *Quercoidites*，*Moraceoipollenites* 及 *Aceripollenites*，*Fraxinoipollenites*，*Populus* 等；草本植物花粉见有 *Cyperaceaepollis*，*Graminidites*，*Potamogetonacidites*，*Chenopodipollis*，*Cruciferaeipites*，*Persicarioipollis*，*Sparganiaceaepollenites*，*Ranunculacidites* 等；蕨类孢子类型单调，仅见 *Polypodiaceaesporites*，*Deltoidospora* 及 *Osmundacidites* 。该组合中裸子植物花粉占优势（53.0%～55.4%），被子植物花粉次之（38.4%～42.4%），蕨类孢子极少（4.5%～6.3%）；裸子植物花粉中以松柏类花粉为主，被子植物花粉中草本含量总体多于木本，含有 *Chenopodipollis*，*Graminidites*，*Cyperaceaepollis*，*Potamogetonacidites*，*Quercoidites* 等北半球新近纪常见分子。孢粉组合中松柏类花粉含量较高，被子植物花粉中以莎草科、禾本科、眼子菜科、藜科、栎、杨等花粉为主，与前苏联普拉-卡马盆地上新世孢粉组合及柴达木盆地上油砂岩组孢粉组合接近（青海石油管理局勘探开发研究院和中国科学院南京地质古生物研究所，1985），故认为曲果组时代属上新世。

本次工作在曲果组尽管未发现可供确定时代的直接证据，但通过详细野外观察、区域对比分析及其与下伏地层接触关系，认为可与区域上的曲果组对比，主要依据如下：①曲果组与古近系沱沱河组角度不整合接触（图版 35-5），说明其形成时代应晚于沱沱河组，即晚于古近纪；②该套地层岩性组合与曲果组层型剖面（治多县查香结德剖面）（青海省地质矿产局，1997）及青海省格尔木市唐古拉山乡切尔恰藏布曲果组剖面岩性组合相近（姚华舟等，2011）。据此，将曲果组地层时代暂定为上新世。

第八节　第四纪地层

调查区第四纪分布广泛，面积约 7 024km²，占总面积的 45.4%，其中以更新统分布较广，全新统多沿河流、沼泽、湖泊地带分布。除青海省区调综合地质大队（1993）对本区西北部的第四系进行过调查外。本次工作在测年结果的基础上，采用地貌地层学和成因类型划分相结合的方法，将第四纪地层划分为上更新统冰碛、湖泊沉积、洪冲积和化学沉积以及全新世洪冲积、冲积、湖泊沉积、沼泽沉积、风沙堆积和化学沉积等成因类型（表 2-12）。现将第四系由老到新按成因类型分述如下。

一、剖面描述

（一）上更新统洪冲积相沉积物剖面

剖面位于青海省治多县鄂阿西贡卡曲南岸，地理坐标：N33°43′47″，E93°00′05″，海拔 4 718m，剖面露头好（图 2-45）。剖面沉积物特征自上而下描述如下：

表 2-12　调查区第四系成因类型划分

年代地层		成因类型	填图单位	代号	厚度(m)
系	统				
第四系	全新统	冲积相	冲积层	Qh^{al}	0.2～1.2
			Ⅰ级阶地	Qh^{1al}	1.2～2.3
		风沙堆积	风沙堆积	Qh^{eol}	0.1～1.0
		洪冲积相	洪冲积层	Qh^{pal}	1.2～4.5
		湖相	湖泊沉积层	Qh^{l}	＞0.5
		化学沉积	化学沉积层	Qh^{ch}	0.5～1.0
		沼泽相	沼泽沉积	Qh^{f}	0.5～2.0
	上更新统	冰川相	冰碛层	Qp_3^{gl}	3.8
		洪冲积相	洪冲积层＋湖泊沉积层	Qp_3^{pal+l}	5.0～11.5
			洪冲积层	Qp_3^{pal}	0.4～7.2
		湖相	湖泊沉积层	Qp_3^{l}	3.3～11.9
		化学沉积	化学沉积层	Qp_3^{ch}	0.6～1.5

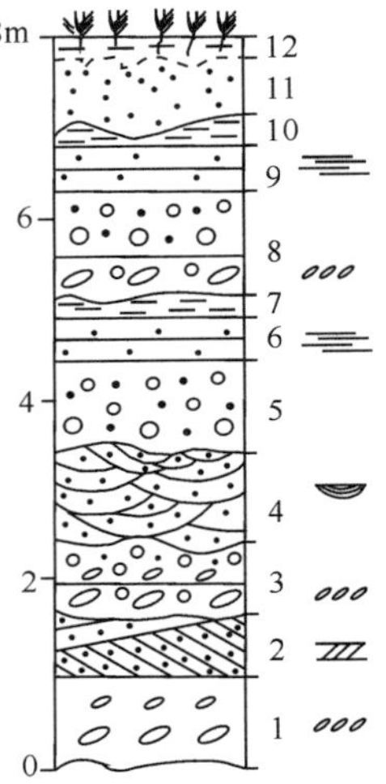

图 2-45　上更新统洪冲积相沉积物剖面图

全新世风砂堆积层(Qh^{eol})　**＞80～100cm**

12. 灰色含植物根系亚砂土层　20～30cm

11. 灰色细砂层，见陡倾角斜层理　60～80cm

上更新统洪冲积层 Qp_3^{pal})　**＞700～720cm**

10. 深灰色亚砂土层　10～30cm

9. 黄灰色砂层，发育平行层理及交错层理　50cm

8. 灰黄色砂砾卵石层，成分以灰岩为主，含砂岩。最大粒径 12cm，一般为 2～5cm，卵石含量为 75%，呈叠瓦状排列，砂砾占 25%，分选和磨圆中等，总体具下粗上细特点　110cm

7. 灰黑色粘土层，含少量炭质　20～30cm

6. 黄灰色砂层，发育平行层理　50cm

5. 灰、灰黄色砾石层。砾石成分以灰岩为主，次为火山岩和砂岩。最大粒径 15cm，一般为 2～4cm，以棱角状为主，向上泥、砂含量增高，具下粗上细特征，地面凹凸不平　100cm

4. 灰、灰黄色含砾砂层。砾石成分以灰岩为主，最大粒径小于 1cm，分选和磨圆中等，发育槽状交错层理　130cm

3. 灰黄色砂砾层。砾石大小一般为 2～5cm，成分以灰岩为主，次为砂岩、火山岩，多呈扁平状，定向排列，向西倾　70cm

2. 灰黄色含砾粗砂层，砾石成分以灰岩为主，大小一般小于 1cm，见大型楔形交错层理　60cm

1. 灰黄色砾卵石层。砾、卵石成分以灰岩为主，大小一般为 3～8cm 左右，多呈叠瓦状排列，砾间充填细砂，弱固结　＞100cm

（未见底）

（二）上更新统湖相沉积物剖面

剖面位于青海省治多县赛巴达陇北部山前平原的鄂曲东岸，地理坐标：N33°38′17″，E93°36′11″，海拔 4 531m，剖面露头好(图 2-46)。本剖面最先由青海省区调综合地质大队(1993)测制，本次工作对剖面重新进行观察，岩性特征自上而下描述如下。

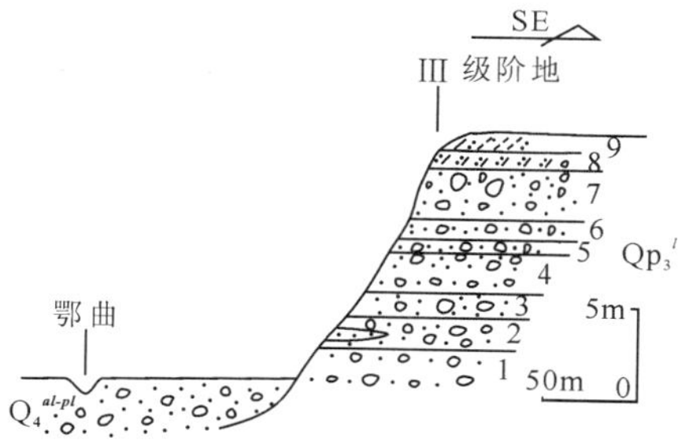

图 2-46　上更新统湖相沉积物剖面图

上更新统湖相沉积层(Qp_3^l)　　>1 190cm

9. 灰色亚砂土层　　20cm

8. 黄灰色亚砂土层，含少量砾石和腐殖物　　40cm

7. 灰色砂砾卵石层，成分以灰岩为主，含少量火山岩和砂岩。最大粒径 15cm，一般为 2～5cm，卵石含量为 75%，砂砾占 25%，分选和磨圆中等。局部含泥质条带　　290cm

6. 浅红色砂砾卵石层，成分以灰岩为主，次为火山岩和砂岩。最大粒径 10cm，一般为 2～4cm，以棱角状为主，向上泥、砂含量增高，具下粗上细特征　　40cm

5. 灰色砂砾石层，颗粒大小一般为 0.5～4cm，最大为 9cm。砾石成分以灰岩为主，含少量砂岩，以棱角—次棱角状的扁平砾石为主，具定向排列　　80cm

4. 灰、灰黄色卵石层。砾石成分以灰岩为主，最大粒径 15cm，分选和磨圆差—中等。局部夹含砾粗砂透镜体，发育小型板状斜层理　　210cm

3. 灰色含砾粗砂层夹灰白色含砾钙质粉砂层。砾石大小一般为 0.5cm，成分以灰岩为主，次为砂岩、火山岩，多呈棱角状；砂屑成分以长石为主，次为石英和岩屑。粉砂层发生弱固结　　120cm

2. 灰色卵砾石层夹含砾粗砂层，后者呈薄层状或透镜状。砾、卵石成分以灰岩为主，大小一般为5～10cm　　160cm

1. 灰色砾卵石层。砾石成分以灰岩为主，大小一般为 5cm 左右，多呈棱角状，分选好；固结作用强，胶结物为钙质　　>230cm

（未见底）

（三）晚更新世湖相沉积物剖面

剖面位于青海省治多县改西错查西部莫曲东岸，地理坐标：N33°48′40″，E93°40′20″，海拔4 482m。剖面为天然河岸陡坎，露头较好(图 2-47)。岩性特征自上而下描述如下：

上更新统湖相沉积层(Qp_3^l)　　>407cm

1. 灰色富含植物根系的亚砂土层　　15cm

2. 浅褐红色含粉砂粘土层，偶含螺类介壳。在剖面北部约 500m 处相当于本层顶部的 ^{14}C 年龄为 11 900a　　220cm

3. 浅灰绿、黄绿色粘土。富含草本植物残体和螺类介壳　　55cm

4. 灰色粘土层。富含草本植物残体，偶见螺类介壳　　36cm

5. 灰、灰绿色粘土层。含丰富的草本植物残体，并成层分布。草本植物残体的 ^{14}C 年龄为 15 040a BP　　72cm

6. 灰绿色粘土层。含草本植物残体　　>45cm

（未见底）

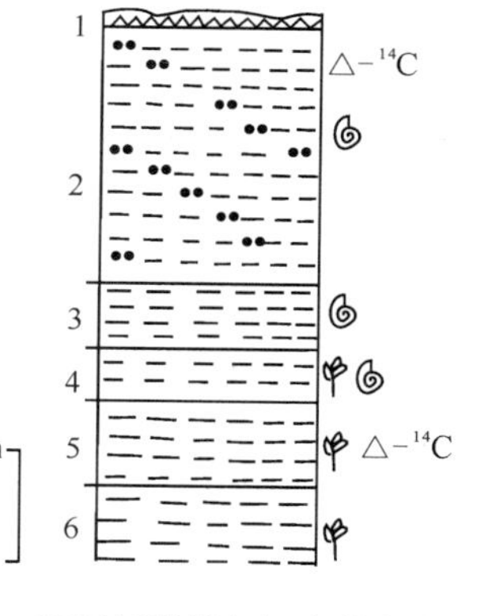

图 2-47　晚更新世湖相沉积物柱状图

(D0159 号地质点)

（四）全新世沼泽沉积物剖面

剖面位于青海省治多县鄂阿西贡卡曲上游，地理坐标：N33°42′05″，E93°18′08″，海拔 4 758m，沼泽沉积物是在洪冲积物基础上形成的，岩性特征自上而下描述如下(图 2-48)。

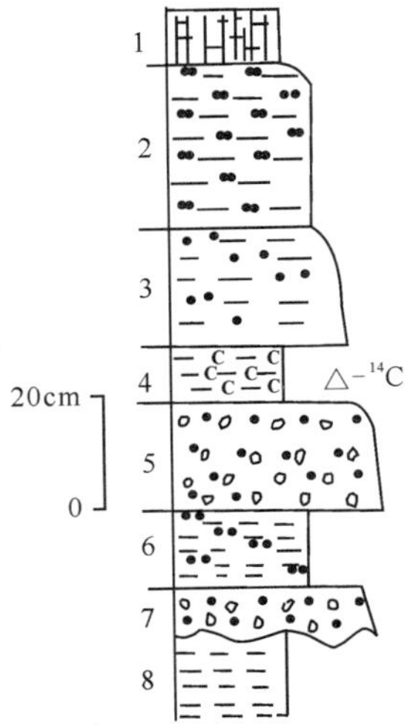

图 2-48　全新世沼泽沉积物柱状图
（D0110 点南）

全新统沼泽相沉积层（Qh^{h}）　**124cm**

1. 灰色富含植物根系的亚砂土层　10cm
2. 浅灰色含腐殖质粉砂质粘土层　30cm
3. 灰色含砾砂质粘土层　23cm
4. 黑色草炭层，富含有机质和腐烂的植物，^{14}C 年龄为 660±118a BP　10cm
5. 灰色砂砾石层。砾石以石英为主，大小为 1～3cm，呈次棱角状—次圆状　21cm
6. 灰色含粉砂粘土层　14cm
7. 灰色砂砾石层，底面发育冲刷构造　12cm
8. 深灰色粘土层。含植物根系和螺类介壳　>14cm

（未见底）

二、岩石地层

（一）上更新统

1. 冰碛层（Qp_3^{gl}）　3.8m

冰碛物保存差，分布零星。在西恰山（海拔为 5 739m）、扎那日根（海拔为 5 550m）以及调查区东北角采莫尼俄等地保存有冰斗、角峰等古冰川遗迹，表明上述地区曾经历过冰川作用，主体为山岳冰川。但由于上述冰川作用地区出露的基岩以灰岩、砂岩和泥岩为主，它们在寒冻风化作用下易破碎呈细小的碎块，因此，冰碛物中未见漂砾保存。此外，由于冰川规模小，由其形成的冰碛物分布少，并受到后期地表水的侵蚀搬运和改造，此类沉积物保存非常零星，因其具有重要的古气候意义，本次工作在西恰山南坡的山前平原划分出零星分布的冰碛物，地面高程为 4 800m 左右。岩性为灰色冰碛泥、砾，砾石成分主要为灰岩和砂岩等，大小一般为 5～20cm，形成孤丘地貌，散落在山前平原上，且其长轴与山脉走向平行。

据前人资料，晚更新世早期在唐古拉山地区形成了规模最大的冰川，而在其前、后，冰川作用地区较为局限（张林源，1981；邓晓锋、张文敬，1992），由此，将调查区的冰川及其冰碛物形成时代定为中更新世早期，相当于扎加藏布冰期或珠穆朗玛冰期。

2. 洪冲积层（Qp_3^{pal}）　0.4～7.2m

上更新统冲洪积层是区内分布最广的一种成因类型，它主要分布于山前地带，构成山前缓倾斜平原，或在沟谷出口处形成小型扇形地貌，部分地区扇体相连形成洪冲积扇群。地表多有现代浮土覆盖，且有植被生长，本次工作未见完整的沉积物剖面。综合路线调查结果，沉积物主要由松散的灰褐色砂、砾和粘土组成，不同的粒级混杂堆积，无分选，砾石棱角明显，表明其搬运不远，局部地段可见砾石表面发育褐色、黑色铁质薄膜，表明其经历过较长时间的湿热风化作用，据此认为其形成时代可能为晚更新世中期（晚更新世大暖期），厚度 0.4～7.2m。

3. 湖相沉积层（Qp_3^{l}）　3.3～11m

分布于鄂曲出口至改西错查一带，地面高程一般为 4 600m 左右，地貌上构成Ⅰ级阶地，阶坎高 3.5～11m，从上游向下游逐渐增高，从南往北、从西往东，沉积物由粗变细，可细分为滨湖沉积和浅湖沉积，其特征分述如下。

（1）滨湖沉积

在鄂曲出口处，沉积物由下部的灰色砂砾石、砾卵石层和上部的浅褐色砂砾石层组成，超覆不整合在渐新统雅西措组之上。总体具下粗上细的特征，砾石成分为灰岩，呈次圆状—圆状，大小一般为1.0～4.5cm，含量达 30%～60%，向上砾石减少砂屑增多，分选性和磨圆度中等，底部层位多固结成岩，向上固结程度减弱。在鄂阿西贡卡涌上游也见有零星的特征相似的沉积物，属滨湖沉积。厚度 10.8m。

(2) 浅湖沉积

分布于改西错查一带，沉积物下部为灰色粘土、含粉砂粘土层组成，向上粉砂含量增多富含水生草本植物残体，沉积物中含有丰富的腹足类残体，具下细上粗的特征，上部亚砂土弱固结，且多被氧化呈红色，厚度大于 8.5m；在西恰赛素曲一带 4 600m 高程处零星分布有钙质砾岩和钙华，成岩作用强，其下为灰绿色含腹足壳粉砂质粘土层，特征与所述剖面相似。上述沉积与高原最新一次大湖期的沉积物相当，植物夹层的^{14}C 年龄为 15 040±215aBP，上部亚砂土层中植物残体的^{14}C 年龄为 11 900±178aBP，时代为晚更新世晚期。

在上更新统下部层位的粘土层中采获丰富的孢粉化石(表 2-13)，其特征为：①蕨类孢子较少(11.3%)，被子和裸子花粉各为 42.9%和 45.9%，裸子植物花粉略多于被子植物花粉含量；②裸子植物花粉中松科花粉含量很高，其中暗针叶林如冷杉、云杉、油杉、落叶松共 14 粒(10.5%)；③被子植物花粉中木本花粉(6 粒，4.5%)含量较低；草本花粉占有较大比例(51 粒，38.4%)，菊科占有一定数量(6 粒，4.5%)，藜科 12 粒(9.0%)，禾本科 10 粒(7.5%)。可见，耐寒植物的冷杉、云杉、油杉都有一定数量出现；木本少，草本含量高，藜科、禾本科、菊科含量较多，表明当时气候较寒冷。由于较多的旱生草本植物的出现，故推测当时雨量少，略干旱，与现今西北高山植被相当，可能还寒冷一些。

表 2-13 上更新统湖相沉积物中孢粉鉴定报告

孢粉名称	含量(粒/%)	孢粉名称	含量(粒/%)
孢粉种数	133	*Betula* cf. *ermanii* Cham	1/0.75
蕨类孢子	15/11.3	*B.* cf. *chinensis* Maxim	1/0.75
Polypodium cf. *formosana* Bak	11/8.3	*Berchemia* cf. *yunnanensis* Maxim	1/0.75
Ctenitis cf. *submariformis* Ching	1/0.75	*Floscopa* cf. *scandens* Lour	2/1.5
Nephrolepis cf. *cordifolia* (L.)Piesl	3/2.3	*Scirpus* cf. *maritimus* L	1/0.75
裸子植物花粉	61/45.9	*Phragmites* cf. *communis* Trin	1/0.75
Cupressus cf. *funebris* Endl	4/3.01	*Saccharum* cf. *arundinaceum* Retg	1/0.75
C. cf. *duclouxiana* Hick	2/1.5	*Festuca* cf. *pratensis* Hudz	7/5.3
Pinus cf. *pinea* L.	11/8.3	Gramineae	5/3.8
P. cf. *koraiensis* Sieb. et Zyce	16/12.0	*Calth* cf. *palustris* L.	3/2.3
P. cf. *liatungensis* Liour	11/8.3	*Phlomis* cf. *tatsienensis* Bur. et Franch	1/0.75
P. massoniana Lamb.	3/2.3	*Clematis* cf. *terniflora varmandshurica* Ohwi	1/0.75
Picea cf. *obovata* Lbd	1/0.75	*Hesperis* cf. *matronalis* L	1/0.75
P. cf. *omorica* Bolle	1/0.75	*Lonicera* sp.	1/0.75
P. cf. *compbanata* Mast	1/0.75	*Salsola* sp.	1/0.75
Larix cf. *dahuricu* Turcz	2/1.5	*Atriplex* cf. *verrucifera* Bieb	6/4.5
Tsuga cf. *canadensis* (L.)Carr	1/0.75	*Turica* cf. *saxifraga* Scop	3/2.3
Abies cf. *delavayi* Franch	2/1.5	*Silene* cf. *tatarinowii* Bgle	2/1.5
A. cf. *forrestii* Roges	1/0.75	*Hydrocharis* cf. *morsusrame* L.	1/0.75
A. cf. *firma* Sieh. et. Zuca	1/0.75	*Agriophyllum* cf. *squarrosum* (L.)Maq	1/0.75
Keteleeria cf. *evelyniana* Mast	1/0.75	*Ainsopappus* cf. *chinensis* (L.)H. et A.	1/0.75
K. cf. *fortuna* Carr	1/0.75	*Blainvillea* cf. *acmella* (L.)Phillipson	1/0.75

续表 2-13

孢粉名称	含量(粒/%)	孢粉名称	含量(粒/%)
Cedrus cf. *deodara* Lawson	1/0.75	*Galinsoga* cf. *parviflora* Cavan	1/0.75
C. cf. *lihant* Barrel	1/0.75	*Ligularia* cf. *altaica* DC	1/0.75
被子植物花粉	57/42.9	*Saussurea* cf. *forndosa* Hand-Mazz	1/0.75
Populus cf. *tremnla* L.	2/1.5	*Xanthopappus* cf. *subacarlis* C. Winkl	1/0.75
Rhus. cf. *dalavayi*	1/0.75		

上更新统湖相粘土沉积物的X-衍射分析结果(图2-49)表明晶质矿物主要为方解石(15%)、石英(10%~18%)、伊利石(8%~10%)和蒙脱石(3%)。其中靠近剖面上部的样品白云石含量达20%,进一步说明当时降雨较少,气候略干旱。

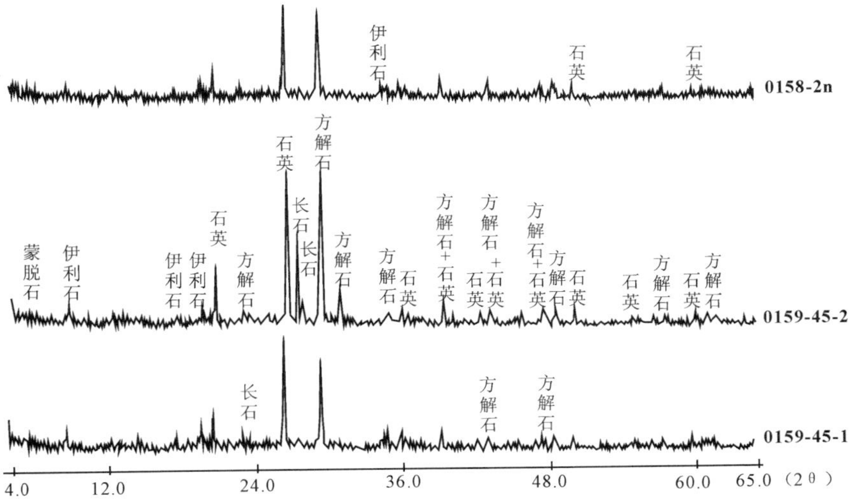

图2-49　上更新统湖泊粘土矿物X-衍射图谱

4. 化学沉积层(Qp_3^{ch})

0.6~1.5m

零星分布于西恰赛索一带的灰岩出露地段,由灰白色钙华和含砂屑的灰岩组成,且以钙华为主。出露高程一般为4 600m左右。厚度变化大,最大厚度达4.5m,一般为0.6~1.5m。推测其形成时代与晚更新世的湖泊沉积相当,为湖滨地带的化学沉积产物。

(二)全新统

1. 洪冲积层(Qh^{al})

1.2~4.5m

由于全新世以来,调查区处在高海拔寒冷地带,且以阵性固态降水为主,因此,洪冲积物不甚发育。仅零星分布于沟谷的山前出口处,地貌上构成单个的扇体。沉积物主要为灰色砂、砾石层。颗粒多呈棱角状,分选性和磨圆度差,厚度一般为1.2~4.5m。

2. 化学沉积层(Qh^{ch})

0.5~1.0m

零星分布于调查区,沉积物为灰白色钙华。在果曲上游和赛索查错南部的钙华沉积中见有近南北向的裂缝以及泉水的出露,表明钙华的形成与新构造运动和泉水活动有关。在尼日阿错改等湖岸地带沉积有白色盐类或碱化硬壳,厚度不稳定且面积小,无工业开采价值。

3. 风沙堆积层(Qh^{eol}) 0.1～1.0m

分布面积小，零星见于图幅中东部地区，地貌上形成平坦的砂地，总体上呈东西向的带状分布。沉积物为浅灰黄色中细粒石英砂及粉砂，分选性和磨圆度均好，厚度一般为0.1～1.0m。

4. 湖相沉积层(Qh^{l}) >0.5m

分布于调查区西南角的尼日阿错改周缘。沉积物主要为灰色、蓝灰色及暗绿色细粉砂、粘土、含粉砂粘土。

5. 沼泽堆积 0.5～2m

分布广泛，发育于山间地形低洼部位和现代湖泊周缘，地势平坦，呈带状、片状分布。下为蓝灰、灰黑色细粉砂、淤泥，上有积水、植被的双层结构体系，局部地段发育泥炭层，厚度一般为0.5～2m。泥炭层^{14}C年龄为600±118aBP，时代全新世晚期。

沼泽的形成与冰缘作用和地形关系密切。冰缘作用使地表形成高低不平的疙瘩状草丘，丘体间形成积水洼地，同时，冰缘作用使永冻层埋深浅，致使地表水不能下渗，此外，平坦的地形制约了地表水外泄，造成地表过湿，形成沼泽。沼泽区内植被发育良好，是区内重要的夏季牧场。

6. 冲积物 0.2～1.2m

呈狭窄带状分布于现代河流沿岸，地貌上构成现代河床、河漫滩，通常在丰水期被淹没，枯水期出露于水面，目前，沉积作用尚处在动态之中，调查区内的主要河流如当曲、莫曲、郭涌曲和扎那曲等河心滩和河漫滩发育，具辫状河特征，河流下切作用弱。因此，冲洪积沉积与现代河流关系密切，是现代河流搬运的产物，其堆积物主要为灰色的砂、砾石和卵石，顺流方向，沉积物粒度变细，砂、砾成分多为灰岩，其次为砂岩，分选和磨圆差—中等。

在调查区Ⅰ、Ⅱ级阶地的沉积物以上更新统湖泊沉积物和冲洪积物为主，作为一个填图单位。

三、晚更新世以来的地质生态环境演化

(一) 气候演化

晚更新世早期，调查区为冰期气候环境，在西恰山、扎那日根和莫云、索加等局部高海拔山地发育了山岳冰川，表明此时的山岳高度已超过雪线以上；进入晚更新世中期，随着全球气温的升高，冰川融化殆尽，降水增多，地表经历了较长时期的风化剥蚀过程，使地形高差大为减小，在调查区形成了广泛的洪冲积层。

至晚更新世晚期(2～1万年)为第四纪以来湖泊广泛发育的时期。在莫曲一带发育大型湖泊，水体中生长有茂盛的水草和丰富的腹足类动物，表明当时气候较为温暖湿润，这与李炳元等(1994)对青藏公路84道班西侧苟弄错的研究结果基本一致。据湖岸堆积物和古湖岸线遗迹推测，当时的湖面大致在现今4 600m的高程处，湖泊面积约为100km^2。晚更新世末期，由于受到长江的溯源侵蚀，湖水外泄，湖泊变干消失，从而结束了湖泊的发展历史。

进入全新世，地质生态环境发生了巨大的变化，首先表现在河流水系得到发展，同时，上述湖泊沉积物表层经历了湿热风化作用过程，证明调查区也经历了全新世早期的暖湿气候环境(全新世大暖期)。全新世中期以来，调查区与高原广大地区一样，进入了冰缘气候环境(李树德、节世杰，1993；王绍令，1989)，形成了广泛的冰缘地貌和高寒草甸。在全新世晚期气温回升(小间冰期)，在调查区发育了泥炭沼泽沉积。

（二）水系演化

调查区主体为长江源水系，东南角为澜沧江源水系。前者河网密度大，河道多呈弯曲状，下切作用不明显，河床中沉积物以砂和细砾石为主，表明河流的搬运能力弱，河流纵比降小，综观其特征，长江源的河流具有壮年期河流的特点。

在澜沧江源水系区，河流短小，河道下切作用强，河床中沉积物少或以中、粗砾石堆积为主；河床纵比降大，具有青年期河流的特点。

第九节　沉积岩和古地理

一、沉积岩

自中泥盆统碎屑岩组至新近纪曲果组，调查区地层总厚度变化大于15 380.4m，其中大部分地层全由沉积岩组成；仅有下石炭统碎屑岩组、中二叠统诺日巴尕日保组、尕日扎仁组、索加组和上三叠统甲丕拉组夹有少量火山岩，而且中二叠统尕笛考组则以火山岩为主夹少量沉积岩，下侏罗统那底岗日组通常下部为沉积岩，上部为火山岩，但部分地段以火山岩为主，部分地段以沉积岩为主。调查区内未见区域变质岩，仅局部见动力变质现象。

（一）沉积岩基本类型及地层分布

在820个岩石薄片鉴定的基础上，据GB/T 17412.2—1998，对沉积岩进行总结。由于泥质岩难于采集，故含泥质岩的分类命名，主要参考野外地质资料。

1. 基本岩石类型

调查区沉积岩包括陆源沉积岩、内源沉积岩和火山-沉积碎屑岩三大类，具体可划分出50个基本岩石类型(表2-14)，其中陆源沉积岩包括复成分砾岩、碳酸盐质砾岩(图版26-1，图版26-2)、火山岩质砾岩(图版30-1)、岩屑砂岩(图版26-3)、岩屑石英砂岩(图版26-4)、长石砂岩、长石石英砂岩(图版26-5)、长石岩屑砂岩(图版26-6)、石英砂岩(图版26-7)、岩屑粉砂岩、岩屑石英粉砂岩、石英粉砂岩(图版26-8)、水云母粘土岩及混积岩(图版30-2)14个基本类型；内源沉积岩非蒸发岩亚类可以划分出泥晶灰岩(图版27-1)、泥晶粉屑灰岩(图版27-2)、泥晶砂屑灰岩、泥晶砾屑灰岩、泥晶生物屑灰岩(图版27-3)、泥晶鲕粒灰岩、泥晶核形石灰岩(图版27-4)、泥晶粒屑灰岩、亮晶砂屑灰岩、亮晶砾屑灰岩、亮晶生物屑灰岩、亮晶鲕粒灰岩(图版30-3)、亮晶粒屑灰岩、生物格架灰岩(图版27-5)、重结晶灰岩(图版27-6)、泥晶白云岩、泥晶钙质白云岩、粉晶白云岩、细晶白云岩(图版27-7)、残余砂砾屑粉晶钙质白云岩、残余砂砾屑细晶钙质白云岩、泥微晶硅质岩(图版30-4)和含绿泥石水云母质球晶石英岩(图版30-5)23个基本岩石类型，蒸发岩亚类见有石膏岩(图版27-8)、硬石膏石膏岩、硬石膏岩(图版28-1)和石盐岩4种基本岩石类型；火山沉积碎屑岩划分出沉凝灰角砾岩(图版30-6)、沉凝灰岩(图版28-2)、泥质粉砂凝灰岩、凝灰质细砂岩、凝灰质粉砂岩、含凝灰-凝灰质硅质泥岩、凝灰质泥岩、含火山角砾岩屑石英砂岩(图版28-3)和含凝灰-含火山角砾凝灰质泥晶灰岩(图版28-4)9种基本类型。此外，过渡类型岩石，如陆源碎屑与内源沉积物不等量混生，石灰岩中两种不同盆屑颗粒不等量混生，盆屑颗粒与泥晶灰岩逐渐过渡，均可列出一系列过渡性岩石名称，这种现象在调查区普遍存在。

2. 基本岩石类型的地层分布

调查区各类岩石在地层中的分布见表2-14。详细的岩石类型及岩石组合面貌见地层部分描述。

表 2-14 调查区各岩石地层单位沉积基本岩石类型分布

岩石基本类型 \ 岩石地层单位				D_2s	C_1Z_1	C_1Z_2	P_2z	P_2n	P_2g	P_2j	P_2s	P_2t	T_3j	T_3b	T_3bg	J_1n	J_2q	J_2b	J_2x	J_2s	$J_{2\text{-}3}x$	$E_{2\text{-}3}t$	E_3y	ENw	N_2q
陆源沉积岩	角砾岩		复成分砾岩						—				—			+						+			
			碳酸盐质砾岩										—				—				—				⧺
			火山岩质砾岩									—					—								
	砂岩		岩屑砂岩				—		—			—	+		—	⧺	+				—	⧺	—		⧺
			岩屑石英砂岩		⧺		—	—	+				+		⧺	⧺	—	—	⧺	+	⧺	★	+		
			长石砂岩					—																	
			长石岩屑砂岩					—									—				+				
			长石石英砂岩										+		+			—		—					
			石英砂岩	+	⧺			+	+		+	+	—	—	+		⧺		—	+	+				
	粉砂岩		岩屑粉砂岩										+									+			
			岩屑石英粉砂岩							—					+	—	—		—	—	+	+	+		
			石英粉砂岩	+							+				+			—	+	—	+	—			
	混积岩																					+			
	泥质岩		水云母、粘土岩	⧺	⧺			+		—	—		—		+		—		—			—		—	—
内源沉积岩	非蒸发岩	石灰岩	泥晶灰岩		+		+	+		+		+	⧺	+	—		—	—	—	+	—	—	+		—
			泥晶粉屑灰岩		+								+	+	—		—	+	—	⧺	—			—	
			泥晶砂屑灰岩		—	★		+	—	+			+	⧺			—			+			—		
			泥晶砾屑灰岩					+	+					—						—			—		
			泥晶粒屑灰岩					—										—							
			泥晶生物屑灰岩		+		+	+	⧺	⧺	—	★	—				—	+	+	+	—				
			泥晶鲕粒灰岩		—									—				+		—					
			亮晶砂屑灰岩		⧺		—			—				+											
			亮晶砾屑灰岩				—											—	—						
			亮晶生物屑灰岩		—		—	+		—			—				—	+		—					
			亮晶鲕粒灰岩		+													⧺							
			亮晶粒屑灰岩										—												
			泥晶核形石灰岩					—	—				—												
			生物格架灰岩				+																		
			重结晶灰岩				—		—	+			—	—											
		白云岩	泥晶白云岩				—						—												
			粉晶白云岩										—												
			细晶白云岩						—	—		—	—	+				—							
			①										—	+											
			②						—				—												
			泥晶钙质白云岩										—												
		硅质岩	泥微晶硅质岩				—		+																
			③		—																				
	蒸发岩		石膏岩										—				—					—	—	—	—
			硬石膏石膏岩																						+
			硬石膏岩										—												
			石盐岩																				—		
火山沉积碎屑岩	沉积-火山碎屑岩		沉凝灰角砾岩					+	—																
			沉凝灰岩					⧺	+				—												
			泥质粉砂凝灰岩						—																
	火山-沉积碎屑岩		凝灰质细砂岩						+																
			④					—																	
			凝灰质粉砂岩						+																
			⑤					⧺	—																
			凝灰质泥岩					—	—																
			⑥						—				+												

注：★主要；⧺次要；+次要；—偶见；①残余砂砾屑粉晶钙质白云岩；②残余砂砾屑细晶钙质白云岩；③含绿泥石水云母质球晶石英岩；④含火山角砾岩屑石英砂岩；⑤含凝灰-凝灰质硅质泥岩；⑥含火山角砾凝灰质泥晶灰岩。

但有些地层如泥盆纪碎屑岩组、杂多群碳酸盐岩组、五道梁组分布零星或出露很少，岩石类型不全。

（二）沉积岩特征

沉积岩特征包括矿物成分特征、结构构造特征和生物化石碎片特征 3 个方面。

1. 岩石矿物成分

(1)（角）砾岩

见于中二叠统索加组底部、甲丕拉组底部和中下部、那底岗日组底部、雀莫错组底部、沱沱河组底部和上部、曲果组下部和中部，另在杂多县当郎赛尕笛考组中部也见有分布。（角）砾岩中陆源碎屑矿物和胶结物见表 2-15，反映各时代地层（角）砾岩矿物成熟度均较低，距物源区很近，其角砾或砾石的成分绝大部分在调查区均有分布，如调查区中二叠统尕日扎仁组顶部为一层火山岩，其上中二叠统索加组底部砾岩砾石成分则以火山岩占绝对优势；另外，在调查区所见区域不整合面之上的底砾岩砾石成分在横向上有明显的差异，也表明具有近物源特征。

表 2-15　调查区（角）砾岩矿物成分一览表

矿物 \ 相对含量 \ 地层			P_{2g}	P_2s	T_3j	J_1n	J_2q	$E_{2-3}t$	N_2q
碳酸盐质（角）砾岩	陆源碎屑矿物	石灰岩			☆	☆	☆	☆	☆
		砂岩及粉砂岩					+		−
		石英及石英岩				−			
		硅质岩			+	−	−		+
		火山岩				−	−		+
		花岗岩				−	−		−
		粘土岩及板岩				−	−		
	胶结物	方解石			+		+		+
		铁质			−				−
火山岩质（角）砾岩	陆源碎屑矿物	火山岩		☆			☆		
		石英岩及变质砂岩		+					
		硅质岩		+			+		
		粘土岩					+		
	胶结物	方解石		+					
		石英		+					
		水云母					+		
		绿泥石					−		
复成分（角）砾岩	陆源碎屑矿物	粘土岩及板岩				+		+	
		砂岩及粉砂岩	+			+		++	
		石英及粉砂岩				++		−	
		灰岩			++	+			
		火山岩	++					++	
		硅质岩	+		☆	+		+	
	胶结物	水云母	+		+	−			
		方解石			+	−		+	
		铁质	−		+	−		+	
		石英							

注：☆为＞50%；++为 25%～50%；+为 5%～25%；−为＜5%。

(2) 砂岩及粉砂岩

在调查区内广泛分布。主要岩石类型为矿物成熟度较低的岩屑砂岩和粉砂岩、岩屑石英砂岩和粉砂岩，偶见长石砂岩和长石岩屑砂岩；矿物成熟度较高的石英砂岩(包括石英岩状砂岩)及石英粉砂岩呈次要地位。砂质岩石矿物成熟度总体较低，大部分砂岩和粉砂岩常见5%～50%不稳定的岩屑，如石灰岩岩屑、白云岩岩屑、火山岩岩屑、粘土岩及板岩岩屑、粉砂岩和砂岩岩屑、变质砂岩岩屑，在那底岗日组中还零星见花岗岩岩屑。调查区的砂质岩石普遍见有长石，但一般含量甚微，仅诺日巴尕日保组、尕笛考组、甲丕拉组、巴贡组、雀莫错组、布曲组、索瓦组和雪山组个别岩石薄片中见有较多的长石；此外还见有锆石、白钛石、赤铁矿、磷灰石、黑电气石等副矿物碎屑，偶见白云母、金红石、磁铁矿和胶磷矿。有意义的是：在那底岗日组下部和沱沱河组下部的岩屑砂岩中见1%～5%不等的赤铁矿碎屑，表明其物源区存在赤铁矿层。

砂岩和粉砂岩陆源碎屑矿物有两个明显特征：一是稳定碎屑颗粒具有继承性，表现在各时代不同地层中的石英颗粒一般具有明显的波状消光，硅质岩岩屑在砂岩中普遍存在，除赤铁矿屑外的稳定副矿物面貌基本相似等现象，说明物源区岩石组成变化不大；其次是不同时代地层中岩屑砂岩、岩屑石英砂岩的不稳定岩屑种类差异很大，尤其在不整合面之上的砂岩差异十分明显，如中二叠统索加组底部岩屑砂岩，以火山岩岩屑占绝对优势，甲丕拉组下部以粘土岩、板岩或白云岩岩屑为主，那底岗日组下部砂岩以火山岩、粘土岩和灰岩为主，雀莫错组底部砂岩以灰岩屑为主，火山岩屑零星，而沱沱河组及曲果组中不稳定岩屑则主要为灰岩岩屑，次为粘土岩和火山岩岩屑。

砂岩和粉砂岩的胶结物或填隙物常见有方解石、水云母和菱铁矿，而且红色砂质岩石一般有微量—少量泥晶赤铁矿。在诺日巴尕日保组、甲丕拉组、那底岗日组和夏里组偶见微量—少量绿泥石，索加组和那底岗日组底部含微量高岭石，在泥盆—侏罗纪石英砂岩和部分岩屑石英砂岩中见有共轴生长石英作为主要或次要胶结物，在甲丕拉组砂岩中还见有成岩期形成的硅质结核(图版28-7)。这里值得一提的是在杂多群、索加组、布曲组和夏里组砂岩胶结物中见有菱铁矿分布(图版28-8)，反映这些砂岩可能形成于有淡水注入的近岸浅水环境。

(3) 粘土岩

粘土岩均为水云母粘土岩，其中常含不等量的陆源粉砂，或含有钙质、泥晶赤铁矿和碳质，在尕笛考组或诺日巴尕日保组水云母粘土岩中，常见有硅质放射虫分布(图版29-1)。

(4) 碳酸盐岩

碳酸盐岩包括灰岩和白云岩。在矿物组成方面有三点较特殊：一是在甲丕拉组上部灰岩和白云岩中常见微量萤石和重晶石；二是杂多群碎屑岩组、上三叠统甲丕拉组、中侏罗统雀莫错组、布曲组、夏里组及索瓦组和上新统曲果组的灰岩中常有较多的陆源碎屑(图版30-7)；三是古近系及以前地层的碳酸盐岩中常见强弱不等的硅化(图版30-8，图版29-2)，其中杂多群碳酸盐岩组、扎日根组、索加组和波里拉组碳酸盐岩中见有成岩期强硅化形成的燧石条带或燧石团块，弱硅化表现为它形石英集合体部分或表现为半自形—自形石英散布于泥晶砂砾屑、泥晶集合体和鲕粒包壳中或全部交代少量生物屑。杂多群碎屑岩组上部、尕笛考组、索加组顶部和甲丕拉组中见有火山岩存在，其上部相应的杂多群碳酸盐岩组、九十道班组、索加组和波里拉组碳酸盐岩层中则出现强烈硅化现象。表明碳酸盐岩强硅化与火山活动存在着较紧密的依存关系。

(5) 硅质岩

典型的硅质岩仅见于尕笛考组和诺日巴尕日保组中，在矿物成分上可含泥晶赤铁矿或水云母，水云母含量为主时过渡到硅质泥岩，该类岩石中常见零星硅质放射虫化石(图版30-4)；杂多群碎屑岩组中所见含绿泥石水云母质球晶石英岩在矿物成分上以石英为主，呈球晶产出，球晶边缘为绿泥石分布，球晶间为含零星石英粉砂水云母分布，该类岩石曾见于三峡地区二叠系龙潭组煤系地层中。

(6) 蒸发岩

蒸发岩为石膏和硬石膏岩，多见于甲丕拉组、雀莫错组、夏里组和新生代地层中；石盐岩仅见于沱沱河组中。甲丕拉组和雀莫错组、夏里组的蒸发岩形成于海相蒸发环境，沱沱河组、雅西措组、五道梁组和曲果组中的蒸发岩形成于内陆湖泊相环境。石膏—硬石膏岩中除常见白云石(图版 29-3)外,在甲丕拉组石膏岩中常有微量重晶石和萤石伴生。

(7) 火山-沉积碎屑岩

在尕笛考组和诺日巴尕日保组中广泛分布,在甲丕拉组和那底岗日组中分布零星,其火山碎屑主要为中基性火山岩屑,并常见长石晶屑,因属火山-沉积碎屑岩类,其中经常见有少量不同类型的生物化石碎片。

2. 岩石结构构造

(1) 岩石结构

岩石结构通常与岩石名称中结构部分相同,如细粒砂岩为细砂状结构,泥晶砂屑灰岩为砂屑结构、颗粒支撑、泥晶充填。对于贫杂基非钙质胶结的陆源碎屑岩从新到老存在着成岩压实强度差异,可以划分出 3 种类型:古近纪—新近纪地层中陆源碎屑颗粒表现为点接触,反映成岩压实强度较弱;侏罗纪—二叠纪一般表现为线接触,反映成岩压实作用较强;石炭—泥盆纪为镶嵌接触,反映成岩压实作用极强,这与其所经历的地质历史长短关系密切;尕笛考组和甲丕拉组的重结晶灰岩常位于火山岩层底板,其重结晶作用可能与火山喷发有关。

(2) 岩石构造

薄片中除常见由粒度、结构和矿物成分显示的层状构造和成分、结构较均一的块状构造外,还见有缝合线构造(图版 29-4)、铸模孔构造(图版 27-2),同生塑性变形构造、冲刷构造和倒"小"字的构造和泄水构造(图版 29-5)。值得指出的是碳酸盐岩中的缝合线构造出现于泥盆—侏罗纪地层,而石英砂岩中的缝合线仅见于泥盆纪—石炭纪地层,这与岩石结构方面所反映的成岩压实强度相吻合,铸模孔构造见于杂多群碳酸盐岩组、九十道班组和雅西措组灰岩中,由风暴作用形成的倒"小"字构造见于索加组和布曲组中,同生塑性变形构造在沱沱河组中可见,且岩石多为混积岩,应为洪积扇中泥石流沉积,而泄水构造仅见于中侏罗统夏里组钙质石英粉砂岩中。

3. 生物屑

生物屑类型、组合和相对含量不仅具有一定的地层时代意义,而且是划分沉积相类型的标志之一。调查区各岩石地层单位中生物屑种类及相对含量见表 2-16,其中除泥盆纪碎屑岩组所列炭屑含量为植物化石标本目估外,其余为镜下统计。从表 2-16 中可见生物屑主要见于碳酸盐岩石中,其中含量大于 35%的生物屑一般见于生物屑泥晶灰岩和生物屑灰岩中,陆源碎屑沉积岩、火山-沉积碎屑岩中常见少量生物屑。那底岗日组、沱沱河组、雅西措组、五道梁组、曲果组属陆相沉积,生物屑偶见或未见。

二、沉积相

据岩石类型、岩性组合、结构构造、古生物类型、埋藏特征和自生矿物等沉积相标志,以代表性实测地层剖面为基础进行沉积相划分,并对中二叠世栖霞期沉积相类型的时空变化进行对比。在此基础上,对沉积相类型进行全面的概括,建立调查区沉积相模式。

(一) 沉积相类型

1. 大陆相区

(1) 残积相(CZ)

见于索木那底岗日组底部,岩性为紫红—砖红色粉砂质泥岩,其下为诺日巴尕日保组灰绿色中层状细砂岩夹灰黑色炭质泥岩,其上为紫红色块状砾岩,该粉砂质泥岩应为下伏地层风化残积产物。

表 2-16 调查区各岩石地层单位镜下所见生物屑种类及相对含量(%)

岩石地层单位	生物屑名称及含量																		
	双壳屑	棘皮屑	腕足屑	苔藓虫屑	珊瑚屑	类	有孔虫	三叶虫屑	绿藻屑	红藻屑	海绵屑	海绵骨针	介形屑	钙球	菊石	放射虫	牙形石	炭屑	腹足屑
N_2q																			
ENw																			
E_3y	＜5												＜1						＜1
$E_{2\text{-}3}t$	＜1																	＜1	
$J_{2\text{-}3}x$	＜1	＜5	＜1										＜1					＜5	
J_2s	＜1	＜1	＜1				＜1						＜1					＜1	＜5
J_2x	5～50	＜1	＜1																
J_2b	1～50	1～25	1～25	＜1			＜1		＜1				1～25	＜1			＜1	＜1	1～25
J_2q	1～50	1～25	1～25				＜1		＜1				＜1						
J_1n																		＜1	
T_3bg	＜5	＜5	＜1				＜1						＜1					＜5	＜5
T_3b	＜1	＜1	1～25				1～25					＜1	＜1	＜1	＜1				＜1
T_3j	1～25	＜1	＜1				＜1		＜1	＜1		＜1	＜1						＜1
P_2t	1～25	1～25	1～25	1～25	＜1	＜1	＜1	＜1	1～50			＜1	＜1					＜1	1～25
P_2s	＜25	＜1					＜1	＜1				1～50	＜1					＜1	
P_2j	1～50	1～50	1～50	1～50	1～25	1～25	＜1	＜1	1～25	＜1		＜1	＜1	＜1	＜1			＜1	＜1
P_2n	1～25	1～25	＜1	1～25	＜1	＜1	1～25	＜1	1～25		1～25		＜1	＜1				＜1	
P_2g	1～50	＜1	＜1	＜1	＜1	1～25	＜1	＜1	1～25		＜1	＜1	＜1		＜1	1～25		＜1	＜1
P_2z	1～50	1～50	1～50	1～50		1～25	1～25	＜1	1～50			＜1	＜1	＜1		1～25			＜1
C_1Z_2	1～25	＜1					＜1	＜1	＜1				＜1	＜1					＜1
C_1Z_1	1～50	1～50	＜1	1～25	＜1		＜1						＜1	＜1				1～5	＜1
D_2s																		＜5	

(2) 洪积相(HZ)

广泛分布于角度不整合面之上,构成调查区不同类型盆地早期沉积充填物,在剖面上沉积厚度自数米至数百米不等,岩石类型主要为细—粗角砾岩和砾岩(图版 31-1),次为各种粒度的砂质岩石,岩石颜色均呈紫红—砖红色,该沉积相的矿物成熟度和结构成熟度均较低,具有明显的近源特征,砾岩的胶结物主要为钙质,反映主要为洪流搬运沉积;洪积相中的砂质岩石不仅矿物成熟度低,而且结构成熟度也偏低,砂粒棱角—次棱角状,砂质岩石中可以区分出水流沉积和泥流沉积,前者多呈厚层状,常含细砾,并见板状斜层理,后者分选性差,普遍含有中粗砂粒和不等量杂基及泥微晶方解石及泥晶赤铁矿,陆源砂及粉砂、粘土矿物、泥微晶方解石和泥晶赤铁矿各自最高含量均小于 50%,为混积岩,其岩石中还常见同生塑性变形现象(图版 30-2)。另外,在洪积砾岩中还常见不稳定的砂岩透镜体(图版 31-2)。

(3) 河流相(HL)

在相序上位于洪积相之上或夹于洪积相之中,可以细分为直流河亚相和曲流河亚相。直流河亚相下部为砂岩或含砾砂岩,有时底部见有不稳定的细砾岩,砂岩中见板状斜层理,为河道微相,上部为泥质粉砂岩或粉砂质泥岩,见水平层理,下为废弃河道微相。两者的区别在于具板状斜层理的砂岩之上存在具沙纹层理的粉砂岩,再上为具有水平层理的泥质粉砂岩或粉砂质泥岩,砂岩代表河流边滩沉积,粉砂岩为天然堤,其上部泥质粉砂岩或粉砂质泥岩为泛滥平原沉积。调查区所见河流相以直流河亚相常见,曲流河亚相次之。

(4) 湖泊相(HP)

是新生界地层中常见的沉积相,可细分为陆源滨浅湖泊相(BCH)、碳酸盐湖泊相(TSH)和盐湖相(YH)3 种类型,现将各类型主要特征分述如下:

① 陆源滨浅湖泊相(BCH)。由紫红色粉砂质泥岩、泥质粉砂岩、紫红色、青灰色、黄色钙质粉砂岩、钙质细砂岩不等厚互层组成,粉砂质泥岩一般见水平层理,粉砂岩中见沙纹层理,细砂岩中见小型交错层理或层理不清。沉积物颜色和沉积物类型均反映湖水较浅,岩石类型随机组合,以细碎屑及泥质岩石为主。该沉积相中少数层位见有双壳类及鱼牙碎片。

② 碳酸盐湖泊相(TSH)。由泥晶粉屑灰岩、泥晶砂屑灰岩、泥晶砂砾屑灰岩、含陆源粉细砂砂屑泥晶灰岩和含石英粉砂泥晶灰岩组成,灰岩层间偶见灰黑色钙质泥岩,灰岩薄片中可见零星介形屑、双壳屑、腹足类及炭化植物屑,未见海相动物屑。

③ 盐湖相(YH)。以出现膏盐层为特征,膏盐层间可夹有紫红色、青灰色和灰绿色薄层-页片状钙质泥岩和粉砂质泥岩。镜下在石膏层中还见有微层状泥晶白云岩(图版 29-3),反映蒸发作用强。调查区盐湖相出现的盐类矿物主要为石膏及硬石膏,在杂多县莫云乡查日纳育沱沱河组中见有石盐岩露头。

(5) 河湖三角洲相(HHS)

见于沱沱河组和雅西措组,岩石类型组合具有典型的三角洲层序特征(图版 31-3),层序中下部为紫红色水平层理发育的粉砂质泥岩夹薄层状粉砂岩,层序上部为中—厚层状紫红色细砂岩,细砂岩中可见大型板状斜层理,前者为前三角洲沉积,后者为三角洲前缘砂体,该沉积相在剖面上常表现为多个层序重复。

(6) 陆上火山喷发相(HSL)

主要为气孔或杏仁构造发育的基性和中基性火山熔岩(图版 31-4),部分地段为凝灰岩或层凝灰岩。仅见于早侏罗世那底岗日组,火山岩厚度变化于 92～203m,由于火山喷发作用对沉积盆地快速充填,结束早侏罗世陆相沉积盆地发育史。

2. 过渡相区

(1) 分流河道相(FL)

岩石类型组合表现为中下部为具有板状斜层理的中—厚层状砂岩。含砾砂岩,底部可出现细砾岩,自下向上粒度变细,岩层底部存在冲刷面或岩性突变面,上部为粉砂岩或泥质粉砂岩,该相与三角洲前缘相和前三角洲相共生,见于上三叠统巴贡组、中侏罗统夏里组和雪山组。

(2) 三角洲前缘相(SQ)和前三角洲相(QS)

中下部为前三角洲相,上部为三角洲前缘相(图 2-6、图 2-8),与河湖三角洲相不同之处在于夹于海相沉积之中,并且在一些基本层序的底部或顶部可出现陆棚相或碳酸盐台地相灰岩。

(3) 河口湾相(HK)

岩性为紫红色中厚层砂岩及少量的砾岩,多为正粒序,岩石中见鱼骨状层理(图版 31-5),反映沉积时既有河流作用又有潮汐作用改造。仅见于中侏罗统雀莫错组中下部。

3. 海洋相区

(1) 火山喷发相(HSH)

均夹于海相地层中(图版 31-6),最早见于杂多群碎屑岩组,仅见一层 4.37m 厚含杏仁玄武岩;中二叠统尕笛考组基性火山喷发十分强烈,火山岩层厚度变化于 2.4～809m,尕笛考组剖面中火山岩累计最大厚度可达 1 368m,占剖面总厚度 81%,与尕笛考组同期异相的诺日巴尕日保组由于距当时喷发中心较远,火山喷发岩明显减少;中二叠统尕日扎仁组和索加组中仅见数层数米至 15m 基性火山岩,反映火山喷发明显减弱;上三叠统甲丕拉组是调查区海相火山喷发另一个高峰期,其中基性火山岩层厚度变化于数米至 310m,且在剖面中无序分布,剖面间难于对比。

(2) 潮坪相(CP)

见于碳酸盐台地或含蒸发盐类陆源碎屑与碳酸盐混合沉积局限台地中,前者为灰白色中层状细—粉晶白云岩,发育鸟眼构造;后者为陆源碎屑潮坪,由紫红色厚层-块状粉砂质泥岩、粉砂岩及细砂岩等组成,偶夹白云岩。另外,在部分地层沉积间断面之上海陆相沉积交接部位,如雀莫错组底部和中二叠统索加组底部,发育砾岩和砂岩,其中砾石圆度好,扁平砾石定向分布,砂岩粒间孔中见有少量高岭石,应为石质海岸滨岸潮坪相沉积。

(3) 局限海潮下相(JX)

多夹于亮晶颗粒灰岩层之间或在沿岸沙坝相的上部或下部分布。岩性主要为中薄层状白云岩、泥晶灰岩、泥晶粉屑灰岩和生物屑泥晶灰岩,或为紫红色和灰黑色薄层-页片状水平层理发育的粉砂质泥岩、泥岩夹细砂岩,白云岩大量出现反映盐度明显增高,出现局限环境,岩层厚度较小,发育水平层理,反映属潮下沉积。另在上三叠统甲丕拉组该沉积相泥晶生物屑灰岩中,见有倒“小”字构造,反映存在有风暴事件沉积。

(4) 局限海蒸发相(JXZ)

以海相地层中出现层状石膏或硬石膏为标志,石膏或硬石膏层中可夹有灰绿色、紫红色薄层状钙质泥岩,镜下石膏岩中可见有微层状白云岩,并常见微量萤石和重晶石,反映局限潮下环境出现较强的蒸发作用,所夹泥岩为相对淡化期的产物。

(5) 开阔海台地相(KK)

其岩石类型、生物特征与陆棚相相似,但岩石以中厚层-块状灰岩为主,很少出现钙质泥岩和白云岩,岩石颜色一般较浅,以浅灰—灰色为主,岩石中砂屑、粉屑和生物屑颗粒含量较高,粒间或粒间孔为灰泥充填,岩石中一般成岩硅化作用较强,常出现燧石团块或平行层面延伸的燧石条带,灰岩中可见有泥晶核形石灰岩,生物屑中可见有绿藻屑,反映沉积时水体较浅。

(6) 台地边缘浅滩相(TB)

为碳酸盐岩或碳酸盐岩较发育的地层中常见的一种沉积相,其岩石结构特征均为颗粒支撑,亮晶为主充填的灰岩组成,如亮晶鲕状灰岩、亮晶生物屑灰岩、亮晶砂屑灰岩和亮晶粒屑灰岩等,岩石中常见板状斜层理和异向交错层理。值得指出的是下石炭统杂多群碎屑岩组、中侏罗统雀莫错组和布曲组中的台地边缘浅滩相颗粒灰岩中常见有不等量的陆源石英砂粒混入(图版 31-7),反映在碳酸盐台地发育过程中常有河流注入。

(7) 沿岸沙坝相(SB)

岩性为紫红色中—厚层状钙质中—细粒长石石英砂岩或岩屑石岩砂岩,见于上三叠统甲丕拉组以陆源碎屑沉积岩为主的层段中，其中可见有成岩硅质结核，在岩石薄片中可见有微量海绿石，反映形成时与潮汐流和沿岸流有成因上的联系。

(8) 陆棚相(LP)

按沉积物性质，可以区分为碳酸盐陆棚相和混合陆棚相两种类型。碳酸盐陆棚相岩石类型有灰、深灰色厚层—中薄层状泥晶含鲕粒生物屑灰岩、泥晶生物屑灰岩、泥晶砂屑灰岩、生物屑泥晶灰岩、泥晶灰岩和钙质泥岩，在岩石类型组合上，基本层序下部或中下部灰岩岩石颜色较浅、单层较厚，并自下向上变薄，层序上部岩石颜色较深、层厚较薄，若基本层序中有钙质泥岩的出现，无疑位于基本层序的上部，该类陆棚相中除野外可见原地生长的珊瑚和苔藓虫化石外，薄片中还见有多门类正常海生物碎片；混合陆棚相主要见于下石炭统杂多群碎屑岩组，在中侏罗统夏里组和上三叠统巴贡组底部也有分布，其岩石类型为浅灰、灰黑色及紫红色泥岩、钙质泥岩，灰、灰黑色薄层细砂岩及灰、深灰色薄—厚层灰岩，不同岩石类型在剖面中呈随机组合，该类陆棚相中也见有珊瑚类化石。另外，在上三叠统波里拉组和中侏罗统布曲组该沉积相泥晶或亮泥晶生物屑灰岩中，见有由长条状的生物屑组成的倒"小"字构造，代表风暴事件沉积。

(9) 火山岛缘局限潮下相(HJX)

该相及以下各沉积相类型形成于晚古生代裂陷盆地发育鼎盛时期，为火山喷发十分强烈所形成的特有沉积相类型。火山岛缘局限潮下相在空间上围绕着海洋火山喷发所构筑的火山岛边缘，其岩性主要为含钙质水云母质微晶白云岩、弱硅化含残余生物屑含钙质细晶白云岩、细晶白云岩及少量紫红色、灰—灰绿色泥岩和含水云母含菱铁质岩屑石英砂岩，泥岩中见有炭化植物碎片。

(10) 火山岛缘开阔台地相(HKK)

围绕着火山岛边缘分布，其岩石类型及其组合特征与前述开阔海台地相基本一致。

(11) 火山岛缘台地浅滩相(HBT)

岩性主要为亮晶生物屑含砾屑砂屑灰岩和亮晶砂屑生物屑灰岩，岩石中可见有成岩期形成的燧石结核。

(12) 火山岛边缘生物礁相(HSW)

岩石类型为苔藓虫格架灰岩，生物格架之间为栉壳状亮晶方解石充填，苔藓虫具有原地生长原地埋藏的特征。

(13) 火山岛前浅水斜坡相(CSP)

岩石类型为火山凝灰岩、层(沉)凝灰岩、岩屑砂岩、长石岩屑砂岩夹钙质泥岩、砂质含生物屑泥晶灰岩、泥晶含粉细砂生物屑砾屑灰岩及凝灰质泥岩无序组合，其层凝灰岩中可见䗴类和腕足类化石，含䗴钙质泥岩中见有炭化植物碎片。

(14) 火山岛前缘深水斜坡相(SSP)

岩石由灰、灰黑色薄层状泥岩、灰绿色薄—中层状层凝灰岩、含灰岩角砾凝灰质泥岩、灰色厚—中层状亮泥晶—泥亮晶含生物屑砾屑灰岩、砂屑灰岩、生物屑灰岩、生物屑砂屑泥晶灰岩夹少量含生物屑细粒岩屑石英砂岩和含硅质放射虫硅质岩，该沉积相中常见重力流层序(图 2-50)，层序底部为含异地生物角砾屑灰岩或含角砾层凝灰岩、含砂屑生物屑灰岩，自下向上粒度变细、颗粒含量减少，底部见有大型滑塌构造(图版 31-8)，岩石总体颜色较深，成层较薄并见有放射虫硅质岩(图版 30-4)，反映沉积时水体较深。角砾屑灰岩中常见异地埋藏的䗴类化石，反映沉积时地形坡度较大，在火山岛斜坡上时有重力滑塌作用发生，故命名为深水斜坡相。

(二) 沉积相的地层分布

自中泥盆世—新近纪地层中共鉴别出 25 种沉积相类型，其在地层中的分布情况见表 2-17，分属大陆、过渡和海洋三大相区。在调查区火山岩呈层状夹于沉积岩层中，尤其是中二叠世尕笛考组和上三叠统甲丕拉组火山碎屑岩层在某些地段厚度巨大，对相应沉积期沉积相古地理格架有重要影响，故作为火山喷发相列入表 2-17；在甲丕拉组、波里拉组和布曲组中发育的风暴沉积，诺日巴尕日保组中发育的重力流沉积，属台地边缘浅滩—陆棚相和火山岛前深水斜坡相的组成部分。

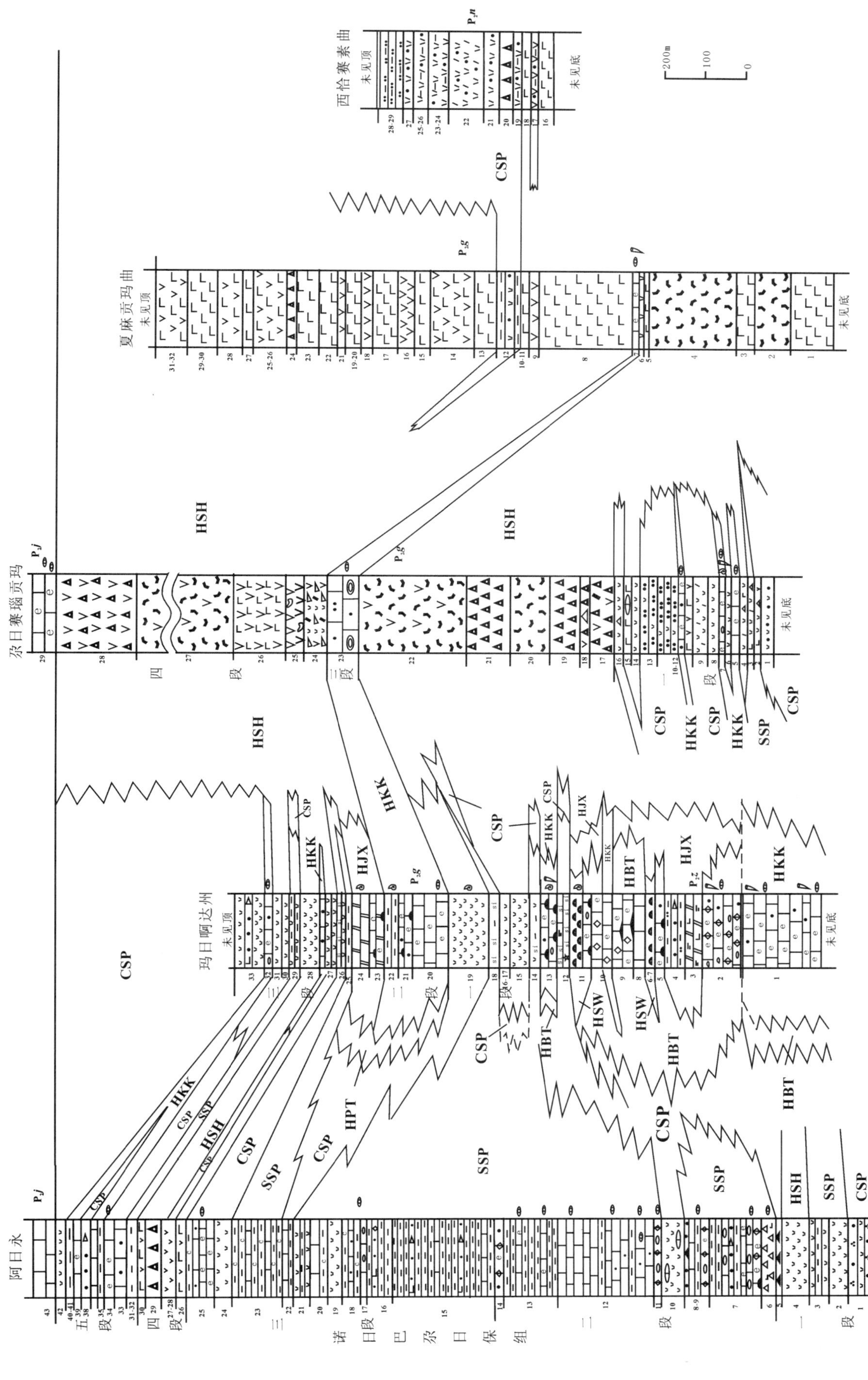

图2-50　二叠纪栖霞期地层剖面沉积相划分对比图
（沉积相类型代号详见表2-19）

表 2-17 调查区沉积相类型及其地层分布

沉积相			地层分布
相区	相类型	代号	
大陆相区	火山喷发相	HSL	J_1n
	残积相	CZ	J_1n
	洪积相	HZ	T_3j、J_1n、J_2q、$E_{2-3}t$、N_2q
	河流相	HL	T_3j、J_1n、J_2q、$E_{2-3}t$、E_3y、N_2q
	陆源滨浅湖泊相	BCH	$E_{2-3}t$、E_3y、ENw、N_2q
	碳酸盐湖泊相	TSH	E_3y、N_2q
	盐湖相	YH	$E_{2-3}t$、E_3y、ENw、N_2q
	河湖三角洲相	HHS	$E_{2-3}t$、E_3y
过渡相区	分流河道相	FL	T_3bg、J_2x、$J_{2-3}x$
	三角洲前缘相	SQ	D_2s、C_1Z_1、T_3j、T_3bg、J_2q、J_2b、J_2x、$J_{2-3}x$
	前三角洲相	QS	D_2s、C_1Z_1、P_2g、T_3j、T_3bg、J_2q、J_2b、J_2x、$J_{2-3}x$
	河口湾相	HK	J_2q
海洋相区	火山喷发相	HSH	C_1Z_1、P_2g、P_2n、P_2gr、P_2s、T_3j
	潮坪相	CP	P_2j、T_3j、T_3b
	局限海潮下相	JX	C_1Z_1、P_2s、T_3j、T_3b、J_2q、J_2b
	局限海蒸发相	JXZ	T_3j
	开阔台地相	KK	P_2j、T_3j、T_3b
	台地边缘浅滩相	TB	C_1Z_1、C_1Z_2、P_2j、P_2s、T_3j、T_3b、J_2q、J_2b、J_2x
	沿岸沙坝相	SB	T_3j
	陆棚相	LP	C_1Z_1、C_1Z_2、P_2j、P_2s、P_2t、T_3j、T_3b、T_3bg、J_2q、J_2x、J_2s
	火山岛缘局限潮下相	HJX	P_2z、P_2g
	火山岛缘开阔台地相	HKK	P_2z
	火山岛缘台地边滩相	HBT	P_2z
	火山岛缘生物礁相	HSW	P_2z
	火山岛前浅水斜坡相	CSP	P_2g、P_2n
	火山岛前深水斜坡相	SSP	P_2n、P_2z

（三）沉积相组合

由于调查区构造十分复杂，许多时代地层剖面顶底不全，故只能以实测剖面为基础，通过对沉积相综合归纳，才能为沉积相模式建立提供前提，现将调查区各时代地层沉积相组合归纳于表 2-18。

表 2-18　岩石地层的沉积相组合特征

岩石地层	沉积相组合	剖面代号
曲果组	HZ→HL→HZ	G
	HZ→BCH→TSH→YH	
	BCH→YH	
五道梁组	BCH→YH→BCH	DG
	TSH→YH→TSH	
雅西措组	TSH→HHS→BCH→HL	
	TSH→HHS→TSH	MR
沱沱河组	HZ→BCH	DG、MR
	HZ→HL→HHS→BCH→HL→HZ	MR
雪山组	LP→SJZ	地质路线
	SJZ→FL	
索瓦组	LP→SJZ	
夏里组	LP→SJZ→TB	SM、QM
	FL→SJZ→FL	SM
布曲组	TB→LP→TB	QM
	TB→LP→SJZ→TB	
	X→TB→LP→TB→JX	SM
雀莫错组	HL→HK→JX→TB→HK	QM
	HZ→HL→CP→JX	S
那底岗日组	CZ→HZ→HL→HZ	S、GN
	HZ→HL→HSL	S
	HSL→HL→HSL	ZC
巴贡组	LP→SJZ	地质路线
	LP→SJZ→FL	
波里拉组	KK→JX→CP	DG
	CP→JX→KK	ZG
甲丕拉组	HZ→HL→CP→JX→TB→JX→CP→HL	MQ

岩石地层	沉积相组合	剖面代号
甲丕拉组	HL→CP→JZ	MQ
	CP→JX→SB→JX	
	JX→HSH→CP	.E
	JX→TB→LP→HSH→JX	
	JX→JXZ→JX	ZG
索加组	CP→HSH→JX→KK→TB→KK→JX	GZ
	JX→KK→LP	
尕日扎仁组	SJZ→HSH→LP→SJZ	
九十道班组	KK→TB→KK	A、SB
	HSH→SSP→CSP→HKK→HJX→HSH	MA
诺日巴尕日保组（含扎日根组）	HJX→HBT→HSW→HBT→HKK	
	HKK→SSP→HSH	
	HSH→CSP→SSP→HSH	A
	HKK→CSP→HKK	A、X
尕笛考组	HSH→HKK→HSH	GR
	HKK→SSP→HKK	
	HSH→CSP→HSH	
杂多群碳酸盐岩组	SJZ—LP—SJZ	MRQ
	LP→TB→JX→TB→LP	SJ
	TB→SJZ→LB→SJZ	XR
	SJZ→LP→TB→JX	
杂多群碎屑岩组	JX→HSH→TB→SJZ→LP→SJZ→TB	
	SJZ—LP→SJZ	MRQ

（四）沉积相模式

在对调查区各时代地层沉积相类型划分和沉积相组合综合归纳的基础上，可以建立 4 种沉积相模式。

1．中泥盆世—中二叠世沉积相模式（模式 1）

中泥盆世—中二叠世经历了裂陷盆地的发展历程：早期表现为地壳稳定的浅水碳酸盐岩和陆源碎屑混合沉积，其中出现少量裂谷型玄武岩；中二叠世栖霞期是裂谷发育的鼎盛期，基性火山喷发强烈，在羌塘陆块东北部边缘较深的水中快速而间歇地构建一些火山岛（图 2-51），使该期沉积相时空变化十分剧烈，在火山岛间发育小型碳酸盐台地，在岛前发育深水斜坡重力流沉积（图 2-53）；晚期地壳趋于稳定，沉积了一套浅水型碳酸盐岩夹陆源碎屑沉积物，仅夹有厚度不大的基性火山岩。

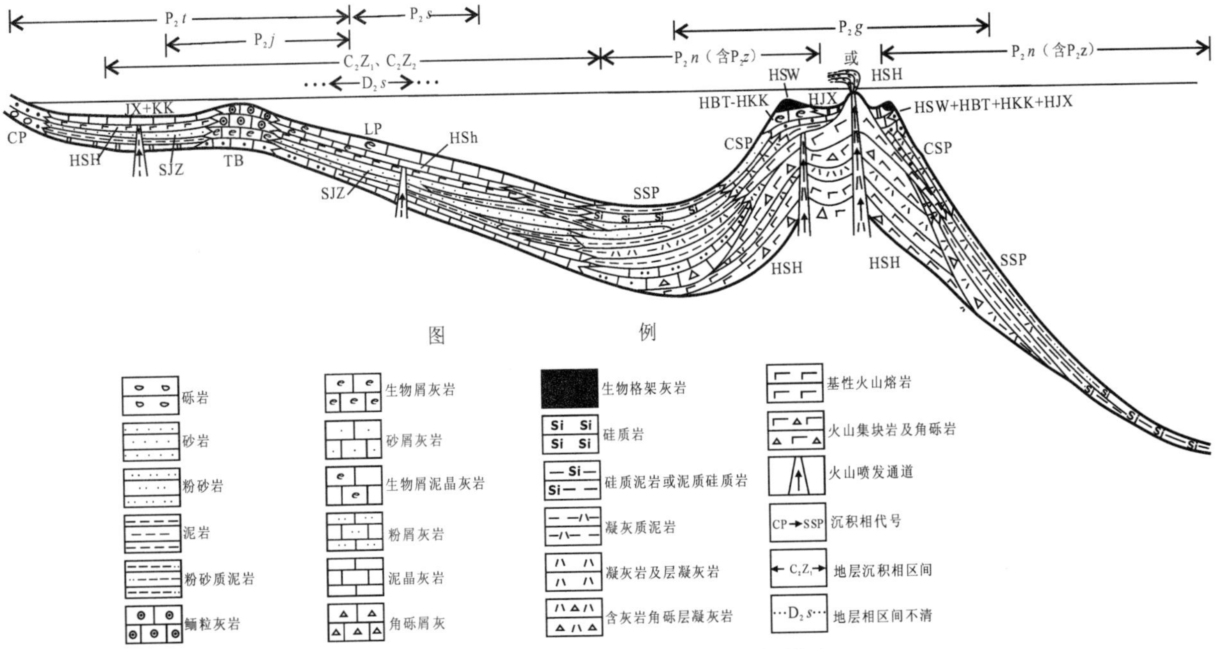

图 2-51　中泥盆世—中二叠世沉积相模式

2. 晚三叠世沉积相模式(模式 2)

该模式反映调查区第二构造层，早期(甲丕拉组沉积期)沉积相类型复杂，在相序上自陆相过渡到海相，障壁岛发育且具多样性，既有沿岸沙坝，又有碳酸盐台地边缘浅滩，尤其是具有较多的火山喷发形成的火山岛，不同类型障壁岛之间出现多个浅水型局限海盆地；中期(波里拉组沉积期)为较稳定的碳酸盐陆棚相，偶夹碳酸盐台地边缘浅滩相和局限海潮下相；晚期(巴贡组沉积期)为沉积盆地陆源碎屑充填，主要为三角洲相，仅下部夹有陆棚相，上部夹有分流河道相(图 2-52)。

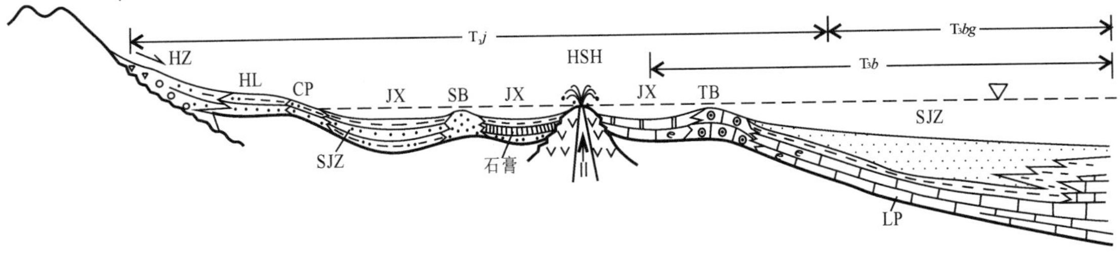

图 2-52　晚三叠世沉积相模式

(图例见图 2-54)

3. 侏罗纪沉积相模式(模式 3)

该模式与图 2-52 总体相似，但有两点明显不同：一是在早期(那底岗日组沉积期)陆相沉积盆地中见有较强烈的基性火山喷发，在过渡相区和海洋相区未见火山活动；二是该模式障壁岛类型简单，仅见碳酸盐台地边缘浅滩相类型(图 2-53)。

4. 古近纪—新近纪沉积相模式(模式 4)

调查区古近纪及新近纪各为一个构造层，但两个构造层沉积相类型、沉积相组合及沉积相演化基本相似，即均以洪积相开始至内陆盐湖相结束(图 2-54)。古近纪构造层上部碳酸盐湖泊相(TSH)较发育，且其中发育河湖三角洲相(HHS)；新近纪曲果组上部碳酸盐湖泊相沉积灰岩层厚度薄，未见河湖三角洲相沉积。

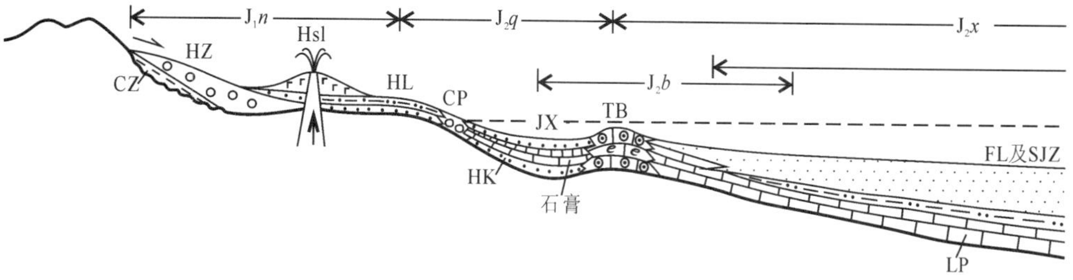

图 2-53　侏罗纪沉积相模式
（图例见图 2-54）

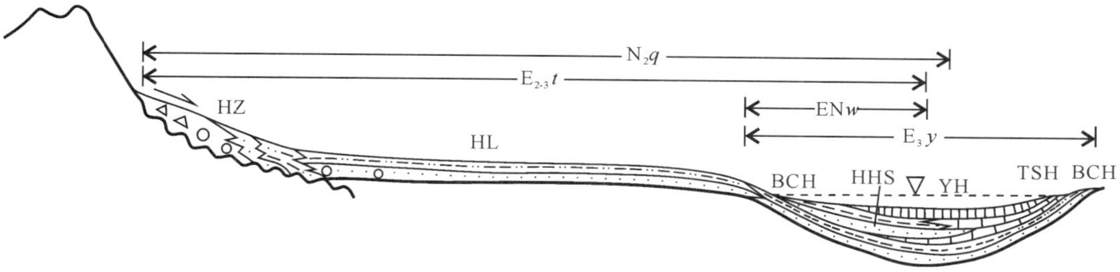

图 2-54　古近纪—新近纪沉积相模式
（图例见图 2-54）

（五）沉积相模式与构造演化史

从沉积记录所建立的 4 个沉积相模式分别与地质构造演化阶段相对应：海西期洋陆转化阶段（模式 1）、印支晚期盆山转换阶段（模式 2）、燕山期陆内调整阶段（模式 3）和喜马拉雅山期隆升阶段（模式 4）。

模式 1 反映调查区在晚古生代位于稳定陆块边缘，具有明显的裂陷盆地特征。

模式 2 和模式 3 从沉积和火山活动特征均反映具有前陆盆地性质，构成叠覆式前陆盆地沉积序列。模式 2 和模式 3 虽然分属两个相邻的构造层，但是两模式的总体特征相似：在沉积相序列上均从大陆的洪积相（局部为残积相）开始，经海陆过渡带中的陆源碎屑与碳酸盐混合沉积过渡到以陆棚相为主的碳酸盐沉积，晚期均为三角洲相陆源碎屑沉积充填。

模式 4 反映调查区新生代全为内陆盆地沉积环境。该模式中下部存在着厚度较大的山前洪积近源粗碎屑岩，随后地形逐渐夷平，经河流相演化为内陆湖泊相，湖泊相的出现反映地形较为平坦，而碳酸盐湖泊相—盐湖相沉积期应为最夷平期。新生代不同构造层沉积相模式反映调查区具有间歇性多次隆升的特点。

三、石炭—二叠纪古地理

在早石炭世大塘晚期至德坞期，调查区碳酸盐岩组以开阔台地相为主。中二叠世时古地理面貌发生了明显地变化，地层沉积厚度大，火山活动加强，沉积类型多样化，岩性、岩相变化复杂，反映火山岛沉积古地理格局。至晚二叠世时，全区岩性组合渐趋一致，沉积一套下部碎屑岩上部灰岩的沉积组合。

（一）早石炭世古地理

在早石炭世，整个调查区为滨浅海相碎屑岩—碳酸盐岩沉积，下部为浅水陆源复陆屑建造，上部为浅海相碳酸盐岩建造，沉积环境为陆壳基底之上的滨浅海，局部见珊瑚点礁。而向西至刻莫一带，则是以中厚层状岩屑砂岩为主，厚度大，未见灰岩层，表明该区更靠近陆源区。

在杂多群一段、三段和索加一带中二叠统索加组中部所见的浅滩相鲕粒灰岩，与沉积环境高盐度密切相关（Lee and Buller，1972；Lee，1975）。邻区的昌宁—孟连带内石炭纪—二叠纪鲕粒灰岩形成于动荡浅水环境，反映了南亚为热带温暖、较干燥的古气候背景(颜佳新等，1999)。另外，上述珊瑚化石生物地理区系也证实本区处于暖水的特提斯区。

(二) 中二叠世栖霞期—茅口期古地理

中二叠世栖霞期开始，青藏高原处于"泛裂谷化"的鼎盛时期(张以茀，1991)。调查区中二叠世栖霞期岩性、沉积相变化快，沉积古地理面貌复杂。尕笛考组沉积环境主体为火山岛、岛间洼地、岛前斜坡(图 2-55)。各沉积类型在空间上围绕火山岛的尕日赛瑙贡玛型呈带状展布，而且各有其特征的岩性组合和生物群。从平面分布来看，横向上的岩性变化规律明显：中二叠统火山岩在调查区中部沿尕日赛瑙

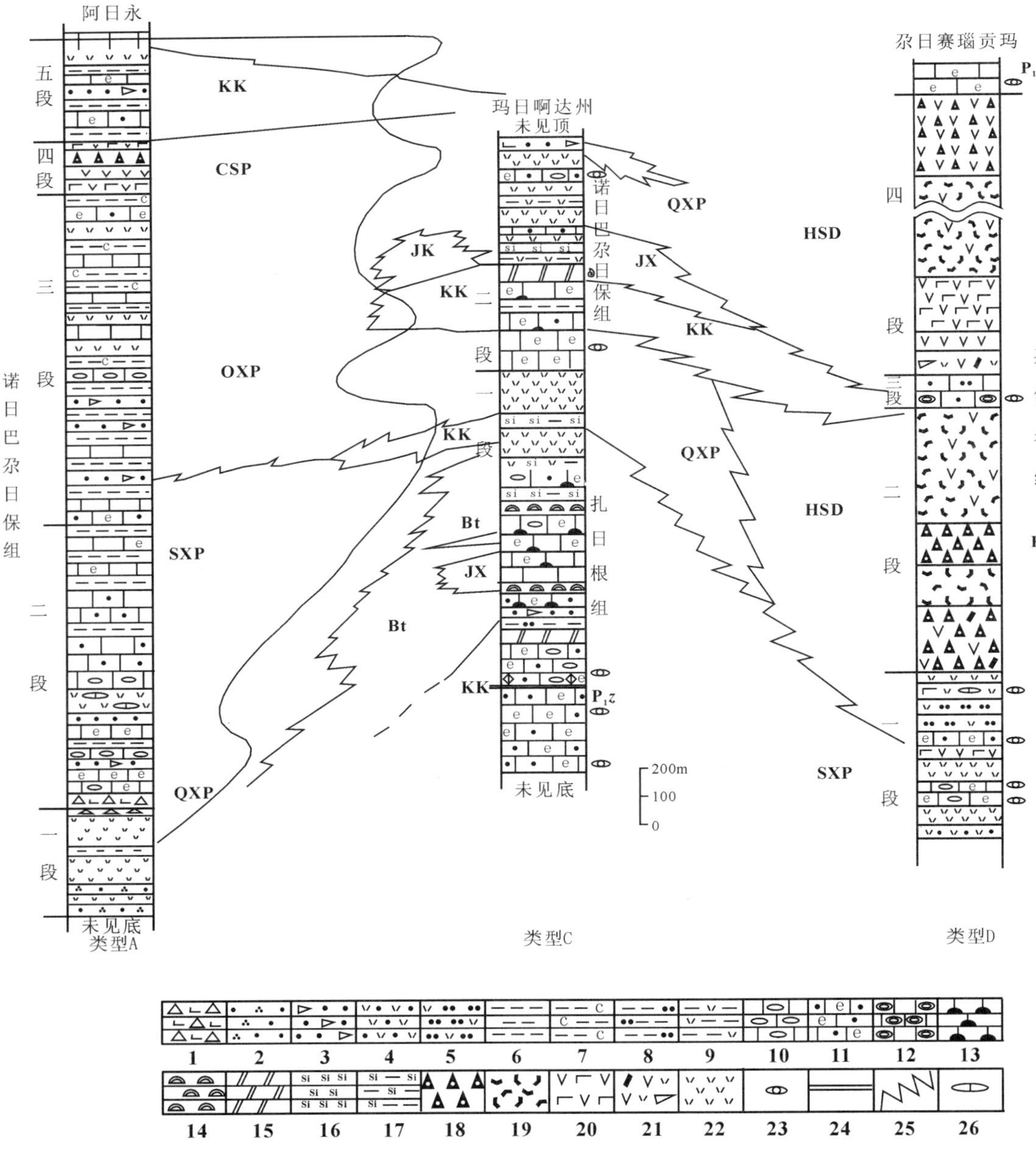

图 2-55　调查区中二叠世栖霞期实测剖面沉积相对比图

1. 碳酸盐质角砾岩；2. 石英砂岩；3. 岩屑砂岩；4. 凝灰质砂岩；5. 凝灰质粉砂岩；6. 泥岩；7. 炭质泥岩；8. 粉砂质泥岩；9. 凝灰质泥岩；10. 砾屑灰岩；11. 砂屑生物屑灰岩；12. 核形石灰岩；13. 燧石灰岩；14. 生物礁灰岩；15. 白云岩；16. 硅质岩；17. 硅质泥岩；18. 火山角砾岩；19. 集块岩；20. 安山玄武岩；21. 安山质岩屑晶屑凝灰岩；22. 凝灰岩；23. 鲢化石；24. 断层接触；25. 沉积相变线；26. 灰岩透镜体；HSD. 火山岛相；SXP. 岛边深水斜坡相；QXP. 岛边浅水斜坡相；Bt. 岛缘浅滩相；KK. 开阔台地相；J. 岛缘生物礁相；JX. 局限台地相；WD. 岛间洼地相

贡玛-莫盖赛巴-扎西吉布通一线分布，以中基性火山岩为主的尕笛考组构成北北西至近东西火山喷发主轴线，显示类似火山岛链特征。火山岛链由多个喷发中心组成，每个中心自内而外出现火山口相、喷发相和火山沉积相，具有比较明显的规律性。围绕火山岛链外围产出浅海相碳酸盐岩建造和浅水—半深水陆源复陆屑建造，再向外在调查区中部火山岛链南北两侧相变为诺日巴尕日保组重力流成因碳酸盐岩、含炭泥岩、岩屑石英砂岩、火山岩、凝灰岩及沉凝灰岩组合等。从古地理展布来推测，向南北方向稍远处应为深水盆地相。调查区栖霞期沉积古地理分布见图 2-56。

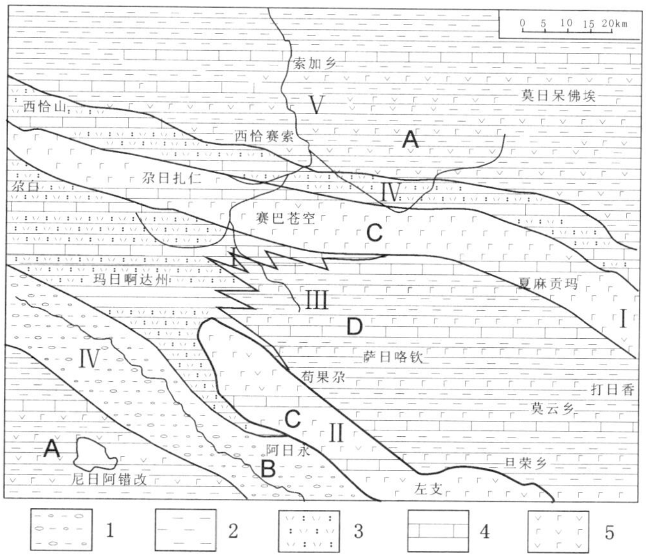

图 2-56　栖霞期岩相古地理图

1. 砾岩、角砾岩；2. 泥岩；3.（沉）凝灰岩；4. 灰岩；5. 火山岩

A. 盆地相；B. 岛边深水斜坡相；C. 火山岛相；D. 岛间洼地相；E. 岛边浅水斜坡相

在祥播期之后，开心岭群上部的九十道班组，代表火山活动停止后的浅水碳酸盐台地沉积。至此，构成统一的较稳定的浅水碳酸盐台地，显示裂陷盆地向稳定地块方向的转化。在中二叠世茅口晚期，这种稳定的台地相沉积一度沉降，沉积了一套混合陆棚相的砂、泥质沉积，间夹裂谷型火山岩。索加组底砾岩的出现说明茅口晚期至冷坞期裂谷盆地的不稳定性又有所增加。向东在西藏昌都地区则略为复杂，可见灰岩、砂岩沉积，但是仍然反映一种较为稳定的浅海相沉积。

第三章　岩　浆　岩

直根尕卡地区岩浆活动比较频繁，石炭纪、二叠纪、三叠纪、侏罗纪、白垩纪均有不同规模的岩浆活动(表 3-1)，基性、中性、酸性岩均有出露。既发育侵入岩又有火山岩，其中尤以海西期火山岩最为发育。侵入岩构成两条北西-南东向岩带，分别为左支-失多莫卜辉长岩带和扎那日根-尕考查锐中酸性岩带，每个岩带都由多个岩体构成，单个侵入岩体规模小。火山岩产于下石炭统杂多群碎屑岩组、中二叠世尕笛考组、诺日巴尕日保组、中二叠世尕日扎仁组、索加组、上三叠统甲丕拉组和下侏罗统那底岗日组。不同时代的火山岩岩石成分复杂，反映出形成时构造环境多样。火山岩以中、基性岩为主，包括火山熔岩和火山碎屑岩，且以二叠纪火山岩岩石类型最多，最发育。

表 3-1　调查区岩浆活动一览

岩浆-构造旋回	时代	岩浆活动及类型	位置
燕山期	早白垩世	岛弧型小型中、酸性岩浆侵入，无喷发	啊聂托确-西恰赛索一带
	早侏罗世	岛弧型基性海相喷发，未见侵入体	萨日咯钦南、莫云北
印支晚期	晚三叠世	岛弧型基性海相喷发；岛弧型小型中酸性岩浆侵入	扎那日根
海西期	晚二叠世	板内小型基性岩浆侵入，无喷发	左支-失多莫卜
	中二叠世	板内大规模基性-中性海相喷发，未见侵入体	西恰赛索、尕日赛瑙贡玛-莫盖赛巴及萨日咯钦一带；尕日扎仁
	早石炭世	板内小规模基性海相喷发，未见侵入体	杂纳打龙、西恰山等地

第一节　侵　入　岩

一、海西期基性侵入岩

海西期基性侵入岩构成左支-失多莫卜辉长岩带，是本次工作新发现的岩浆岩带，其侵入最新地层为中二叠世九十道班组，岩石化学特征类似于尕笛考组火山岩，二者可能源自相同的源区，因此暂将其时代厘定为晚二叠世。

1. 空间分布及产状

左支-失多莫卜辉长岩带由左支辉长岩体、扎查琼辉长岩体、萨日咯琼南辉长岩体、失多莫卜辉长岩体及尕日松卡巴玛辉长岩体 5 个侵入体组成，构成一个北西向展布的辉长岩带，沿尕白-萨日咯钦断裂分布，受该断裂带控制，侵入二叠纪九十道班组、诺日巴尕日保组、尕笛考组及石炭纪杂多群碎屑岩组。左支辉长岩体向南东延伸出图幅，从左支辉长岩体到失多莫卜辉长岩体，其出露面积分别为 $17km^2$、$1.5km^2$、$4.5km^2$、$3km^2$ 及 $0.5km^2$，呈小岩株状产出，面积总共为 $26.5km^2$，占调查区总面积的 0.16%。岩体与围岩的接触界线弯曲，呈港湾状，围岩具烘烤褪色现象，砂质围岩有硅化现象，灰岩具重结晶现象。岩体边部见有围岩捕虏体，捕虏体为砂岩、灰岩、火山岩，其大小不等，大者长约 10m、宽约 3m。岩体分异作用差，相带不发育，仅在岩体边部见 50～200m 宽的细粒冷凝边，并且不稳定，在较短的距离内迅速变薄。岩体与围岩接触面外倾，倾角中等，一般为 40°～60°。

2. 岩石类型和副矿物特征

海西期基性侵入岩均为深灰色、灰绿色辉长岩，具中细粒结构、辉长辉绿结构（图版 33-1），块状构造。岩石由单斜辉石（40%）、斜长石（55%）、金属矿物（多为钛磁铁矿，3%～5%）、石英（2%～3%）及少量副矿物磷灰石组成。单斜辉石为透辉石，常被绿泥石、黑云母等交代；斜长石（$An=62$）为拉长石，多已蚀变为绢云母，偶见黝帘石化、碳酸盐化和葡萄石化；石英多为填隙状、粒状；磷灰石多为针状。

主要副矿物为钛铁矿（7 123.4g/t）、磷灰石（616.48g/t）、磁铁矿（21.68g/t）、赤铁矿（183.56g/t）、自然铅（49.43g/t），偶见黄铁矿（0.74g/t）、黄铜矿（几颗）、方铅矿（几颗）及自然铜（2 颗）。副矿物组合为磷灰石-钛铁矿-磁铁矿型。

3. 岩石地球化学特征

（1）主量元素

左支-失多莫卜辉长岩化学成分分析结果见表 3-2。SiO_2 含量为 42.98%～55.11%（平均为 49.62%），属基性岩类，K_2O 含量变化范围大（0.03%～2.52%），（K_2O+Na_2O）为 1.87%～6.75%（平均为 4.88%），均为 $Na_2O>K_2O$，Al_2O_3 含量较高（13.17%～19.96%，平均为 16.13%），TiO_2 含量为 1.11%～3.09%（平均为 1.73%），$FeO+Fe_2O_3$ 含量较高（7.77%～14.15%，平均为 9.99%），MgO 含量较低（3.64%～9.20%，平均为 4.97%），$Mg^{\#}$ 较低（50～64.04），P_2O_5 含量范围为 0.21%～1.32%。辉长岩样品在碱性系列和亚碱性系列中均有分布（TAS 图解略）；在 SiO_2-K_2O 图上，主体属钙碱性系列和高钾钙碱性系列（图 3-1）。A/CNK 值由 0.55 变为 1.04，从准铝质向过铝质演变。

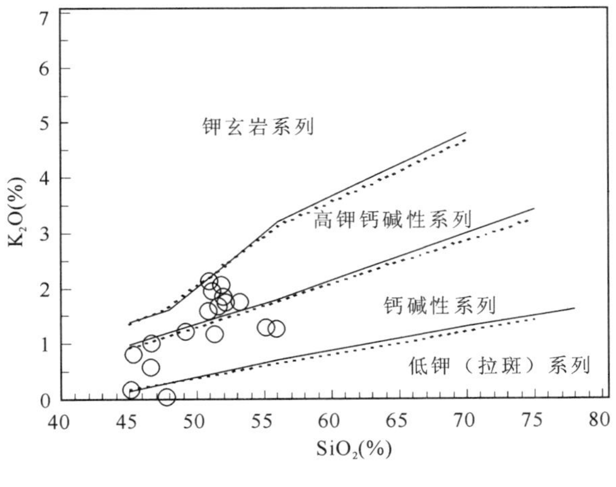

图 3-1 晚二叠世辉长岩 SiO_2-K_2O 图解

表 3-2 左支-失多莫卜辉长岩主量元素分析结果（%）

样号	SiO_2	TiO_2	Al_2O_3	Fe_2O_3	FeO	MnO	MgO	CaO	Na_2O	K_2O	P_2O_5	灼失量	总量	A/CNK
820	50.88	1.71	16.54	2.41	7.93	0.18	4.46	7.77	2.97	1.63	0.30	1.94	98.72	0.8
820-1	51.08	1.56	16.47	2.7	7.55	0.17	4.43	7.67	3.01	1.7	0.30	2.09	98.73	0.79
820-2	46.55	1.27	19.96	2.2	7.18	0.14	4.15	9.5	3.23	0.95	0.21	3.3	98.64	0.85
820-3	48.5	2.09	14.44	3.95	6.92	0.17	5.99	8.32	3.45	1.15	0.99	2.95	98.92	0.65
820-5	47.01	3.09	15.1	4.94	7.52	0.17	4.61	7.33	4.51	0.03	1.09	3.26	98.66	0.73
820-6	50.59	1.52	16.6	1.88	7.36	0.15	5.42	7.33	3.94	1.81	0.27	2.61	99.48	0.76

续表 3-2

样号	SiO_2	TiO_2	Al_2O_3	Fe_2O_3	FeO	MnO	MgO	CaO	Na_2O	K_2O	P_2O_5	灼失量	总量	A/CNK
820-7	46.8	2.05	14.57	4.43	7.78	0.18	6.89	7.88	3.57	0.56	0.82	3.34	98.87	0.7
820-8	50.06	1.7	16.06	2	7.77	0.17	4.34	8.16	4.09	1.49	0.3	3.24	99.37	0.69
820-9	50.96	1.56	16.75	2.56	7.52	0.17	4.55	7.96	2.94	1.6	0.28	1.96	98.81	0.8
820-10	45.52	2.43	15.08	3.01	7.33	0.13	4.44	6.77	5.01	0.75	1.32	7.02	98.81	0.71
820-11	49.62	1.57	16.45	1.85	7.47	0.17	6.14	6.89	3.6	1.86	0.29	2.96	98.87	0.8
820-13	50.76	1.34	17.12	2.26	7.63	0.18	4.89	7.96	2.92	1.14	0.26	2.3	98.76	0.83
820-14	42.98	1.74	16.3	1.81	5.55	0.24	3.82	10.91	4.23	2.52	0.58	8.74	99.42	0.55
820-15	45.03	2.59	13.17	4.95	9.2	0.24	9.2	5.29	1.71	0.16	0.92	6.28	98.74	1.04
820-16	49.92	1.59	16.2	2.72	7.93	0.18	4.79	8.05	3.05	1.73	0.35	2.36	98.87	0.75
821-1	54.45	1.2	16.28	1.69	6.58	0.16	4.15	6.29	4.17	1.3	0.27	2.59	99.13	0.83
821-2	55.13	1.16	16.33	1.49	6.35	0.16	3.86	6.19	4.24	1.25	0.29	2.62	99.07	0.83
178	55.11	1.11	16.69	1.52	6.25	0.16	3.64	6.17	4.44	1.25	0.28	2.39	99.01	0.84
178/1	51.79	1.66	16.44	2.08	7.5	0.16	4.64	7.35	3.19	1.62	0.28	2.13	98.84	0.81

(2) 稀土元素和微量元素

左支-失多莫卜辉长岩稀土元素(REE)和微量元素分析结果见表 3-3。稀土总量(ΣREE)为 $76.25\times10^{-6}\sim317.87\times10^{-6}$，变化较大，轻稀土元素(LREE)与重稀土元素(HREE)的比值(LREE/HREE，简写为 L/H，下同)为 5.86～11.50，$(La/Yb)_N$ 为 7.09～18.92，轻重稀土元素分异明显，LREE 高度富集，HREE 含量低，δEu 为 0.8～1.16，为弱负 Eu 异常到正 Eu 异常，稀土配分曲线为右倾型(图 3-2)。总体来看，各样品稀土元素谱线相互平行，只有位置高低的不同，显示相似的 REE 分馏程度。

辉长岩高场元素(HFSE)Zr 含量变化在 $118\times10^{-6}\sim289\times10^{-6}$ 之间；Hf 含量变化在 $3.38\times10^{-6}\sim7.06\times10^{-6}$ 之间；Zr/Hf 值为 30.21～42.83(平均为 35.57)；大部分样品的 Nb 含量变化在 $13.1\times10^{-6}\sim60.2\times10^{-6}$ 之间；Ta 含量变化在 $0.91\times10^{-6}\sim2.99\times10^{-6}$ 之间；Zr/Nb 比值变化在 5.93～12 之间；Hf/Th 比值变化在 0.41～2.41 之间；Th/Nb 比值变化在 0.13～0.65 之间；Nb/Zr 比值变化在 0.08～0.22 之间。微量元素蛛网图显示出板内 OIB 独特的"隆起"特征(图 3-3)，即大离子亲石元素(LILE)富集，HFSE(Nb、Ta、P、Ti)无异常，明显有别于弧岩浆岩。

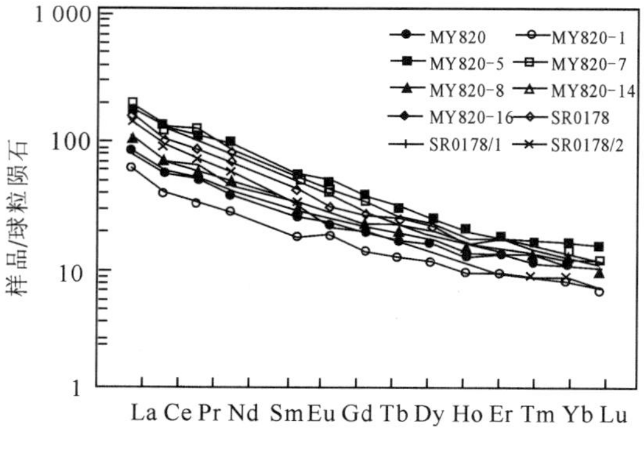

图 3-2　辉长岩稀土元素配分曲线

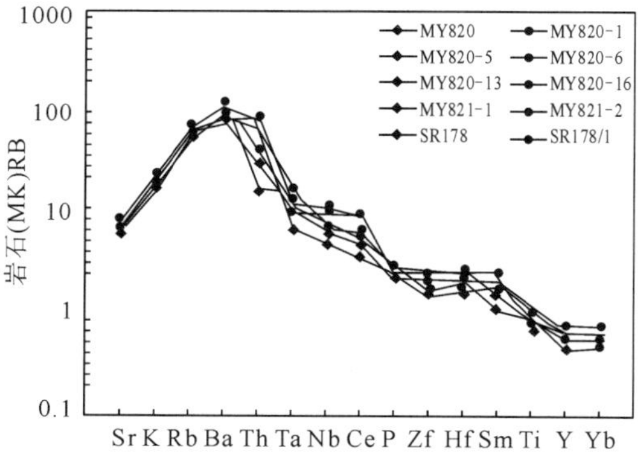

图 3-3　辉长岩微量元素蛛网图

(3) Sr、Nd 同位素组成

左支岩体 Sr、Nd 同位素分析结果列于表 3-4。Sr 初始值$(^{87}Sr/^{86}Sr)i$ 较低，变化于 0.704 19～0.704 71 之间，$\varepsilon_{Nd}(t)$值较高，变化于 4.3～4.9 之间，具低$(^{87}Sr/^{86}Sr)i$、高 $\varepsilon_{Nd}(t)$特征。在 $\varepsilon_{Nd}(t)-\varepsilon_{Sr}(t)$图上样品点接近原始地球成分(图 3-4)，且靠近地幔演化趋势线，暗示岩浆起源可能有亏损地幔参与。

表 3-3　左支-失多莫卜辉长岩稀土元素和微量元素分析结果(×10⁻⁶)

样品号	La	Ce	Pr	Nd	Sm	Eu	Gd	Tb	Dy	Ho	Er	Tm	Yb	Lu	Y	ΣREE	LREE	δEu
820	23.8	40.0	5.09	19.5	4.21	1.43	4.28	0.68	4.40	0.80	2.38	0.33	1.96	0.30	17.6	109.16	94.03	1.03
820-1	16.4	27.3	3.16	14.2	2.95	1.15	3.15	0.51	3.21	0.59	1.72	0.25	1.47	0.19	13.0	76.25	65.16	1.16
820-5	48.4	91.8	10.80	50.1	9.01	2.99	8.64	1.23	7.09	1.27	3.24	0.48	2.93	0.42	25.5	238.40	213.1	1.03
820-6	25.5	42.6	5.40	22.8	5.05	1.56	4.40	0.75	4.85	0.89	2.43	0.36	2.13	0.30	19.1	119.02	102.91	1.00
820-7	52.6	89.8	12.10	45.0	8.56	2.61	7.60	1.01	6.34	1.12	3.19	0.4	2.5	0.33	23.6	233.16	210.67	0.98
820-8	28.7	48.5	5.83	25.7	5.63	1.68	4.96	0.89	5.62	1.00	3.09	0.43	2.42	0.32	22.6	134.77	116.04	0.96
820-10	72.8	126.0	14.20	63.6	11.80	3.08	8.72	1.42	7.89	1.35	3.67	0.46	2.55	0.33	28.0	317.87	291.48	0.90
820-11	25.3	43.8	5.26	22.4	4.67	1.56	4.04	0.69	4.26	0.78	2.21	0.32	1.95	0.26	17.9	117.5	102.99	1.08
820-13	19.8	35.0	4.51	17.5	4.01	1.33	4.03	0.68	3.92	0.74	2.23	0.32	1.84	0.26	16.1	96.17	82.15	1.01
820-14	52.4	87.4	10.00	42.5	8.26	2.38	6.21	1.03	5.77	1.01	2.68	0.38	1.97	0.28	20.8	222.27	202.94	0.98
820-16	22.2	39.5	5.01	21.1	4.71	1.57	4.90	0.80	4.74	0.85	2.52	0.36	2.16	0.31	19.4	110.73	94.09	1.00
821-1	46.4	68.4	7.96	34.4	6.82	1.88	5.46	0.91	5.07	0.94	2.40	0.35	2.15	0.28	19.3	183.42	165.86	0.92
821-2	41.5	66.8	8.31	34.6	6.85	1.86	5.71	0.99	5.22	0.97	2.61	0.36	2.13	0.28	20.5	178.19	159.92	0.89
178	44.4	70.7	8.66	35.7	6.90	1.91	5.92	0.89	5.32	0.94	2.53	0.38	2.3	0.32	21.0	186.87	168.27	0.9
178/1	30.5	48.9	6.44	24.0	5.48	1.57	5.23	0.79	5.41	0.98	2.73	0.40	2.32	0.30	21.9	135.05	116.89	0.89
178/2	39.2	64.4	7.09	29.7	5.36	1.31	4.50	0.67	3.84	0.70	1.73	0.26	1.59	0.20	15.0	160.55	147.06	0.8

样号	Cu	Pb	Zn	Cr	Li	Rb	Cs	As	Sr	Ba	V	Sc	Ga	Be	Nb	Ta	Zr	Hf	U	Th
820	244	<1	95.7	90.9	23.9	39.5	5.10	0.57	724	815	348	35.2	24.7	2.07	15.6	1.28	173	5.00	0.58	8.92
820-1	148	11.1	74.8	99.3	26.6	28.8	5.13	0.66	705	548	315	26.4	24.8	2.01	11.0	0.91	132	4.07	0.52	8.09
820-3	132	6.6	112.0	234	13.5	13.1	3.10	0.54	994	422	275	30.3	26.0	2.32	60.2	2.99	277	6.70	0.98	16.5
820-5	238	3.3	141.0	55.9	49.2	3.35	3.00	<0.02	1 280	206	358	38.3	27.7	2.31	49.7	2.60	289	7.06	0.64	15.1
820-6				74.5	23.6	39.9	4.15	0.74	576	718	278	31.2	35.2	2.14	15.2	1.62	137	4.00	0.71	3.44
820-7	169	<1	172.0	300.0	31.2	10.6	3.00	<0.02	1 170	619	302	35.7	28.3	1.94	37.5	1.37	227	5.83	0.52	5.46
820-8				25.4	23.6	39.9	4.15	0.74	510	466	312	33.9	34.3	2.31	17.1	2.02	162	4.38	0.9	3.67
820-9	185	16.2	85.1	106.0	24.7	42.9	4.50	0.43	670	846	300	32.4	27.8	2.14	14.9	1.53	152	4.86	0.64	4.63
820-10				10.4	28.8	14.7	2.90	0.33	695	774	331	30.4	40.8	2.51	37.9	2.72	269	6.28	0.9	5.34
820-11				83.2	37.4	41.7	4.30	0.52	552	499	291	32.1	36.1	2.09	15.8	0.68	153	3.92	0.71	3.12
820-13	136	<1	85.7	130.0	31.6	33.1	3.55	0.17	608	882	294	33.9	27.9	2.03	15.1	2.29	152	4.56	0.52	1.89
820-14				212.0	61.4	73.3	11.90	0.56	1 740	1 090	234	32.0	35.6	2.27	34.5	1.39	216	5.20	0.8	4.43
820-15	190	9.0	146.0	464.0	87.9	3.8	3.50	<0.02	409	432	286	30.8	28.9	2.08	38.6	2.29	229	6.31	0.52	7.09
820-16	184	6.5	106.0	97.0	23.4	43.1	4.90	<0.02	663	738	305	34.9	29.4	2.19	16.9	1.35	188	5.57	0.52	5.05
821-1	95	12.1	101.0	144.0	33.8	31.2	3.25	1.27	663	553	190	17.8	21.1	1.44	24.6	1.72	164	5.42	0.75	10.3
821-2	51	1.8	90.2	110.0	34.1	29.9	3.00	0.25	749	555	189	20.2	19.3	1.39	23.0	1.30	159	5.74	0.75	3.46
178	89	7.1	86.2	105.0	27.0	33.8	2.55	0.74	703	618	169	17.8	16.2	1.24	26.0	1.67	174	5.76	0.98	8.83
178/1	194	2.3	85.7	92.3	24.2	40.1	3.90	1.49	592	745	273	27.6	23.9	1.78	13.1	1.81	116	3.38	0.75	8.58
178/2	62	19.8	85.3	15.8	30.4	35.6	1.70	0.90	178	537	71	7.86	18.8	1.12	24.8	2.74	150	4.18	0.98	9.14

表 3-4　左支-失多莫卜辉长岩 Nd、Sr 同位素组成

样品号	820	820-1	820-7
$^{147}Sm/^{144}Nd$	0.129 6	0.133 7	0.110 9
$^{143}Nd/^{144}Nd$	0.512 756±0.000 009	0.512 782±0.000 006	0.512 717±0.000 008
$(^{143}Nd/^{144}Nd)i$	0.512 540	0.512 559	0.512 532
$\varepsilon_{Nd}(t)$	4.5	4.9	4.3
$^{87}Rb/^{86}Sr$	0.152 4	0.113	0.020 27
$^{87}Sr/^{86}Sr$	0.705 26±0.000 04	0.704 69±0.000 04	0.704 26±0.000 09
$(^{87}Sr/^{86}Sr)i$	0.704 71	0.704 28	0.704 19
$\varepsilon_{Sr}(t)$	7.2	1.1	−0.2
T_{2DM}(Ma)	661	631	674

注：t=255Ma。

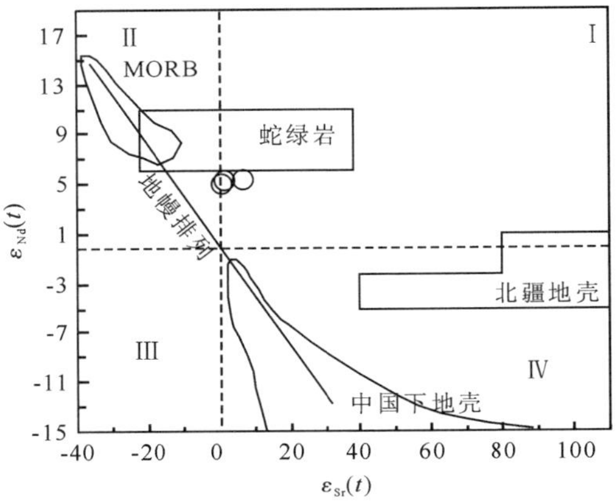

图 3-4　左支-失多莫卜辉长岩 $\varepsilon_{Nd}(t)$-$\varepsilon_{Sr}(t)$图解

二、印支晚期—燕山晚期中酸性侵入岩

中酸性侵入岩规模小，呈岩株状产出，总面积 49.05km²，占调查区总面积的 0.32%。主要分布在索加西南部啊聂托确、西恰赛索、尕考查锐及莫云北部扎那日根一带，岩性为辉石闪长岩、石英闪长岩、黑云母石英闪长岩、石英二长闪长岩、黑云母二长岩、花岗闪长岩、二长花岗斑岩等，时代为印支晚期及燕山期。

（一）印支晚期扎那日根石英闪长岩-花岗闪长岩

1. 空间分布及产状

印支晚期闪长岩位于调查区东南，称为扎那日根石英闪长岩-花岗闪长岩岩体，为一复式岩体，由早期的石英闪长岩和晚期的花岗闪长岩组成。石英闪长岩体由 3 个形状不规则的侵入体组成，面积约 5.5km²，小岩株状产出，被晚期花岗闪长岩侵入；花岗闪长岩岩体出露面积约 36km²，岩株状产出，呈不规则的圆状，地貌上形成高耸陡峻的山脉，最高点海拔 5 550m，为澜沧江正源，其上发育现代冰川，被下侏罗统那底岗日组不整合覆盖。将岩石薄片中浅色矿物含量投影在 QAP 图解中，样品点落入石英闪长岩及花岗闪长岩区内(图略)。

2. 岩石类型和副矿物特征

(1) 石英闪长岩

呈浅灰色，中细粒半自形粒状结构(图版 33-2)，块状构造。岩石由斜长石(65%～70%)、石英(4%～8%)、钾长石(2%～6%)、普通角闪石(6%～10%)、黑云母(6%～10%)、金属矿物(1%～2%)及少量副矿物榍石、磷灰石组成。斜长石为半自形，具简单环带，常见冷凝边，中心部分黝帘石化较强，最大粒度0.6mm×1.1mm；普通角闪石为长柱状或针状，个别见绿泥石化；黑云母几乎全蚀变为绿泥石。岩体中心部位矿物粒度增大，含有斑晶，斑晶为斜长石，最大可达 2.5mm×7mm，岩体边缘矿物粒度相对较小，无斑晶出现。

(2) 花岗闪长岩

呈砖红色，似斑状结构(图版 33-3)、细粒花岗结构，块状构造。由微斜长石(13%～18%)、斜长石(46%～58%)、石英(23%～31%)、黑云母(1%～4%)及少量金属矿物、磷灰石、锆石组成。微斜长石多为半自形长板状，偶见格子状双晶，见微细钠长石条纹，蚀变强；石英见两个世代，早期为粒状，晚期为填隙状，有时见熔蚀交代长石。岩体中心部位矿物粒度增大，斑晶增多，可见斑状结构，岩体边缘矿物粒度相对较小，斑晶较少。该岩体的单颗粒锆石 U-Pb 同位素年龄为 216Ma、217Ma(表 3-5)，说明该岩体形成于晚三叠世，与野外观察到的现象一致。

表 3-5 扎那日根岩体锆石 U-Pb 同位素分析结果

样号	含量(10^{-6})		普通铅含量(10^{-6})	同位素原子比及误差(2σ)				表面年龄(Ma)		
	U	Pb		$^{206}Pb/^{204}Pb$	$^{206}Pb/^{238}U$	$^{207}Pb/^{235}U$	$^{207}Pb/^{206}Pb$	$^{206}Pb/^{238}U$	$^{207}Pb/^{235}U$	$^{207}Pb/^{206}Pb$
1108-1	2 895.3	299.4	1.809	51.7	0.034 34	0.247 24	0.052 2	217	224	294
					0.001 2	0.136 43	0.028 86	7	123	162
1108-3	5 683	454	2.156	72.9	0.034 15	0.243 05	0.051 61	216	220	268
					0.000 34	0.029 8	0.006 35	2	27	33

(3) 副矿物特征

闪长岩副矿物含量见表 3-6。副矿物组合为锆石-磷灰石-榍石，偶见蓝铜矿、孔雀石。锆石晶体呈双锥柱状，晶形主要由{111}、{311}、{100}面组成聚形，次为{311}、{100}、{110}面及{111}、{311}、{110}面组成聚形。颜色呈淡红色，玻璃光泽，透明度好，一般晶体长宽比为 2∶1，个别锆石见生长纹。磷灰石晶形呈六方双锥柱状，晶体长宽比为 3∶1，偶见磷灰石与蓝铜矿共生体。

表 3-6 中—酸性侵入岩副矿物含量表(g/t)

时代	燕山早期		燕山晚期	印支晚期
岩体	西恰赛索闪长岩体	尕考查锐闪长岩体	啊聂托确花岗斑岩体	扎那日根岩体
样号	D0155	D0557	D0539	1108/3
自然铁	401.69	118.84	182.58	550.5
磁铁矿	282.82	504.46		28.31
方铁矿	3.93			几十颗
钛铁矿	470.58	1 933.32	0.02	
黄铁矿	73.78	152.08	14.76	几十颗
褐铁矿	64.52	3.23	3.51	53.8
赤铁矿			0.02	
磁赤铁矿				222.66
磷灰石	66.49	27.23	7.00	61.41

续表 3-6

时代	燕山早期		燕山晚期	印支晚期
岩体	西恰赛索闪长岩体	尕考查锐闪长岩体	啊聂托确花岗斑岩体	扎那日根岩体
锆石	22.12	10.07	15.23	75.34
榍石			32.75	7.09
普通辉石	1 109.01	594.97		
绿帘石	9.43			
自然铅	1.31	101.48	0.17	31.54
自然锌	十几颗		几颗	十几颗
电气石	几十颗			
刚玉	十几颗	几颗	几颗	几十颗
方铅矿	几颗	十几颗	几十颗	几十颗
普通角闪石	几十颗	585.06		
独居石		49.91	几十颗	
重晶石		0.08	56.27	
黄铜矿			几十颗	几颗
蓝铜矿				0.08
孔雀石				0.07

3. 岩石地球化学特征

(1) 主量元素

印支晚期闪长岩化学成分分析结果见表 3-7。早期石英闪长岩 SiO_2 含量为 62.36%～64.67%(平均为 63.41%),全碱(K_2O+Na_2O)为 6.42%～6.90%(平均为 6.71%),$Na_2O>K_2O$,K_2O/Na_2O 为 0.59～0.67,Al_2O_3 含量较高(16.16%～16.51%,平均为 16.37%)。

表 3-7　扎那日根岩体主量元素分析结果(%)

样号	岩性	SiO_2	TiO_2	Al_2O_3	Fe_2O_3	FeO	MnO	MgO	CaO	Na_2O	K_2O	P_2O_5	灼失量	总量
1108/1	花岗闪长岩	73.94	0.35	13.07	1.41	0.60	0.04	0.13	1.28	3.45	4.03	0.09	1.31	99.7
1108/1-1		74.87	0.34	13.11	1.29	0.97	0.03	0.12	0.54	3.23	4.18	0.09	0.82	99.59
1108/1-2		71.35	0.38	13.38	1.68	1.00	0.07	0.14	2.32	3.65	3.34	0.11	2.19	99.61
1108/3		75.87	0.20	12.15	0.89	1.03	0.04	0.13	1.04	3.11	3.95	0.04	1.09	99.54
1108/3-1		75.35	0.22	12.38	0.96	1.25	0.04	0.15	1.09	3.43	3.59	0.04	1.11	99.61
1108/3-2		75.81	0.25	12.17	0.60	1.65	0.04	0.38	0.47	3.47	4.04	0.05	0.40	99.33
1108/3-3		74.87	0.20	12.27	1.06	1.10	0.05	0.15	1.45	3.15	3.88	0.04	1.31	99.53
1108/3-4		75.03	0.21	12.19	1.08	1.05	0.05	0.12	1.41	3.54	3.62	0.04	1.19	99.53
1108/4-1		65.73	0.75	14.63	1.76	2.90	0.08	1.95	2.46	4.08	2.86	0.18	1.80	99.18
1108/4-3		71.69	0.42	13.53	0.99	2.20	0.05	0.57	1.16	3.95	3.92	0.10	0.66	99.24
1108/4-5		71.19	0.46	13.80	0.84	2.50	0.06	0.70	1.81	3.92	3.62	0.11	0.34	99.35
1109-1		70.94	0.46	13.90	0.99	2.40	0.07	0.70	1.81	3.86	3.63	0.11	0.49	99.36
1109-2		70.54	0.54	14.35	1.11	2.30	0.06	0.85	1.31	4.34	3.12	0.13	0.73	99.38
1108/2	石英闪长岩	63.19	0.86	16.51	1.90	3.53	0.13	1.33	3.83	4.08	2.72	0.31	0.87	99.26
1108/2-1		64.67	0.75	16.16	1.72	3.30	0.12	1.14	3.27	4.26	2.64	0.25	0.96	99.24
1108/2-2		62.36	0.94	16.44	2.27	3.77	0.15	1.48	4.22	4.03	2.39	0.36	0.81	99.22

花岗闪长岩 SiO_2 含量为 65.73%～75.87%（平均 72.86%），K_2O 含量为 2.86%～4.18%（平均 3.68%），Na_2O 含量为 3.11%～4.34%（平均 3.63%），全碱含量（K_2O+Na_2O）为 6.94%～7.87%（平均 7.30%），高于石英闪长岩全碱含量，Al_2O_3 含量为 12.15%～14.63%（平均 13.15%，$Al_2O_3<15\%$），明显低于石英闪长岩，TiO_2 含量为 0.20%～0.75%（平均 0.37%）。TiO_2、P_2O_5 含量随岩浆演化分异而相对降低，可能与早期磷灰石、钛铁矿等副矿物的结晶分异有关；随 SiO_2 含量的升高，CaO、MgO、FeO 含量总体降低，可能与角闪石、黑云母分异有关。

两个石英闪长岩样品在 TAS 图解中落入花岗闪长岩区内，一个落入闪长岩区内（图略），表明岩石明显偏中酸性；大多数花岗闪长岩样品落入花岗岩区内，仅一个样品落入花岗闪长岩区内，表明岩石偏酸性。石英闪长岩和花岗闪长岩均位于 Ir 线下方，为亚碱性岩石。在 SiO_2-K_2O 图解中落入高钾钙碱性岩区（图 3-5）。石英闪长岩 A/CNK 为 0.97～1.02，属准铝质岩石；而花岗闪长岩 A/CNK 较高，为 0.97～1.21，多数样品大于 1.0，个别大于 1.1，应为过铝质岩石。石英闪长岩 σ 为 2.09～2.25，花岗闪长岩 σ 为 1.51～2.14，均属钙碱性岩系，表明岩浆成分有向高硅富碱过铝方向演化的特点。

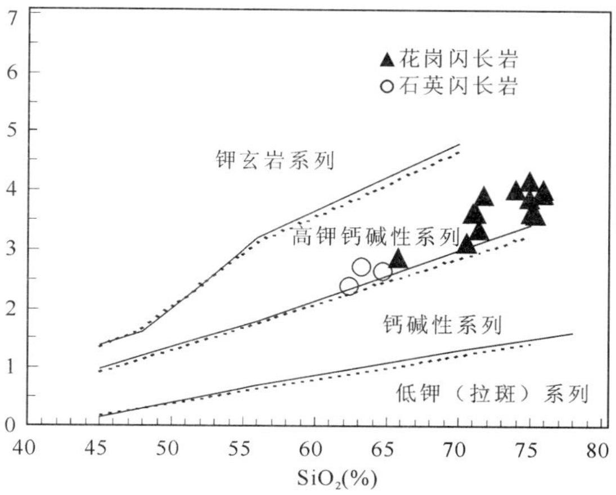

图 3-5 扎那日根岩体 K_2O-SiO_2 图解

（2）稀土元素和微量元素

闪长岩 REE 和微量元素含量见表 3-8。石英闪长岩 ΣREE 为 189.68×10^{-6}～217.61×10^{-6}，L/H 比值为 8.80～11.10，$(La/Yb)_N$ 比值为 11.07～15.57；花岗闪长岩 ΣREE 为 128.03×10^{-6}～217.28×10^{-6}，L/H 为 13.22～21.41，$(La/Yb)_N$ 比值为 17.47～32.13。二者均属 LREE 显著富集型。REE 配分曲线一致，呈斜率较大的右倾式（图 3-6），说明二者为同源岩浆的产物。石英闪长岩无负 Eu 异常或弱异常（δEu 为 0.84～0.96），花岗闪长岩表现为较明显的负 Eu 异常（δEu 为 0.63～0.88），说明从石英闪长岩到花岗闪长岩的演化是连续的，岩体具有一定的分异作用。石英闪长岩 Sm/Nd 值（0.18～0.20）和花岗闪长岩 Sm/Nd 值（0.16～0.19），均低于陆壳平均值。

表 3-8 扎那日根岩体稀土元素和微量元素分析结果（$\times10^{-6}$）

序号	样品号	La	Ce	Pr	Nd	Sm	Eu	Gd	Tb	Dy	Ho	Er	Tm	Yb	Lu	Y	ΣREE	LREE	δEu
1	1108/1	38.3	61.5	6.10	23.1	4.09	0.77	2.90	0.47	2.55	0.50	1.39	0.23	1.44	0.21	11.4	143.55	133.86	0.66
2	1108/1-2	41.9	67.8	6.98	26.6	4.28	1.04	3.34	0.60	2.81	0.50	1.58	0.25	1.57	0.23	12.2	159.48	148.60	0.82
3	1108/3	40.6	59.3	5.90	18.0	3.15	0.62	2.35	0.35	1.95	0.32	1.01	0.14	0.92	0.14	8.8	134.75	127.57	0.67
4	1108/3-1	43.5	63.1	6.64	18.8	3.00	0.67	2.22	0.34	1.65	0.28	0.83	0.12	0.78	0.12	7.5	142.05	135.71	0.77
5	1108/3-2	38.2	56.7	5.60	17.0	3.24	0.58	2.23	0.34	2.05	0.38	1.07	0.17	0.86	0.12	8.2	128.54	121.32	0.63
6	1108/3-3	37.4	55.9	6.49	17.8	3.04	0.64	2.20	0.34	1.80	0.34	0.91	0.14	0.90	0.13	7.7	128.03	121.27	0.73
7	1108/3-4	44.0	63.8	6.45	19.0	3.36	0.69	2.46	0.34	1.94	0.36	1.02	0.15	0.90	0.14	8.8	144.61	137.30	0.71
8	1108/4-1	40.3	60.7	7.18	22.6	4.12	1.11	3.53	0.49	2.76	0.46	1.33	0.20	1.13	0.16	10.6	146.07	136.01	0.88
9	1108/4-5	45.1	71.2	8.36	26.4	4.47	0.99	3.74	0.62	3.11	0.55	1.68	0.26	1.62	0.26	13.3	168.36	156.52	0.73
10	1109-2	59.6	91.0	9.48	34.7	6.21	1.27	4.51	0.74	4.15	0.74	2.17	0.33	2.08	0.30	16.6	217.28	202.26	0.71
11	1108/2	43.4	75.2	8.39	36.0	6.76	1.92	5.30	0.86	5.14	0.88	2.73	0.37	2.38	0.35	20.6	189.68	171.67	0.96
12	1108/2-1	55.6	88.2	11.40	36.0	6.60	1.82	5.63	0.86	4.89	0.89	2.63	0.39	2.35	0.35	19.7	217.61	199.62	0.90
13	1108/2-2	46.7	83.7	10.50	39.2	7.96	2.04	6.65	0.96	6.14	1.09	3.10	0.48	2.78	0.41	25.5	211.71	190.10	0.84

续表 3-8

序号	样号	Cu	Pb	Zn	Cr	Li	Rb	Cs	Sr	Ba	V	Sc	Ga	Be	Nb	Ta	Zr	Hf	U	Th
1	1108/1	28.4	11.0	33.0	8.5	5.3	93.9	5.6	178	619	20.5	2.18	16.5	2.83	20.1	3.44	166	5.54	1.9	3.9
2	1108/1-1	30.2	10.6	33.5	9.3	5.2	92.2	3.7	174	674	20.8	1.50	17	2.50	20.4	1.38	216	6.48	2.98	22.6
3	1108/1-2	48.2	6.8	33.8	15.1	8.5	88.8	4.0	230	778	23.4	2.50	16.3	2.31	20.0	1.84	249	7.27	0.52	9.5
4	1108/3	10.2	2.7	18.5	8.3	14.3	89.1	3.1	122	726	15.4	2.24	15.0	2.22	18.7	2.57	84	3.28	2.92	9.8
5	1108/3-1	10.4	6.7	21.6	3.0	12.5	88.4	3.2	136	659	16.4	1.29	13.6	2.27	16.6	2.41	80	2.94	2.36	7.7
6	1108/3-2	15.9	13.4	32.4	6.1	11.4	101	2.9	183	846	14.5	1.60	12.5	2.14	18.0	1.87	88	3.11	2.58	6.2
7	1108/3-3	10.9	8.05	22.3	11.0	8.5	92.7	3.1	147	741	14.0	1.62	14.6	2.23	11.8	0.54	67	2.15	2.70	14.6
8	1108/3-4	13.2	28.8	26.9	18.0	11.2	87.0	3.2	176	704	15.6	2.09	13.2	2.58	15.2	1.51	79	2.64	1.90	14.8
9	1108/2	12.9	6.4	70.9	4.8	21.3	71.4	4.3	635	673	71.9	7.82	25.1	2.47	30.2	2.37	382	9.58	0.52	7.2
10	1108/2-1	45.8	7.3	59.8	4.8	21.0	69.1	4.0	592	686	65.8	6.81	24.7	2.81	23.5	1.42	299	7.97	1.21	10.3
11	1108/2-2	19.9	4.5	71.2	6.0	22.0	63.0	3.7	593	609	93	10.70	27.1	2.98	27.9	1.88	336	8.77	0.98	11.6
12	1108/4-1	50.1	47.8	61.6	52.0	57.2	72.0	6.4	861	671	90.1	7.21	17.6	1.86	18.6	1.48	139	4.13	1.44	12.5
13	1108/4-3	21.4	18.3	38.6	7.8	16.6	95.4	3.6	295	670	27.4	2.56	17.3	1.99	17.7	0.59	130	4.83	1.67	14.6
14	1108/4-5	10.7	23.8	36.5	7.9	21.4	95.3	2.7	331	725	32.2	2.91	19.3	2.22	18.1	1.15	121	4.38	1.78	13.6
15	1109-1	9.0	55.7	35.4	6.8	21.2	93.7	2.9	366	704	33.4	3.10	17.8	2.37	21.8	1.23	182	6.43	2.70	11.3
16	1109-2	8.2	12.7	38.9	5.2	21.2	70.4	3.8	446	671	39.9	3.35	18.1	2.37	22.9	2.17	179	6.00	2.13	8.8

在微量元素 MORB 标准化蛛网图上(图 3-7),闪长岩微量元素均表现为富集 LILE(K、Ba、Rb)及 HFSE(Th),相对于其他相邻元素而言,Sr、Nb、Ta 略显亏损,Ti、P 较强亏损。Nb/La 比值(=0.32~0.70)与具岛弧特征的钾质岩石相似。闪长岩显示的 P、Ti 亏损表明岩石受到了磷灰石、钛铁矿的分离结晶作用影响。Rb/Sr 比值为 0.11~0.73。

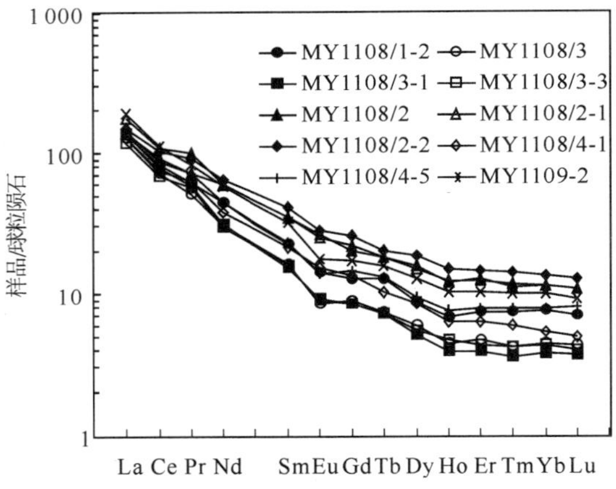

图 3-6　扎那日根岩体稀土元素配分型式

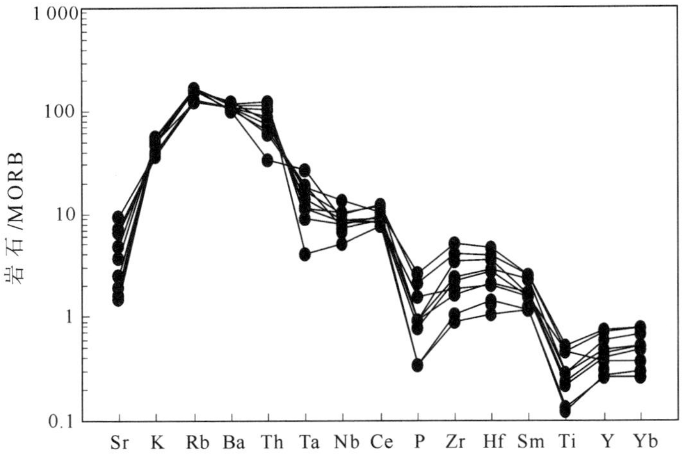

图 3-7　扎那日根岩体微量元素蛛网图

(3) Sr、Nd 同位素组成

扎那日根岩体 Sr、Nd 同位素分析结果见表 3-9。$(^{87}Sr/^{86}Sr)i$ 较低,变化于 0.704 03~0.704 63 之间,$\varepsilon_{Nd}(t)$值较高,变化于 2.7~3.4 之间,显示了略亏损的地幔源区特征。

表 3-9 扎那日根岩体 Nd,Sr 同位素组成

样品号	1108/1	1108/1-1	1108/3	1108/3-2
$^{147}Sm/^{144}Nd$	0.091 6	0.090 6	0.089 9	0.008 1
$^{143}Nd/^{144}Nd$	0.512 664	0.512 646	0.512 626	0.512 656
$(^{143}Nd/^{144}Nd)i$	0.512 535	0.512 518	0.512 499	0.512 531
$\varepsilon_{Nd}(t)$	3.4	3.1	2.7	3.3
$^{87}Rb/^{86}Sr$	1.492	1.518	2.334	1.674
$^{87}Sr/^{86}Sr$	0.708 93	0.709 29	0.711 20	0.709 64
$(^{87}Sr/^{86}Sr)i$	0.704 35	0.704 63	0.704 03	0.704 50
$\varepsilon_{Sr}(t)$	1.4	5.4	−3.1	3.6
T_{2DM}(Ma)	718	744	744	722

(二) 燕山早期尕考查锐-西恰赛索闪长岩

1. 空间分布和产状

燕山早期侵入岩分布于调查区北部,称为尕考查锐-西恰赛索闪长岩体。在西恰赛索的 3 个侵入体岩性为黑云母石英闪长岩,呈不规则的椭圆状,小岩株状产出,总面积仅 0.73km²,侵入中二叠世诺日巴尕日保组及下石炭统杂多群碳酸盐岩组中;出露于尕考查锐的侵入体岩性为不等粒辉长-闪长岩,呈北东向延伸的椭圆状,小岩株状产出,面积 2.52km²,侵入中二叠世索加组及九十道班组中。

2. 岩石类型和副矿物

(1) 黑云母石英闪长岩

灰、灰绿色,中—细粒半自形似斑状结构,块状构造。斜长石为更长石(58%~59%),呈粗大的似斑晶,粒径大小在 2~3mm 之间;石英(5%~10%)呈他形粒状晶体;黑云母(10%~12%)呈片状、碎片状,分布于斜长石边部;角闪石为普通角闪石(4%)。副矿物为磷灰石、榍石,含量甚微。

青海省区调综合地质大队(1993)依据西恰赛索石英闪长岩岩体侵入二叠系,将其时代确定为印支期。本次工作在该岩体中获得的单颗粒锆石 U-Pb 同位素年龄为 183Ma(表 3-10),说明其时代为早侏罗世晚期,属燕山早期侵入岩。

表 3-10 西恰赛索闪长岩锆石 U-Pb 同位素分析结果

样号	含量(10^{-6})		普通铅含量(10^{-6})	同位素原子比及误差(2σ)				表面年龄(Ma)		
	U	Pb		$^{206}Pb/^{204}Pb$	$^{206}Pb/^{238}U$	$^{207}Pb/^{235}U$	$^{207}Pb/^{206}Pb$	$^{206}Pb/^{238}U$	$^{207}Pb/^{235}U$	$^{207}Pb/^{206}Pb$
Sj-1	790.2	664.8	6.318	20.7	0.028 86	0.198 68	0.049 92	183	184	191
					0.005 1	0.372 86	0.094 11	32	345	360

(2) 不等粒辉长-闪长岩

灰、灰绿色,岩石具不等粒半自形粒状结构,块状构造(图版 33-4)。由斜长石(60%)、角闪石(15%)、辉石(10%)及少量石英(2%~3%)、钾长石(<5%)、磷灰石(1%~2%)、榍石(1%)和磁铁矿(2%~3%)组成。斜长石为半自形柱状,少数为他形不规则粒状,聚片双晶清楚,有简单的环带构造,有中、强度的泥化,粒径不等,以 0.1mm×0.25mm~0.4mm×1.5mm 为主,但多数小于 1.0mm。角闪石为半自形柱状、不规则他形粒状,个别较自形,解理发育,少部分可见两组相交成菱形的断面,多色性强,

浅黄、浅黄棕色，少数为黄白、灰绿色，有简单双晶，粒径多为0.2～0.4mm，部分成辉石的反应边，部分则变成绿泥石。辉石为单斜辉石，规则短柱状，解理发育，有的可见两组近正交的解理，粒径多大于角闪石，多为0.5～1.0mm，少数可达1.0mm×2.0mm。石英为不规则他形粒状或填隙状，钾长石为不规则他形粒状或填隙状微晶。

（3）副矿物特征

闪长岩主要副矿物含量见表3-6。副矿物组合为磁铁矿-钛铁矿-锆石-磷灰石型，偶见黄铁矿、重晶石、自然铅等。磷灰石晶体呈六方双锥柱状，由{1011}、{1010}面组成聚形，颜色一般无色，少部分呈浅黄色、灰黑色（含尘埃状黑色包体），无色者透明度好，粒径大小0.06～0.15mm，长宽比为2∶1～3∶1。锆石晶体呈双锥短柱状、尖锐双锥柱状，由{311}、{110}、{111}面组成聚形，颜色呈淡水红色，近于无色，个别见双晶纹及管状气液包体，粒径为0.03～0.09mm，晶体长宽比一般为1∶1～1∶4，次为2∶1～3∶1。

3. 岩石地球化学特征

（1）主量元素

早侏罗世闪长岩岩石化学成分见表3-11。尕考查锐辉长-闪长岩体SiO_2含量较低（49.48%～51.14%），高铝含量（15.64%～18.00%，平均为16.84%），Na_2O含量为3.30%～3.87%，K_2O含量低（1.12%～1.76%），$Na_2O>K_2O$；西恰赛索黑云母石英闪长岩体SiO_2含量较高（53.82%～61.68%），Na_2O含量为3.76%～5.28%（平均4.39%），K_2O含量为1.87%～2.89%（平均2.32%），$Na_2O>K_2O$，K_2O+Na_2O含量为5.63%～8.17%（平均6.71%），Al_2O_3含量为16.39%～17.09%（平均16.74%）。在TAS图解中，闪长岩样品主要落入碱性系列与亚碱性系列分界线附近靠亚碱性系列一侧，仅一个样品靠碱性系列一侧（图略）。在SiO_2-K_2O图解中，尕考查锐辉长-闪长岩体主要落入中钾钙碱性系列，一个样品落入高钾钙碱性系列；西恰赛索黑云母石英闪长岩体则全部落入高钾钙碱性系列（图3-8）。岩石普遍富铝（Al_2O_3含量大于15.00%）、低钛（TiO_2含量小于1.70%），这是岩浆起源于活动大陆边缘（或岛弧环境）的一个标志，因为陆壳物质为玄武岩浆富铝创造了最有利的条件（Beard，1986）。A/CNK为0.73～1.11（平均0.88），为准铝质到过铝质。$FeO^*/(FeO^*+MgO)$比值为0.59～0.68，$Mg^\#$为55.12～62.55，反映原始岩浆在上升过程中经历了明显的结晶分离作用。

表3-11　尕考查锐-西恰赛索侵入岩主量元素（%）、微量元素和稀土元素分析结果（$\times10^{-6}$）

样号	D155-1b	D155-2b	D155-3b	D155-4b	D557-4b	D557-7b	D557-9b	D557-10b
岩性	黑云母石英闪长岩				辉长-闪长岩			
SiO_2	54.16	53.82	57.84	61.68	51.14	50.84	49.48	50.7
TiO_2	1.50	1.45	1.09	0.89	1.40	1.54	1.68	1.42
Al_2O_3	16.90	17.09	16.56	16.39	17.24	16.46	18.00	15.64
Fe_2O_3	1.74	1.06	1.13	0.48	2.02	1.04	2.79	2.37
FeO	5.97	6.70	4.83	4.1	6.45	7.54	7.42	7.21
MnO	0.11	0.12	0.06	0.08	0.13	0.14	0.20	0.16
MgO	4.34	4.77	3.45	2.83	5.44	5.34	4.74	6.72
CaO	5.50	5.66	3.32	1.63	7.49	7.99	8.82	7.72
Na_2O	3.77	3.76	4.76	5.28	3.87	3.72	3.30	3.40
K_2O	1.97	1.87	2.54	2.89	1.20	1.76	1.12	1.39
P_2O_5	0.42	0.41	0.37	0.32	0.36	0.31	0.29	0.36
灼失量	2.54	2.32	3.37	2.62	2.74	1.90	0.94	1.94
总量	98.92	99.03	99.32	99.19	99.74	98.58	98.78	99.03

续表 3-11

样号	D155-1b	D155-2b	D155-3b	D155-4b	D557-4b	D557-7b	D557-9b	D557-10b
岩性	黑云母石英闪长岩				辉长-闪长岩			
A/CNK	0.92	0.92	1.00	1.11	0.81	0.73	0.79	0.74
$Mg^{\#}$	56.54	55.92	56.21	55.12	60	55.70	53.18	62.55
La	33.20	34.40	41.30	47.30	26.40	25.10	19.60	25.40
Ce	58.70	60.30	70.10	79.70	47.20	46.10	37.30	46.30
Pr	7.74	7.73	8.06	9.01	5.87	6.21	4.96	5.91
Nd	30.90	32.70	33.60	35.80	25.20	26.00	23.10	26.60
Sm	6.15	6.46	6.55	6.56	5.08	5.48	5.16	5.42
Eu	1.84	1.98	1.86	1.77	1.56	1.64	1.71	1.59
Gd	5.67	5.97	5.37	5.18	4.57	4.81	4.55	4.86
Tb	0.89	0.89	0.90	0.72	0.70	0.71	0.71	0.85
Dy	5.23	5.49	4.78	4.70	4.13	4.51	4.45	4.61
Ho	0.98	1.04	0.84	0.88	0.71	0.81	0.83	0.77
Er	2.93	3.14	2.61	2.53	2.30	2.33	2.47	2.58
Tm	0.44	0.43	0.40	0.38	0.30	0.37	0.32	0.33
Yb	2.54	2.60	2.30	2.34	1.86	1.90	1.94	2.02
Lu	0.41	0.40	0.36	0.39	0.29	0.28	0.29	0.31
Y	21.60	22.80	20.20	19.90	17.60	18.40	18.50	19.00
ΣREE	157.62	163.53	179.03	197.26	125.97	126.25	107.39	127.55
LREE	138.53	143.57	161.47	180.14	111.11	110.53	91.83	111.22
HREE	19.09	19.96	17.56	17.12	14.86	15.72	15.56	16.33
δEu	0.95	0.97	0.94	0.91	0.98	0.96	1.07	0.94
Zn	89.90	92.10	64.20	60.10	91.80	95.80	125.00	112.00
V	172	183	131	80.40	262	275	352	287
Cs	2.50	2.70	3.00	2.60	2.50	3.10	2.80	3.00
Rb	65.90	64.30	60	61.90	32.30	45.80	30.00	38.80
U	1.73	1.73	1.33	1.73	1.33	1.33	1.73	2.16
Ba	653	621	578	652	409	453	287	420
Sr	779	795	510	484	619	720	618	543
Nb	17.70	18.10	20.20	21.40	13.50	13.90	9.30	13.20
Be	1.84	1.71	2.08	1.70	2.12	2.37	2.59	2.39
Th	12.60	22.60	9.98	8.77	11.50	9.14	6.29	15.30
Sc	18.60	20.30	12.30	7.10	28.60	33.70	16.60	24.20
Ta	1.04	0.55	1.28	1.61	0.69	1.22	0.64	0.82
Zr	237	208	270	241	152	153	146	174
Hf	6.17	5.43	6.87	6.56	4.44	4.59	4.40	5.18

续表 3-11

样号	D155-1b	D155-2b	D155-3b	D155-4b	D557-4b	D557-7b	D557-9b	D557-10b
岩性	黑云母石英闪长岩				辉长-闪长岩			
Cr	54.3	57.3	21.6	11.3	70.7	78.5	4.2	90.6
Cu	96.4	107.0	78.4	57.7	187.0	213.0	128.0	226.0
Pb	10	52	9	13	39	4	41	10
As	15.40	0.15	2.58	1.08	0.64	0.72	1.03	1.16
Au	0.3	0.8	0.2	0.2	0.2	3.4	0.2	12.2
Li	40.6	42.4	47.0	40.9	13.6	15.3	14.3	14.8
Ag	0.058	0.062	0.016	0.028	0.065	0.09	0.045	0.1

(2) 稀土元素和微量元素

早侏罗世闪长岩的 REE 和微量元素含量见表 3-11。ΣREE 为 $107.39\times10^{-6}\sim197.26\times10^{-6}$，L/H比值为 5.9～10.52，属 LREE 富集型，反映稀土元素分馏程度的$(La/Yb)_N$比值较高(6.66～13.3)，δEu 为 0.91～1.07，无负 Eu 异常，表明斜长石的分异作用并不明显，岩浆分异作用可能发生于较深部位(王方正等，2002)。稀土元素分布曲线呈向右倾的平滑型(图 3-9)，曲线特征一致显示同源演化特征。

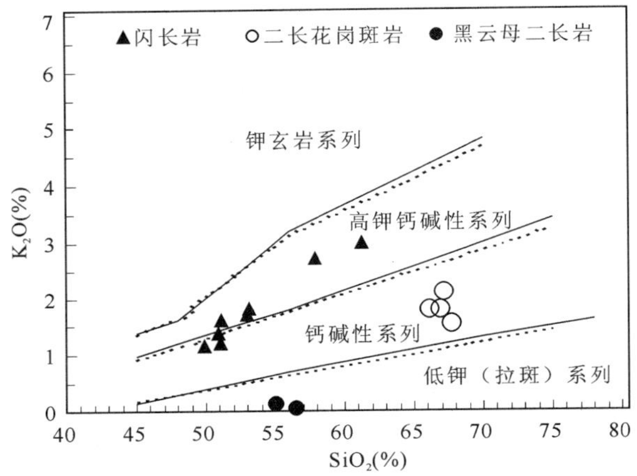

图 3-8　燕山期中酸性侵入岩 SiO_2-K_2O 图解

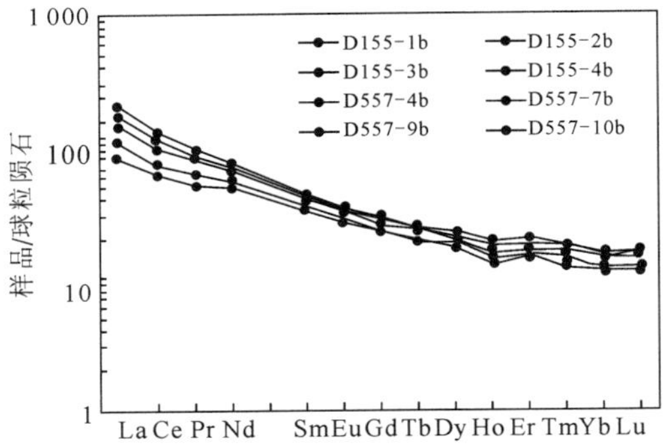

图 3-9　尕考查锐闪长岩 REE 配分型式

闪长岩的微量元素 MORB 标准化蛛网图表现为富集 LILE(K、Rb、Ba)及 HFSE(Th)，相对于其他相邻元素而言，Nb、Ta、P、Ti、Y 略显亏损，曲线总体呈现平坦型(图 3-10)。Nb/La 比值(0.45～0.53)与岛弧特征的钾质岩石相似。

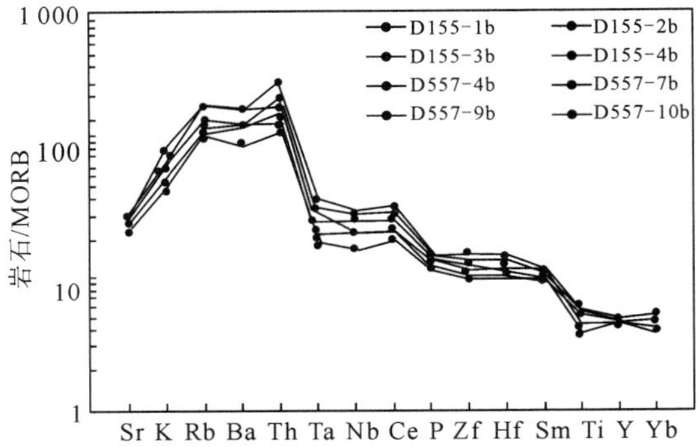

图 3-10　尕考查锐石英二长闪长岩体微量元素蛛网图

(3) Sr、Nd同位素组成

尕考查锐-西恰赛索闪长岩体Sr、Nd同位素分析结果见表3-12。($^{87}Sr/^{86}Sr)_i$ 值(0.704 24～0.705 81)变化较小，而 $\varepsilon_{Nd}(t)$ 值(−0.6～21.6)变化较大。燕山早期早侏罗世闪长岩样品点在 $\varepsilon_{Nd}(t)-\varepsilon_{Sr}(t)$ 图解中呈水平展布的带状，Nd、Sr相关性显示略亏损的地幔源区特征，指示可能受到来自富集地幔物质的影响(图3-11)。这种Nd、Sr同位素特征可能暗示岩浆形成于板块消减作用。

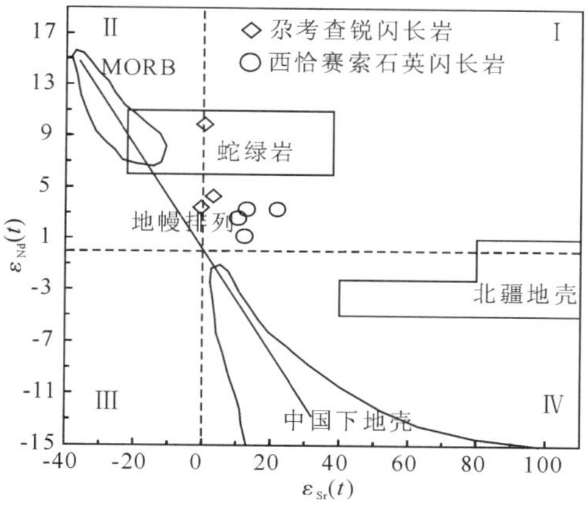

图3-11 早侏罗世闪长岩 $\varepsilon_{Nd}(t)-\varepsilon_{Sr}(t)$ 图

表3-12 早侏罗世闪长岩和早白垩世二长花岗斑岩Nd、Sr同位素组成

样品号	D155-1b	D155-2b	D155-3b	D155-4b
岩体名称	西恰赛索石英闪长岩体			
$^{147}Sm/^{144}Nd$	0.119 4	0.120 7	0.109 1	0.104 1
$^{143}Nd/^{144}Nd$	0.512 712	0.512 609	0.512 666	0.512 697
$(^{143}Nd/^{144}Nd)_i$	0.512 569	0.512 464	0.512 535	0.512 572
$\varepsilon_{Nd}(t)$	3.3	1.2	2.6	3.3
$^{87}Rb/^{86}Sr$	0.218 3	0.219 7	0.360 4	0.388 7
$^{87}Sr/^{86}Sr$	0.705 74	0.705 70	0.705 94	0.706 82
$(^{87}Sr/^{86}Sr)_i$	0.705 17	0.705 13	0.705 00	0.705 81
$\varepsilon_{Sr}(t)$	12.6	12	10.2	21.6
T_{2DM}(Ma)	703	870	757	698

样品号	D557-4b	D557-9b	D557-10b	D539-1b	D539-2b
岩体名称	尕考查锐辉长-闪长岩体			啊聂托确二长花岗斑岩体	
$^{147}Sm/^{144}Nd$	0.119 5	0.130 5	0.124 2	0.105 0	0.104 7
$^{143}Nd/^{144}Nd$	0.512 718	0.513 066	0.512 773	0.512 658	0.512 721
$(^{143}Nd/^{144}Nd)_i$	0.512 575	0.512 910	0.512 624	0.512 571	0.512 635
$\varepsilon_{Nd}(t)$	3.4	9.9	4.3	1.9	3.1
$^{87}Rb/^{86}Sr$	0.125 2	0.114 5	0.168	4.423	2.246
$^{87}Sr/^{86}Sr$	0.704 57	0.704 61	0.704 94	0.719 85	0.714 01
$(^{87}Sr/^{86}Sr)_i$	0.704 24	0.704 31	0.704 50	0.711 93	0.709 99
$\varepsilon_{Sr}(t)$	−0.6	0.4	3.1	107.6	80
T_{2DM}(Ma)	694	160	615	769	669

（三）燕山晚期侵入岩

包括二长花岗斑岩和黑云母二长岩两个侵入体。

1. 二长花岗斑岩

位于调查区西北部啊聂托确，呈不规则状小岩株状产出，面积约 4.3km²。在北部侵入上三叠统波里拉组；在南端侵入上三叠统甲丕拉组。

（1）岩石类型和副矿物

岩石类型单一，为二长花岗斑岩。岩石呈肉红色，斑状结构（图版 33-5），基质具微粒结构，块状构造。岩石由斑晶和基质组成。斑晶由斜长石（6%～8%）、钾长石（1%～5%）、石英（6%～8%）及黑云母（3%～7%）组成。斜长石多呈半自形柱状，部分为他形不规则粒状，大小不等，小的多为 0.5mm，大的可达 2mm×3mm。石英多为不规则等轴状，个别自形较好，可见六边形晶形，部分有熔蚀和不规则的微裂纹，少数斑晶有波状消光，大小不等，小的多为 0.3mm，大的可达 2mm。黑云母呈鳞片状，大小不等，小片约为 0.3mm×0.5mm，大片约为 0.8mm×1.5mm，全部次生变化，有的成铁质氧化物，部分变为白云母。基质由他形微粒状石英（28%～30%）、半自形微粒状斜长石（31%）、他形微粒状钾长石（18%～22%）和细小的鳞片状黑云母（5%）组成。

二长花岗斑岩副矿物组合为榍石-锆石-磷灰石型（表 3-5），偶见钛铁矿、赤铁矿及自然铅等。锆石晶体呈双锥状，主要由{111}、{100}组成聚形为主，由{111}、{311}、{100}组成聚形次之，颜色呈酒黄色、无色，玻璃光泽，透明，个别矿物内含小锆石包体。磷灰石晶体呈六方平顶双锥柱状，由{0001}、{1011}、{1010}组成聚形，无色透明，少部分呈淡黄色，个别含极细粒状磷灰石包体。

青海地矿局区调综合地质大队（1993）依据啊聂托确花岗斑岩体侵入二叠系，将该岩体划分为印支期。本次工作获得的单颗粒锆石 U-Pb 同位素年龄为 126Ma（表 3-13），说明其时代为早白垩世。

表 3-13　啊聂托确二长花岗斑岩岩体锆石 U-Pb 同位素分析结果

样号	含量（10^{-6}）		普通铅含量（10^{-6}）	同位素原子比及误差（2σ）				表面年龄（Ma）		
	U	Pb		$^{206}Pb/^{204}Pb$	$^{206}Pb/^{238}U$	$^{207}Pb/^{235}U$	$^{207}Pb/^{206}Pb$	$^{206}Pb/^{238}U$	$^{207}Pb/^{235}U$	$^{207}Pb/^{206}Pb$
D539-2	792.1	73.9	5.517	35.8	0.019 78	0.134 25	0.049 2	126	127	157
					0.000 6	0.054 74	0.020 12	3.8	52.1	64.4

（2）岩石地球化学特征

① 主量元素

啊聂托确二长花岗斑岩岩石化学成分见表 3-14。SiO_2 含量为 67.36%～68.12%（平均 67.30%），Al_2O_3 含量为 14.23%～15.12%（平均 14.70%），为低铝型（<15%），TiO_2 含量为 0.30%～0.35%（平均 0.32%），Na_2O 含量低（为 0.03%～0.06%，平均 0.042%），K_2O 含量为 1.57%～2.18%（平均 2.22%），$Na_2O<K_2O$，（K_2O+Na_2O）含量为 1.6%～2.24%（平均 1.88%）。σ 为 0.1～0.2，属钙碱性系列。在 TAS 图解中，二长花岗斑岩样品主要落入亚碱性岩区（图略）；在 SiO_2-K_2O 图解中，样品落入钙碱性岩区（图 3-8）。

表 3-14　啊聂托确二长花岗斑岩和埋扎黑云母二长岩主量元素含量（%）

样号	D539-1b	D539-2b	D539-3b	D539-4b	GS1	GS9
岩体名称	啊聂托确二长花岗斑岩体				埋扎二长岩体	
SiO_2	67.36	68.12	67.17	66.54	55.00	57.09
TiO_2	0.35	0.33	0.31	0.30	1.20	1.05

续表 3-14

样号	D539-1b	D539-2b	D539-3b	D539-4b	GS1	GS9
岩体名称	啊聂托确二长花岗斑岩体				埋扎二长岩体	
Al_2O_3	14.94	14.63	15.12	14.23	17.49	15.71
Fe_2O_3	0.96	0.35	1.01	0.47	7.43	0.72
FeO	1.81	1.62	1.40	1.81	0.40	6.60
MnO	0.05	0.05	0.04	0.06	0.23	0.11
MgO	0.76	0.71	0.71	0.94	2.94	4.73
CaO	3.60	3.89	4.14	4.90	2.97	1.94
Na_2O	0.05	0.03	0.06	0.03	7.18	5.37
K_2O	1.83	1.57	2.18	1.79	0.19	0.10
P_2O_5	0.13	0.11	0.10	0.09	0.55	0.11
灼失量	7.60	7.82	7.98	8.95	4.00	5.47
总量	99.44	99.26	100.22	100.11	99.58	99.00
A/CNK	1.74	1.66	1.51	1.31	1.00	1.26
DI	67.35	67.03	66.77	63.09	69.07	59.90
$\sigma43$	0.14	0.10	0.20	0.13	4.06	1.90
SI	14.05	17.17	13.3	18.71	16.57	27.00
AR	1.23	1.19	1.26	1.21	2.13	1.90

② 稀土元素和微量元素

二长花岗斑岩的 REE 和微量元素含量见表 3-15。ΣREE 为 $109.09\times10^{-6}\sim120.87\times10^{-6}$(平均 115.38×10^{-6}),L/H 比值为 16.06～15.14,属 LREE 富集型,反映重稀土元素分馏程度的$(La/Yb)_N$比值较高(为 32.74～38.95,平均 35.82),与 L/H 比值一致,表明轻重稀土元素分异明显,反映重稀土元素之间分馏程度的$(Gd/Yb)_N$比值较高(3.14～3.58)。δEu 为 0.84～0.96,显示弱负 Eu 异常,说明斜长石的分异作用不强。稀土元素配分曲线呈向右倾的平滑型(图 3-12),具有低 Y($\leqslant19\times10^{-6}$)和低 Yb($\leqslant1.8\times10^{-6}$)、低重稀土元素的特点,类似埃达克质的中酸性岩,但其 Sr 含量较低($55.2\times10^{-6}\sim112.0\times10^{-6}$),以此不同于埃达克岩。上述特征暗示源区可能有石榴石残留相。微量元素 MORB 标准化蛛网图表现为富集 LILE(K、Ba、Rb)及 HFSE(Th),Nb、Ta、P 相对略显亏损,Ti 和 Y 较强亏损(图3-13)。Rb/Sr 比值为 0.65～1.69,与弧花岗岩的特征相似。

表 3-15 啊聂托确二长花岗斑岩岩体微量元素和稀土元素分析结果($\times10^{-6}$)

样号	Zn	Cu	Pb	Li	V	Cs	Rb	U	Ba	Sr	Nb	Be	Cs
D539-1b	29.7	17	11	62.3	43.5	14.3	93.1	4	252	55.2	12	1.83	\
D539-2b	18.2	7.5	24	51.8	42.3	9.7	75.8	2.8	710	97.2	11.7	1.5	\
D539-3b	\	\	\	59.8	44.2	\	86.5	4.94	384	70.6	12.8	1.77	20.9
D539-4b	\	\	\	46.6	41.5	\	72.5	2.88	695	112	9.87	1.85	13.7

样号	Th	Sc	Ta	Zr	Hf	Ni	Cr	Co	Sn	La	Ce	Pr
D539-1b	11.7	4.09	1.08	99.4	2.73	\	20.9	\	\	33.8	50	5.11
D539-2b	11.8	3.83	0.72	100	2.67	\	2.5	\	\	32.2	47	4.43

续表 3-15

样号	Th	Sc	Ta	Zr	Hf	Ni	Cr	Co	Sn	La	Ce	Pr
D539-3b	12.6	4.15	0.60	131	3.61	9.55	14.8	4.65	0.30	34.9	48.4	5.39
D539-4b	10.2	4.27	0.75	69.4	1.84	4.00	6.45	5.30	0.30	32.8	43	4.5

样品号	Nd	Sm	Eu	Gd	Tb	Dy	Ho	Er	Tm	Yb	Lu	Y	ΣREE	LREE	δEu
D539-1b	19.2	3.5	0.95	2.75	0.4	2.04	0.28	0.97	0.12	0.68	0.12	9.01	119.62	112.26	0.96
D539-2b	17.4	3.24	0.84	2.47	0.34	1.84	0.3	0.79	0.1	0.63	0.094	7.67	111.93	105.37	0.84
D539-3b	20.2	3.78	0.92	2.64	0.4	2.17	0.34	0.95	0.12	0.59	0.069	7.18	120.87	113.59	0.85
D539-4b	17.6	3.55	0.88	2.38	0.4	2.06	0.28	0.88	0.12	0.57	0.066	7.5	109.09	102.33	0.88

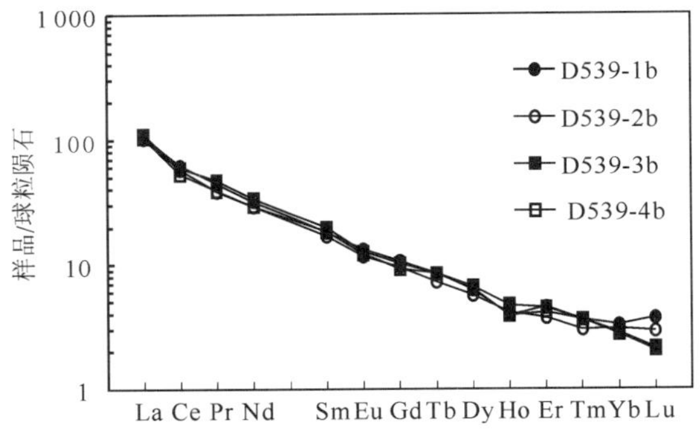

图 3-12　啊聂托确二长花岗斑岩 REE 配分曲线

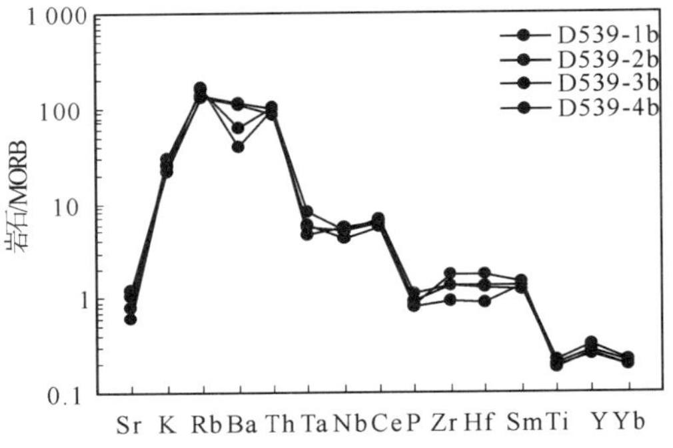

3-13　啊聂托确二长花岗斑岩微量元素蛛网图

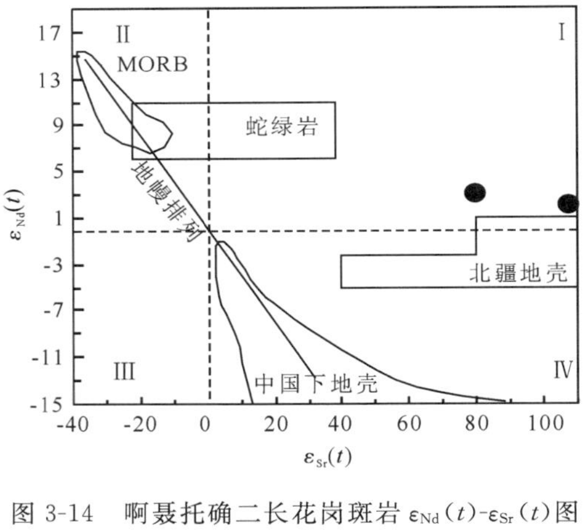

图 3-14　啊聂托确二长花岗斑岩 $\varepsilon_{Nd}(t)$-$\varepsilon_{Sr}(t)$图

③ Sr、Nd 同位素组成

早白垩世阿聂托确二长花岗斑岩 Sr、Nd 同位素分析结果见表 3-12。$\varepsilon_{Nd}(t)$为 1.9～3.1，表明其岩浆可能来自于亏损的源区；$\varepsilon_{Sr}(t)$为 107.6～80，较大，是由于岩石受到较强的碳酸盐化影响(图 3-14)。

2. 黑云母二长岩

黑云母二长岩位于调查区中部埋扎一带，为燕山晚期早白垩世侵入岩，呈一独立小岩株状侵入体，侵入中二叠世九十道班组碳酸盐岩中。其北侧被第四系覆盖，呈不规则椭圆状，椭圆长轴北西向展布，出露面积 0.3km^2。

(1) 岩石类型和副矿物

岩石类型单一，灰色，似斑状结构，基质具半自形粒状，二长结构。岩石由斜长石(45%)、钾长石(38%)、黑云母(3%)，以及少量副矿物磷灰石、锆石和含钛矿物组成。斜长石呈半自形板柱状晶体，少数呈似斑晶出现，常见钠长石化(为更长石)。钾长石为正长石，呈他形或半自形。黑云母呈不规则的片状。

(2) 岩石地球化学特征

埋扎黑云母二长岩岩石化学成分见表 3-14。SiO_2 含量较低(55%～57.09%)，岩石富铝，Al_2O_3 含量 15.71%～17.94%(平均 16.83%)，Na_2O 含量 5.37%～7.18%(平均 6.28%)，K_2O 含量仅 0.1%～0.19%(平均 0.15%)，$Na_2O>K_2O$，Na_2O+K_2O 含量平均为 6.43%。A/CNK 平均为 1.13(>1.1)，属强过铝质岩石，σ 平均为 3.3，属钙碱性系列。黑云母二长岩在 TAS 图解中，两个样品一个落入亚碱性岩区，一个落入碱性岩区(图略)；在 SiO_2-K_2O 图解中，样品点落入低钾(拉斑)岩区(图 3-8)。

第二节　火　山　岩

调查区火山岩以基性和中—基性岩为主，缺乏酸性岩和超基性岩，分布于下石炭统杂多群碎屑岩组、中二叠世诺日巴尕日保组、尕笛考组、尕日扎仁组、索加组、上三叠统甲丕拉组及下侏罗统那底岗日组中，尤以中二叠世尕笛考组最为发育。火山岩的一般特征见表3-16。

表3-16　调查区火山岩特征一览表

<table>
<tr><th>构造-岩浆旋回</th><th>地层</th><th>位置</th><th>喷发类型</th><th>环境</th><th>喷发强度</th><th>喷发产物</th></tr>
<tr><td>燕山早期</td><td>那底岗日组</td><td>果区麦加依、左支及扎那日根</td><td>溢流</td><td>陆相</td><td>较强</td><td>玄武岩、安山玄武岩</td></tr>
<tr><td>印支晚期</td><td>甲丕拉组</td><td>西恰山</td><td>喷发-溢流</td><td rowspan="4">海相</td><td>较强</td><td>凝灰熔岩、玄武岩、粗安岩</td></tr>
<tr><td rowspan="3">海西期</td><td rowspan="2">中二叠世索加组、尕日扎仁组、尕笛考组、诺日巴尕日保组</td><td>尕日扎仁</td><td>溢流</td><td>弱</td><td>石英玄武岩、安山玄武岩、玄武岩</td></tr>
<tr><td>尕白、尕日赛瑙贡玛、莫盖赛巴、玛日达卓、左支、夏玛贡玛、西恰赛索等地</td><td rowspan="2">喷发-溢流</td><td>强</td><td>凝灰岩、沉凝灰岩、集块岩、火山角砾岩、玄武岩、粗玄岩、安山岩</td></tr>
<tr><td>杂多群碎屑岩组</td><td>玛日达卓、西恰山西侧</td><td>弱</td><td>玄武岩</td></tr>
</table>

一、海西期火山岩

海西期火山岩为中—基性岩类，最早的喷发时代为早石炭世，大规模强烈喷发活动见于二叠纪。中二叠世中—基性火山岩主要产于栖霞期尕笛考组、诺日巴尕日保，少量基性火山岩见于茅口期尕日扎仁组、冷坞期索加组中。

（一）早石炭世火山岩

1. 主要岩石类型

石炭纪火山活动较弱，火山岩产于早石炭世杂多群碎屑岩组中。主要出露于玛日达卓、西巧日森、扎查琼及扎纳打龙等地，呈夹层产出，岩性为玄武岩，岩石呈绿色，具变余间粒结构，块状构造；由拉长石(63%)、方解石(20%)、绿泥石、绢云母(15%)及黄铁矿(2%)组成。拉长石呈半自形条状，晶粒大小0.015mm×0.2mm～0.016mm×0.25mm，杂乱分布，局部形成不规则三角形格架，其中充填方解石、绿泥石和绢云母等，具变余间粒结构特征。岩石普遍发生蚀变，可见到由绿泥石集合体保留辉石或橄榄石的假象。岩石中见少量由方解石充填形成的杏仁体。黄铁矿呈半自形晶，晶粒大小0.1～0.15mm，均匀分布于岩石中。

2. 岩石地球化学特征

(1) 主量元素

早石炭世火山岩岩石化学分析结果见表3-17。SiO_2含量为46.18%～47.42%，属玄武岩类；TiO_2含量为0.91%～0.92%；Al_2O_3含量为14.47%～15.26%(平均14.87%)；P_2O_5含量为0.57%～

0.85%(平均 0.71%);Mg 含量较低,为 6.41%~6.48%(平均 6.45%);K_2O 含量为 0.26%~1.08%(平均 0.67%),Na_2O 含量为 3.76%~5.53%(平均 4.65%),K_2O+Na_2O 平均为 5.31%,且 $Na_2O>K_2O$,具有贫钾富钠特点。在 Zr/TiO_2-Nb/Y 岩石分类图解上,样品点落入亚碱性系列区域(图略);在 FAM 图解中,样品落入钙碱性系列(图略)。CIPW 计算结果(表 3-18),无 Q,Ol 为 11.87%~13.52%,部分样品含有 Ne、Hy。

表 3-17　杂多群碎屑岩组火山岩主量元素含量分析结果及 CIPW 含量(%)

样号	岩性	SiO_2	TiO_2	Al_2O_3	Fe_2O_3	FeO	MnO	MgO	CaO	Na_2O	K_2O	P_2O_5	灼失量	总量
XR-7h	玄武岩	47.42	0.91	15.26	2.40	4.27	0.11	6.48	6.96	5.53	0.26	0.57	8.50	98.67
XR-13	凝灰岩	46.18	0.92	14.47	1.58	6.74	0.108	6.41	7.07	3.76	1.08	0.849	9.6	98.77

样品号	Ap	Il	Mt	Or	Ab	An	Di	Hy	Ol	Ne	DI	A/CNK	SI	σ	AR
XR-7h	1.38	1.92	3.86	1.68	43.61	17.81	13.39	0.00	11.87	4.49	49.77	0.69	34.22	4.29	1.70
XR-13	2.08	1.96	2.57	7.16	35.68	21.77	9.74	5.52	13.52	0.00	42.84	0.72	32.75	3.35	1.58

(2) 稀土元素和微量元素

早石炭世玄武岩 REE 和微量元素含量见表 3-18。ΣREE 为 111.28×10^{-6}~144.64×10^{-6}(平均 127.96×10^{-6}),L/H 为 6.44~6.61(平均 6.53),$(La/Yb)_N$ 为 6.21~7.57(平均 6.89),$\delta Eu=0.74$~0.79,为弱负 Eu 异常。稀土元素配分曲线为右倾的 LREE 富集型,LREE 配分曲线与 HREE 配分曲线具有相同的斜率(图 3-15),类似于板内玄武岩,而不像板块会聚边缘玄武岩 LREE 配分曲线普遍向右陡倾,HREE 配分曲线为相对平坦的配分模式。

表 3-18　杂多群碎屑岩组火山岩稀土元素和微量元素分析结果($\times10^{-6}$)

样号	样品名	La	Ce	Pr	Nd	Sm	Eu	Gd	Tb	Dy	Ho	Er	Tm	Yb	Lu	Y	ΣREE
XR-7	玄武岩	21.6	39.9	5.38	23.6	4.69	1.15	4.13	0.62	4.07	0.83	2.4	0.36	2.29	0.26	16.2	111.28
XR-13		26.2	50.8	7.5	32.6	6.96	1.58	5.88	0.91	5.37	0.96	2.9	0.42	2.28	0.28	21.9	144.64

样号	δEu	Cu	Pb	Zn	Li	Rb	Cs	Sr	Ba	Sb	Ga	Nb	Ta	Zr	Hf	U	Th
XR-7	0.79	38.6	44.5	104	88.4	11	2.95	540	187	0.36	20.1	10.3	0.53	151	5.08	3.77	18.4
XR-13	0.74	78.9	57	200	126	49	5.4	530	180	0.02	22.9	12.5	1.29	160	5.3	3.46	25.2

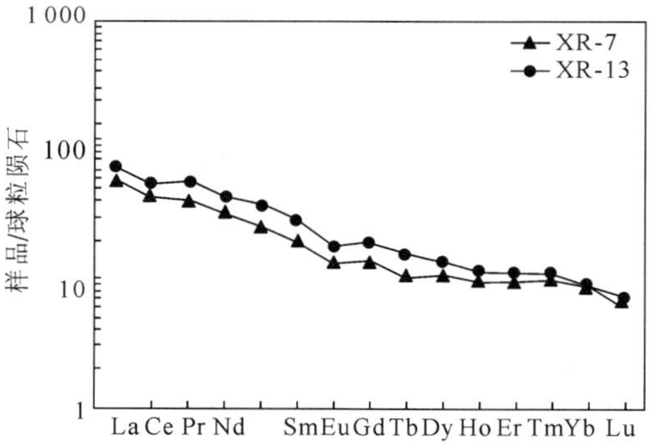

图 3-15　杂多群火山岩 REE 配分曲线

早石炭世玄武岩 Zr 含量在 151×10^{-6}~160×10^{-6} 之间;Hf 含量变化在 5.08×10^{-6}~5.3×10^{-6} 之间;Nb 含量变化在 10.3×10^{-6}~12.5×10^{-6} 之间;Ta 平均含量为 0.91×10^{-6}。Zr/Hf 值稳定,为 26.12~34.94;Zr/Nb 比值变化为 12.8~14.66;Hf/Th 比值变化在 0.21~0.28 之间;Th/Nb 比值变化在 1.79~2.02 之间(平均 1.90);Nb/Zr 比值变化在 0.07~0.08 之间(平均 0.075)。微量元素

MORB 标准化蛛网图显示隆起的特征(图 3-16),LILE 富集,HFSE 的 Nb、Ta、P、Ti 显示弱负异常,与弧火山岩不同,总体类似于板内玄武岩的微量元素分布形式。

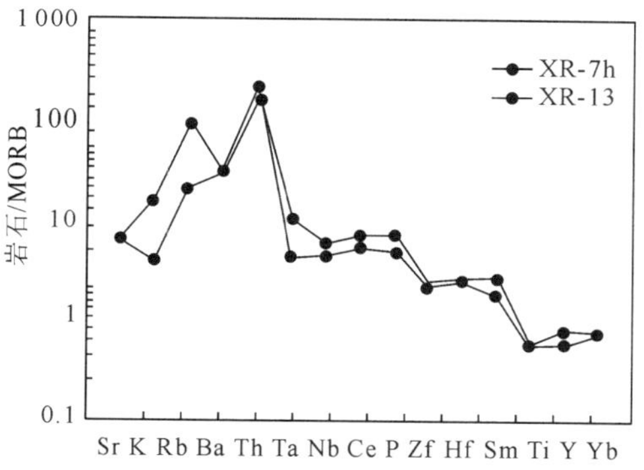

图 3-16 杂多群火山岩微量元素蛛网图

(二) 中二叠世栖霞期火山岩

1. 空间分布和产状

栖霞期中-基性火山岩主要分布于调查区中部尕日赛瑙贡玛-莫盖赛巴-扎结桑巴一带及东南部左支-苟纳梢宋一带的尕笛考组,在西恰赛索、尕白、玛日啊达州、阿日永等地的诺日巴尕日保组中亦有分布,向南、向东延入邻区图幅。该期火山岩发育属海相喷发类型,在尕笛考组出露最大厚度大于 1 683.62m,主要岩性为中—基性火山碎屑岩及熔岩;在诺日巴尕日保组出露厚度大于 378.59m,岩性以中—基性火山碎屑岩为主,见少量火山熔岩。该期火山岩纵横向变化较大,具有以中部北西向分布的尕笛考组为中心,向北东和南西两侧对称分布诺日巴尕日保组的特点(图 3-17)。在尕日赛瑙贡玛-莫盖赛巴-扎结桑巴一带的尕笛考组,主要为火山集块岩、火山角砾岩及凝灰岩夹中—基性熔岩,为古火山机构所在地;在左支-苟纳梢宋一带的尕笛考组主要为火山熔岩夹火山碎屑岩。向北东和南西两侧岩性过渡为沉凝灰岩、晶屑岩屑凝灰岩夹少量火山角砾岩、玄武质熔岩。

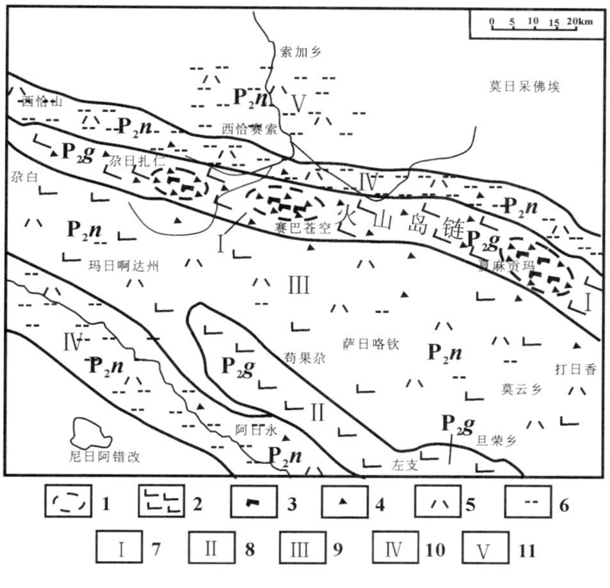

图 3-17 中二叠世栖霞期火山岩概略分布图

1. 古火山口;2. 熔岩;3. 集块岩;4. 火山角砾岩;5. 凝灰岩;6. 沉积岩;7. 火山碎屑岩与熔岩构成的火山岛链带;8. 火山熔岩构成的水下隆起带;9. 沉积有火山含熔岩、角砾岩、凝灰岩的岛间洼地或岛缘浅水斜坡带;10. 火山岩以凝灰岩为主的岛缘深水、浅水斜坡带;11. 夹有凝灰岩的深水沉积带

2. 岩石类型和副矿物特征

栖霞期火山岩可分为火山碎屑岩和熔岩两大类。岩石总体呈深灰绿色、灰绿色和灰紫色，岩石多蚀变，可见到明显的绿泥石化和绿帘石化现象。在TAS分类图上，样品点主要分布于玄武岩区、粗面玄武岩区，其次为玄武安山岩区、玄武粗安岩区、粗面安山岩区，属中—基性火山岩(图3-18)。其主要岩石类型特征如下。

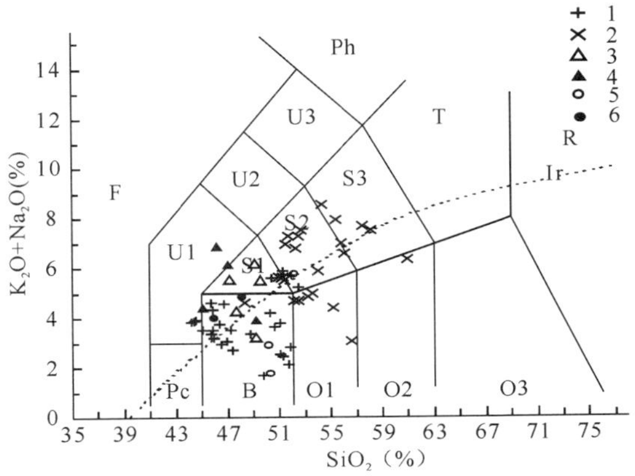

图3-18　栖霞期火山岩TAS分类图(Le Bas et al,1986)

Pc. 苦橄玄武岩；B. 玄武岩；O1. 玄武安山岩；O2. 安山岩；O3. 英安岩；R. 流纹岩；S1. 粗面玄武岩；S2. 玄武质粗面安山岩；S3. 粗面安山岩；T. 粗面岩、粗面英安岩；F. 副长石岩；U1. 碱玄岩、碧玄岩；U2. 响岩质碱玄岩；U3. 碱玄质响岩；Ph. 响岩；Ir. Irvine分界线，上方为碱性，下方为亚碱性。1. 当郎寨剖面样品；2. 夏玛贡玛剖面样品；3. 尕日赛瑙贡玛剖面样品；4. 阿日永剖面样品；5. 西恰赛索剖面样品；6. 地质点样品

(1) 杏仁状玄武岩

杏仁状玄武岩呈深灰绿色，斑状结构，基质为间粒间隐结构，杏仁状构造。岩石由斑晶(6%)、基质(82%)组成。斑晶由假象辉石(2%)、假象橄榄石(4%)组成，假象辉石被蛇纹石单体交代，较完好的保存辉石假象，晶体大小0.3～0.6mm；假象橄榄石由蛇纹石及裂纹发育显示出来，并保存浑圆状轮廓外貌。基质由中—拉长石(39%)、绿泥石(20%)、方解石(7%)和金属矿物(磁铁矿4%、钛铁矿和白铁矿12%)组成，中—拉长石呈半自形长条状微晶，晶粒大小0.02mm×0.15mm～0.03mm×0.25mm，杂乱分布，基质间隙中充填绿泥石、钛铁矿(白铁矿)、磁铁矿、方解石及脱玻化产物。杏仁体(12%)呈不规则圆状、云朵状，大小为0.1～1.8mm，充填物为绿泥石、石英-玉髓和方解石。

(2) 块状玄武岩

块状玄武岩呈灰绿色，斑状结构，基质为间粒结构(局部为交织结构)，块状构造。岩石由斑晶(4%)和基质(94%)组成。斑晶成分为斜长石，现已被石英集合体所取代，但保存了板柱状斜长石轮廓，晶粒大小0.2～0.5mm。基质由中一拉长石(45%)、普通辉石(28%)、磁铁矿(5%)、钛铁矿(5%)所组成。中—拉长石呈半自形板条状微晶，晶粒大小0.02mm×0.12mm～0.03mm×0.025mm，杂乱分布，局部半定向排列，其间隙中充填普通辉石(晶粒大小0.1～0.5mm)、磁铁矿、钛铁矿和次生矿物绿泥石(10%)、方解石(0.5%)。杏仁体(2%)呈不规则状，大小0.3～1mm，充填物为绿泥石和石英。

(3) 橄榄玄武岩

橄榄玄武岩呈绿灰色，斑状结构，基质为间粒间片结构，块状构造。岩石由斑晶(20%)、基质(77%)和杏仁体(3%)组成。斑晶成分为橄榄石(18%)和伊丁石(2%)，橄榄石现已变化为蛇纹石，并析出大量的磁铁矿沿其边缘分布，保存了橄榄石纺锤形、假六边形假象；伊丁石呈橄榄石假象或形成镶边环绕在假象橄榄石周围；假象橄榄石大小为0.3～1.6mm，少量成聚斑出现。基质主要为拉长石(50%)、磁铁矿(8%)、钛铁矿(5%)、榍石(0.5%)和次生矿物(绿泥石13%、方解石0.5%)。拉长石呈半自形—他形长条状微晶，晶粒大小0.03mm×0.15mm～0.08mm×1.1mm，杂乱或半定向排列，其间分布磁铁矿和绿泥石等次生矿物。杏仁体呈圆状，大小约为0.3～1mm，充填物主要为绿泥石。

(4) 粗玄岩

粗玄岩呈深绿灰色，间粒结构，块状构造，由中—拉长石(47%)、普通辉石(35%)、磁铁矿(8%)、钛铁矿(5%)及绿泥石(5%)组成。中—拉长石呈半自形长条状，晶粒大小为0.05mm×1mm～0.1mm×1.3mm，晶体新鲜，卡纳复合双晶和纳长双晶发育，杂乱分布，并构成不规则的三角形空隙，其中充填粒状普通辉石、磁铁矿和绿泥石，从而使岩石构成间粒结构特征。普通辉石呈半自形粒状，晶粒大小一般为0.1～1.5mm，主要充填于拉长石构成的间隙之间。磁铁矿、钛铁矿呈不规则粒状，均匀分布于长石间隙中。岩石蚀变作用不明显，主要为弱绿泥石化。

(5) 粗面玄武岩

粗面玄武岩呈灰绿色，斑状结构，基质为间粒间隐(片)结构，块状构造(图版34-6)。岩石由斑晶(12%～15%)和基质(85%～88%)组成。斑晶由玄武闪石和橄榄石组成，玄武闪石呈半自形柱状，晶粒大小1～2mm，具暗化边；橄榄石已蛇纹石化，并析出大量磁铁矿，但保持了橄榄石假六边形轮廓，晶粒大小0.3～0.7mm。基质由中—拉长石、普通辉石、磁铁矿、磷灰石和次生绿泥石组成。

(6) 杏仁状玄武安山岩

杏仁状玄武安山岩呈灰紫色，斑状结构，基质为间粒间隐结构，杏仁状构造。岩石由斑晶(12%)和基质(88%)组成。斑晶由橄榄石(10%)和辉石(2%)组成，前者已变化为蛇纹石，并析出大量磁铁矿，但保留了橄榄石假六边形轮廓，晶粒大小0.3～0.7mm；后者被单体蛇纹石取代，形成所谓的绢石。基质由中—拉长石(36%)、普通辉石(5%)、磁铁矿和赤铁矿(10%)、黝帘石(20%)、绿泥石(5%)及杏仁体(12%)组成。中—拉长石呈半自形、自形板条状，晶粒大小不均匀，大者可达0.15mm×0.5mm～0.125mm×0.7mm，小者0.02mm×0.2mm～0.02mm×0.35mm，在岩石中杂乱分布，并形成不规则空隙，其中充填细粒普通辉石、微—隐晶质黝帘石和磁铁矿，以及少量隐晶质物质，显示间粒间隐结构特征。杏仁体呈不规则状，有的呈云朵状，大小一般为0.2～0.6mm，充填物主要为石英、玉髓，少量为绿泥石。中—拉长石具弱钠黝帘石化，普通辉石被绿泥石取代，磁铁矿大部分转变为赤铁矿，致使岩石颜色呈紫灰色。

(7) 玄武质粗面安山岩

玄武质粗面安山岩呈灰绿色，斑状结构，基质为玻基交织结构，块状构造。岩石由斑晶(35%～40%)和基质(60%～65%)组成。斑晶成分主要为中长石，少量橄榄石、单斜辉石，中—拉长石呈半自形柱状、板柱状，晶粒大小1～3mm，钠长石双晶较发育，双晶带较宽；橄榄石由蛇纹石和磁铁矿镶边形成的假六边形轮廓反映。基质成分主要由褐色玻璃、尘状磁铁矿和脱玻化形成的中—拉长石雏晶组成。

(8) 粗面安山岩

粗面安山岩呈暗紫色，由斑晶(35%～40%)和基质(60%～65%)组成。斑晶成分主要为奥—中长石，呈半自形、自形板柱状，晶粒大小0.7mm×1.5mm～2mm×4.5mm，钠长石双晶发育，双晶较宽，沿解理充填氧化铁，半径杂乱分布。基质成分主要为中—奥长石，呈半自形微晶，杂乱分布，构成不规则三角形孔隙，其中分布玻璃质和氧化铁、赤铁矿。

(9) 沉凝灰岩

沉凝灰岩呈灰色，含粒屑凝灰结构，层状构造(图版34-5)，由凝灰碎屑(58%)、生物屑(5%)、砂屑(15%)和填隙物(22%)组成。凝灰碎屑由晶屑(28%)和岩屑(30%)组成。晶屑以斜长石为主，多呈棱角状，少数保留半自形板柱状，大小为0.05～4.5mm，见聚片双晶；普通辉石和普通角闪石为棱角状，大小同斜长石，石英偶见，呈棱角—次棱角状，大小为0.1～0.15mm。岩屑成分较单一，可见玻基斑状结构及玻晶交织结构，大小为0.2～3mm。生物屑最大颗粒可达2mm。砂屑以微晶灰岩屑为主，呈棱角状、次圆状，少数呈外形不规则的拉长状，多数0.2～1.02mm，少数可达2mm。填隙物主要由亮晶方解石(12%)、微—粉晶方解石(7%)、绿泥石和粘土矿物(3%)组成，方解石相对集中分布，绿泥石和粘土矿物零星分布。

(10) 岩屑晶屑凝灰岩

岩屑晶屑凝灰岩呈灰绿色，凝灰结构，中层状构造。岩石由晶屑(50%)、岩屑(28%)、填隙物(20%)

和磁铁矿(2%)组成。晶屑以斜长石为主(38%),多呈棱角状,少数保留半自形柱状,大小为0.05～1.3mm,见聚片双晶;普通辉石(7%)为棱角状,大小类同斜长石,最大可达1.7mm,少数颗粒沿裂隙被方角石或绿泥石交代;普通角闪石(5%)亦呈棱角状,大小约同斜长石,具棕、浅黄色多色性,普遍被方解石交代;石英偶见(<1%),呈棱角状、次棱角状,大小约0.1～0.15mm。岩屑成分较单一,为火山岩。填隙物为高岭土、尘状粘土矿物(12%)及少量绿泥石(5%)、方解石(3%),可能是成岩期交代产物,粘土矿物推测为火山灰脱玻化的产物。

(11) 火山角砾岩

火山角砾岩呈灰绿色,火山角砾结构(图版34-3,图版34-4)。火山角砾由晶屑、岩屑和填隙物组成,晶屑由斜长石及其假晶、普通角闪石和普通辉石组成,岩屑以中基性熔岩为主,填隙物由绿泥石、尘状粘土矿物、褐铁矿和方解石组成。火山角砾含量达70%～80%,砾石最大可达10cm以上,个别可达集块级,最大颗粒达20mm,主要为中基性熔岩岩屑,少数为凝灰岩屑,均呈棱角状,大小混杂无分选,晶屑作为角砾的充填物与绿泥石、尘状粘土矿物共存。方解石呈不规则脉或团块不均匀分布,推测为成岩期胶结物。

(12) 火山集块岩

火山集块岩呈深灰绿色,火山集块结构(图版34-1,图版34-2),块状构造。岩石由集块(50%～60%)、角砾(20%～30%)、凝灰(0～10%)和胶结物(10%～30%)组成,凝灰多数可见,胶结物主要为火山灰蚀变产物——碳酸盐矿物及绿泥石,也可见具气孔构造的熔岩,向集块熔岩过渡,火山集块及角砾成分主要为杏仁状玄武岩、玻基安山岩、杏仁状安山岩。火山集块多呈棱角状、不规则状、次棱角状,粒径一般10～20cm,少数可达50cm,产于火山口附近,指示出火山口的位置。

栖霞期火山岩副矿物组成及含量见表3-19。副矿物组合为磁铁矿-钛铁矿-磷灰石型。磷灰石晶体呈六方双锥柱状,无色,透明,矿物粒径为0.02mm。自然铁、黄铁矿、褐铁矿、铬铁矿等铁矿物含量也较高,透明矿物含量少,锆石晶体呈双锥柱状,由{111}、{100}面组成聚形,颜色呈淡黄色。在高钛玄武岩中见到1粒碳硅石,这是源于深部地幔的矿物,说明玄武岩浆来源于地幔较深部位,可能与地幔柱活动有关。火山岩中都可见到含铜矿物、黄铜矿、自然铅、自然锌、方铅矿等矿物,与化学分析结果一致,指示栖霞期火山岩富含铜、铅、锌,具有潜在的找矿意义。

表3-19　栖霞期和下侏罗统火山岩副矿物含量表($\times10^{-6}$)

时代	栖霞期				下侏罗统
层位	高钛玄武岩	含钛低的中—基性岩			那底岗日组
样号	MYD-4	S-10	S-16	MYA-1	MYGN-1
自然铁		37.29	389.76	11.18	4.69
磁铁矿	2 393.44	0.41		0.28	
方铁矿		十几颗	十几颗		
钛铁矿	3.34	0.13		0.08	
黄铁矿	2.11	十几颗	0.01	680.86	0.13
褐铁矿		0.02	0.15	360.63	
赤铁矿				21.63	1 523.78
铬铁矿		2.18	十几颗		
磷灰石	0.97	十几颗	几百颗		几十颗
锆石	十几颗	0.68	0.01	几颗	几颗
榍石		0.26			
普通辉石				259.09	

续表 3-19

时代	栖霞期				下侏罗统
层位	高钛玄武岩	含钛低的中—基性岩			那底岗日组
样号	MYD-4	S-10	S-16	MYA-1	MYGN-1
绿帘石			4.89		
自然铅	24.45	0.98	111.77	70.15	60.99
自然锌		0.02	几十颗	几颗	
刚玉		几颗	几颗		几颗
方铅矿	几十颗	几颗	几十颗		
普通角闪石				十几颗	89.32
橄榄石				48.35	
黄铜矿	0.05	十几颗	几颗	115.80	
蓝铜矿	几十颗				
孔雀石	十几颗	十几颗			几颗
碳硅石	十几颗				
毒砂	几颗			几颗	几十颗

3. 火山旋回和岩相

(1) 旋回和韵律的划分

栖霞期火山岩岩性变化大，剖面之间的对比较困难。根据出露较好、厚度较大的剖面分析，该期火山岩可划分为1个旋回，不同剖面识别出的韵律个数不同。其中杂多县夏玛贡玛尕笛考组剖面可识别出14个韵律(图3-19)，单个韵律具有火山碎屑岩(火山集块岩、角砾岩、凝灰岩)—火山熔岩—正常沉积岩组合趋势，成分从基性向中基性演化，岩性从玄武岩向玄武粗安岩或玄武安山岩向粗面安山岩演变，显示出一次火山活动具有喷发—喷溢—间歇的特点。杂多县当朗赛尕笛考组剖面可识别出10个韵律，单个韵律由块状玄武岩—粗面玄武岩或玄武质粗面安山岩—正常沉积岩构成，相邻两个韵律可以缺失沉积岩层，显示出火山活动具有喷溢—间歇的特点。治多县西恰赛索诺日巴尕日保组剖面可识别出5个韵律，从Ⅰ韵律—Ⅲ韵律表现为爆发—沉积的喷发过程，Ⅳ韵律—Ⅴ韵律表现为爆发—沉积—间歇的火山活动特征。

(2) 火山岩相

栖霞期火山岩分布较广，岩类岩相复杂，主要有以下一些岩相。

① 爆发空落相。主要见于调查区中部尕日赛瑙贡玛、莫盖赛巴、夏玛贡玛等地，由集块级、角砾级、凝灰级及其过渡类型的岩石组成，以压实胶结为主，可见有熔浆结构，主要分布于火山口附近，下部多为集块岩，上部为角砾岩，具有下粗上细的特点，位于旋回早期形成韵律的下部(图3-19)。

② 溢流相。岩石类型有玄武岩、粗面玄武岩、玄武安山岩、玄武粗安岩、粗面安山岩等，多见于尕笛考组及诺日巴尕日保组中上部，其分布明显受中部呈北西向分布的火山岛链控制，多位于其周缘。

③ 火山沉积相。分布受中部呈北西向分布的火山岛链控制，见于火山岛链与周缘沉积盆地交汇处的西恰赛索、阿日永等地，距火山岛链距离略远。岩石类型有火山角砾凝灰岩、凝灰岩、沉凝灰岩，与正常沉积岩互层。另外见有部分火山碎屑沉积岩具正粒序层理及重力滑塌构造，为后期重力作用改造的碎屑流沉积，属火山岛前缘斜坡沉积。

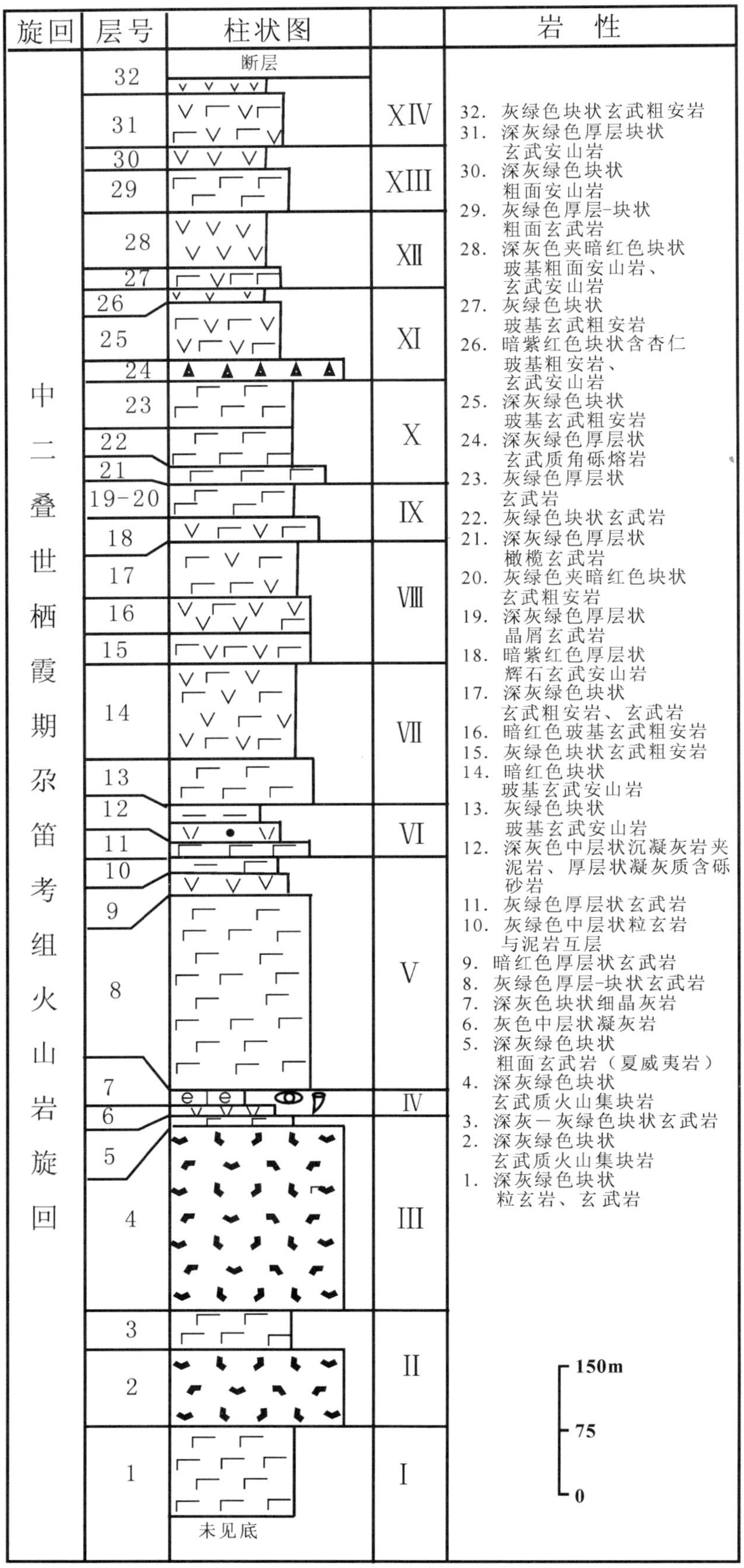

图 3-19　杂多县夏玛贡玛剖面尕笛考组柱状图

4. 岩石地球化学特征

(1) 主量元素

栖霞期火山岩共采集71件样品，由于受到蚀变及火山碎屑岩存在外来沉积物质加入的影响，在涉及到主量元素的文字描述和图件中，采用的数据是除去 $CaCO_3$ 和水或灼失量以后调整的数据。数据调整方法是：采用去灼失量后11项主量元素氧化物之和，再换算成100%分配而成，其中分析结果中有 CO_2 和 H_2O^+ 分析项目的，还以 CO_2 为基础按 $CaCO_3$ 分子式进行了去CaO处理。栖霞期火山岩样品的岩石化学分析结果见表3-20。

从表3-20中可见栖霞期火山岩的主量元素含量变化较大：SiO_2 含量为44.33%～67.37%，其中火山熔岩 SiO_2 含量为42.22%～60.99%，主体属基性岩—中性岩范围；TiO_2 含量为0.60%～6.62%；Al_2O_3 含量为12.2%～19.54%；全铁(TFeO)含量为3.86%～14.22%；P_2O_5 含量为0.12%～1.99%；MgO为1.92%～8.36%，$Mg^{\#}$ 值为22.40～66.96；K_2O 含量为0.03%～3.34%(平均0.88%)，Na_2O 含量为0.87%～7.21%(平均3.97%)，K_2O+Na_2O 含量为1.66%～8.54%，总体具有贫钾富钠特点。

根据钛含量可分为两类：一类属高钛玄武岩，以当郎赛剖面为代表，位于调查区南部左支-苟果尕一线(图3-17)。在24个高钛玄武岩岩石样中，SiO_2 含量集中在44.33%～51.68%(平均47.75%)；Al_2O_3 含量为12.20%～16.28%，大部分小于15.00%，平均为13.67%；TiO_2 含量高(3.56%～6.62%，平均值为5.01%)，Ti/Y平均值为795；全铁($TFeO=0.86Fe_2O_3+FeO$)含量较高(8.34%～14.64%，平均为11.14%)；P_2O_5 含量高(平均1.14%)；MgO含量变化范围大(2.54%～7.80%，平均为5.42%)，$Mg^{\#}$ 值为22.4～51.4，且与 Al_2O_3、TiO_2 呈正相关，表明岩石经历了较高程度的演化；在 Zr/TiO_2-Nb/Y 判别图上均集中分布于碱性系列内(段其发等，2006b)。CIPW计算结果显示高钛玄武岩中普遍含有Hy、Di，不含Ne，少量样品中含有Ol或Qz。*DI* 指数为44.2～27.1(平均35.1)，与桑汤和塔塔尔(1960)的玄武岩 *DI* 指数35相接近。另一类为低钛火山岩，以夏麻贡玛剖面及尕日赛瑙贡玛剖面为代表，位于调查区北部尕日赛瑙贡玛-莫盖赛巴-扎结桑巴一线，以 TiO_2 含量低为特征，主要为玄武岩、玄武安山岩，部分为粗面安山岩、玄武质粗面安山岩。43个低钛玄武岩样品中，SiO_2 含量为45.13%～67.37%；Al_2O_3 含量高，除少量样品因蚀变作用导致CaO和灼失量增加，Al_2O_3 含量相对降低外，大部分样品的 Al_2O_3 含量在15%以上，最高达18.50%，43个样品的平均值为16.24%，与高钛玄武岩明显有别；TFeO含量除1个样品为4.72%，大部分为6.00%～11.61%，平均为8.53%，低于高钛玄武岩；MgO含量低(1.86%～7.86%，平均为4.35%)，$Mg^{\#}$ 值为34.2～62.5，$Mg^{\#}$ 与 SiO_2、Al_2O_3 呈弱负相关；TiO_2 含量0.60%～2.72%，平均为1.45%；P_2O_5 含量平均为0.42%。CIPW计算结果显示多数样品含有Di、Ne和Ol，少量样品中含有Hy或Qz，主要属碱性系列或过渡系列玄武岩，极少数为亚碱性系列岩石。

表3-20 栖霞期火山岩主量元素含量分析结果(%)

样号	岩性	SiO_2	TiO_2	Al_2O_3	Fe_2O_3	FeO	MnO	MgO	CaO	Na_2O	K_2O	P_2O_5	H_2O^+	CO_2	灼失量	总量
D-4	杏仁状玄武岩	46.04	5.08	12.75	3.45	9.95	0.14	4.41	8.20	1.98	0.21	1.04	3.66	2.79		99.70
D-4/1	蚀变杏仁状玄武岩	39.50	5.25	13.03	4.14	9.75	0.15	3.56	9.98	0.69	0.63	1.04	5.47	6.57		99.76
D-4/2	杏仁状玄武岩	45.61	5.03	12.58	3.96	9.75	0.16	4.30	8.54	2.08	0.20	1.04	3.34	3.08		99.67
D-4/3	杏仁状玄武岩	42.90	4.91	12.20	2.67	10.60	0.14	3.10	11.08	1.60	0.17	1.00	3.57	5.77		99.71
D-5h1	含杏仁状粗玄岩	44.38	4.55	13.45	5.26	8.87	0.17	6.69	6.07	4.28	0.08	1.16			4.50	99.46
D-6h2	杏仁状玄武岩	48.20	5.12	12.27	2.53	11.05	0.17	6.36	3.34	2.61	0.03	1.25			5.92	98.84
D-9h	块状玄武岩	44.24	3.94	14.24	5.35	8.12	0.20	6.79	9.16	2.50	0.57	1.09			3.03	99.24
D-10h	杏仁状玄武安山岩	49.44	2.12	15.35	7.05	4.10	0.13	5.99	5.82	4.92	0.74	0.81			3.24	99.72

续表 3-20

样号	岩性	SiO_2	TiO_2	Al_2O_3	Fe_2O_3	FeO	MnO	MgO	CaO	Na_2O	K_2O	P_2O_5	H_2O^+	CO_2	灼失量	总量
D-11	橄榄玄武岩	42.22	6.01	13.48	11.06	5.95	0.24	5.10	6.59	3.52	0.14	1.16	4.01	0.18		99.66
D-11h1	橄榄玄武岩	44.88	4.65	12.70	10.91	3.90	0.15	6.26	8.75	3.35	0.88	1.43			1.86	99.73
D-11/1	橄榄玄武岩	44.21	5.37	12.71	10.93	5.40	0.22	5.21	6.41	3.50	0.09	1.17	3.92	0.54		99.68
D-11/2	含杏仁状玄武岩	42.55	6.13	13.47	11.39	5.75	0.21	4.97	6.33	3.60	0.12	1.16	3.85	0.14		99.67
D-11/3	含杏仁状玄武安山岩	43.51	5.92	13.40	9.11	7.30	0.16	4.90	6.39	3.12	0.07	1.22	4.53	0.06		99.69
D-12h1	橄榄玄武岩	43.94	5.39	12.14	8.48	5.52	0.15	7.11	9.64	2.67	0.75	1.59			2.22	99.60
D-12h2	橄榄玄武岩	43.28	4.84	12.83	10.46	4.35	0.16	7.05	8.93	2.53	1.27	1.50			2.74	99.94
D-13h2	橄榄玄武岩	43.00	5.73	12.61	6.11	7.64	0.14	5.49	7.86	3.25	0.06	1.87			4.96	98.72
D-13h3	含杏仁状橄榄玄武岩	43.79	4.68	13.32	11.18	3.70	0.24	6.15	6.70	4.16	0.28	1.43			4.18	99.81
D-14h1	橄榄玄武岩	47.20	3.52	13.89	8.49	4.92	0.17	6.27	8.25	2.96	0.30	0.83			2.84	99.64
D-14h2	含橄榄玄武安山岩	45.04	3.76	14.13	6.09	6.67	0.36	7.20	8.24	2.36	0.22	0.99			4.64	99.69
D-22h3	杏仁状玄武安山岩	44.80	3.91	13.86	4.84	8.33	0.19	7.52	9.06	2.43	0.40	1.06			3.16	99.56
D-23h1	玄武安山岩	48.46	2.28	14.55	8.09	3.59	0.13	5.88	6.98	5.22	0.15	0.70			3.38	99.42
D-24h1	橄榄玄武岩	49.62	2.12	14.78	8.27	3.04	0.13	5.16	6.12	5.26	0.22	0.76			4.34	99.83
D-25h	橄榄玄武安山岩	50.56	1.99	15.04	9.49	2.46	0.11	5.32	5.58	4.18	0.86	0.84			3.26	99.69
D-26	橄榄玄武岩	49.44	3.61	13.88	11.86	5.05	0.21	2.54	5.48	3.57	0.12	1.10	2.84	0.04		99.74
D-26/1	橄榄玄武岩	48.45	3.72	14.17	7.54	7.88	0.29	3.65	5.41	3.44	0.05	1.12	3.85	0.04		99.61
D-26/2	橄榄玄武岩	45.02	3.84	16.28	9.16	6.65	0.27	3.82	5.66	3.16	0.17	1.17	4.50	0.04		99.74
D-26/3	橄榄玄武岩	48.01	4.10	15.29	5.51	8.00	0.32	3.96	5.17	3.99	0.03	1.12	4.16	0.04		99.70
D-43h3	橄榄玄武岩	44.56	3.38	13.94	9.09	3.85	0.22	7.08	8.50	2.68	0.24	1.34			4.96	99.84
X-1h	粒玄岩	57.90	0.90	17.04	3.73	2.72	0.06	2.27	4.11	4.39	1.64	0.16			4.06	98.99
X-3h	含杏仁状玄武岩	54.14	2.27	11.67	4.89	7.40	0.17	5.07	6.60	2.48	0.47	0.49			3.04	98.70
X-4h1	杏仁状玻基安山岩	43.08	2.11	13.34	4.46	7.37	0.15	4.59	9.26	3.35	0.78	0.65			9.64	98.78
X-5h	含杏仁状玻基安山岩	48.82	2.35	14.44	3.33	7.65	0.20	4.98	7.65	4.99	0.34	0.64			2.96	98.35
X-8h1	含杏仁状玄武安山岩	49.02	1.20	15.76	3.32	5.42	0.14	7.86	6.68	3.77	0.63	0.17			4.70	98.68
X-8h2	玄武岩	49.02	1.52	17.02	3.84	5.68	0.14	5.62	6.92	3.84	1.44	0.34			3.46	98.84
X-10h	粒玄岩	50.24	1.66	17.19	4.14	4.96	0.15	4.09	6.72	5.36	1.16	0.43			3.14	99.24
X-14h	安山岩	52.18	1.58	16.99	7.22	1.64	0.13	3.89	3.76	6.66	1.54	0.44			3.04	99.07
X-15h	玄武安山岩	49.74	1.61	18.09	3.38	4.89	0.15	3.94	6.89	5.02	1.97	0.39			2.80	98.87
X-16h	玻基玄武安山岩	50.56	1.61	16.62	8.07	1.22	0.12	4.16	5.86	5.52	1.70	0.44			3.82	99.70
X-17h2	杏仁状玄武岩	51.30	1.26	16.85	3.64	4.50	0.14	5.88	5.46	4.37	1.24	0.30			3.79	98.73
X-18h	杏仁状辉石玄武岩	50.34	1.40	15.89	6.32	2.42	0.11	4.08	8.34	3.58	1.09	0.40			5.54	99.51
X-20h	钠黝帘石化玄武岩	53.33	1.54	17.24	3.85	4.19	0.11	3.47	4.68	4.59	2.08	0.40			4.04	99.51

续表 3-20

样号	岩性	SiO_2	TiO_2	Al_2O_3	Fe_2O_3	FeO	MnO	MgO	CaO	Na_2O	K_2O	P_2O_5	H_2O^+	CO_2	灼失量	总量
X-21h1	多斑橄榄玄武岩	51.32	1.62	18.25	5.77	3.54	0.13	4.31	7.78	3.58	1.00	0.42			2.10	99.82
X-22h	含杏仁玄武岩	48.98	1.79	16.76	4.72	5.88	0.16	4.95	6.20	3.65	1.73	0.72			3.20	98.74
X-25h1	玻基玄武安山岩	49.98	1.58	18.01	4.31	4.74	0.19	4.50	6.38	5.44	1.32	0.51			2.68	99.64
X-26h	含杏仁玻基安山岩	53.53	1.38	16.77	7.02	1.76	0.13	4.22	3.76	6.78	0.90	0.43			2.70	99.38
X-26h2	安山岩	49.67	2.54	15.68	4.26	5.74	0.11	3.66	6.46	3.75	0.78	0.67			6.16	99.48
X-27h	玄武岩	54.46	1.35	16.18	7.52	1.66	0.11	4.42	4.66	4.15	2.24	0.38			2.53	99.65
X-28h	含杏仁状玻基安山岩	55.68	1.30	16.56	6.02	2.24	0.10	3.82	3.32	5.66	1.78	0.32			2.85	99.65
X-29h	杏仁状玄武岩	48.78	1.67	17.27	4.21	5.28	0.21	5.85	6.58	4.14	1.26	0.48			3.51	99.24
X-30h	杏仁状玄武安山岩	54.72	1.15	13.73	5.16	2.18	0.08	2.27	7.48	6.36	0.73	0.30			5.76	99.92
X-31h	玄武岩	53.98	1.52	16.16	4.01	4.90	0.15	4.36	8.01	3.12	1.22	0.43			1.62	99.48
X-32h	玄武岩	50.92	1.62	16.79	4.74	4.74	0.17	5.05	5.44	4.72	2.36	0.46			2.75	99.76
GR-10g1	玄武安山岩	44.50	0.85	16.26	3.62	3.35	0.16	3.47	12.56	5.46	0.13	0.26			8.80	99.43
GR-14g	玄武质晶屑凝灰熔岩	45.88	1.23	15.28	5.37	4.94	0.15	7.15	9.80	2.64	0.38	0.36			5.62	98.80
GR-15g1	玄武岩	45.10	1.17	15.37	5.26	4.30	0.16	3.80	14.91	3.69	0.37	0.33			5.20	99.66
GR-25g1	杏仁状安山岩	45.06	1.45	18.01	9.43	2.50	0.20	5.03	8.17	3.72	1.60	0.30			4.34	99.81
GR-26g1	安山玄武岩	46.82	1.45	18.45	4.68	5.22	0.15	4.96	7.16	4.39	0.83	0.30			4.28	98.68
A-4h	岩屑晶屑凝灰岩	53.86	1.11	14.28	4.71	3.03	0.21	2.83	7.06	5.11	2.30	0.24			4.98	99.72
A-26h	晶屑凝灰岩	55.28	1.05	17.91	2.19	6.34	0.13	3.15	2.22	6.96	1.18	0.12			2.72	99.25
A-27g2	玄武岩	44.56	0.97	11.09	2.52	5.55	0.12	6.53	15.37	3.10	0.46	0.20			9.90	100.37
A-28h2	火山角砾岩	42.83	1.72	16.76	3.95	6.46	0.21	4.24	8.92	2.97	2.60	0.32			7.64	98.62
A-29h	火山角砾岩	41.08	1.76	16.89	4.33	6.38	0.18	3.95	12.14	3.82	0.19	0.30			7.32	98.34
A-30h	凝灰角砾岩	42.12	1.73	16.44	3.52	7.34	0.24	5.63	7.51	3.22	3.04	0.34			7.30	98.43
S-12b4	凝灰岩	63.16	0.83	13.08	1.55	5.08	0.13	2.75	5.83	3.40	0.32	0.26			3.26	99.65
S-12b7	凝灰岩	52.75	0.87	18.24	2.05	5.14	0.14	3.95	9.12	3.58	0.06	0.23			3.58	99.71
S-16	火山角砾凝灰岩	47.88	1.36	17.68	4.08	6.08	0.19	5.29	9.82	2.24	0.52	0.30			3.56	99.00
S-16b4	火山角砾凝灰岩	49.66	1.23	17.72	2.30	6.57	0.17	5.31	6.55	3.86	1.64	0.30			3.84	99.15
S-16b7	火山角砾凝灰岩	65.24	0.58	13.28	2.40	2.66	0.10	1.86	6.59	3.88	0.06	0.19			2.50	99.34
S-16b10	火山角砾凝灰岩	48.24	1.29	18.50	4.36	5.38	0.17	3.93	12.06	1.56	0.11	0.29			3.24	99.13
MYA-1	蚀变玄武岩	38.31	1.69	15.84	3.72	6.92	0.19	2.99	16.86	2.17	1.16	0.35	4.23	5.33		99.76
MYA-1/1	蚀变玄武岩	42.01	1.62	16.99	3.22	6.45	0.18	2.84	14.03	2.68	1.57	0.36	4.06	3.75		99.76

栖霞期高钛玄武岩的 TiO_2 和 MgO 含量变化大，TFeO 含量高，总体显示与峨嵋玄武岩的特征相近（张招崇等，2005），只是全碱及 P_2O_5 含量略高。

（2）稀土元素和微量元素

栖霞期玄武岩 REE 含量见表 3-21。两类不同火山岩的 REE 特征明显存在差异。以 D 剖面为代表的高钛玄武岩 ΣREE 为 $284.81\times10^{-6}\sim678.88\times10^{-6}$，L/H＝8.01～12.39，$(La/Yb)_N$ 为 11.13～21.64，

表 3-21　栖霞期火山岩稀土元素分析结果($\times 10^{-6}$)

样号	岩　性	La	Ce	Pr	Nd	Sm	Eu	Gd	Tb	Dy	Ho	Er	Tm	Yb	Lu	Y	ΣREE	L/H	δEu	δCe
D-4	杏仁状玄武岩	55.3	111.0	14.10	60.2	11.70	3.56	10.50	1.44	8.32	1.42	3.63	0.49	2.76	0.39	29.50	284.81	8.79	0.97	0.92
D-4/2	杏仁状玄武岩	57.3	111.0	14.90	61.9	12.10	3.79	10.70	1.39	8.65	1.48	3.76	0.48	2.85	0.38	30.90	290.68	8.45	1.01	0.88
D-5h1	含杏仁状粗玄岩	77.2	134.0	16.60	81.9	14.70	4.57	12.90	2.05	11.80	2.03	5.33	0.68	3.72	0.41	40.30	367.89	9.48	1.00	0.85
D-6h2	杏仁状玄武岩	87.0	176.0	20.70	101.0	19.40	4.98	14.80	2.34	13.20	2.24	5.61	0.69	3.83	0.42	43.50	452.21	9.62	0.87	0.95
D-9h	块状玄武岩	75.1	132.0	14.30	58.6	12.90	3.12	10.80	1.43	8.66	1.63	3.88	0.55	3.40	0.41	31.50	326.78	9.62	0.79	0.90
D-10h	杏仁状玄武安山岩	87.0	142.0	14.40	64.8	11.90	3.29	9.15	1.27	8.40	1.50	4.20	0.54	3.20	0.37	30.50	352.02	11.30	0.94	0.87
D-11	橄榄玄武岩	58.0	121.00	16.00	72.1	14.30	4.43	12.60	1.77	10.50	1.80	4.49	0.60	3.44	0.48	39.20	321.51	8.01	1.00	0.92
D-11h1	橄榄玄武岩	106.0	205.0	24.10	113.0	21.10	5.74	15.50	2.20	13.50	2.27	5.79	0.76	4.11	0.44	44.20	519.51	10.66	0.94	0.92
D-12h1	橄榄玄武岩	120.0	232.0	28.30	135.0	24.60	6.33	16.60	2.41	13.70	2.30	5.88	0.71	4.09	0.45	44.70	592.37	11.84	0.91	0.91
D-12h2	橄榄玄武岩	116.0	212.0	24.60	121.0	21.90	5.68	15.30	2.29	13.10	2.15	5.74	0.72	3.99	0.45	42.40	544.92	11.46	0.91	0.90
D-13h2	橄榄玄武岩	136.0	269.0	32.10	156.0	27.60	7.24	18.70	2.92	15.10	2.58	6.17	0.80	4.20	0.47	49.40	678.88	12.33	0.93	0.93
D-13h3	含杏仁状橄榄玄武岩	114.0	210.0	23.00	98.6	19.80	4.32	14.40	2.00	10.60	2.00	4.28	0.62	3.69	0.44	35.40	507.75	12.35	0.75	0.92
D-14h1	橄榄玄武岩	77.5	132.0	15.40	70.3	13.70	3.89	10.90	1.67	10.40	1.77	5.03	0.64	3.57	0.39	37.70	347.16	9.10	0.95	0.85
D-14h2	含橄榄玄武安山岩	87.7	156.0	18.10	81.6	15.70	4.31	11.80	1.72	11.30	1.94	5.16	0.61	3.65	0.39	38.50	399.98	9.94	0.94	0.88
D-22h3	杏仁状玄武安山岩	79.9	142.0	16.10	73.3	14.50	4.10	11.30	1.70	11.10	1.99	5.14	0.68	3.75	0.44	38.80	366.00	9.14	0.95	0.89
D-23h1	玄武安山岩	65.6	110.0	12.30	57.5	10.70	3.13	8.09	1.16	7.14	1.25	3.69	0.45	2.71	0.30	27.30	284.02	10.46	1.00	0.86
D-24h1	橄榄玄武岩	80.1	129.0	13.40	59.1	10.70	3.13	8.41	1.25	7.92	1.49	4.17	0.52	2.90	0.35	29.20	322.44	10.94	0.98	0.86
D-25h	橄榄玄武安山岩	78.9	127.0	13.10	58.3	11.10	3.01	7.67	1.26	7.45	1.29	3.72	0.52	2.80	0.31	27.00	316.43	11.65	0.95	0.86
D-26	橄榄玄武岩	94.1	157.0	19.80	69.6	13.70	3.81	11.00	1.70	9.04	1.60	4.07	0.57	3.12	0.45	34.40	389.56	11.35	0.93	0.82
D-26/2	橄榄玄武岩	89.6	158.0	20.90	71.5	14.00	3.94	11.60	1.88	9.47	1.68	4.34	0.61	3.39	0.49	37.30	391.40	10.70	0.93	0.83
D-43h3	橄榄玄武岩	118.0	204.0	21.40	99.8	18.10	5.02	13.10	1.84	11.20	1.87	4.99	0.63	3.60	0.41	37.00	503.96	12.39	0.96	0.90
X-1h	粒玄岩	20.8	33.8	3.61	15.2	3.37	1.04	2.97	0.51	3.28	0.59	1.98	0.27	1.69	0.22	13.40	89.33	6.76	0.99	0.85
X-3h	含杏仁状玄武岩	31.6	58.9	7.47	32.2	7.02	2.20	6.78	1.17	7.70	1.52	4.28	0.64	3.77	0.48	32.40	165.73	5.29	0.97	0.88

续表 3-21

样号	岩 性	La	Ce	Pr	Nd	Sm	Eu	Gd	Tb	Dy	Ho	Er	Tm	Yb	Lu	Y	ΣREE	L/H	δEu	δCe
X-10h	粒玄岩	27.0	51.80	5.95	29.2	5.88	1.77	5.27	0.87	4.81	0.87	2.42	0.36	2.14	0.29	19.50	138.63	7.14	0.96	0.93
X-14h	安山岩	38.4	66.50	7.33	33.7	7.05	1.96	5.87	0.91	5.61	1.03	3.01	0.41	2.36	0.31	21.90	174.45	7.94	0.91	0.88
X-15h	玄武安山岩	38.2	63.80	7.43	33.7	6.96	2.00	5.65	0.91	5.43	0.94	2.90	0.37	2.27	0.30	20.90	170.86	8.10	0.95	0.84
X-16h	玻基玄武安山岩	28.7	52.80	6.19	29.6	5.77	1.69	5.04	0.85	4.45	0.76	2.21	0.32	1.90	0.25	17.80	140.53	7.91	0.95	0.90
X-17h2	杏仁状玄武岩	20.7	38.30	4.25	21.1	4.66	1.35	3.85	0.57	3.35	0.61	1.70	0.24	1.43	0.19	13.80	102.30	7.57	0.96	0.92
X-18h	杏仁状辉石玄武岩	22.3	41.40	4.70	23.8	4.56	1.46	4.47	0.60	3.84	0.74	1.84	0.28	1.70	0.21	15.20	111.90	7.18	0.99	0.91
X-20h	钠黝帘石化玄武岩	27.8	52.10	6.02	28.6	5.83	1.59	4.96	0.81	4.60	0.80	2.33	0.34	2.06	0.26	18.00	138.10	7.55	0.89	0.91
X-21h1	多斑橄榄玄武岩	34.5	58.70	7.08	33.7	7.01	2.01	5.63	0.80	5.26	1.05	2.76	0.39	2.23	0.28	20.10	161.40	7.77	0.96	0.84
X-22h	含杏仁玄武岩	46.4	82.20	9.92	44.6	10.00	2.76	7.96	1.32	7.04	1.18	3.18	0.44	2.35	0.29	26.40	219.64	8.24	0.92	0.87
X-25h1	玻基玄武安山岩	41.2	73.60	8.84	39.9	8.12	2.23	6.55	0.98	6.51	1.20	3.35	0.47	2.77	0.34	24.80	196.06	7.84	0.91	0.87
X-26h	含杏仁玻基安山岩	25.70	47.3	5.72	25.6	5.09	1.45	4.81	0.70	4.30	0.79	2.08	0.32	1.93	0.29	17.70	126.08	7.28	0.89	0.89
X-26h2	安山岩	34.90	63.5	8.13	34.9	8.04	2.43	7.68	1.37	8.65	1.76	4.85	0.74	4.41	0.56	35.90	181.92	5.06	0.94	0.86
X-27h	玄武岩	28.00	50.0	5.81	27.4	5.60	1.57	4.83	0.73	4.46	0.80	2.26	0.33	1.92	0.25	17.60	133.96	7.60	0.91	0.88
X-28h	含杏仁状玻基安山岩	35.5	60.7	6.93	30.4	6.35	1.70	5.00	0.86	4.77	0.81	2.48	0.36	2.00	0.27	18.20	158.13	8.55	0.90	0.86
X-29h	杏仁状玄武岩	31.2	57.6	6.47	31.3	6.17	1.78	5.79	1.01	5.33	0.96	2.72	0.37	2.33	0.31	21.60	153.34	7.15	0.91	0.91
X-30h	杏仁状玄武安山岩	17.4	34.3	3.99	19.8	3.88	1.16	3.91	0.59	3.38	0.62	1.63	0.24	1.47	0.22	14.20	92.59	6.68	0.91	0.94
X-31h	玄武岩	27.5	51.5	5.78	28.5	5.78	1.62	5.27	0.82	4.60	0.84	2.23	0.34	2.04	0.26	18.90	137.08	7.36	0.90	0.92
X-32h	玄武岩	30.0	56.7	6.56	30.4	5.92	1.76	5.70	0.83	5.10	0.91	2.57	0.36	2.20	0.29	21.50	149.30	7.31	0.92	0.92
GR-10g1	玄武安山岩	18.7	30.9	4.14	17.2	4.27	1.30	3.90	0.68	4.52	0.99	2.73	0.40	2.38	0.30	19.30	92.41	4.81	0.97	0.80
GR-15g1	玄武岩	13.3	25.4	3.87	17.5	4.31	1.35	4.47	0.80	5.11	1.08	2.95	0.41	2.47	0.31	20.70	83.33	3.73	0.94	0.82
GR-22g1	岩屑火山角砾岩	14.9	25.9	3.45	16.0	3.84	1.28	4.13	0.71	4.62	0.94	2.54	0.38	2.27	0.30	19.60	81.26	4.11	0.99	0.82
GR-25g1	杏仁状安山岩	15.9	26.7	3.67	17.3	4.47	1.53	4.79	0.85	5.43	1.03	3.16	0.42	2.58	0.32	21.90	88.15	3.74	1.02	0.80
GR-26g1	安山玄武岩	19.6	31.8	4.14	18.6	4.70	1.55	4.92	0.85	5.50	1.04	3.17	0.43	2.63	0.34	24.10	99.27	4.26	0.99	0.80

续表 3-21

样号	岩　性	La	Ce	Pr	Nd	Sm	Eu	Gd	Tb	Dy	Ho	Er	Tm	Yb	Lu	Y	ΣREE	L/H	δEu	δCe
GR-14g	玄武质晶屑凝灰熔岩	16.2	28.1	4.08	17.7	4.48	1.42	4.26	0.74	4.80	0.91	2.82	0.40	2.30	0.29	20.20	88.50	4.36	0.99	0.80
A-4h	岩屑晶屑凝灰岩	23.2	34.3	4.08	18.6	3.81	1.23	3.55	0.62	3.93	0.74	2.26	0.32	1.70	0.22	15.80	98.56	6.39	1.02	0.77
A-26h	晶屑凝灰岩	15.8	26.0	3.42	15.2	3.61	1.02	3.06	0.51	3.32	0.65	1.95	0.28	1.68	0.22	13.80	76.72	5.57	0.92	0.80
A-27h	杏仁状玄武岩	8.1	14.3	2.13	9.8	2.39	0.83	2.42	0.42	2.61	0.50	1.38	0.18	1.00	0.13	11.10	46.17	4.34	1.06	0.80
A-27g2	玄武岩	16.8	23.2	2.92	13.4	2.89	0.94	2.90	0.48	3.07	0.56	1.71	0.23	1.31	0.16	15.10	70.57	5.77	0.99	0.72
A-28h2	火山角砾岩	13.2	22.8	3.25	15.3	3.56	1.25	3.69	0.62	3.93	0.75	2.14	0.28	1.60	0.20	15.10	72.57	4.49	1.06	0.80
A-29h	火山角砾岩	10.5	19.1	2.98	13.2	3.43	1.23	3.45	0.57	3.72	0.69	1.99	0.29	1.45	0.18	14.30	62.78	4.09	1.09	0.79
A-30h	凝灰角砾岩	13.9	25.5	3.69	16.5	3.77	1.40	4.01	0.63	4.28	0.80	2.37	0.30	1.74	0.23	17.80	79.12	4.51	1.10	0.82
S-10	熔结凝灰岩	14.5	24.3	3.21	13.8	3.20	0.96	3.18	0.51	3.47	0.73	2.19	0.32	1.85	0.29	16.30	72.51	4.78	0.92	0.81
S-12b4	凝灰岩	19.2	31.4	3.49	15.7	3.39	1.08	3.46	0.60	3.75	0.81	2.37	0.35	2.07	0.31	16.50	87.98	5.41	0.97	0.85
S-12b7	凝灰岩	13.8	25.3	3.20	14.2	3.52	1.08	3.28	0.57	3.88	0.77	2.38	0.32	1.96	0.31	16.40	74.57	4.54	0.97	0.87
S-16	火山角砾凝灰岩	22.3	38.4	5.18	20.4	4.57	1.58	5.11	0.85	5.62	1.07	3.21	0.48	2.91	0.46	23.50	112.14	4.69	1.01	0.82
S-16b4	火山角砾凝灰岩	15.5	30.7	4.16	16.5	4.04	1.33	4.32	0.75	4.72	0.89	3.07	0.44	2.53	0.40	20.50	89.35	4.22	0.98	0.88
S-16b7	火山角砾凝灰岩	11.3	18.8	2.48	10.1	2.41	0.80	2.27	0.40	2.57	0.52	1.65	0.24	1.43	0.23	11.10	55.20	4.93	1.04	0.81
S-16b10	火山角砾凝灰岩	23.8	39.7	5.43	20.6	4.82	1.60	4.84	0.82	5.32	0.96	3.18	0.48	2.73	0.42	22.60	114.70	5.12	1.01	0.80
MYA-1	玄武岩	11.9	21.0	2.90	13.8	3.47	1.25	3.91	0.59	3.74	0.68	1.94	0.28	1.59	0.25	14.40	67.30	4.18	1.04	0.82
MYA-1/1	玄武岩	16.9	27.5	3.54	14.8	3.30	1.24	3.81	0.57	3.41	0.66	1.65	0.24	1.38	0.18	13.20	79.18	5.65	1.08	0.80

LREE 富集，轻重稀土分异明显，无明显铕异常（多数 δEu＝0.9～1.0，个别低于 0.9）；低钛火山岩相对前者 ΣREE 为 $46.17\times10^{-6}\sim219.64\times10^{-6}$，L/H＝3.73～8.55，$(La/Yb)_N$ 为 3.56～13.04、轻重稀土分异不明显，同样无铕异常（δEu＝0.9～1.1）。二者稀土元素配分曲线都为右倾型，LREE 配分曲线与 HREE 配分曲线具有相近的斜率，只是表现为高钛玄武岩的配分曲线更陡些，而低钛火山岩的配分曲线相对要平坦（图 3-20）。高钛玄武岩 REE 配分曲线与云南宾川地区的峨眉玄武岩中高钛玄武岩（肖龙等，2003）相似，只是调查区 ΣREE 远远大于云南宾川地区高钛玄武岩，LREE 分异也略强一些。

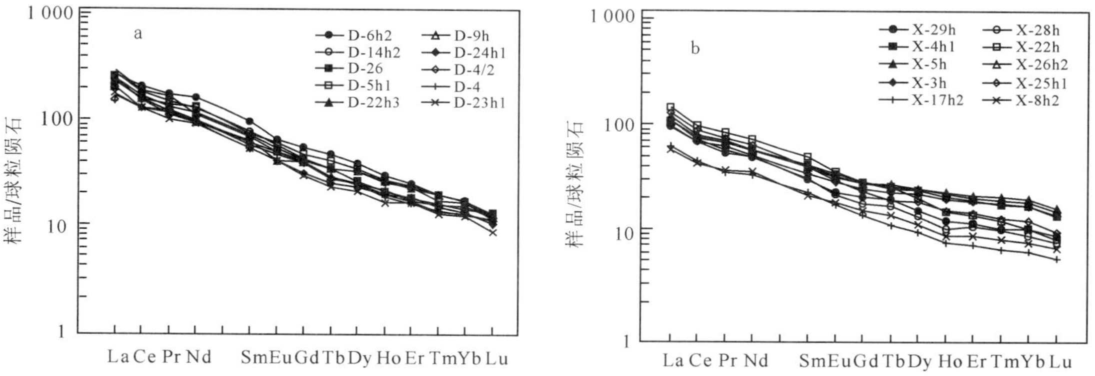

图 3-20　尕笛考组火山岩的 REE 配分曲线

微量元素含量见表 3-22。总体特征是富集 LILE（Rb、Sr、Ba、Th）和 HFSE（Zr、Hf、Nb、Ta、P_2O_5），与板内碱性玄武岩相似，而与典型大陆裂谷玄武岩稍有差别。高钛玄武岩相对于含钛较低的玄武岩石，Nb、Ta、Zr、Hf、Rb、Th、Ga、Sr、V、Cr、Co、Ni、Cu、Pb、Zn 等元素含量富集，而 U、Rb、Li 含量较低，Cs、Ba、Sc 等元素的含量相差则不大。其中，高钛玄武岩的 Nb、Th 含量特别高：Nb 含量为 $52\times10^{-6}\sim97\times10^{-6}$，Th 含量为 $2.68\times10^{-6}\sim36.8\times10^{-6}$。Zr/Hf 值稳定（为 31.93～44.63，平均为 37.40），Hf/Th比值相近（变化在 0.20～1.76 之间，平均 0.47），Zr/Nb 比值低（变化在 3.66～6.03 之间，平均 4.72），Ti/V 比值高（平均 75.53），Zr/Y 比值相近（5.94～11.35，平均 8.64），Th/Nb 比值低（变化在 0.07～0.74 之间，平均 0.36）。含钛较低火山岩的 Hf 含量高于 MORB 的平均含量（2.4×10^{-6}）；Ta 含量类似于板内玄武岩（$Ta>0.7\times10^{-6}$）。Zr/Hf 值为 25.38～37.85，平均为 29.99；Hf/Th 比值在 0.09～1.46 之间，平均 0.46；Zr/Nb 比值高（变化为 8.25～20.75，平均 11.16）；Ti/V 低（平均 38.89）；Zr/Y 比值在3.56～11.38 之间。

尽管高钛玄武岩和低钛火山岩两者在微量元素含量上存在一些差异，但在原始地幔标准化微量元素蛛网图中，都显示出隆起的分布型式，总体类似于板内玄武岩的微量元素分布型式，其总体特征明显不同于 MORB，而与大陆 OIB 相似（图 3-21）。

表 3-22　栖霞期火山岩微量元素分析结果（$\times10^{-6}$）

样号	Li	Be	Nb	Ta	Zr	Hf	U	Th	Rb	Cs	Sr	Ba	Ga	Sc	V	Cr	Co	Ni	Cu	Pb	Zn	Ag	Au	As	B
D-4	19	2.1	60	3.4	275	8.3	0.58	8.7	2.2	3.5	813	198	22	27	426	235	\	\	474	77	153	\	3.2	2.1	\
D-4/1	37	2.8	65	3.7	314	9.2	0.41	8.4	23.0	5.9	224	148	29	23	416	230	\	\	449	<1	115	\	3.7	1.4	\
D-4/2	23	3.1	65	3.9	317	9.3	0.75	15.7	2.7	3.7	943	237	34	26	413	235	\	\	461	53	152	\	4.6	1.2	\
D-4/3	20	2.5	66	4.5	294	8.3	0.75	7.1	2.7	4.1	819	150	29	22	377	234	\	\	432	59	148	\	4.5	1.4	\
D-5h1	19	2.4	62	3.1	263	7.6	0.65	35.4	3.7	3.5	1 050	121	31	25	325	194	46	121	339	16	146	\	\	0.2	20
D-6h2	26	2.4	77	4.3	330	8.7	0.55	33.5	1.7	2.9	180	70.9	28	21	365	237	48	161	403	38	138	\	\	0.7	14
D-9h	23	2.3	74	3.7	296	7.9	0.7	21.4	6.1	3.8	812	372	31	26	319	190	49	134	134	54	134	\	\	0.3	30
D-10h	19	2.2	53	2.3	242	6.7	0.84	15.8	12.0	2.8	1 440	299	28	26	211	269	39	132	256	54	102	\	\	0.8	25
D-11	18	2.7	75	4.7	274	8.6	0.41	4.9	4.0	3.5	1 200	176	32	29	450	200	\	\	443	6	198	\	4.1	0.5	\

续表 3-22

样号	Li	Be	Nb	Ta	Zr	Hf	U	Th	Rb	Cs	Sr	Ba	Ga	Sc	V	Cr	Co	Ni	Cu	Pb	Zn	Ag	Au	As	B
D-11h1	15	3.4	75	5.3	312	9.0	0.74	36.4	8.7	3.2	1 050	427	39	24	295	194	46	135	215	103	145	\	\	0.4	28
D-11/1	18	2.4	73	5.1	333	9.8	0.75	22.1	0.1	3.0	970	155	24	27	402	174	\	\	400	7	180	\	2.3	0.7	\
D-11/2	16	2.3	68	5.1	258	7.5	0.52	14.3	3.7	3.7	1 200	160	24	31	451	203	\	\	388	14	168	\	1.9	0.8	\
D-11/3	19	2.6	73	5.5	336	9.8	0.52	13.2	1.6	3.0	606	148	30	28	440	198	\	\	643	1.4	184	\	2.2	1.0	\
D-12h1	19	3.3	65	3.7	317	8.1	0.65	12.5	7.2	3.3	955	327	33	28	396	260	51	179	317	22	144	\	\	0.1	24
D-12h2	20	3	70	2.9	403	9.5	0.65	36.8	13.0	3.4	1 100	568	30	29	390	246	51	172	73	80	138	\	\	0.5	24
D-13h2	19	0.9	77	3.2	462	11.0	0.65	23.6	3.3	3.5	607	145	7.3	31	325	237	45	154	205	45	133	\	\	0.3	9
D-13h3	18	2.8	66	2.9	391	10.0	0.7	36.8	5.1	3.0	1 160	220	29	32	391	232	47	191	212	37	152	\	\	0.4	23
D-14h1	21	2.0	57	3.8	224	6.2	0.55	29.9	4.5	3.0	108	1 160	25	6	25	168	44	106	120	29	127	\	\	0.5	22
D-14h2	21	2.5	65	4.3	300	9.0	0.65	32.9	3.8	3.6	799	274	32	26	330	172	48	112	316	20	139	\	\	0.7	23
D-22h3	22	0.9	78	3.8	303	8.5	0.65	16.4	5.0	3.5	703	274	10	31	321	141	45	140	64	7	123	\	\	0.1	5
D-23h1	16	1.2	43	1.9	245	6.5	0.55	32.0	2.6	2.5	1 540	120	16	28	228	204	40	165	326	112	111	\	\	1.0	16
D-24h1	21	1.0	56	1.7	311	7.9	0.65	18.0	3.6	2.5	968	126	11	29	227	182	37	126	38	51	118	\	\	0.6	13
D-25h	20	1.5	52	2.5	257	6.5	0.55	13.4	13	3.3	1 260	355	19	30	238	183	39	136	78	<1	101	\	\	1.0	22
D-26	20	2.6	65	3.8	309	8.1	0.98	25.6	3.7	3.7	668	178	26	33	397	193	\	\	134	11	154	\	2.4	0.6	\
D-26/1	19	2.8	54	4.2	200	6.3	0.98	27.9	0.5	3.2	553	132	28	33	431	191	\	\	1 950	35	166	\	4.4	1.1	\
D-26/2	25	2.9	71	4.8	315	8.6	0.52	12.5	4.3	3.9	728	218	33	34	435	209	\	\	120	23	184	\	3.7	1.1	\
D-26/3	19	2.2	67	3.9	351	9.6	0.75	12.9	1	3.1	620	109	25	37	444	194	\	\	594	13	168	\	4.4	0.6	\
D-43h3	17	2.0	97	4.1	420	9.4	0.84	32.2	4	3.5	904	310	22	21	290	220	42	176	66	45	123	\	\	0.5	17
X-1h	35	1.3	11	0.8	107	3.9	0.65	2.7	31	2.1	428	585	21	17	163	7	23	8.1	24	19	139	\	\	0.9	28
X-3h	37	2.0	20	2.0	217	6.9	0.84	16.5	6	2.9	338	174	27	35	297	46	35	24	125	51	150	\	\	1.0	26
X-4h1	44	1.7	17	1.9	175	5.6	0.65	26.6	15	4.0	168	154	23	31	271	39	36	26	101	27	70	\	\	1.0	27
X-5h	26	2.4	21	1.9	207	6.5	0.65	14.5	4	2.7	372	106	30	36	298	45	31	24	181	9.4	90	\	\	0.2	34
X-8h1	19	1.8	7	1.2	105	4.0	0.55	11.2	11	2.4	738	224	23	36	350	488	44	212	69	75	96	\	\	1.0	28
X-8h2	18	1.9	12	1.3	127	4.4	0.55	11.2	23	2.5	680	342	30	30	270	141	36	81	185	30	110	\	\	1.2	34
X-10h	18	1.2	17	1.3	184	6.6	0.55	13.8	17	2.6	615	326	21	26	266	21	28	14	153	24	109	\	\	0.5	34
X-14h	29	1.9	15	1.6	127	4.4	0.65	12.5	19	2.3	621	450	30	24	227	22	21	15	172	17	91	\	\	1.5	24
X-15h	20	2.3	18	1.6	176	6.1	0.74	13.5	34	4.2	980	438	32	25	265	21	23	15	65	60	98	\	\	1.0	42
X-16h	22	1.8	16	2.1	199	6.7	0.65	11.4	24	2.3	697	736	32	26	213	116	27	48	149	37	104	\	\	1.5	31
X-17h2	32	2.0	11	1.9	117	4.2	0.74	9.3	20	2.7	732	305	33	24	228	97	29	57	24	67	100	\	\	0.9	30
X-18h	27	1.6	13	1.8	127	4.5	0.84	22.8	24	5.4	594	224	27	23	227	132	33	67	115	31	104	\	\	0.4	30
X-20h	31	2.1	22	1.8	197	6.7	0.74	14.1	35	3.4	435	436	33	23	234	30	24	21	190	16	101	\	\	0.7	28
X-21h1	21	2.0	16	0.7	170	5.8	0.65	14.8	13	2.6	675	414	33	27	273	25	25	15	59.9	30	105	\	\	0.7	22
X-22h	34	1.9	27	2.0	247	8.1	0.65	13.8	31	4.2	944	354	31	20	219	50	30	38	136	85	149	\	\	1.5	28
X-25h1	21	1.9	22	2.1	260	9.0	0.84	14.3	26	2.8	794	351	30	26	252	32	26	19	38	19	116	\	\	0.7	38
X-26h	18	1.7	16	1.0	162	5.8	0.65	13.2	11	2.1	398	237	25	23	214	41	26	21	213	15	92	\	\	2.0	21
X-26h2	31	2.5	23	2.2	304	9.4	0.84	32.1	13	3.3	334	171	32	40	337	60	28	27	195	32	73	\	\	0.7	30
X-27h	36	1.6	16	1.3	200	6.6	0.74	27.5	52	4.8	580	508	26	20	196	49	26	25	196	33	104	\	\	1.0	39

续表 3-22

样号	Li	Be	Nb	Ta	Zr	Hf	U	Th	Rb	Cs	Sr	Ba	Ga	Sc	V	Cr	Co	Ni	Cu	Pb	Zn	Ag	Au	As	B
X-28h	28	1.6	20	1.7	199	6.4	0.74	26.2	63	3.0	529	300	28	18	170	19	22	18	50	225	88	\	\	2.1	48
X-29h	31	1.8	20	1.9	215	7.3	0.65	16.9	26	4.6	814	329	29	28	276	53	33	32	102	16	113	\	\	1.1	48
X-30h	19	1.3	14	1.7	155	5.6	0.84	13.6	11	2.4	227	151	21	18	189	45	20	22	1 520	13	64	\	\	2.4	14
X-31h	21	2.1	19	1.9	215	6.9	0.65	18.2	15	2.6	532	419	31	25	252	68	29	41	183	74	97	\	\	3.0	27
X-32h	27	2.0	19	2.0	211	7.3	0.55	10.0	51	4.3	662	480	28	28	272	76	32	39	122	591	105	\	\	6.5	38
GR-10g1	33	1.3	14.0	1.4	136	4.6	0.74	6.44	2.3	2.2	666	56.5	22	22	170	34	20	15.0	75	29	99	\	\	1.6	25
GR-15g1	17	1.7	11.0	1.5	111	3.8	0.74	6.92	6.3	3.6	138	56.5	21	28	302	13	27	9.3	147	54	81	\	\	1.0	37
GR-22g1	32	2.2	9.5	1.7	88	3.0	0.65	3.56	37.0	17	566	240.0	24	29	296	24	26	18.0	43	34	98	\	\	0.6	41
GR-25g1	24	1.1	7.9	1.2	87	3.4	0.65	5.26	21.0	2.3	648	186.0	17	32	372	4	36	1.4	514	22	130	\	\	0.7	25
GR-26g1	23	2.9	9.7	1.6	86	3.2	0.65	36.00	14.0	2.7	731	277.0	32	31	402	4.7	33	1.7	237	4.6	109	\	\	0.5	30
GR-14g	32	2.0	9.7	1.7	106	3.9	0.65	9.28	9.2	4.3	325	67.2	27	31	319	303	37	85.0	226	16	127	\	\	1.5	45
A-4h	21	2.1	9.9	1.1	124	4.0	0.82	7.32	60.0	3	336	321.0	22	20	177	84	21	20.0	91	114	108	\	\	9.3	20
A-26h	15	1.8	13.0	1.2	137	4.0	1.20	8.44	18.0	2.4	477	206.0	23	21	179	41	24	17.0	74	32	88	\	\	1.2	14
A-27h	28	2.4	4.8	<0.5	100	3.0	0.95	12.70	55.0	3.1	496	445.0	15	36	356	436	45	129.0	146	9.6	53	\	\	3.8	28
A-27g2	24	1.8	5.9	<0.5	79	2.5	0.82	14.00	9.1	2.5	447	63.7	18	34	224	295	32	97.0	607	25	62	\	\	2.0	13
A-28h2	50	2.8	9.1	1.1	123	3.3	0.82	15.40	72.0	3.7	796	516.0	26	34	387	39	43	23.0	235	49	72	\	\	7.5	36
A-29h	48	1.9	8.4	0.8	127	3.6	0.82	12.00	4.1	3	506	76.0	19	33	397	48	40	30.0	208	32	60	\	\	1.3	36
A-30h	60	2.2	10.0	1.1	127	3.9	0.82	15.20	49.0	3.1	1 000	940.0	25	28	339	11	36	11.0	234	44	71	\	\	10.0	25
S-10	17	1.7	11.0	0.9	101	3.2	2.16	11.10	7.1	2.0	177	31.4	\	25	192	50	\	\	53	7.5	71	0.1	0.7	1.0	\
S-12b4	15	1.6	12.0	1.1	126	3.6	1.33	6.11	8.9	1.9	236	129.0	\	18	162	15	\	\	55	<1	77	0.1	0.4	3.9	\
S-12b7	14	1.6	8.7	1.8	101	3.2	1.53	6.84	2.8	1.9	235	27.6	\	23	176	33	\	\	145	2	81	0.2	0.4	1.5	\
S-16	17	2.3	17.0	1.3	149	4.3	1.33	10.90	10.0	2.1	472	132.0	\	30	269	7.4	\	\	109	40	112	\	0.4	0.3	\
S-16b4	15	2.1	11.0	1.0	127	3.8	1.00	14.90	34.0	2.6	279	876.0	\	31	246	<1	\	\	124	42	95	0.2	0.2	0.9	\
S-16b7	11	1.3	8.9	0.6	96	2.9	1.33	3.47	2.5	1.7	226	19.0	\	14	132	29	\	\	83.1	5	47	0.1	0.7	0.7	\
S-16b10	19	2.1	16.0	0.9	152	4.4	1.73	9.59	4.6	2.2	488	29.1	\	28	236	2.5	\	\	93	1	91	\	1.0	0.4	\
MYA-1	33	3.4	8.1	<0.5	118	3.8	0.64	3.39	20.0	2.6	265	396.0	29	30	476	15	\	\	366	<1	85	\	5.2	4.6	\
MYA-1/1	33	3.3	8.5	0.9	115	3.9	0.98	10.30	27.0	2.7	337	492.0	27	30	492	4.6	\	\	253	12	60	\	2.5	5.8	\

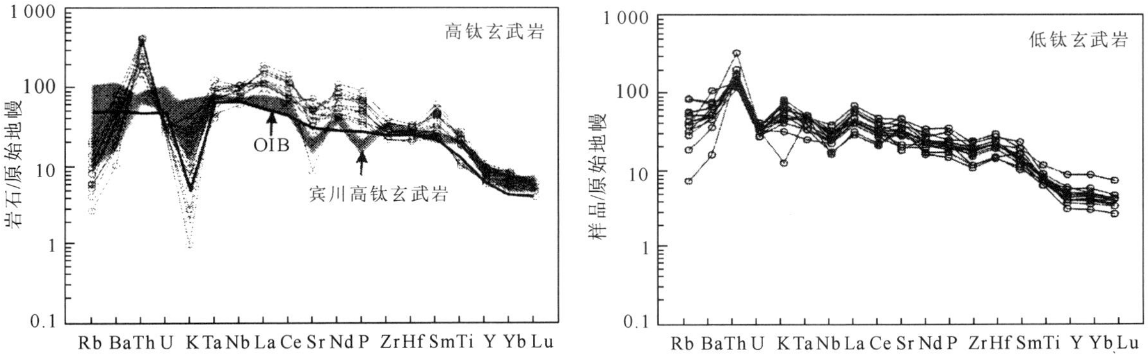

图 3-21　尕笛考组火山岩微量元素蛛网图

（宾川高钛玄武岩数据引自肖龙等，2004）

(3) Sr、Nd 同位素组成

栖霞期火山岩的 Sr、Nd 同位素分析结果见表 3-23。高钛玄武岩的 $\varepsilon_{Nd}(t)$ 值变化相对较稳定，为 4.2，初始锶比值($^{87}Sr/^{86}Sr)i$ 为 0.703 52～0.704 17，而 $\varepsilon_{Sr}(t)$ 值变化较大，在－0.2～－9.3 之间，存在小范围内的漂移；低钛火山岩的($^{87}Sr/^{86}Sr)i$ 为 0.703 33～0.704 86，$\varepsilon_{Nd}(t)$ 值为 4.1～5.5，变化相对较稳定，而 $\varepsilon_{Sr}(t)$ 值变化亦较大，在－4.5～－12.1 之间。二者在 I_{Sr}-$\varepsilon_{Nd}(t)$ 图(图 3-22)(Zindler et al，1986)上，样品落入 OIB 范围，靠近地幔线附近，接近夏威夷火山岩范围(White，1985)，显示亏损地幔源区特征，受富集地幔影响较小。此外，高钛玄武岩的 T_{2DM} 为 696～701Ma，变化小；而低钛玄武岩的 T_{2DM} 为 595～718Ma，变化较大；表明前者源区比较单一，而后者的源区物质较为复杂。

表 3-23　栖霞期火山岩 Nd、Sr 同位素组成

样品号	D-4	D-4/1	D-4/2	D-4/3
	高钛玄武岩			
$^{147}Sm/^{144}Nd$	0.116 3	0.117 7		0.118 9
$^{143}Nd/^{144}Nd$	0.512 712	0.512 711		0.512 713
($^{143}Nd/^{144}Nd)i$	0.512 506	0.512 502		0.512 502
$\varepsilon_{Nd}(t)$	4.2	4.2		4.2
$^{87}Rb/^{86}Sr$	0.009 899	0.277 6	0.005 603	0.006 562
$^{87}Sr/^{86}Sr$	0.703 77	0.705 24	0.703 56	0.703 55
($^{87}Sr/^{86}Sr)i$	0.703 73	0.704 17	0.703 54	0.703 52
$\varepsilon_{Sr}(t)$	－6.4	－0.2	－9.1	－9.3
T_{2DM}(Ma)	696	701		701

样品号	X-3t	X-8t	X-14t	X-18t	X-25t	X-32t
	低钛玄武岩					
$^{147}Sm/^{144}Nd$	0.128 4	0.143 9	0.120 6	0.119 0	0.117 3	0.119 8
$^{143}Nd/^{144}Nd$	0.512 797	0.512 815	0.512 722	0.512 722	0.512 700	0.512 713
($^{143}Nd/^{144}Nd)i$	0.512 569	0.512 560	0.512 508	0.512 511	0.512 492	0.512 500
$\varepsilon_{Nd}(t)$	5.5	5.3	4.3	4.3	4.0	4.1
$^{87}Rb/^{86}Sr$	0.025 92	0.029 92	0.069 6	0.089 27	0.082 51	0.188 3
$^{87}Sr/^{86}Sr$	0.703 55	0.703 54	0.703 76	0.703 67	0.703 99	0.704 59
($^{87}Sr/^{86}Sr)i$	0.703 45	0.703 42	0.703 49	0.703 33	0.703 67	0.703 86
$\varepsilon_{Sr}(t)$	－10.4	－10.7	－9.8	－12.1	－7.2	－4.5
T_{2DM}(Ma)	595	610	692	687	718	704

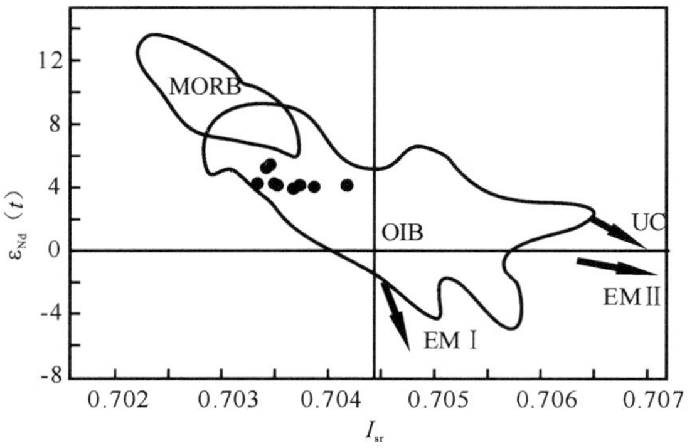

图 3-22　栖霞期火山岩 I_{sr}-$\varepsilon_{Nd}(t)$图解

脊玄武岩；OIB. 洋岛玄武岩；EMⅠ. Ⅰ型富集地幔；EMⅡ. Ⅱ型富集地幔

（三）中二叠世茅口期—冷坞期火山岩

1. 地质产状及岩石类型

中二叠世茅口期—冷坞期基性火山岩分布于尕日扎仁一带中二叠世尕日扎仁组和索加组底部，呈夹层状产出，夹于灰岩、砂岩中，共出露3层，总厚约30m。岩性主要为石英安山岩、杏仁状石英玄武岩、安山岩。主要岩石特征描述如下。

（1）石英安山岩

岩石呈灰紫色，斑状结构，基质为间粒间隐结构。岩石由斑晶（3%）和基质（97%）组成。斑晶为中一更长石，呈柱状，大小2.5～3mm，具不明显环带，表面次生方解石、绢云母等。基质由斜长石（57%）、石英（8%）、钾长石（5%）、镁铁矿物假晶（25%）、磁铁矿（2%）和磷灰石（<1%）组成。斜长石呈半自形柱状，柱长多数为0.4～1.2mm，集合体杂乱分布；石英、钾长石呈他形粒状，大小约0.2～1mm充填于斜长石格架间；铁镁矿物假晶呈他形—半自形柱状，大小同斜长石，已全部次生变化为水云母、方解石和绿泥石，原矿物难以恢复；磷灰石为短柱—长柱状；磁铁矿呈近四方粒状，零星分布。

（2）杏仁状石英玄武岩

岩石呈灰绿色，斑状结构，基质为间粒间隐结构，杏仁状构造。岩石由斑晶（8%）和基质（92%）组成。斑晶由斜长石（3%）和铁镁矿物假晶（5%）组成。斜长石呈自形板柱状，晶粒约1～2.5mm，已全部被碳酸盐、绢云母、石英、少量绿泥石取代；镁铁矿物假晶呈半自形柱状，大小为0.5～2.5mm，被绿泥石或方解石取代。基质由更长石（49%）、石英（5%）、铁镁矿物假晶（30%）、绿泥石（5%）、方解石（5%）及磷灰石和金属矿物（3%）组成。更长石呈柱条状，柱长多数为0.2～0.6mm，个别达1mm，集合体杂乱分布；石英呈他形粒状分布于斜长石格架间；铁镁矿物假晶可分为两种，一种全被绿泥石取代，形态类同于斑晶，粒度0.2～0.5mm，另一种呈短柱状—粒状，大小0.1～0.4mm，被褐铁矿、碳酸盐、少量绿泥石取代；少量绿泥石、方解石充填于斜长石格架间。约有12%～15%浑圆形杏仁体，成分为绿泥石和方解石。

（3）玄武安山岩

岩石呈灰紫色，斑状结构，基质为间粒间隐结构。岩石由斑晶（2%）、基质（95%）和少量杏仁体（3%）组成。斑晶由斜长石（1%）和铁镁矿物假晶（1%）组成。斜长石呈自形板柱状，晶粒约1～2.5mm，已全部被碳酸盐、绢云母、石英、少量绿泥石取代；镁铁矿物假晶呈半自形柱状，大小为0.5～2.5mm，亦全部被绿泥石或方解石取代。基质由更长石（55%）、石英（3%）、铁镁矿物假晶（25%）、绿泥石（7%）、方解石（5%）及磷灰石和金属矿物（3%）组成。更长石呈柱条状，柱长多数为0.3～0.8mm，个别达1mm，集合体杂乱分布；石英呈他形粒状分布于斜长石格架间；铁镁矿物假晶可分为两种，一种全被绿泥石取代，形态类同于斑晶，粒度0.2～0.5mm，另一种呈短柱状、粒状，大小0.1～0.4mm，被绿泥石、少量褐铁矿、碳酸盐等矿物取代；少量绿泥石、方解石充填于斜长石格架间。见有少量杏仁体呈浑圆状或拉长状，内多充填石英、少量方解石。

2. 岩石地球化学特征

（1）主量元素

茅口期—冷坞期基性火山岩岩石化学含量见表3-24。SiO_2含量为43.56%～54.18%（平均48.50%），属基性岩范围，个别属超基性岩范围；TiO_2含量为1.55%～2.66%（平均2.15%），Al_2O_3含量低，为13.02%～15.56%（平均14.37%），P_2O_5含量为0.14%～0.95%（平均0.64%），与滇东师宗—弥勒带北段基性火山岩（TiO_2为1.48%～2.46%，Al_2O_3为14%～18%，P_2O_5为0.4%～0.64%）相似；Mg含量较低，MgO为1.61%～6.85%（平均4.29%）；贫钾富钠，K_2O仅一个样品含量为3.38%，其余多数样品在0.19%～0.42%之间，Na_2O含量为2.78%～5.31%（平均3.88%），K_2O+Na_2O平均为4.65%。在Zr/TiO_2-Nb/Y图解上（图略），全部样品都落入碱性玄武岩区内，不同于拉斑玄武岩为主的峨眉山玄武岩，而与以碱性玄武岩为主体的滇东师宗—弥勒北段玄武岩相同。

表 3-24　茅口期—冷坞期火山岩主量元素含量分析结果(%)

样号	岩性	SiO_2	TiO_2	Al_2O_3	Fe_2O_3	FeO	MnO	MgO	CaO	Na_2O	K_2O	P_2O_5	灼失量	总量
GZ-3h	石英安山岩	52.04	1.55	14.89	3.91	3.48	0.08	3.82	5.24	3.65	3.38	0.48	6.52	99.04
GZ-9h1	玄武岩	47.32	2.32	14.02	3.18	7.00	0.12	5.79	5.88	3.63	0.21	0.91	8.13	98.51
GZ-9h2	石英玄武岩	44.44	2.39	14.41	2.78	6.87	0.12	6.85	6.68	3.65	0.19	0.86	9.26	98.49
GZ-11h3	石英玄武岩	43.56	1.63	13.02	2.32	4.62	0.10	3.17	13.20	4.25	0.22	0.51	12.36	98.96
GZ-12h2	玄武岩	49.44	2.66	14.30	3.04	7.80	0.14	1.61	6.98	2.78	0.42	0.14	9.48	98.79
GZ-12h3	安山岩	54.18	2.35	15.56	0.58	7.97	0.12	4.50	2.34	5.31	0.21	0.95	4.24	98.31

(2) 稀土元素和微量元素特征

茅口期—冷坞期基性火山岩稀土元素含量见表 3-25。ΣREE 为 $173.83\times10^{-6}\sim285.32\times10^{-6}$，平均 221.67×10^{-6}，其中 LREE 为 $155.26\times10^{-6}\sim261.91\times10^{-6}$，L/H 比值为 8.36～13.10，$(La/Yb)_N$ 为 12.28～22.37(平均 16.60)，轻重稀土分异明显，LREE 强烈富集，稀土元素配分曲线为右倾的 LREE 富集型(图 3-23)。

表 3-25　茅口期—冷坞期火山岩稀土元素和微量元素分析结果($\times10^{-6}$)

样品号	La	Ce	Pr	Nd	Sm	Eu	Gd	Tb	Dy	Ho	Er	Tm	Yb	Lu	Y	ΣREE	LREE	δEu
GZ-3h	50.20	84.20	8.50	39.80	6.73	1.84	4.97	0.74	4.07	0.73	1.98	0.28	1.61	0.22	14.6	205.87	191.27	0.94
GZ-9h1	60.90	114.0	12.30	61.10	10.80	2.81	8.12	1.25	6.88	1.18	3.07	0.40	2.23	0.28	26.4	285.32	261.91	0.89
GZ-11h3	36.30	65.70	7.83	36.70	6.95	1.78	5.69	0.85	5.44	1.01	2.79	0.40	2.12	0.27	20.9	173.83	155.26	0.85

样号	Cu	Pb	Zn	Cr	Ni	Co	Rb	Cs	Sr	Ba	V	Sc	Ga	Be	Nb	Ta	Zr	Hf	Th
GZ-3h	154	67.4	81.8	118	58.9	26.7	56.1	3.4	703	1180	245	22	22.9	2.05	29.4	2.84	266	7.16	20.6
GZ-9h1	172	98.4	61.8	205	93.5	30.8	4.3	2.9	148	154	305	26.8	27.3	2.27	37	2.94	256	7.2	24.7
GZ-9h2	186	16	60	209	137	37.2			210	141	320	29.8							
GZ-11h3	236	184	71.8	4.57	9.43	23.9	4.6	2.3	199	45.8	283	25.3	19.4	1.97	25.4	2.58	177	5.53	16.5
GZ-12h2	39	1.6	139	122	47.1	24.2			152	112	326	26.6							
GZ-12h3	210	471	4 540	90.5	36.1	24.7			371	67.9	294	21.9							

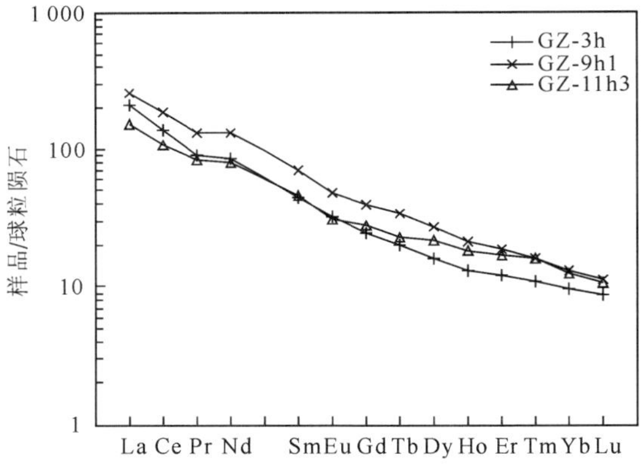

图 3-23　茅口期—冷坞期火山岩稀土元素配分型式

微量元素含量见表 3-25。尕日扎仁组火山岩的 Zr 含量在 $177\times10^{-6}\sim266\times10^{-6}$ 之间，Zr/Hf 值稳定(31.75～45.96)，多数比值在 30～40 之间，远大于 MORB 和岛弧拉斑玄武岩 Zr 的丰度；Hf 含量变化在 $5.53\times10^{-6}\sim7.20\times10^{-6}$ 之间，高于 MORB 的 Hf 平均含量(2.4×10^{-6})；Nb 含量变化在 $25.4\times10^{-6}\sim37\times10^{-6}$ 之间，相当于板内拉斑玄武岩的 Nb 含量($Nb>12\times10^{-6}$)；Ta 含量变化在 $2.58\times10^{-6}\sim2.94\times10^{-6}$ 之间，类似于过渡型、富集型 MORB 和板内玄武岩($Ta>0.7\times10^{-6}$)。Zr/Nb 比值变化为 6.67～9.05；Hf/Th 比值变化在 0.29～0.35 之间；Th/Nb 比值变化在 0.65～0.70 之间(平均 0.67)；Nb/Zr 比值变化在 0.11～0.14 之间(平均 0.13)。微量元素 MORB 标准化蛛网图显示隆起的特征(图 3-24)，LILE 富集，HFSE 分异，总体类似于板内玄武岩的微量元素分布形式。

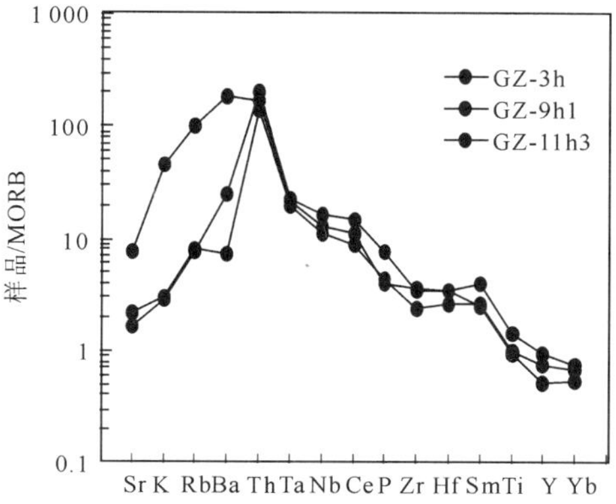

图 3-24　茅口期—冷坞期火山岩微量元素蛛网图

二、印支晚期火山岩

印支晚期火山岩以晚三叠世甲丕拉组火山岩为代表，属中—基性岩类。其主要地质特征如下。

1. 空间分布和产状

甲丕拉组火山岩分布于调查区西北部西恰山一带。该组火山岩主要呈夹层状产出，主要位于甲丕拉组中部层位，夹于碎屑岩或灰岩之中，以中基性熔岩为主，岩性主要为安山质岩屑凝灰熔岩、角闪玄武岩、角闪粗安岩，出露厚度约 348.42km^2。火山岩分布范围较小，横向延伸不稳定，为海相中心式喷发。

2. 旋回和韵律的划分

甲丕拉组火山岩以出露最厚的西恰山一带火山岩进行旋回韵律划分（表 3-26），可划分为 1 个旋回和 8 个韵律。从Ⅰ韵律—Ⅷ韵律，几乎均为喷溢—间歇，仅Ⅲ韵律为爆发—喷溢—间歇，总体属喷溢—间歇韵律特征，属海相间歇式火山活动。

表 3-26　晚三叠世甲丕拉组火山岩旋回、韵律划分表

旋回	韵律	层号	岩性	厚度(m)
甲丕拉组火山岩	Ⅷ	37	灰岩	28.00
		36	灰绿色蚀变辉石角闪玄武岩	45.65
	Ⅶ	22—34	灰岩、砂岩	472.31
		18—19	灰绿色蚀变角闪粗安岩	133.94
	Ⅵ	17	灰岩	12.36
		16	灰绿色辉石角闪玄武岩	35.19
	Ⅴ	15	白云岩	5.93
		14	浅灰绿色辉石角闪粗安岩夹蚀变角闪玄武岩	28.9
		13	灰绿色蚀变角闪粗安岩	8.87
	Ⅳ	12	灰岩夹泥岩、粉砂岩	12.52
		11	深灰绿色蚀变角闪粗安岩	14.45
	Ⅲ	10	灰岩、白云岩	3.85
		9	下部为紫红色碳酸盐化流纹质含火山角砾沉凝灰岩，上部为灰绿色蚀变角闪粗安岩	12.28
		8	下部为紫色安山质岩屑凝灰岩，上部为灰绿色蚀变辉石角闪玄武岩	27.40
	Ⅱ	6—7	灰岩夹砂岩	61.37
		5	紫色安山岩	8.47
	Ⅰ	3—4	灰岩、泥岩	56.33
		2	紫色安山质岩屑凝灰熔岩	33.27

3. 岩石学特征

甲丕拉组火山岩普遍蚀变较强，可见到明显的绿泥石化、绿帘石化、碳酸盐化现象。岩石颜色总体较深，呈暗绿色、灰绿色。在 Zr/TiO_2-Nb/Y 图解上(图 3-25)，样品点主要分布于粗安岩区，少量分布于碱性玄武岩区，仅一个样品分布于安山岩区。主要岩石特征如下。

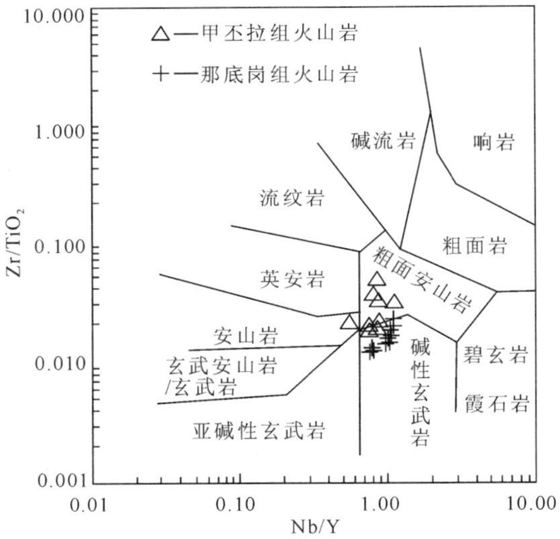

图 3-25　印支晚期—燕山早期火山岩 Zr/TiO_2-Nb/Y 图解

(1) 安山质岩屑凝灰熔岩

岩石为灰绿色，碎屑熔岩结构，块状构造，由岩屑(15%)和熔岩胶结物(85%)组成。岩屑由铁质氧化物(90%)胶结少量的斜长石晶屑(10%)组成，岩屑形状不规则，棱角状，有熔化，粒径大小差别较大，小的约 0.3mm，大者达 20mm。胶结物为角闪安山熔岩，由角闪石斑晶(10%)和基质(90%)组成。角闪石斑晶均已碳酸盐化，仅为假象；基质由斜长石(80%)、磁铁矿(5%)、角闪石(10%)和辉石(5%)组成。岩石有中度碳酸盐化，呈不规则状交代岩屑和熔岩胶结物，局部连成片状交代，斜长石有轻度泥化。

(2) 角闪粗安岩

灰绿色，岩石具斑状结构，基质为交织结构，少量杏仁结构，块状构造，岩石由斑晶(20%)和基质(80%)组成。斑晶由斜长石(65%)、钾长石(15%)及角闪石(25%)组成，斜长石斑晶粒径多为 0.03mm×0.1mm～0.15mm×0.4mm，半自形柱状，聚片双晶清楚，部分双晶较细密，部分可见简单的环带构造和十字交叉，有中度泥化，少量绿泥石化；钾长石为半自形—他形粒状，斑晶大小和斜长石斑晶相似，少数可见卡式双晶；角闪石为半自形柱状—他形粒状，少数自形较好，可见菱形六边形，粒径大小多为 0.2mm×0.3mm～0.7mm×0.9mm，角闪石已全部次生变化，部分为硅质交代和碳酸盐化，仅留下角闪石假象。基质由斜长石和钾长石(75%)及铁质(25%)组成。少量杏仁体为不规则椭圆，多为绿泥石和硅质充填，少数呈多层结构，杏仁体中心为绿泥石微晶片状、纤维状集合体，往外为一圈微晶片状绿泥石，最外为一圈厚 0.01～0.03mm 的皮壳状绿泥石，杏仁大小约为 1.5mm×2.0mm。

(3) 辉石角闪玄武岩

灰绿色，具斑状结构，基质为间粒间隐结构，块状构造，由斑晶(10%)和基质(90%)组成。斑晶：斜长石(5%)多为半自形柱状，粒径多为 0.3mm×0.4mm～1.0mm×2.2mm，部分为硅质交代，部分绿泥石化，少部分为白云母交代，留下斜长石假象；辉石为单斜辉石(2%)，呈半自形柱状，部分为他形粒状，解理清楚，部分颗粒微裂隙发育，粒径多为 0.15mm×0.25mm，少数成聚片双晶，次生变化弱；角闪石(3%)为半自形柱状、他形粒状，少数可见不完整的菱形六边形，粒径多为 0.3mm×0.4mm～0.8mm×1.0mm，已全部次生变化成绿泥石、部分纤闪石、石英和少量白云母，仅保留角闪石假象。基质：斜长石(60%)为半自形长柱状微晶，可见聚片双晶，次生变化少，有定向；辉石(10%)为他形粒状，粒径多为 0.02mm×0.3mm～0.05mm×0.4mm，部分绿泥化，还有纤闪石微晶形成，为针柱状；角闪石(15%)；不透明矿物(5%)为不规则粒状微晶,少数半自形,粒径多为 0.02～0.03mm。岩石有少量后期的微隙裂发育,并为铁质氧化物充填。

4. 岩石地球化学特征

(1) 主量元素

甲丕拉组火山岩化学成分见表 3-27。除一个样品 SiO_2 含量偏低(42.6%),属基性岩范围外,其余样品 SiO_2 含量为 44.66%～56.74%,为中基性岩;TiO_2 含量为 0.40%～1.04%(平均 0.745%);除一个样品 Al_2O_3 含量较低,为 13.42%,其余样品 Al_2O_3 含量为 15.82%～18.92%(平均 16.85%);全碱含量较高,K_2O+Na_2O 为 4.76%～9.85%(平均 7.31%);P_2O_5 含量为 0.036%～0.622%(平均 0.46%)。σ 为 2.23～9.82(平均 5.8),属碱性岩系。在 TAS 图解中仅一个样品落入亚碱性系列岩区(图略),其他样品几乎全落入碱性岩系列岩区。CIPW 计算结果显示多数样品含有 Ol、Hy、Di,个别样品中含有 Ne。

表 3-27　印支晚期—燕山早期火山岩主量元素分析结果(%)

时代	样号	SiO_2	TiO_2	Al_2O_3	Fe_2O_3	FeO	MnO	MgO	CaO	Na_2O	K_2O	P_2O_5	灼失量	总量
晚三叠世甲丕拉组	E-8b2	42.60	0.63	13.42	2.73	1.76	0.248	5.14	13.39	3.69	1.07	0.537	14.18	99.40
	E-14b2	52.44	0.97	17.61	4.10	2.60	0.064	5.03	7.72	3.38	3.01	0.552	2.10	99.57
	E-16b2	55.62	0.40	18.92	2.35	4.16	0.061	2.47	2.35	5.32	4.53	0.335	2.73	99.25
	E-16b1	52.44	1.04	17.31	5.32	2.06	0.063	4.73	7.14	3.39	3.51	0.608	2.44	100.05
	E-11b1	47.69	0.99	15.82	3.94	3.86	0.058	9.29	3.04	4.25	2.34	0.597	7.87	99.75
	E-13b1	44.66	0.96	16.15	4.55	2.98	0.058	6.18	7.06	4.9	2.27	0.622	9.28	99.67
	E-18b1	55.73	0.46	16.38	0.786	5.12	0.096	5.44	8.04	5.04	0.44	0.036	1.64	99.21
	E-18b3	56.74	0.50	17.74	2.38	3.96	0.088	3.18	2.47	4.24	5.25	0.382	2.78	99.71
	E-19b1	53.16	0.67	17.63	2.39	4.70	0.101	4.20	4.31	3.74	4.62	0.452	3.43	99.41
	E-14b1	50.26	0.84	17.53	2.92	5.80	0.136	4.33	6.01	3.27	4.80	0.506	2.84	99.24
早侏罗世那底岗组	GN-1	51.77	1.41	17.07	4.91	2.82	0.110	4.38	6.50	3.54	3.59	0.580	2.74	96.10
	GN-1/1	51.62	1.47	17.22	5.14	3.28	0.160	3.85	8.01	3.28	2.94	0.580	1.65	96.97
	GN1/2	52.00	1.42	17.63	5.03	3.02	0.150	4.10	7.80	3.13	2.98	0.580	1.60	97.26
	GN1/3	53.45	1.17	17.43	4.81	2.27	0.140	4.11	5.31	3.36	4.75	0.620	2.06	96.80
	GN-2	52.20	1.21	17.57	5.06	2.15	0.410	5.30	3.74	3.23	4.76	0.640	3.00	95.63
	GN-2/1	52.61	1.25	17.85	4.85	2.08	0.410	4.59	4.43	3.25	4.61	0.650	2.56	95.93
	GN-2/2	52.68	1.25	17.95	4.05	2.27	0.420	4.53	4.98	3.56	4.34	0.630	2.57	96.03
	GN2/3	51.42	1.25	17.90	5.21	1.83	0.340	5.24	3.39	2.31	6.40	0.620	3.24	95.29
	ZC-19h1	48.94	1.15	16.65	3.56	5.04	0.140	6.77	6.82	3.36	3.54	0.570	3.20	99.73
	ZC-20h1	48.08	1.10	16.96	3.92	4.89	0.130	6.82	7.04	3.09	3.39	0.570	3.75	99.74
	ZC-20h2	48.88	1.15	16.96	3.42	4.40	0.130	5.54	6.65	3.57	3.72	0.570	4.10	99.09
	SR822h1	46.58	0.87	16.33	5.88	0.69	0.140	0.68	10.27	5.93	1.97	0.440	9.34	99.12
	SR822h2	46.90	0.88	16.44	5.83	0.82	0.090	1.00	9.58	6.13	1.71	0.440	9.30	99.12

(2) 稀土元素和微量元素

上三叠统甲丕拉组火山岩 REE 分析结果见表 3-28。ΣREE 较高(117.26×10^{-6}～169.64×10^{-6}),L/H 为 5.76～8.93,$(La/Yb)_N$ 为 6.26～11.82(平均 8.66),反映 LREE 弱富集。稀土配分曲线右倾(图 3-26),LREE 配分曲线向右陡倾,而 HREE 配分曲线相对平坦,与板块会聚边缘玄武岩稀土元素配分曲线相似。$\delta Eu=0.76$～0.92,具有弱负铕异常。

表 3-28　印支晚期—燕山早期火山岩稀土元素分析结果($\times 10^{-6}$)

时代	样品号	La	Ce	Pr	Nd	Sm	Eu	Gd	Tb	Dy	Ho	Er	Tm	Yb	Lu	Y	ΣREE	δEu
早三叠世甲丕拉组	E-8b2	27.1	48.5	5.76	25.4	5.1	1.46	4.52	0.74	4.84	0.91	2.50	0.38	2.39	0.28	21.7	129.88	0.92
	E-14b2	38.7	60.9	6.59	28.6	5.46	1.56	4.83	0.82	4.86	0.92	2.47	0.36	2.15	0.24	19.4	158.46	0.92
	E-16b2	35.2	66.2	7.53	35.2	6.88	1.55	5.33	0.84	4.84	0.87	2.49	0.37	2.12	0.22	22	169.64	0.76
	E-16b1	40.7	63.8	7.3	31.3	6.44	1.63	5.04	0.76	4.84	0.97	2.83	0.40	2.35	0.28	21.8	168.64	0.85
	E-11b1	26.8	45.9	5.83	25.2	5.14	1.33	4.51	0.8	4.82	0.94	2.53	0.40	2.33	0.28	20.4	126.81	0.83
	E-13b1	26.1	41.7	5.38	22.4	4.77	1.23	4.45	0.83	5.08	0.95	2.86	0.41	2.43	0.29	21.2	118.88	0.81
	E-18b1	22.9	40.7	5.76	24.9	5.11	1.32	4.53	0.75	5.13	0.99	2.99	0.42	2.41	0.27	22.4	118.18	0.83
	E-18b3	23.4	42.2	5.38	24.9	4.98	1.36	4.33	0.66	4.44	0.86	2.30	0.34	1.91	0.20	17.8	117.26	0.88
	E-19b1	28.3	53	6.02	28.4	5.93	1.32	4.47	0.74	4.6	0.89	2.60	0.39	2.34	0.27	19.6	139.27	0.76
	E-14b1	26.9	46.5	5.97	27.2	5.63	1.43	4.6	0.8	4.92	0.93	2.56	0.38	2.21	0.25	19.2	130.28	0.84
早侏罗世那底岗组	GN-1	53.2	88.8	10.2	46.2	8.01	2.04	6.47	0.96	5.65	1.08	2.83	0.44	2.46	0.34	22.8	228.68	0.85
	GN-1/1	56.2	92.5	10.6	47.1	8.66	2.08	6.76	1.12	6.09	1.18	3.00	0.46	2.74	0.37	25.4	238.86	0.81
	GN1/2	48.4	81	9.94	43.6	7.75	2.01	6.24	0.92	5.70	1.07	2.77	0.40	2.48	0.33	23.1	212.61	0.86
	GN1/3	63.4	99.5	11.5	51.8	9.16	2.01	7.08	1.13	5.97	1.07	2.73	0.41	2.52	0.36	23.5	258.64	0.74
	GN-2	57.6	99.7	11.5	49.4	9.68	1.94	7.10	1.20	6.01	1.10	2.81	0.42	2.54	0.35	23	251.35	0.69
	GN-2/1	67.4	104	11.5	51.3	8.74	2.09	6.78	1.10	5.75	1.08	2.89	0.44	2.56	0.36	23.3	265.99	0.81
	GN-2/2	58.5	97.7	11.1	49.3	8.97	2.03	6.74	0.99	5.58	1.01	2.81	0.40	2.48	0.35	23	247.96	0.77
	GN2/3	64.1	105	11.7	51.4	9.23	2.03	7.02	1.1	5.83	1.05	2.84	0.44	2.53	0.36	23.9	264.63	0.75
	ZC-19h1	36.5	66.40	4.96	37.7	6.80	1.72	5.34	0.80	4.94	0.90	2.64	0.36	2.08	0.26	18.7	171.40	0.85
	ZC-20h1	35.0	62.8	7.83	35.6	6.66	1.67	5.01	0.80	4.77	0.91	2.67	0.32	2.01	0.25	18.3	166.30	0.86
	ZC-20h2	40.0	74.0	8.43	41.1	7.62	1.83	5.71	0.88	5.50	1.01	2.78	0.40	2.47	0.32	22	192.05	0.82
	SR822/h1	26.4	45.1	5.29	24.2	4.82	1.31	4.65	0.82	4.80	0.89	2.65	0.42	2.26	0.30	20.6	123.91	0.84

甲丕拉组火山岩微量元素分析结果见表 3-29。微量元素 MORB 标准化分布见图 3-27，表现为富集大离子亲石元素，Ti 显著亏损，高场强元素 Ta、Nb、Zr、P 亏损。La/Nb 比值为 1.3～2.65(平均 2.23)，Ba/La 变化于 9.15～63.94 之间，Th/Ta 值为 11.38～32.35(平均 20.67)，具有活动大陆边缘火山岩的特征。

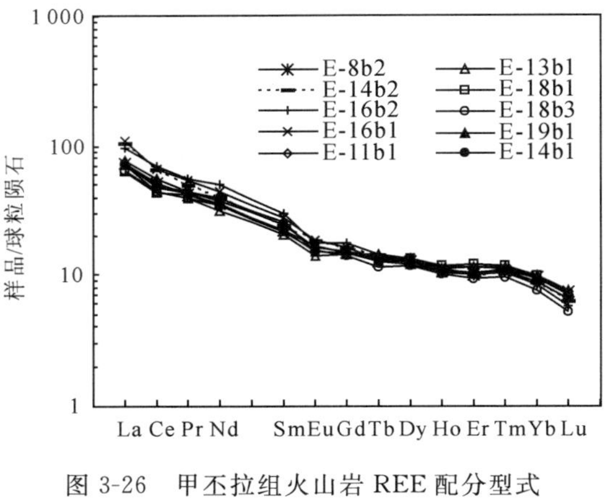

图 3-26　甲丕拉组火山岩 REE 配分型式

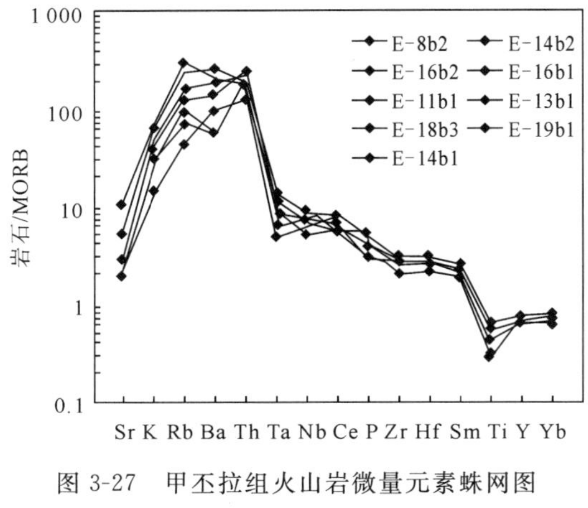

图 3-27　甲丕拉组火山岩微量元素蛛网图

表 3-29 晚三叠世甲丕拉组火山岩微量元素分析结果(×10⁻⁶)

样号	Cu	Pb	Zn	Cr	Ni	Co	Rb	Cs	Sr	Ba	V	Sc	Ga	Nb	Ta	Zr	Hf	U	Th
E-8b2	8.00	9.45	174	184	80	27.7	24.4	2.25	258	602	125	20.6	15.7	11.9	1.30	148	4.54	6.81	14.8
E-14b2	73.3	22.9	107	245	112	26.8	95.9	12.4	511	1 220	159	24.4	20.3	14.6	0.65	197	5.49	3.63	20.9
E-16b2	40.9	27.2	105	277	123	42.6	52.5	3.70	169	322	138	23.2	15	18.4	0.81	215	6.44	1.03	26.2
E-16b1	134	29.5	97.4	247	86.7	27.3	144	13.4	473	1 290	206	31.4	21.2	19.2	0.89	194	5.71	4.87	21.6
E-11b1	3.80	7.30	221	238	107	32.2	59	6.20	175	352	181	26.7	19.3	15.2	1.35	215	6.09	3.94	21.9
E-13b1	1.60	4.50	133	246	92.9	22.2	41.6	3.80	155	330	172	26.2	18.6	16.1	1.04	211	6.22	5.49	19.9
E-18b1	10.8	<1	196	221	89.1	36.1	38	2.05	105	436	180	24.8	18.4	17.6	1.59	185	5.34	5.33	28.4
E-18b3	60.8	8.30	94.3	311	110	35.8	170	5.90	440	1 280	221	32.1	20.2	15.4	1.38	177	5.30	3.12	27.7
E-19b1	6.80	11.3	161	217	97.1	28.8	68.8	2.60	230	916	159	23.4	17.6	21.4	1.78	228	6.60	6.40	32.3
E-14b1	44.8	7.90	155	274	98.3	27.2	130	8.20	929	1 720	186	28	17.8	16.7	1.54	183	5.43	3.74	23.2

(3) Sr、Nd 同位素组成

甲丕拉组火山岩 Sr、Nd 同位素分析结果列于表 3-30。$\varepsilon_{Nd}(t)$变化在−2.2～−2.4 之间，$\varepsilon_{Sr}(t)$变化在 42.6～53.4 之间，在 $\varepsilon_{Nd}(t)-\varepsilon_{Sr}(t)$图解中，样品落入Ⅳ象限的中上部，呈线状排列，表明源区具有明显的壳源性质或为壳幔混合源区特征(图 3-28)。

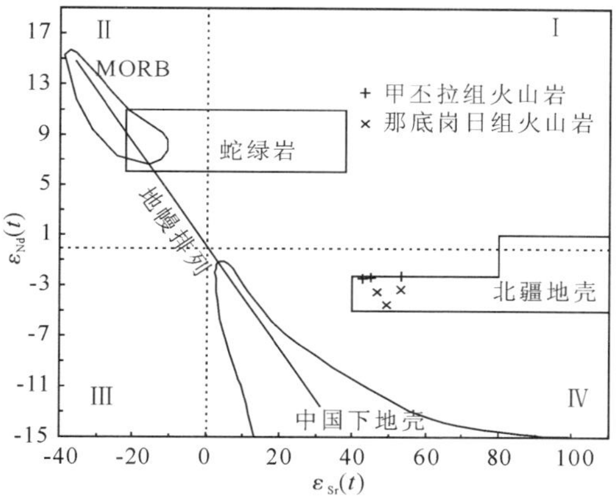

图 3-28 印支晚期—燕山早期火山岩 $\varepsilon_{Nd}(t)-\varepsilon_{Sr}(t)$图解

表 3-30 印支晚期—燕山早期火山岩 Sr、Nd 同位素组成测定结果

时代	甲丕拉组火山岩			那底岗日组火山岩		
样号	E-16B	E-18B	E-19B	MYGN-1	MYGN-1/2	MYGN-1/3
$^{87}Rb/^{86}Sr$	0.998 9	0.903 9	0.837 2	0.835 9	0.892 8	0.839 6
$^{87}Sr/^{86}Sr$	0.711 13	0.710 07	0.710 04	0.709 94	0.710 55	0.710 13
$(^{87}Sr/^{86}Sr)i$	0.708 00	0.707 24	0.707 42	0.707 56	0.708 01	0.707 74
$\varepsilon_{Sr}(t)$	53.4	42.6	45.1	46.8	53.2	49.4
$^{147}Sm/^{144}Nd$	0.116 1	0.124 4	0.120 7	0.106 2	0.105 6	0.102 8
$^{143}Nd/^{144}Nd$	0.512 407	0.512 413	0.512 41	0.512 346	0.512 35	0.512 283
$(^{143}Nd/^{144}Nd)i$	0.512 24	0.512 234	0.512 236	0.512 207	0.512 212	0.512 148
$\varepsilon_{Nd}(t)$	−2.2	−2.4	−2.3	−3.4	−3.3	−4.5

注：t=220Ma

三、燕山早期基性火山岩

燕山早期基性火山岩以下侏罗统那底岗日组火山岩为代表，其主要地质特征如下。

1. 地质分布和产状

下侏罗统那底岗日组分布于调查区东南部果区麦加依、左支及莫云北部扎那日根一带，出露范围较小。火山岩主要产于该组的上部层位，被中侏罗统雀莫错组平行不整合覆盖。该组中下部为砾岩夹砂岩，角度不整合于中二叠统尕笛考组之上。岩性主要为橄榄玄武岩、安山玄武岩、玄武岩，以橄榄玄武岩为主，岩石中多数含有杏仁体和气孔构造，出露最大厚度约为 197.73m，可分为一个旋回、一个韵律，为陆相连续喷发形成的溢流相火山岩。

2. 岩石类型和副矿物特征

那底岗日组火山岩普遍蚀变较强，可见到明显的蛇纹石化、绿泥石化和绿帘石化等蚀变现象。岩石颜色较深，呈暗绿色、灰绿色。主要岩石特征描述如下。

（1）橄榄玄武岩

岩石呈暗绿色，斑状结构，基质为间粒结构，块状构造。岩石由斑晶（13％）和基质组成。斑晶成分为橄榄石，橄榄石已蚀变为蛇纹石、伊丁石和磁铁矿，但保存了橄榄石半自形晶及菱形轮廓，晶粒大小为 0.05～0.15mm 及 0.35～1.1mm 两个级别，前者被棕红色伊丁石取代，后者棕红色伊丁石往往呈橄榄石镶边，而磁铁矿沿橄榄石内边缘及裂隙或晶隙分布，因此显示网状结构特征，磁铁矿呈网环分布，网环之间分布蛇纹石。基质成分为拉长石（50％）、单斜辉石（25％）和磁铁矿（3％），以及少量碳酸盐岩（4％）、绿泥石（3％）、磷灰石（＜1％）和榍石（＜1％）。拉长石呈半自形条状微晶，大小 0.035mm×0.25mm～0.05mm×0.35mm，杂乱分布，并形成不规则三角形格架，其中充填细粒单斜辉石（0.03mm×0.07mm～0.05mm×0.1mm）、绿泥石和磁铁矿等。蚀变作用表现为橄榄石的蛇纹石化和伊丁石化，并析出大量磁铁矿。

（2）杏仁状安山玄武岩

岩石呈灰绿色，间粒间隐结构，杏仁状构造。岩石由斑晶（2％）、基质（80％）及杏仁体（15％）组成。斑晶由橄榄石组成，可见到由铁质勾画出近似于菱形六边形假象，晶体内见不同方向裂隙；基质以板条状微晶斜长石（60％）为主，晶粒大小为 0.01mm×0.2mm～0.02mm×0.4mm，杂乱分布构呈不规则三角孔隙，其中分布玻璃质、铁质氧化物及少量绿泥石、碳酸盐，从而使岩石显示间粒间隐结构特征；杏仁体呈圆状、椭圆状，大小为 1～2mm，具压扁拉长特征，充填物为方解石。岩石中含有少量细砂岩捕虏体（3％），呈不规则状，界线清楚，外缘具熔蚀状。

（3）杏仁状安山岩

岩石呈灰绿色，斑状结构，基质具间隐结构，杏仁状构造。岩石由斑晶（10％）、基质（76％）和杏仁体组成。斑晶成分主要为拉一中长石，含量少，晶体较细小，一般为 0.2～0.5mm，钠长石双晶可见；基质由拉一中长石（30％）、绿泥石（10％）、磁铁矿（5％）、氧化铁和玻璃质（30％）组成，拉一中长石呈半自形板休状微晶，杂乱分布于玻璃质及脱玻化隐晶质中，其中分布较多星点状磁铁矿和铁质氧化物，从而使岩石具间隐结构特征；杏仁体（14％）呈不规则状，其中充填多晶或单晶方解石。

下侏罗统那底岗日组火山岩副矿物含量见表 3-19，可看出副矿物种类少，主要矿物为赤铁矿、自然铅，次要矿物为自然铁和黄铁矿，磷灰石、锆石仅有几百颗—几颗。磷灰石晶体呈六方双锥短柱状，无色，玻璃光泽，透明度好，晶体长宽比为 2∶1；锆石晶体呈双锥柱状，颜色呈淡红色，透明。

3. 岩石地球化学特征

（1）主量元素

下侏罗统那底岗日组火山岩主量元素含量见表 3-27。SiO_2 含量为 46.58％～53.45％，为中基性岩；TiO_2含量低，为 0.87%～1.47%（平均 1.20%），显示出岛弧火山岩特征，而有别于大洋中脊和洋岛火山岩（其 TiO_2含量一般大于 1.3%）；Al_2O_3含量高，为 16.33%～17.95%（平均 17.23%）；全碱含量较高，K_2O+Na_2O 为 6.1%1～8.71%（平均 7.42%），且多数样品 $K_2O>Na_2O$；P_2O_5含量为 0.44%～0.65%（平均 0.58%）。σ 为 4.10～8.72，属碱性岩系。在 Zr/TiO_2-Nb/Y 图解中，样品全落入碱性玄武岩系列（图 3-25）。

（2）稀土元素和微量元素

那底岗日组火山岩稀土元素分析结果见表 3-28。ΣREE 含量较高（123.91×10^{-6}～265.99×10^{-6}，平均 211.37×10^{-6}），L/H 为 6.38～11.50，$(La/Yb)_N$为 7.69～17.28（平均 13.05），反映轻稀土高度富集。稀土元素配分曲线右倾（图 3-29），轻稀土元素配分曲线向右陡倾，而重稀土配分曲线相对平坦，与板块会聚边缘玄武岩 REE 配分曲线相似。δEu＝0.69～0.88，具中等负 Eu 异常。

微量元素分析结果见表 3-31。微量元素 MORB 标准化蛛网图表现为富集 LILE、HFSE，Ti 显著亏损，Ta、Nb、Zr、P 弱亏损（图 3-30）。那底岗日组火山岩 La/Nb 比值为 1.67～2.73（平均 2.23）；Ba/La 变化于 12.00～53.60 之间（平均 33.56）；Th/Ta 值为 2.93～40.68（平均 20.66），这基本反映了活动大陆边缘的特征。

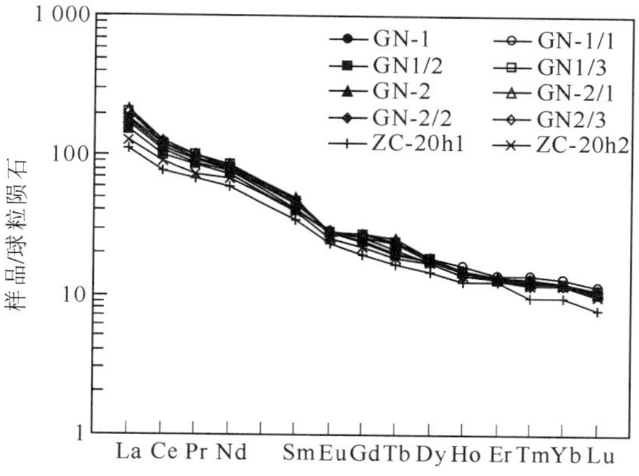

图 3-29　那底岗日组 REE 配分型式

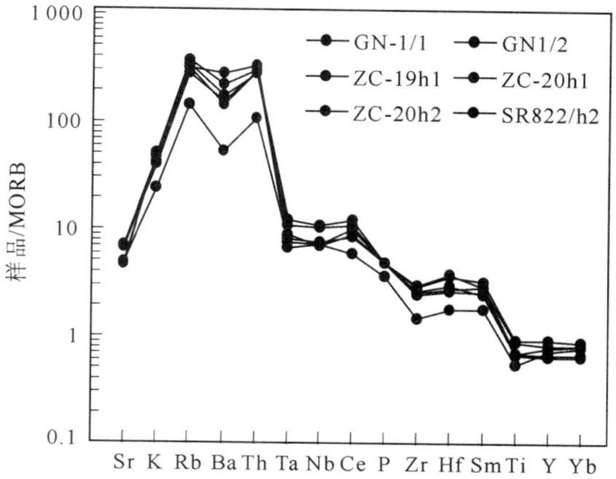

图 3-30　那底岗日组火山岩微量元素蛛网图

表 3-31　那底岗日组火山岩微量元素分析结果（$\times10^{-6}$）

样号	Cu	Pb	Zn	Cr	Li	Rb	Cs	As	Sr	Ba	V	Sc	Ga	Be	Nb	Ta	Zr	Hf	U	Th
GN-1	56.4	32.7	76.0	191	48.5	159	4.8	1.29	705	1 280	182	20.3	17.8	2.79	24.4	1.37	239	8.58	8.46	4.0
GN-1/1	59.5	27.9	80.7	157	16.8	158	5.3	1.87	639	980	190	19.6	22.8	4.20	24.9	1.58	217	7.66	8.07	34.6
GN1/2	51.1	35.3	85.1	172	22.8	180	6.4	1.97	606	910	186	20.4	22.5	4.3	24.2	1.38	221	7.93	8.07	35.0
GN1/3	48.6	36	70.6	187	56.3	2	5.35	1.38	690	1 130	131	15.7	20.8	4.25	25.7	1.96	269	8.38	8.18	40.1
GN-2	13.2	38.2	113.0	178	139.0	197	4.0	1.2	1 380	3 260	140	16.5	21.1	4.25	23.2	1.98	202	7.26	8.52	37.1
GN-2/1	12.8	70.0	121.0	190	136.0	208	4.5	2.32	1 620	3 280	136	14.5	21.1	3.8	24.7	2.45	230	8.43	8.07	42.2
GN-2/2	11.8	42.6	108.0	180	123.0	201	5.2	1.59	1 520	2 920	144	17.3	16.8	2.93	24.2	4.10	248	8.81	9.32	38.7
GN2/3	11.2	42.8	107.0	159	143.0	<0.01	4.6	1.65	1 420	3 450	137	17.7	21.1	3.54	25.9	1.96	276	9.45	9.9	40.2
ZC-19h1	58.0	42.1	55.4	191	67.4	192	43.5	2.37	434	1 110	202	29.5	16.9	3.21	16.0	1.17	181	5.64	5.96	34.3
ZC-20h1	43.5	83.1	174.0	197	81.8	176	30.4	3.04	632	1 740	214	30.8	15.6	2.70	17.2	1.07	196	6.20	6.11	39.6
ZC-20h2	60.0	58.3	142.0	233	71.8	205	57.0	5.38	417	1 400	218	31.8	10.7	2.34	16.9	0.88	189	5.74	6.34	35.8
SR822-h1	29.0	103	60.8	218	17.3	65	6.9	23.70	678	582	167	25.2	14.9	1.33	15.8	0.8	107	3.35	1.33	9.4
SR822-h2	17.0	96.3	84.8	241	12.7	81	10.6	24.30	437	336	175	25.9	22	2.01	16.7	0.97	112	3.70	1.85	12.9

(3) Sr、Nd同位素组成

那底岗日组火山岩Sr、Nd同位素分析结果列于表3-30。Sr同位素初始值比值为0.707 56～0.708 01，$\varepsilon_{Nd}(t)$变化在－3.3～－4.5之间，$\varepsilon_{Sr}(t)$变化在46.8～53.2之间。在$\varepsilon_{Nd}(t)$－$\varepsilon_{Sr}(t)$图解中，样品落入Ⅳ象限的中上部(见图3-28)，表明源区具有明显的壳源性质或为壳幔混合源区特征。

第三节　脉　　岩

调查区内脉岩不发育，种类不多，出露局限，在成因和空间分布上都与区域地质构造和岩浆侵入活动密切相关。脉岩主要分布在岩体中及中二叠统诺日巴尕日保组、尕笛考组及上三叠统甲丕拉组中，石炭纪地层及侏罗纪地层中少见。以中基性脉岩为主，酸性脉岩次之。脉体规模大小不一，大者延伸数百米，小者不足百米，多数在300m左右，脉体宽20～30m之间，展布方向多数为北西向，少数近东西向。由于脉岩间未见有相互穿切现象，也没有测龄资料，故未对脉岩进行期次划分，现分类叙述如下。

一、基性脉岩

主要岩石类型有辉绿岩脉、橄榄玄武玢岩脉。

1. 辉绿岩脉

灰绿色，变余辉绿结构，间粒结构，块状构造。岩石由斜长石(69%～74%)、单斜辉石(20%～25%)及少量副矿物榍石、钛铁矿组成。斜长石呈细粒半自形板状晶体，聚片双晶发育，为基性斜长石；辉石呈他形粒状，被绿泥石交代或取代。

2. 辉绿玢岩脉

灰绿色，斑状结构，基质呈半自形结构，块状构造。岩石由斑晶(35%)和基质(65%)组成。斑晶成分为普通辉石(25%)和拉长石(10%)。普通辉石呈半自形—自形柱状，晶粒大小0.3～0.9mm，少数1.1～1.3mm，均匀分布于岩石中；拉长石呈半自形板状，晶粒大小0.2mm×0.4mm～0.2mm×0.6mm，具钠黝帘石化，晶体边缘具钠长石化，往往形成明净镶边。基质成分主要为拉长石(43%)、普通辉石(10%)、帘石(8%)、绿泥石(2%)、磁铁矿(1%)和磷灰石(<1%)。拉长石呈半自形板柱状、板条状，晶粒大小0.1mm×0.3mm～0.1mm×0.4mm，并形成不规则的三角空隙，其中充填辉石、磁铁矿等。

3. 橄榄玄武玢岩脉

岩石呈灰绿色，变余斑状结构，基质具微间粒结构，块状构造。岩石由斑晶和基质组成。斑晶橄榄石(10%～15%)呈半自形—自形假象晶，均已被蛇纹石、碳酸盐矿物交代或取代。斜长石含量较少，呈板柱状，为基性斜长石。基质斜长石(70%～80%)呈细小的板条状。次生矿物有绿泥石及不透明矿物。

二、中性脉岩

1. 安山玢岩脉

浅灰色，变余斑状结构，基质具半自形粒状结构、间粒结构，块状构造。斑晶斜长石(10%)呈半自形板柱状晶，为中长石。角闪石假象(10%)多被次闪石、绿泥石交代并取代。基质斜长石(64%)呈半自形板柱状晶，普遍具绢云母化。蚀变矿物有绿泥石(10%)及碳酸盐矿物(5%)。副矿物为磷灰石，其含量极少。

2. 长岩(玢)岩脉

该类岩脉是调查区内较为发育的岩脉类型之一。岩石类型有石英二长闪长玢岩、黑云母闪长岩及石英闪长玢岩，多呈单脉出露，局部呈群脉。

岩石呈灰—深灰色，具斑状似斑状结构，半自形—块状构造。浅色矿物主要为斜长石(30%～60%)，呈粒状晶体，多为更长石。钾长石、石英含量较少，均呈他形粒状。暗色矿物有普通辉石(<5%)，角闪石(5%～18%)呈菱形六边晶体。黑云母(3%～5%)呈鳞片状晶，多已被绿帘石、绿泥石、方解石及次闪石交代。

三、酸性脉岩

仅见花岗闪长斑岩脉，出露少，呈浅褐色，斑状结构，基质具微晶结构，块状构造。斑晶斜长石(10%)呈板柱状晶，聚片双晶发育。基质由石英(30%)、斜长石(37%)、黑云母(2%)及钾长石(10%)组成。黑云母呈细小的鳞片状晶，多具褪色现象，钾长石为他形粒状。

第四节 岩浆岩成因及构造环境

一、海西期岩浆成因及构造环境

调查区内未见海西期以前的岩浆活动，早石炭世至中二叠世以(中)基性海相火山喷发活动为主，其次是晚二叠世小规模基性岩浆侵入活动，构成自下而上的基性—中基性—基性岩浆活动旋回。岩浆来源于弱亏损的地幔源区，可能受到来自富集地幔物质的影响，与海西期的峨眉山大火山岩省的地幔柱活动有关(段其发等，2010)，为板内伸展拉张构造环境(李莉等，2009a)。

(一) 基性侵入岩成因及构造环境

左支-失多莫卜辉长岩带为海西期基性侵入岩，其地球化学特征为：

(1) 岩石具较高的 Al_2O_3、TiO_2、(K_2O+Na_2O)、TFeO 和低的 MgO 含量。CaO/Al_2O_3 平均值为 0.47，低于大洋拉斑玄武岩的 CaO/Al_2O_3 平均值(0.688)。$Na_2O>K_2O$，多数样品 Na_2O/K_2O 值小于 4，明显低于大洋玄武岩(大洋玄武岩一般大于 10)和岛弧玄武岩(平均值 4.5 左右)。$Mg^{\#}$ 较低，反映岩浆经历了强烈演化。

(2) REE 特征表现为 ΣREE 较高，LREE 高度富集，稀土配分曲线为右倾型。δEu、$(La/Yb)_N$ 与 SiO_2、$Mg^{\#}$ 之间无明显的相关关系，高 SiO_2 和低 SiO_2 样品的铕异常相似(表 3-3)，表明经历过地壳混染或结晶分异过程，但不是控制岩浆 REE 演化的主要途径；斜长石、角闪石和磷灰石分异对岩浆演化影响也不强，岩石 REE 特征的微小差异可能受部分熔融作用(如深度、比例)所控制。

(3) 辉长岩带样品微量元素 MORB 标准化蛛网图总体特征显示了类似于板内玄武岩的特点(Wilson，1989)。左支—失多莫卜辉长岩带的 Zr 含量远大于典型 MORB 和岛弧拉斑玄武岩的丰度；Hf 含量高于 MORB 的 Hf 平均含量(2.4×10^{-6})，Zr/Hf 值稳定。具有高 Th 和高 Nb 含量的特点，相当于大陆边缘常见的 OIB 类型或板内玄武岩($Nb>12\times10^{-6}$)；Ta 含量类似于过渡型、富集型 MORB 和板内玄武岩($Ta>12\times10^{-6}$)，而明显不同于亏损型 MORB 和岛弧型玄武岩($Ta\leqslant0.7\times10^{-6}$)(Condie，1989)。Zr/Nb 比值(平均 8.08)和 Hf/Th 比值(0.41～2.4)，类似于板内玄武岩(Hf/Th 比值小于 8)(Condie，1989)。Th/Nb 比值(平均 0.3)与大陆板内玄武岩一致(陆内拉张带或初始裂谷玄武岩的 Th/Nb比值大于 0.27)(孙书勤等，2003)，处于典型裂谷玄武岩与陆内裂谷带或初始裂谷玄武岩之间。

在 2Nb－Zr/4－Y 图解中，辉长岩样品大多数落入板内碱性玄武岩区，少数落入板内碱性玄武岩区和板内拉斑玄武岩区（图 3-31）；在 TiO_2/100-Zr-3Y 图解中，样品则全落入板内玄武岩区（图 3-32）。

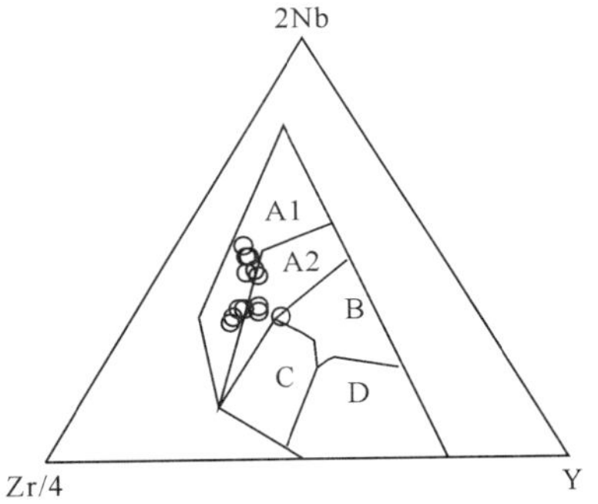

图 3-31　海西期辉长岩 2Nb－Zr/4－Y 图解

A1. 板内碱性玄武岩；A2. 板内碱性玄武岩和板内拉斑玄武岩；B. E 型 MORB；C. 板内拉斑玄武岩和火山弧玄武岩；D. N 型 MORB 和火山弧玄武岩

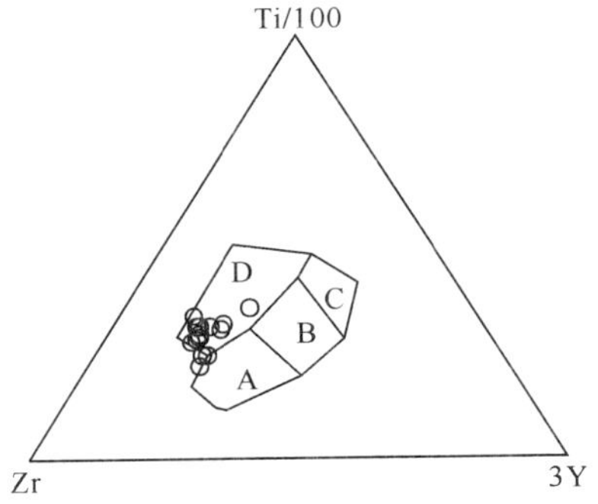

图 3-32　海西期辉长岩 Ti-Zr-Y 图解

A. 岛弧拉斑玄武岩；B. 岛弧拉斑玄武岩、岛弧钙碱性玄武岩和 MORB；C. 岛弧钙碱性玄武岩；D. 板内玄武岩

（4）辉长岩的 $\varepsilon_{Nd}(t)$ 值较高，为 4.3～4.9，$(^{87}Sr/^{86}Sr)i$ 变化于 0.704 19～0.704 71 之间，在 $\varepsilon_{Nd}(t)$-$\varepsilon_{Sr}(t)$ 图解中（图 3-4），样品落入地幔线附近，显示略亏损的地幔源区特征，Nd、Sr 相关性指示岩浆可能受到来自亏损地幔并富集地幔物质的影响。

（二）中—基性火山岩成因及构造环境

1. 早石炭世基性火山岩

早石炭世杂多群碎屑岩组火山岩代表本区最早的海西期基性火山活动，主要属钙碱性玄武岩系列，LREE 显著富集，富集 LILE，HFSE 分异，总体上类似于板内玄武岩的微量元素分布形式。其 LREE 配分曲线与 HREE 配分曲线具有相同的斜率和弱 δEu 负异常，表明在深部岩浆房中发生过比较弱的斜长石分离结晶作用与堆晶作用。Zr 含量远大于 MORB 和岛弧拉斑玄武岩 Zr 的丰度；Hf 含量变化高于 MORB 的 Hf 平均含量（2.4×10^{-6}）；Nb 含量变化类似于板内拉斑玄武岩（Nb＞12×10^{-6}）；Ta 平均含量类似于过渡型、富集型 MORB 和板内玄武岩（Ta＞0.7×10^{-6}）。

杂多群碎屑岩组基性火山岩 Zr/Nb 比值和 Hf/Th 比值变化类似于板内玄武岩；Th/Nb 比值和 Nb/Zr 比值变化与大陆板内玄武岩一致（大陆板内玄武岩的 Th/Nb＞0.11，Nb/Zr＞0.04）。这些地球化学特征证明，该基性火山岩处于板内（陆内）拉张环境。在 Zr-Zr/Y 图解（图 3-33）和 Nb-Zr/4-Y 图解（图 3-34）中，基性火山岩样品主要落入板内玄武岩区，也支持了上述观点。

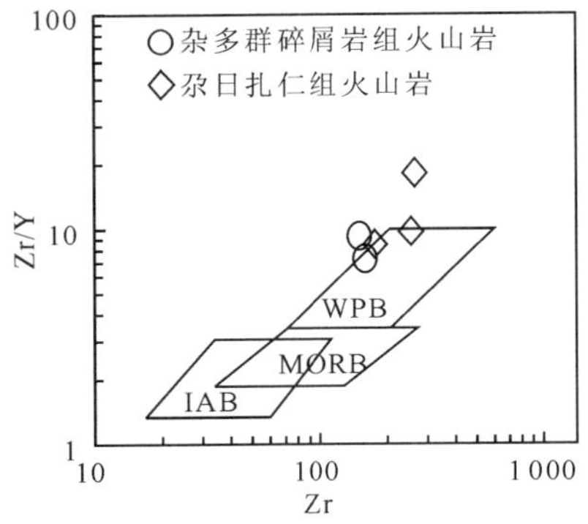

图 3-33　杂多群火山岩 Zr/Y-Zr 图解

MORB. 洋中脊玄武岩；WPB. 板内玄武岩；IAB. 岛弧玄武岩

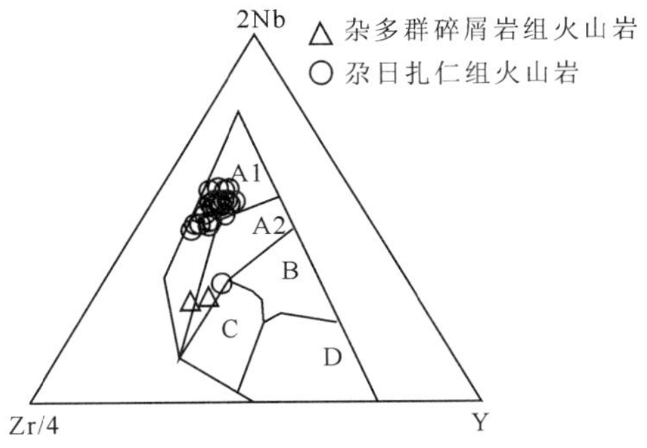

图 3-34　杂多群火山岩 2Nb－Zr/4－Y 图解

图中代号说明见图 3-31

2. 中二叠世栖霞期火山岩

(1) 岩浆成因

中二叠世栖霞期(中)基性火山岩有高钛玄武岩和低钛玄武岩之分。高钛玄武岩主体为碱性系列，SiO_2含量集中在44.33%～51.68%。微量元素配分型式(图3-21)表现为明显的Sr负异常，而Eu负异常不明显，表明岩石经历了以(单斜)辉石和橄榄石为主、斜长石为次的结晶分异作用。低钛玄武岩SiO_2含量为连续过渡(45.13%～67.37%)，TiO_2含量低于2.72%，P_2O_5含量、$Mg^{\#}$与SiO_2、Al_2O_3呈近似负相关，全碱含量2.95%～8.2%，无Eu异常。微量元素配分型式(图3-21)表现为Eu负异常，而Sr异常明显，暗示岩石形成时受氧化—还原条件控制；Th特别富集，与高钛玄武岩类似，这可能是东特提斯构造域三江地区晚古生代火山岩共有的特征之一。

玄武岩中较低的Ce/Yb比值说明有较高的熔融程度或尖晶石为主要残留相(薄岩石圈)，而较高的Ce/Yb比值说明有较低的熔融程度或石榴石为主要残留相(厚岩石圈)。高钛玄武岩的Ce/Yb比值为35～64，据此可以认为本区高钛玄武岩形成于石榴石稳定区(>80km)，深度较大，其中出现地幔指示矿物碳硅石也说明了这一点；低钛玄武岩的Ce/Yb比值为13.2～34.98，表明其形成深度较小，可能产生于尖晶石—石榴石稳定区(<70km)。

由上可知，调查区内栖霞期火山岩浆可能起源于亏损的地幔源区。高钛玄武岩形成深度大，玄武质岩浆形成过程中经历了以(单斜)辉石和橄榄石为主的结晶分异作用；低钛玄武岩形成深度小，玄武质岩浆形成过程中受氧化还原条件控制。低钛玄武岩中单个火山韵律中下部为基性岩，上部为中性岩，并且K_2O+Na_2O含量由下至上呈增大的趋势，说明低钛玄武岩中不同岩性应为同一母岩浆演化的产物，后期可能受到了壳源物质的混染。

(2) 构造环境

大多数栖霞期火山岩样品在$TiO_2/10-MnO-P_2O_5$图(Mullen,1983)上落入洋岛碱性玄武岩区(图3-35)；绝大多数高钛玄武岩样品在$TFeO-MgO-Al_2O_3$图(据Pearce等,1977)上位于大陆边缘(图3-36)，集中在大陆溢流玄武岩和洋岛玄武岩的界线范围内。特别是绝大多数样品在Th/Yb-Ta/Yb判别图上都落在位于活动大陆边缘和富集地幔的范围内(图3-37)，不但表明本区栖霞期火山岩的大陆边缘属性，而且还表明岩浆起源受富集地幔影响。此外，栖霞期火山岩大多数样品在Th/Hf-Ta/Hf判别图(略)上都落在初始裂谷区环境(段其发等,2006b)，与上述结论一致。

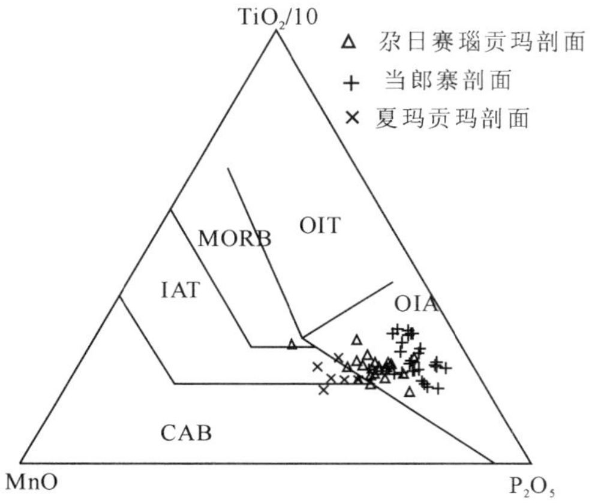

图3-35 栖霞期火山岩$TiO_2/10-MnO-P_2O_5$图

MORB.洋脊玄武岩；CAB.钙碱性玄武岩；IAT.岛弧拉斑玄武岩；OIT.洋岛拉斑玄武岩；OIA.洋岛碱性玄武岩

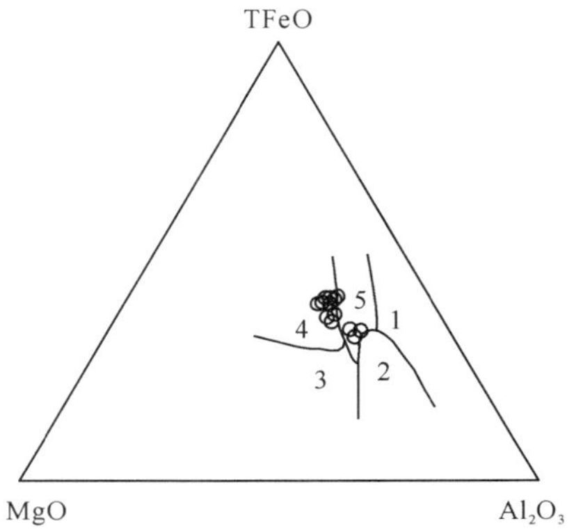

图3-36 高钛玄武岩$TFeO-MgO-Al_2O_3$图

Ⅰ.洋中脊玄武洋底；Ⅱ.洋岛；Ⅲ.大陆；Ⅳ.扩张中央岛；Ⅴ.造山带

微量元素比值是有效的环境判别指标。栖霞期火山岩Nb含量大于板内拉斑玄武岩的Nb含量($>12\times10^{-6}$)；Zr含量远大于MORB和岛弧拉斑玄武岩的丰度；Hf含量高于MORB的平均含量(2.4×10^{-6})；Ta含量类似于过渡型、富集型MORB和板内玄武岩($Ta>0.7\times10^{-6}$)；大部分样品的Th/Nb比值

(平均为0.67)与陆内拉张带或初始裂谷玄武岩Th/Nb比值(0.27～0.67)类似;Zr/Nb比值(平均为7.74)和La/Nb比值(平均为1.56)与OIB的相应元素比值(Zr/Nb比值为3.2～13.1,La/Nb比值为0.66～1.32)相近。此外,Nb/Zr比值与大陆板内玄武岩一致,处于典型裂谷玄武岩与陆内裂谷带或初始裂谷玄武岩之间。其中,高钛玄武岩的Zr/Hf比值稳定,Hf/Th比值类似于板内玄武岩(Hf/Th＜8),Ti/Y、Zr/Y比值高,显示了大陆OIB的地球化学特征。由此可见,微量元素特征显示岩石具有板内玄武岩属性。在2Nb－Zr/4－Y图和Ti/100－Zr－3Y图(图3-38,图3-39)上,大部分栖霞期火山岩样品点明显集中在板内碱性玄武岩区,同样显示栖霞期火山岩形成于板内拉张环境。本区栖霞期火山岩缺乏酸性岩,不相容元素的丰度普遍高于MORB数倍至十几倍,其分布模式及REE配分型式与MORB有本质的区别,从而排除了火山岩形成于洋岛和典型裂谷环境的可能性,由此认为,本区栖霞期火山岩形成于大陆边缘拉张构造环境无疑,属陆缘初始裂谷环境。

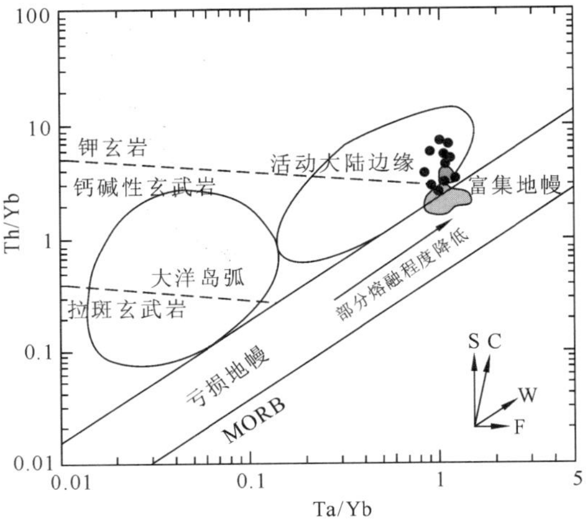

图3-37　高钛玄武岩Th/Yb-Ta/Yb图

MORB.洋中脊玄武岩;矢量分别为俯冲组分的影响(S)、板内富集(W)、地壳混染(C)和分离结晶作用(F);阴影部分为宾川地区高钛玄武岩(肖龙,2003)

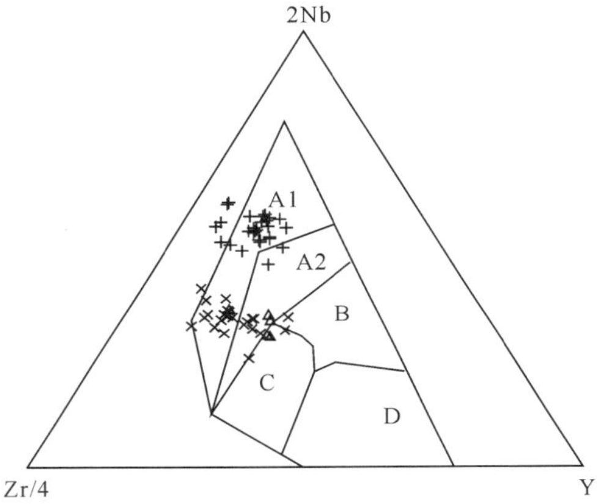

图3-38　栖霞期火山岩2Nb－Zr/4－Y图

图中代号说明见图3-31;图例同图3-35

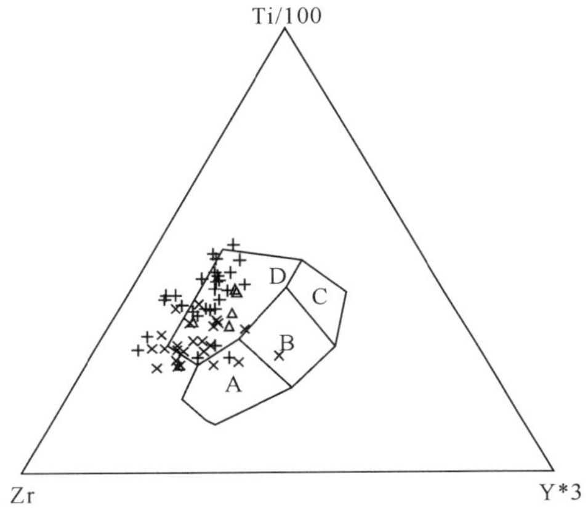

图3-39　栖霞期火山岩Ti/100-Zr-3Y图

图中代号说明见图3-32。图例同图3-35

(3) 玄武岩源区性质

在微量元素蛛网图上,区内高钛玄武岩与三江地区地幔柱成因的OIB(侯增谦等,1996a)和宾川高钛玄武岩(肖龙等,2003)相似,表现为它们均具有独特的"Th峰"和"K、Sr谷"。一般地说,地幔柱成因玄武岩Ta/Hf比值大于0.3,Th/Ta比值变化大。调查区内大部分高钛玄武岩样品的Ta/Hf比值(平均为0.38)与峨眉山玄武岩Ta/Hf比值(0.36～0.66)相当,Th/Ta比值也较大(平均为7.91),少数样品的Ta/Hf比值及Nb/Zr比值落在地幔柱玄武岩范围内,暗示本区高钛玄武岩与峨眉山具有相似的形成背景。

但是,本区栖霞期玄武岩具有比OIB和峨眉山玄武岩更富集LILE的特征,这种特征意味着除地幔柱组分以外,其源区还必须有交代岩石圈组分的加入(Wilson and Downes,1991;Fitton et al,1991;Rogers et al,1995)。因此,岩浆的源区可能是受到俯冲洋壳物质交代的PREMA地幔端元,并且由其派生的流体可能是富含CO_2流体/熔体,因为受其交代的岩石圈地幔发生部分熔融后的岩浆不仅富集LILE、LREE和富碱,而且HFSE不亏损(Collerson and Kamber,1999)。栖霞期玄武岩源区具有明显的亏损的地幔特征,受富集地幔影响较小。

地球化学研究结果表明，联合应用铅、钕、锶同位素体系的地球化学特征，可以较确切的识别玄武岩的地幔源区特征。本区栖霞期玄武岩铅同位素的 μ 值较高（8.1～9.22，平均值为 8.54），显出异常铅特征，表明它们富集了放射性成因铅的特征，具南半球特有的 Dupal 异常性质（Faure，1986）。

栖霞期玄武岩的 Sm/Nd 比值为 0.211～0.282（平均 0.253），变化范围较小，明显高于地壳岩石的平均值 0.195（DePaolo and Wasserburg，1979），而与华南正变质岩基底平均值 0.256 十分接近（沈渭洲等，1993），这间接印证了本区玄武岩地幔源区与华南板块元古宙基底可能存在一定的成因联系。Sr 初始比值（I_{Sr}）变化在 0.703 33～0.704 17 范围内，接近于 MORB 的 I_{Sr} 值（0.702 29～0.703 16，Saunders et al，1988）和夏威夷 OIB 的 I_{Sr} 值（0.703 17～0.704 12，Stille et al，1983）；$^{147}Sm/^{144}Nd$ 比值是 0.116 3～0.143 9，平均值为 0.110 2，Nd 初始比值变化在 0.512 492～0.512 569 之间，低于洋中脊玄武岩的钕初始值（0.513 0～0.513 3），而与部分 OIB（如 Samoa 的 I_{Nd} 为 0.512 65）比较接近（Saunders et al，1988）。$\varepsilon_{Sr}(t)$ 变化在 －12.1～－0.2 范围内；$\varepsilon_{Nd}(t)$ 变化在 4.0～5.5 之间（平均值为 4.5），变化很小，与峨眉山大火成岩省苦橄岩及其共生玄武岩的 $\varepsilon_{Nd}(t)$ 值（－1～4.7）相似（张招崇等，2003）。在 I_{Sr}-$\varepsilon_{Nd}(t)$ 同位素相关图上（图 3-23），样品点落在峨眉山玄武岩和 OIB 的范围内，显示低 I_{Sr} 值、高 $\varepsilon_{Nd}(t)$ 值的亏损地幔源特征，暗示其起源与峨眉山玄武岩相似，其成因可能与地幔柱活动有关，因为据已有较可靠的证据表明峨眉玄武岩是地慢柱作用的结果（He et al，2003；Xu et al，2004；Zhang et al，2006）。此外，栖霞期玄武岩的 Sr、Nd 同位素组成接近 PREMA 端元（段其发等，2010），与高场强元素 Zr/Hf 比值（33.3～43.6，平均为 37.8）接近于原始地幔（Zr/Hf＝36）的特征是一致的（Rollison，1993）。

20 世纪 90 年代以来，随着研究的深入，越来越多的证据表明古特提斯构造演化受地幔柱活动控制。根据三江地区 MORB 和 OIB 的地球化学特征研究，侯增谦等（1996a，1996b）认为：在石炭纪澜沧江洋和金沙江洋下方存在的直径为 200～300km 的地幔柱直接导致这两个大洋的打开，并且认为较高的 Th 含量或许就是地幔柱具有异常高温和周围地幔发生局部熔融的主要原因。晚古生代东特提斯构造演化受“特提斯超级地幔柱”控制，其活动时间约始于 420Ma，终止于 250Ma，历时约 170Ma（肖龙等，2005）。据研究，二叠纪“峨眉地幔柱”活动导致扬子地板块与塔里木地板块分离，并在两个地块内喷发形成大面积的溢流玄武岩，喷发时间由西向东从中二叠世栖霞期到晚二叠世有规律性变化，地幔柱主体可能位于当时的甘孜－理塘洋脊扩张带（罗志立等，2004）。因此，二叠纪时北羌塘地块邻近甘孜—理塘洋，受地幔柱活动影响形成陆缘裂谷是完全可能的（段其发等，2010）。

本区栖霞期玄武岩多数为碱性玄武岩，其地球化学特征具有明显的 OIB 属性，属于大陆裂谷系岩浆作用的 OIB 型玄武岩，与美国西部 Rio Grande 裂谷系的构造环境可以对比（徐义刚，1999）。本区玄武岩的 Na_2O/K_2O 比值为 1～42，也表明为大陆裂谷系轴部位置的岩浆作用的产物，物源主要是裂谷系中部软流圈来源的钠质岩浆。

综上所述，栖霞期玄武岩可能是地幔柱与岩石圈地幔相互作用形成的产物。当地幔热柱上升时导致软流圈地幔上涌，到达岩石圈地幔的深度时，造成岩石圈地幔的广泛升温，致使岩石圈拉张减薄，诱发不同深度岩石圈地幔广泛的部分熔融，并形成玄武岩。即玄武岩的形成受控于地幔柱活动→软流圈地幔上涌→岩石圈伸展减薄的大地构造背景所制约，具有主动裂谷性质（段其发等，2010）。

3. 茅口期—冷坞期火山岩

茅口期—冷坞期基性火山岩属碱性玄武岩系列，具有较高 Ti、P 和较低的 Al，高 REE 含量，LREE 和 LILE 显著富集，HFSE 分异，总体上类似于板内玄武岩的微量元素分布形式，明显地缺乏岛弧型玄武岩特有的 Ta、Nb、Ti 显著贫化和 Zr、Hf、P 适度贫化的特征。HREE 很低，Yb 值平均 1.99×10^{-6}，暗示岩浆源区残留有石榴石。如同其他地区的板内玄武岩一样，该期火山岩的轻稀土配分曲线与重稀土配分曲线具有相同的斜率；$\delta Eu=0.85\sim0.94$，表明在深部岩浆房中发生过比较弱的斜长石分离结晶作用。

茅口期—冷坞期火山岩 Zr/Nb 比值（6.67～9.05）和 Hf/Th 比值（0.29～0.35）类似于板内玄武岩。Th/Nb 比值（平均 0.67）和 Nb/Zr 比值（平均 0.13），与大陆板内玄武岩一致，处于典型裂谷玄武岩与陆内裂谷带或初始裂谷玄武岩之间。火山岩样品在 $TiO_2/10-MnO-P_2O_5$ 图解（Pearce et al，1975）

(图 3-40)和 2Nb－Zr/4－Y 图解(据 Meschede,1986)(图 3-41)上分别落入洋岛拉斑玄武岩和板内碱性玄武岩区范围内,显示板内玄武岩的属性。综上所述,该期火山岩形成于板内伸展拉张构造环境。

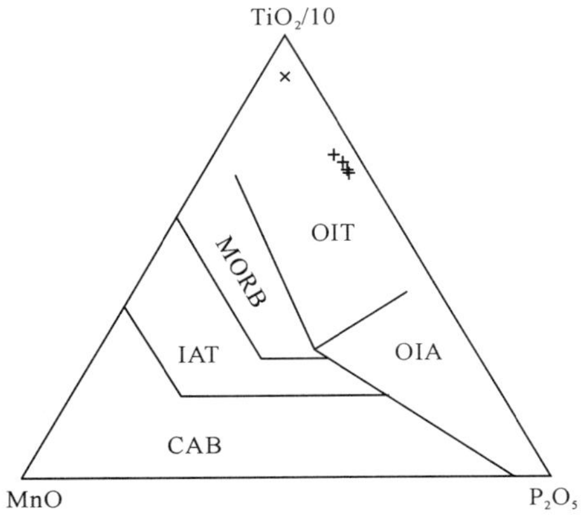

图 3-40　茅口期一冷坞期火山岩 $TiO_2/10$－MnO－P_2O_5 图解
图中代号说明见图 3-35

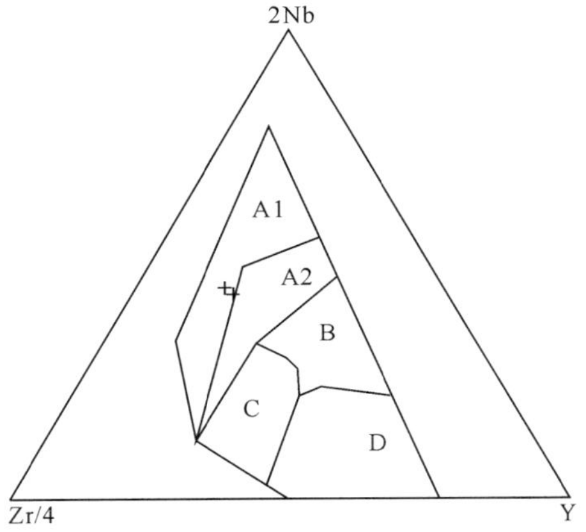

图 3-41　茅口期—冷坞期火山岩 2Nb－Zr/4－Y 图解
图中代号说明见图 3-32

二、印支晚期岩浆岩成因及构造环境

印支晚期既有侵入岩,又有火山岩。侵入岩属中酸性岩,即扎那日根石英闪长岩－花岗闪长岩岩体;火山岩见于晚三叠世甲丕拉组,属中基性岩。

(一)侵入岩成因及构造环境

目前,花岗岩和花岗闪长岩的形成受其所处的大地构造环境、构造活动的过程及物源条件制约的观点已被广泛接受。不同构造环境、条件下形成的花岗岩和花岗闪长岩的岩石化学特征存在差别,因而可以从岩石学的角度应用花岗岩的岩石化学、地球化学特征判别其形成环境。Picher(1983)把 I 型和 S 型花岗岩的概念与构造环境结合起来,认为 S 型花岗岩是大陆碰撞的产物,I 型是造山后隆起的产物。印支晚期闪长岩标准矿物中绝大多数样品不含透辉石分子,仅个别样品中含极少量透辉石分子,大多数样品含少量刚玉标准矿物分子(<1%)。根据岩石化学和矿物成分综合判断,扎那日根岩体石英闪长岩和花岗闪长岩具有 I—S 过渡型的特点,其岩浆含有幔源成分。

晚三叠世扎那日根岩体石英闪长岩和花岗闪长岩,在时空分布上具有联系,形成时代接近,其岩石学、地球化学上既有联系和相同或相似的演化趋势,又存在着一定的差别。花岗闪长岩在岩石化学成分上表现为高硅、高碱、低铝、低钛,A/CNK 值(0.97～1.21)较高,σ 为 1.51～2.14;石英闪长岩 SiO_2 含量(平均 63.41%)偏中酸性,(K_2O+Na_2O)含量(平均 6.71%)和 Al_2O_3 含量(平均 16.37%)较高,A/CNK为 0.97～1.02,σ 为 2.09～2.25,属准铝质岩石。印支晚期闪长岩岩石化学上总体表现为具有中等的 K/(K+Na)比值(0.28～0.46)(原子数比值)和较高的 $Al_2O_3/(Na_2O+K_2O+CaO)$ 比值(0.97～1.21)(分子数比值),显示明显的陆壳特征。

扎那日根闪长岩以中等的 ΣREE、高的$(La/Yb)_N$和低的 δEu 为特征,表现为 ΣREE 均低于或稍高于上地壳稀土总量(210×10^{-6}),而明显高于下地壳稀土总量(74×10^{-6})(Taylor,1979)。Sm/Nd 比值均低于陆壳平均值,总体具壳幔混合源特征。微量元素表现为富集 LILE(Rb、Th),Nb-Ta-Ti 负异常和低 Nb/La 比值(0.32～0.70),表明其不可能直接由软流圈部分熔融产生,源区受到了俯冲组分的影响(Miller et al,1999)。

在微量元素 Rb－(Y+Nb)图解和 Rb－(Yb+Ta)图解中(图 3-42,图 3-43),石英闪长岩和花岗闪长岩样品均落入火山弧环境。在 R_1－R_2图上,石英闪长岩落入碰撞前消减地区和碰撞后隆升地区的花岗岩内,而花岗闪长岩落入重熔—同碰撞花岗岩区及附近,显示了从早期石英闪长岩到晚期花岗闪长岩的演化趋势(图 3-44)。

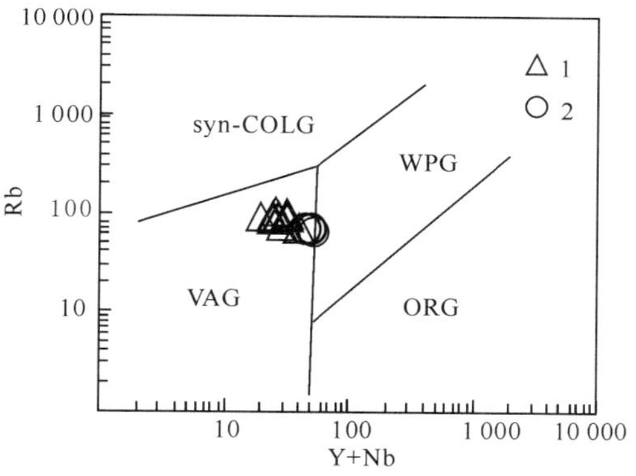

图 3-42　闪长岩 Rb-(Y+Nb)判别图解

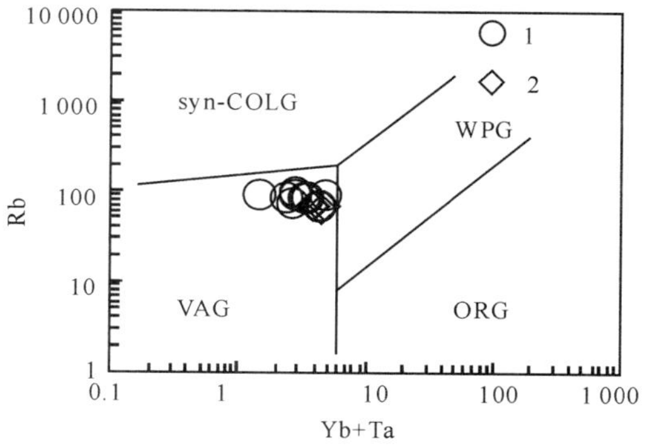

图 3-43　闪长岩 Rb-(Yb+Ta)判别图

VAG. 火山弧花岗岩；WPG. 板内花岗岩；Syn-COLG. 同碰撞花岗岩；ORG. 洋中脊花岗岩石(据 Pearce,1977)；
1. 花岗闪长岩岩体；2. 石英闪长岩岩体

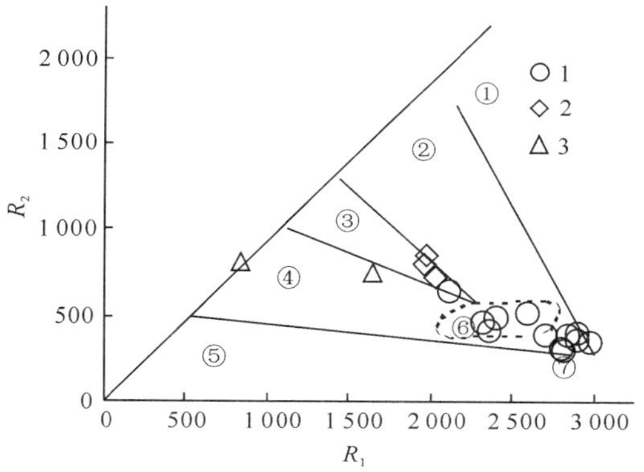

图 3-44　中酸性侵入岩 R_1-R_2 判别图解

(据 Batchelor and Bowden,1985)

①地幔斜长花岗岩；②板块碰撞前、活动板块边缘花岗岩区；③碰撞后上升花岗岩区；④造山晚期花岗岩区；⑤造山后花岗岩区；⑥同造山深熔花岗岩；⑦同碰撞期地壳熔体；1. 花岗闪长岩岩体；2. 石英闪长岩岩体；3. 埋扎黑云母二长岩体

花岗岩的形成及其岩石化学特征与它们的形成环境的地壳演化的不同阶段存在着有机联系，可以概括为洋壳俯冲—过渡壳—陆壳 3 个演化阶段(Allegre et al,1980；Ben Othman et al,1984)。扎那日根岩体石英闪长岩和花岗闪长岩的岩浆来源，按照洋壳俯冲和一般模式，可以认为在俯冲过程中，洋壳夹带了一定量的陆源物质，并在地幔区形成混合岩浆，岩浆在上升侵位的途中又混合了陆壳的成分，这种再次混合的岩浆上升到地壳浅处，经过岩浆分异等地质作用，便形成了石英闪长岩和花岗闪长岩的岩浆源。

闪长岩的 Rb/Sr 比值为 0.11～0.73，表明源区有壳源物质的加入(壳源 Rb/Sr 比值大于 0.5)。$(^{87}Sr/^{86}Sr)i$ 值较低和 $\varepsilon_{Nd}(t)$ 值较高，在 $\varepsilon_{Nd}(t)$-$\varepsilon_{Sr}(t)$ 图解中，落入地幔线附近，显示了略亏损的地幔源区特征(图 3-45)。

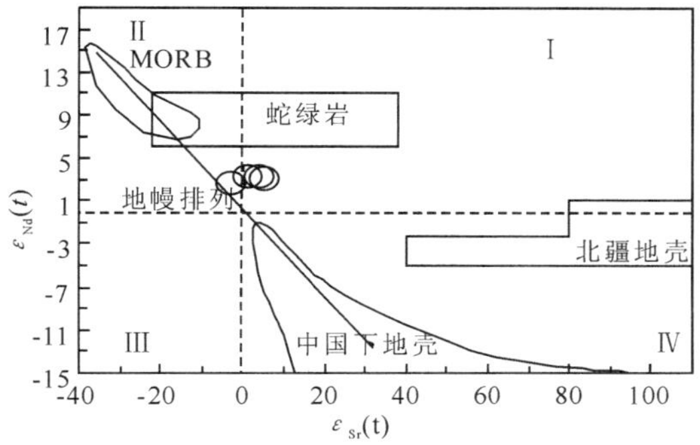

图 3-45　晚三叠世扎那日根石英闪长岩 $\varepsilon_{Nd}(t)$-$\varepsilon_{Sr}(t)$ 图

综上所述，源区既有亏损地幔成分又有富集地幔成分的加入，所以，印支晚期那日根石英闪长岩—花岗闪长岩岩体应为壳幔混合产物。

（二）火山岩成因及构造环境

印支晚期火山岩岩石化学上表现为低 Ti、高 Al 特征，TiO_2含量显示出岛弧火山岩属性（李莉等，2009b），而有别于 MORB 和 OIB（其 TiO_2含量一般大于 1.3%）。在微量元素地球化学方面，表现为富集 LILE，亏损 HFSE；REE 表现为 LREE 富集，轻重稀土呈现较强的分馏，并具有轻微的负铕异常；甲丕拉组火山岩 La/Nb 比值（平均 2.23）较高，具有活动大陆边缘区 La/Nb 比值普遍较高（>2）的特征（Salter and Hart，1991）；Ba/La 比值与岛弧火山岩的相应值（岛弧火山岩 Ba/La>30）相同或相近。研究结果表明：板块会聚和离散区火山岩系之间在 Th/Ta 值上有明显区别，板块构造会聚区火山岩系的 Th/Ta 值变化较大，且多大于 10。相比之下，甲丕拉组火山岩 Th/Ta 值平均为 20.67，明显具有板块会聚区的特点。

甲丕拉组火山岩样品在 Hf/3－Th－Ta 图（wood，1980）（图 3-46）和 $10TiO_2-Al_2O_3-10K_2O$ 图（图 3-47）中均落入岛弧火山岩区。故此，甲丕拉组火山岩的大地构造环境总体应属板块会聚区。

由于受到金沙江弧-陆碰撞造山作用的影响，印支晚期岩浆活动的特点是发生壳幔混合的中—酸性侵入活动和岛弧型的中基性火山喷发。

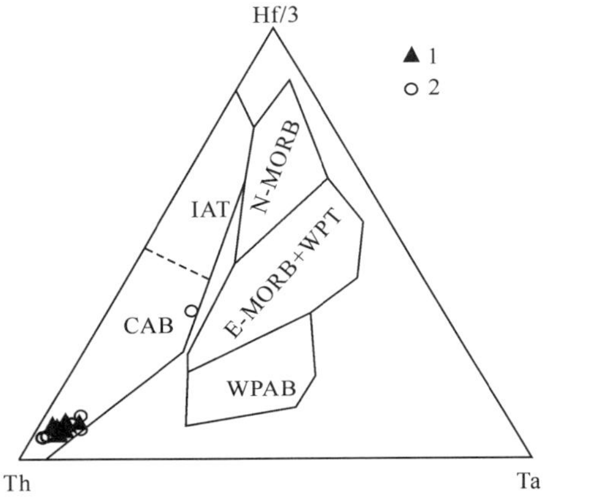

3-46　印支晚期—燕山早期火山岩 Hf/3－Th－Ta 图

N-MORB. 亏损洋中脊玄武岩；E-MORB＋WPT. 富集洋中脊玄武岩和板内拉斑玄武岩；WPAB. 板内碱性玄武岩；IAT. 岛弧拉斑玄武岩；CAB. 钙碱性玄武岩；1. 甲丕拉组火山岩；2. 那底岗日组火山岩

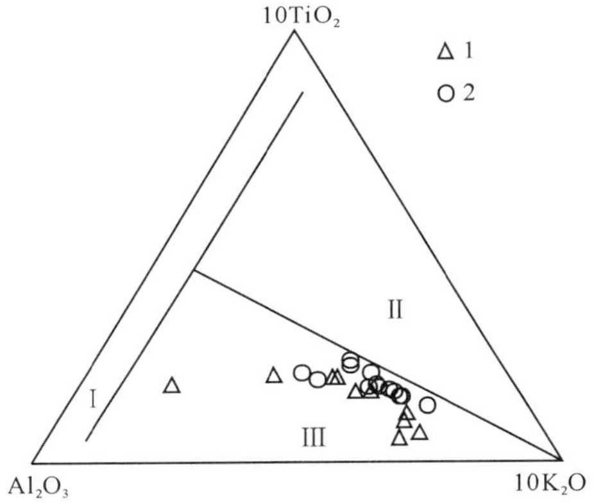

图 3-47　印支晚期—燕山早期火山岩 $10TiO_2-Al_2O_3-10K_2O$ 图

Ⅰ. 大洋玄武岩；Ⅱ. 大陆玄武岩；Ⅲ. 岛弧造山带玄武岩、安山岩；图例同图 3-46

三、燕山期岩浆岩成因及构造环境

（一）燕山早期侵入岩成因及构造环境

燕山早期基性侵入岩有早侏罗世尕考查锐-西恰赛索辉长-闪长岩体。在岩石化学成分上，尕考查锐辉长-闪长岩体 SiO_2含量较低（49.48%～51.14%），属于基性岩范围；而西恰赛索黑云母石英闪长岩体 SiO_2含量较高（53.82%～61.68%），属中性岩范围。二者 Al_2O_3含量平均 16.66%，显示富铝的特点。富铝是岩浆起源于活动大陆边缘（或岛弧环境）的一个标志，因为陆壳物质为玄武岩浆富铝创造了最有利的条件（Beard，1986）。A/CNK（＝0.73～1.11）为准铝质到过铝质，$Mg^{\#}$ 较低（55.12～62.55），反映其原始岩浆在上升过程中已经历较明显的结晶分异作用。

燕山早期早侏罗世闪长岩表现为 ΣREE 和 $(La/Yb)_N$ 比值（6.66～13.3）较高，属轻稀土元素富集型，无负铕异常。微量元素显示富集 LILE 及 HSFE，Nb、Ta、P、Ti、Y 略显亏损，Nb－Ta、Ti－Y 负异常和低 Nb/Ta 比值(0.45～0.53)，表明其源区受到了俯冲组分的影响(Miller et al,1999)；或者是源区部分熔融过程中残留有石榴子石矿物(Foley and Pecerillo,1992)；无明显负铕异常，表明闪长岩不可能通过地壳加厚作用导致泥质岩部分熔融或地壳重熔形成。尕考查锐-西恰赛索辉长-闪长岩样品在微量元素 Hf/3－Th－Ta 图解(据 Wood,1980)(图 3-48)中全落入岛弧区；在 Rb－(Y＋Nb)图解(Pearce,1984)(图 3-49)样品也全部落入火山弧花岗岩区，说明该岩体形成于大陆边缘板块汇聚区。辉长-闪长岩($^{87}Sr/^{86}Sr)i$ 值相对变化较小(0.704 24～0.705 81)，而 $\varepsilon_{Nd}(t)$值变化较大(－0.6～21.6)，辉长-闪长岩样品点在 $\varepsilon_{Nd}(t)-\varepsilon_{Sr}(t)$图解中(图 3-11)呈水平展布的带状，显示略亏损的地幔源区特征。综上所述，尕考查锐-西恰赛索辉长-闪长岩体应为壳幔混合产物，形成于火山弧环境。

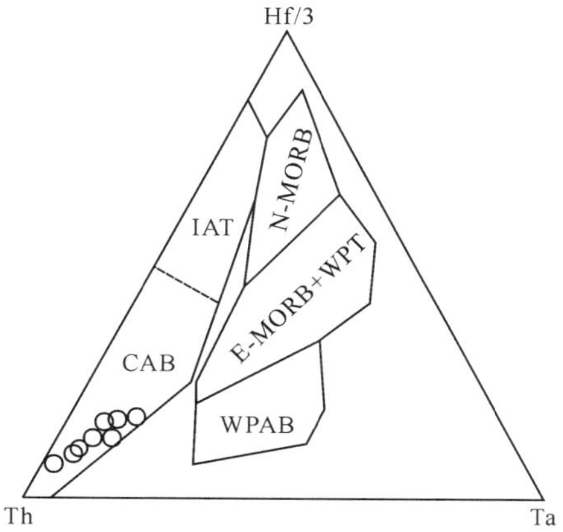

图 3-48 尕考查锐-西恰赛索辉长-闪长岩体 Hf/3－Th－Ta 图
图解说明同图 3-46

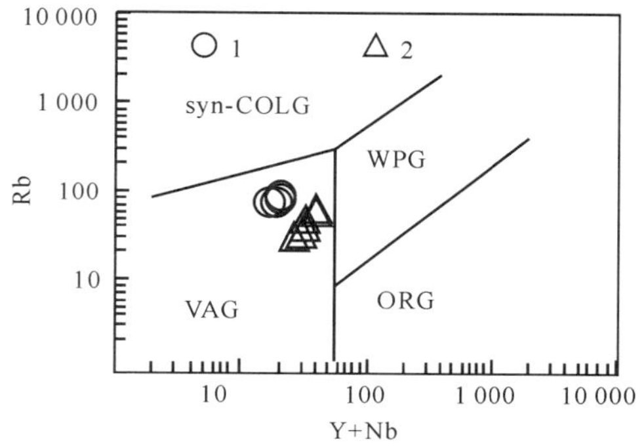

图 3-49 早侏罗世辉长-闪长岩 Rb－(Y＋Nb)判别图
VAG.火山弧花岗岩；WPG.板内花岗岩；S-COLG.同碰撞花岗岩；ORG.洋中脊花岗岩；1.啊聂托确二长花岗斑岩体；2.尕考查锐-西恰赛素闪长岩体

（二）燕山早期基性火山岩成因及构造环境

下侏罗统那底岗日组火山岩为主要由碱性玄武岩、玄武安山岩组成的一套中基性岩石，在岩石化学上表现为低 Ti、高 Al。REE 特征表现为 LREE 富集，轻重稀土呈现较强的分馏，并具有轻微的负铕异常，表明在深部岩浆房中发生过比较弱的斜长石分离结晶作用。

在微量元素地球化学方面，表现为富集 LILE、亏损 HFSE，这些地球化学特征均为弧火山岩所常见。那底岗日组火山岩 Th/Ta 值(平均为 20.66)明显具有板块会聚区的 Th/Ta 值变化特点；La/Nb 比值和 Ba/La 比值与板块俯冲作用有关的岛弧火山岩的 Ba/La 值(＞30)相近，均具有活动大陆边缘区特点。那底岗日组火山岩样品在微量元素 Hf/3－Th－Ta 图解(图 3-46)及岩石化学 $10TiO_2-Al_2O_3-10K_2O$ 图解(图 3-47)中均落入岛弧造山带火山岩区。综合上述分析，那底岗日组火山岩形成的大地构造环境总体应属大陆边缘板块会聚区火山弧区。

其次，从 Sr、Nd 同位素地球化学角度也佐证了上述构造环境判断：在 $\varepsilon_{Nd}(t)-\varepsilon_{Sr}(t)$图解中，样品均落入北疆地壳的范围内(图 3-28)，与安第斯火山岩的($^{87}Sr/^{86}Sr)i$ 值(0.702 7～0.709)和 $\varepsilon_{Sr}(t)$值(－2.50～－3.47)相近，具有活动大陆边缘火山弧的性质(Hess,1989)。

（三）燕山晚期中酸性岩侵入岩成因及构造环境

1. 啊聂托确二长花岗斑岩

在岩石化学成分上，啊聂托确二长花岗斑岩体 Al_2O_3 含量较低(平均 14.70%)，A/CNK 平均值为 1.56，显示 S 型花岗岩的成因特点。ΣREE 平均为 115.38×10^{-6}，$(La/Yb)_N$ 比值平均为 35.82，为

LREE强富集型。微量元素特征表现为富集LILE(K、Ba、Rb),HFSE(如Th,Nb,Ta,P)略显亏损,Ti和Y较强亏损。Rb/Sr比值(0.65～1.69)与壳源Rb/Sr比值(>0.5)一致,表明有明显的壳源物质加入。在Rb-(Y+Nb)图解(图3-49)上样品点全部落入火山弧花岗岩区,说明该岩体形成于大陆边缘板块会聚区。在$\varepsilon_{Nd}(t)$-$\varepsilon_{Sr}(t)$图解上(图3-14)表明其岩浆来源于亏损的源区,但有地壳物质的加入。综上所述,啊聂托确二长花岗斑岩体应为壳幔混合产物(白云山等,2006)。

2. 埋扎黑云母二长岩

埋扎黑云母二长岩体SiO_2含量较低,富铝,富钠(Na_2O含量平均6.28%),A/CNK平均值为1.13(>1.1),属铝质岩石,反映了S型花岗岩的成因特点,应为壳源产物。在R_1-R_2图解上(图3-44)样品落入晚造山期花岗岩范围,说明其形成于晚造山期。

四、海西期—燕山晚期岩浆-构造环境演化

调查区位于东特提斯构造域北部,居拉竹龙-金沙江板块结合带与班公湖-怒江板块结合带之间的羌塘陆块中部。20世纪80年代以来,地质矿产部高原地质调查大队首次提出该区在晚古生代时发育了一条"陆间裂谷"(张懋功等,1986;胡承祖,1985;王成善等,1987),该裂谷在中二叠世得到进一步发展,到晚二叠世停止(尹集祥等,1998)。随后,在西南三江地区吉义独一带也发现了代表裂谷火山岩的石炭纪玄武岩(莫宣学等,1993,1998);位于调查区东南方向的昌宁-孟连带裂谷火山岩则表明这个"裂谷带"是从泥盆纪开始拉开,一直延续到早二叠晚期(丁林和钟大赉,1995);在滇东师宗-弥勒带上也发现了形成于晚古生代裂谷环境的火山岩,并认为华南大陆内部存在连通滇西特提斯的裂谷型深水海道(董云鹏等,2002)。

本次工作首次在直根尕卡地区发现了早石炭世和中二叠世的裂谷型火山岩及晚二叠世的裂谷型辉长岩带,说明羌塘盆地中部从西端的茶布-双湖地区到中段的杂多一带再到东端的三江地区在晚古生代存在一条巨型裂谷带。这条裂谷带一直向东连通了华南大陆,使古特提斯和华南海域相连,形成了贯通东西的晚古生代初始裂谷。晚二叠世左支-失多莫卜辉长岩带就是在这个初始裂谷的构造背景下形成侵位的。

在直根尕卡地区,自泥盆纪至二叠纪的沉积特征、古生物面貌及构造运动特点均反映北羌塘-昌都地区具有扬子板块盖层特点,它是随着晚古生代金沙江洋盆的打开从扬子地块西缘裂离出来的小型陆块(尹集祥等,1998;殷鸿福等,1999;Huang et al,1992;Metcalfe,2002;李才等,2006)。同时,在岩浆活动方面发现中二叠世莫云玄武岩TiO_2含量很高,这是扬子板块和"亲扬子微陆块"内板内玄武岩的一个明显的主量元素标志(莫宣学等,2001),进一步证明了调查区在中二叠世时与扬子地块的亲缘性,显示了亲扬子地块的属性(马丽艳等,2007;段其发等,2010)。因此,可以认为北羌塘地块深部地幔端员与扬子地块具有相似性。

随着金沙江洋(北段)向西南俯冲,羌塘陆块在晚三叠世—早侏罗世时总体上处于俯冲、消减的大陆火山弧构造环境。在三江地区有晚三叠世的义敦岛弧(侯增谦和莫宣学,1990)、江达岛弧(胡享生等,1990),在双湖地区发现了晚三叠世茶卡-长梁山-江爱山-纳若一带火山岩浆弧(李才等,2001),表明本区及其邻区在印支期与岛弧构造环境有关。因而,在调查区内形成了扎那日根岛弧型的石英闪长岩-花岗闪长岩岩体(晚三叠世)和尕考查锐-西恰赛索闪长岩体(早侏罗世),在索加一带发育了上三叠统甲丕拉组及下侏罗统那底岗日组火山弧型火山岩,在各拉丹冬一带发现了晚三叠世鄂尔陇巴组火山弧型火山岩(白云山等,2001),都说明在羌塘地区、三江地区从东到西在三叠纪时存在多个火山弧带,应为拉竹龙-金沙江洋盆向南消减的产物(胡享生等,1990;潘桂棠等,1997)。燕山晚期,伴随班公湖-怒江板块向北俯冲(潘桂棠等,1997),在调查区内形成了早白垩世啊聂托确火山弧型二长花岗斑岩体及埋扎火山弧型黑云母二长岩体。

第四章　地质构造与地质发展史

调查区位于青藏高原腹地唐古拉山东段北坡，自泥盆纪以来经历了多期构造运动，地质构造复杂，是窥探羌塘地块乃至青藏高原地质演化的窗口。研究其构造变形机制和大地构造属性，对探讨羌塘地块及青藏高原地质演化具有重要的意义。

以板块构造和现代造山带研究的新理论为指导，通过野外地质填图路线及地质构造剖面调查，在查明调查区各构造层次和各类构造形迹的特征及组合样式的基础上，建立区域构造变形序列，结合沉积建造、岩浆活动及区域构造特征分析，划分构造单元，探讨其构造属性，进而恢复大地构造演化历史。

第一节　大地构造单元划分

调查区位于拉竹龙-金沙江结合带与班公湖-怒江结合带之间北羌塘-昌都地块北部（图 4-1），其构造演化受古特提斯、中特提斯和新特提斯不同构造阶段的构造动力学体制制约，历经了洋陆转换、盆山转换、陆内调整及高原隆升等阶段的地质构造作用，造就了现今的构造格局及地质地貌景观。

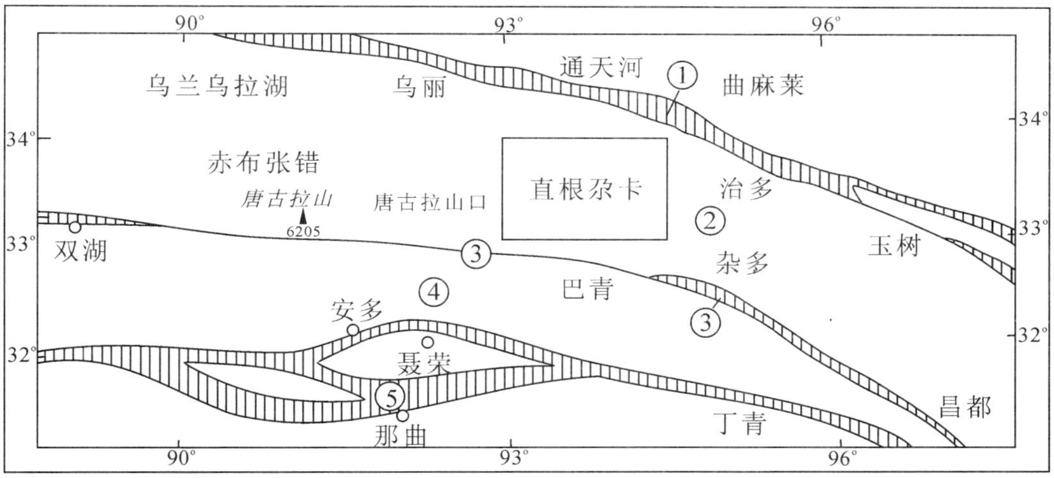

图 4-1　调查区大地构造位置略图（据潘桂棠等，2001，略修改）

①拉竹龙-金沙江结合带；②北羌塘-昌都陆块；③龙木错-双湖-澜沧江结合带；④南羌塘坳陷带；⑤班公湖-怒江结合带

一、区域地球物理场特征

（一）重力场特征

羌塘地块布格重力场总趋势以南北差异为主，分带明显。调查区的布格重力值在－490～－520 毫伽之间，其重力场属羌塘复杂重力低带的一部分，具有北北西—近东西向延展的条带结构，它与近东西向区域地质构造线方向相一致。在青藏高原及邻区布格重力异常等值线图上，该区的重力异常等值线稀疏、宽缓，等值线在东北部发生向北的偏转，似对应了构造线方向的偏转。根据重力场与莫霍面的相关关系计算，调查区莫霍面深度为 60～65km，莫霍面南深北浅（王宜昌等，1997；王宜昌、杨辉，2000；叶和飞，2001）。

（二）磁场特征

本区可划为羌塘-昌都变化磁场区昌都-杂多变化磁场带，磁场强度－25～25nT，从航磁 ΔT 等值线平面图上可见异常走向以北北东-南南西方向差异为主（图 4-2），反映调查区北西近东西向构造线方向的特点（王宜昌、杨辉，2000）。在上延 10km 航磁 ΔT 等值线图上，调查区中部为一低缓的正异常，东北部和西南部分别出现一个负异常，与中部正异常以北西向的分区线或异常扭曲带分开，显示有大断裂存在且规模大（长度均在 100km 以上），对应了调查区西恰赛索-宋卡赛玛断裂带和当曲断裂带，从航磁异常特点分析这两条断裂应为深大断裂。在上延 30km 航磁 ΔT 等值线图中异常消失，地面对应于二叠纪火山岩和少量花岗岩类。

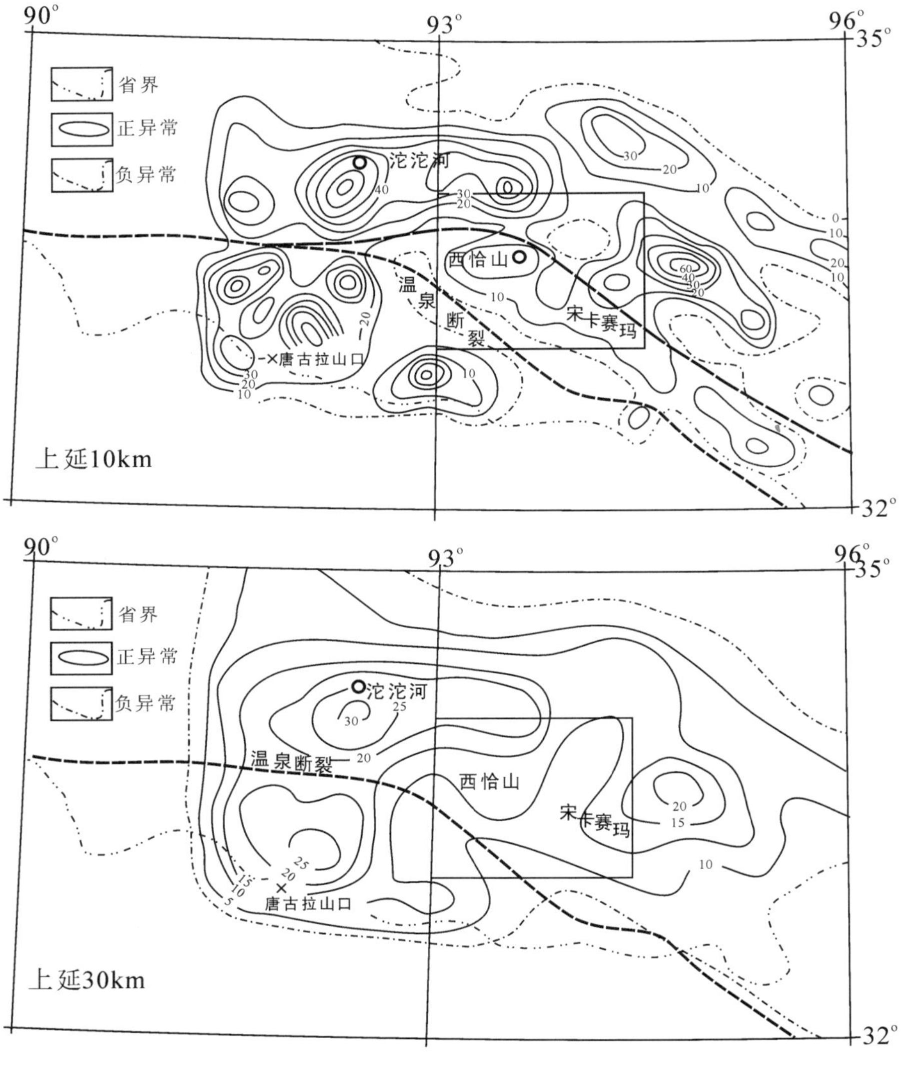

图 4-2　调查区及附近航磁 ΔT 化极上延 10km 和 30km 异常等值线图

（据青海省区调综合地质大队，1993）

（三）电性层特征

通过对地面地质体的物性研究，认为羌塘盆地由浅至深可分为 6 个电性层，其中，第三电性层相当于上三叠统地层，第五电性层代表了基底深度，根据第五电性层结构反映的基底特征，结合航磁、重力、地面地质资料，可将羌塘盆地沿中部双湖一线分为两个坳陷区（南、北羌塘坳陷）和一个隆起区（中央隆起)(王宜昌、王永涛,2001)。调查区主体属其划分的东部斜坡区,西南跨北羌塘坳陷区的北部坳陷与各拉丹冬隆起,隆起和坳陷主体呈北西西向展布。斜坡区与北羌塘坳陷区大致以当曲断裂分界。断裂以北为强烈隆起的盆地东部斜坡区;断裂以南尽管基底存在一定起伏,但总体为坳陷区。

二、大地构造背景

(一)晚古生代裂谷盆地演化

区内出露的最老地层为中泥盆统细碎屑岩,此时应有较稳定的陆壳基底存在。下石炭统杂多群形成于板内拉张构造环境,反映此时陆壳基底出现了拉张坳陷(初始裂谷化)。栖霞期火山岩,形成于板内拉张(裂谷)构造环境。祥播期—茅口期—冷坞期为裂谷盆地的滨浅海相碳酸盐岩夹碎屑岩建造(尕日扎仁组),在尕日扎仁组中部夹少量玄武岩。

对石炭—二叠纪生物古地理区系的研究结果表明:调查区及其相邻的沱沱河地区、昌都地区与扬子板块同期生物群具有亲缘性,表现出温暖型生物群的特点(牛志军等,2005,2006b),与澜沧江结合带以南的生物群差异显著。这暗示调查区以北金沙江洋(或为具洋壳性质的裂谷)规模比较小,不具有隔离羌塘地块与扬子板块生物区系的作用,与孙晓猛等(1994,1999)对滇西北—川西南地区及王成善等(2001)对西茶布—查桑地区的研究结果相近。

综上所述,调查区自泥盆纪到中二叠世,从具有稳定陆壳基底的地块向裂谷(或裂陷)盆地转化。裂谷开启的时间早于大塘期,鼎盛期为栖霞期,闭合期为茅口期。

(二)中生代碰撞造山

调查区三叠纪地层在平面分布上具北厚南薄的特点,显示与金沙江造山带隆起有关。区内上三叠统下部沉积具磨拉石性质,中部出现代表炎热干旱的泻湖环境沉积,上部以碳酸盐岩为主,顶部为海陆过渡相含煤碎屑岩建造。下侏罗统也具磨拉石性质,中上侏罗统雁石坪群为相对比较稳定的滨、浅海和三角洲沉积环境。

上三叠统甲丕拉组和下侏罗统那底岗日的磨拉石建造中各发育一套弧火山岩,可能形成于碰撞造山阶段应力相对松弛状态。

从区域构造演化上看,上三叠统结扎群沉积物主要来源于北部金沙江造山带,且紧邻造山带发育晚三叠世之后的大规模逆冲推覆构造(调查区北部),表明调查区中生代具有前陆盆地的演化特点。此时,金沙江带已从晚古生代拉张的动力学机制转化为中生代碰撞造山挤压的动力学机制。

三、构造单元划分及其基本特点

(一)一级构造单元划分

20世纪80年代以前,由于工作程度低,有关调查区及羌塘地区的大地构造属性存在不同见解:有人认为属地台性质,称其为唐古拉准地台;也有人认为它具有地槽性质,称为褶皱带。自从板块构造学说引入以来,随着地质研究程度的不断提高,对调查区及羌塘地区的大地构造属性的认识不断深入,但不同学者对青藏高原地质演化和一级构造单元划分的认识还存在较大分歧:李春昱等(1982)强调以班公湖-怒江结合带为界,将包含调查区的羌塘地块划分为华南-东南亚板块的一部分;黄汲清和陈炳蔚(1987)认为羌塘地块是古欧亚大陆与冈瓦纳大陆之间“互换构造域”中的一个稳定的中间地块;潘桂棠(1997)等认为它是华夏陆块群中的一个微陆块;众多学者认为羌塘中央地带的龙木错-双湖-澜沧江一线为板块结合带(李才,1987,2008;李才等,1995,2001,2006;Sengor et al,1988;任纪舜等,1999;李光岑,1990;Sengor,1991;常承法,1992;西藏自治区地质矿产局,1993),以此为界,将羌塘-昌都地块划分为北羌塘-昌都地块和南羌塘-保山地块；青海省区调综合地质大队(1993)提出以温泉断裂带为界，将调查区划分为欧亚板块和藏滇板块两个一级构造单元，并在此基础上进一步划分出了欧亚板块主动大陆边缘、藏滇被动大陆边缘二级构造单元，以及唐古拉边缘前陆盆地、布孜玛日依弧前盆地和通天河沿-索加岛弧隆起带等三级基本构造单元。尽管对龙木错-双湖-澜沧江一线作为板块结合带有不同的看法，但对包含调查区的北羌塘地区在晚古生代之后具陆块性质的认识趋向一致。

在综合研究区域构造演化的基础上，本书认为调查区属北羌塘-昌都地块一级构造单元(三叠纪之后称羌塘盆地，调查区位于此盆地北部坳陷东段)。基于对区域构造演化特征和晚古生代、尤其是中生代构造属性及大地构造背景的认识，综合地球物理资料成果，本书以当曲断裂和西恰赛索-宋卡赛玛断裂为界将调查区从南到北划分为北羌塘坳陷、开心岭隆起和索加坳陷3个二级构造单元(图4-3)。

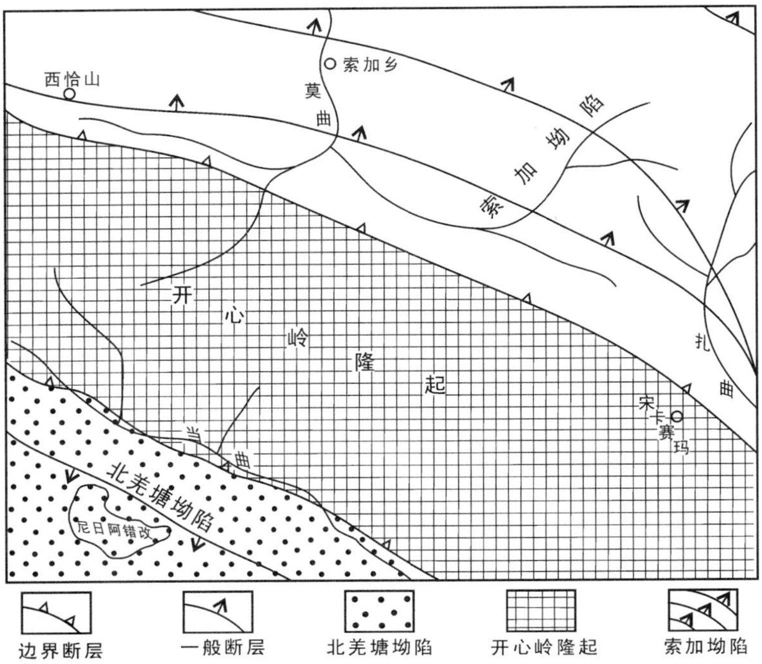

图4-3　调查区二级构造单元划分图

(二) 二级构造单元基本特征

1. 二级构造单元边界断裂特征

(1) 当曲断裂带(F_{47})

位于调查区西南部当曲一带，大致沿调查区长江支流当曲呈北西向展布，两端延伸出图，北西接肯底玛断裂，该断裂在调查区延伸长度约80km，宽度一般超过100m，在加尕日玛俄那玛出露宽约300m，断面倾向南西，倾角一般为50°～60°，局部较大，在加尕日玛俄那玛可达84°。断裂带两侧地层、岩性不连续，断裂带北东侧主要为晚古生代地层，南西侧为中生代地层；地貌上沿断裂带为负地形(当曲河谷)，并有小型北西向长条状湖泊沿其走向展布；卫星影像显示清晰的线性特征。

在加尕日玛俄那玛，该断裂带内岩石强烈破碎，发育大量的构造角砾岩、碎裂岩、构造透镜体和劈理化带，并被后期石英脉或方解石脉切穿，总体表现出脆-韧性变形特点。断裂带可见紧闭的同斜褶皱及大量的牵引褶皱，显示至少存在3期活动，最早期具强烈的挤压特点(图版35-4)，被后期压扭性及张性活动(图版35-7)改造，最终显示正断层活动地层效应(图4-4)，沿断裂带见多处温泉群分布，可见该断裂至今还在活动。

沿该断裂带的重力及航磁异常表现明显的梯度带(图4-2)，南部地壳厚度69km，北部地壳厚度60～

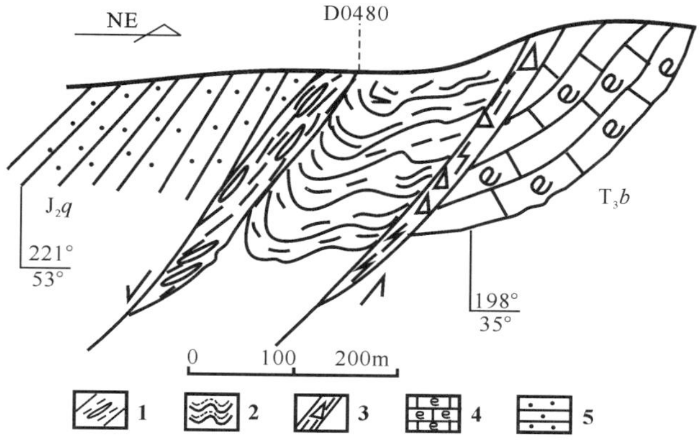

图 4-4　当曲断裂带多期活动剖面素描图

1.后期构造透镜体；2.被后期改造的早期挤压破碎带；3.晚期构造角砾岩；4.波里拉组生物屑灰岩；5.雀莫错组砂岩

65km，显示该断裂带南北地壳厚度相差 5～8km；在区域上沿断裂带为雁石坪-杂多地震带，长约 600km，百年内发生 6.0～6.9 级地震 7 次。这些地球物理资料显示该断裂属岩石圈断裂，是三叠纪时羌塘前陆盆地的一条重要的区域性深大断裂，本书将其作为调查区北羌塘坳陷与开心岭隆起的分界断裂。

（2）宋卡赛玛-西恰山断裂（F_{21}）

位于调查区中部宋卡赛玛至西恰山一线，大致呈北西西至东西向展布，向南东延伸出图，西部被第四系掩盖，东部出露长度约 40km，断面倾向北或北北东，倾角变化较大，一般为 25°～30°。断裂带两侧地层、岩性不连续，断裂带北侧出露石炭系杂多群、二叠系开心岭群、三叠系结扎群，未见侏罗纪地层；南侧为二叠系开心岭群及侏罗系雁石坪群。依据该断裂带北侧缺失侏罗纪地层，南侧开心岭隆起上升缺失晚三叠世地层，推测其在晚三叠世就存在活动，且在东部二叠系开心岭群推覆于侏罗系雁石坪群之上（图 4-5），说明侏罗—白垩纪存在强烈挤压活动；该断裂在宋卡赛玛一带切割古近纪地层，反映古近纪之后还存在活动，说明其是一条长期活动的断裂。地貌上沿断裂带为河谷负地形，并有小型北西向长条状湖泊沿其走向展布；卫星影像显示清晰的线性特征。

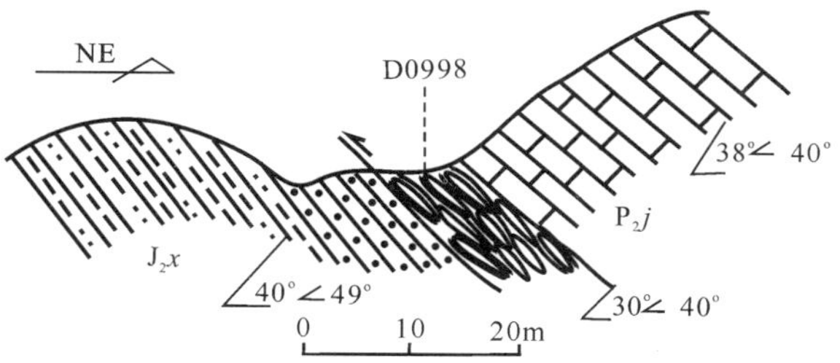

图 4-5　宋卡赛玛-西恰山断裂早期逆冲断层剖面素面图

J_2x. 侏罗纪夏里组；P_2j. 二叠纪九十道班组

该断裂属区域性大断裂的主要依据有 4 点：一是沿该断裂带航磁异常存在明显的梯度带（图 4-2）；二是该断裂带以北缺失侏罗纪地层，以南缺失上三叠统结扎群，可能是三叠纪末期、侏罗纪沉积盆地的边界断层；三是以该断裂带为界两侧构造组合样式明显有别，断裂以北发育近东西向的逆冲推覆构造，断裂以南以发育宽缓的复式褶皱和高角度逆断层组合为特征；四是在该断裂带两侧有较多晚三叠世—早侏罗世侵位的中酸性岩体分布，构成一条北西向至近东西向的侵入岩带，说明岩体侵位与断裂相关，具有控岩深断裂的特点。这些都显示宋卡赛玛-西恰山断裂属区域性大断裂，可作为开心岭隆起和索加坳陷两个构造单元的分界断裂。

2. 二级构造单元

（1）索加坳陷

位于调查区北部及东北部，以西恰赛索-宋卡赛玛断层为界，与开心岭隆起相邻，出露地层以下石炭统杂多群、中二叠统开心岭群、上三叠统结扎群为主，北部有大面积古近纪地层和第四纪洪冲积分布，未见侏罗系雁石坪群出露。该单元以发育北西—近东西向褶皱和逆冲断裂构造为特征，尤其是在与开心岭隆起分界断层的北侧，发育大规模逆冲推覆构造，并出现较多小型飞来峰构造，主断层面多倾向北，具有向南逆掩的运动特点。由于本构造单元北接金沙江结合带，南邻羌塘盆地，处于造山带与前陆盆地过渡带，与前陆褶皱冲断带的构造变形特征相似，加之晚三叠世时沉积的地层（结扎群）厚度大，物源来自北部，具前陆盆地性质，因而将其单独划分出来。

（2）开心岭隆起

区域上属沱沱河-开心岭-荀鲁山克错隆起的一部分，隆起带斜贯调查区中南部，呈北西-南东向展布于尕白、玛日啊达州、莫云一带，出露宽度 50～70km，出露地层主要为二叠系开心岭群和下石炭统杂多群，在尕日扎仁南部见约 $2km^2$ 的泥盆系，在隆起带东南部有较大面积的侏罗系，其上被古近系和第四系覆盖。在隆起中部尚发育一条晚古生代基性侵入岩带和一条印支—燕山期中酸性岩带，晚古生代及中生代发育多套火山岩。

隆起内构造线方向主体呈北西—北西西向，发育不同期次褶皱及断裂构造，褶皱构造总体较开阔，仅在晚期褶皱核部局部出现早期较紧闭褶皱，不同期次褶皱多具共轴叠加特征。隆起带内断裂构造以具多期活动的北西向逆断层为主，晚期发育具走滑性质、规模较小的北东向断层。

目前对该隆起的构造属性存在多种认识。根据出露地层的沉积特征、生物面貌、火山岩及侵入岩的综合分析研究，认为该隆起在晚古生代为裂陷盆地，具裂谷性质。由于北部金沙江结合带发生碰撞造山，中生代该隆起才真正隆升，成为羌塘前陆盆地北部的一个隆起带（相当于前陆盆地的楔顶部分），通过中生代末期陆内调整，新生代初期又开始沉降，接受沉积，新生代中期之后，在区域挤压体制下经过多阶段隆升，形成现今的构造面貌。

（3）北羌塘坳陷

位于当曲断裂的西南部，区域上属中生代羌塘盆地的一部分，在调查区内分布面积较小，出露地层主要为上三叠统结扎群和中-上侏罗统雁石坪群，在该区南部尚有第四系洪冲积和湖沼沉积分布，前者沉积厚度巨大。

该构造单元内发育不同时代、不同期次的褶皱和断裂构造，断裂构造以北西向为主，东西和北东向断裂少见，断层主要为高角度逆断层，少数具走滑或正断层性质；坳陷内发育一系列轴向北西褶皱构造，侏罗纪地层分布区褶皱较宽缓，晚三叠系结扎群中褶皱较紧闭，总体显示为复式褶皱构造。

羌塘盆地的性质和演化是长期争议的地质问题之一，存在被动大陆边缘盆地、弧后盆地、前陆盆地等不同认识（李勇等，2001；王成善等，2001），通过分析调查区出露的中生代地层结构特点，并与区域对比后，认为本构造分区在中生代具前陆盆地性质，属羌塘前陆盆地的一部分。

第二节 构造运动及构造层

构造层是一定地区在一定的构造发展阶段所形成的地质体的组合，它具有一定的构造形态，一定的沉积建造、岩浆建造、变质建造和有关矿产，相邻构造层以区域不整合或假整合接触。研究构造层对一个地区地质演化和各个构造发展阶段的地壳运动性质具有重要意义。沉积建造和岩浆建造是构造层的基本物质组成，不同构造层具有不同的建造及构造变形记录，不同建造的纵向叠置关系反映了构造层的时间序列；地史过程中地质发展演化史是通过分析不同构造层的纵向叠置得出的。调查区构造层以脆性变形为主，具有浅表层次构造变形特征。

一、角度不整合接触面与磨拉石建造

区内出露泥盆纪至第四纪地层，其中可识别出三叠纪地层与二叠纪地层之间、侏罗纪地层与二叠纪

地层之间、古近纪地层与侏罗纪地层之间、新近纪地层与古近纪地层之间、第四系与前第四系之间等几个角度不整合接触界面(图版 35-5,图版 35-6)。在调查区西南部分地区,可见到侏罗纪与三叠纪地层为角度不整合接触关系(图 4-6,图 4-7)。

磨拉石是堆积在新生山脉前缘厚度巨大的粗碎屑沉积体,其成熟度低,是造山运动的标志性产物。通过野外地质调查,在调查区前第四纪地层中识别出 4 套磨拉石建造,即甲丕拉组底部(图版 31-1)、侏罗纪那底岗日组、古近系沱沱河组底部、新近系曲果组(图版 31-2)都发育着磨拉石建造或类磨拉石建造,其中上三叠统甲丕拉组底部的磨拉石建造与北羌塘-昌都磨拉石带、古近系沱沱河组底部的建造与雅鲁藏布江磨拉石带的磨拉石形成时代一致(夏邦栋等,1999),说明其具有区域构造意义。

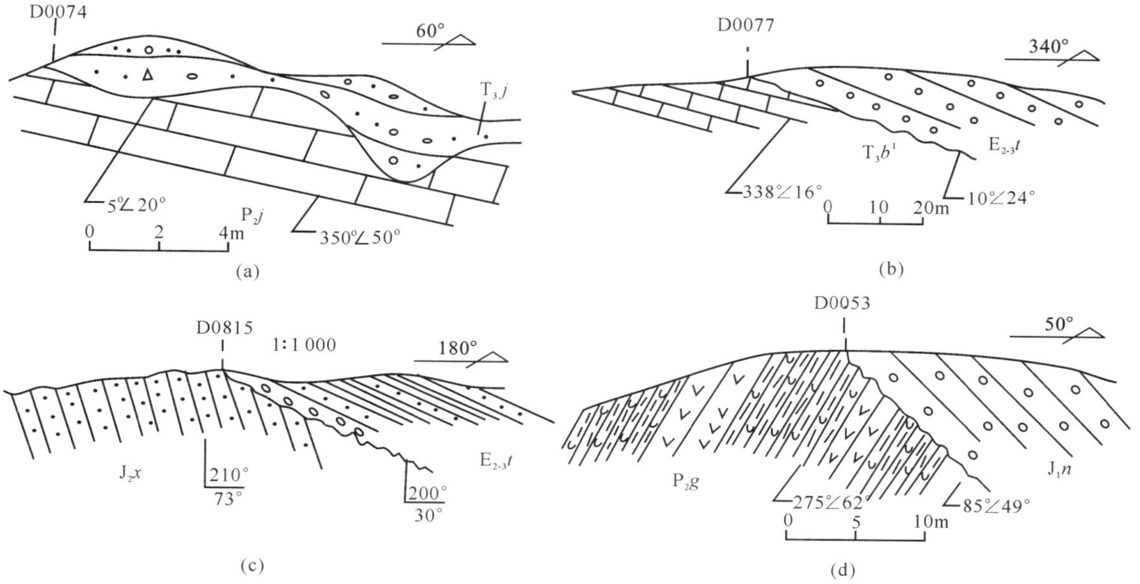

图 4-7　调查区主要不整合接触关系剖面素描图

二、构造层划分

根据野外调查识别出的角度不整合接触界面,结合不同时期的沉积建造、岩浆活动、构造变形特征,调查区可划分为 6 个构造层。

1. 海西期构造层

海西期构造层出露泥盆系、下石炭统、中二叠统,三者为断层接触。该构造层中,泥盆系为浅海相细碎屑岩建造,下石炭统杂多群至中二叠统为裂谷盆地细碎屑岩-碳酸盐岩火山岩建造,火山岩为亚碱性系列玄武岩-安山岩组合,形成于板内拉张构造环境;开心岭群的火山岩既有碱性系列,也有亚碱性系列,主要为中基性岩,形成于板内拉张构造环境。该构造层早期构造变形多被后期改造,仅局部残存东西向褶皱,主体构造线应呈东西向。

2. 印支晚期构造层

印支晚期构造层出露上三叠统,为海陆过渡相碎屑岩、海相碳酸盐岩建造,底部属磨拉石建造。该套地层具北厚南薄特点,下部夹一套碱性玄武岩-安山岩组合,形成于与火山弧相关构造环境,属前陆盆地沉积。构造变形以较紧闭褶皱、北西向逆断层和近东西向推覆构造为特征。

3. 燕山早期构造层

侏罗系组成燕山早期构造层,发育海陆过渡相碎屑岩、海相碳酸盐岩建造,底部为磨拉石建造。底部磨拉石建造中夹碱性玄武岩-玄武安山岩组合，显示与后碰撞造山相关。主体构造线呈北西向，变形以北西向褶皱、断层为特征。

4. 喜马拉雅山早期构造层

古近系组成喜马拉雅山早期构造层，为陆相磨拉石建造及红色石膏碎屑岩建造。构造线呈北西西向至近东西向，以发育北西向、近东西向宽缓褶皱及近南北向正断层为主。

5. 喜马拉雅山晚期构造层

新近系组成喜马拉雅山晚期构造层，为陆相磨拉石建造，上部出现红色石膏碎屑岩建造，主要显示为单斜构造变形，具有区域剧烈隆升及局部掀斜作用特点。

6. 第四纪构造层

由第四纪大陆环境粗碎屑沉积物构成，多未固结，以多期次整体隆升、老断裂的复活与新生近南北向断裂活动为主。

第三节 变形构造

晚古生代以来调查区历经了多期构造运动，不同期次的构造变形相互叠加，构成了现今的构造面貌。区域构造线总体呈北西向至东西向，主要发育东西向、北西向及北北西向断裂、褶皱构造，尤以发育东西向推覆构造为特征(图 4-6)。

一、断裂构造

调查区断裂构造发育，形成时间较早，具多期活动特点，且不同规模的断裂构造对构造单元区划及不同时期的沉积盆地成生演化具有较明显的控制作用。按照断层空间展布特点，可分为近东西向、北西向、北东向和近南北向 4 组，其中近东西向、北西向断层最发育，北东向和南北向断层较少，断层性质包括正断层、逆断层、走滑断层。调查区断裂构造以浅-表层次脆性变形为主，除个别断层构造岩发育糜棱岩化外，绝大多数断层都以发育构造角砾岩、碎裂岩、断层泥为特点，表现为构造破碎带，并可形成挤压构造透镜体劈理化带，断裂活动时间长，力学性质复杂，主要断层都经历了多次活动，特别是北西向及近东西向断层既经历了印支期和燕山期的变形，还叠加了喜山期的活动。

(一) 构造岩

1. 脆韧性变形构造岩

见于塔阿龙木通断裂带，表现为石炭系碳酸盐岩组经脆韧性变形变质作用所形成的构造岩，可以分为方解石糜棱岩、片理化石灰岩。

(1) 方解石糜棱岩

碎斑主要是生物屑，碎斑含量 5%～15%，碎斑呈眼球状和不规则状，但已发生碎裂或破碎，呈波状消光，定向排列；基质主要为重结晶方解石，出现少量绢云母，基质方解石含量 80%～85%，粒径以 0.02～0.10mm 为主，呈长条状、次棱角状，边界呈锯齿状，有的发育构造双晶，压扁拉长变形明显，基质绢云母呈鳞片变晶几何体，常弯曲变形，有时可见不同粒度的糜棱基质组成纹层，出现褶皱变形。

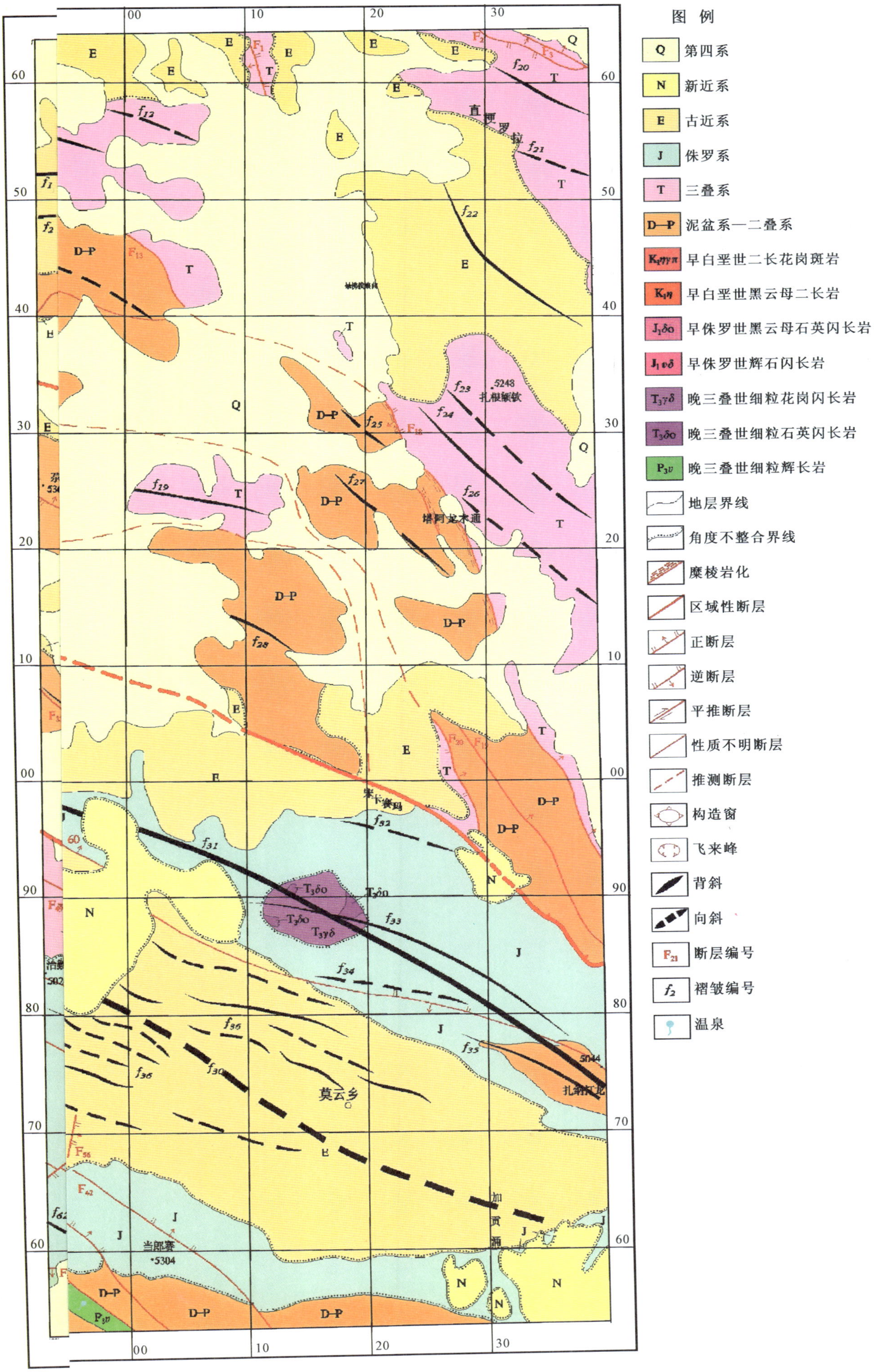

图 例
Q 第四系
N 新近系
E 古近系
J 侏罗系
T 三叠系
D—P 泥盆系—二叠系
早白垩世二长花岗斑岩
早白垩世黑云母二长岩
早侏罗世黑云母石英闪长岩
早侏罗世辉石闪长岩
晚三叠世细粒花岗闪长岩
晚三叠世细粒石英闪长岩
晚三叠世细粒辉长岩
地层界线
角度不整合界线
糜棱岩化
区域性断层
正断层
逆断层
平推断层
性质不明断层
推测断层
构造窗
飞来峰
背斜
向斜
断层编号
褶皱编号
温泉
莫云乡
当郎赛
5304
5248
5044

（2）片理化石灰岩

方解石含量为94%左右，绢云母含量为5%左右，方解石呈不规则粒状、长条状，边界不规则，压扁拉长变形明显，平行劈理面分布。绢云母呈鳞片集合体分布于方解石颗粒之间，它们都呈定向排列，与压扁拉长变形的方解石一起构成流劈理，局部出现显微褶皱（图版29-8）。

2. 构造角砾岩类

产于断裂带内，呈带状或透镜状产出，具角砾（或扁砾）结构，角砾含量变化大（20%～70%），大小悬殊，一般为2～10cm，小者仅几个毫米，大者达2～4m。按其结构、构造和胶结物等特征可分为不同应力形成的构造角砾岩。张性角砾岩的角砾形态不规则，棱角明显，大小悬殊，杂乱无定向性，如当曲断裂晚期活动产物（图4-4、图版35-7）。挤压性或压扭性角砾岩多呈压扁状、透镜状，微具定向，平行或斜列分布，胶结物以岩粉为主。在多期活动的压扭性断裂中，角砾多有不同程度的圆化或磨圆，胶结物由岩粉、钙质、铁质和硅质构成。

3. 碎裂岩类

主要产于具多期活动的大断裂中，多呈透镜状和条带状产出。按破碎程度和次生结构特征可进一步划分为碎裂岩、碎斑岩和碎粒岩。

（1）碎裂岩

具碎裂结构，碎块间没有明显位移，岩块间被少量碎粒物充填，或被方解石、石英脉穿插，或被铁质浸染。方解石和石英等矿物晶体常发生弯曲，或具波状消光，或沿边缘发生碎粒化。岩石类型主要有碎裂灰岩、碎裂粒玄岩和硅化碎裂岩。

（2）碎斑岩

具碎斑结构，碎斑含量50%～90%，粒径0.4～3mm；基质为岩粉，次生矿物有绢云母及钙质、铁质、硅质等。主要岩石有灰岩碎斑岩和砂岩碎斑岩。

（3）碎粒岩

在调查区碎粒岩少见，其主要特征是岩石多破碎呈细小的碎粒，小于0.1mm的颗粒含量达80%以上，其中也含少量碎斑。主要岩石类型有灰岩碎斑岩和砂岩碎斑岩。

（二）断裂带

1. 北西向断裂

调查区北西向断层发育，主要分布于西南部和中部，断层规模较大，部分北西向断裂贯穿全区，断层性质以逆断层为主，断面倾向为南西向或北东向，主要形成于近南北向应力场，并被晚期北东向断层截切、错断。代表性断裂特征描述如下。

（1）尕白-萨日咯钦断裂带（F_{29}、F_{44}）

位于西恰山西南边尕白-萨日咯钦一线，断层带由两条断层构成，走向300°～315°，倾向北东，倾角45°～55°，长度大于100km，局部被第四系掩盖，向西北延伸出图至温泉幅，向东南延伸至出调查区。断裂上盘为杂多群、雁石坪群，下盘为杂多群、开心岭群，沿断裂带分布有辉长岩体，断裂切割了岩体，沿断裂带地貌上为近东西向山间凹地、垭口等负地形，卫星影像显示清晰的线性特征。断裂带发育较宽破碎带，在扎查琼可见其破碎带宽50～70m（图4-8），带内见有断层角砾岩、碎粒岩及构造透镜体，还见有闪长岩脉侵入其中，受断裂影响，两侧地层产状变陡。该断裂具多期活动，从扎查琼处可见该断裂早期以挤压活动为主，晚期则为张性或张扭性活动，最终显正断层地层效应。根据该断裂对辉长岩带分布有明显控制，推测其在辉长岩体侵位时就有活动，且为一区域性深大断裂。

（2）查加日玛断裂（F_{43}）

位于索加南部的查加日玛北缘，走向290°～310°，出露长约60km，西端被第四系覆盖，东端向杂多县莫云乡东北部延伸，破碎带宽度大于8m，破碎带两侧岩层受断裂影响直立，影响带宽达50m，断裂沿

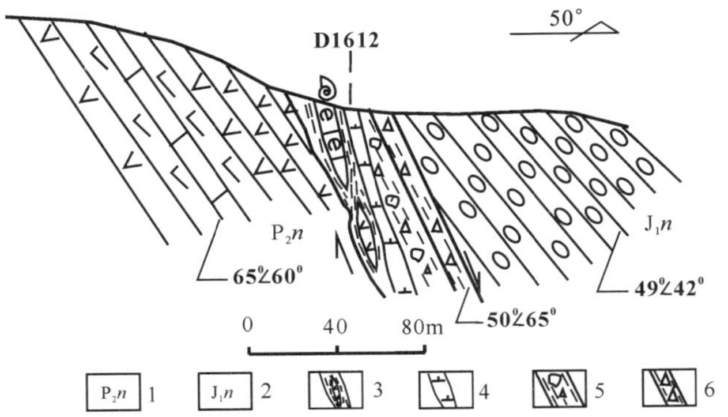

图 4-8　尕白-萨日咯钦断裂剖面素描图

1.二叠纪诺日巴尕日保组；2.侏罗纪那底岗日组；3.挤压构造透镜体；4.闪长岩脉；5.碎粒岩带，6.后期构造角砾岩带

线为负地形，卫片显示清晰的线性影像。断裂南西盘为雁石坪群及古近纪地层，北东盘主要为雁石坪群，可见少量古近系沱沱河组，该断裂被新近系曲果组覆盖。断层多倾向北东，局部倾向南西，倾角为50°～80°，破碎带内碎裂岩发育，见有构造透镜体及劈理化带，显示为逆断层，形成于燕山期，喜山早期可能复活。

（3）木尺贡仁断裂（F_{33}）

位于玛日啊达州-当曲一带，走向290°～310°，西端延伸出图，东端与天当松口-当曲通断裂带相连，长约50km。当曲通附近被北东向左行平移断层切错，错距达2km，断裂倾向40°，倾角60°～65°，破碎带宽10～30m。下盘为杂多群碳酸盐岩组，上盘为杂多群碎屑岩组和碳酸盐岩组，断裂通过处两侧地层、岩性不连续，产状紊乱，且出现温泉，堆积有钙华。断层破碎带通过处岩层破碎，由灰岩质碎裂岩组成，局部劈理发育，灰岩具大理岩化、硅化，具逆断层性质，生成时代为印支期，现今可能还有活动。

（4）纽日玛断裂带（F_{48}）

分布于调查区西南部的巴查错鸟-纽日玛一带，断裂带向南东端延伸出图，沿断裂负地形清晰可见，上升泉呈线状分布。在区内出露长度约60km，总体走向北西，倾向南西，倾角40°～70°。断裂下盘为侏罗系雁石坪群，上盘为上三叠统结扎群，为高角度逆断层（图4-9），该断裂可能形成于印支期，燕山期复活，喜马拉雅期仍有活动。

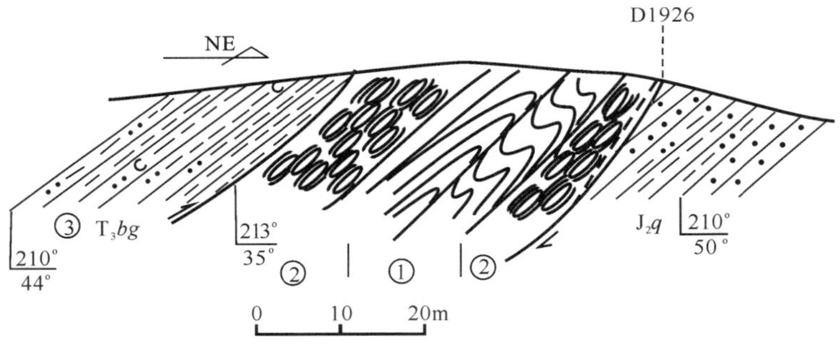

图 4-9　纽日玛断裂破碎带剖面素描面图

①.褶皱变形带；②.弱片理化带及透镜体；③.巴贡组；④.雀莫错组

（5）尼日阿错改断裂（F_{52}）

位于调查区西南部尼日阿错改附近，断层向两侧延伸出图幅之外，在区内出露长约50km，但多为第四系掩盖。断裂带走向315°，倾向45°，倾角45°～60°。在区内该断裂上下两盘均为雁石坪群，断裂破碎带内岩石破碎，发育褶劈理，岩层错动、扭曲强烈，常见断层擦痕，破劈理发育。该断裂带对尼日阿错改第四纪盆地及沉积物分布控制明显，可能形成于印支期，燕山期复活，喜马拉雅期直至现在仍有活动，地层效应显示为逆断层。

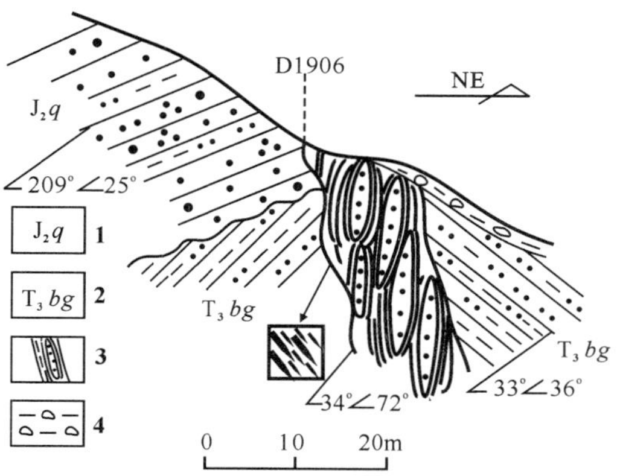

图 4-10　巴查错鸟断裂破碎带构造剖面素描图
1. 雀莫错组；2. 巴贡组；3. 断层带中挤压构造透镜体；4. 第四纪残坡积物

(6) 巴查错鸟断裂(F_{51})

位于调查区西南部巴查错鸟-尕鄂恩农纳一线，断层向两侧延伸出图幅之外，在调查区出露长度约 40km，断层倾向南西，倾角 70°～75°。该断层下盘地层为上三叠统巴贡组，上盘地层为中侏罗统雀莫错组，平面图上分割了由巴贡组、雀莫错组构成的一个背斜。可见断层破碎带宽度大于 20m(图 4-10)，其中发育碎裂岩、碎粒岩、劈理化带和挤压透镜体，线性影像清晰，发育负地形，三叠纪地层逆掩于侏罗纪地层之上，在鄂阿玛纳草该断层控制了第四系洪冲物的分布。由于该断裂带切割了侏罗纪地层，且可与北西向褶皱构造配套，故认为其形成于燕山期。从图 4-10 可见其具逆断层地层效应，该断裂控制了第四系的分布。

区内次要的其他北西向断裂与上述的断裂特征较相近(表 4-1)。

表 4-1　北西向断裂特征

断层名称及编号	断层规模	产状(°)			野外观察及卫片影像特征	性质
		走向	倾向	倾角		
直根扎加断裂(F_7)	长度 10km	120	NE	68	发育构造角砾岩、方解石脉，线性影像清晰	逆断层
尕日赛瑙贡玛断裂(F_{22})	长度 20km，破碎带宽度大于 10m	290～300	NE	42	二叠系索加组地层覆于九十道班组地层之上。发育碎裂岩，被后期北东向断层错断，顺断裂带有钙华分布于山顶，北西向线性影像清晰	逆断层
省尕窝玛断裂(F_{27})	延伸长 15km，破碎带宽度大于 10m	295～310	NE	不详	上盘为二叠纪地层，下盘为泥盆纪、石炭纪地层，围岩中方解石脉发育，有碎裂岩化，化石变形拉长	正断层
省尕贡玛断裂(F_{28})	延伸长 15km，宽度大于 12m	295～310	NE	37	泥盆纪、石炭纪地层逆冲于二叠纪地层之上，顺断裂发育基性岩脉，围岩有碎裂岩化，方解石脉发育，并见有闪长岩脉分布	逆断层
吾陇达断裂(F_{41})	长度大于 20km，宽度 10～20m	310	NE	60～70	上盘为侏罗纪地层、二叠纪地层，下盘为二叠纪地层，破碎带中发育构造角砾岩、碎砾岩、方解石脉	正断层
当郎赛断裂(F_{42})	长大于 40km，宽约 15m	310	NE	60～70	夏里组地层逆冲于布曲组之上，破碎带中发育劈理化带和挤压透镜体，方解石脉发育	正断层
马日啊达州断裂带(F_{30}、F_{38})	长度约 20km，宽度小于 10m	290	SW	65～75	断层破碎带中发育碎裂岩，围岩较破碎，方解石脉发育，北西向线性影像清晰，具负地形	逆冲兼右行走滑
马日啊达州断裂带(F_{31}、F_{37})	长度约 30km，宽度小于 10m	290～300	NE 或 SW	65～75	发育碎裂岩，围岩较破碎，方解石脉发育，北西向线性影像清晰，具负地形	逆冲兼右行走滑
马日啊达州断裂带(F_{32})	长度在 10km 以内	290	不详	较陡	围岩较破碎，方解石脉发育，北西向线性影像清晰，具负地形	

续表 4-1

断层名称及编号	断层规模	产状(°)			野外观察及卫片影像特征	性质
		走向	倾向	倾角		
玛尺盖仁断裂(F_{50})	长度大于 65km，宽度大于 20m	305	SW	60～70	发育碎裂岩、劈理化带和挤压透镜体，线性影像清晰，为负地形	逆断层
欧日埃盖断裂带(F_{53})	长度大于 25km，宽度大于 20m	290～300	SW、NE	62～65 72～76	由两条断裂构成，断层破碎带中发育劈理化带和挤压透镜体，发育挤压牵引褶皱，线性影像清晰	主体为逆断层
阿日永断层(F_{40})	长度大于 40km，宽度大于 10m	280～300 弧形	SW	30～50	石炭纪地层逆冲在侏罗纪地层之上，断层破碎带中发育碎裂岩、碎粒岩、劈理化带和挤压透镜体	逆断层
阿日永南断层(F_{45})	长度 20km，宽度大于 10m	280～300 弧形	SW	30～50	二叠纪地层覆于石炭纪地层之上，断层破碎带中发育碎裂岩、碎粒岩、劈理化带和挤压透镜体	压性断层
果涌断层(F_{46})	长度 20km，宽度大于 10m	300	SW	30～50	石炭纪地层逆冲在二叠纪诺日巴尕日保组之上，断层破碎带中发育构造角砾岩、碎裂岩透镜体，具两期活动，早期挤压，晚期张扭性活动	最终显逆断层

2. 近东西向断裂

近东西向断层主要分布于调查区北部，断层一般规模较大，以逆断层为主，控制了调查区北部的构造格局。按断面倾角可识别出两类不同的断层，一类断面倾角低于 45°，断面倾向北或北北东，老地层多推覆于新地层之上，并被晚期北东向断层截切、错断，属逆冲推覆断层；另一类断面倾角大于 45°，断面平直，延伸不长，多切割前一类断层，形成明显晚于前者，属逆冲断层。代表性断层特点如下。

(1) 西恰赛索断裂(F_{10})

位于西恰山东南缘的西恰赛索至宋卡赛玛一带，东西两端被第四系覆盖，根据地层分布，推测东西两端交于宋卡赛玛断裂带，长度应大于 100km，可见出露长约 30km。断层总体走向近东西，在东端转为近南北向。在西恰赛索东侧，该断裂走向 89°，倾向北，倾角 55°～65°，为逆冲断层，断层上盘为诺日巴尕日保组，下盘为甲丕拉组，断裂破碎带中岩石强烈破碎并硅化，局部发育宽 20～30m 的破碎带，带内发育白云岩化碎裂灰岩及紫红色断层角砾岩(角砾为杂色石英砂岩)，灰色硅化碎裂岩中见黄铜矿、黄铁矿、孔雀石、铜蓝矿化，可见矿带长约 100m；灰色硅化岩带中可见棱角状角砾岩，角砾为灰黑色硅质岩，胶结物为灰白色硅化脉。该断裂至少识别出两期活动，早期具逆断层性质，晚期具正断层性质(图 4-11)。晚期对地貌控制作用明显，南侧为山间盆地，北侧为高大陡峻的山体。

(2) 塔阿龙木通断裂带(F_{18}、F_{13})

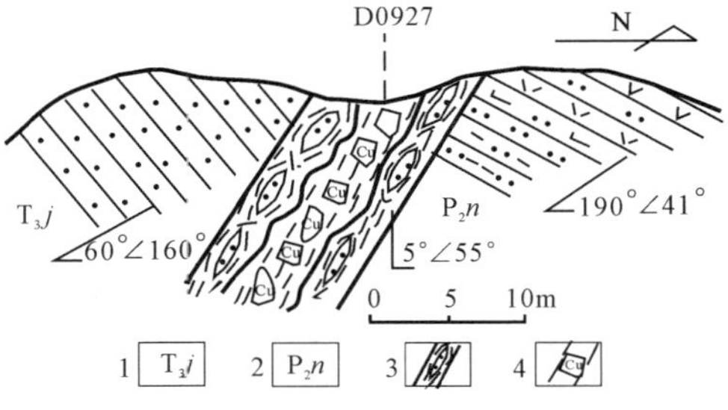

图 4-11　西恰赛索断裂剖面素描图

1. 甲丕拉组砂岩；2. 诺日巴尕日保组；3. 构造挤压透镜体带；4. 铜矿化角砾岩带

位于调查区中北部塔阿龙木通-雅丛组，下盘为三叠系结扎群。断裂带由两条断层构成，断面产状变化大，倾向从向北东倾变化到向北北东倾，个别点倾向南，主断面倾角 40°～50°。断裂带在塔阿龙木通宽 200m，其中见有碎裂岩、碎粒岩、挤压构造透镜体等。沿断裂带还可见到方解石糜棱岩、流劈理化灰岩，其中发育两组劈理，出现显微褶皱构造(图版 29-8)，具脆韧性变形的特征，显示出该断裂既存在逆掩过程，也存在逆冲过程。综合分析认为，该断裂带形成于印支期，燕山期复活，喜马拉雅期仍有活动，出现沿断裂发育的上升泉。

(3) 西巧日森断层带(F_{11})

位于调查区中部西巧日森-西恰山一带，紧邻宋卡赛玛-西恰山断裂，由发育在石炭系碳酸盐岩组与碎屑岩组、二叠系九十道班组与诺日巴尕日保组、甲丕拉组内石膏层之间的多个构造滑脱面—断层面构成。该断层带走向主体近东西，倾向或北或南，倾角10°～60°，不同构造部位变化较大，形成多个飞来峰与构造窗(图版36-1)，显示逆冲推覆构造前锋带的特征。断层带内以发育构造碎裂岩及顺层方解石细脉为特征，在以三叠纪石膏层作为滑脱面处(图4-12)，石膏层塑性变形明显，出现层间揉皱并有石膏重结晶现象(图版35-8)，形成再富集石膏矿。根据变形面及变形层位，认为其形成于印支期，燕山期复活，喜马拉雅早期则以大角度的逆冲作用为主。

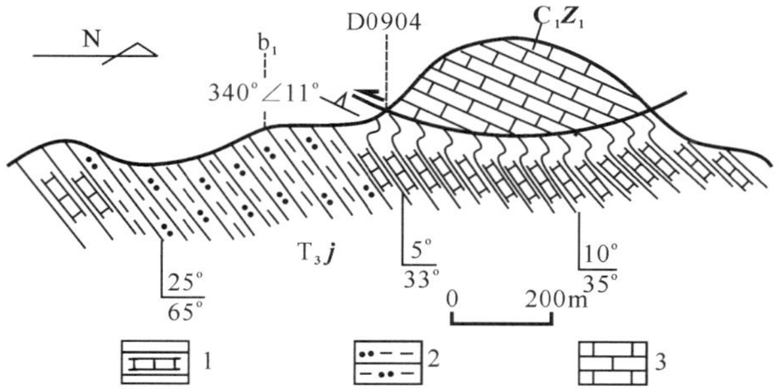

图4-12　西巧日森断层带中飞来峰及甲丕拉组石膏揉皱

1.甲丕拉组石膏岩；2.甲丕拉组粉砂质泥岩；3.石炭纪碳酸盐岩组

(4) 洛德赛加码-宰木通断裂带(F_{20})

位于调查区中部洛德赛加码-宰木通一线，西侧可能与西恰赛索北断裂(F_8)和西巧日森断层系(F_{11})相连，东部至宰木羊帮断层转向南东与宋卡赛玛-西恰山断裂(F_{21})交汇(图4-6)。该断层延伸长度大于110km，部分被第四系掩盖，总体走向近东西，倾向北，倾角一般15°～20°，在东部可达73°。断层上盘出露地层为二叠系和石炭系，下盘地层为三叠系波里拉组和巴贡组，断层通过处地层产状紊乱，且岩石破碎，发育方解石细脉，卫片影像可见一弯曲的线性影像，显示断面较平缓，总体具逆断层性质，结合区域分析应为一逆冲推覆断层。

(5) 直埂尕云断裂(F_6)

位于索加乡南部直埂尕云一带，断裂发育于杂多群碳酸盐岩组内，东西两端被古近系覆盖，区内出露长大于15km。断裂走向280°，断面产状较陡，倾角50°～60°，倾向北。断裂破碎带两侧岩层产状紊乱，局部见有断层擦痕及宽达200m的破碎带，局部软岩层遭受挤压发育劈理。

调查区其近东西向断裂与上述的断裂特征较相近(表4-2)。

表4-2　近东西向断裂特征

断层名称及编号	断层规模	产状(°)			野外观察及卫片影像特征	性质
		走向	倾向	倾角		
直根罗拉断层系(F_2、F_3)	长度10km	110	N	15～65	由多条断层构成，断层破碎带中发育构造碎粒岩、构造透镜体，方解石脉、牵引褶皱发育	逆冲推覆
索加断裂(F_4)	长度8km	110	S	50	发育挤压构造透镜体，构造碎裂岩及方解石细脉发育，线性影像清晰	逆断层
西恰赛索北断裂(F_8)	长度10km	110	N		切割石炭系碳酸盐岩组、三叠系地层和早期平缓的推覆断层	逆断层
雅丛娑哈断裂(F_{14})	长度20km	100	S	50	上盘地层为石炭系碳酸盐岩组，下盘为二叠系九十道班组，切割了平缓的推覆断层，发育构造碎粒岩，线性影像清晰	逆断层

续表 4-2

断层名称及编号	断层规模	产状(°)			野外观察及卫片影像特征	性质
		走向	倾向	倾角		
者通尕洛断裂(F_{16})	长度 12km	110	S	45	上盘地层为石炭系碳酸盐岩组，下盘为二叠系九十道班组，切割了平缓的推覆断层，线性影像清晰	逆断层
西恰赛索南断裂(F_{11})	长度 30km	EW			上盘地层为石炭系，下盘为二叠系诺日巴尕日保组，近断层带岩石破碎，且其中所产珊瑚化石强烈压扁拉长，总体构成飞来峰。石炭系碳酸盐岩组覆于二叠系诺日巴尕日保组之上	逆冲推覆断层
玛日儿真断层系(F_9、F_{20}、F_{15})	长度大于110km	EW	N	20～60	由发育在石炭系碳酸盐岩组、二叠系九十道班组及三叠系甲丕拉组之间的多个构造滑脱面构成，显示逆冲推覆构造前锋带的特征	逆冲推覆
阿木琼哑断裂(F_{39})	长度 20km	60～80	S	47	下盘为石炭系，上盘为二叠系，发育构造碎裂岩及方解石细脉，线性影像清晰	正断层
赛八达陇断裂(F_{26})	长度 10km	EW	N		线性影像清晰，断层破碎带发育构造碎裂岩及方解石细脉	正断层
当曲通断裂(F_{36})	长度 5km	80			线性影像清晰，切割北西向断层	左行走滑
当曲通西断裂(F_{35})	长度 5km	85			线性影像清晰，切割北西向断层	左行走滑
敦曲断裂(F_{49})	长度 10km	100			线性影像清晰，切割北西向断层	左行走滑

3. 北东向断裂

调查区北东向断裂不发育，断裂规模较小，一般小于 5km，其与北西向及近东西向断裂构成共轭断层，具走滑和正断层性质，常切割北西向和近东西向断裂和褶皱，表明其形成晚于北西向和近东西向断裂。该方向断裂特征见表 4-3。

表 4-3 北东向断裂特征

断层名称及编号	断层规模	产状(°)			野外观察及卫片影像特征	性质
		走向	倾向	倾角		
君宁卡赛玛断裂(F_{12})	长 20km 宽 1～5m	60	SE	35	发育构造角砾岩、方解石脉，线性影像清晰，负地形地貌	逆断层
尕考查锐断裂(F_{23})	长度 3km	50			错断二叠纪地层和北西向断层，线性影像清晰，负地形地貌	左行走滑
尕多加依断裂(F_{24})	长度 3km	40			错断二叠纪地层和北西向断层，线性影像清晰，负地形地貌	左行走滑
欧日埃盖西断裂带(F_{54})	长度 4km	50	SE	78	发育构造角砾岩、方解石脉，线性影像清晰	正断层

4. 南北向断裂

南北向断裂规模小，不发育，以正断层为主，表现出东西向伸展构造作用特点。主要有陇冒曲断裂和莫格索加断裂。少数规模极小的断裂未上图，现今仍有活动，如在钙华堆积层中发育小型断裂(图版 36-2)。

(1) 陇冒曲断裂(F_{56})

位于调查区当郎赛，走向南北，倾向东，倾角 55°，断裂切割古近系沱沱河组，为正断层，属新构造运动产物。

(2) 莫格索加断裂(F_1)

该断裂带 350°，倾向西，倾角 35°，为正断层。

二、褶皱构造

褶皱构造较发育，从图 4-6 可以看出，调查区褶皱构造轴向为北西向和近东西向，在空间展布上具有明显的规律性：在当曲断裂以南发育北西向褶皱构造，且褶皱较紧密；在宋卡赛玛-西恰山断裂以北，以发育东西向褶皱构造为主，上古生界及中生界地层褶皱较紧密，而古近纪地层为宽缓褶皱；中部褶皱具过渡特点，褶皱规模、密度相对都较小。在同一构造单元中，较老构造层中发育褶皱规模小、密度大，较新构造层中褶皱规模大、密度小。晚古生代及中生代三叠纪地层中褶皱发育规模、密度相对较大，新生代地层中发育的褶皱构造规模大，反映出后期褶皱对前期褶皱有叠加和改造。

(一) 开心岭隆起区

本区褶皱构造轴向以北西西向为主，褶皱变形的地层跨石炭系—二叠系、侏罗系及古近系 3 个构造层，不同构造层出露区发育不同期次褶皱，致使褶皱级序不同，但具同轴叠加褶皱特征。根据野外详细地质填图，分述如下。

1. 莫云-果巴扎向斜(f_{30})

位于图幅中部莫云-果巴扎一带，轴向呈北西西向至近东西向(图 4-6)，出露长度大于 140km，宽度为 10～15km，向西和东南延伸出图，核部地层为古近系雅西措组和沱沱河组，两翼地层为侏罗系及晚古生代石炭系、二叠系。南翼地层产状 10°～30°∠15°～35°，北翼地层产状 190°～220°∠15°～38°，翼间夹角大于 120°，且在核部古近系发育同方向小型次级褶皱束(f_{36})，形成隔挡式组合样式，反映该向斜形成过程中，古近系构造层与下伏构造层之间存在差异变形滑动。卷入褶皱构造变形的最新地层为雅西措组，褶皱构造未涉及新近纪地层，反映褶皱定型于古近纪之后、新近纪之前。

莫云-果巴扎向斜变形的地层跨 3 个不同构造层，明显地改造了早期褶皱，不同期褶皱轴向近平行，显示同轴叠加的特征。剥掉古近纪及以后地层后，侏罗纪及以前地层构成一早期向斜，其两翼产状明显比较陡，与莫云-果巴扎向斜明显不协调，向斜核部地层为夏里组，翼部地层为侏罗系雀莫错组、布曲组，南翼地层产状 10°～30°∠43°～45°，北翼地层产状 190°～220°∠43°～53°，该向斜规模比莫云-果巴扎向斜要小，且西端在萨日咯琼一带扬起，地层产状为 85°～95°∠42°～46°，翼间夹角较小，轴向尽管与莫云-果巴扎向斜平行，但轴部位置不一致，略偏南一些。可见该向斜卷入构造变形最新地层为侏罗系夏里组，轴部有被古近系沱沱河组覆盖，可推知其形成于古近纪之前、中侏罗世之后。

莫云-果巴扎向斜南翼可见晚古生代石炭纪与二叠纪地层，其产状尽管总体向北倾，但倾角多为 38°～45°，比古近纪地层倾角大，比侏罗纪地层倾角小，且在萨日咯琼-左支一带与侏罗纪地层走向垂直或斜交，反映出不同期褶皱变形的不协调特征。

2. 苟纳宋捎-玛日啊达州背斜(f_{37})

位于苟纳宋捎-玛日啊达州一带(图 4-6)，北临莫云-果巴扎向斜，轴向呈北西西向，出露长度大于 90km，向北西和南东延伸出图，背斜两翼出现古近系地层，核部地层为侏罗系、晚古生代石炭系与二叠系，残存大量早期褶皱构造形迹(其特征下述)。卷入背斜变形的最新地层为古近系，说明其形成于古近纪之后。

3. 扎那日根-埋扎背斜(f_{31})

位于调查区中部扎那日根-埋扎一线，南接莫云-果巴扎向斜，轴向呈北东东向至近东西向(图 4-6)，出露长度大于 70km，向南东延伸出图，背斜两翼出现古近系地层，显示出背斜构造形迹，核部地层为侏罗系、晚三叠世侵入岩及石炭纪地层，南翼地层产状 190°～220°∠15°～38°，北翼地层产状 10°～20°∠10°～20°，翼间夹角大于 120°。卷入褶皱构造的最新地层为雅西措组，反映背斜形成于古近纪之后。

本背斜核部残存较多侏罗纪及以前地层构成的早期褶皱构造，其特征另述。

4. 扎那日根背斜(f_{33})

位于扎那日根一带，轴向呈近东西向，出露长度 25km，核部地层为那底岗日组及晚三叠世扎那日根岩体，两翼地层为侏罗系雀莫错组(图 4-13)，两翼地层产状分别为 195°～205°∠35°～45°和 20°～25°∠30°～45°，翼间夹角 110°～90°，中等紧闭。该背斜向西被古近系及新近系不整合掩盖，反映其形成于中侏罗世之后、古近纪之前。

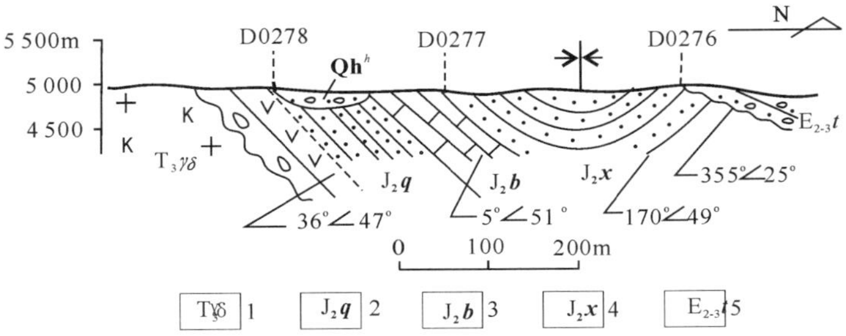

图 4-13　扎那日根背斜构造剖面图

$T_3\gamma\delta$. 扎那日根岩体；J_2q. 雀莫错组；J_2b. 布曲组；J_2x. 夏里组；$E_{2\text{-}3}t$. 沱沱河组

5. 宋卡赛玛向斜(f_{32})

位于莫云-果巴扎向斜北部，北邻宋卡赛玛-西恰山断层。向斜轴呈近东西向，与宋卡赛玛-西恰山断层平面交角 20°，出露长度约 20km，南翼产状 10°～15°∠49°～53°，北翼产状 190°～205°∠43°～49°，翼间夹角 90°左右，较紧闭。

6. 果区麦加依向斜(f_{43})

位于苟纳宋捎-玛日啊达州背斜近核部，轴迹呈北西向，核部地层为侏罗系夏里组，翼部地层为侏罗系那底岗日组、雀莫错组、布曲组，平面上构成一封闭环带，长度约 15km，北东翼地层产状 210°～220°∠45°～50°，南西翼地层产状 30°～40°∠50°～65°，两翼之间夹角小于 90°，较紧闭。该向斜北西端扬起收敛，南东段被第四系掩盖，北部被北西向断层(f_{43})切割，南与苟拿梢宋背斜(f_{51})相临共翼。

7. 郭曲向斜(f_{53})

位于郭曲与当曲交汇部位，出露长度约 15km，向斜轴呈北西向，由侏罗系夏里组、布曲组、雀莫错组地层封闭构成向斜，核部地层为夏里组、布曲组，翼部地层为布曲组和雀莫错组，南西翼被当曲断裂切割，翼部地层倾角 36°～43°，向斜北东翼被古近纪不整合覆盖。形成时代应早于古近纪，晚于中侏罗世。

8. 当曲通背斜(f_{38})

位于图幅西部当曲通一带，出露长度约 20km，褶皱变形的地层为石炭系杂多群，背斜轴呈北西向，向北西延伸出图，核部地层为杂多群碎屑岩组，翼部地层为杂多群碳酸盐岩组，向斜轴部被北西向及东西向断层切割，两翼地层产状变化大，为 50°～40°，翼间夹角小于 90°，褶皱较紧闭。

其他规模较小的褶皱构造特征列于表 4-4。

表 4-4　开心岭隆起区褶皱构造特征一览表

构造名称及编号	轴向	核部地层	两翼地层	长度(km)	构造特征
莫盖赛巴背斜(f_{29})	NWW	P_2g	P_2j	22	背斜两翼多为第四系掩盖，南翼产状 240°∠31°、230°∠35°、170°∠47°，北翼产状 20°∠29°，西端扬起，东端向下倾伏
更赛那依向斜(f_{34})	NWW	J_2x	J_2b	12	北翼为北西向断层错断，北翼产状 195°∠45°、210°∠45°，南翼产状 340°∠45°，东端扬起，西端向下倾伏
扎那打龙背斜(f_{35})	NWW	C_1Z_1、C_1Z_2	J_2x、J_2b、J_2q	>15	背斜不完整，东段延伸出图，南翼产状 215°∠43°、200°∠45°，北翼产状 15°∠35°、10°∠40°
鄂雀向斜(f_{39})	NW	P_2j	P_2n	10	被北西向尕白-萨日咯钦断裂带(F_{29}、F_{44})切割，北东翼产状 175°∠49°，南西翼产状 15°∠23°
果吾兴埭背斜(f_{40})	NW	C_1Z_1	C_1Z_2	15	北东翼产状 25°∠32°，南西翼产状 214°∠28°
替尕背斜(f_{41})	NW	C_1Z_2		10	南西翼产状 195°∠50°，北东翼产状 50°∠27°
玛日达卓背斜(f_{42})	NW	C_1Z_1	C_1Z_2	5	仅出露背斜南西翼，产状 214°∠41°
苟纳宋捎西向斜(f_{44})	NW	P_2j	P_2g	>4	北西端被第四系掩盖，北东翼产状 223°∠46°，南西翼产状 332°∠41°
苟纳宋捎背斜(f_{45})	NW	P_2g	J_1n、J_2q	>15	南东端被第四系掩盖，北西端扬起，北东翼产状 45°∠62°、40°∠55°、48°∠45°，南西翼产状 220°∠37°、218°∠53°
萨艾日从向斜(f_{46})	NW	J_2x	J_1n、J_2q、J_2b	35	南翼被 P_2j 逆掩覆盖，中部被第四系掩盖，向南东端延伸出图，北西端扬起，扬起端产状 110°∠38°，北东翼产状 226°∠46°、218°∠53°，南西翼产状 45°∠62°
阿日永背斜(f_{47})	NW	C_1Z_1	C_1Z_2	20	两翼为北西向断层切割，呈一断块产出，北东翼产状 20°∠27°、50°∠60°，南西翼产状 215°∠48°、190°∠50°
阿日永南向斜(f_{48})	NW	P_2n		10	两翼为北西向断层切割，呈一断块产出，北东翼产状 210°∠70°，南西翼产状 30∠68°
多玛夏纳背斜(f_{49})	NW	C_1Z_1	C_1Z_2	20	向斜两翼为北西向断层切割，呈一断块产出，北东翼产状 36°∠34°，南西翼产状 175∠15°
郭曲向斜(f_{50})	NW	J_2x	J_2q、J_2b	15	向斜南西翼被当曲断裂切割，呈一不完整的封闭环状，北东翼产状 230°∠46°，南西翼产状 42°∠43°，南西扬起端产状为 156°∠26°
巴若贡玛背斜(f_{51})	EW	C_1Z_1	C_1Z_2	10	被近东西向断裂切割，东端被第四系掩盖，南西翼产状 190°∠21°、210°∠42°，北东翼产状 33°∠33°

从上述代表性褶皱构造描述及表 4-4 可以看出，本区褶皱构造轴向总体呈东西向至近东西向，与东西向断裂密切相伴出现，在不同的构造层中褶皱的两翼地层倾角、翼间夹角、长宽比存在差异，显示该区至少存在三期褶皱构造。“早期褶皱构造”变形发育于晚古生代地层，褶皱轴向多呈北西向，个别呈近东西向，规模较小，轴长一般小于 15km，变形较强，翼间夹角多小于 90°，被侏罗纪地层不整合覆盖，多存在于晚期背斜的核部，表明其经历了后期改造，形成时代早于侏罗纪，从褶皱轴向及变形特点看，所谓早

期褶皱还可能不是同一期构造产物。中期褶皱构造以侏罗纪及以前地层作为变形基础层(图 4-13),褶皱规模略大,轴长一般大于 15km,变形较强,翼间夹角多小于 120°,被古近纪地层不整合覆盖,形成时代应老于古近纪、晚于侏罗纪,结合区域分析认为中期褶皱形成于燕山期。晚期褶皱卷入的最新地层为古近系,褶皱规模大,轴长一般大于 70km,变形较弱,翼间夹角多小于 120°,褶皱构造未涉及新近纪地层,说明其形成时代晚于古近纪、早于新近纪,为喜山早期形成。三期褶皱构造轴向大致相同,早期褶皱构造变形强,晚期变形弱,说明它们是在不同期大致同方向应力场背景下形成的。

(二) 北羌塘坳陷区

本区褶皱构造主要为北西向,发育于侏罗纪及三叠纪地层中。代表性褶皱有当曲通南向斜、玛尺贡仁玛背斜、玛尺盖仁向斜、巴查错鸟南背斜、欧日埃盖复向斜、阿日尺仁向斜等。

1. 当曲通南向斜(f_{52})

紧邻当曲断裂(F_{47})平行分布,卷入褶皱的地层为三叠系波里拉组及侏罗系雀莫错组,向斜轴总体方向为北西向,延伸长约 30km,向两端明显扬起,两翼产状分别为 30°～35°∠42°～48°、210°～220°∠40°～42°,翼间夹角 90°左右,两翼被北西向断层切割致使该背斜被围限。

2. 玛尺贡仁玛背斜(f_{53})

紧邻玛尺盖仁向斜分布,卷入褶皱的地层为三叠系巴贡组,背斜轴总体方向为北西向,向斜延伸约 45km,两翼宽约 4km,两翼产状分别为 210°～220°∠50°～55°、30°～35°∠51°～55°,翼间夹角 80°左右,两翼被北西向断层切割致使该背斜被围限。

3. 玛尺盖仁向斜(f_{54})

褶皱地层为三叠系巴贡组,向斜轴总体方向为北西向,向斜延伸大于 40km,两翼宽 2～4km,两翼产状分别为 30°～35°∠36°～51°、210°～220°∠30°～45°,翼间夹角 100°左右,两翼被北西向断层切割。

4. 巴查错鸟南背斜(f_{56})

位于调查区西南角部尼日阿错改-巴查错鸟南一线,褶皱变形地层为侏罗系雀莫错组,向斜轴总体方向为北西向,延伸大于 30km,翼宽约 4km,翼部地层倾角 10°～30°,翼间夹角大于 120°,轴面总体走向 290°～300°,轴面近直立略向南西倾,在更大尺度显示为尼日阿错改复向斜的北翼。

5. 欧日埃盖复向斜(f_{62})

位于图幅西南角,核部地层为侏罗系夏里组、索瓦组,翼部地层为雀莫错组,向斜轴总体方向为北西向,轴部较开阔,由两个次级向斜和一个次级背斜组成,向斜南翼被掩盖,向斜北翼产状为 205°～220°∠40°～46°,向斜延伸至西南被第四系覆盖,但有收缩扬起的趋势,翼部被同期略晚的北西向断层切割破坏。

6. 阿日尺仁向斜(f_{65})

位于果曲与当曲交汇部位以东,出露长度约 10km,向斜轴呈北西向,核部地层为布曲组,翼部地层为雀莫错组(图 4-14),北东翼被当曲断裂切割,北东翼地层产状 185°∠32°,南西翼地层产状 31°∠27°。该向斜西北端可见其余三叠系甲丕拉组岩层近垂直相交,说明二者不属同一构造层,在该向斜之南的当曲河边可见沱沱河组角度不整合覆于雀莫错组之上,可推知该向斜形成时代应早于古近纪、晚于中侏罗世。

本区其他次要褶皱构造特征见表 4-5。

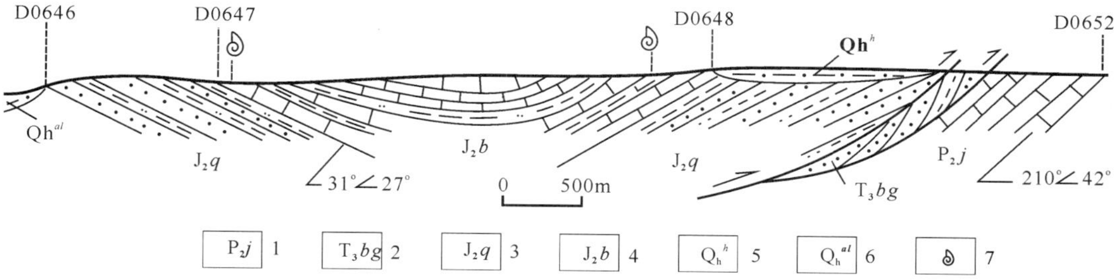

图 4-14　侏罗纪地层中褶皱构造剖面素描图

P_2j. 九十道班组；T_3bg. 巴贡组；J_2q. 雀莫错组；J_2b. 布曲组；Qh^f. 第四纪沼泽堆积；Qh^{al}. 第四纪冲积

表 4-5　北羌塘坳陷区褶皱构造特征一览表

<table>
<tr><th>构造名称及编号</th><th>轴向</th><th>核部地层</th><th>两翼地层</th><th>长度(km)</th><th>构造特征</th></tr>
<tr><td>玛尺盖仁南向斜(f_{55})</td><td>NW</td><td colspan="2" rowspan="6">J_2q</td><td>25</td><td>北翼被 NW 向断层(F_{51})切割，北西端扬起，北东翼产状 205°～215°∠25°～32°，南西翼产状 20°～30°∠15°～22°</td></tr>
<tr><td>尼日阿错改北西向斜(f_{57})</td><td>NW</td><td>>12</td><td>南东端被第四系掩盖，北东翼产状 214°～220°∠22°～30°，南西翼产状 24°～30°∠32°～34°</td></tr>
<tr><td>尼日阿错改北西背斜(f_{58})</td><td>NW</td><td>>5</td><td>被第四系掩盖，北东翼产状 28°～31°∠22°～29°，南西翼产状 208°～210°∠28°～33°</td></tr>
<tr><td>尼日阿错改北向斜(f_{59})</td><td>NW</td><td>>3</td><td>两端被第四系掩盖，北东翼被北西向断层错断，北东翼产状 200°∠22°，南西翼产状 22°∠16°</td></tr>
<tr><td>欧日阿拉查背斜(f_{60})</td><td>NW</td><td>20</td><td>南西翼被北西向断层错断，北东翼产状 16°∠15°，南西翼产状 193°∠12°</td></tr>
<tr><td>尼日阿错改南向斜(f_{61})</td><td>NW</td><td>>5</td><td>两端被第四系掩盖，北东翼产状 198°∠12°，南西翼产状 15°∠10°</td></tr>
<tr><td>纽日玛向斜(f_{63})</td><td>NW</td><td>T_3bg</td><td>T_3bg</td><td>15</td><td>北西端被第四系掩盖，北东翼产状 210°∠48°，南西翼产状 38°∠45°</td></tr>
<tr><td>尕鄂恩农纳背斜(f_{64})</td><td>NW</td><td rowspan="2">J_2q</td><td rowspan="2">J_2q</td><td>15</td><td>北东翼产状 46°∠21°，南西翼产状 228°∠23°</td></tr>
<tr><td>盖拉窝玛向斜(f_{66})</td><td>近 EW</td><td></td><td>北端被第四系掩盖，北翼产状 186°∠36°，南翼产状 5°∠28°</td></tr>
</table>

从上述褶皱构造描述可以看出，本区褶皱构造轴向总体呈北西向，与北西向断裂密切相伴出现，在不同的构造层中褶皱的两翼地层倾角、翼间夹角、长宽比存在差异，具有共轴叠加的特点，反映是在不同期大致同方向应力场背景下形成的。

（三）索加坳陷区

本区褶皱构造以近东西向为主，东北部为北西向，褶皱构造发育在晚古生代地层、三叠纪地层和古近纪地层中，与近东西向或北西向逆冲推覆断层相伴出现，代表性的褶皱构造描述如下。

1. 直根罗拉北背斜(f_{20})

位于图幅东北部直根罗拉附近，与扎更额钦一带褶皱(f_{23}、f_{24})、叶赛日玛一带褶皱(f_{12}、f_{13})轴向近一致，呈北西向展布，背斜向南东延伸出图，北西被第四系掩盖，长度大于 20km，宽 5km 左右。背斜核部地层为甲丕拉组，两翼地层为波里拉组(图 4-15)。北东翼被北西向断层切割，北东翼地层产状为

25°∠35°、15°∠30°、42°∠25°，南西翼地层产状为 195°∠35°、210°∠32°、205°∠35°，轴面近直立，翼间夹角小于 155°。褶皱被古近系角度不整合掩盖，古近系亦构成北西向向斜，只是向斜宽缓，二者褶皱不同轴而平行，说明是两期变形产物。

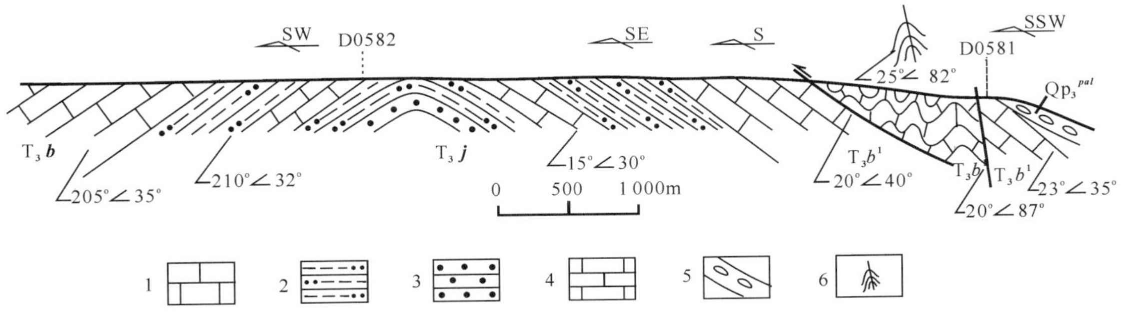

图 4-15　直根罗拉背斜构造路线剖面图

1. 中层状灰岩；2. 粉砂质泥岩；3. 巴贡组细砂岩；4. 巴贡组薄层状灰岩；5. 砂砾石层；6. 次级揉皱；T_3b. 波里拉组；T_3bg. 巴贡组；Qp_3^{pal}. 第四纪洪冲积相

2. 直根尕云褶皱束（f_8）

位于图幅北部直根尕云一带，褶皱轴向呈北西西向，由一系列背斜和向斜组成，背斜相对较宽缓，向斜则较紧闭，褶皱地层为杂多群碳酸盐岩组，褶皱延伸长度小于 10km。单个背斜宽 1km 左右，两翼产状分别为 150°～190°∠35°～45°、10°～30°∠33°～52°；单个向斜宽约 0.5km，两翼产状分别为 190°～210°∠45°～60°、10°～30°∠58°～65°。该褶皱被古近系沱沱河组不整合覆盖，从褶皱的组合样式显示该褶皱之下存在滑脱面，其应为推覆面之上地层的褶皱，形成时代早于古近纪，大致与推覆构造形成时代相同（图 4-16）。

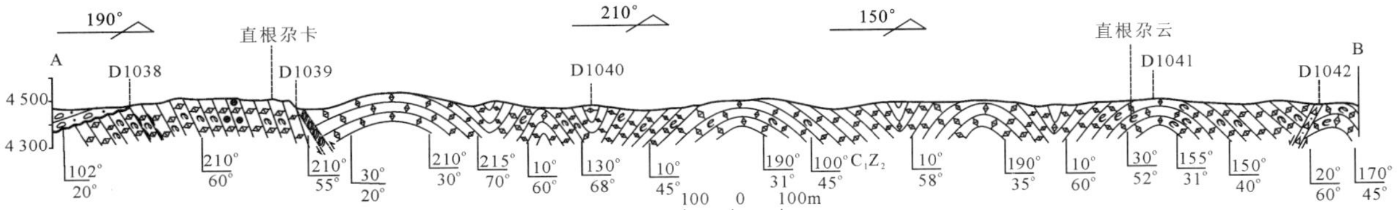

图 4-16　直根尕云一带褶皱构造路线剖面图

3. 捷苏向斜（f_6）

位于图幅西北部捷苏-西恰赛索一带，褶皱轴向呈东西向，长度大于 20km，宽约 2km，长宽比大于 10，褶皱发育在逆冲推覆构造的下盘三叠系中，核部为波里拉组，翼部为甲丕拉组，北翼地层产状 185°～190°∠46°～50°，南翼地层产状 5°～10°∠45°～55°，翼间夹角小于 90°，轴面近直立略向北倾。

4. 兴隆查索背斜（f_{24}）

位于图幅东北部兴隆查索一带，轴向呈北西向，褶皱发育在三叠系甲丕拉组中，向斜延伸约 12km，两翼宽约 2km，北翼产状为 35°∠40°，南翼产状 205°∠15°。

5. 莫云通向斜（f_{22}）

位于图幅东北部莫云通-谷涌一带，褶皱轴向呈北西向，长度大于 20km，宽约 20km，长宽比大于 2，核部多被第四系掩盖，褶皱变形主要发育于古近纪地层中，核部地层为五道梁组，翼部地层为沱沱河组、雅西措组，南西翼产状为 15°～35°∠10°～8°，北东翼产状为 190°～225°∠8°～12°，向斜总体较开阔。卷入褶皱构造最新地层为五道梁组，反映背斜形成于古近纪之后。

本区其余褶皱构造特征列于表 4-6。

表 4-6　北羌塘坳陷区褶皱构造特征一览表

构造名称及编号	轴向	核部地层	两翼地层	长度(km)	构造特征
西巧确埠埠贡玛背斜(f_1)	EW	E_3y		>5	背斜西端延伸出图，东端被第四系掩盖，北翼产状20°∠25°，南翼产状186°∠20°
西巧确埠埠贡玛向斜(f_2)	EW	E_3y		>5	向斜西端延伸出图，东端被第四系掩盖，北翼产状186°∠20°，南翼产状5°∠18°
西恰山北向斜(f_3)	近EW	T_3j	C_1Z_2	10	向斜核部剥蚀露出T_3j，呈构造窗产出，北翼产状209°∠38°，南翼产状10°∠30°
西恰山背斜(f_4)	近EW	C_1Z_2		10	断背斜，背斜南翼被近东西向断层切割，北翼产状15°∠27°，南翼产状205°∠32°
扎哇亚玛向斜(f_5)	近EW	T_3b		20	断向斜，向斜南、北翼被近东西向断层切割，局部被古近系不整合覆盖，北翼产状183°～180°∠45°～46°，南翼产状8°～30°∠28°～55°
啊聂托确南背斜(f_7)	EW	T_3j		10	断背斜，背斜南翼被近东西向断层错断，北翼地层产状25°～35°∠37°～65°，南翼产状205°∠45°
玛日曲褶皱束(f_9)	NW	T_3b	T_3j	>2	由多个规模较小的背斜与向斜组成，多被北西向断层切割，南东端被石炭系逆掩覆盖，北西端被古近系角度不整合掩盖，两翼倾角40°～50°
玛日儿真背斜(f_{10})	NW	P_2n	P_2j	15	断背斜，两翼被近东西向断层切割，北东翼产状30°∠35°，南西翼产状231°∠52°
西恰赛索向斜(f_{11})	EW	C_1Z_2	P_2n	15	C_1Z_2逆掩于P_2n之上，并以其变形形成向斜，北翼产状200°∠48°～65°，南翼产状20°～40°∠30°～52°
叶赛日玛向斜(f_{12})	近EW	T_3b		>8	向斜东、西端被第四系掩盖，北翼产状190°～205°∠25°～35°，南翼产状5°～15°∠25°～35°
叶赛日玛南背斜(f_{13})	近EW	T_3b		>8	背斜东、西端被第四系掩盖，北翼产状15°～330°∠25°～35°，南翼产状225°∠45°
雅丛娑哈玛向斜(f_{14})	近EW	P_2j		12	断向斜，两翼被近东西向断层切割，仅见北翼，地层产状205°～225°∠40°～45°
洛德玛冒仓空背斜(f_{15})	EW	C_1Z_2		>15	两翼被近东西向断层切割，东端被第四系掩盖，西端被古近系不整合掩盖，北翼地层产状10°～15°∠45°～49°，南翼地层产状170°～180°∠30°～48°
者通尕洛背斜(f_{16})	EW	P_2j		12	两翼被近东西向断层切割，东、西两端被第四系掩盖，北翼地层产状115°∠40°，南翼地层产状10°∠30°
洛德赛加玛向斜(f_{17})	EW	C_1Z_2		>15	两翼被近东西向断层切割，东、西两端被第四系掩盖，北翼地层产状160°～180°∠35°～40°，南翼地层产状35°∠36°～46°
隆多雄那向斜(f_{18})	近EW	T_3b		8	两翼被近东西向断层切割，北翼地层产状160°∠54°，南翼地层产状20°∠45°
隆多雄那背斜(f_{19})	近EW	T_3b		40	两翼被近东西向断层切割，中部被第四系掩盖，北翼地层产状20°～35°∠36°～45°，南翼地层产状155°～180°∠37°～46°

续表 4-6

构造名称及编号	轴向	核部地层	两翼地层	长度(km)	构造特征
直梗罗拉向斜(f_{21})	NW	T_3bg	T_3b	>5	向斜西北端被古近系角度不整合掩盖，南东端延伸出图，北东翼地层产状 200°～225°∠38°～42°，南西翼地层产状 25°～30°∠22°～25°
扎根额钦向斜(f_{23})	NW			>15	向斜西北端被古近系角度不整合掩盖，南东端延伸出图，北东翼地层产状 230°～233°∠15°～48°，南西翼地层产状 25°～45°∠42°～56°
宰木额钦向斜(f_{25})	NW	C_1Z_2		5	向斜多被第四系掩盖，北东翼地层产状 230°∠69°，南西翼地层产状 40°～45°∠38°～42°
塔阿龙木通向斜(f_{26})	NW	T_3b		>15	向斜西北端被断层错断，北东翼地层产状 205°～230°∠15°，南西翼地层产状 70°∠28°～30°
宰木羊邦背斜(f_{27})	NW	C_1Z_2		15	两翼被断层切割，北东翼地层产状 40°～45°∠38°～42°，南西翼地层产状 235°∠42°
玛格通背斜(f_{28})	NW	P_2g	P_2j	>2	两端被第四系掩盖，北东翼地层产状 65°∠25°～30°，南西翼地层产状 200°～210°∠35°～55°

三、构造变形序列

构造之间的叠加、改造与控制关系，是鉴定变形事件相对顺序的主要依据。依据区域地质综合分析将调查区变形序列初步总结如表 4-7。

表 4-7　主要构造-变形事件序列表

时代		序列	变形特征	演化阶段	地壳运动	岩浆活动
新生代	Q	D5	早期剧烈隆升，老断层复活，地震、温泉、阶地发育，出现新生的南北向裂陷盆地	高原隆升阶段	喜马拉雅运动Ⅳ	
	N_2	D4	高原整体隆升，老断层复活，局部差异升降，形成掀斜构造，高原面形成		喜马拉雅运动Ⅲ	
	N_1中晚期	D3	近南北向挤压，古近纪地层形成宽缓褶皱，后期老断层复活，断陷盆地出现		喜马拉雅运动Ⅱ	
	N_1初—E		出现凹陷盆地，末期山顶面形成		喜马拉雅运动Ⅰ	
中生代	K—J_3末	D2	北西向复式褶皱—逆冲断裂，逆冲推覆构造定型	陆内调整阶段	燕山运动Ⅱ	中酸性岩浆活动
	J_3—J_1末		前陆盆地发展成熟	盆山转换阶段	燕山运动Ⅰ	
	J_1—T_3末	D1	东西—北西向褶皱及逆冲断裂，递进变形形成东西向逆冲推覆构造		印支运动	中酸性岩浆侵入岩、中基性火山活动
	P_3—T_3		转为挤压机制，前陆盆地形成	洋陆转换阶段		
晚古生代	D—P_3		受区域拉张作用影响，形成裂陷盆地或裂谷			辉长岩侵位，基性火山活动

（一）逆冲推覆构造

1. 西恰赛索-宋卡赛玛推覆体

该逆冲推覆体位于西恰赛索-宋卡赛玛一带，东西延伸长度大于 90km，南北宽 10～20km，推覆体由石炭纪、二叠纪地层组成，构造变形较强烈，主要表现为断裂构造和褶皱构造。推覆体呈一东西向褶皱出现，其南部以西恰山-宋卡赛玛断裂为界，局部见古生界推覆于侏罗纪地层之上，北界为西恰赛索断裂，在西恰赛索一带可见含珊瑚化石的石炭纪石灰岩（C_1Z_2）逆冲推覆于二叠系诺日巴尕日保组之上，形成飞来峰，反映该推覆体存在两个推覆面。

2. 西恰山-赛底右贡推覆体

位于西恰山-赛底右贡一带，东西延伸长度大于 30km，向西延伸被古近系覆盖，南北宽约 10km。推覆体由石炭纪地层组成，其中发育东西向褶皱，其东端赛底右贡出现多个飞来峰，在西恰山一带剥蚀见推覆面之下的三叠纪地层，构成构造窗。这些飞来峰和构造窗与低缓角度断层一起构成了识别索加坳陷中逆冲-推覆构造的主要标志（图 4-12）。野外可见石炭系杂多群碳酸盐岩组逆冲推覆于三叠系甲丕拉组不同层位之上形成飞来峰（图 4-17），在飞来峰中采获较多早石炭世大塘期珊瑚分子，如 *Siphonodendron curvatum*、*Syringopora lipoensis*、*Lithostrotionella unica*、*Siphonodendron kuangsienses* 等；在其下原地岩系——甲丕拉组中采获晚三叠世特征分子 *Neomegalodom orientus*。在飞来峰与原地岩系之间发育低角度断层，断层倾角一般为 20°～30°。断层主要发育在石炭系、二叠系与三叠系之间和三叠系甲丕拉组石膏层内岩性分界面或岩性软弱层，具有较典型的推覆构造特点。

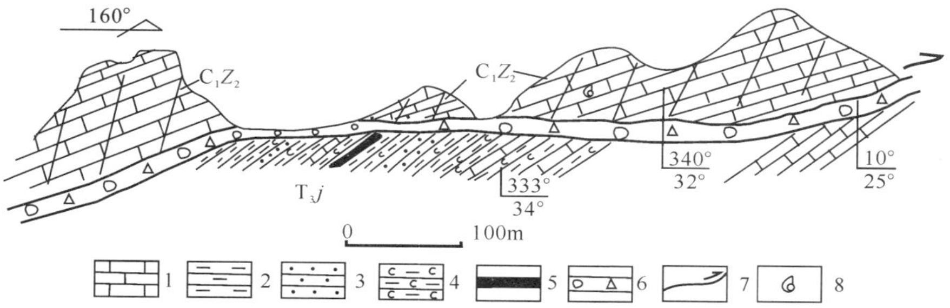

图 4-17　D0516 点逆冲推覆构造剖面图

1. 泥晶灰岩；2. 泥岩；3. 粉砂岩；4. 含炭质泥岩；5. 煤层；6. 断层角砾岩；7. 断层；8. 化石产地

3. 索家-雅从婆哈推覆体

位于索加-雅从婆哈一带，主体呈东西展布，至塔阿龙木通转向南东接西恰山-宋卡赛玛断裂，长约 120km，宽约 20km，推覆体上出露地层为石炭系碳酸盐组和二叠系九十道班组，发育东西向和北西向褶皱，在索加一带推覆体内石炭系碳酸盐组中发育背斜相对较宽缓、向斜则较紧闭的褶皱组和样式，指示其下存在滑脱面（图 4-16）。该推覆体北界断裂——塔阿龙木通断裂带（f_{18}）中见有碎裂岩、碎粒岩、方解石糜棱岩、挤压构造透镜体等。

（二）逆冲推覆构造几何学特征

调查区推覆构造几何学特征具三元结构型式，即逆冲推覆体—推覆断层带—原地岩系。推覆体由二叠系九十道班组石灰岩及石炭系杂多群碳酸盐岩组石灰岩构成，由西向东延展，构成东西向山地。推覆体发育轴迹为东西向的褶皱构造，在索加一带杂多群碳酸盐岩组石灰岩推覆体中发育隔槽式褶皱（图 4-17）。推覆体中可见石炭系杂多群碳酸盐岩组石灰岩岩片推覆于二叠系九十道班组石灰岩岩片之上

(图 4-16)，二者又一起推掩于上三叠统构成的原地岩系之上(图 4-18,图 4-19)。

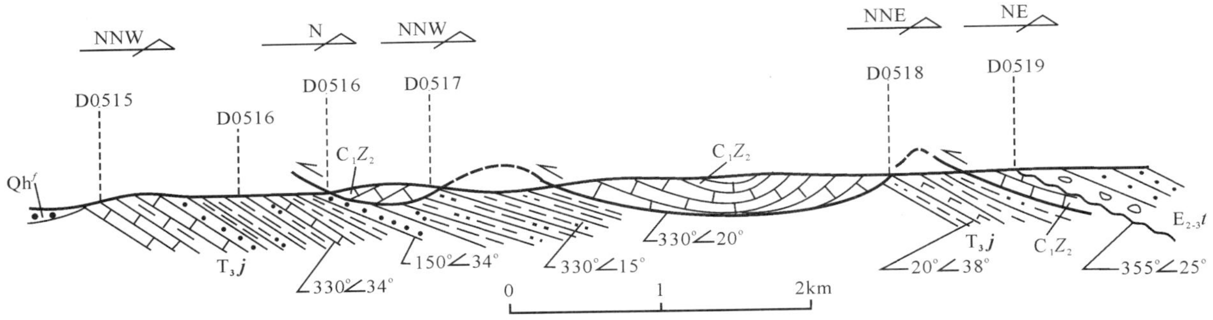

图 4-18　西恰山一带推覆构造路线剖面图

C_1Z_2. 杂多群碳酸盐岩组；T_3j. 甲丕拉组；$E_{2-3}t$. 沱沱河组；Qh^f. 第四系沼泽堆积

原地岩系为三叠系甲丕拉组、波里拉组、巴贡组，在西巧一带原地岩系呈构造窗显示，在雅从婆哈原地岩系仅见波里拉组石灰岩，原地岩系中发育轴迹近东西向的褶皱构造。推覆断层带倾向和走向均有起伏变化，总体呈东西向展布，倾向北，倾角低缓，倾角 20°～45°，部分地方受后期断裂改造，倾角达 70°以上。由于主断层倾角低缓，受后期剥蚀后，断裂在平面上呈曲线展布。推覆断层带多由细角砾岩组成，局部利用三叠系甲丕拉组石膏层作为变形面，在塔阿龙木通断裂带(f_{18})中见有方解石糜棱岩、挤压构造透镜体等。方解石糜棱岩中发育两组劈理，出现显微褶叠层构造，显示出断裂在逆掩过程中有向脆韧性变形过渡的迹象。在索加以东推覆体内由两个以上破碎带近平行展布，构成叠瓦状逆冲断裂系。

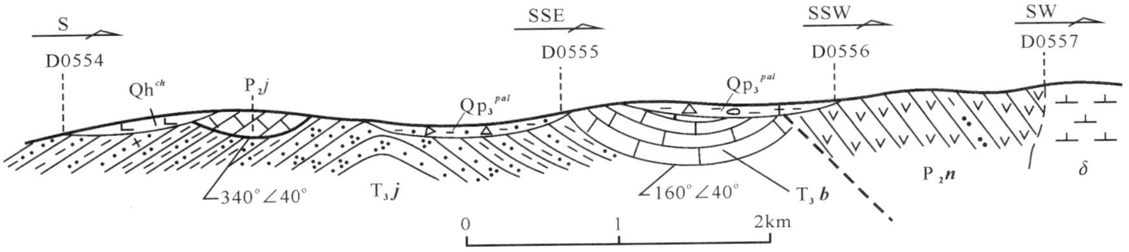

图 4-19　直根扎加一带构造路线剖面图

P_2n. 诺日巴尕日保组；P_2j. 九十道班组；T_3j. 甲丕拉组；T_3b. 波里拉组；Qh^{ch}. 第四纪化学沉积层；Qp_3^{pal}. 第四纪洪冲积；δ. 闪长岩体

(三) 推覆位移距离估算

索加坳陷中的逆冲推覆构造主要表现为脆性变形特点，推覆断层带上盘伴生发育有牵引褶皱及破劈理(图 4-12)，指示上盘向南运动。局部利用三叠系甲丕拉组石膏层作为变形面的地方具塑性变形特点，石膏层中发育无根褶皱及塑性流变揉皱。在下盘原地岩系甲丕拉组中见不规则状方解石细脉，破碎带中见断裂角砾岩，反映为较浅表层次的构造变形。

由于后期构造破坏和新生代地层掩盖，该逆冲推覆构造无法进行剖面复原，推覆距离难以计算，仅从雅从婆哈一带石炭系杂多群碳酸盐岩组与二叠系九十道班组组成的推覆体逆掩于三叠系甲丕拉组之上，且该推覆体平面上宽约 20km 的现象，可大致估算向南推覆距离应大于 20km。

(四) 逆冲系统特征

本区的逆冲推覆构造南端与开心岭隆起相连，在与西恰山-宋卡赛玛断裂交汇部位发育构造窗与飞来峰，推覆断面较缓，属逆冲推覆构造系统的前锋带。结合区域分析，调查区东北部直梗罗拉一带发育北西向褶皱与逆冲断层，该地区仅相当于逆冲-推覆构造系统的中部褶皱-冲断带，根带应在更北位置。

本区的逆冲推覆构造由多个推覆体与逆掩断层构成，最南部以西恰山-宋卡赛玛断裂为界，可见二叠纪地层逆冲于侏罗纪地层之上，断层切割古近纪地层，说明其在侏罗纪之后仍存在活动。而该断裂以北的断裂从地层切割关系看，可能部分在侏罗纪之前就在活动，大致推测该逆冲推覆构造系统可能为前展式。

索加坳陷中的逆冲推覆构造主要发育于古生代构造层中，并逆冲推覆于晚三叠世地层之上，调查区可见到上三叠统甲丕拉组角度不整合于晚古生代地层之上、下侏罗统那底岗日组与其下伏地层角度不整合接触，同时区域上又可见到晚侏罗世—白垩纪之间存在区域性角度不整合，结合古生代构造层、侏罗纪构造层、古近纪构造层发育共轴褶皱构造叠加的特点，认为调查区逆冲推覆构造形成于晚三叠世末或之后，早侏罗世末的构造运动使之持续发展，最终定型于燕山运动末期。从区域构造演化来看，晚三叠世正是拉竹龙-金沙江缝合带发生碰撞造山作用时期，碰撞之后出现典型前陆盆地，继承性陆内挤压收缩导致前陆地区发生褶皱冲断变形，这正是调查区逆冲推覆构造于晚三叠世形成的主因。

此外，在调查区南部阿日永一带也发育一系列北西向逆冲断层与北西向褶皱构造，构成了开心岭隆起与北羌塘坳陷结合部位的逆冲推覆构造。逆冲断层面总体向南倾伏，倾角较大，为 30°～50°，主要表现为石炭纪地层逆冲推覆于侏罗纪与二叠纪地层之上。在逆冲断层之间的石炭纪地层发生较紧闭的褶皱，构成褶皱-逆冲带。由于石炭纪地层逆冲推覆于侏罗纪地层之上，伴生的北西向褶皱又被晚期褶皱叠加改造，且出现古近纪地层不整合掩盖推覆构造伴生的褶皱，可知该期逆冲推覆构造主要活动于晚侏罗世末至白垩纪的燕山运动。

由上述可知调查区发育两类不同时代、不同运动方向，且位于不同部位的褶皱-逆冲推覆构造。早期逆冲推覆构造位于北部索加坳陷，变形主要形成于中生代，并最终定型于燕山运动末期，其形成动力学机制主要受拉竹龙-金沙江缝合带碰撞和陆内造山动力学机制制约，在前陆地区形成褶皱冲断构造，逆冲运动方向自北而南，在调查区形成一系列走向北西西、北西的逆冲断层，主要褶皱构造也在同期形成，该期变形奠定了调查区的基本构造样式。晚期褶皱-逆冲构造位于开心岭隆起与北羌塘坳陷结合部位，变形主要形成于燕山运动末期，可能受怒江带的闭合及其相应的碰撞造山动力学机制制约，由于其动力源主要来自南部，在调查区形成自南而北的逆冲断裂和褶皱构造，造成调查区侏罗纪及以前地层广泛褶皱，使得调查区构造面貌变得更加复杂。

第四节 新构造运动

调查区具有特色的高原地貌景观和复杂的地质构造演化历史，新近纪以来新构造运动强烈，主要表现为巨厚的新近纪—第四纪沉积、广布的山地夷平面、多级河流阶地、活动断裂、地震及第四纪地层变形等。

一、新构造运动表现形式

1. 夷平面

调查区最高海拔为 5 739m（西恰山），平均海拔为 4 650m 左右，地貌显示双层结构特点。上层地貌由中等起伏的山地组成，局部保存古冰蚀地貌，一般海拔为 5 000m；下层地貌地势平坦，起伏小，海拔高程一般为 4 500m。据此特征识别出区内存在两级夷平面。

（1）山顶面

分布于西恰山、直根罗拉等海拔 5 000m 左右的高山区，由上层地貌起伏不大的山顶连片显示，相关堆积物为古近系—新近系。夷平面形成于渐新世以后到中新世之间（35～20Ma），相关地层中孢粉组合证明当时海拔高度在 1 000～1 500m。山顶面约在中新世末喜马拉雅运动开始时抬升受切，夷平面被破坏。

（2）高原面

对应下层地貌，普遍存在于丘状山地之间的盆地及河谷，海拔高程一般为 4 500m，约形成于上新世，在上新世末至早更新世初的喜马拉雅运动时又开始抬升，遭受破坏。一般认为上新世末时青藏高原的原始高度约 1 000m，可见上新世末以来，调查区至少抬升了 3 500m，反映青藏高原剧烈隆升是从上新世末开始的。

2. 河谷阶地

河谷阶地是新构造运动的重要表现形式。通过对主要河流长江水系的支流莫曲、当曲和澜沧江水系的支流扎曲的调查后认为，区内主要发育三级河流阶地。一级阶地发育差，多不对称分布在河谷内，其沉积物二元结构清晰，阶面较狭窄，常遭受河流侵蚀破坏，仅在较宽的河谷凸岸才见阶面较宽的一级阶地。调查区一级阶地为堆积阶地，其前缘阶差一般 1～2m。二级、三级阶地较发育，分布于各大河流两侧，阶面较宽，其沉积物二元结构较清晰，多为更新世河流沉积物，偶见湖泊沉积。二级阶地前缘阶差 5～8m（图 4-20），局部达 15m；三级阶地前缘残存阶差一般 10m 左右，最大达 20m。二级、三级阶地多为基座阶地（图 4-21）。根据河流三级阶地前缘阶差高度从 1～2m 变化到 15m，说明调查区存在 3 次间歇性地抬升运动，且地壳抬升幅度从老到新逐级减小。

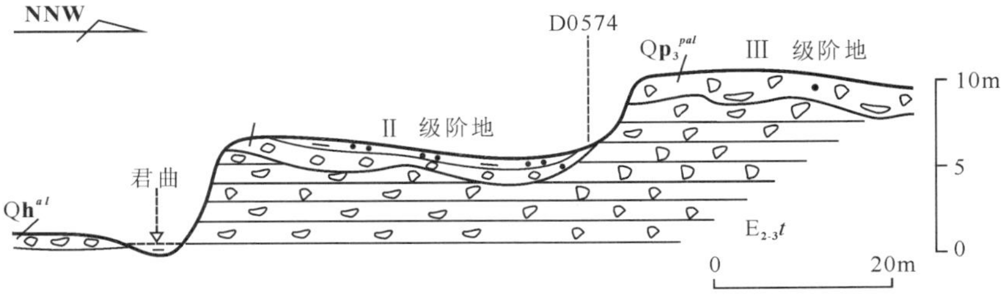

图 4-20　莫曲支流君曲阶地剖面图

Qh^{al}. 全新统冲积层；Qp_3^{pal}. 上更新统洪冲积层；$E_{2-3}t$. 沱沱河组；Ⅱ. 阶地编号

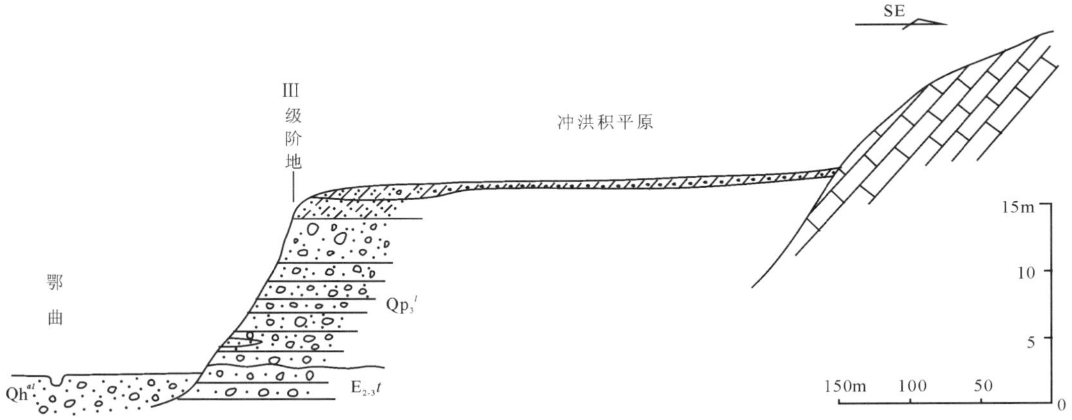

图 4-21　鄂曲Ⅲ级阶地剖面图

P_2j. 九十道班组；$E_{2-3}t$. 沱沱河组；Qp_3^l. 上更新统湖积层；Qh^{al}. 全新统冲积层

3. 冰川地貌

调查区位于唐古拉山脉东端北坡，第四纪冰川遗迹分布较普遍，见于西恰山、扎那日根、直根罗拉（图版 36-3）、加贡俄子拉等地的山地，主要为古冰斗及残存的刃脊和角峰。大多数古冰斗分布的高度为 5 200～5 300m，代表古雪线高度。现代冰川则仅分布于西恰山、扎那日根两地，面积不足 1km^2，分布于海拔 5 400m 的山顶，代表了现今雪线的高度。在不考虑冰期降温对古雪线形成的影响的前提下，从古冰斗(尽管不能确定古冰斗形成的时代)所代表的冰川消融时期到现代,调查区已隆升了 100m 以上,同样也表明第四纪以来调查区存在明显的地壳抬升过程。

4. 地震

调查区位于雁石坪-杂多地震带中。1955—1975 年期间共发生 3 次地震,分别是 1955 年 9 月 12 日调查区北部的巴子通北 4.5 级地震,1955 年 12 月 20 日索加乡东北部的吾格拉日来通北东角 4.75 级地震及 1975 年 5 月 5 日发生于木乃温泉断裂带上的 6.7 级强烈地震。2002 年索加乡还发生过一次地震,有房屋破坏。从调查区地震发生的构造位置来看,区内地震大都属于构造地震,震中主要沿活动正断层分布,表明调查区新构造运动活跃。

5. 热泉活动

调查区内热泉点或由化学沉积(钙华堆积)显示的泉点分布广,泉点大致呈北西向线性展布,尤其是呈北西向沿当曲断裂带和宋卡赛玛-西恰山断裂带附近发育,如当曲断裂通过处的盖拉窝玛、郭哇替木;与热泉有关的钙华堆积在南部的第四纪果涌盆地及中部的莫曲盆地呈近南北向展布,并在钙华中见到近南北向的裂隙(图版 36-2),反映调查区北西向断裂尤其是两条区域性断裂构造在第四纪活动明显,第四纪盆地受近南北向构造(隐伏断裂)的控制。

6. 第四纪构造盆地

第四纪沉积盆地是大面积长期下降运动所形成的,根据盆地长轴展布方向,可识别出 3 种类型:

第一类盆地长轴呈北西向,以调查区西南部尼日阿错改盆地为代表,盆地发育在侏罗纪基底之上,北部为尼日阿错改断裂,盆地从南到北沉积物由老变新,为 Qp_3^{pal}、Qp_3^{l} 及现代湖泊沉积,一系列萎缩小湖泊呈北西向沿尼日阿错改断裂分布,湖水南浅北深。该盆地显示具有断陷盆地特点,说明该盆地受北西向尼日阿错改断裂控制作用明显。

第二类盆地长轴呈南北向,以调查区南部果涌盆地为代表,盆地发育在古生代地层之上,盆地沉积物呈南北向环带状分布,四周为晚更新世洪冲积,中部为全新世沼泽堆积,盆地中心见有泉华堆积,推测盆地之下有近南北向隐伏断裂活动存在,应为断陷盆地。

第三类盆地轴向复杂,以调查区中部莫曲盆地为代表,主体呈东西向,局部呈南北向,盆地面积大,超过了 1 000km²。沉积物类型复杂,早期以湖泊沉积为主,湖相地层上部粘土中含腹足类壳和植物残体,^{14}C 年龄为(15 040±215～11 900±178)aBP。更新世晚期调查区存在古大湖、古湖岸线遗迹,现今海拔高程为 4 600m 左右;全新世以湖沼及河流沉积为主。该盆地内现代河流只有一个外流出口,位于索加附近的植根尕云峡谷,表明湖水在晚更新世末被河流袭夺外泄而结束大湖发育期。该盆地内部和边缘钙华堆积发育,钙华呈东西、南北两个方向分布,推测其基底存在东西和南北向隐伏断裂活动。

从上可知,第四纪沉积盆地多为断陷盆地,主要受控于断陷作用,一种为老断裂的复合(北西向、近东西向),一种为新生断裂(南北向)。

7. 断裂褶皱构造

调查区断裂褶皱构造是叠加在不同时期形成的北西近东西构造带的基础上发展起来的,既有继承性的一面,又有新生性的一面。

(1) 继承性断裂

继承性断裂是调查区断裂构造的主要类型之一。该类断裂规模较大,多呈北西—近东西向展布,控制古近纪盆地沉积的断层在新构造运动时期开始活动,局部见古生代地层逆冲于古近纪地层之上,显示出继承性活动。如宋卡赛玛可见到沿西恰山-宋卡赛玛断裂,二叠系逆冲于古近系之上;如尼日阿错改盆地沉积时,在晚更新世受尼日阿错改断裂控制。

(2) 新生断裂

新生断裂为新构造运动时期形成的断裂。该类断裂见于古近纪地层中,断层走向近南北向,规模较小,那扎桑断层规模略大。那扎桑断层走向近北北东向，断层带宽 20cm 左右，断面平直，具正断层性质(图 4-22)。

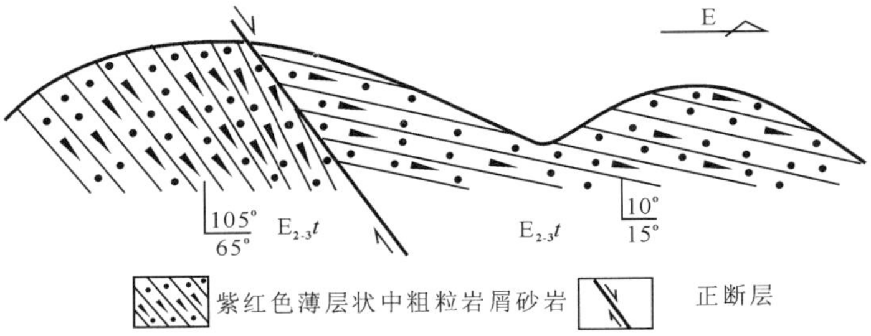

图 4-22　古近纪地层中的断裂剖面素描图

在第四系中可见小型张扭性断层，如在莫曲盆地的全新世钙华堆积中可见到宽约 20cm 的裂缝，走向南北，明显错断了钙华堆积的近水平层理，并发生缓倾斜，两盘错距达 60cm，断面近直立略东倾，倾角 80°以上，属张性断裂(图版 36-2)。

(3) 褶皱构造

褶皱构造发育于古近纪地层中，该期褶皱使古近纪之前的褶皱进一步加强，形成继承性褶皱。

发育于古近系沱沱河组－五道梁组中，褶皱较开阔，多为轴面近直立，其轴向以近东西向为主，反映其形成应力场最大主压应力近南北向。如西巧确绰绰贡玛背斜、向斜(图 4-5)，发育于雅西措组及沱沱河组之中，其轴向近东西，两翼地层产状平缓，倾角在 18°～25°。该期褶皱轴向主体近东西向，但也存在北西向，如莫日呆弗埃向斜，其轴向略呈北西向，可能受盆地古地形及北西向控盆断层影响所致。

在莫云一带发育一系列轴向近东西向背、向斜相间的褶皱构造，向斜开阔，背斜窄而较紧闭，形态完整，呈线状延伸，与下伏侏罗纪地层的褶皱样式差别较大，具有隔挡式褶皱组合样式(图 4-23)，说明古近纪地层与中生代地层之间存在有滑脱面，是在统一的南北向挤压应力作用下，两个不同构造层差异变形的结果。

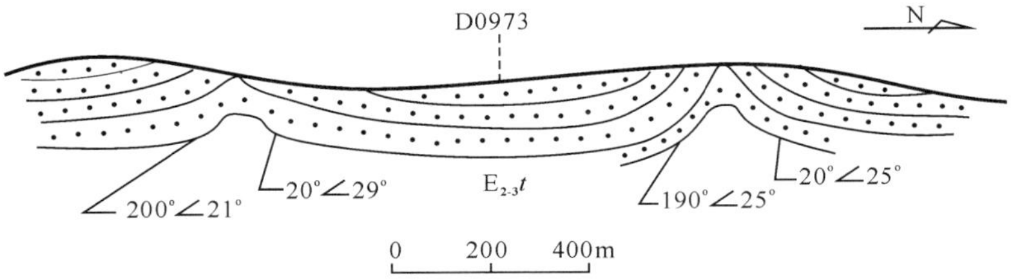

图 4-23　莫云地区古近纪地层中的褶皱组合样式

(4) 掀斜构造

掀斜构造见于调查区东南部的查加日玛，发育于上新世曲果组中，以单斜形式表现，地层产状总体向北倾，倾角 18°～30°，局部达 40°以上，说明沉积时原始地形坡角大，是在后期剧烈隆升过程中差异抬升(掀斜)所致。

二、新构造运动阶段

新构造运动主要受印度—欧亚板块碰撞造山、陆内继承性收缩和高原隆升动力学机制控制，新生构造变形对早期构造既有继承的一面，同时也产生了与早期构造性质和面貌截然不同的新的构造变形样式。

根据新构造运动变形及其在不同构造层发育的特点，依据动力学机制，可将新构造运动变形分为两阶段，即早期近南北向挤压-褶皱变形阶段和晚期剧烈隆升阶段。早期阶段在统一的近南北向挤压应力作用下形成近东西向褶皱，并伴随有北西—北西西向断裂的继承性活动。根据近东西向褶皱构造和断裂的继承性活动在古近纪(含中新世初期)地层中发育，而在上新世曲果组中不发育的事实，认为早期阶段挤压构造时限形成在上新世之前，结束于渐新世或中新世之后。晚期隆升变形在调查区表现为老断裂的继承性活动与区域性的剧烈隆升运动，形成了查加日玛一带上新世曲果组的掀斜构造，此阶段晚期，出现近南北向新生正断层，并明显地控制了近南北向第四纪盆地的分布和沉积作用，正断层在区内具有持续活动特点，并在全新世钙华沉积中出现近南北向裂缝。可见晚期隆升变形发生在上新世，一直持续到现在。

第五节　地质构造演化史和演化模式

调查区隶属东特提斯构造域。特提斯的概念由奥地利地质学家徐士（E. Suezs，1893）提出，其后含义历经演变，术语的表达各有不同。从大地构造观点看，一般将特提斯限定为劳亚（Lauresia）大陆与冈瓦纳（Gondwana）大陆之间曾经存在近东西方向展布的海洋，最后闭合消亡，在欧亚大陆南部形成巨型的构造带。对特提斯构造域形成演化的认识也因人而异，比较一致的看法是将其演化阶段划分为古特提斯（D—T_2）、中特提斯（T_3—K）、新特提斯（E）（黄汲清和陈炳蔚，1987；李兴振等，1990；森格，1992；潘桂棠，1997）。

从地史角度看，调查区的地质构造具有 4 个明显特点：①地质记录不全。仅出露中泥盆统、下石炭统、中—上二叠统、上三叠统、中侏罗统、始新统—渐新统、上新统和第四系，且它们之间多为断层或不整合接触，未见顶或底。②基底未出露。现有地质记录可追溯到泥盆纪，基本上仅代表盖层沉积，原特提斯演化阶段在调查区内没有记录。③调查区总体上位于北羌塘地块之上，属于陆壳块体的演化，区域构造单元比较单调。④在区域大地构造上，北羌塘地块与南、北两侧缝合带的属性和关系不明。

一、地质构造演化阶段

根据地层古生物、沉积建造、岩浆活动、构造变形等特点，将调查区的地质构造演化划分为 5 个阶段，即海西期洋陆转换阶段、印支晚期盆山转换阶段、燕山期陆内调整阶段、喜马拉雅山早期初始隆升阶段和喜马拉雅山晚期快速隆升阶段（表 4-8）。

表 4-8　调查区地质构造演化史简表

时代		演化阶段	沉积组合	岩浆活动	构造变形
新生代	Q—N	快速隆升阶段	河流相、湖泊相内陆盆地沉积组合		高原隆升，块断运动，形成堑垒式正断层系及断陷盆地，新生的南北向断陷盆地出现
	E	初始隆升阶段	河流相、湖泊相内陆盆地红色沉积组合（类磨拉石组合）		早期褶皱变形加剧，形成近东西向坳陷盆地及北西向拉分盆地
中生代	J_3—K_1	陆内调整阶段	海陆交互相及浅海相类磨拉石组合	深断裂，中、酸性岩浆侵入	逆冲推覆构造定型，新生的北西向复式褶皱-逆冲断裂构造
	T_3—J_1	盆山转换阶段	海陆交互相及浅海相磨拉石组合	裂陷盆地，基性火山活动；上叠盆地，中基性火山活动	东西—北西向褶皱-冲断构造变形，东西向逆冲推覆构造初步形成
晚古生代	D_2—T_2	洋陆转换阶段	浅海相碎屑岩组合及碳酸盐岩组合	裂陷盆地基性火山活动	近东西向褶皱变形，较紧闭

（一）海西期洋陆转换阶段

调查区未见晚古生代的沉积记录或基底。出露的最老地层为中泥盆统，岩性成熟度较高，反映当时沉积环境水体浅并且有稳定的物源区。与北羌塘地块南缘的昌都-芒康地区中泥盆统丁宗龙组浅海相碳酸盐岩建造相比较，两地的地层岩性虽有差别，但所反映的块体属性大体一致。中泥盆统与下石炭统为断层接触，未见上泥盆统。下石炭统杂多群自下而上构成一个相对完整的沉积旋回，代表陆壳基底之上的滨浅海沉积。

本阶段最具特色的是比较强烈的火山活动和广泛分布的玄武岩。调查区中部中二叠统开心岭群岩性岩相在横向上变化较大，为一套火山岩夹生屑泥晶灰岩组合（尕笛考组），形成于大陆边缘初始裂陷环境（段其发等，2006b，2010），开心岭群上部九十道班组代表火山活动停止后的浅水碳酸盐台地沉积，中二叠统尕日扎仁组和索加组碳酸盐岩组构成一个沉积旋回，总体仍为较稳定的滨浅海沉积环境。

本阶段的构造变形多受后期改造而难以梳理，尤其是应力方向基本一致而使构造线方向也基本相同。从不同构造层的构造变形进行分析，残存的构造变形以近东西向的褶皱为主体，褶皱见于调查区南部果曲一带，轴向东西向，褶皱较紧闭，保留于后期复背斜的核部。

（二）印支晚期盆山转换阶段

印支期金沙江洋壳盆地闭合后，调查区经历相对短暂的以前陆盆地为特征的盆山转换阶段。随着碰撞造山带的隆起，在其山前坳陷带（羌塘地块北缘）堆积了巨厚的上三叠统和侏罗系磨拉石沉积。

上三叠统结扎群普遍不整合于下伏各时代地层之上，广泛沿造山带及南西侧的北羌塘-昌都-兰坪地块分布，具有区域可比性。该套磨拉石由海陆过渡相碎屑岩建造向浅海相碳酸盐岩建造转变，最后又向海陆过渡相碎屑岩建造转变，在平面分布上具北厚南薄的特点，显示由造山带向前陆盆地的变化特点，代表造山过程和造山期后的前陆盆地沉积充填系列。侏罗纪是三叠纪前陆盆地演化的延续，侏罗系底部的角度不整合标志着调查区的第二套类磨拉石建造的开始。

整个侏罗系属海陆过渡相碎屑岩建造和浅海相碳酸盐岩建造，沉积环境大体上经历了由陆—海—陆的快速演化过程。由于地壳的振荡运动，在下侏罗统那底岗日组与中上侏罗统的雁石坪群之间，形成平行不整合。下侏罗统那底岗日组底部为复成分砾岩夹砂砾岩、岩屑砂岩；上部见典型的大陆火山岩，为后碰撞造山产物，可能是造山期后松弛状态下岩浆上升至地表的结果。雁石坪群自下而上包含3套碎屑岩夹2套碳酸盐岩，总体为相对比较稳定的滨、浅海沉积环境。中侏罗统索瓦组碳酸盐岩沉积预示盆山转化的结束，本区可能成为南部洋壳盆地广阔的大陆边缘的组成部分。

洋壳盆地俯冲、闭合结束后，火山活动也趋平静，该阶段在甲丕拉组上部的火山岩为板内火山岩。大多数学者认为：该火山岩层沿金沙江带西南部有规律地广泛分布，是上叠盆地火山岩，因而将晚三叠世沉积盆地称上叠火山盆地。从大地构造演化的角度考虑，俯冲的残留洋壳板块熔融，在应力相对松弛的状态下上升达到地表，形成碰撞造山阶段的火山岩组合。晚三叠世扎那日闪长岩和早侏罗世西恰赛索闪长岩、尕考查锐辉长-闪长岩的侵入，分别代表同碰撞造山阶段中酸性岩浆活动，同时也标志造山作用进入尾声。

印支晚期盆山转换阶段的构造变形主要形成于三叠纪末期的构造运动，一直持续到白垩纪，明显与弧-陆碰撞造山作用有关。构造变形具有继承性和新生性两方面的特点：继承性构造变形延续了先期的变形特点，以较紧闭的褶皱和逆断层为标志，主要见于调查区的北部，构造线方向北西西，褶皱与断裂构造配套伴生，显示本区地壳运动初期的变形特点；新生性构造是调查区最具特色的逆冲推覆构造，属前陆盆地逆冲推覆构造系统，该推覆构造系统自晚三叠世一直持续到白垩纪，形成了调查区可识别的主体构造格架。

逆冲推覆构造与弧-陆造山带的演化密切相关，尤其是前陆盆地中形成的前陆褶皱冲断带，是构成弧-陆碰撞造山带的主要构造类型。总体上看，前陆逆冲推覆构造具有以下几方面的特点：①褶皱冲断带呈一楔形体，其发展过程主要遵从临界库伦楔模式；②逆冲断层一般呈现台阶式的几何结构，由断坪和断坡组成，断坪一般沿软弱岩层滑脱发育，断坡则是由断层自断坪向上切割强硬岩层而形成；③发育一系列与逆冲断层相关的褶皱，依其几何特征分为断层转折褶皱、断层传播褶皱、滑脱褶皱三大类；④发育特殊的逆冲断层组合，主要有叠瓦扇和双重构造两类，在前锋带常发育反冲断层、断层三角带和冲起构造；⑤逆冲断层及相关褶皱发育演化的时序可分为前展式和后展式，其中又以前展式较为常见。

调查区的逆冲推覆构造属前陆褶皱冲断带，分布于当曲断裂以北，占据图幅的大部分。金沙江造山带隆起后，在前陆地区沉积了磨拉石建造，随着碰撞造山的持续作用，自造山带往前陆地区产生挤压应力，形成自北而南的逆冲推覆构造系统。推覆构造走向近东西向，总体表现为石炭纪、二叠纪地层逆冲于上三叠统、侏罗系之上。由于推覆构造几何学上的波状结构，使叠瓦状逆冲断层系构成地貌上谷岭相间的格局，影响至今。推覆构造北强南弱，断层组合为叠瓦扇式，滑脱层包括不整合面及泥质岩石、石膏层等软弱岩层，因强烈的隆升和剥蚀，叠瓦扇的结构受到一定的破坏。

（三）燕山期陆内调整阶段

前陆盆地演化结束，进入短暂的燕山期陆内调整阶段，调查区仅保留中上侏罗统雪山组。雪山组为紫红色中层状岩屑石英砂岩、粉砂岩夹砂砾岩透镜体，自下而上粒度变粗，地壳逐步上升为陆。

整个调查区缺失白垩纪地层，说明发生于侏罗纪末的地壳运动是一次重要的构造事件，可能与怒江造山带的碰撞隆升有关。与此相对应的是，调查区内发生中酸性岩浆活动，形成一条北西走向的侵入岩带，并明显地受北西向断裂带的控制。在西恰山见二长花岗斑岩，在埋扎为黑云母二长岩，形成时代为早白垩世，为晚造山期中酸性岩。

本阶段的构造变形具有明显的继承性，是推覆构造发育的主体时期和定型时期，不论是构造线方向、推覆体运动方向，还是变形特点、总体格局，都是早期阶段的延续，所不同的是，推覆构造自北而南进一步扩展，显示总体的连续变形和递进变形。

由于应力方向的相近，本阶段新生的变形构造亦呈北西向，只是卷入变形的地层厚度加大，碎屑岩在地层中所占的比例加大，构造变形形成相对比较宽缓的复式褶皱和高角度逆冲断层，其中褶皱多呈短轴状，而断层则比较平直，倾角在50°以上，倾向北东、南西均有。

（四）喜马拉雅山早期高原初始隆升阶段

自古近纪初，调查区进入喜马拉雅山早期高原初始隆升阶段，此时调查区已经无海相沉积，进入内陆湖盆沉积阶段，古近系代表了调查区的第三套类磨拉石建造。本阶段的地壳隆升，从大地构造角度上看，与印度次大陆和欧亚板块的碰撞有密切的联系，青藏高原的多条缝合带已完全闭合，青藏高原成为一个相对完整的整体，而其上发育一些规模较大的陆相沉积盆地。

古近系沱沱河组底部的砖红色、紫红色厚层状砾岩，自下而上岩石粒度变细，并出现湖泊环境；雅西措组以粒屑灰岩和泥晶灰岩广泛分布为特征，代表广阔湖面的存在，为典型的湖相沉积；到五道梁组沉积时，出现石膏层夹细碎屑岩，表明湖泊面积开始萎缩，属咸水湖沉积。古近系陆源碎屑岩石主要呈紫红色，并见石膏盐沉积，反映气候以干旱—半干旱为主。岩性的变化及沉积地层的分布特点显示，古近纪调查区经历了湖泊初始形成，大规模湖泛、湖泊萎缩干涸的整个过程。

青藏高原的块体全面拼合之后，进入了陆-陆碰撞造山阶段，形成了高原的隆升，在古近纪表现为初始的缓慢上升，主要的挤压应力方向为南北向。与此相伴随，早期的褶皱变形得到进一步的加强，其中侏罗系中的褶皱更加紧闭；在古近系中，新形成一些舒缓的褶皱，其轴线为近东西向—北西西向，主要表现为向斜构造，其轴部多位于沉积盆地的中心。受先期构造格局的影响及受构造地貌的控制，古近纪沉积盆地亦多呈近东西向，且多为坳陷盆地，局部有断陷盆地或拉分盆地的发育，但规模均较小。如图幅东北部一带的莫曲通盆地，即为比较典型的拉分盆地，其受莫格索加断裂的走滑活动控制，该活动不仅控制了盆缘及盆地的展布方向，而且其内的褶皱变形也发生了明显的偏转。

（五）喜马拉雅山晚期高原快速隆升阶段

新近系曲果组底部的角度不整合系喜马拉雅运动第二幕形成的，它标志着青藏高原剧烈快速隆升的开始。曲果组下段为紫红色厚层状粗砾岩，上段逐渐变为细砾岩、泥晶灰岩夹石膏层。从沉积环境看，除了表现为大陆环境的洪冲积、湖泊环境外，气候条件则是潮湿、炎热，局部时间段上则有干旱气候的特点，因而出现石膏层。

上新统之上缺失下—中更新统，而上更新统沉积反映本区已为寒冷的气候环境，说明高原已接近目前的高度，上下地层的不整合代表了调查区的快速隆升。上更新统为厚度较小的洪冲积相、湖相及冰川相沉积，全新统为现代河流、凹地、湖泊上的冲积环境、湖环境、沼泽环境沉积。青藏高原的持续抬升，致使来自南部的暖湿气流难以翻越唐古拉山地区，使调查区更加干旱，生态环境向更寒更干的方向发展，从而使现有的高寒草甸和高寒草原植被向高寒荒漠植被和沙漠化方向发展。

青藏高原在经历早—中更新世的隆升后，于晚更新世晚期形成大大小小的高原湖泊。在调查区北部地区曾存在有较大面积的湖泊，该湖泊西起鄂阿西贡卡涌，东至塔尼雅卡曲，南达错查龙曲，北界到西恰赛索曲一带，其内主要为湖相粘土层、粉砂质粘土层、砂砾石层，含淡水生活的小个体腹足类。在湖泊的主要入水口，见有小规模的河湖三角洲沉积，在大多数碳酸盐岩质的湖岸上，普遍发育钙华沉积，钙华的分布具有统一的海拔高度，约为 4 600m。作为长江、澜沧江源区，全新世初期河流的溯源侵蚀造成湖水外泄，湖泊逐渐萎缩和咸化。约在全新世中期，由于莫曲的溯源侵蚀，在直根尕卡一带切通东西向山脉，形成峡谷，河流袭夺了湖泊，湖泊消亡，残留沼泽。

由于高原的隆升，剥蚀形成山顶面和高原面，局部先期断裂再次活动。同时因块断运动，形成堑垒式正断层系，出现近南北向的裂陷盆地，比较典型的是调查区中部的萨艾通、赛木通、拉娘曲一线。地震活动、温泉的分布也表明有较为强烈的新构造运动。

尽管青藏高原的隆升带有一定的整体性，但由于其特殊的隆升机制，高原的南北表现出时间上的差异，在调查区反映出独特的地质记录。欧亚大陆与印度次大陆碰撞后，印度次大陆持续向北推挤俯冲，大陆地壳压入高原的陆壳之下，造成青藏高原巨厚的双层陆壳，均衡补偿的结果是高原的异常隆升。双层陆壳的叠置自南而北逐步推进，青藏高原的快速隆升随之自南而北逐次进行，这一过程一方面造成高原不同部位快速隆起时间的差别；另一方面，时间的差别多以块体的尺度体现出来，造成块体间原先缝合带的再次活动。因调查区位于青藏高原的中北部，所以快速隆升发生在上新世末，而不是高原南部的始新世初，这可能是造成对高原隆升起始时间看法不同及对同一时期本地区高原海拔高度存在争议的原因。

二、区域大地构造演化模式

基于对调查区地质演化历史的梳理，结合区域大地构造演化的认识，试图进一步探讨其大地构造演化模式，在某种程度上带有一定的分析和推测的成分。

在探讨大地构造演化模式之前，两个方向的问题必须加以说明：①关于澜沧江缝合带的问题。长期以来，澜沧江缝合带得到了一些学者的肯定，甚至将其作为特提斯洋的主支洋盆。但是，近几年来部分学者逐步对此洋盆的存在提出怀疑，并认为将班公湖-怒江带作为主洋盆更为合适（潘桂棠等，2001）。本书将澜沧江缝合带往南延伸与昌宁-孟连带缝合相连，往西与龙木错-双湖带缝合相连，作为南羌塘和北羌塘地块的界线。②关于金沙江缝合带是否代表原先洋壳盆地性质的问题。金沙江缝合带其南与哀牢山带相连，往西则通往乌兰乌拉湖，这一点得到大多数学者的认同，但争论的焦点是其原先洋壳盆地的属性。20 世纪 90 年代早期，多数学者认为曾经存在广阔的金沙江洋（莫宣学等，1993），有的甚至将金沙江洋作为主洋盆。随着工作的深入，有些学者逐渐认为金沙江洋规模可能有限，且其盆地性质属弧后盆地（何龙清，1998；汪啸风等，1999；Wang et al，2000；潘桂棠等，2001；骆耀南、俞如龙，2001）。基于此，本书采用后者观点：北羌塘地块经历了从欧亚陆块上裂解而后又拼合的整个过程（图 4-24）。

泥盆纪时，金沙江洋盆尚未开裂，北羌塘-昌都地块属扬子板块的西部被动大陆边缘，其上的泥盆系

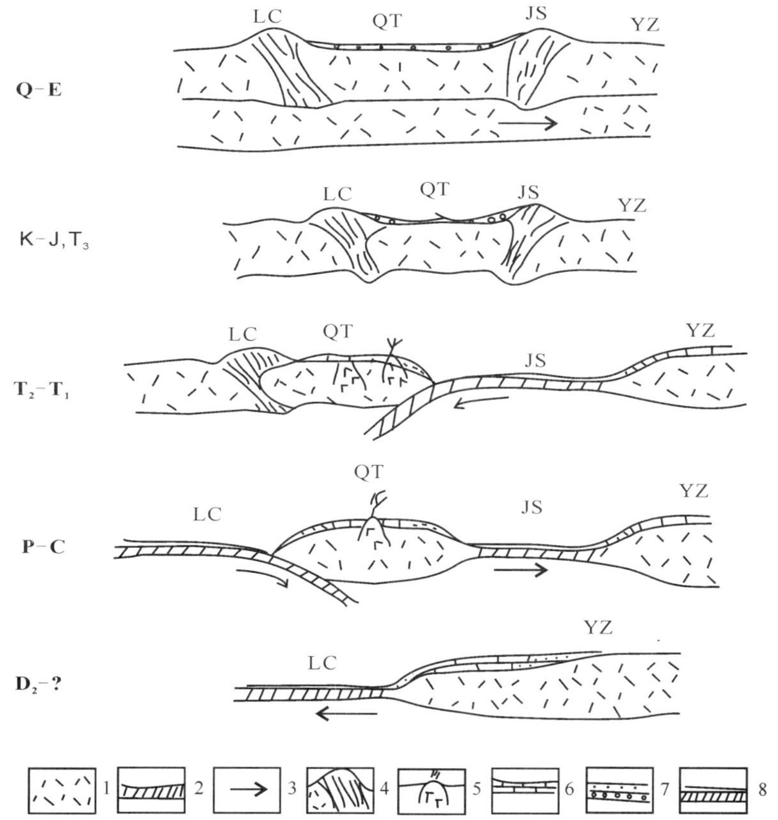

图 4-24　大地构造演化模式示意图

1. 陆壳；2. 洋壳；3. 板块运动方向；4. 造山带；5. 火山喷发；6. 碳酸盐岩沉积；7. 碎屑岩沉积；8. 硅质岩沉积；
YZ. 华南-扬子陆块；JS. 金沙江弧后洋壳盆地及造山带；QT. 北羌塘-昌都地块；LC. 澜沧江洋盆及造山带

可以与扬子地区对比，区域上泥盆系角拥组、海通组、丁宗龙组、卓戈洞组、羌格组主要是一套被动大陆边缘的浅海相沉积。澜沧江洋在泥盆纪晚期已有一定的规模，成为古特提斯洋的重要组成部分，一直持续到晚二叠世。据对其南延部分昌宁-孟连缝合带的研究结果表明：澜沧江洋在早泥盆世已发生了最初的海底扩张，自中泥盆世至二叠纪发育了一套不含陆源物质的深水大洋硅质岩，产大量放射虫化石（刘本培等，1993）。

早石炭世时，澜沧江洋壳开始往华南-扬子板块下俯冲，金沙江洋壳盆地随之开裂作为弧后盆地，盆地两侧均发育被动大陆边缘沉积，在西南三江地区吉义独一带出露的石炭纪玄武岩代表此时的裂谷火山岩（莫宣学等，1993，1998）。金沙江-哀牢山缝合带中石炭纪方辉橄榄岩、堆晶辉长岩、枕状玄武岩的存在，说明此时存在大洋岩石圈的扩张，而早石炭世—二叠纪广泛分布的含放射虫硅质岩则表明金沙江洋壳盆地已具有相当的规模。金沙江弧后盆地的裂解使北羌塘-昌都地块产生裂陷，调查区内下石炭统杂多群碎屑岩中的火山岩夹层代表了裂陷发育初期的火山岩。

二叠纪时，北羌塘-昌都地块进一步拉裂，沿地块中心发育具有典型的拉张环境下的火山岩组合，形成总体平行地块长轴方向分布的一系列火山岛。沉积相类型围绕火山岛为中心发生变化，沉积了一套独特的地层组合，在横向上和纵向上都有明显的相变，其中比较典型的是造成中二叠统下部尕笛考组与诺日尕巴日保组的相变。

二叠纪末期，澜沧江洋闭合并发生南羌塘地块与北羌塘-昌都地块的拼合，这一事件导致金沙江洋壳往北羌塘-昌都地块下俯冲。金沙江洋壳盆地作为深水盆地的演化仍在继续，而盆地基底的更新已宣告结束，这可能是造成带内混杂岩中基性—超基性岩比放射虫硅质岩略早的主要原因。由于金沙江洋壳的俯冲，导致北羌塘-昌都地块的北西缘由被动大陆边缘转化为活动大陆边缘，形成与俯冲相关的治多-江达-维西早中三叠世陆缘弧火山岩（莫宣学等，1993，1998；罗建宁等，1999）。尽管调查区内未见该套弧火山岩，但由于块体属性的变化及洋陆的转换，北羌塘-昌都地块可能发生隆起，普遍缺失早中三叠世沉积。

晚三叠世中期，金沙江弧后洋壳盆地闭合，弧后地区的弧-陆碰撞（Hsu and DeMore，1995）导致在区域上发生盆山转换。随着碰撞作用的加剧，金沙江造山带隆起，在其西南侧形成前陆盆地，沉积了晚三叠世磨拉石建造。持续变形的结果是在前陆地区形成逆冲推覆构造，奠定了调查区盖层构造的主体格局。同时，由于碰撞造山过程中的相对松弛，发生了上叠盆地中的火山活动。至此，南羌塘、北羌塘-昌都地块与华南-扬子板块基本上拼合为一体，而南部的怒江洋壳盆地也发生了消减和俯冲。

由于早侏罗世怒江洋的闭合及随之产生的弧-陆碰撞造山，形成了调查区内第二套类磨拉石建造，即那底岗日组和雁石坪群，北羌塘-昌都地块进行陆内调整，在陆壳基底上形成一套浅海相及海陆交互相沉积，构成广阔的大陆边缘环境。同方向的挤压及递进变形的结果，使推覆构造一直持续到侏罗纪末期甚至白垩纪，整个侏罗系全部卷入变形，并最终使其定型。

始新世早期，雅鲁藏布江洋闭合，由于陆-陆碰撞结果形成调查区的第三套磨拉石建造，沉积环境转为大陆环境，以河流、湖泊相为主，整个青藏高原进入隆升阶段。印度次大陆自南而北插入青藏高原之下，造成区域上隆升时间的差异，隆升自南而北推进，调查区则分为缓慢隆升和快速隆升两个阶段，新近纪时期为过渡阶段。青藏高原的隆升具有明显的阶段性，其中的多次不整合和夷平面、阶地等展示着多次的抬升和夷平，至全新世形成了全球最高的大面积高原，隆升的演化仍在进行。

第五章　经济地质

调查区矿产地质调查始于20世纪50年代，青海玉树地质队(1960)最先对西恰山地区硼砂矿点进行了踏勘调查，提交了检查简报，对 B_2O_5 作了分析。1959年7月，青海省地质局石油普查队作了1∶100万石油普查工作，并进行了放射性测量检查。1969—1972年，青海省地质局一队作了1∶100万温泉幅区域地质调查及矿产普查，取得了较为系统的第一手地质矿产资料。1975年，航空物探大队902分队作了1:50万航空磁法测量，编写了航空磁测报告。1977—1979年，青海地质局物探队对上述工作圈定的异常进行了检查，1979年对部分异常进行了再次检查。1985年，青海省区调综合地质大队化探分队对本区作了1∶20万区域化探扫面工作，编写了区域化探成果报告。1990—1993年，青海省区域综合地质大队在区内进行1∶20万索加幅区域地质调查时，发现银铜矿化点1处、石膏矿点5处、石灰岩矿点1处和重晶石矿点1处，并对若干处石膏、石灰岩矿点估算了地质储量，对1985年化探扫面工作中圈定的异常进行了筛选检查，在区内发现了埋扎Cu-Ag-Pb异常，对其规律进行了初步探讨，划分了成矿带，圈定了成矿远景区。包括本次工作新发现的铜矿化点2处、石盐矿点1处及石膏矿4处，到目前为止共发现铜矿(化)点3处，石膏矿点9处，硼砂矿点4处，重晶石矿点1处，石盐矿点1处，石灰岩矿点1处。另外，本次工作在调查区内还发现有油气显示。

第一节　矿产概论

调查区矿产工作程度低，已发现铜、石膏、石灰岩、硼砂、石盐和重晶石等矿(化)点共16处(表5-1)。

表5-1　调查区矿床、矿(化)点登记表

<table>
<tr><th>矿点名称</th><th>产地</th><th>成因类型</th><th>规模</th><th>工作程度</th><th>资料来源</th></tr>
<tr><td>巴吾布登铜矿点</td><td>杂多县西北果巴扎北的埋扎山</td><td rowspan="3">热液成因</td><td>矿点</td><td>矿点检查</td><td>1∶20万索加幅区域地质报告(矿产部分)</td></tr>
<tr><td>当郎赛铜矿点</td><td>杂多县查旦乡当郎赛山</td><td>矿点</td><td>矿点检查</td><td>本次新发现</td></tr>
<tr><td>捷苏铜矿化点</td><td>治多县索加乡捷苏山SEE</td><td>矿化点</td><td>矿点检查</td><td>本次新发现</td></tr>
<tr><td>西恰赛索石膏矿点</td><td>治多县索加乡西恰寨索山北麓</td><td rowspan="10">沉积型</td><td>矿点</td><td>矿点检查</td><td rowspan="4">1∶20万索加幅区域地质报告(矿产部分)</td></tr>
<tr><td>赛底贡右石膏矿点</td><td>治多县索加乡赛底贡右一带</td><td>矿点</td><td>矿点检查</td></tr>
<tr><td>捷苏石膏矿点</td><td>治多县索加乡赛底贡右一带</td><td>矿点</td><td>矿点检查</td></tr>
<tr><td>夏琼石膏矿点</td><td>治多县索加乡西南夏琼一带</td><td>矿点</td><td>矿点检查</td></tr>
<tr><td>雅若玛百玛石膏矿点</td><td>治多县索加乡西恰山SE雅若玛百玛</td><td>矿点</td><td>矿点检查</td><td>本次新发现</td></tr>
<tr><td>查加日玛石膏矿点</td><td>杂多县查旦乡查加日玛</td><td>矿点</td><td>踏勘</td><td>本次新发现</td></tr>
<tr><td>张瓜公玛石膏矿点</td><td>杂多县查旦乡张瓜公玛</td><td>矿点</td><td>踏勘</td><td>本次新发现</td></tr>
<tr><td>多尕强仁曲石膏矿点</td><td>治多县索加乡多尕强仁曲</td><td>矿点</td><td>踏勘</td><td>本次新发现</td></tr>
<tr><td>玛日曲石膏矿点</td><td>治多县索加乡西南玛日曲东岸</td><td>矿点</td><td>矿点检查</td><td rowspan="3">1∶20万索加幅区域地质报告(矿产部分)</td></tr>
<tr><td>尕日扎仁石灰岩矿点</td><td>治多县尕日扎仁一带</td><td>矿点</td><td>矿点检查</td></tr>
<tr><td>玛日曲重晶石矿点</td><td>治多县索加乡西南玛日曲上游</td><td>中低温热液型</td><td>矿点</td><td>初步检查</td></tr>
</table>

续表 5-1

矿点名称	产地	成因类型	规模	工作程度	资料来源
赛底贡右曲北硼矿点	治多县索加乡西恰山北	化学沉积	矿点	踏勘	青海省资料处50年代群众报点检查简报
埋扎东1号硼矿点	杂多县果巴扎乡埋扎东侧		矿点	踏勘	
埋扎东2号硼矿点	杂多县果巴扎乡埋扎东侧		矿点	踏勘	
埋扎东3号硼矿点	杂多县果巴扎乡埋扎东侧		矿点	踏勘	
查日纳育石盐矿点	杂多县莫云乡查日纳育		矿点	矿点检查	本次新发现

一、有色金属和贵金属矿产

区内发现铜矿点3处，为杂多县果巴扎巴吾布登铜矿点、杂多县当郎赛铜矿化点和治多县捷苏铜矿化点。

1. 杂多县果巴扎巴吾布登铜矿点

矿点位于开心岭隆起中部，出露地层为中二叠统开心岭群九十道班组，岩性为灰色厚层状泥晶生物屑灰岩，地层走向为北西西向。矿点北部有一条隐伏的北西-南东向、倾向南西的逆断层，同时发育两组近南北向及北东向的裂隙，对矿化有一定的控制作用，尤以前者作用较为明显，断层北部出露埋扎黑云母二长岩体。地表矿化标志是孔雀石、蓝铜矿等，呈薄膜状沿裂隙和节理表面附着，矿体呈条带状，矿石矿物主要是自然铜、辉铜矿及少量黝铜矿，呈细小颗粒浸染状分布于灰岩中，有害矿物为黄铁矿，但含量甚微。初步地表采样分析，部分矿体铜含量最高2.1%，最低0.46%，平均0.96%，达到工业品位，铜矿石中伴生有Pb、Zn和Ag等，其中Ag含量的变化和Cu成正相关。另外，在本项目野外踏勘和路线调查中，在该矿点以西还发现有多处铜矿化，说明该矿点具有一定的找矿前景，值得做进一步工作。推测矿化以热液成因为主。

2. 杂多县当郎赛铜矿点

该矿点为本次工作中新发现的矿点。该矿点位于青海省杂多县查旦乡当郎赛南南西方向，从杂多县城有简易公路可通矿点。矿点位于晚二叠世左支辉长岩侵入体北东侧，出露地层为中二叠统尕笛考组，岩性为含杏仁状玄武安山岩、块状橄榄玄武岩夹灰岩及少量的碎屑岩，地层产状42°∠33°，区内发育一条北西向逆断层。

矿体产于靠近接触带的玄武岩中，矿化带呈北西-南东走向，沿走向往南东延伸至图外，向南东断续延伸约1km处见一废弃的铜矿采坑。控制的矿(化)带宽约37m，长约250m，其中矿体呈脉状分布于玄武岩的裂隙或节理中，其中最明显的一条矿体长约2.5m，宽10～20cm，走向340°，含矿围岩为块状橄榄玄武岩。矿石矿物主要为黝铜矿(5%)、辉铜矿(5%)、孔雀石(5%)和赤铁矿，另有少量的铜蓝(1%)、钛铁矿和褐铁矿，矿石为块状构造，他形粒状结构，放射状、纤维状结构，交代残余结构，稀疏浸染状结构。脉石矿物主要为赤铁矿。自上往下等距离采集不连续捡块样5件，矿石分析结果见表5-2。成因类型为热液型。

表 5-2　当郎赛铜矿化点矿石化学分析结果表

样号	含矿岩石	Cu	Au($\times10^{-9}$)	Ag($\times10^{-6}$)
D-11矿1	块状橄榄玄武岩	5.63%	2.65	6.58
D-11矿2	含杏仁状玄武岩	2.30%	1.15	3.94
D-11矿3		4.49%	1.22	5.98

续表 5-2

样号	含矿岩石	Cu	Au($\times10^{-9}$)	Ag($\times10^{-6}$)
D-11 矿 4	块状橄榄玄武岩	18.35%	3.25	18.4
D-11 矿 5	块状橄榄玄武岩	1.44%	1.45	4.65
D-11 围岩	块状橄榄玄武岩	53.4×10^{-6}	1.00	0.23

3. 治多县捷苏铜矿化点

为本次区调工作中新发现的矿化点。该矿化点位于青海省治多县索加乡捷苏山南东东方向，从治多县城有简易公路可通索加乡，从索加乡可从便道通矿点附近。矿点南部地层为中二叠统诺日巴尕日保组，北部为上三叠统甲丕拉组。诺日巴尕日保组的岩性主要为泥岩、硅质泥岩、凝灰岩、沉凝灰岩夹玄武岩及少量灰岩、碎屑岩；甲丕拉组以紫红色粉砂质泥岩为主，夹安山岩、白云岩、灰岩和石膏。两套地层为断层接触，断层走向东西向，矿体赋存于近东西向的断层破碎带中，并受断层的控制。铜矿化呈脉状沿断层分布，露头处可见矿脉长约 150m，宽约 2.8m，铜含量 0.51%。矿石为硅化铜矿化角砾岩，矿石矿物主要为黄铜矿、黄铁矿、孔雀石和铜蓝等。

二、建筑材料非金属矿产

区内建筑材料非金属矿产有石膏和石灰岩，具有分布广泛、远景好的特点。成因类型属沉积型。就目前资料，有石膏矿点 6 处，石灰岩矿点 1 处。

1. 石膏矿

主要集中分布在赛底贡右-夏琼一带，出露的地层主要是上三叠统甲丕拉组，另外在中侏罗统夏里组、古近系-新近系五道梁组和新近纪上新统曲果组中也可见石膏矿层，如本次新发现的张瓜公玛石膏矿点、查加日玛石膏矿点、多尕强仁曲石膏矿点分别产自夏里组、曲果组和五道梁组。甲丕拉组的石膏呈似层状或大透镜状，赋存于紫红色粉砂岩、泥岩中，矿石矿物主要为石膏和硬石膏，矿石品质良好，石膏和硬石膏含量大多超过 95%，可达 A 型 2 级工业品要求。石膏矿总体上看品位高、储量大，甚至有的矿点具特大型石膏矿床的找矿远景（如西恰赛索石膏矿点）。

2. 雅若玛百玛石膏矿点

为本次工作新发现的矿点，位于青海省治多县索加乡西恰山南东雅若玛百玛。石膏矿产于上三叠统甲丕拉组，围岩主要为紫红色粉砂质泥岩、泥岩夹安山岩，为泻湖相化学沉积，后期受断裂活动的改造，石膏发生过迁移富集和重结晶，使品质变纯，生成了大量的纤维状石膏。矿石多为变余结晶粒状结构、板状结构、纤维状结构，条带状构造、角砾状构造、缝合线构造、定向构造等。镜下观察石膏和硬石膏的含量占 95%以上，$TCaSO_4$ 的含量已达到工业品位的要求。石膏层厚度 5～10m，矿层走向上延伸可达 5km，有一定的规模，可以露天开采，具有一定的经济价值。

3. 石灰岩矿

分布较为普遍，侏罗纪以前各时代地层都有分布，其中分布于治多县与杂多县交界处的尕日扎仁一带的中二叠统九十道班组的厚层状至巨厚层状生物碎屑灰岩，泥晶灰岩和泥晶砂屑灰岩，据碳酸盐分析：CaO 53.07%～54.8%（平均为 54.21%）、MgO<0.53%、SiO_2<3.39%，基本满足化工、玻璃、水泥等工业要求。

三、化工原料和非金属矿产

区内化工原料和非金属矿产有重晶石、硼砂和石盐。

1. 重晶石矿点

仅1处，见于治多县索加乡的玛日曲上游，矿点附近出露地层是上三叠统甲丕拉组，岩性主要为紫红色粉砂岩、泥岩，夹玄武岩、安山岩、凝灰岩、白云岩、灰岩和石膏，内部有重晶石脉穿插，其成因为中低温热液型。重晶石脉在镜下鉴定重晶石矿物占99%，据化学分析，含 $BaSO_4$ 为82.03%，共生的 $SrSO_4$ 占4.78%，Ba、Sr 远远大于1%，达到工业品位要求。

2. 硼砂矿点

共有4处，其分布受地貌形态的控制，见于西恰山北和埋扎东侧的丘陵间小洼地或低积水洼地，其成因为内陆湖泊化学沉积型。矿点固体样的 B_2O_5 含量一般为0.06%～0.53%，卤水样的 B_2O_5 含量为887.15～2 342.87mg/L。

3. 查日纳育石盐矿点

为本次新发现的石盐矿点，位于青海省杂多县莫云乡查日纳育。矿区地层为古近纪沱沱河组紫红色中薄层状粉砂质泥岩夹灰绿色薄层状泥岩。石盐产于沱沱河组粉砂质泥岩中(图版36-4)，共见3个石盐岩体，这3个透镜体属于同一层位，基本顺层面展布(图5-1)。围岩为紫红色粉砂质泥岩和灰绿色泥岩，产状135°∠35°。矿体之下为紫红色粉砂质泥岩，之上为灰绿色泥岩，从岩性上反映出石盐形成于干热的气候环境。Ⅰ号矿体：呈透镜状，长约30m，最厚达5m，有用矿物为白色石盐晶体，味咸，晶形自形程度比较好，多为立方体，矿体中偶含泥岩角砾，NaCl 含量达71.17%；Ⅱ号矿体呈透镜状，长约20m，最厚达5m，矿物特征与Ⅰ号矿体相似；Ⅲ号矿体亦呈透镜状，长大于15m，最厚达4m。该Ⅰ号矿体目前正被当地群众作食用盐开采。

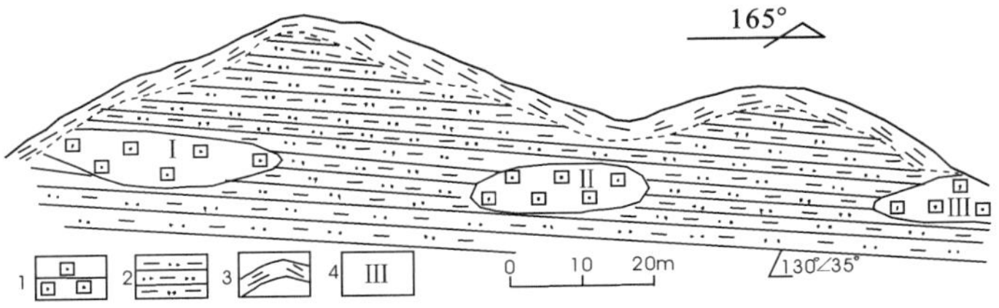

图5-1　查日纳育石盐矿点素描图

1. 石盐矿体；2. 紫红色粉砂质泥岩；3. 残坡积物；4. 矿体编号

第二节　成矿带划分及沉积矿产分布规律

一、成矿带划分

在区内共划分出了3个成矿带，从北往南分别为赛底贡右-夏琼石膏成矿带、尕日赛脑贡玛-埋扎铜银铅多金属成矿带和当郎赛-玛日达卓铜银铅多金属成矿带。

1. 赛底贡右-夏琼石膏成矿带

位于索加乡西恰山东段，西起赛底贡右，东至夏琼，呈东西向展布的长条带状，长度大于40km，宽10～15km，面积达$400km^2$以上。矿带内发育逆冲推覆构造，上三叠统甲丕拉组碎屑岩和石膏层为主要推覆面，石炭系杂多群的灰岩推覆于其上。主要含矿层系上三叠统甲丕拉组，是在滨浅海区局部封闭海湾环境中蒸发沉积的产物，因塑性较大，常被断裂拖拽、推覆，出现在断裂带附近的其他地层中。该地层中石膏层位比较稳定，分布广泛，找矿远景较好，已发现石膏矿点9处，重晶石矿点1处。该矿带被圈定为Ⅱ级成矿远景区。

2. 尕日赛脑贡玛-埋扎铜银铅多金属成矿带

位于尕日赛脑贡玛-埋扎山一带，呈北西-南东向的条带状分布，长度大于50km，宽约10km，面积达$500km^2$以上，构造部位处于开心岭隆起的东段中部。带内出露地层为中二叠世至第四纪地层，以及印支—燕山期中酸性侵入岩。中二叠统尕笛考组主要为玄武岩夹火山凝灰岩和石灰岩等，九十道班组为灰岩，下石炭统为杂多群上部的碳酸盐岩组。侵入岩有燕山期的啊聂托确二长花岗斑岩体、尕考查锐-西恰赛索闪长岩体、埋扎蚀变黑云母二长岩体和印支期的扎那日根石英闪长岩-花岗闪长岩岩体，属对成矿有利的钙碱性岩石。由于成矿带处于隆起带，故断裂构造发育，岩石破碎，具有较好的内生多金属成矿条件。中二叠统尕笛考组和九十道班组为主要含矿围岩，断裂构造为热液活动和岩浆侵入提供了通道，次级构造裂隙是容矿场所。带内已发现捷苏铜矿化点和果巴扎巴吾布登铜矿点，该矿化带在埋扎铜矿点周围也有较好的Cu、As和Pb等异常，故有成矿的可能。该矿带被圈定为Ⅲ级成矿远景区。

3. 当郎赛-玛日达卓铜银铅多金属成矿带

位于当郎赛-果区麦加依-玛日达卓一带，呈北西-南东向条带状分布，受2条断裂控制，长度大于21km，最宽处约2km，向北西逐渐变窄，区内出露面积约$20km^2$，从南东方向延伸到图外。带内地层为中二叠统尕笛考组，岩性主要以玄武岩为主，夹灰岩及少量的碎屑岩，侵入岩为左支-失多莫卜辉长岩带。玄武岩中铜的含量达到53.4×10^{-6}，为矿源层，后期的岩浆活动和断层运动使铜等金属元素富集，局部成矿。本次区调在带内新发现当郎赛铜矿点，其成因为热液型，在矿带的南东方向(图幅外)见民采矿坑。该矿带被圈定为Ⅱ级成矿远景区。

二、沉积矿产分布规律

沉积矿产分布规律除了受地层控制外，还明显地受沉积相控制。调查区沉积地层中已发现的沉积矿产主要为石膏(及硬石膏)和石盐，石膏及硬石膏矿(化)点见于上三叠统甲丕拉组，中侏罗统雀莫错组、夏里组，古近系沱沱河组、雅西措组、五道梁组和新近纪曲果组，石盐矿点仅见于古近系沱沱河组。海相地层(T_3j、J_2q和J_2x)的石膏矿(化)点均产于局限台地蒸发相中，而陆相地层($E_{2-3}t$、E_3y、ENw和N_2q)的膏盐矿点和矿化点则赋存于盐湖相中。值得一提的是调查区甲丕拉组石膏岩薄片中常伴生有重晶石和萤石，故在该组夹有石膏和硬石膏层的局限台地蒸发岩相中，今后应注意寻找沉积型重晶石、天青石、萤石和钾盐等矿产。

另外，调查区一些地层个别碳酸岩薄片中见有沥青，应视为油气显示，由于油气属流体矿产，与沉积相的具体关系尚待研究。

第三节 水 资 源

水资源是区域生态环境研究中的主要内容，调查区的水资源主要指河水、湖水和冰川融水。此外，调查区还发育大片沼泽湿地，局部地区见有泉水（包括冷泉和温泉），这些也为区域地表水的发育起了重要的作用。

调查区在地理位置上位于青海省南部青藏高原唐古拉山北坡，区内山川相间分布，且地貌具两层结构特点，山脉总体走向呈近东西向。上层地貌由中等起伏的山地组成，一般海拔为 5 000m；下层地貌地势平坦，起伏小，河网密布，冻土沼泽发育，植被覆盖较广，大部分河流均表现为由南向北流动。通天河一级支流当曲分布于调查区西南部，当曲两侧的次级支流多为树枝状水系。调查区最大的淡水湖——尼日阿错改位于图幅西南角。调查区中部及东北部等大部分地区，主要分布通天河一级支流莫曲及其次一级支流君曲、巴子曲、鄂阿西贡卡曲、鄂涌曲，总体向北流出图幅。调查区东南部扎那曲、扎阿曲属于澜沧江水系，自西向东流出图幅，注入澜沧江上游扎曲。

根据自然地理和水系分布等特点，将区内水系划分为长江源区、澜沧江源区和高原内陆湖盆区 3 个大区（表 5-3）：①长江源区进一步划分为当曲流域和莫曲流域两个次级单元，其中莫曲流域分布于图幅的中部和东北部，面积最大。莫曲流域以 3 个次级支流的分水岭为界，可进一步划分为君曲流域、巴子曲流域、鄂曲流域 3 个次级单元。当曲流域有一个次级流域单元——果曲流域。②澜沧江源区分布在图幅东南部，有澜沧江上游河流形成的扎那曲流域和扎阿曲流域。③高原内陆湖盆区分布于图幅的西南角，属唐古拉山北缘内陆湖盆区。

表 5-3　调查区水文地理区划表

源区	流域	分区	流域分界
长江源区	莫曲流域	巴子曲	北部和西部以图幅边为界，南东部以西恰山、雅若改切、捷苏、玛日几真等山峰的连线为界，与莫曲流域接壤
		君曲	北部和东部以图幅边为界，南部以扎乔苏加、贡吾、雅丛查日阿、雅丛婆哈玛等山峰连线为界，与莫曲流域为界
		鄂曲	北部以西恰山、西恰赛索等山峰连线为界，东南以莫盖塞巴、果巴扎等连线为界，西南以省尕贡玛、玛日啊达州、阿木琼杂等山峰连线为界
	当曲流域	果曲	以查岗、卡赛扎钦、萨艾日丛、阿木琼杂、玛日达卓等山峰连线为界，与当曲流域接壤
澜沧江源区	扎曲流域	扎那曲	南部和东部以图幅边为界；西部以左支、扎查琼、萨日咯琼山峰连线为界，与当曲流域分界；北部以加果桑贡玛、查加日玛、张瓜公玛等山峰连线与莫曲流域接壤
		扎阿曲	东部以图幅边为界，西南部以宋卡赛玛、扎结桑巴等山峰连线与扎那曲流域接壤，西北部以扎根额钦、宰木羊邦等山峰连线与莫曲流域接壤
内陆湖盆区			位于图幅西南角，南部、西部以图幅边为界，北部与当曲流域接壤。区内分布尼日阿错改淡水湖、巴侧错尼和扎木错咸水湖

1. 地表水

调查区河流湖泊众多，水资源丰富。水资源最为丰富的是当曲流域和莫曲流域，二者均为通天河的一级支流，同属长江源区。当曲是长江源头的南支源流，支流多，流量大，发源于唐古拉山脉东段海拔 5 395m的山麓，在囊极巴陇与沱沱河汇合，全长 352km，流域面积 31 251km^2，多年平均流量 35.91m^3/s，年径流量 11.40×10^8 m^3，水能蕴藏量 10.4 万 kW。莫曲发源于杂多县境内查齐日玛，河流长度 137.8km，其流域面积 7 096.10km^2，高差 392m，多年平均流量 27.6m^3/s，年径流量 8.70×10^8 m^3。澜沧江源头的扎曲的流量为 10.6m^3/s，河宽 30m，平均水深 0.33m，平均流速 1.067m^3/s。

2. 泉水

调查区泉水有温泉和冷泉两类，但数量较少。温泉分布区常有大量的泉华，在地貌上形成明显的隆起，如在调查区西南部当曲附近见一温泉，水体透明微咸，温泉分布区形成圆锥形和龙形泉华。

在调查区西南部还有数处冷泉，正常冷泉的形成主要是由潜水或浅部层间承压水沿构造软弱部位在地表的出露引起的，区域内许多山沟、山半坡或坡角分布有泉水，在这些地区还常常形成面积各异、大小不等的沼泽湿地。

3. 冰川

在区内现代冰川仅见西恰山及扎那日根两处，面积均小于 0.5km²，分布于海拔 5 400～5 500m 山顶的凹陷部位，水资源储量很小。

4. 湖泊

湖泊作为地表水的一种类型在区内分布较广，可分为淡水湖和咸水湖两类。其中最大的淡水湖为尼日阿错改，湖水面积约 32km²，有欧日阿曲、确赛曲等 4 条河流补给。调查区北部也分布着一系列小型淡水湖。咸水湖分布在图幅西南部，有巴侧错尼湖和扎木错湖。

5. 沼泽湿地

调查区地处青藏高原腹地，为我国典型的高寒地区。河源区地貌的基本特点是高山与宽谷相间，地势高亢，地形相对平缓，地表切割较弱，这些为湖泊和沼泽湿地的发育奠定了重要基础。调查区沼泽湿地主要分布在图幅东部、中部的部分地区。由于地形开阔、宽谷平坦，河流坡降不大，宽谷盆地中水流平缓，曲流、牛轭湖和分叉河道发育，从而形成大小支流众多、湖泊沼泽广布的基本格局。

第六章　结　　论

本项目隶属"青藏高原空白区基础地质调查与研究"项目。工作过程中，得到中国地质调查局西北项目管理办公室和武汉地质矿产研究所各级领导的关怀，项目组按照任务书的要求，运用现代地质学的有关新理论、新方法、新技术，获得了较丰富的第一手地质资料，通过综合研究取得了一些重要地质成果，较好地完成了项目任务书中的各项任务，为青藏高原矿产资源前景调查、环境演化及经济建设提供了翔实的基础地质资料。

一、取得的重要地质成果和主要结论

（一）地层古生物成果

（1）在前第四纪地层中划分了4个群级地层单位、22个组级岩石地层单位（含非正式填图单位）、4个段级岩石地层单位（非正式）、24个特殊岩性层（非正式填图单位）、12个年代地层单位（阶）、24个生物地层单位（新建22个），对部分层位进行了层序地层划分；在第四纪地层中划分了7种成因类型、12个填图单位。

重新厘定了石炭纪—二叠纪岩石地层序列，认为早石炭世杂多群在青海南部及藏东地区均可很好对比。新发现二叠纪扎日根组，新建立二叠纪尕日扎仁组和索加组2个岩石地层单位，对尕笛考组和九十道班组进行了修订，丰富和提高了调查区地层研究程度。

（2）查明了岩石地层单位的物质组成和时空变化；在下石炭统杂多群碎屑岩组、中二叠统尕日扎仁组和索加组中发现基性火山岩夹层；在石炭系碳酸盐岩组中发现生物（点）礁；确定中二叠统尕笛考组与诺日巴尕日保组、扎日根组为同时异相的产物，前者以火山熔岩和火山碎屑岩为主夹沉积岩层，后者以沉积岩为主，夹火山岩及火山-沉积碎屑岩。

下侏罗统那底岗日组下部为陆相碎屑岩，上部为火山岩；将前人划分为白垩纪的红层重新厘定为上新统曲果组。

（3）在生物地层和古生物群研究方面取得重要进展。划分出24个化石带（组合），提高了调查区生物地层的研究程度，对研究北羌塘-昌都地块地质演化历史具有重要意义。

① 在尕日扎仁一带新发现 *Psilophyton dapsile* Kasper，Andrews et Forbes（裸蕨）植物化石，时代属中泥盆世，为青海南部首次发现。该发现进一步丰富了我国泥盆纪南方区植物群的内容，为确定该植物区向西延伸范围提供了可靠的证据，对重新认识该地区的地质发展史、古地理变迁、生物古地理研究具有重要意义。

② 在石炭纪杂多群新发现䗴类、非䗴有孔虫，并采获丰富的珊瑚类化石，综合前人资料，建立了6个化石组合（带）。分别为䗴类 *Eostaffella-Pseudoendothyra* 组合带、非䗴有孔虫 *Endothyra-Mediocris-Paraarchaediscus* 组合和 *Bradyina-Endothyranopsis* 组合（新建）、珊瑚 *Siphonodendron scitulus-Lithostrotionella zadoensis* 组合和 *Lithostrotion decipiens-Kueichouphyllum sinense-Siphonodendron irregulare asiaticum* 组合（新建1个）、腕足类 *Gigantoproductus edelburgensis-Striatifera striata* 组合（沿用），系统地建立了早石炭世生物地层序列，确定杂多群的地质时代为早石炭世大塘期—德坞期，生物古地理区系属暖水特提斯型。

③ 在二叠纪地层中建立了13个化石组合（带），其中䗴类5个，分别为 *Misellina* 带、*Pseudofusulina-Parafusulina* 带、*Cancellina* cf. *houchangensis* 带、*Afghanella schencki-Neoschwagerina craticu-*

lifera 带、*Sumatrina annae* 带；非䗴有孔虫 4 个，分别为 *Pachyphloia-Cribrogenerina-Nodosaria* 组合、Agathammina-Glomospira-Cribrogenerina 组合、*Climacammina-Cribrogenerina-Hemigordius* 组合、*Climacammina-Pachyphloia* 组合；珊瑚 2 个，分别为 *Wentzellophyllum-Szechuanophyllum* 组合、*Ipciphyllum elegans-I. subtimorica* 组合；腕足类 2 个，分别为 *Tylopecta nankingensis* 组合、*Urushtenia crenulata* 组合(均为新建)。并根据䗴类化石产出特点划分出原地与异地生物群，对各生物群进行了生态学的研究，同时结合沉积环境分析认为在栖霞期存在 3 种不同类型的䗴类生物组合，生物古地理区系属暖水特提斯型，将调查区二叠纪岩石地层地质时代确定为中二叠世栖霞期至冷坞期。

④ 在结扎群首次发现丰富的头足类化石，计有 9 属 10 种，新建 *Placites postsymmetricus-Cladiscites striatissimus-Metaganides qinghaiensis* 组合，另新建双壳类 *Quemocuomegalodon-Bakevellia-Cassianella* 组合、腕足类 *Sacofhyris sinosa-Timorhynchia nimassica-Rhaetiopsis* cf. *pentagonalis* 组合，确定结扎群的地质时代为晚三叠世卡尼期至诺利期。

⑤ 在侏罗纪地层中建立 2 个双壳类生物组合，即 *Camptonectes*(*Camptonectes*)*auritus-Gervillella* cf. *qianghaiensis* 组合和 *Protocardia hepingxiangensis-Protocardia stricklandi* 组合，生物群反映了与正层型剖面不同的古地理背景，将雁石坪群地质时代确定为中侏罗世巴柔期—晚侏罗世牛津早期。

⑥ 通过孢粉化石分析，将沱沱河组时代确定为始新世—渐新世早期、雅西措组时代为渐新世、五道梁组时代为渐新世—中新世、曲果组时代为上新世。

(4) 在对孢粉组合和沉积相分析的基础上，探讨了古近纪至新近纪古植被、古气候环境的演化。沱沱河组沉积时期，植被为针阔叶混交林，并具垂直分带特征，反映当时地势高差较大，属温暖略干旱的亚热带气候环境；雅西措组以被子植物栎粉、蒿粉、桦粉、藜粉为主，沉积了厚度较大的灰岩，反映当时地势低平，属暖温带—亚热带气候环境；五道梁组分布面积明显缩小，沉积物以粘土夹石膏为特征，反映当时调查区处在地势较为低平的干旱气候环境。

(5) 将古近纪沱沱河组—五道梁组划分为 5 个沉积层序，代表 5 次湖面的升降变化。

(6) 在第四纪沉积物中发现一套含丰富腹足类和植物残体的湖相松散沉积，在其中获得植物残体的 ^{14}C 年龄为 15 040±215aBP 和 11 900±178aBP，时代为晚更新世晚期；古湖岸线遗迹的现今海拔高程为 4 600m 左右，据此，认为当时湖泊面积达 1 000km^2 左右。湖相沉积物上部多呈浅褐红色，表明其形成后经历了一次明显的风化作用过程；在西恰山一带的沼泽沉积物中获得植物残体 ^{14}C 年龄为 660±118aBP。初步论述了调查区晚更新世以来的地质生态环境演化和气候变迁的过程。

(7) 将沉积岩划分为陆源沉积岩、内源沉积岩和火山-沉积碎屑岩 3 大类和 50 个基本岩石类型；鉴别出 3 个沉积相区、17 种沉积相类型，归纳为 4 种沉积相模式。讨论了沉积岩类型与火山活动、角度不整合面的关系，重点分析了陆源碎屑成分的时空变化，表明物源区存在褶皱变质基底以及早侏罗世之前存在酸性侵入岩；将泥盆—石炭纪地层、二叠—侏罗纪地层和古近纪—新近纪地层的成岩压实作用强度划分为极强、较强和较弱 3 种类型。

(二) 岩浆岩

系统地查明了岩浆岩的时空分布及岩石类型，通过岩石学、岩石地球化学和同位素地球化学等特征的研究，探讨了岩石成因及其形成构造环境。

(1) 在调查区南部新发现左支-失多莫卜由 4 个辉长岩体组成的辉长岩带，时代为晚二叠世，其岩浆来源于弱亏损的地幔源区，可能受到来自富集地幔物质的影响，形成于板内拉张构造环境。

(2) 新发现了扎那日根复式岩体，由花岗闪长岩体和石英闪长岩体组成，单颗粒锆石 U-Pb 年龄为 216Ma，时代为晚三叠世，具壳幔混合源特征，形成于板块会聚区火山弧构造环境。

(3) 在尕考查锐-西恰赛索闪长岩体获得单颗粒锆石 U-Pb 年龄为 183Ma，时代为早侏罗世；在啊聂托确二长花岗斑岩岩体获得单颗粒锆石 U-Pb 年龄为 126Ma，时代为早白垩世。岩浆均具壳幔混合源特征，形成于火山弧构造环境。

(4) 在晚古生代地层中识别出 4 套火山岩，分别是石炭系杂多群碎屑岩组火山岩、中二叠统尕笛考组(诺日巴尕日保组)火山岩、中二叠统尕日扎仁组和索加组火山岩。发现中二叠世高钛玄武岩,进一步证明了中二叠世调查区与扬子地块的亲缘性,火山岩岩浆来源于弱亏损地幔源区,形成于板内拉张(裂谷)环境。

(5)在调查区内新发现了上三叠统甲丕拉组及下侏罗统那底岗日组的火山岩,具壳幔混合源区特征,形成于火山弧构造环境,为金沙江洋壳向南俯冲的产物。

(三)构造

(1)查明晚三叠世甲丕拉组与中二叠世地层、早侏罗世地层与下伏地层、新近纪曲果组与古近纪地层之间为角度不整合接触关系,其中上三叠统甲丕拉组与中二叠世地层之间角度不整合为本次发现,据此,将调查区划分为6个构造层。

(2)查明了主要褶皱和断裂构造的变形特征、活动期次、形成时间,识别出5期具有区域性的构造变形。

(3)厘定当曲断裂带和西恰山-宋卡赛玛断裂带为区域性大断裂,以此为界将调查区从北往南划分为索加坳陷、开心岭隆起和北羌塘坳陷3个次级构造单元,对每个单元的地质特征进行了系统总结。

(4)在开心岭隆起的南北两侧发现推覆构造。北部推覆体由晚古生代地层构成,原地岩系为上三叠统,推覆断层带总体呈东西向展布,断层倾向北,总体具有前峰带的特征,估算向南推覆距离应大于20km,形成于三叠纪末期;南部推覆构造具有自南向北的逆冲,显示褶皱冲断带的特征,形成时代为晚侏罗世至白垩纪。

(5)探讨了调查区大地构造属性,认为晚古生代调查区从稳定陆块向活动陆块转化,处于伸展拉张构造背景,至三叠纪—侏罗纪转化为挤压构造背景,从而奠定了调查区构造变形的基础。

(6)系统总结了新构造运动的特点。将新构造运动划分为两个阶段,早期为南北向挤压变形阶段,晚期为剧烈隆升阶段,形成了掀斜构造,并出现南北向正断层活动。

(7)通过对古近纪以来的沉积建造、孢粉组合和古气候分析,认为始新世初期和中新世—上新世初期调查区发生过剧烈的差异升降运动,在古近纪与新近纪之交和上新世末调查区发生过夷平作用。

(8)发现晚更新世古冰川和古湖岸遗迹,调查区主要河流发育三级阶地,表明第四纪以来调查区发生过多次间歇性抬升运动。

(9)系统地总结了各构造阶段的沉积建造、岩浆活动和变形特征。将调查区地质构造演化划分为洋陆转换、盆山转换、陆内调整和高原隆升等演化阶段,探讨了地质构造演化史。

(四)矿产资源和水资源

(1)新发现铜矿化点2处、石盐矿化点1处、石膏矿化点1处。在侏罗系夏里组、古近系沱沱河组、新近系曲果组中发现有石膏矿化层。在调查区东南部当郎赛中二叠统诺日巴尕日保组中发现存在高丰度值铜元素异常,个别达到铜矿化,对寻找此类矿产具有重要指示意义。

(2)新提出当郎赛-玛日达卓一带具有较好的铜矿找矿远景;重新厘定了调查区赛底贡右-夏琼石膏成矿带中的石膏矿形成时代为晚三叠世,石膏矿赋存层位为甲丕拉组,矿体受东西向逆冲推覆断层控制,为寻找石膏矿指明了方向。

(3)在诺日巴尕日保组、九十道班组、索加组、波里拉组和雅西措组岩石薄片中见有沥青分布。

(4)调查区河流湖泊众多,水资源丰富。根据自然地理特征和水系分布等特点,将调查区水系划分为长江源区、澜沧江源区和高原内陆湖盆区3个大区。

二、存在问题及今后工作建议

由于调查区海拔高、寒冷缺氧,加之区内河流纵横交错、沼泽发育,工作的黄金季节又为暖季,道路泥泞，通行条件极差，工作效率相对较低，加重了工作量，一些工作中的新发现、新认识的调查仍欠深入。主要存在的问题有以下几个方面。

(1) 泥盆系呈断块产出，出露面积小且露头较差，多被第四系残坡积物掩盖，无法系统调查。

(2) 曲果组缺乏时代依据，且其多分布于山坡或山顶之上，出露海拔高程大于古近系，暗示其可能形成于古近纪(始新世)之前，今后应加强其时代的研究工作。

(3) 区域性断裂带多被第四系覆盖，无法系统观察及采集测试样品，对断裂带的性质及活动期次的划分尚有一定难度。调查区北部推覆构造特征总体较清楚，由于新生代地层的掩盖和本身出露的局限性，致使对其特征调查研究不够深入。

主要参考文献

白海生.青海西南部海相侏罗纪地层新认识[J].地质论评,1989,35(6):529-536.

白云山,李莉,牛志军.长江源各拉丹冬晚三叠世火山岩特征与成岩构造环境[J].华南地质与矿产,2001(3):10-14.

白云山,段其发,牛志军,等.羌塘东部治多县啊聂托确黑云母二长花岗斑岩体特征及其构造意义[J].华南地质与矿产,2006(3):19-23.

常承法.特提斯及青藏碰撞造山带的演化特点[M]//徐贵忠,常承法.大陆岩石圈与资源.北京:海洋出版社,1992:1-29.

陈旭.中国南部的䗴科(Ⅱ),中国二叠纪茅口灰岩的䗴科动物群[J].中国古生物志,1956,新乙种(6):1-71.

陈国隆,白美骞,祁良志,等.青海玉树桑知阿考泥盆系、石炭系及生物群[M]//青海省地质科学研究所,中国科学院南京地质古生物研究所.青海玉树地区泥盆纪—三叠纪地层和古生物(下册).南京:南京大学出版社,1990:1-20.

邓晓锋,张文敬.唐古拉山各拉丹冬峰东坡第四纪冰川与环境突变[J].冰川冻土,1992,14(2):153-160.

丁林,钟大赉.滇西昌宁-孟连带古特提斯洋硅质岩稀土元素和铈异常特征[J].中国科学(B辑),1995,25(1):93-100.

董云鹏,朱炳泉,常向阳,等.滇东师宗-弥勒带北段基性火山岩地球化学有其对华南大陆构造格局的制约[J].岩石学报,2002,18(1):37-46.

段丽兰.云南保山、施甸地区早石炭世珊瑚化石[M]//地质矿产部青藏高原地质文集编委会.青藏高原地质文集(17).北京:地质出版社,1985:255-281.

段其发,王建雄,何龙清,等.青海玉树地区首次发现中泥盆世植物化石[J].沉积与特提斯地质,2004,24(1):46-48.

段其发,王健雄,姚华舟,等.青海南部赤布张错地区中侏罗世沉积环境及双壳类化石[J].沉积与特提斯地质,2006,26(3):16-21.

段其发,杨振强,王建雄,等.北羌塘盆地东部二叠纪高 Ti 玄武岩的地球化学特征[J].地质通报,2006,25(1-2):156-162.

段其发,张克信,王建雄,等.藏北唐古拉山地区沱沱河组孢粉组合及其地层意义[J].地球科学——中国地质大学学报,2007,32(5):629-637.

段其发,张克信,王建雄,等.唐古拉山地区渐新世孢粉植物群及其古植被、古气候[J].微体古生物学报,2008,25(2):185-195.

段其发,王建雄,白云山,等.唐古拉山东段莫云地区二叠纪玄武岩地球化学特征及源区性质[J].矿物岩石学杂志,2010,29(2):125-138.

范影年.中国西藏石炭—二叠纪皱纹珊瑚的地理区系[M]//地质矿产部青藏高原地质文集编委会.青藏高原地质文集(16).北京:地质出版社,1985:87-106.

冯少南,许寿永,林甲兴,等.长江三峡地区生物地层学(3),晚古生代分册[M].北京:地质出版社,1984:63-109.

苟金.唐古拉山地区第三纪地层的划分及命名[J].中国区域地质,1993(4):302-310.

何国雄,王义刚,陈国隆.青海南部玉树地区三叠纪头足类[C]//青海省地质局地质科学研究所,中国科学院南京地质古生物研究所.青海玉树地区泥盆纪—三叠纪地层和古生物(上册).南京:南京大学出版社,1990:235-287.

何龙清.金沙江造山带的大地构造环境及演化模式[J].现代地质,1998,12(2):185-191.

侯增谦,莫宣学.义敦岛弧形成演化及其对三江地区黑矿型块状硫化物矿床的控制作用[J].地球科学,1990,16(2):153-164.

侯增谦,莫宣学,朱勤文,等."三江"古特提斯地幔热柱——洋岛玄武岩证据[J].地球学报,1996,17(4):343-361.

侯增谦,莫宣学,朱勤文,等."三江"古特提斯地幔热柱——洋中脊玄武岩证据[J].地球学报,1996,17(4):362-375.

胡承祖.从雅鲁藏布江缝合带和茶布—查桑裂谷的发育历史讨论西藏板块的演化[C]//青藏高原地质文集(9)(三江"论文专辑).北京:地质出版社,1985.

胡享生,莫宣学,范例,等.西藏江达古沟-弧-盆体系的火山岩石学与地质学标志[C]//青藏高原地质文集(20)("三江"论文专辑).北京:地质出版社,1990.

黄汲清,陈炳蔚.中国及邻区特提斯海的演化[M].北京:地质出版社,1987.

金玉玕,叶松龄,许汉奎,等.腕足类[M]//中国科学院南京地质古生物研究所,青海地质科学研究所.西北地区古生物图册,青海分册(1).北京:地质出版社,1979:60-217.

金玉玕,范影年,王向东,等.中国地层典—石炭系[M].北京:地质出版社,2000a:1-138.

金玉玕,尚庆华,侯静鹏,等.中国地层典—二叠系[M].北京:地质出版社,2000b:1-149.

金性春.板块构造学基础[M].上海:上海科学技术出版社,1984:208-233.

李才,黄小鹏,翟庆国,等.龙木错-双湖-吉塘板块缝合带与青藏高原冈瓦纳北界[J].地学前缘,2006,13(4):236-147.

李才,程立人,胡克,等.西藏羌塘南部地区的冰海杂砾岩及其成因[J].长春地质学院学报,1995,25(4):368-373.

李才,王天武,杨德明,等.西藏羌塘中央隆起区物质组成与构造演化[J].长春科技大学学报,2001,31(1):25-31.

李才.龙木错-双湖-澜沧江板块缝合带与石炭二叠纪冈瓦纳北界[J].长春地质学院学报,1987,17(2):155-166.

李才.青藏高原龙木错-双湖-澜沧江板块缝合带研究二十年[J].地质论评,2008,54(1):105-119.

李莉,白云山,牛志军,等.青藏高原羌塘东部治多县左支-失多莫卜辉长岩带地球化学特征及构造意义[J].资源调查与环境,2009a,18(4):250-255.

李莉,白云山,马丽艳,等.羌塘东部治多县索加一带甲丕拉组火山岩特征及其构造环境[J].地质调查与研究,2009,32(1):8-14.

李莉,白云山,牛志军,等.青海省治多县扎那日根岩体特征及构造意义[J].沉积与特提斯地质,2007,(2):20-25.

李勇,王成善,伊海生,等.青藏高原中侏罗世—早白垩世羌塘复合型前陆盆地充填模式[J].沉积学报,2001,19(1):20-27.

李炳元,李元芳,孔昭宸.青海可可西里苟弄错地区近二万年来的环境变化[J].科学通报,1994,39(18):1727-1728.

李春昱,王荃,刘雪亚,等.亚洲大地构造图(1:800 万)及说明书[M].北京:地图出版社,1982.

李光岑.西藏地球物理文集——喜马拉雅岩石圈构造演化[M].北京:地质出版社,1990.

李汉敏.塔里木盆地北缘早石炭世有孔虫[J].新疆地质,1991,9(2):124-137.

李罗照.塔里木盆地石炭—二叠纪生物地层[M].北京:地质出版社,1996.

李树德,李世杰.青海可可西里地区多年冻土与冰缘地貌[J].冰川冻土,1993,15(1):77-82.

李思田.沉积盆地的动力学分析——盆地研究领域的主要趋向[J].地学前缘,1995,2(3-4):1-7.

李兴振,潘桂棠,罗建宁.论三江地区冈瓦纳和劳亚大陆的分界[C]//青藏高原地质文集(20)(“三江”论文专辑).北京:地质出版社,1990.

李璋荣,廖卫华.四射珊瑚亚纲[M]//中国科学院南京地质古生物研究所,青海地质科学研究所.西北地区古生物图册,青海分册(2).北京:地质出版社,1979:16-38.

梁定益,王为平.西藏康马和拉孜曲虾两地的石炭—二叠系及其生物群的初步讨论[C]//青藏高原地质文集(2)(“三江”论文专辑).北京:地质出版社,1983:226-236.

林甲兴.广东、湖南早石炭世的有孔虫及其地层意义[J].中国地质科学院宜昌地质矿产研究所所刊(地层古生物专号),1981:1-41.

林甲兴.䗴目[M]//冯少南等.长江三峡生物地层学(6)晚古生代分册.北京:地质出版社,1984:151-176.

刘本培,冯庆来,方念乔,等.滇西南昌宁—孟连和澜沧江带古特提斯多岛洋构造演化[J].地球科学——中国地质大学学报,1993,18(5):529-539.

刘广才,周天祯,周光第,等.青海省祁漫塔格晚古生代地层[M].成都:四川科学技术出版社,1987.

刘广才.对青海南部杂多-吉多-囊谦地区石炭系划分的商榷[J].青海地质,1988(2):34-46.

刘广才.唐古拉山中段开心岭群乌丽群的时代定义问题[J].青海地质,1993,2(1):1-9.

刘广才,田琪.青海唐古拉山中段地区二叠纪地层新资料[J].中国区域地质,1993(2):113-120.

陆麟黄,周光第.苔藓虫类[M]//中国科学院南京地质古生物研究所,青海地质科学研究所.西北地区古生物图册,青海分册(2).北京:地质出版社,1979:61-80.

罗辉.羌塘西北部泥盆纪和石炭纪有孔虫[M]//文世宣.喀喇昆仑山—昆仑山地区古生物.北京:科学出版社,1998:27-55.

罗建宁,杜德勋,惠兰,等.西南三江地区沉积地质与成矿[M].北京:地质出版社,1999:1-30.

罗志立,雍自权,刘树根,等.“峨眉地裂运动”对扬子古板块和塔里木古板块的离散作用及其地学意义[J].新疆石油地质,2004,25(1):1-7.

骆金锭,何心一,王治平,等.中国石炭纪和二叠纪四射珊瑚组合、化石带及生物古地理[M]//王鸿祯,何心一,陈建强,等.中国古生代珊瑚分类演化及生物古地理.北京:科学出版社,1989,267-298.

骆耀南,俞如龙.西南三江地区造山演化过程及成矿时空分布[J].矿物岩石,2001(3):153-159.

马丽艳,牛志军,白云山,等.青海南部二叠纪火山岩 Sr、Nd、Pb 同位素特征及地质意义[J].地球科学——中国地质大学学报,2007,32(1):22-28.

莫宣学，路凤香，沈上越，等. 三江特提斯火山作用与成矿[M]. 北京：地质出版社，1993：65-104.
莫宣学，沈上越，朱勤文，等. 三江中南段火山岩一蛇绿岩与成矿[M]. 北京：地质出版社，1998：86-107.
莫宣学，邓晋福，董方浏，等. 西南三江造山带火山岩一构造组合及其意义[J]. 高校地质学报，2001，7(2)：121-138.
穆恩之，俞昌民，朱兆玲，等. 祁连山地质志，第 2 卷 1 分册[M]. 北京：科学出版社，1963.
牛志军，曾波夫，卜建军，等. 长江源各拉丹冬一带发现 *Gallowayinella* 䗴类动物群[J]. 地质通报，2002，21(11)：756-758.
牛志军，姚华舟，曾波夫，等. 长江源各拉丹冬地区晚二叠世乌丽群䗴类生物组合[J]. 地层学杂志，2004，28(3)：270-275.
牛志军，段其发，王建雄，等. 青海省南部治多—杂多一带早石炭世有孔虫动物群[J]. 微体古生物学报，2005，22(4)：329-345.
牛志军，段其发，王建雄，等. 青海南部杂多—治多一带发现早石炭世 *Eostaffella* 动物群[J]. 地质通报，2006，25(1-2)：163-167.
牛志军，段其发，王建雄，等. 青海南部治多—杂多一带二叠系尕笛考组[J]. 地层学杂志. 2006b，30(2)：109-115.
牛志军，段其发，王建雄，等. 青海 1:25 万直根尕卡幅地质调查成果与进展[J]. 华南地质与矿产，2006(3)：70-76.
牛志军，段其发，王建雄，等. 青海南部治多—杂多地区二叠系阳新统上部层位的发现和尕日扎仁组、索加组的建立[J]. 地质通报，2006d，25(1-2)：176-182.
牛志军，徐安武，王建雄，等. 青海南部二叠纪罗甸期火山岛沉积相模式及对类动物群分布的制约[J]. 中国科学(D 辑)，2008，38(2)：145-156.
潘桂棠，陈智梁，李兴振，等. 东特提斯地质构造形成演化[M]. 北京：地质出版社，1997.
潘桂棠，李兴振，王立全，等. 青藏高原及邻区大地构造单元初步划分[J]. 地质通报，2002，21(11)：701-707.
潘桂棠，王立全，李兴振，等. 青藏高原区域构造格局及其多岛弧盆系的空间配置[J]. 沉积与特提斯地质，2001，21(3)：1-26.
青海省地质局地质科学研究所，中国科学院南京地质古生物研究所. 青海玉树地区泥盆纪—三叠纪地层和古生物(全二册)[M]. 南京：南京大学出版社，1990.
青海省地质局. 囊谦县幅 1：20 万区调报告[M]. 北京：地质出版社. 1983.
青海省地质矿产局. 青海省区域地质志[M]. 北京：地质出版社，1991.
青海省地质矿产局. 青海省岩石地层[M]. 武汉：中国地质大学出版社，1997.
青海石油管理局勘探开发研究院，中国科学院南京地质古生物研究所. 柴达木盆地第三纪孢粉学研究[M]. 北京：石油工业出版社，1985.
任纪舜，王作勋，陈炳蔚，等. 从全球看中国大地构造——中国及邻区大地构造图简要说明[M]. 北京：地质出版社，1999：1-50.
芮琳. 江苏贾汪煤田泉旺头灰岩的䗴类[J]. 古生物学报，1983，22(2)：170-182.
森格 A M C. 板块构造学与造山运动，特提斯例析[M]. 丁晓，周祖翼，赵国先，等译. 上海：复旦大学出版社，1992：36-122.
沙金庚，陈楚震，祁良志. 青海玉树地区中、晚三叠世双壳类[M]. 南京：南京大学出版社，1990：48-128.
沙金庚. 青海可可西里地区的古生物地层特征及其古地理学意义[J]. 古生物学报，1998，37(1)：85-96.
沈渭洲，朱金初，刘昌实，等. 华南基底变质岩的 Sm-Nd 同位素及其对花岗岩类物质来源的制约[J]. 岩石学报，1993，9(2)：114-124.
盛金章. 青海省茅口灰岩中的䗴科[J]. 古生物学报，1958，6(3)：268-299.
盛金章. 广西、贵州及四川二叠纪的䗴类[M]. 北京：科学出版社，1963.
盛金章，孙大德. 青海䗴类[M]. 北京：地质出版社，1975：1-70.
盛金章，王玉净. 西藏二叠纪䗴类概貌兼论二叠纪䗴类动物地理区系[J]. 古生物学报，1981，20(6)：546-551.
宋之琛，郑亚惠，刘金陵，等. 江苏地区白垩纪—第三纪孢粉组合[M]. 北京：地质出版社，1981.
宋之琛，刘金陵. 西藏南木林第三纪孢粉组合[M]//中国科学院青藏高原综合科学考察队. 西藏古生物. 北京：科学出版社，1982：153-164.
孙东立. 西藏中生代腕足动物群[M]//西藏古生物第三分册. 北京：科学出版社，1981：177-260.
孙东立，李炳有. 玉树地区三叠纪腕足动物新资料[M]//青海玉树地区泥盆纪—三叠纪地层和古生物(上册). 南京：南京大学出版社，1990：103-122.
孙东立. 西藏革吉县二叠纪萨克玛尔(Sakmarian)阿丁斯克(Artinskian)期腕足动物群及其生物地理区系意义[M]//孙东

立，徐均涛，等. 西藏日土地区二叠纪、侏罗纪、白垩纪地层及古生物. 南京：南京大学出版社，1991：1-294.

孙书勤，汪云亮，张成江. 玄武岩类岩石大地构造环境的 Th、Nb、Zr 判别[J]. 地质论评，2003，49(1)：40-47.

孙晓猛，杨遵仪，张梅生，等. 滇西北金沙江古特提斯造山带地层及构造演化[J]. 长春科技大学学报，1999(1)：20-24.

孙晓猛，聂泽同，梁定益，等. 滇西北金沙江带蛇绿混杂岩的形成时代及大地构造意义[J]. 现代地质，1994，8(3)：241-246.

汪啸风，Metcalfe I，简平，等. 金沙江缝合带构造地层划分及时代厘定[J]. 中国科学(D辑)，1999，29(4)：289-297.

王超，施贵军，刘家润，等. 云南石林石炭纪古盘虫类有孔虫及其沉积环境初探[J]. 微体古生物学报，2004，21(2)：183-193.

王成善，胡成祖，吴瑞忠，等. 西藏北部查桑—查布裂谷的发现及其地质意义[J]. 成都地质学院学报，1987，14(2)：33-46.

王成善，伊海生，李勇，等. 西藏羌塘盆地地质演化与油气远景评价[M]. 北京：地质出版社，2001.

王方正，杨梅珍，郑建平. 准噶尔盆地岛弧火山岩地体拼合基底的地球化学证据[J]. 岩石矿物学杂志，2002，21(1)：1-10.

王建华，唐毅. 浙江桐庐冷坞栖霞组䗴类[J]. 微体古生物学报，1986，3(1)：3-12.

王克良. 西藏石炭纪及二叠纪有孔虫[M]//中国科学院青藏高原综合科学考察队. 西藏古生物(4). 北京：科学出版社，1982：1-32.

王克良. 湖南邵阳地区早石炭世有孔虫及其地层意义[J]. 中国科学院南京地质古生物研究所丛刊，1983，6：209-224.

王绍令. 晚更新世以来青藏高原冻土形成及演化的探讨[J]. 冰川冻土，1989，11(1)：67-75.

王宜昌. 试论航磁异常与北疆裂谷系[J]. 新疆石油地质，1997，18(4)：295-301.

王宜昌，杨辉，王永涛. 青藏羌塘地区隐伏裂陷槽的识别及油气远景[J]. 新疆石油地质，2000，21(1)：1-5.

王宜昌，王永涛. 羌塘地区壳内低阻层特征及初步认识[J]. 新疆石油地质，2001，22(6)：472-474.

王义刚，何国雄. 西藏一些三叠纪菊石[M]//西藏古生物(第三分册). 北京：科学出版社，1981：283-313.

王义刚，郑灼官，陈国隆. 头足类[M]//中国科学院南京地质古生物所，青海地质研究所. 西北地区古生物图册，青海分册(1). 北京：地质出版社，1976：3-59.

王义刚，王玉净，吴浩若. 西藏南部加不拉组问题的讨论及隆子地区下侏罗统的发现[J]. 地质科学，1976，17(2)：149-156.

王玉净，盛金章，张遴信. 西藏䗴类[M]//中国科学院青藏高原综合科学考察队. 西藏古生物(3). 北京：科学出版社，1981：1-80.

文世宣. 帕米尔和喀喇昆仑地区一些侏罗纪双壳类[M]//文世宣. 喀喇昆仑山—昆仑山地区古生物. 北京：科学出版社，1998：309-325

吴报忠. 关于黎彤值中常量元素丰度的讨论[J]. 桂林冶金地质学院学报，1991(3)：308-314.

吴瑞忠，胡承祖，王成善，等. 藏北羌塘地区地层系统[C]//青藏高原地质文集(9). 北京：地质出版社，1985.

吴望始，廖卫华，赵嘉明. 西藏古生代四射珊瑚[M]//中国科学院青藏高原综合科学考察队. 西藏古生物(4). 北京：科学出版社，1982：107-151.

吴望始，章炎生. 横断山脉的石炭纪四射珊瑚[M]//四川省地质局区域地质调查队，中国科学院南京地质古生物研究所. 川西藏东地区地层与古生物(4). 成都：四川科学技术出版社，1985：103-162.

西藏自治区地质矿产局. 西藏自治区区域地质志[M]. 北京：地质出版社，1993.

西藏自治区地质矿产局. 西藏自治区岩石地层[M]. 武汉：中国地质大学出版社，1997.

夏邦栋，张开均，孔庆友. 青藏高原内部三条磨拉石带的确定及其构造意义[J]. 地学前缘，1999(3)：173-180.

肖龙，徐义刚，梅厚均，等. 云南宾川地区峨眉山玄武岩地球化学特征：岩石类型及随时间演化规律[J]. 地质科学，2003，38(4)：478-494.

肖龙，徐义刚，何斌. 试论地幔柱构造与川滇西部古特提斯的演化[J]. 地质科技情报，2005，24(4)：1-6.

肖伟民，王洪第，张遴信，等. 贵州南部早二叠世地层及其生物群[M]. 贵阳：贵州人民出版社，1986.

徐桂荣，杨伟平. 二叠纪[A]//殷鸿福等，中国古生物地理学. 武汉：中国地质大学出版社. 1988：176-197.

徐义刚. 拉张环境中的大陆玄武岩浆作用：性质和动力过程[A]//郑永飞. 化学地球动力学. 北京：科学出版社，1999：119-167.

许寿永. 湘鄂二叠纪珊瑚动物群的特征[J]，古生物学报，1984，23(5)：605-617.

颜佳新，刘本培，张海清. 滇西昌宁—孟连带内石炭—二叠纪鲕粒灰岩的古地理意义[J]. 古地理学报，1999，1(3)：13-18.

杨式溥，范影年. 西藏申扎地区石炭系及生物群特征[A]//青藏高原地质文集(10)(“三江”地层古生物). 北京：地质出版社，1982.

杨遵仪，阴家润. 青海南部侏罗纪地层问题讨论[J]. 现代地质，1988，2(3)：278-292.

姚华舟，段其发，牛志军，等. 1：25 万赤布张错幅区域地质调查报告. 北京：地质出版社，2011.

叶干,林甲兴.顾道源.四川龙门山地区早石炭世有孔虫[J].微体古生物学报,1987,4(3):281-292.
叶和飞,夏邦栋,刘池阳,等.青藏高原大地构造特征及盆地演化[M].北京:科学出版社,2001.
阴家润.唐古拉山北坡侏罗纪双壳类化石新材料[J].现代地质,1987,1(3-4):327-337.
阴家润.唐古拉山北坡雁石坪群巴柔期双壳类动物群[J].地质论评,1988,34(5):439-447.
殷鸿福,吴顺宝,杜远生,等.华南是特提斯多岛洋体系的一部分[J].地球科学,1999,24(1):1-12.
尹集祥.青藏高原及邻区冈瓦纳相地层地质学[M].北京:地质出版社,1997.
尹集祥,邓万明,文世宣,等.青藏高原及邻区中间过渡陆块前侏罗纪构造演化[M]//潘裕生,孔祥儒(主编).青藏高原岩石圈结构演化和动力学.广州:广东科学技术出版社,1998:217-332.
余光明,王成善.西藏特提斯沉积地质[M].北京:地质出版社,1990:1-185.
曾学鲁,朱伟元,何心一,等.西秦岭石炭纪、二叠纪生物地层及沉积环境[M].北京:地质出版社,1996.
张遴信.安徽和县下石炭统和州段中的䗴类[J].古生物学报,1962,10(4):433-442.
张遴信.青藏高原东部的䗴类[M]//四川省地质局区域地质调查队,中国科学院南京地质古生物研究所.川西藏东地区地层与古生物(2).成都:四川人民出版社,1982:119-244.
张遴信.论臭灰岩(Swine Limestone)[J].地层学杂志,1983,7(3):184-190.
张遴信,孙巧缡.新疆伊宁一带的 *Eostaffella* 动物群[J].古生物学报,1985,24(2):205-211.
张遴信,董文兰.䗴类[M]//肖伟民,王洪第,张建信,等.贵州南部早二叠世地层及生物群.贵阳:贵州人民出版社,1986:70-198.
张遴信,李万英.江苏大丰石炭纪及早二叠世栖霞期䗴类[J].古生物学报,1987,26(4):392-410.
张遴信.青海玉树地区石炭纪及早二叠世的䗴[M]//青海省地质科学研究所,中国科学院南京地质古生物研究所.青海玉树地区泥盆纪—三叠纪地层和古生物(下册).南京:南京大学出版社,1991:21-30.
张遴信.石炭系[M]//中国科学院南京地质古生物研究所.中国地层研究二十年(1979-1999).合肥:中国科学技术大学出版社,2000:129-164.
张林源.青藏高原上升对我国第四纪环境演变的影响[J].兰州大学学报(自然科学版),1981,17(3):142-155.
张懋功,胡承祖,吴瑞忠.藏北—香琼—查桑基性火山岩带的岩石化学特征与构造环境[C]//青藏高原地质文集(10).北京:地质出版社,1986.
张以茀.可可西里—巴颜喀拉及邻区特提斯海的特征[J].西藏地质,1991,(2):62-72.
张以茀,郑祥身.青海可可西里地区地质演化[M].北京:科学出版社,1996:49-55.
张招崇,王福生.峨眉山玄武岩 Sr、Nd、Pb 同位素特征及其物源探讨[J].地球科学——中国地质大学学报,2003,28(4):431-439.
张招崇,王福生,郝艳丽.峨眉山大火成岩省和西伯利亚大火成岩省地球化学特征的比较及其成因启示[J].岩石矿物学杂志,2005,24(1):12-20.
张祖辉,洪祖寅.福建漳平早二叠世 *Schwagerina cushmani* 䗴类动物群[J].微体古生物学报,1998,15(4):385-394.
张祖辉,洪祖寅.内蒙古阿拉善左旗早石炭世有孔虫动物群的发现[J].微体古生物学报,1999,16(2):195-206.
赵嘉明.藏东、川西及滇北二叠纪四射珊瑚[M]//四川省地质局区域地质调查队,中国科学院南京地质古生物研究所.川西藏东地区地层与古生物(4).成都:四川人民出版社,1984:163-178.
赵嘉明.青海玉树桑知阿考晚石炭世晚期的四射珊瑚[M]//青海省地质科学研究所,中国科学院南京地质古生物研究所.青海玉树地区泥盆纪—三叠纪地层和古生物(下册).南京:南京大学出版社,1991:45-64.
赵政璋,李永铁,叶和飞,等.青藏高原地层[M].北京:科学出版社,2001a:125-139.
赵政璋,李永铁,叶和飞,等.青藏高原大地构造特征及盆地演化[M].北京:科学出版社,2001b:273-282.
赵治信,韩建修,王增吉.塔里木盆地西南缘石炭纪地层及其生物群[M].北京:地质出版社,1984:1-187.
郑家坚,何希贤,刘淑文,等.中国地层典—第三系[M].北京:地质出版社,1999.
郑元泰,林甲兴.有孔虫、䗴[M]//新疆石油管理局南疆石油勘探公司.塔里木盆地震旦纪至二叠纪地层古生物(Ⅱ).柯坪—巴楚地区分册.北京:石油出版社,1991:158-190.
宗冠福,陈万勇,黄学诗,等.横断山地区新生代哺乳动物及其生活环境[M].北京:海洋出版社,1996.
周建平,张遴信.南京栖霞山栖霞组的䗴[J].古生物学报,1984,23(6):716-725.
周建平,张遴信,王玉净,等.中国二叠纪䗴类生物地理分区[J].地层学杂志,2000,24(增刊):378-381,393.
周祖仁.湘东南早二叠世栖霞期早期的 *Schwagerina cushmani* 类群[J].古生物学报,1982,21(2):226-227.
朱同兴.从弧后盆地到前陆盆地的沉积演化——以西藏北部羌塘中生代盆地分析为例[J].沉积与特提斯地质,1999,23:

1-15.

Allegre C J, Ben Othman D, Polve M, et al. The Nd-Sr isotopic correlation in mantle materials and geodynamic consequences[J]. Phys Earth Planet Inter, 1979, 19(4): 293-306.

Batchelor R A, Bowden P. Petrogenetic interpretation of granitoid rock series using multicationic parameters[J]. Chemical Geology, 1985, 48(1—4): 43-55.

Ben Othman D, Polve M, Allegre C J. Nd-Sr isotopic composition of granulites and constraints on the evolution of lower continental crust[J]. Nature, 1984, 307(5951): 510-515.

Beard J S. Characteristic mineralogy of arc-related cumulate gabbros: implications for the tectonic setting of gabbroic plutons and for andesite genesise[J]. Geology, 1986, 14(10): 848-851.

Collerson K D, Kamber B S. Evolution of the continents and the atmosphere inferred from Th-U-Nb systematics of the depleted mantle[J]. Science, 1999, 283(5407): 1519-1522.

Condie K C. Plate Tectonics and Crustal Evolution(third edition)[M]. Elmsford, N Y: Pergamon Press, 1989: 1-476.

DePaolo D J, Wasserburg G J. Petrogenetic mixing models and Nd-Sr isotopic patterns[J]. Geochim. Cosmochim. Acta, 1979, 43(4): 615-627.

Faure G. Principles of isotope geology[M]. New York: John Wiley and Sons, 1986: 321-343.

Fitton J G, James D, Leeman W P. Basic magmatism associated with Late Cenozoic extension in the western United States: compositional variation in space and time[J]. J Geophys Res, 1991, 96(B8): 13693-13711.

Foley S F, Pecerillo A. Potassic and ultrapotassic magmas and thier origin[J]. Lithos, 1992, 28(3-6): 181-185.

He B, Xu Y G, Xiao L, et al. Sedimentary evidence for a rapid, kilometer-scale crustal doming prior to the eruption of the Emeishan flood basalts[J]. Earth Planet Sci Lett, 2003, 213(3-4): 391-405.

Hess P C. Origin of Igneous Rocks[M]. Cambridge, MA: Harvard University Press, 1989.

Hsu K J, DeMore W B. Rate constants and temperature dependences for the reactions of hydroxyl radical with several halogenated methanes, ethanes, and propanes by relative rate measurements[J]. J Phys Chem, 1995, 99(4): 1235-1244.

Huang K N, Opdyke N D, Peng X J, et al. Paleomagnetic results from the Upper Permian the eastern Qiangtang Terrane of Tibet and tectonic implications[J]. Earth Planet Sci Lett, 1992, 111(1): 1-10.

Kasper A E, Andrews H N, Forbes W. New fertile species of psilophyton from the Devonian of Maine[J]. Am J Bot, 1974, 61(4): 339-359.

Le Bas M J, Le Maitre R W, Streckeisen, et al. A chemical classification of volcanic rocks on the total alkali-silica diagram [J]. Journal of Petrology, 1986, 27(3): 745-750.

Mamet B L. An atlas of microfacies in Carboniferous carbonates of the Canadian Cordillera[M]. Ottawa: Geol Surv Bull Can, 1976, 255: 1-131.

Metcalfe I. Permian tectonic framework and palaeogeography of SE Asia[J]. Journal of Asian Earth Sciences, 2002, 20(6): 551-566.

Meschede M. A method of discriminating between different type of mid-ocean ridge basalts and continental tholeiites with the Nb-Zr-Y diagram[J]. Chem Geol, 1986, 56(3-4): 207-218.

Miller C R, Schuster U, Klötzli, et al. Post-Collisional Potassic and Ultrapotassic Magmatism in SW Tibet: Geochemical and Sr-Nd-Pb-O Isotopic Constraints for Mantle Source Characteristics and Petrogenesis[J]. Journal of Petrology, 1999, 40(9): 1399-1424.

Mullen E D. $MnO/TiO_2/P_2O_5$: a minor element discriminant for basaltic rocks of oceanic environments and its implications for petrogenesis[J]. Earth Planet Sci Lett, 1983, 62(1): 53-62.

Pearce T H. The TiO_2-K_2O-P_2O_5 diagram: A method of discriminating between oceanic and non-oceanic basalts[J]. Earth Planet Sci Lett, 1975, 24(3): 419-426.

Pearce T H, Gorman B E, Birkett T C. The relationship between major element chemistry and tectonic environment of basic and intermediate volcanic rocks[J]. Earth and Planetary Science Letters, 1977, 36(1): 121-132.

Pearce J A, Harris N B W, Tindle A G. Trace element discrimination diagrams for the tectonic interpretation of granitic rocks[J]. Journal of Petrology, 1984, 25(4): 956-983.

Picher W S. Granite type and tectonic environment[M]//Hus K J(ed.). Mountain Building Processes. London: Academic Press, 1983: 19-27.

Rogers N W, Hawkeworth C J, Ormerod D S. Late Cenozoic basaltic magmatism in the western Great basin, California and Navada[J]. J Geophys Res, 1995, 100(B6): 10287-10303.

Rollison H R. Using Geochemical Data: Evaluation, Presentation, Interpretation[M]. New York: Longman Scientifif and Technical Limited, 1993: 1-352.

Saunders A D, Norry M J, Tarney J. Origin of MORB and chemically depleted mantle reservoirs: trace element constraints [M]//Menzies M A & Cox K G(eds.). Oceanic and Continental Lithosphere: Similarities and Differences. J Petrol Special Volume, 1988: 415-445.

Sengor A M C, Altiner D, Cin A, et al. Tectonics of the Tethysides: Orogenic collage at the expense of Gondwana-Land [M]. Geol Soc London Spec Publ, 1988, 37: 119-181.

Sengor A M C. Plate tectonics and orogenic research after 25 years: Synopsis of a Tethyan perspective[J]. Tectonophys, 1991, 187(1-3): 315-330, 337-344.

Sha J G, Fursich F T, Smith P L. Palaeotaxodonta, Pteriomorphia, and Isofilibranchia(Bivalvia) from the Jurassic of maib ridge of the Tanggula Mountains Qinghai-Xizang Plateau, China[J]. Beringeria, 1998, 21: 3-55.

Shi G R, Archbold N W, Zhan L P. Distribution and characteristics of mixed(transitional) mid-Permian(Late Artinskian-Ufimian) marine faunas in Asia and their palaeogeographical implications[J]. Palaeogeography, Palaeoclimatology, Palaeoecology, 1995, 114(2): 241-271.

Stille P, Unruh D M, Tatsumoto M. Pb, Sr, Nd and Hf isotopic evidence of multiple sources for Oahu, Hawwii basalts[J]. Nature, 1983, 304(5921): 25-29.

Taylor S R. Chemical composition and evolution of the continental crust: the rare earth element evidence[M]//McElhinny M W(ed.). The Earth: Its Origin, Structure and Evolution, Chap. 11. New York: Academic Press, 1979: 353-376.

Wang X F, Metcalfe I, Jian P, et al. The Jinshajiang suture zone: tectono-stratigraphic subdivision and revision of age[J]. Science in China Series D: Earth Sciences, 2000, 43(1): 10-22.

Wood D A. The application of a Th-Hf-Ta diagram to problems of tectonomagmatic classification and to establishing the nature of crustal contamination of basaltic lavas of the British Tertiary volcanic province[J]. Earth Planet Science Letters, 1980, 50(1): 11-30.

Wilson M. Igneous Petrogensis-A Global Tectonic Approch[M]. London: Unwin Hyman, 1989.

Wilson M, Downes H. Tertiary-Quaternary extension-related alkaline magmatism in western and central Europe[J]. Journal of Petrol, 1991, 32(4): 811-849.

White W M. Sources of oceanic basalts: radiogenic isotopic evidence[J]. Geology, 1985, 13(2): 115-118.

Yin J R, Fursich F T. Middle and Upper Jurassic bivalves from the Tanggula Mountains, W-China[J]. Beringeria, 1991, 4: 127-192.

Xu Y G, He B, Chung S L, et al. The geologic, geochemical and geophysical consequences of plume involvement in the Emeishan flood basalt province[J]. Geology, 2004, 30(10): 917-920.

Zhang Z C, Mahoney J J, Mao J W, et al. Geochemistry of picritic and associated basalt flows of the western Emeishan flood basalt province, China[J]. Journal of Petrol, 2006, 47(10): 1997-2019.

Zindler A, Hart S. Chemical geodynamics[J]. Ann. Rev. Earth Planet Sci Lett, 1986, 14(1986): 493-571.

图版说明及图版

（标本保存于武汉地质矿产研究所，所有图片未加润饰）

图版 1

1. *Ammodiscus semiconstrictus regularis* Waters
   轴切面，×100，D0101-f1-5(野外采集号，下同)，ZGF4469(室内编号，下同)，治多县直梗尕云，C_1Z_2
2. *Ammodiscus* sp.
   中切面，×100，XR-35f3，ZGF4454，治多县西恰山南坡，C_1Z_1
3. *Glomospira elegans* Lipina
   轴切面，×60，SR0843-f3-1，ZGF4390，杂多县塔阿龙木通，C_1Z_2
4. *Glomospira* sp.
   2个个体，轴切面，×60，SR0843-f3-1，ZGF4385，杂多县塔阿龙木通，C_1Z_2

5,6,7. *Glomospira regularis* Lipina
   轴切面，×60：
   5. SR0843-f3-1，ZGF4386，杂多县塔阿龙木通，C_1Z_2；
   6. XR-35f3，ZGF4800，治多县西恰山南坡，C_1Z_1；
   7. SR0824-f-4，ZGF4801，杂多县萨日喀钦，C_1Z_2

8. *Glomospira gordialis* (Jones et Parker)
   轴切面，×60，D0699-11f，ZGF4802，杂多县果涌北，C_1Z_2
9. *Archaesphaera crassa* Lipina
   切面，×100，D129-f4-2，ZGF4803，治多县西恰山南坡，C_1Z_1
10. *Archaesphaera minima* Suleimanov
   切面，×100，D130-f1-2，ZGF4804，治多县西恰山南坡，C_1Z_1

11,12. *Neotuberitina maljavkini* (Mikhailov)
   纵切面，×100：
   11. D1603f，ZGF4805，杂多县阿日永，C_1Z_2；
   12. D139-f2-1，ZGF4806，治多县省岗窝玛，C_1Z_1

13. *Diploshaerina inaequalis* (Derville)
   纵切面，×100，D130-f1-3，ZGF4509，治多县西恰山南坡，C_1Z_1
14. *Eotuberitina reitlingerae* A. D. M. -Maclay
   纵切面，×100，D130-f1-2，ZGF4807，治多县西恰山南坡，C_1Z_1

15,16,17. *Eotuberitina sphaera* Lin
   纵切面，×100：
   15. SJ-2f-1，ZGF4374，治多县索加，C_1Z_2；
   16. D1618-f，ZGF4660，C_1Z_2；
   17. D130-f1-2，ZGF4808，治多县西恰山南坡，C_1Z_1

18,19. *Earlandia elegans* (Rauser et Reitlinger)
   纵切面：
   18. ×60，D0659-1f，ZGF4809，杂多县多玛夏纳(果涌东南)，C_1Z_2；
   19. ×100，D444-2f-1，ZGF4677，杂多县木尺通，C_1Z_2

20,21. *Earlandia vulgaris* (Rauser et Reitlinger)
   纵切面，×35，D0101-f1-2，ZGF4810，治多县直梗尕云，C_1Z_2

22. *Paratikhinella* sp.
   侧视，×100，D1603-f，ZGF4811，杂多县阿日永南，C_1Z_2

23,24. *Palaeotextularia gibbosa minima* Lipina

纵切面，×50：

23. D139f2-1，ZGF4812，治多县省岗窝玛，C_1Z_1；

24. D139f2-2，ZGF4613，治多县省岗窝玛，C_1Z_1

25. *Palaeotextularia longiseptata crassa* Lipina

纵切面，×50，D139f2-1，ZGF4636，治多县省岗窝玛，C_1Z_1

26. *Palaeotextularia longissima* (Reitinger)

纵切面，×50，SR824f1-4，ZGF4813，杂多县萨日喀钦，C_1Z_2

27，30. *Palaeotextularia consobrina intermedia* Lipina

纵切面，×50：

27. ZGF4555，治多县省岗窝玛，C_1Z_1；

30. D139-f2-2，ZGF4814，治多县省岗窝玛，C_1Z_1

28，29. *Palaeotextularia* sp.

纵切面，×50：

28. ZGF4815，SJ-2f-1，治多县索加，C_1Z_2；

29. ZGF4816，SJ-2f-1，治多县索加，C_1Z_2

31. *Palaeotextularia gibbosa minima* Lipina

纵切面，×50，D139-f2-2，ZGF4560，治多县省岗窝玛，C_1Z_1

32，33. *Palaeotextularia longiseptata* Lipina

纵切面，×50：

32. D139-f2-2，ZGF4640，治多县省岗窝玛，C_1Z_1；

33. D139-f2-1，ZGF4590，治多县省岗窝玛，C_1Z_1

34，35，37. *Cribrostomum speciosus* Lin

纵切面，×50：

34. D139-f2-2，ZGF4629-2，治多县省岗窝玛，C_1Z_1；

35. D139-f2-1，治多县省岗窝玛，C_1Z_1；

37. D139-f2-2，ZGF4607-1，治多县省岗窝玛，C_1Z_1

36. *Cribrostomum* sp.

纵切面，×50，D139-f2-2，ZGF4817，治多县省岗窝玛，C_1Z_1

38. *Cribrostomum* cf. *prisca* Lipina

纵切面，×50，D419-f，ZGF4745，杂多县替木通，C_1Z_2

39. *Climacammina moelleri timanica* Reitlinger

纵切面，×50，D418-f，ZGF4717，杂多县替木通，C_1Z_2

40. *Deckerella* sp.

纵切面，×25，D927-f，ZGF4690，治多县西恰赛索曲西，C_1Z_2

图版 2

1. *Cribrostomum* cf. *eximium paraeximiun* Lipina

纵切面，×35，D699-11f，ZGF4650，杂多县果涌北，C_1Z_2

2. ? *Cribrogenerina* sp.

纵切面，×35，D699-11f，ZGF4651，杂多县果涌北，C_1Z_2

3. *Globobivavulina* sp.

纵切面，×100，D516-f1，ZGF4818，治多县雅若改切，C_1Z_2

4. *Tetrataxis* cf. *angusta* Vissarionova

纵切面，×50，D130-f1-2，ZGF4494，杂多县西恰山南坡，C_1Z_1

5，8，10. *Tetrataxis* sp.

纵切面，×50：

5. D130-f1-3，ZGF4511，杂多县西恰山南坡，C_1Z_1；

8. D516-f，ZGF4819，杂多县西恰山南坡，C_1Z_1；

10. D130-f1-2，ZGF4501，杂多县西恰山南坡，C_1Z_1

6. *Tetrataxis lata* Bogush et Jufer
纵切面，×50，D1618-f1，ZGF4661，杂多县帕亚帕钦，C_1Z_2
7. *Tetrataxis nota* Malakhova
纵切面，×50，XR-34f4，ZGF4437，杂多县西恰山南坡，C_1Z_1
9. *Tetrataxis angusta* Vissarionova
纵切面，×50，D130-f1-2，ZGF4496-1，杂多县西恰山南坡，C_1Z_1
11. *Tetrataxis schellwieni* Ozawa
纵切面，×50，D130-f1-2，ZGF4507-2，杂多县西恰山南坡，C_1Z_1
12. *Tetrataxis hemisphaerica elongata* Morozova
纵切面，×50，SR843-f1-1，ZGF4394，杂多县塔阿龙木通，C_1Z_2
13. *Tetrataxis planolocula* Lee et Chen
纵切面，×50，D130-f1-2，ZGF4404-1，杂多县西恰山南坡，C_1Z_1
14，15. *Howchina exilis* (Vissarionova)
纵切面，×100：
14. SJ-2f-1，ZGF4357，治多县索加；
15. 纵切面，D516-f1，ZGF4820，治多县雅若改切，C_1Z_2
16—21. *Mediocris breviscula* (Ganelina)
轴切面，×100：
16. XR-35f3，ZGF4821，采自杂多县西恰山南坡，C_1Z_1；
17. XR-35f5，ZGF4822，采自杂多县西恰山南坡，C_1Z_1；
18. D139f2-1，ZGF4659-1，采自杂多县西恰山南坡，C_1Z_1；
19. MY993-f2，ZGF4760，采自杂多县莫云，C_1Z_2；
20. 轴切面，×100，XR-35f9，ZGF4429-1，采自杂多县西恰山南坡；
21. 轴切面，×100，XR-35f9，ZGF4429-1，采自杂多县西恰山南坡
22—26. *Mediocris mediocris* (Vissarionova)
轴切面，×100：
22. ZGF4594，治多县省岗窝玛，C_1Z_1；
23. ZGF4637-1，治多县省岗窝玛，C_1Z_1；
24. ZGF4583，治多县省岗窝玛，C_1Z_1；
25. ZGF4642，治多县省岗窝玛，C_1Z_1；
26. ZGF4644-1，D139f2-1，治多县省岗窝玛，C_1Z_1
27—30. *Mediocris ovalis* (Vissarionova)
轴切面，×100：
27. D843-f4-1，ZGF4395，治多县省岗窝玛，C_1Z_2；
28. D139-f2-1，ZGF4612-2，治多县省岗窝玛，C_1Z_1；
29. D139-f2-1，ZGF4632，治多县省岗窝玛，C_1Z_1，
30. D139-f2-1，ZGF4602，治多县省岗窝玛，C_1Z_1
31—33. *Eoforschia moelleri* (Malakhova)
轴切面：
31. MRQ-27b，×60，ZGF4547-2，治多县玛日曲，C_1Z_2；
32. D699-f1-1，ZGF4823，×50，杂多县果涌北，C_1Z_2；
33. D419f1，ZGF4739，×50，杂多县替木，C_1Z_2
34—36. *Endostaffella parva* (Moeller)
轴切面，×100：
34. XR-34f4，ZGF4438-2，治多县西恰山南坡，C_1Z_1；
35. XR-35f5，ZGF4824，治多县西恰山南坡，C_1Z_1；
36. D444-f-1，ZGF4825，杂多县木尺通，C_1Z_2
37—38. *Endothyraella* sp. 1

近轴切面，×100：

37. D139-f2-2，ZGF4826，治多县省岗窝玛，C_1Z_1；

38. D139-f2-1，ZGF4827，治多县省岗窝玛，C_1Z_1

39. *Endothyraella* sp. 2

轴切面，×100，SR843-f4，ZGF4765，杂多县塔阿龙木通，C_1Z_1

40. *Endothyra wjasmensis* Ganelina

轴切面，×100，XR-34f4，ZGF4430，治多县西恰山南坡，C_1Z_1

图版 3

1—4. *Endothyra excelsa* Ganelina

轴切面：

1. XR-34f4，ZGF4433，治多县西恰山南坡，C_1Z_1；

2. MY992-f2，ZGF4828，杂多县莫云，C_1Z_2；

3. D139-f2-1，ZGF4632-2，治多县省岗窝玛，C_1Z_1；

4. D130-f1-2，ZGF4507，治多县西恰山南坡，C_1Z_1；

5—6. *Priscella prisca* (Rauser et Reitlinger)

轴切面：

5. D139-f2-2，ZGF4706-1，治多县省岗窝玛，C_1Z_1；

6. D139-f2-2，ZGF4706-2，治多县省岗窝玛，C_1Z_1

7—8. *Endothyra xiangnanensis* (Lin，Li et Sun)

轴切面：

7. D139-f2-1，ZGF4588，治多县省岗窝玛，C_1Z_1；

8. D135-f1-2，ZGF4829，治多县西恰山南坡，C_1Z_1

9—11. *Endothyra posneri* Ganelina

轴切面：

9. D139-f2-1，ZGF4591，治多县省岗窝玛，C_1Z_1；

10. D444-f2，ZGF4759-3，杂多县木尺通，C_1Z_2；

11. D130-f1-2，ZGF4508，治多县西恰山南坡，C_1Z_1

12. *Endothyra* cf. *perlucida* (Lin)

轴切面，×100，XR-35f5，ZGF4463，治多县西恰山南坡，C_1Z_1

13. *Endothyra rigida* Durkina

轴切面，D139-f2-1，ZGF4575，治多县省岗窝玛，C_1Z_1

14. *Endothyra rzhevica* Reitlinger

轴切面，×50，D1618-f，ZGF4656，杂多县帕亚帕钦(果涌东)，C_1Z_2

15—17. *Endothyra kirgisana* Rauser

轴切面：

15. D139-f2-1，ZGF4641，治多县省岗窝玛，C_1Z_1；

16. D139-f2-1，ZGF4608，治多县省岗窝玛，C_1Z_1；

17. D139-f2-1，ZGF4622，治多县省岗窝玛，C_1Z_1

18. *Endothyra similis* Rauser et Reitinger

轴切面，D139-f2-1，ZGF4843，治多县省岗窝玛，C_1Z_1

19，20. *Endothyra* sp.

中切面，×50：

19. D139-f2-1，ZGF4594，治多县省岗窝玛，C_1Z_1；

20. D1608-f1，ZGF4375，杂多县夏茸扎加(果涌东)，C_1Z_2

21. *Semiendothyra*? sp.

轴切面，×50，D139-f2-1，ZGF4599，治多县省岗窝玛，C_1Z_1

22. *Endothyra* cf. *advena* Durkina

轴切面，MRQ-27b，ZGF4538-2，治多县玛日曲，C_1Z_2

23，24. *Endothyra bowmani* Phillips

轴切面，×50：

23. D843-f1-1，ZGF4683，杂多县塔阿龙木通，$C_1 Z_2$；

24. XR-35f5，ZGF4416，治多县西恰山南坡，$C_1 Z_1$

25. *Endothyra* sp.

中切面，×50，D443-f-1，ZGF4520，杂多县木尺通，$C_1 Z_1$

26. *Endothyra longa* Durkina

剪切变形，轴切面，×50，D927-f1-1，ZGF4688，治多县西恰赛素曲西，$C_1 Z_2$

27—29. *Omphalotis omphalota* (Rauser et Reitinger)

均×50：

27. 轴切面，D130-f1-2，ZGF4502，治多县西恰山南坡，$C_1 Z_1$；

28. 中切面，SJ-2f-2，ZGF4359，治多县索加，$C_1 Z_2$；

29. 中切面，SJ-2f-1，ZGF4353，治多县索加，$C_1 Z_2$

图版 4

1. *Endothyranopsis* cf. *crass sphaerica* (Rauser et Reitinger)

轴切面，×50，SR843-f1-1，ZGF4392，杂多县塔阿龙木通，$C_1 Z_2$

2. *Endothyranopsis* sp.

轴切面，×50，D444-2f-1，ZGF4625，杂多县木尺通，$C_1 Z_2$

3，4. *Endothyranopsis crassa crassa* (Brady)

均×25：

3. 中切面，D422-f-1，ZGF4830，$C_1 Z_2$；

4. 轴切面，D422-f-1，ZGF4831，$C_1 Z_2$

5，6，7. *Bradyina* spp.

5. 中切面，×35，SR824-f1-2，ZGF4832，杂多县萨日喀钦，$C_1 Z_2$；

6. 轴切面，×25，SR824-f1-1，ZGF4832，杂多县萨日喀钦，$C_1 Z_2$；

7. 中切面，×35，D699-f1-1，ZGF4833，杂多县果涌北，$C_1 Z_2$

8，9. *Quasidiscus* sp.

轴切面，×100：

8. ZGF4834，治多县西恰山南坡，$C_1 Z_1$；

9. ZGF4835，XR-35f，治多县西恰山南坡，$C_1 Z_1$

10. *Quasidiscus explanatus* (Vdovenko)

轴切面，×100，XR-35f9，ZGF4459，治多县西恰山南坡，$C_1 Z_1$

11，20. *Asteroarchaediscus rugosus* Rauser-Chernousova

轴切面，×100：

11. ZGF4354，治多县索加，$C_1 Z_2$；

20. ZGF4836，SJ-2f-1，治多县索加，$C_1 Z_2$

12. *Asteroarchaediscus pustalus* Grozdilova et Lebedeva

轴切面，×100，D1603f，杂多县阿日永，$C_1 Z_2$

13. *Brunsia spirillinoides* (Grozdilova et Glebovskaja)

轴切面，×100，D139f2-1，治多县省岗窝玛，$C_1 Z_1$

14. *Planoendothyra tschikminica* (Malaknova)

轴切面，×100，D139f2-1，ZGF4582，治多县省岗窝玛，$C_1 Z_1$

15，17. *Planoendothyra invicta* Lin

轴切面，×100：

15. D101f1-1，ZGF4471，治多县直梗尕云，$C_1 Z_2$；

17. XR-34f4，ZGF4837，治多县西恰山南坡，$C_1 Z_1$

16，18. *Planoendothyra pulchra* Li

轴切面，×100：

16. ZGF4838，治多县省岗窝玛，C_1Z_1；

18. ZGF4609，D139f2-1，治多县省岗窝玛，C_1Z_1

19. *Archaediscus* sp.

轴切面，×100，D418f，ZGF4839，杂多县替木通，C_1Z_2

21. *Archaediscus* sp.

轴切面，×100，D139-f2-2，ZGF4840，治多县西恰山南坡，C_1Z_1

22，24，27. *Archaediscus krestovonokovi* Rauser-Chernousova

轴切面，×100：

22. XR34-f4，ZGF4436，治多县西恰山南坡，C_1Z_1；

24. XR35-f3，ZGF4841，治多县西恰山南坡，C_1Z_1；

27. D129-f4-2，ZGF4486，治多县西恰山南坡，C_1Z_1

23，25，26. *Paraarchaediscus koktjubensis* Rauser-Chernousova

轴切面，×100：

23. D1618-f，ZGF4664，杂多县帕亚帕钦，C_1Z_2；

25. XR35-f3，ZGF4842，治多县西恰山南坡，C_1Z_1；

26. D130-f1-2，ZGF4497，治多县西恰山南坡，C_1Z_1

28，29. *Neoarchaediscus akchimensis* Grozdilova et Lebedeva

轴切面，×60：

28. ZGF4364，治多县索加，C_1Z_2；

29. ZGF4368，SJ-2f-1，治多县索加，C_1Z_2

30. *Paraarchaediscus convexus* Grozdilova et Lebedeva

轴切面，×60，SJ-2f-1，ZGF4367，治多县索加，C_1Z_2

31. ? *Archaediscus* sp.

轴切面，×100，D130-f1-2，ZGF4408，治多县西恰山南坡，C_1Z_1

32. *Permodiscus sumsarensis* Skrozov

轴切面，×100，XR35-f5，ZGF4414，治多县西恰山南坡，C_1Z_1

33，34. *Pseudoglandulina* sp.

轴切面，×50：

33. D419-f，ZGF4744，杂多县替木，C_1Z_2；

34. D516-f1，ZGF4408，治多县雅若改切，C_1Z_2

图版 5

1. *Dainella* sp.

轴切面，×100，D135-f1-2，ZGF4516，治多县西恰山南坡，C_1Z_1

2. *Millerella* sp.

轴切面，×100，D659-f1，ZGF4705，杂多县果涌南，C_1Z_2

3. ? *Ozawainella* sp.

轴切面，×60，D1603-f1，ZGF4843，杂多县阿日永，C_1Z_2

4. *Eostaffella ikensis ikensis* Vissarionova

轴切面，×100，D139-f2-1，ZGF4844，治多县省岗窝玛，C_1Z_1

5. *Pseudoendothyra wanwantouensis* Chang

轴切面，×60，SJ-f1-1，ZGF4373，治多县索加，C_1Z_2

6. *Eostaffella* sp.

斜切面，×100，D139-f2-1，ZGF4845，治多县省岗窝玛，C_1Z_1

7，8. *Eostaffella anhuiana* Chang

轴切面，×100：

7. XR-35f5，ZGF4424，治多县西恰山南坡，C_1Z_1；

8. SJ-f1-1，ZGF4846，治多县索加，C_1Z_2

9. *Eostaffella* sp.

轴切面，×100，D516-f1-1，ZGF4409，治多县雅若改切，C_1Z_2

10. *Eostaffella* sp.

轴切面，×100，D135-f1-2，ZGF4523，治多县西恰山南坡，C_1Z_2

11—14，17，18. *Eostaffella proikensis* Rauser

11. 近轴切面，×100，XR-35f5，ZGF4418，治多县西恰山南坡，C_1Z_1；

12. 轴切面，×100，D135-f1-3，ZGF4847，治多县西恰山南坡，C_1Z_2；

13. 轴切面，×100，XR-34f4，ZGF4443，治多县西恰山南坡，C_1Z_1；

14. 近轴切面，×100，D135-f1-1，ZGF4418，治多县西恰山南坡，C_1Z_2；

17. 轴切面，×100，XR-35f5，ZGF4417，治多县西恰山南坡，C_1Z_1；

18. 轴切面，×100，XR-34f4，ZGF4443，治多县西恰山南坡，C_1Z_1

15. *Eostaffella* sp.

轴切面，×100，XR-34f4，ZGF4438，治多县西恰山南坡，C_1Z_1

16. *Eostaffella ikensis ikensis* Vissarionova

轴切面，×100，SJ-2f-2，ZGF4363，治多县索加，C_1Z_2

18. *Eostaffella* sp.

近轴切面，×100，D0843-f3-1，ZGF4383，杂多县塔阿龙木通，C_1Z_2

19—21. *Eostaffella ikensis* Vissarionova

轴切面，×60：

19. ZGF4579，D139-f2-1，治多县省岗窝玛，C_1Z_1；

20. ZGF4567，D139-f2-1，治多县省岗窝玛，C_1Z_1；

21. ZGF4641，D139-f2-1，治多县省岗窝玛，C_1Z_1

22. *Eostaffella* sp.

轴切面，×60，D444-2f-1，ZGF4667，杂多县木尺通，C_1Z_2

23—25. *Eostaffella* sp.

轴切面，×100：

23. ZGF4723，D418-f1，杂多县替木，C_1Z_2；

24. ZGF4727，D418-f1，杂多县替木，C_1Z_2；

25. ZGF4715，均为 D418-f1，杂多县替木，C_1Z_2

26. *Eostaffella* sp.

中切面，×60，D139-f2-1，ZGF4848，治多县省岗窝玛，C_1Z_1

27—30. *Pseudoendothyra* cf. *plummeri* Thompson

27. 轴切面，×60，D444-f4-1，ZGF4525，杂多县木尺通，C_1Z_2；

28. 轴切面，×60，SR824-f1-1，ZGF4406，杂多县萨日喀钦，C_1Z_2；

29. 轴切面，×60，D419-f1-3，ZGF4406，杂多县替木，C_1Z_2；

30. 轴切面，×60，D101-f1-3，ZGF4472，治多县直梗尕云，层位 C_1Z_2

31—34. *Pseudoendothyra kremenkensis* Rosovskaya

31. 轴切面，×60，MY0993-f2，ZGF4533，杂多县莫云，C_1Z_2；

32. 轴切面，×60，MY0993-f2，ZGF4532，杂多县莫云，C_1Z_2；

33. 轴切面，×60，SR824-f1-2，ZGF4400，杂多县萨日喀钦，C_1Z_2；

34. 轴切面，×60，MY0993-f2，ZGF4534，杂多县莫云，C_1Z_2

35. *Pseudoendothyra* sp.

中切面，×60，D1618-1f-1，ZGF4659，杂多县帕亚帕钦，C_1Z_2

图版 6

1. ? *Toriyamaia* sp.

中切面，×50，D0139-f1-2，治多县省岗窝玛，P_2j

2. *Dunbarula schubertellaeformis* Sheng

轴切面，×40，D0511-f1-4，杂多县尕白，P_2j

3. *Dunbarula* sp.

中切面，×50，GZ-16b2，治多县尕日扎仁，P_2s

4. *Dunbarula schubertellaeformis* Sheng

轴切面，×40，D0138-f1-11，治多县省岗窝玛，P_2j

5. *Conodofusiella* sp.

斜切面，×50，GZ-17b1，治多县尕日扎仁，P_2s

6. *Conodofusiella* sp.

斜切面，×50，GZ-17b1，产地、层位同上

7. *Conodofusiella* sp.

中切面，×50，GZ-17b1，产地、层位同上

8. *Russiella pulchra* A. M. -Maclay

轴切面，×25，D0918-f1-5，杂多县尕玛娘，P_2j

9. *Yangchienia kwangsiensis* Chen

轴切面，×25，D0918-f1-5，产地、层位同上

10. *Kahlerina ussurica* (Sosnina)

轴切面，×50，SG-11f2-4，治多县尕日扎仁，P_2j

11. *Kahlerina* sp.

轴切面，×50，SG-10f4-5，产地、层位同上

12. *Kahlerina* sp.

轴切面，×35，D0138-f1-9，治多县省岗窝玛，P_2j

13. *Schwagerina* sp.

轴切面，×20，D0138-f1-8，产地、层位同上

14. *Chusenella sinensis* Sheng

轴切面，×10，SG-10f4-04，治多县尕日扎仁，P_2j

15. *Pseudofusulina kraffti magna* Toriyama

轴切面，×33，D0918-f1-7，杂多县尕玛娘，P_2j

16. *Chusenella schwageriaeformis* Sheng

轴切面，×11，D0138-f1-9，治多县省岗窝玛，P_2j

17. *Parafusulina elliptica* Sheng

轴切面，×7，A-14f1-01，杂多县阿日永，P_2n

18. *Pseudofusulina fusiformis* (Schellwien et Dyhrenfurth)

轴切面，×13. 5，D0918-f1-7，杂多县尕玛娘，P_2j

19. *Parafusulina* cf. *subextensa* Chen

轴切面，×5. 5，SG-10f5-04，治多县尕日扎仁，P_2j

20. *Parafusulina dalianshanensis* Wang et Qian

轴切面，×6，SG-10f5-03，产地、层位同上

图版 7

1. *Parafusulina* cf. *rothi* Dunbar et Skinner

轴切面，×11，D0171-f1-3，杂多县赛巴达陇北，P_2j

2. *Pseudofusulia houae* Sheng

轴切面，×8，D0138-f1-5，治多县省岗窝玛，P_2j

3 *Parafusulina kwangsiana* Sheng

轴切面，×7，D0921-f1-3，治多县省岗贡玛，P_2j

4. *Chusenella schwagerinaeformis* Sheng

轴切面，×10，D0139-f1-1，治多县省岗窝玛，P_2j

5. *Parafusulina yabei* Hanzawa

轴切面，×10，SG-2f-03，治多县尕日扎仁，P_2j

6. *Parafusulina gigantea* (Deprat)

轴切面，×7. 5，D0155-f1-2，治多县查锐，P_2j

7. *Schwagerina tschernyschewi* Schellwien
轴切面，×8.5，GR-5f1-03，杂多县尕日赛瑙贡玛，P_2g
8. *Parafusulina gigantea* (Deprat)
轴切面，×7，D0915-f1-1，杂多县尕玛娘，P_2j
9. *Parafusulina gigantea* (Deprat)
轴切面，×5.5，SG-10f5-1，治多县尕日扎仁，P_2j
10. *Parafusulina subextensa* Chen
轴切面，×7.5，D0918-f1-6，杂多县尕玛娘，P_2j
11. *Parafusulina* cf. *subextensa* Chen
轴切面，×7.5，D0915-f1-1，杂多县尕玛娘，P_2j

图版 8

1. *Pseudofusulina houae* Sheng
轴切面，×7，D0511-f1-3，治多县尕日松卡贡玛，P_2j
2. *Parafusulina kwangsiana* Sheng
轴切面，×8.5，D0154-f1-1，治多县查锐，P_2j
3 *Parafusulina gigantea* Deprat
轴切面，×5.5，SG-2f-01，治多县尕日扎仁，P_2j
4. *Parafusulina* cf. *splendens* Dunbar et Skinner
轴切面，×9，D0921-f1-6，治多县省岗贡玛，P_2j
5. *Parafusulina gigantea* Deprat
轴切面，×5.5，D0155-f1-3，治多县查锐，P_2j
6. *Parafusulina shaksgamensis* Reichel
轴切面，×5.5，SG-10f3-02，治多县尕日扎仁，P_2j
7. *Parafusulina yabei* Hanzawa
轴切面，×7.5，D0921-f1-7，治多县省岗贡玛，P_2j
8. *Parafusulina kwangsiana* Sheng
轴切面，×7.5，0154-f1-2，治多县查锐，P_2j
9. *Parafusulina gigantea* Deprat
轴切面，×7.5，X-7f1-1，杂多县夏麻贡玛曲，P_2g
10. *Parafusulina* cf. *gigantea* Deprat
轴切面，×5.5，SG-9f2-05，治多县尕日扎仁，P_2j
11. *Parafusulina yabei* Hanzawa
轴切面，×8.5，D0921-f1-1，治多县省岗贡玛，P_2j
12. *Parafusulina australis* Thompson et Miller
轴切面，×7.5，A-11f1-04，杂多县阿日永，P_2n

图版 9

1. *Parafusulina kwangsiana* Sheng
轴切面，×9，D0918-f1-5，杂多县尕玛娘，P_2j
2. *Parafusulina gigantea* Deprat
轴切面，×6.5，D0155-f1-5，治多县查锐，P_2j
3. *Pseudofusulina pseudosuni* Sheng
轴切面，×8.5，D0138-f1-3，治多县省岗窝玛，P_2j
4. *Schwagerina* sp.
弦切面，×8.5，SG-11f2-02，治多县尕日扎仁，P_2j
5. *Parafusulina subextensa* Chen
轴切面，×7.5，D0918-f1-1，杂多县尕玛娘，P_2j
6. *Paraverbeekina* sp.
轴切面，×35，D0921-f2-1，治多县省岗贡玛，P_2j

7. *Parafusulina lata* Reichel

轴切面，×7，D0918-f1-5，杂多县尕玛娘，P_2j

8. *Pseudofusulina*ex gr. *vulgaris* Schellwien

轴切面，×6.5，A-14f1-04，杂多县阿日永，P_2n

9. *Pseudofusulina*ex gr. *vulgaris* Schellwien

轴切面，×8，GR-30f1-01，杂多县尕日赛瑙贡玛，P_2g

10. *Verbeekina verbeeki* (Geinitz)

轴切面，×10，D0138-f1-1，治多县省岗窝玛，P_2j

11. *Verbeekina verbeeki* (Geinitz)

中切面，×8.5，D0138-f1-2，产地、层位同上

图版 10

1. *Neoschwagerina craticulifera* (Schwager)

轴切面，×15，D0138-f1-8，治多县省岗窝玛，P_2j

2. *Yabeina suojiaensis* Niu sp. nov.

轴切面，×15，D0138-f1-3，产地、层位同上

3. *Neoschwagerina craticulifera* (Schwager)

轴切面，×20，D0138-f1-8，产地、层位同上

4. *Sumatrina* cf. *longissima* Deprat 中切面，×10，SG-10f4-03，治多县尕日扎仁，P_2j

5. *Sumatrina* cf. *annae* Volz

轴切面，×20，D0138-f1-2，治多县省岗窝玛，P_2j

6. *Afghanella* cf. *schencki* Thompson

轴切面，×18，SG-10f1-03，治多县尕日扎仁，P_2j

7. *Sumatrina* cf. *annae* Volz

轴切面，×30，SG-12f2-03，产地、层位同上

8. *Sumatrina annae* Volz

轴切面，×18，SG-10f4-01，产地、层位同上

9. *Neoschwagerina* cf. *douvillei* Ozawa

轴切面，×30，D0138-f1-3，治多县省岗窝玛，P_2j

10. *Sumatrina annae* Volz

轴切面，×20，SG-11f2-04，治多县尕日扎仁，P_2j

11. *Misellina* sp.

轴切面，×25，GR-23f-1，杂多县尕日赛瑙贡玛，P_2g

12. *Misellina* sp. Indet.，中切面，×30，MA-2f5-02，杂多县玛日啊达洲，P_2z

图版 11

1. *Carcinophyllum delepini* Salee

1a 横切面、1b 纵切面，×2，D0824-f_{1-2}，杂多县萨日咯钦，杂多群碎屑岩组

2. *Carcinophyllium* cf. *minor*Wu & Zhang

2a 横切面、2b 纵切面，×2，D0135-f_1，治多县西恰山，杂多群碎屑岩组

3. *Chia humanensis* Jia

3a 横切面、3b 纵切面，×3，D0130-f_2，治多县西巧日森，层位同上

4. *Corwenia* cf. *batangensis* W & Zhang

4a 横切面、4b 纵切面，×2，产地、层位同上

5. *Kueichouphyllum sinense* YÜ

5a 横切面、5b 纵切面，×2，杂多县打香，杂多群碳酸盐岩组

6. *Durhaminia jomdaensis* Wu

6a 横切面、6b 纵切面，×2，治多县尕日扎仁南，杂多群碎屑岩组

图版 12

1. *Durhamina jomdaensis* Wu

1a 横切面、1b 纵切面，×2，D0621-f2，治多县宰木卓钦，杂多群碳酸盐岩组

2. *Lithostrotion decipiens* (M'Coy)

2a 横切面、2b 纵切面，×2，D0824-$f_{1\text{-}4}$，杂多县萨日咯钦，杂多群碎屑岩组

3. *Lithostrotionella zadoensis* Li & Liao

3a 横切面、3b 纵切面，×2，D0130-f_5，治多县西巧日森，杂多群碎屑岩组

图版 13

1. *Palaeosmilia tangulaensis* Li et Liao

1a 横切面、1b 纵切面，×2，D0824-$f_{1\text{-}3}$，杂多县萨日咯钦，杂多群碎屑岩组

2. *Siphonodendron curvatum* Yu

2a 横切面、2b 纵切面，×2，XR-4f_3，西巧日森，杂多群碎屑岩组

3. *Siphonodendron curvatum* Yu

3a 横切面、3b 纵切面，×2，MRQ-27f，治多县玛日曲，杂多群碎屑岩组

图版 14

1. *Siphonodendron intermedium* (Chi)

1a 横切面、1b 纵切面，×3，XR-34f_2，西巧日森，杂多群碎屑岩组

2. *Siphonodendron iregulare* (Phillips)

2a 横切面、2b 纵切面，×3，XR-35$f_{2\text{-}2}$，产地、层位同上

3. *Siphonodendron iregulare juntungense* (Yu)

3a 纵切面、3b 横切面，×2，D0621-f1，治多县宰木卓钦，杂多群碳酸盐岩组

4. *Siphonodendron iregulare asiaticum* Yabe et Hayasaka

4a 横切面、4b 纵切面，×2，XR-3f，西巧日森，杂多群碎屑岩组

图版 15

1. *Siphonodendron kuangsienses* Yu

1a 横切面、1b 纵切面，×2，XR-32f_2，西巧日森，杂多群碎屑岩组

2. *Siphonodendron petalaxoidea* Yu

2a 横切面、2b 纵切面，×2，XR-33f_2，产地、层位同上

3. *Siphonodendron scitulus* Wu & Zhang，

3a 横切面、3b 纵切面，×2，D0129-f_4，产地、层位同上

4. *Siphonodendron yaolingense* Chu

4a 横切面、4b 纵切面，×2，XR-35$f_{2\text{-}1}$，产地、层位同上。

图版 16

1. *Siphonodendron yaolingense* Chu

1a 横切面、1b 纵切面，×2，D0169-f，鄂曲北，杂多群碎屑岩组

2. *Syringopora geniculata* Phillips

2a 横切面、2b 纵切面，×3，XR-33$f_{1\text{-}2}$，西巧日森，杂多群碎屑岩组

3. *Syringopora lipoensis*

3a 横切面、3b 纵切面，×3，XR-4f_1，产地、层位同上

4. *Lithostrotionella unica* Yabe et Hayasaka

4a 纵切面、4b 横切面，×2，XR-10f_1，治多县西巧日森，杂多群碎屑岩组

图版 17

1. *Lithostrotion columellata* Dobrolyubova

1a 横切面、1b 纵切面，×2，D0922-f_1，省尕贡玛，杂多群碳酸盐岩组

2. *Ipciphyllum subtimorica* (Huang)

2a 横切面、2b 纵切面，×2，SG-11f_4，治多县尕窝玛，中二叠统九十道班组

3. *Ipciphyllum elegans* (Huang)

3a 横切面、3b 纵切面，×2，G-11f_3，产地、层位同上

4. *Liangshanophyllum wui* Minato et Kato

4a 横切面、4b 纵切面，×2，D0414-f_1，杂多县玛日阿达州，中二叠统诺日巴尕日保组

图版 18

1. *Liangshanophyllum* cf. *wengchengense* (Huang)
   1a 横切面、1b 纵切面，×2，D0181f_2，萨日咯钦，中二叠统九十道班组
2. *Liangshanophyllum lui* Tseng
   2a 横切面、2b 纵切面，×2，D0414-f_2，杂多县玛日阿达州，中二叠统九十道班组
3. *Waagenophyllum indicum* (Waagen et Wentzel)
   3a 横切面、3b 纵切面，×2，GG-2f_3，杂多县苟果尕，中二叠统九十道班组
4. 中生代六射珊瑚
   横切面，×2，，D0933-f_1，玛日几真曲，上三叠统波里拉组

图版 19

1. *Cladiscites striatissimus* (Mojs.)
   1a 侧视、1b 腹视，×3，D0623-f，杂多县扎根额钦曲，上三叠统波里拉组，T_3b^2
2. *Paratibetites* cf. *murificus* Wang et He
   2a 侧视、2b 正视、2c 腹视，×1，D0218-f，杂多县夏麻贡玛，上三叠统巴贡组
3. *Cladiscites* sp
   3a 侧视、3b 腹视，×1，D0623-f，杂多县扎根额钦曲，上三叠统波里拉组，T_3b^2
4. *Arcestes* cf. *decipiens* (Mojs)
   4a 侧视、4b 腹视，×1.5，D0623-f，杂多县扎根额钦曲，上三叠统波里拉组，T_3b^2
5. *Megaphyllites* cf. *jarbas* (Muenster)
   5a 侧视、5b 腹视，×1.5，D0623-f，杂多县扎根额钦曲，上三叠统波里拉组，T_3b^2
6. *Dolikephalites* cf. *typicus* (Blake)侧视，×0.5，SM-15f_2，治多县索木，侏罗纪布曲组，J_2b
7. *Metaganides qinghaiensis* He. Wang et Chen
   侧视，×3，D0623-f，杂多县扎根额钦曲，上三叠统波里拉组，T_3b^2
8. *Sphingites* sp
   侧视，×3，D0625-f，杂多县扎根额钦曲，上三叠统波里拉组，T_3b^2
9. *Placites myophorus* (Mojs)
   侧视，×1，ZG-20f，治多县直梗罗拉，上三叠统波里拉组，T_3b^1

图版 20

(全部图片放大 700 倍)

1. 小三角孢 *Deltoidospora microlepioidites* (Krutzsch) Wang，1981，DG-22wt，治多县多尕强仁曲，古近纪雅西措组
2，3. 粒纹凤尾蕨孢 *Pterisisporites granulatus* Song et Zheng，1981，MR-xb_2，治杂县玛日曲，层位同上
4. 瘤纹具环水龙骨孢 *Polypodiaceoisporites verrucatus* Li，Song et Li，1978，DG-22wt，治多县玛日曲，层位同上
5. 环带凤尾蕨孢 *Pterisisporites zonotus* Sung et Lee，1976，SH0281-wt，杂多县木通，古近纪雅西措组
6. 精致瘤纹四孢 *Verrutetraspora elegans* Song et Zheng，1980，D0244-wt_1，杂多县查曲，古近纪雅西措组
7. 嫩弱平瘤小龙骨孢 *Polypodiisporites tenellis* (Krutzsch) Song et Zheng，1984，MR-xb_2，治杂多县玛日曲，层位同上
8，9. 破隙杉粉 *Taxodiaceaepollenites hiatus* (Potonie) Kremp，1949
   8. 样品号：SH0281-wt，杂多县木通，古近纪雅西措组；
   9. 样品号：D0244-wt_1，杂多县查曲，古近纪雅西措组
10. 乌斯曼平瘤小龙骨孢 *Polypodiisporites usmensis* (van der Hamman) Sun et LI，1981，MR-xb_2，治杂多县玛日曲，古近纪雅西措组
11. 环带铁杉粉 *Tugaepollenites zonotus* Song et Zhong，1984，MR-xb_2，治杂多县玛日曲，古近纪雅西措组
12. 皱囊铁杉粉 *Tsugaepollenites parvisaccatus* Song，1988，MR-xb_2，治杂多县玛日曲，古近纪雅西措组
13. 弓背双束松粉 *Pinuspollenites banksianaeformis* (Zaklinskaya) Ke et Shi，1978，DG-9wt，治杂多县多尕强仁曲，古近纪雅西措组
14，15. 冷湖单束松粉 *Abietineaepollenites lenghuensis* Zhu，1985
   14. 样品号：SH0281-wt，杂多县木通，古近纪雅西措组；
   15. 样品号：D0244-wt_1，杂多县查曲，古近纪雅西措组
16，21—23. 小双束松粉 *Pinuspollenites minutus* (Zaklinskaya) Takahashi，1964

16,21,22. D0244-wt_1,杂多县查曲,古近纪雅西措组;

23. DG-22wt,治多县玛日曲,古近纪雅西措组

17. 原始皱囊粉 *Parcisporites parvisaccus* Song et Zheng,1978,SH0281-wt,治多县木通,古近纪雅西措组

18. 安定型罗汉松粉 *Podocarpidites andiniformis* (Zaklinskaya) Takahashi,1964,MR-xb_2,治杂多县玛日曲,古近纪雅西措组

19,20. 副竹柏型罗汉松粉 *Podocarpidites paranageiaformis* Ke et Shi,1978,MR-xb_2,治杂多县玛日曲,古近纪雅西措组

24. 帕氏单束松粉(比较种) *Abietineaepollenites* cf. *pacltovae* (Krutzsch) Zhang,1999,MR-xb_2,治杂多县玛日曲,古近纪雅西措组

图版 21

(全部图片放大 700 倍)

1. 小囊冷杉粉 *Abiespollenites microsaccoides* Krutzsch,1971,DG-22wt,治多县多玛日曲,古近纪雅西措组

2,3,10. 角囊雪松粉 *Cedripites cornisaccatus* Xi,1985,DG-22wt,治多县玛日曲,古近纪雅西措组

4. 四囊罗汉松粉 *Podocarpidites tetrasaccatus* Wang et Zhang,1987,SH0281-wt,杂多县木通,古近纪雅西措组

5,13. 标准云杉粉 *Piceapollis praemarianus* Krutzsch,1971

5. D0244-wt_1,杂多县查曲,古近纪雅西措组;

13. D0244-wt_2,杂多县查曲,古近纪雅西措组

6,7. 小囊双束松粉 *Pinuspollenites parvisaccatus* Zhang et Zhen,1991

6. 样品号:D0244-wt_1,杂多县查曲,古近纪雅西措组;

7. 样品号:DG-18wt,治多县多尕强仁曲,古近纪雅西措组

8. 宽圆云杉粉 *Piceacepollenites tobolicus* (Panova) Krutzsch,1971,D0244-wt_1,杂多县查曲,古近纪雅西措组

9. 罗汉松型罗汉松粉 *Podocarpidites podocarpoides* (Thiergart) Krutzsch,1971,MR-xb_2,治杂多县玛日曲,古近纪雅西措组

11,14,15,17. 尖顶山罗汉松粉 *Podocarpidites jiandingshanensis* Wu,1985

11,14. MR-xb_2,治杂多县玛日曲;

15,17. SH0281-wt,青海杂多县木通,古近纪雅西措组

12. 弓背双束松粉 *Pinuspollenites banksianaeformis* (Zaklinskaya) Ke et Shi,1978,D0244-wt_1,杂多县查曲,古近纪雅西措组

16. 小西单束松粉 *Abietineaepollenites microsibiricus* (Zaklinskaya) Ke et Shi,1978,D0244-wt_1,杂多县查曲,古近纪雅西措组

图版 22

(全部图片放大 700 倍)

1. 小囊冷杉粉 *Abiespollenites microsaccodides* Krutzsch,1971,D0244-wt_1,杂多县查曲,古近纪雅西措组

2. 扁体双束松粉(比较种) *Pinuspollenites* cf. *taedaeformis* (Zauer) Ke et Shi,1978,DG-9wt,治杂多县多尕强仁曲,古近纪雅西措组

3. 副竹柏型罗汉松粉 *Podocarpidites paranageiformis* Ke et Shi,1978,D0707-mf,治多县多玛日曲,古近纪雅西措组

4,8. 大云杉粉 *Piceapollis gigantean* (Wang) Zhang,1999

4. D0244-wt_1,杂多县查曲,古近纪雅西措组;

8. DG-22wt,治多县多尕强仁曲,古近纪雅西措组

5. 小囊单束松粉 *Abietineaepollenites microalatus* (Potonie) Delcourt et Sprumont,1955,DG-9wt,治杂多县多尕强仁曲,古近纪雅西措组

6. 罗汉松粉(未定种) *Podocarpidites* sp.,D0244-wt_1,杂多县查曲,古近纪雅西措组

7. 厚壁雪松粉 *Cedripites pachydermus* (Zauer) Krutzsch,1971,SH0281-wt,杂多县木通,古近纪雅西措组

9. 标准云杉粉 *Piceaepollenites praemarianus* Krutzsch,1971,D0244-wt_1,杂多县查曲,古近纪雅西措组

图版 23

(全部图片放大 700 倍)

1,8. 隐孔芸香粉(比较种) *Rutaceoipollis* cf. *cryptoporus* Zheng,1985

1. DG-4wt,治多县多尕强仁曲;

8. D0244-wt_2,杂多县查曲,古近纪雅西措组

2. 小栎粉 *Quercoidites minutus* (Zaklinskaya)Ke et Shi,1978,SH0244-wt$_2$,杂多县查曲,古近纪雅西措组
3. 隐孔芸香粉 *Rutaceoipollis cryptoporus* Zheng,1985,DG-4wt,治多县多尕强仁曲,古近纪雅西措组
4,6. 三孢沟粉属(未定种) *Tricolporopollenites* sp. ,DG-27wt,治多县多尕强仁曲,五道梁组
5,7. 埃希维三也沟粉 *Tricolporopollenites eschweilerensis* Pflug et Thomson,1953

5. DG-4wt,治多县多尕强仁曲,古近纪雅西措组;

7. SH0281-wt,杂多县木通,古近纪雅西措组

9,11. 小孔芸香粉 *Rutaceoipollis parviporus* Zheng,1985,SH0244-wt$_2$,杂多县查曲,古近纪雅西措组
10. 网纹槭树粉 *Aceripollenites reticulates* Nagy,1969,DG-4wt,治多县多尕强仁曲,古近纪雅西措组
12,13. 桶形漆树粉 *Rhoipites dolium* (Potonie)Potonie,1960

12. DG-4wt,治多县多尕强仁曲;

13. D0707-mf,治多县多玛日曲,古近纪雅西措组

14. 皱纹椴粉 *Ulmipollenites? rugatus* (Zhang)Zhang,1981,SH0244-wt$_2$,杂多县查曲,古近纪雅西措组
15. 细小椴粉 *Tiliaepollenites minimus* (Mai)Wang,1978,SH0244-wt$_1$,杂多县查曲,古近纪雅西措组
16,17. 小拟锦葵粉 *Ptersicarioipollis minor* (Song et Zheng)Zheng,1999

16. MR-xb$_2$,治杂多县玛日曲,古近纪雅西措组;

17. DG-27wt,治多县多尕强仁曲,五道梁组

18. 大型柳粉 *Salixipollenites major* Ke et Shi,1978,16,MR-xb$_2$,治杂多县玛日曲,古近纪雅西措组
19,20. 细波无患子粉 *Sapindaceidites microrugosus* (Wang et Zhang)Aong,1999,SH0244-wt$_1$,杂多县查曲,古近纪雅西措组
21. 凹边无患子粉 *Sapindaceidites soncavus* Wang,1981,SH0244-wt$_1$,杂多县查曲,古近纪雅西措组
22. 地肤型藜粉 *Chenopodopollis kochioides* Song,1985,DG-27wt,治多县多尕强仁曲,五道梁组
23. 杂乱藜粉 *Chenopodipollis ruidus* Zheng,1984,样品号:D0707-mf,治多县多玛日曲,古近纪雅西措组
24. 小孔藜粉 *Chenopodipollis microporatus* (Nakoman)Liu,1981,D0259-wt,杂多县查加日玛,古近纪沱沱河组
25,26. 微小铁杉粉 *Tsugapollenites minimus* (Kurtzsch)Ke et Shi,1978

25. 样品号:D0707-mf,治多县多玛日曲,古近纪雅西措组;

26,样品号:D0259-wt,杂多县查加日玛,古近纪沱沱河组

28. 池江麻黄粉 *Ephedripites(Ephedripites)chijiangensis* Sun et He,1980,MR-xb$_2$,治杂多县玛日曲,古近纪雅西措组
29. 厚极库盘尼粉 *Cupanieidites polasoidites* Song et Li,1982,SH0244-wt$_1$,杂多县查曲,古近纪雅西措组
30. 沃扎蓼粉 *Persicarioipollis welzowensis* Krutzsch,1962,DG-27wt,治多县多尕强仁曲,五道梁组
31. 蓼粉属?(未定种) *Persicarioipollis?* sp. ,DG-9wt,治杂多县多尕强仁曲,古近纪雅西措组
32. 雪松型雪松粉 *Cedripites deodariformis* (Zauer)Krutzsch,1971,DG-27wt,治多县多尕强仁曲,五道梁组
33. 小型小囊单束松粉 *Abietineaepollenites microalatus* f. minorpotonie,1955,DG-27wt,治多县多尕强仁曲,五道梁组
34. 环圈皱囊粉 *Parcisporites annulatus* Wang,1987,DG-9wt,治杂多县多尕强仁曲,古近纪雅西措组

图版 24

1,2,5. *Psilophyton* cf. *dapsile*,采集号:W-f$_1$,登记号:20003ZG001-1,治多县索加乡,中泥盆统

1. 营养枝,×4.6;

2. 营养枝及生殖枝,×4.6;

5. 生殖枝局部放大,×6

3,4. *Psilophyton* sp. ,均为营养枝,×4.6,采集号:W-f$_2$,登记号:20003ZG001-2,产地、层位同上

图版 25

1. ? *Annularia* sp. ,轮叶未定种,×2,X-12f,杂多县夏玛贡麻,中二叠统尕笛考组
2. *Pecopteris* (*Orthotheca*)cf. *oblique* Yang et Chen,斜直囊属(或斜栉羊齿)相似种,×3,D-3f,杂多县当郎寨,中二叠统尕笛考组
3. *Pecopteris* sp. ,实羽叶,可能为 Orthotheca 型,×2,ZC-4f$_1$,杂多县左支,中二叠统诺日巴尕日保组
4. *Pecopteris* sp. ,实羽叶未定种,×2,采集号:X-12f,杂多县夏玛贡麻,中二叠统尕笛考组
5,6,7. *Cordaites* sp. ,科达属未定种,中二叠统尕笛考组

5. ×1.5,X-12f,杂多县夏玛贡麻;

6. ×3,采集号:D-3f,杂多县当郎寨;

7. ×0.7，采集号：D0802-f，杂多县莫云乡

8. *Taeniocpteris* sp.，带羊齿属未定种，×2，X-12f，杂多县夏玛贡麻，中二叠统尕笛考组

图版 26

1. 钙质胶结碳酸盐质粗砾岩。砾状结构，砾石主要为半圆状灰岩（视域右下），个别硅质岩（视线左上），砾间为石英、石英岩岩屑、火山岩屑和粘土岩岩屑等砂粒充填，中细晶方解石胶结，块状构造。薄片号：GN-5b，视域宽 4.95mm，单偏光；J_1n，杂多县苟纳捎宗

2. 钙质胶结碳酸盐质砾岩。砾状结构，砾石支撑，砾间为硅质岩、石英和灰岩等砂粒充填，钙质胶结，块状构造。薄片号：MQ-2b₁，视域宽 4.95mm，单偏光；T_3j，治多县玛日几真

3. 钙质砾质粗粒岩屑砂岩。含砾砂状结构，岩屑主要为火山岩、变质石英砂岩（视域中未见）和灰岩为主，视域左下、右中为来自花岗斑岩中的高温石英，粗—砾晶方解石枫丹白露型胶结，块状构造。薄片号：ZC-22b₁，视域宽 4.95mm，单偏光；J_1n，杂多县左支西

4. 含钙质细粒岩屑石英砂岩。细砂状结构，不稳定岩屑主要为灰岩及泥板岩屑，岩石中见有 2%赤铁矿岩屑（视域中黑色颗粒），微—细晶方解石及少量泥晶赤铁矿充填粒间孔，层状构造。薄片号：MR-4b₂，视域宽 4.95mm，单偏光；$E_{2\text{-}3}t$，杂多县玛日曲

5. 钙质中粒长石石英砂岩。中粒砂状结构，略显层状构造。薄片号：MQ-32b，视域宽 4.95mm，单偏光；T3*j*，治多县玛日几真

6. 含绿泥石细粒长石岩屑砂岩。细砂状结构，陆源碎屑为石英及石英岩、火山岩、灰岩、粘土岩、板岩和斜长石，细叶片状绿泥石为主充填，视域中下见一破碎鲢类（异地搬运），块状构造。薄片号：A-25b，视域宽 1.9mm，单偏光；P_2n，杂多县阿日永

7. 细粒石英岩状砂岩。细粒花岗变晶结构，颗粒呈镶嵌接触，块状构造。薄片号：XR-24b，视域宽 1.9mm，正交偏光；C_1Z_1，治多县西巧日森石

8. 含赤铁矿含钙质石英粉砂岩。粉砂结构，粉—细晶方解石、泥晶赤铁矿（视域中黑色）及微量水云母充填粒间孔，发育层状构造（见层系切割现象）。薄片号：SM-21b₂，视域宽 4.95mm，单偏光；J_2x，杂多县索木

图版 27

1. 含生物屑泥晶灰岩。含生物屑泥晶结构，生物屑细小，主要为有孔虫（白色圆形），次为棘皮屑、介形屑，块状构造，长条形介形屑略平行层面分布。薄片号：ZG-20b，视域宽 4.95mm，单偏光；T_3b，治多县直梗罗拉曲

2. 含铸模孔泥晶粉屑灰岩。泥晶粉屑结构，含零星石英粉砂，视域中不规则溶孔为亮晶方解石充填（白色），铸模孔构造。薄片号：0570-b₁，视域宽 4.6mm，单偏光；E_3y，D0570 地质点

3. 泥晶棘皮屑灰岩。泥晶生物屑结构，生物屑主要为棘皮屑，视域右下为钙质海绵屑，微晶化泥晶方解石充填粒间孔，块状构造。薄片号：GG-4b，视域宽 4.95mm，单偏光；P_2g，杂多县苟果尕

4. 亮泥晶砂粉屑核形石灰岩。核形石包壳层中见密集的丝状蓝绿藻，其核部为钙质海绵屑，核形石间见粉、砂屑，粉晶化泥晶及少量亮晶方解石充填粒间孔。薄片号：GR-23b，视域宽 4.95mm，单偏光；P_2g，杂多县尕日赛瑙贡玛

5. 苔藓虫格架灰岩。生物格架结构，亮晶方解石充填苔藓虫格架之间，块状构造。薄片号：MA-11b₁，视域宽 4.95mm，单偏光；P_2z，杂多县玛日阿达州

6. 粗晶灰岩。粗晶结构，粗晶他形方解石表面较污浊，呈弱齿状镶嵌产出，该灰岩直接顶板为火山岩，灰岩重结晶可能与火山活动有关，块状构造。薄片号：E-17b₁，视域宽 4.6mm，正交偏光；J_3j，治多县俄撒金南

7. 细晶白云岩。细晶结构，偶见残余棘屑和双壳屑（视域中未见），块状构造。薄片号：GZ-15b₂，视域宽 4.95mm，正交偏光；索加组，治多县尕日扎仁北

8. 石膏岩。纤维—微粒状结构，局部细—粗晶结构（视域右下方），块状构造。薄片号：G-16b₂，视域宽 4.95mm，正交偏光；N_2q，杂多县加果通

图版 28

1. 硬石膏岩。含中粗晶细晶结构，主要由硬石膏组成，仅见微量泥晶白云石，块状构造。薄片号：MQ-14b₁，视域宽 1.9mm，正交偏光；T_3j，治多县玛日几真

2. 沉凝灰岩。沉凝灰结构，凝灰主要由绿泥石化火山岩屑、脱玻化玻屑及斜长石晶组成，微晶屑石英及少量粘土矿物和泥晶方解石充填。薄片号：A-18b，视域宽 1.9mm，正交偏光；P_2n，杂多县阿日永

3. 含火山角砾岩屑石英砂岩。含角砾砂状结构，视域中、右上为火山岩角砾，粒间为方解石、绿泥石充填。薄片号：D-3b₂，视域宽 4.95mm，单偏光；P_2g，杂多县当朗寨

4. 含火山角砾凝灰质泥晶灰岩。含角砾砂状结构，视域左上、下中为安山岩角砾，砂粒主要为安山岩岩屑、斜长石晶屑，

角砾和凝灰岩间为泥晶方解石分布，泥晶支撑为主，块状构造及缝合线构造(视域中未见)。薄片号：E-7b_2，视域宽4.6mm，单偏光；T_3j，治多县俄撒金南

5. 泥晶含鲕粒生物屑灰岩。泥晶含鲕粒生物屑结构，颗粒支撑为主，生物屑主要为双壳屑，鲕粒为同心放射鲕，泥晶充填，泥晶方解石集合体中见有少量陆源石英粉砂混积(视域左含量较高)。薄片号：QM-4b_1，视域宽4.95mm，单偏光；J_2q，杂多县区麦陇

6. 亮晶生物屑鲕粒灰岩。生物屑鲕状结构，颗粒以鲕粒略占优势，次为以棘皮屑为主的生物屑，并见零星灰岩砂、砾屑，颗粒支撑、亮晶充填，块状构造。薄片号：XR-33b，视域宽4.95mm，单偏光；C_1Z_1，治多县西巧日森石

7. 含赤铁矿含水云母含硅质结核细粒岩屑砂岩。含结核细粒砂状结构，颗粒支撑，杂基与泥晶混合充填，硅质结核呈圆球状，已脱水重结晶呈放射状晶球，据其对周围沉积物有挤压定向现象，应形成于早期成岩阶段。薄片号：E-26b_2，视域宽4.6mm，正交偏光；T_3j，治多县俄撒金南

8. 含菱铁质细粒岩屑石英砂岩。细粒砂状结构，粒间孔为褐铁矿化菱铁矿物(黑色)及少量水云母充填，在零星无充填部位颗粒间呈镶嵌接触，略显层状构造。薄片号：XR-2b_1，视域宽1.9mm，单偏光；C_1Z_1，治多县西巧日森

图版 29

1. 含放射虫水云母粘土岩。含生物显微鳞片状结构，硅质放射虫(白色圆球状)较均匀地散布于岩石中。薄片号：GR-9b，视域宽1.9mm，单偏光；P_2g，杂多县尕日赛瑙贡玛

2. 强硅化亮泥晶砂屑白云岩。残余砂屑结构，砂屑内硅化强弱不等，粒间孔主要为世代的微—粉晶石英充填，部分为亮晶石英及亮晶白云石充填，略显残余层状构造，由残余砂屑粒度及亮晶含量变化显示。薄片号：0939-b_1，视域宽1.95mm，正交偏光；T_3b，治多县君曲东D0939地质点

3. 含白云质石膏岩。微晶结构、晶粒结构夹含石膏泥晶结构，层状构造，主要由泥晶白云石为主的不规则薄层(视域中灰黑色者)夹于白色石膏层中显示。薄片号：DG-5b_1，视域宽1.9mm，单偏光；E_3y，治多县多尕强仁曲

4. 微晶化泥晶粉屑灰岩。粉屑结构，微晶化泥晶充填，见零星生物细屑，岩石中见发育的水平缝合线，其中为褐铁矿化黄铁矿充填。薄片号：MRQ-11b，视域宽4.95mm，单偏光；T_3b，治多县玛日曲

5. 钙质石英粉砂岩。粉砂结构，钙质胶结，层状构造及泄水构造，前者由一些微层含泥晶方解石较高(灰—深灰色者)，后者由切断微层的粉砂脉显示，脉的两侧微层有变形，指示泄水方向。薄片号：QM-28b_2，视域宽4.95mm，单偏光；J_2x，杂多县区麦陇

6. 陆源粉细砂质泥晶灰岩。陆源粉细砂泥晶结构，泥晶支撑为主，粉细砂(个别达粗砂)，富集微层出现颗粒支撑，泥晶充填，陆源碎屑以灰岩屑为主，石英次之，略显层状构造，该岩层位于下部陆源碎屑岩与上部石膏岩之间。薄片号：G-15b_1，视域宽4.95mm，单偏光；N_2q，杂多县加果通

7. 碳酸盐质张性断层角砾岩。角砾状结构，角砾间为亮晶方解石(白色)及沥青(黑色)充填。薄片号：SB-7b，视域宽4.95mm，单偏光；P_2j，青海省杂多县赛马苍空二叠纪剖面

8. 具褶叠层构造含石英粉砂板岩。岩石明显强变形弱变质，变余粉砂及鳞片变晶结构，变余层状构造、褶叠层构造及流劈理构造。薄片号：D0621-2b，视域宽4.95mm，单偏光；C_1Z_1，青杂多县塔阿龙木通D0622点北西向断层西侧

图版 30

1. 火山岩质细砾岩。砾状结构，砾石主要为火山岩，偶见石英岩、变质石英砂岩和硅质岩，砾间由粗晶方解石(浅红色)和泥晶石英(深棕色)充填，块状构造。染色片，薄片号：GZ-12b_1，视域宽4.9mm，单偏光；索加组，治多县尕日扎仁北部

2. 含水云母含赤铁矿岩屑石英钙质混积岩。粉砂、含中细砂粉砂、含粉砂中细砂等结构夹含粉砂泥晶结构，岩石陆源碎屑含量小于50%，且分选性差，岩石中水云母、泥晶赤铁矿和泥晶方解石不均匀混生，且各自含量均小于50%，被称为混积岩，变形层状构造，其变形发生于沉积物未固结前。薄片号：MR-21b_1，视域宽4.5mm，单偏光；$E_{2\text{-}3}t$，杂多县玛日曲

3. 亮晶鲕粒灰岩。鲕状结构，同心放射鲕，鲕粒包壳被有机质污染呈棕黄色，颗粒支撑，亮晶方解石充填，块状构造。薄片号：SM-13b_2，视域宽4.9mm，单偏光；J_2b，杂多县索木

4. 含放射虫含水云母含赤铁矿泥晶硅质岩。含放射虫含显微鳞片泥晶结构，白色圆球状者为硅质放射虫，泥晶赤铁矿(暗红色)分布均匀，块状构造。薄片号：MA-12b_1，视域宽1.95mm，单偏光；P_2n，杂多县玛日啊达州

5. 含绿泥石水云母质球晶石英岩。球晶结构，球晶边缘为叶片状绿泥石，内部为放射状石英，球晶间分布含零星石英粉砂水云母集合体。薄片号：GRS-5b，视域宽4.5mm，单偏光；C_1Z_1，杂多县尕日扎仁D0143地质点

6. 沉凝灰角砾岩。含凝灰角砾状结构，凝灰和角砾主要为中基性火山岩、沉凝灰岩，部分见碳酸盐化(红色)，泥晶方解石、细叶片状绿泥石和鳞片状粘土矿物充填孔隙。染色片，薄片号：A-5b_1，视域宽4.5mm，单偏光；P_2n，杂多县阿日永

7. 粉晶化泥晶石英粉砂质生物屑灰岩。含粉砂生物结构夹含生物屑粉砂结构和含砂屑粉砂结构(视域中未见)，粒间孔主要为微晶化泥晶充填，生物屑富集层少量遮蔽孔为亮晶充填，该片一方面表现陆源碎屑与盆屑混生，另一方面以生

物屑为主多种盆屑混生，层状构造。薄片号：SM-7b_1，视域宽 4.9mm，单偏光；J_2b，杂多县索木

8. 粉细晶生物屑灰岩。生物屑结构，颗粒支撑，粒间孔为粉、细晶方解石充填，视域上部白色斑块为微—粉晶石英集合体部分交代棘皮屑，块状构造。染色片，薄片号：MA-7b_1，视域宽 4.9mm，单偏光；P_2z，杂多县玛日啊达州

图版 31

1. 灰色块状碳酸盐质粗角砾岩。角砾主要为灰岩，少量为凝灰岩及硅质岩，角砾分选性差，圆度以次棱角状为主，少量棱角状、半圆状，角砾间为钙质泥质充填，属洪流沉积。野外宏观照片，T_3j，治多县玛日几真
2. 紫红色厚层-块状碳酸盐质洪积砾岩中不稳定的砂岩透镜体。野外宏观照片，N_2q，杂多县加果通
3. 河湖三角洲相基本层序。视域中有两个完整的基本层序，单个层序的中下部位紫红色薄层状粉砂质泥岩夹薄层状粉砂岩，为前三角洲沉积，上部紫红色中层状细砂岩位三角洲前缘相，视域底部紫红色厚层状细砂岩为另一个基本层序上部。野外宏观照片，$E_{2\text{-}3}t$，杂多县玛日曲
4. 巨厚的基性火山熔岩直接覆盖于块状洪积砾岩(人脚下)之上，表明火山熔岩为大陆火山喷发。野外宏观照片，J_1n，杂多县苟纳宋梢
5. 河口湾相砂体。底部灰色细砾岩中见鱼骨状层理，中上部粗中粒岩屑石英砂岩不显层理，镜下见较多灰岩砂屑，反映该砂体形成受河流和潮汐双重影响。野外宏观照片，J_1q，杂多县区麦陇
6. 海相火山喷发岩。照片中 4 及 5 层为深灰绿色杏仁状构造块状玄武岩，6 层为灰色中层状蚀变火山岩，7 层整合于 6 层之上，为深灰色块状含残余砂屑生物屑(腕足屑等)细晶灰岩。野外宏观照片，P_2g，杂多县夏麻贡玛曲
7. 亮晶含石英中细粒砂鲕粒灰岩。示碳酸盐台地边滩相(鲕粒滩)中有少量陆源碎屑混生，反映碳酸盐台地发育过程中仍有少量陆源砂带入。显微照片，单偏光，视域宽 1.9mm，J_2b，杂多县区麦垄
8. 火山岛前深水斜坡相碳酸盐质重力流滑塌角砾岩中大型包卷构造。角砾以富含䗴类的火山岩为主，还见少量火山凝灰岩和硅质岩。野外宏观照片，P_2n，杂多县阿日永

图版 32

1. 石炭纪群体珊瑚，C_1Z_1，治多县西巧日森
2. 异地型䗴类 *Pseudofusulina-Schwagerina* 组合野外露头，P_2n，杂多县阿日永
3. 原地型洼地相䗴类 *Parafusulina* 组合野外露头，P_2n，杂多县左支
4. 原地型台地相䗴类 *Parafusulina-Neoschwagerina* 组合野外露头，P_2j，治多县省岗窝玛
5. 具正粒序层理砾岩—泥岩—薄层泥晶灰岩构成基本层序野外露头，P_2n，杂多县阿日永
6. 凝灰质胶结的角砾岩，P_2n 下部，杂多县阿日永
7. 火山集块岩中的灰岩砾，产异地型䗴类 *Pseudofusulina-Schwagerina* 组合，P_2g，杂多县尕日赛瑙贡玛
8. 灰色块状碳酸盐质角砾岩，P_2n 下部，杂多县阿日永

图版 33

1. 中细粒辉长岩。中细粒辉长辉绿结构，块状构造，暗色矿物为透辉石、普通角闪石。薄片号：my820-6，视域宽 4.5mm，单偏光；左支辉长岩体，杂多县左支
2. 中细粒石英闪长岩。中细粒半自形柱状结构，块状构造，暗色矿物为普通角闪石，少量黑云母。薄片号：my1108/2，视域宽 4.5mm，单偏光；扎那日根岩体，杂多县扎那日根
3. 细粒花岗闪长岩。细粒似斑状结构，块状构造，暗色矿物为普通角闪石(3%)、黑云母(2%)，斑晶为斜长石。薄片号：my1108/4-5，视域宽 4.5mm，单偏光；扎那日根岩体，杂多县扎那日根
4. 不等粒辉石闪长岩。不等粒半自形—他形粒状结构，块状构造，暗色矿物为角闪石(15%)、辉石(5%)。薄片号：D0155-1b_1，视域宽 4.5mm，单偏光；尕考查锐岩体，治多县尕考查锐
5. 黑云花岗斑岩。斑状结构，斑晶为斜长石及石英(10%)，基质为他形微晶结构，块状构造。薄片号：D0539-b_1，视域宽 4.5mm，正交偏光；啊聂托确岩体，治多县啊聂托确
6. 含杏仁橄榄玄武岩。斑状结构，基质间粒结构，杏仁构造，斑晶主要为蛇纹石化假象橄榄石、拉长石。薄片号：GN-12b_1，视域宽 4.95mm，单偏光；那底岗日组，杂多县苟纳梢宋
7. 中基性熔结集块岩。熔结集块结构、熔结角砾结构，块状构造，薄片中见集块间的火山角砾、火山灰、火山屑，角砾呈撕裂状。薄片号：QM-44b_1，视域宽 4.95mm，单偏光；T_3j，治多县玛日几真
8. 含杏仁辉石玄武岩。斑状结构，斑晶为假象单斜辉石及橄榄石，基质间粒结构，基质为长条形拉长石、单斜辉石及磁铁矿，杏仁构造。薄片号：QM-45b，视域宽 1.9mm，单偏光；T_3j，治多县玛日几真

图版 34

1. 火山集块岩外貌，熔结集块结构，其中集块达 20～40cm，杂多县夏麻贡玛剖面第 2 层，P_2g

2. 火山集块岩外貌，其中集块达 20cm，治多县尕日赛瑙贡玛剖面第 20 层，P_2g
3. 火山角砾岩外貌，杂多县夏麻贡玛剖面第 2 层，P_2g
4. 含集块熔结火山角砾岩，其中集块达 20cm，治多县尕日赛瑙贡玛剖面第 22 层，P_2g
5. 层状沉凝灰岩，杂多县阿日永剖面第 2 层，P_2n
6. 块状粗面玄武岩，杂多县当朗赛剖面第 23 层，P_2g
7. 甲丕拉组火山岩与灰岩互层外貌，治多县俄撒金剖面第 12、第 13、第 14、第 15 层，T_3j
8. 杏仁状角闪粗安山岩外貌，治多县俄撒金剖面第 18 层，T_3j

图版 35

1. 熔结集块岩外貌，其中集块达 40cm，治多县玛日儿真剖面第 41 层，T_3j
2. 灰绿色块状熔结火山角砾岩，其中偶见集块，治多县玛日儿真剖面第 39 层，T_3j
3. 杏仁状玄武安山岩，杂多县苟纳梢宋剖面第 14 层，J_1n
4. 当曲断裂带挤压破碎带外貌，杂多县当曲边(D0480)
5. 新近纪曲果组角度不整合于古近纪沱沱河组之上远景，杂多县埋苟曲西
6. 三叠纪甲丕拉组角度不整合于二叠纪九十道班组之上外貌，甲丕拉组底部为砾岩，治多县玛日儿真剖面起点
7. 当曲断裂带北边部构造角砾岩，杂多县当曲边(D0397)
8. 西恰山逆冲推覆断层中石膏变形揉皱，治多县雅若玛百玛附近(D0904 点西约 400m)

图版 36

1. 西巧日森断层(F_{11})及其形成的飞来峰
2. 钙华及其中的断裂，莫改盖西
3. 西恰山冰斗地貌
4. 查日纳育石盐矿点外貌
5. 湖泊风光
6. 秃鹫
7. 红景天
8. 夏麻贡玛 P_2g 火山岩不同岩性影像

图版 37

1. 区麦陇向斜影像
2. $E_{2\text{-}3}t$ 与 T_3b 角度不整合接触线性影像
3. 西恰山—宋卡赛玛断层线性影像
4. 埋扎一带洪冲积扇组合影像
5. 扎那日根侵入岩影像
6. 西恰山冰斗地貌影像
7. 果巴扎一带 N_1q 与 $E_{2\text{-}3}t$ 角度不整合接触界线影像

图版 1

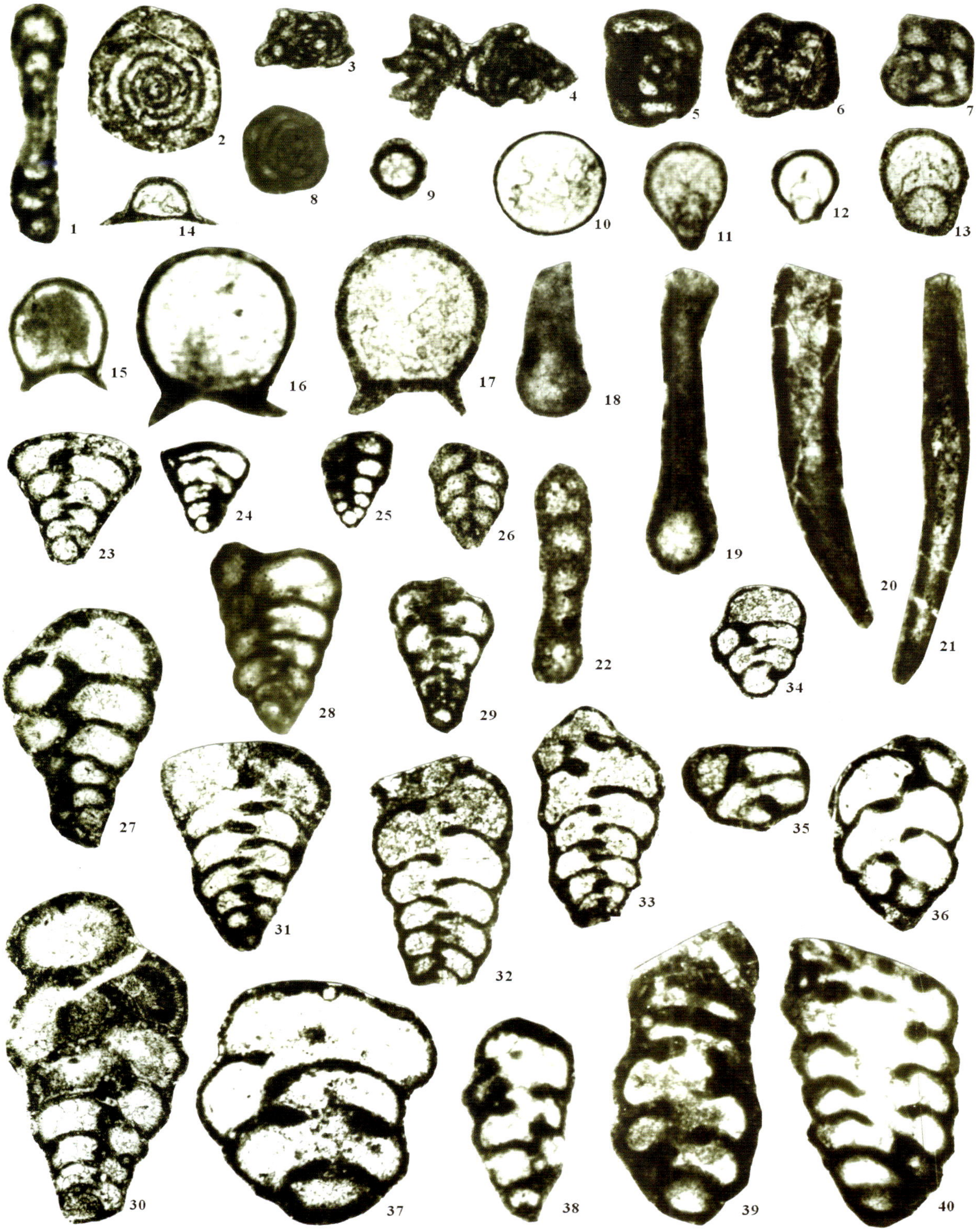
1
2
3
4
5
6
7
8
9
10
11
12
13
14
15
16
17
18
19
20
21
22
23
24
25
26
27
28
29
30
31
32
33
34
35
36
37
38
39
40

图版 2

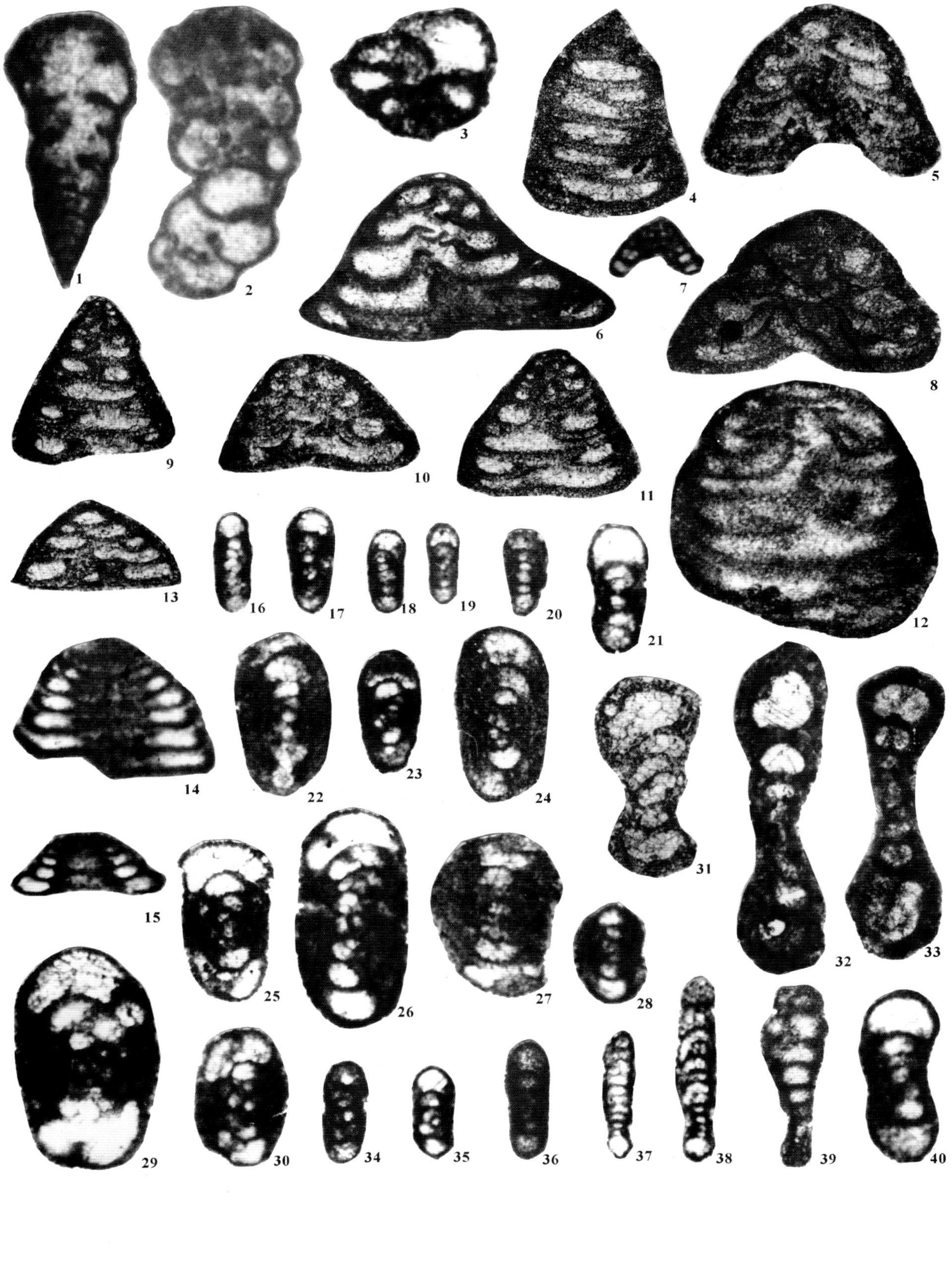

1
2
3
4
5
6
7
8
9
10
11
12
13
14
15
16
17
18
19
20
21
22
23
24
25
26
27
28
29
30
31
32
33
34
35
36
37
38
39
40

图版 3

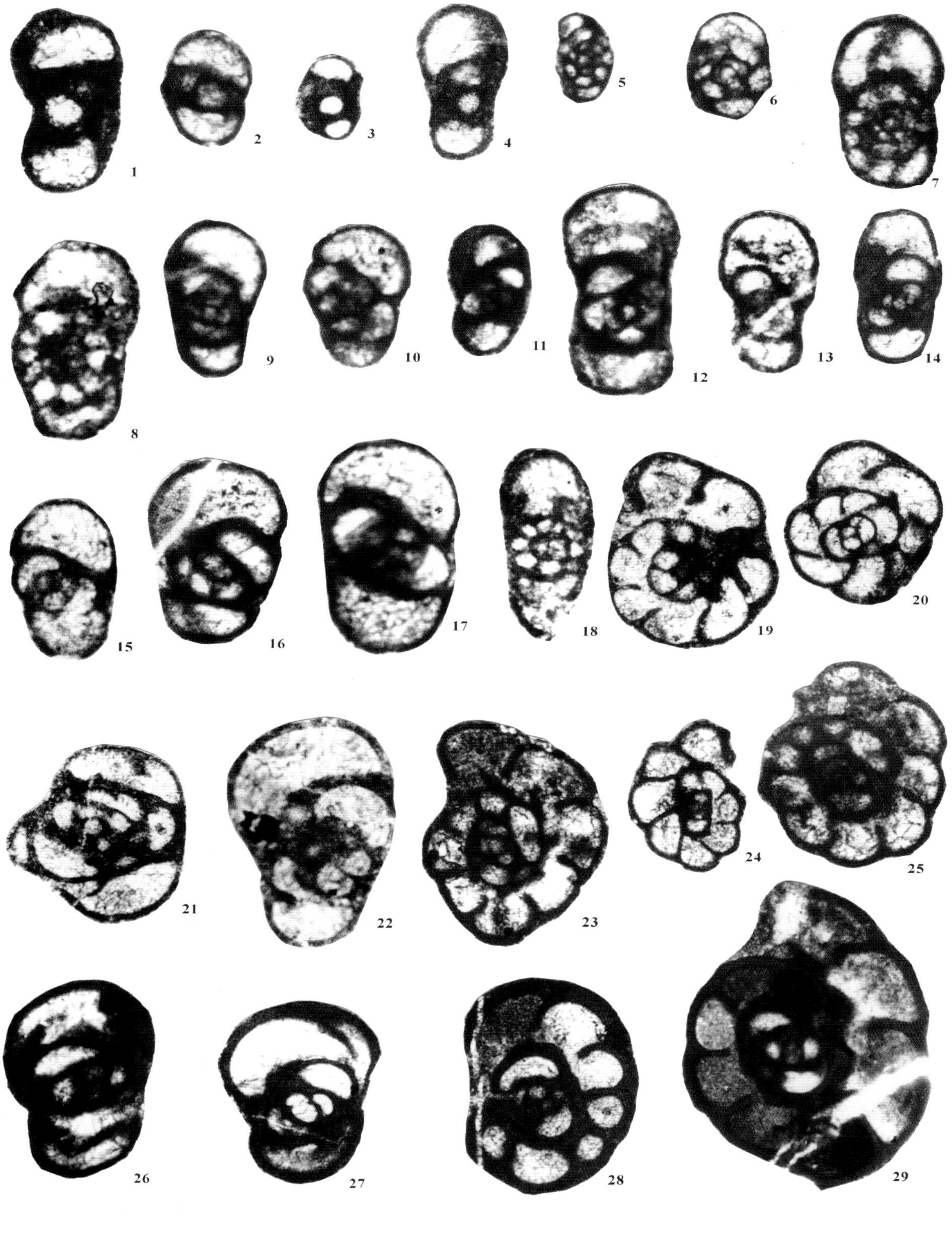

图版 4

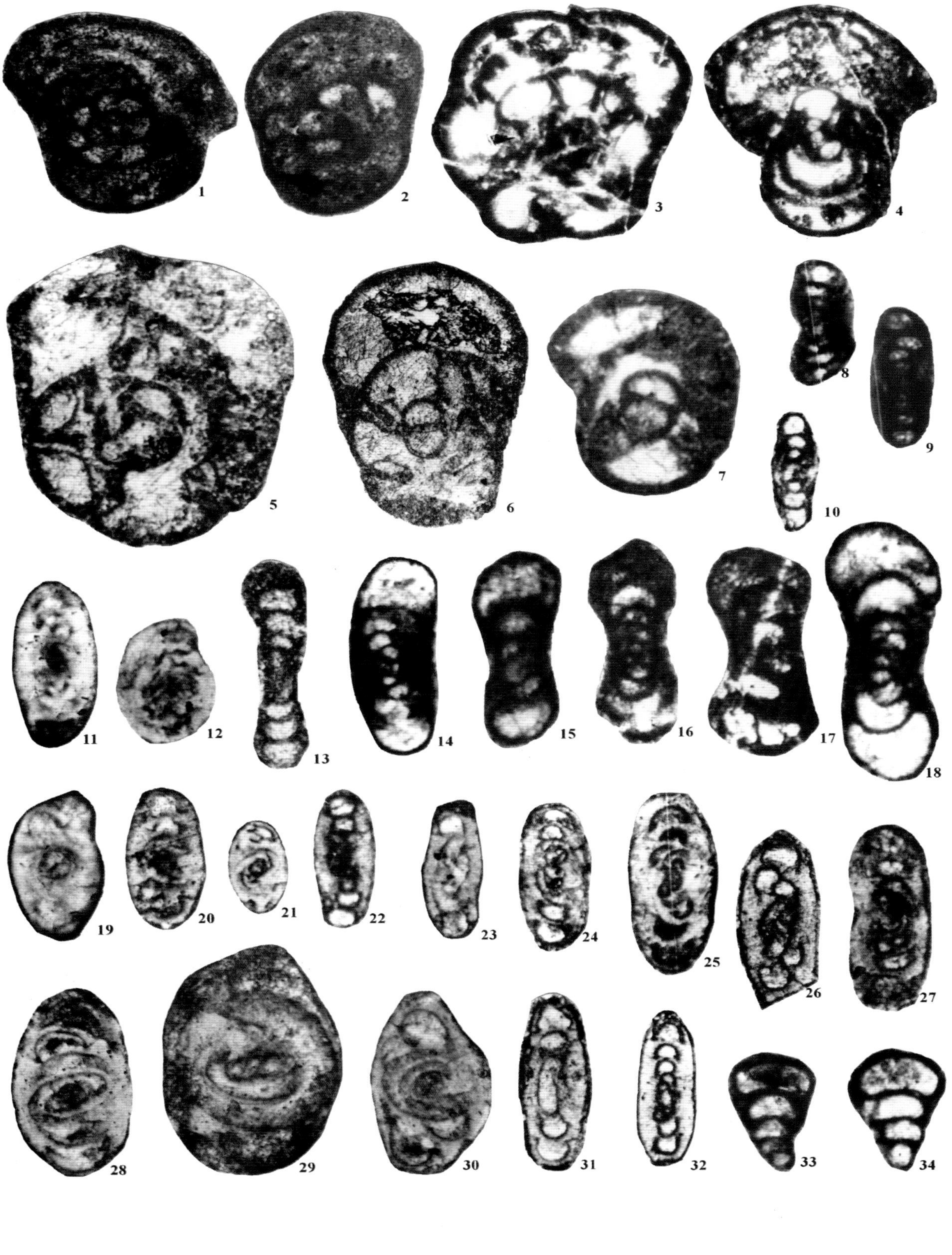
1
2
3
4
5
6
7
8
9
10
11
12
13
14
15
16
17
18
19
20
21
22
23
24
25
26
27
28
29
30
31
32
33
34

图版 5

1
2
3
4
5
6
7
8
9
10
11
12
13
14
15
16
17
18
19
20
21
22
23
24
25
26
27
28
29
30
31
32
33
34
35

图版 6

图版 7

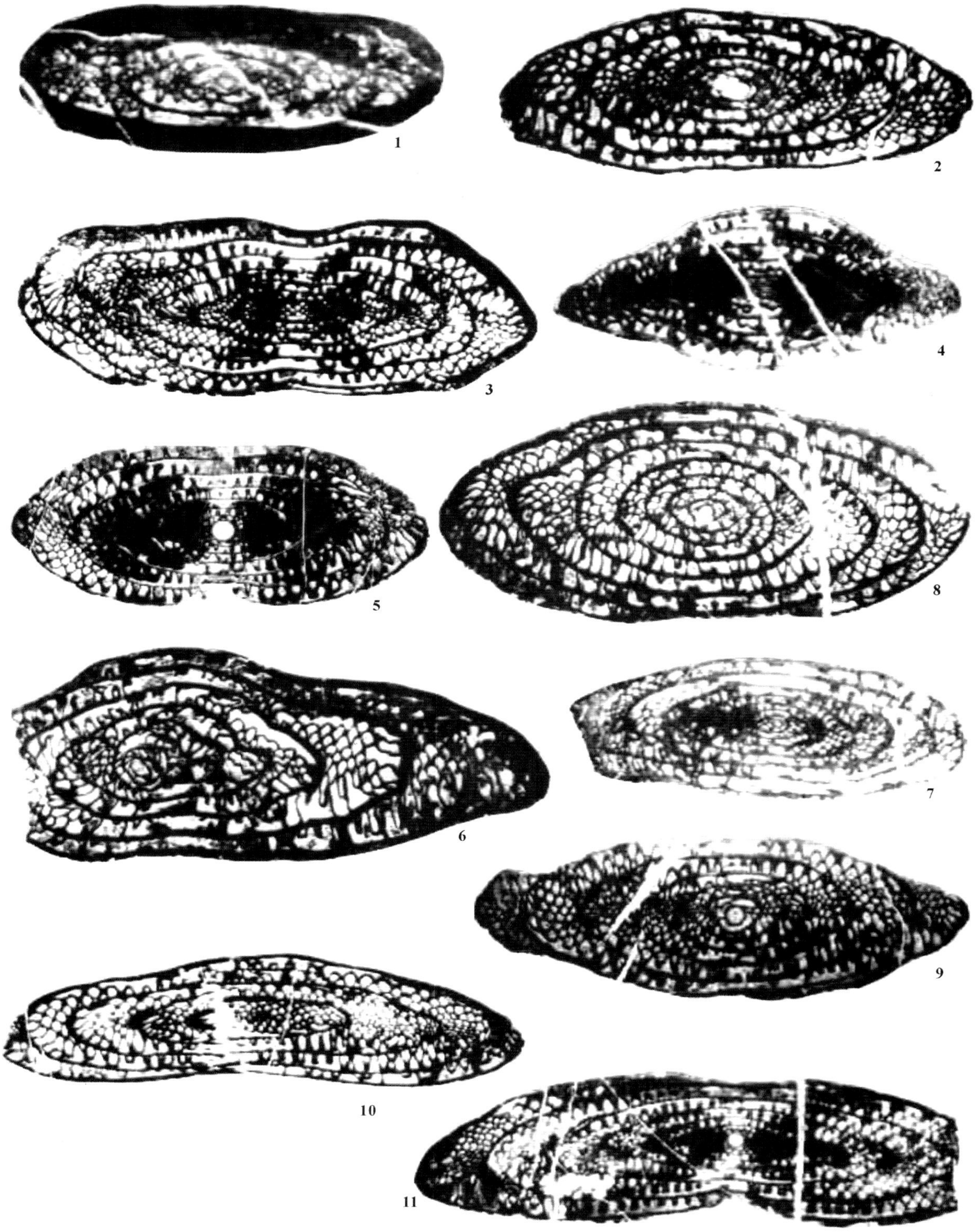

图版 8

图版 9

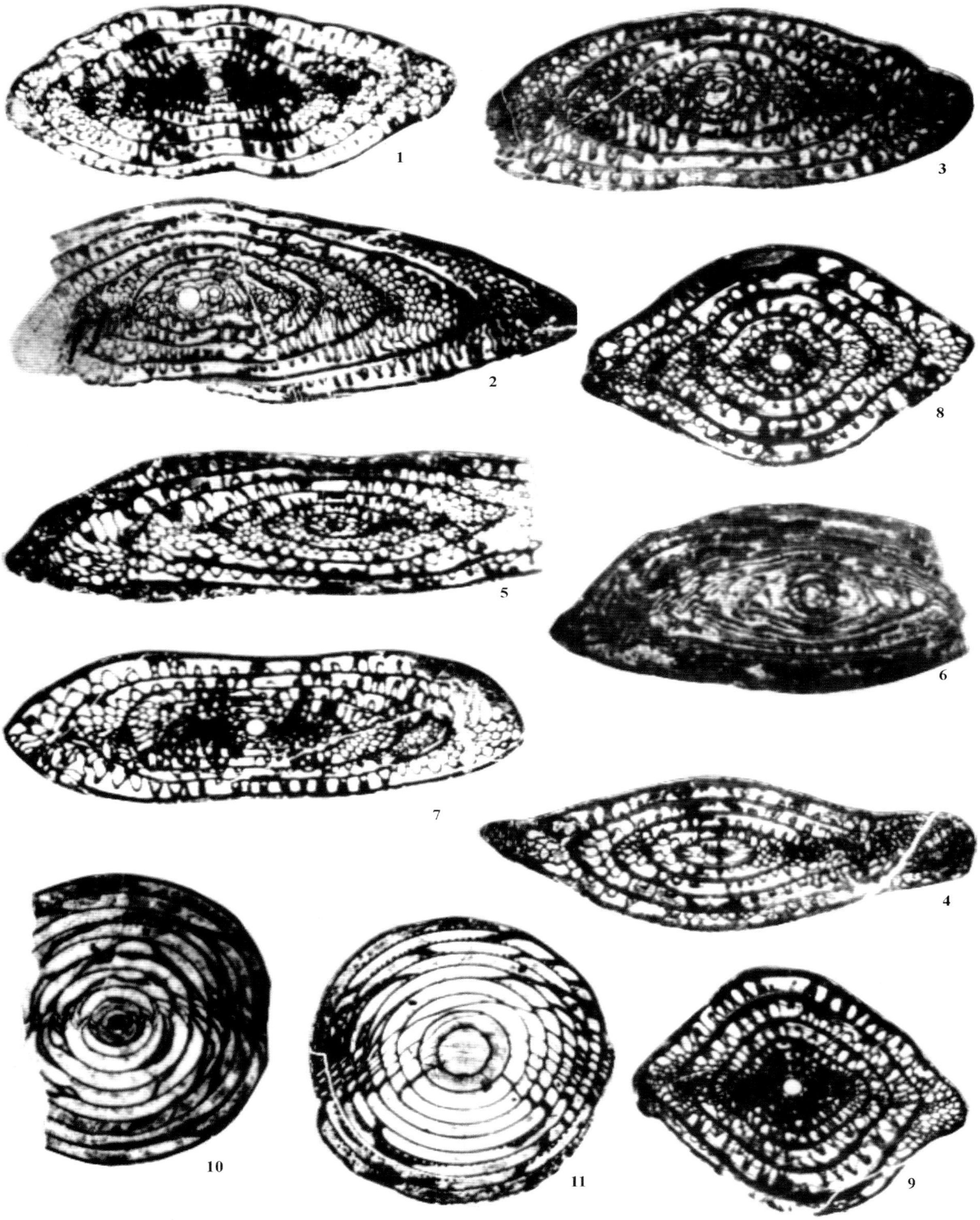

图版 10

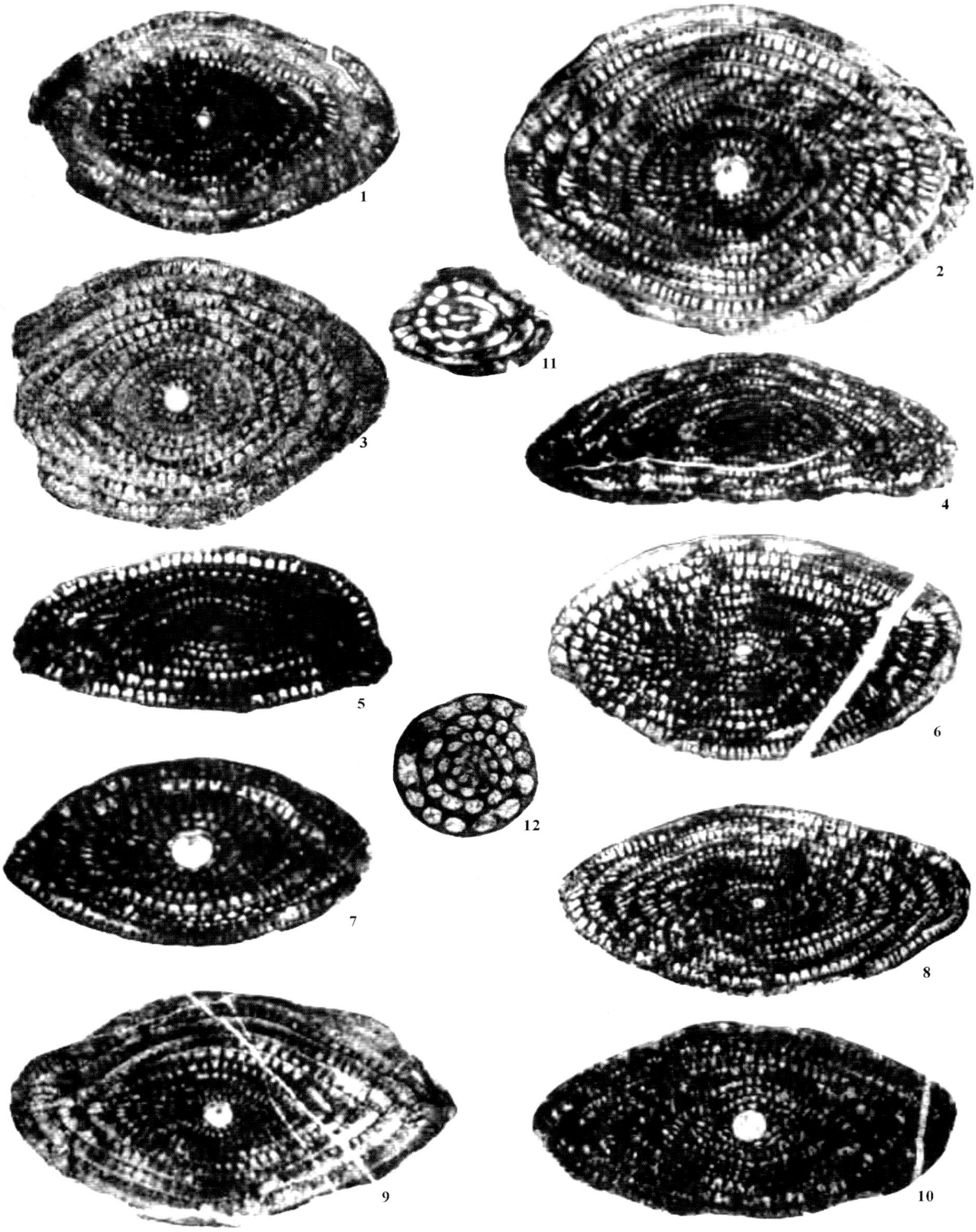

图版 11

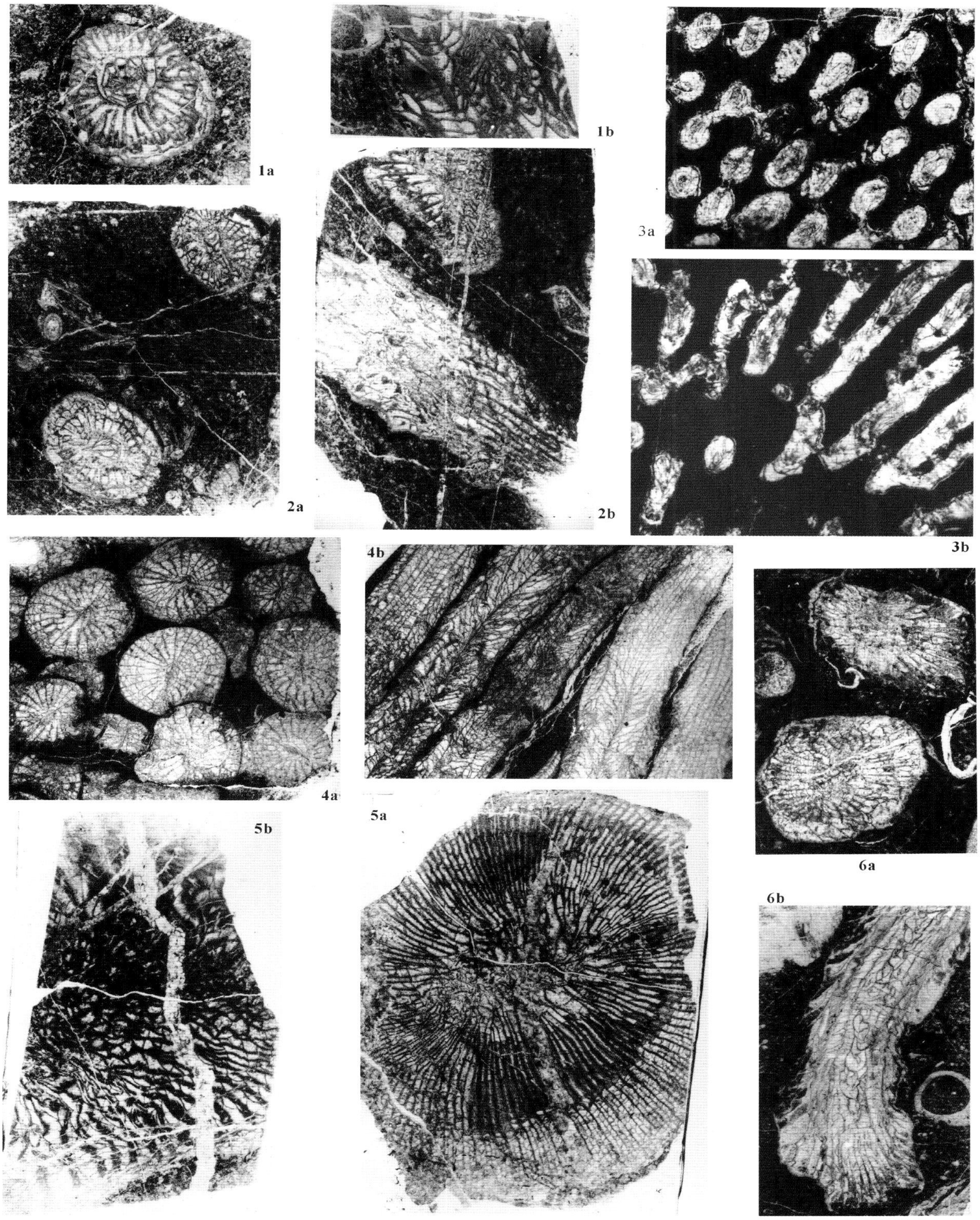

图版 12

1a

2a

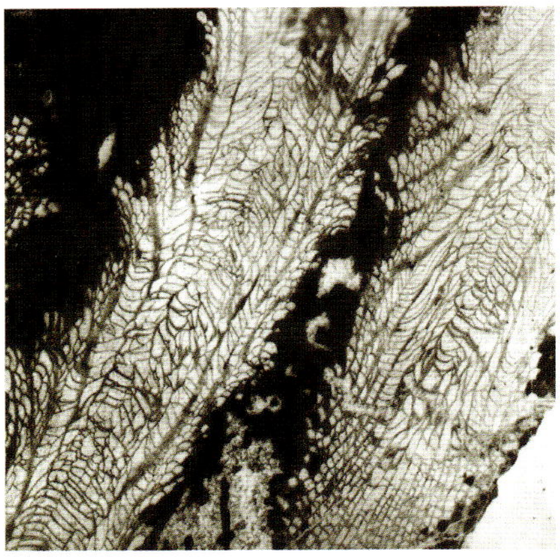

1b

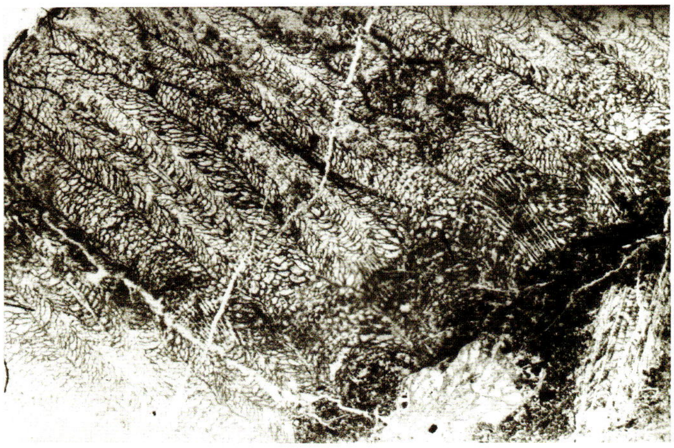

2b

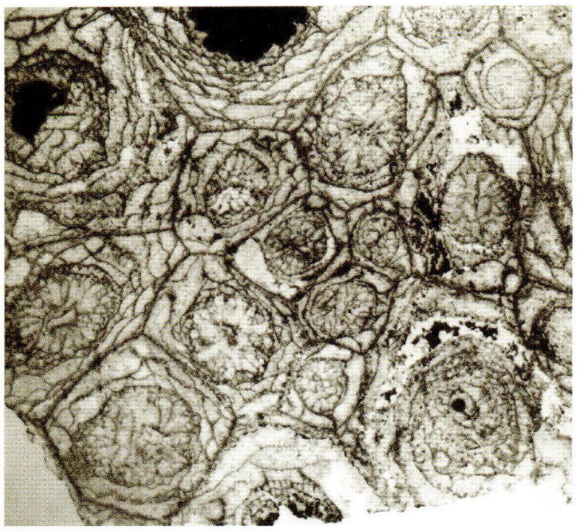

3a

3b

图版 13

1a

1b

2a

2b

3a

3b

图版 14

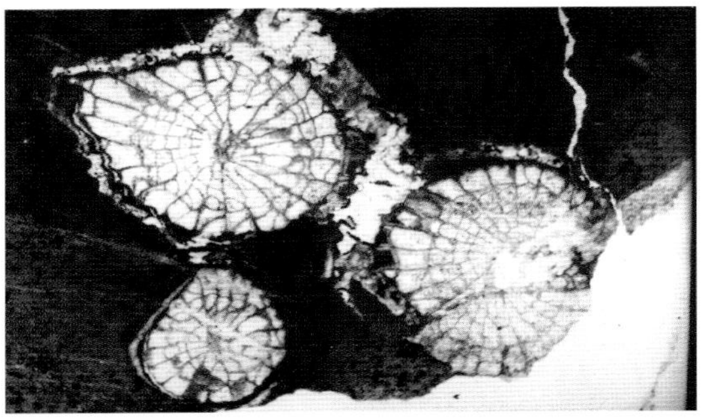

1a

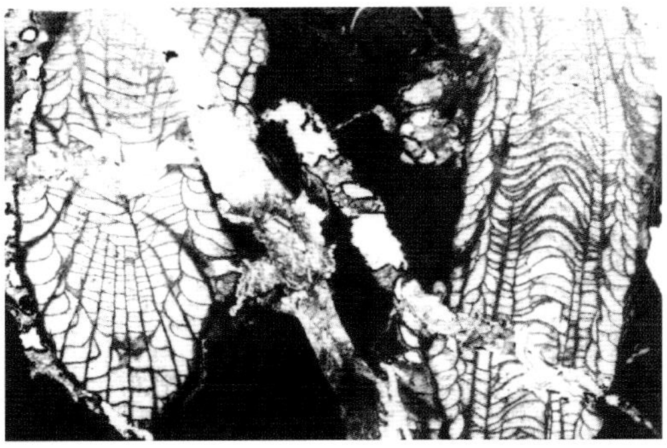

1b

2a

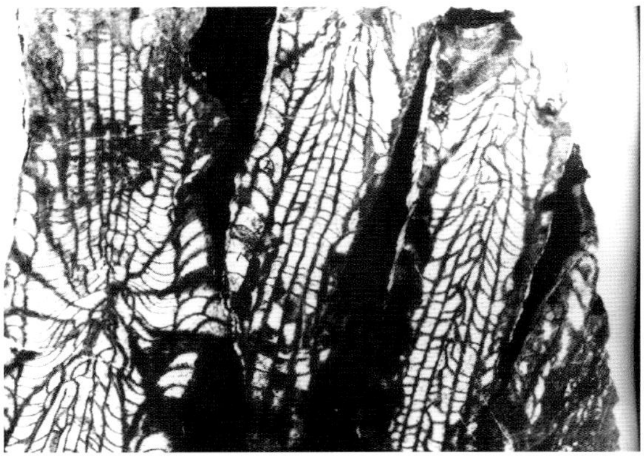

2b

3a

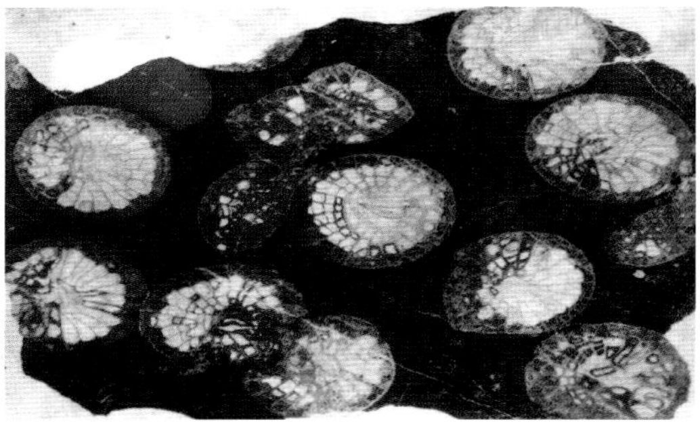

3b

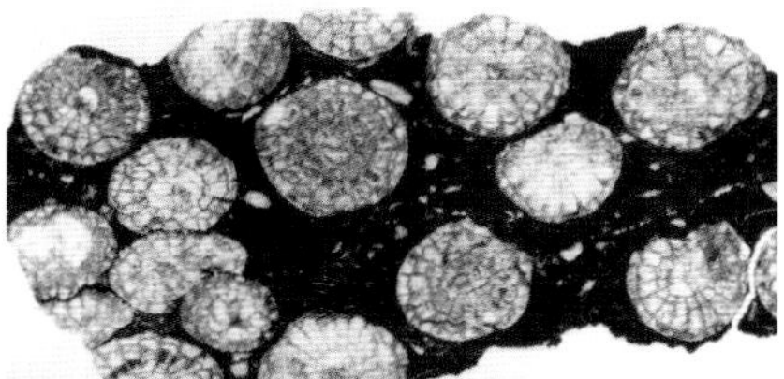

4a

4b

图版 15

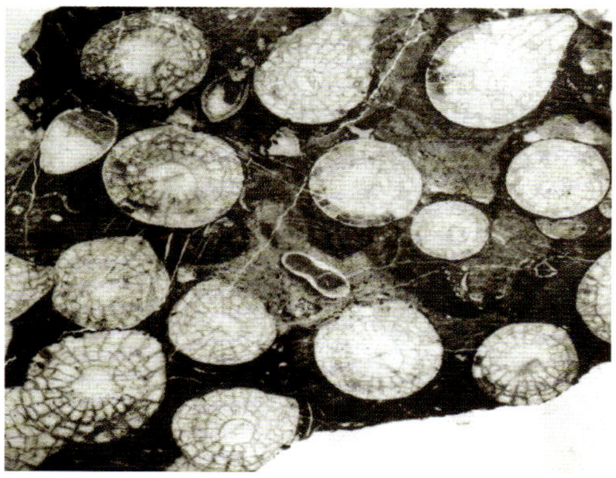
1a

1b

2a

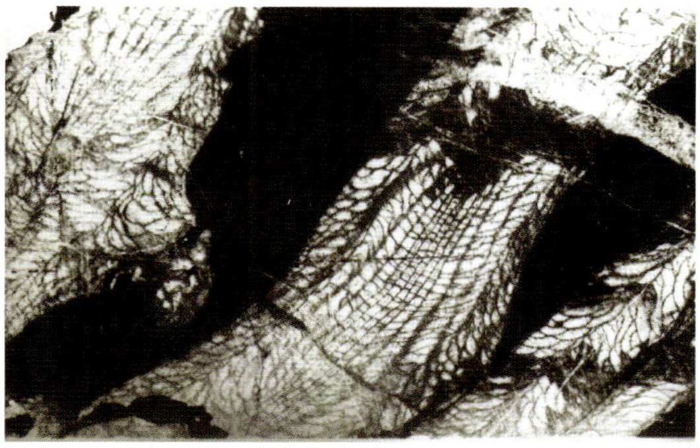
2b

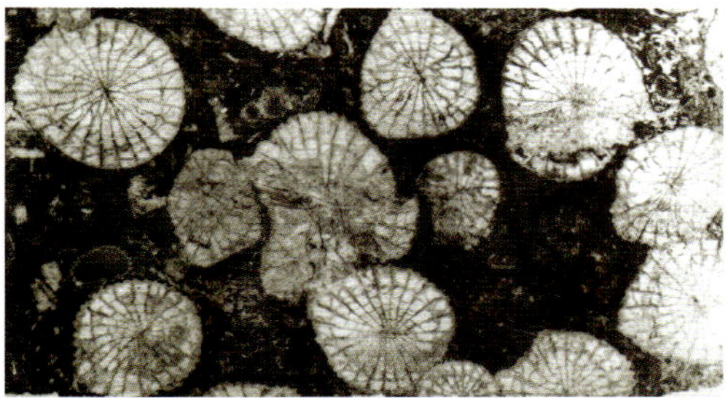
3a

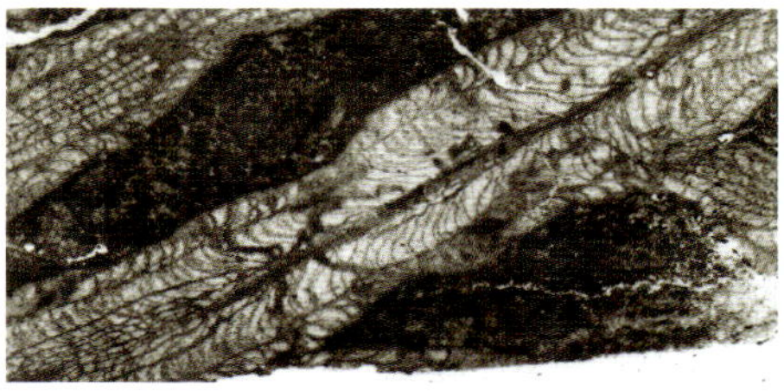
3b

4a

4b

图版 16

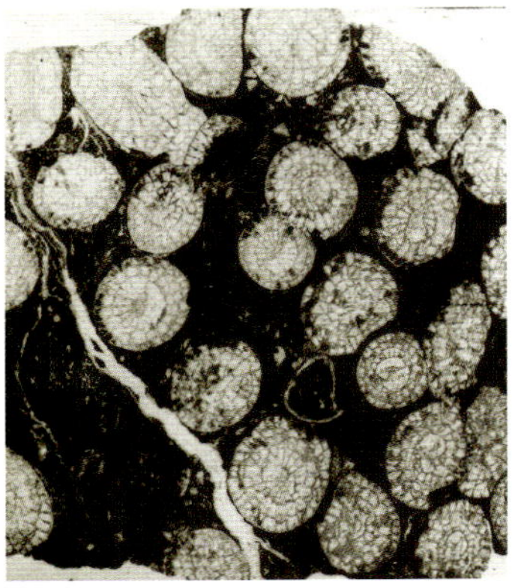
1a

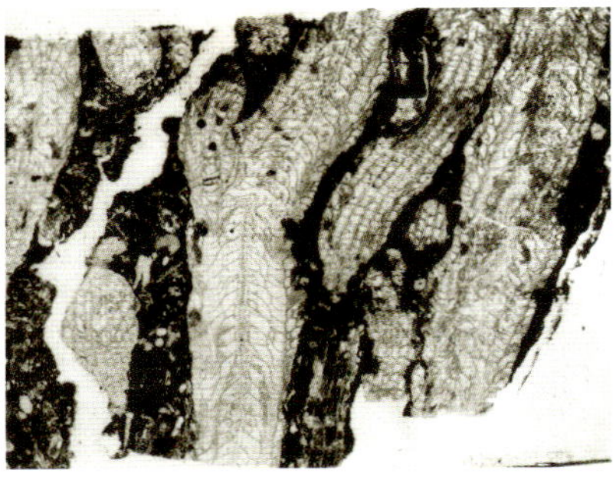
1b

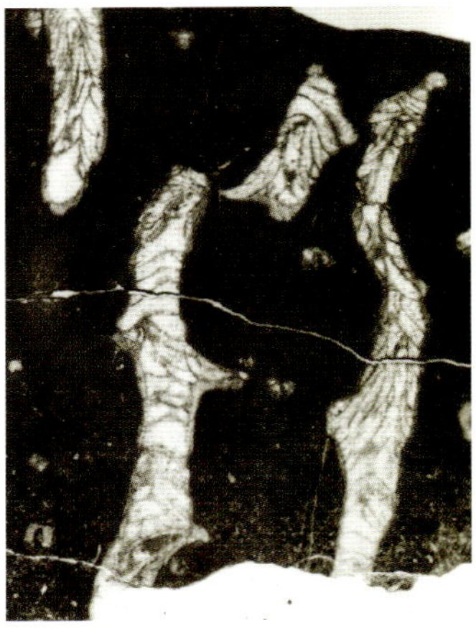
2b

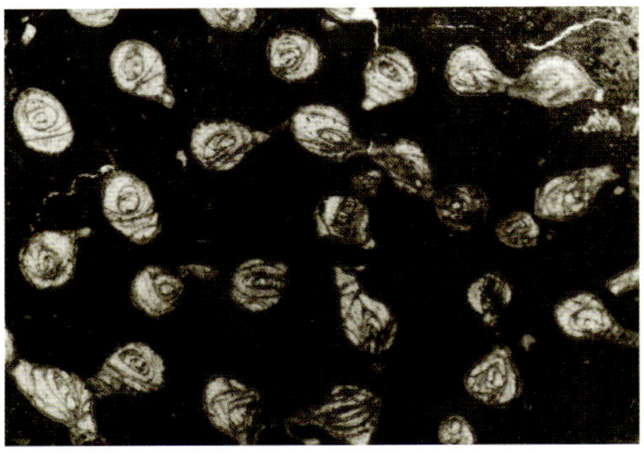
2a

3b

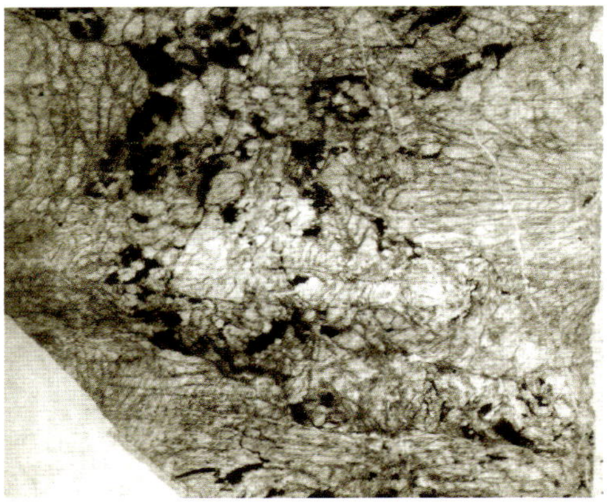
4a

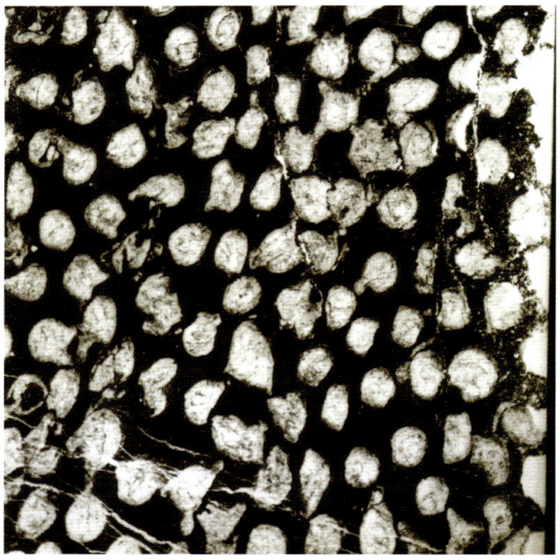
3a

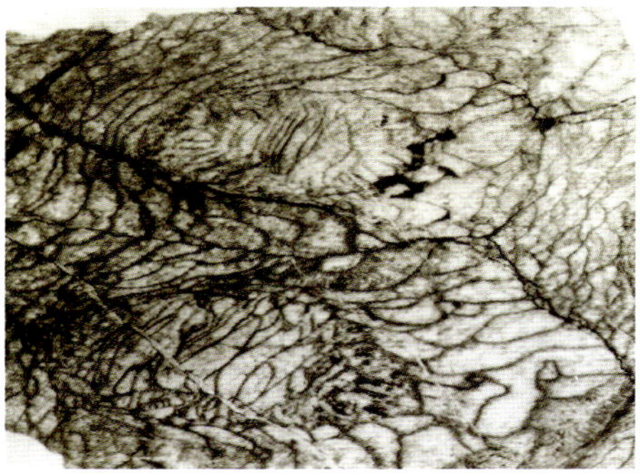
4b

图版 17

1a

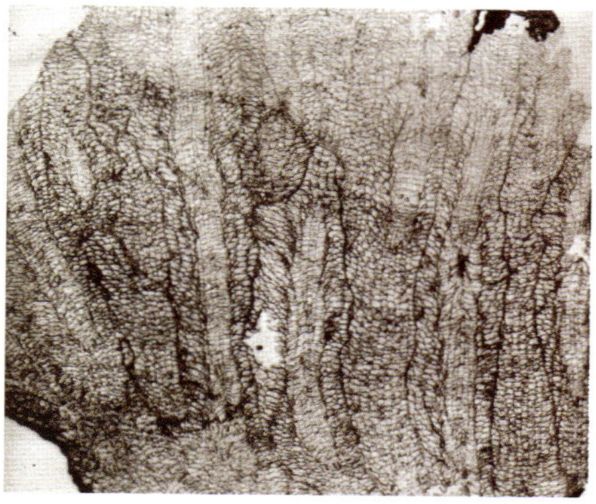
1b

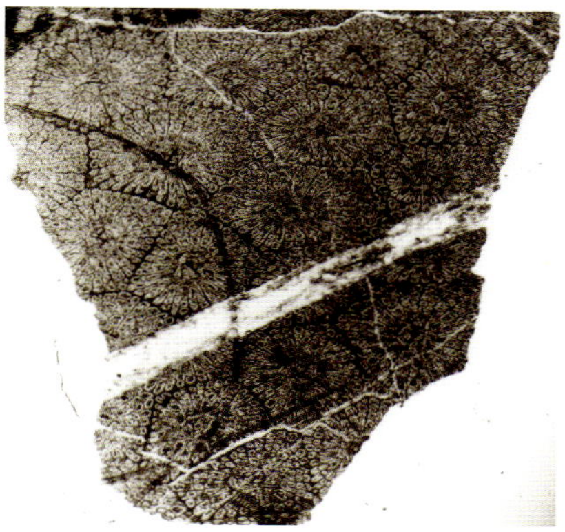
2a

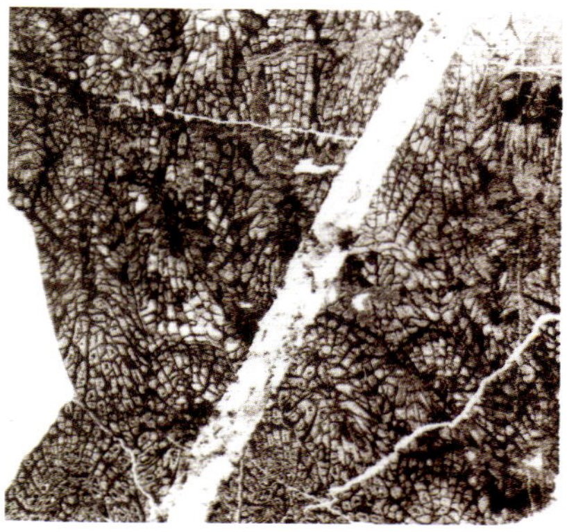
2b

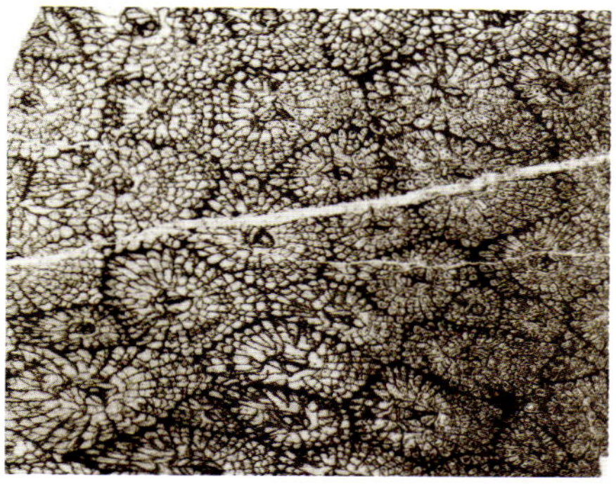
3a

3b

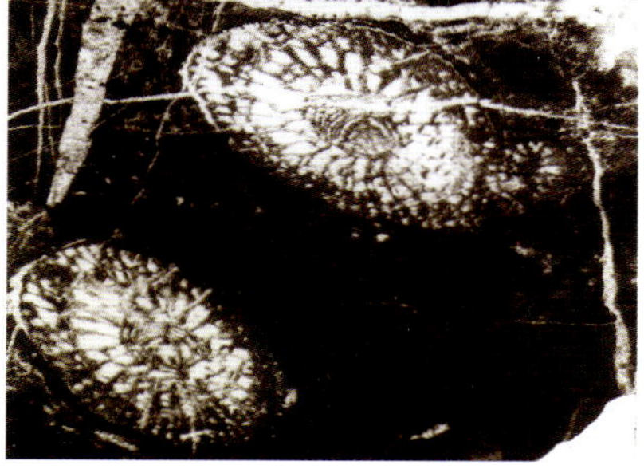
4a

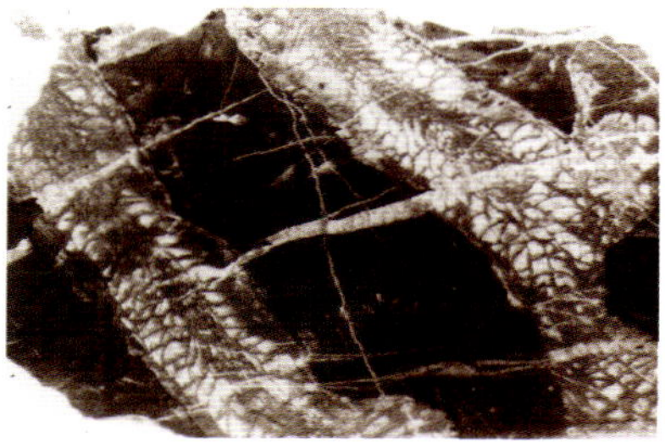
4b

图版 18

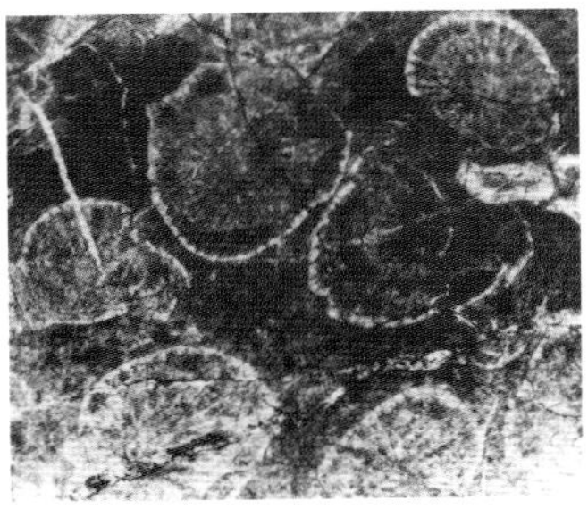

1a

1b

2b

2a

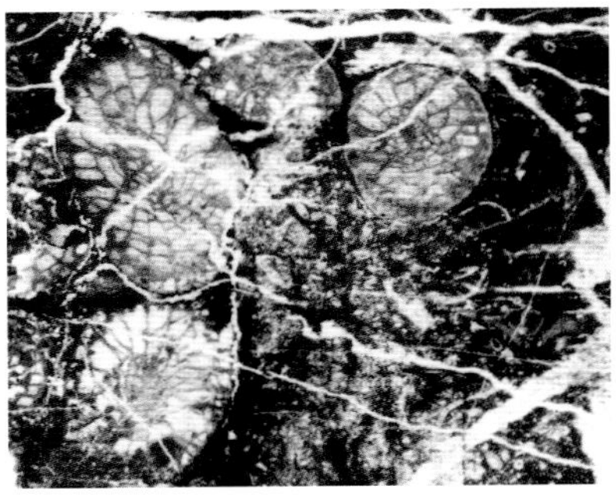

3a

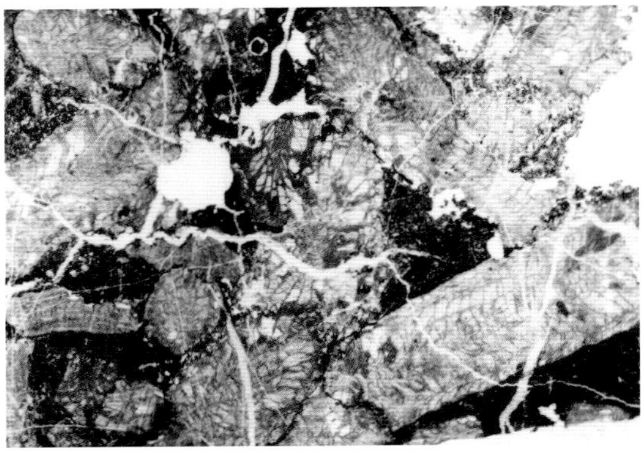

3b

4

图版 19

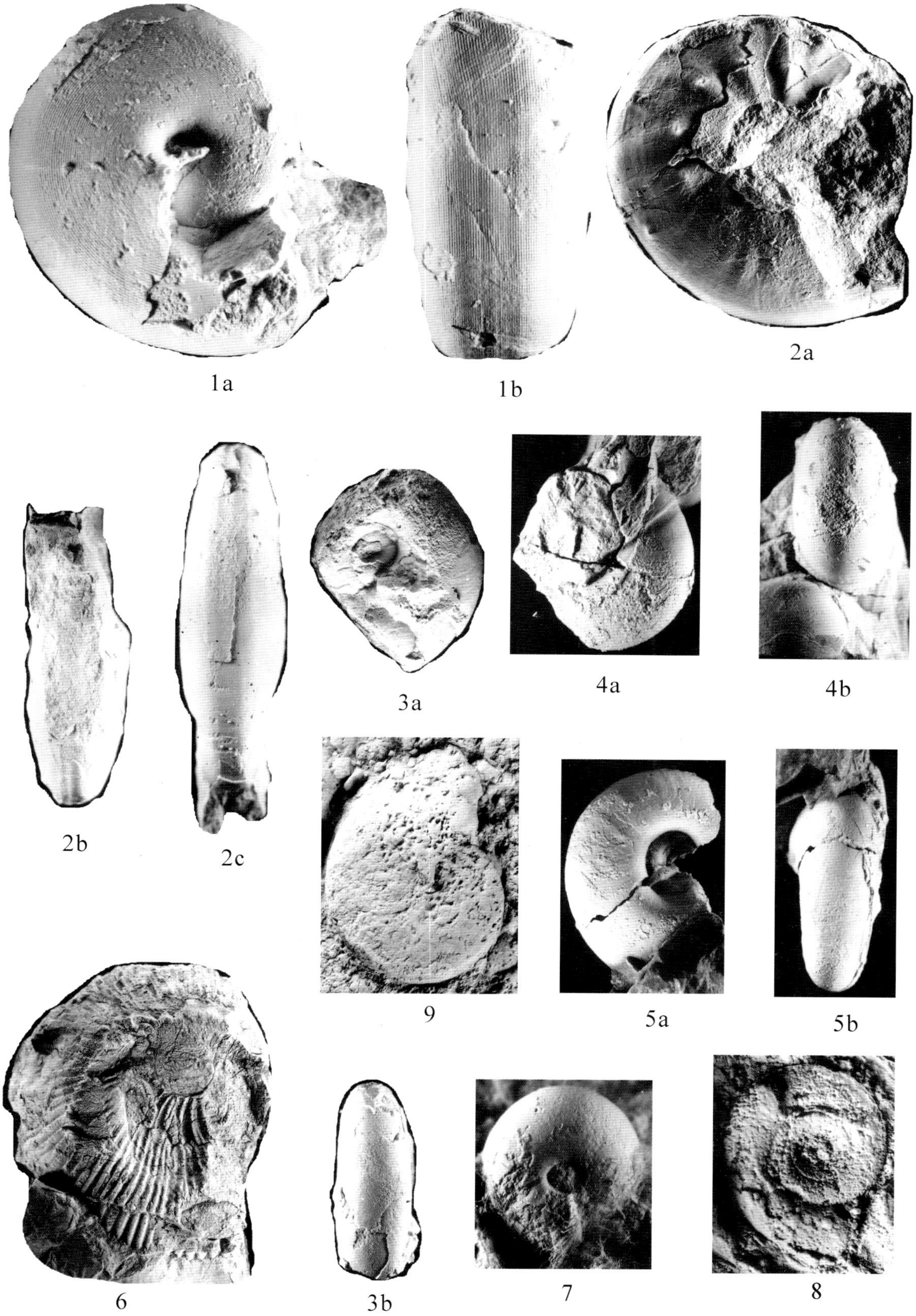

图版 20

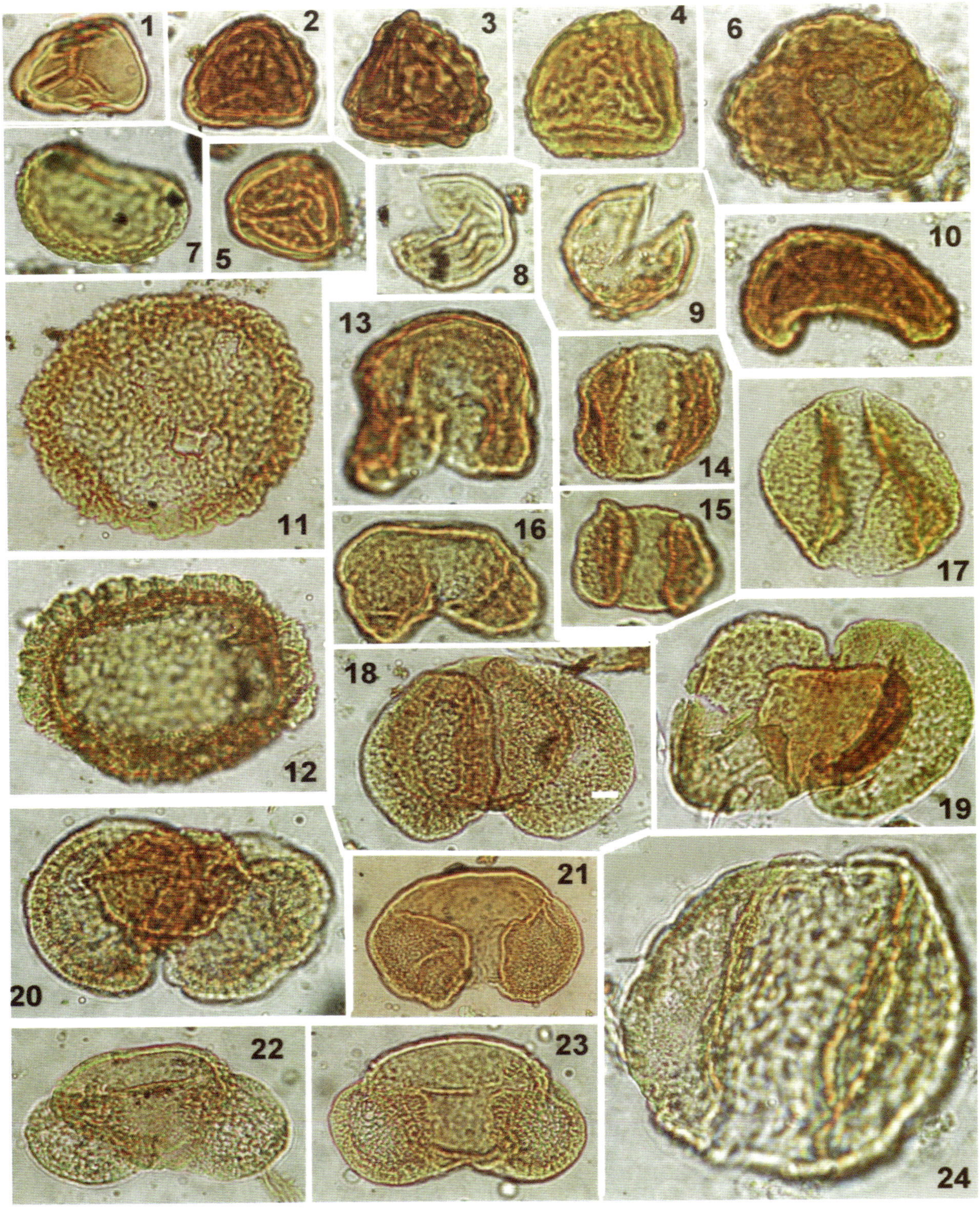

图版 21

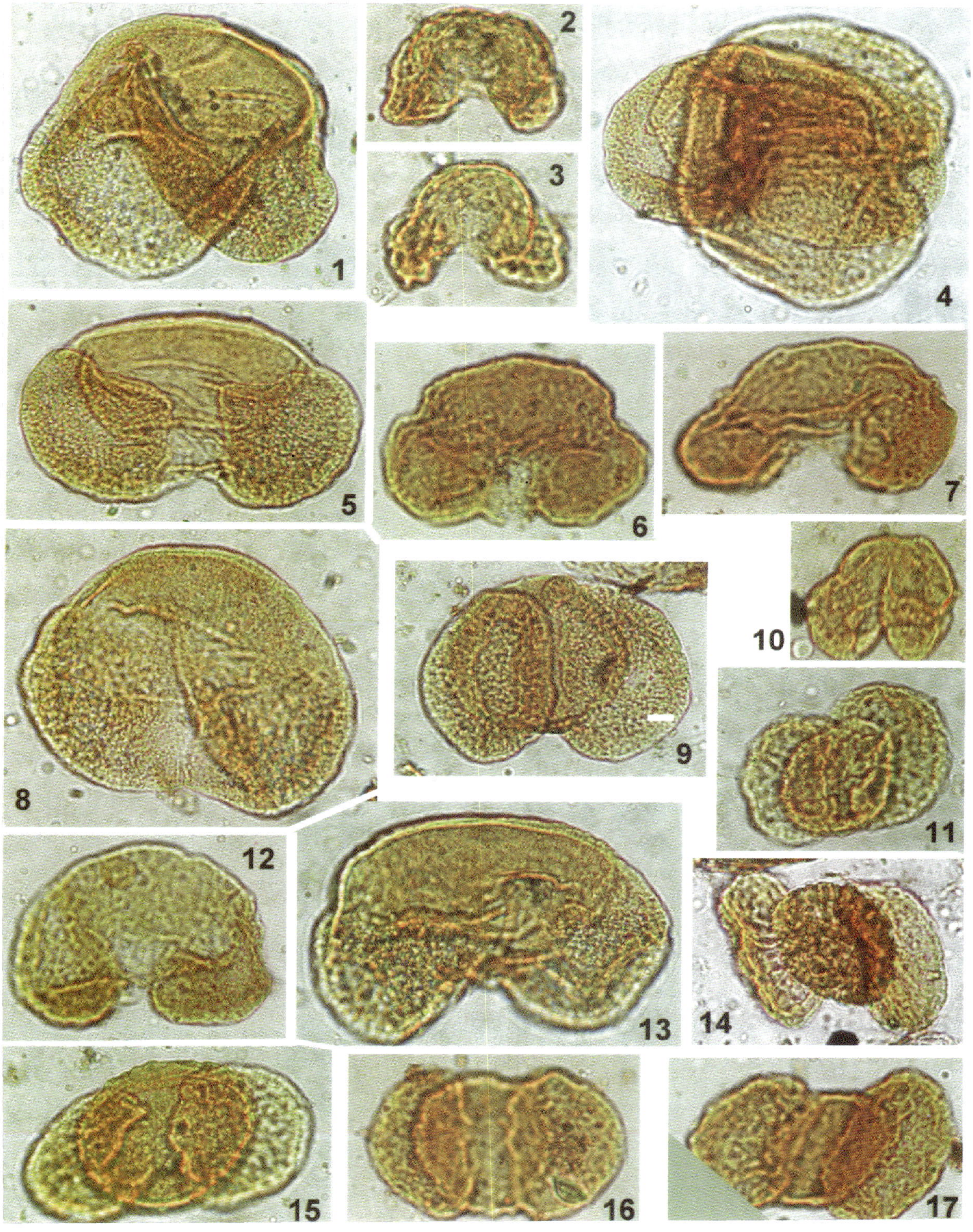

图版 22

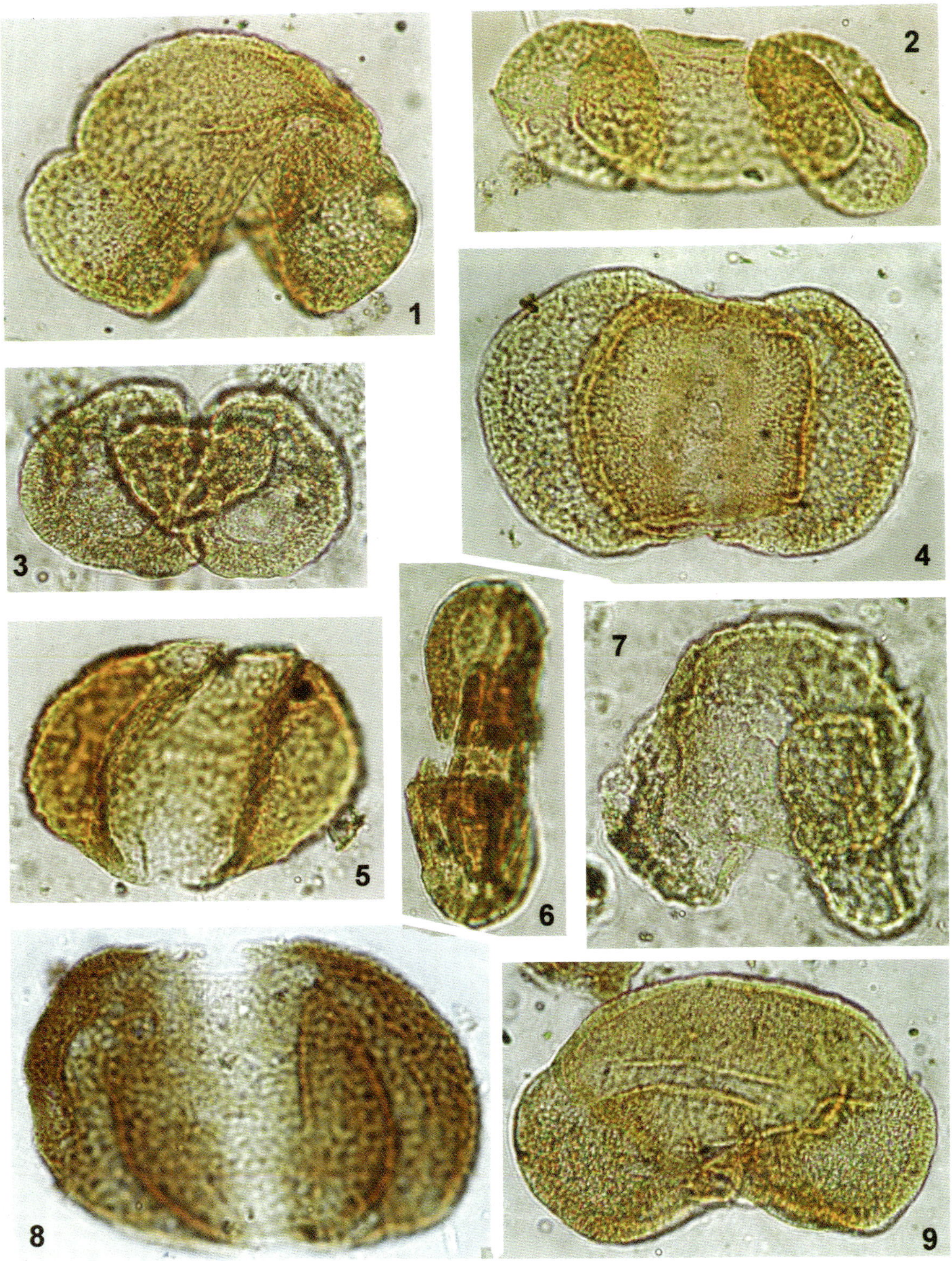

图版 23

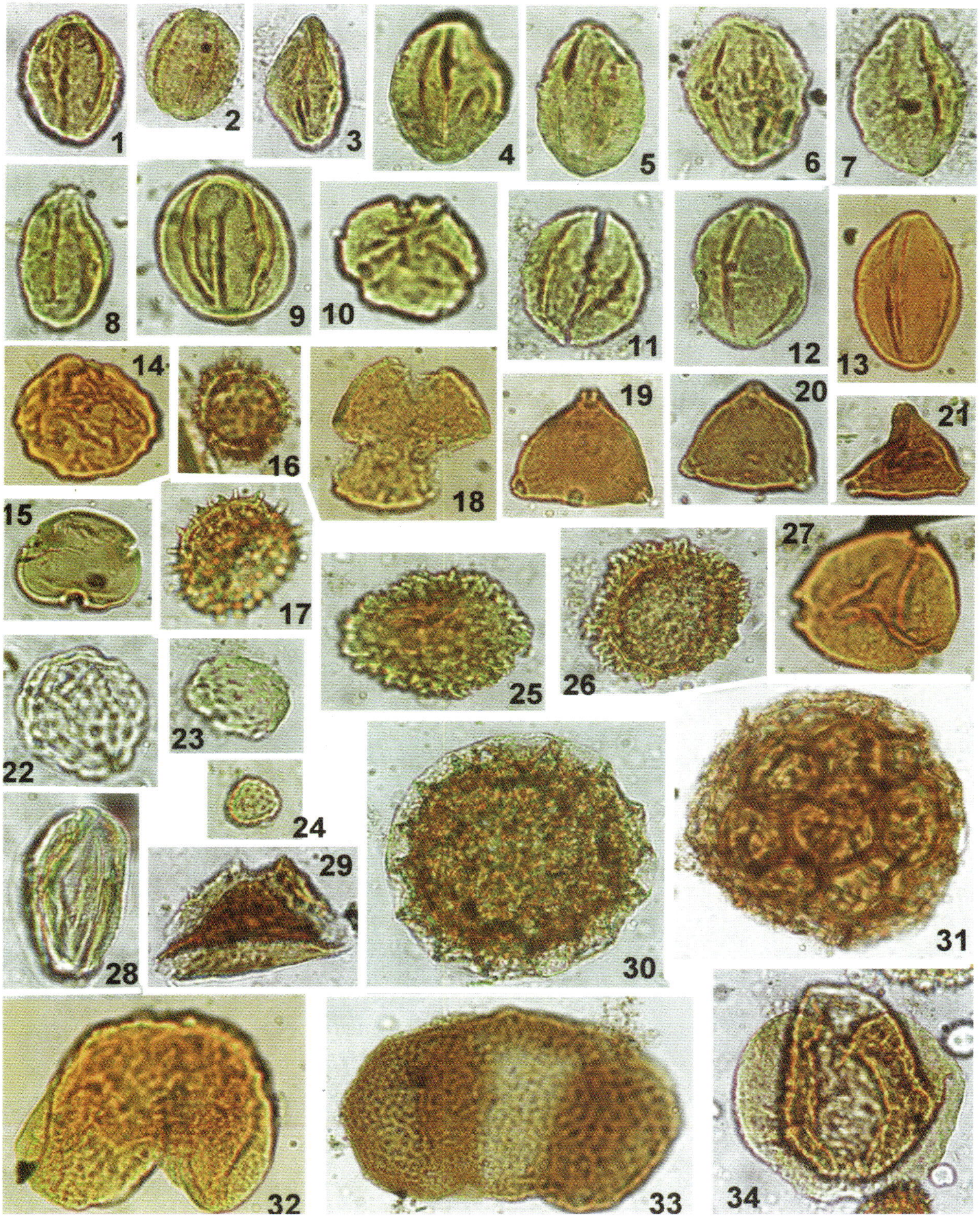

1
2
3
4
5
6
7
8
9
10
11
12
13
14
15
16
17
18
19
20
21
22
23
24
25
26
27
28
29
30
31
32
33
34

图版 24

1

2

3

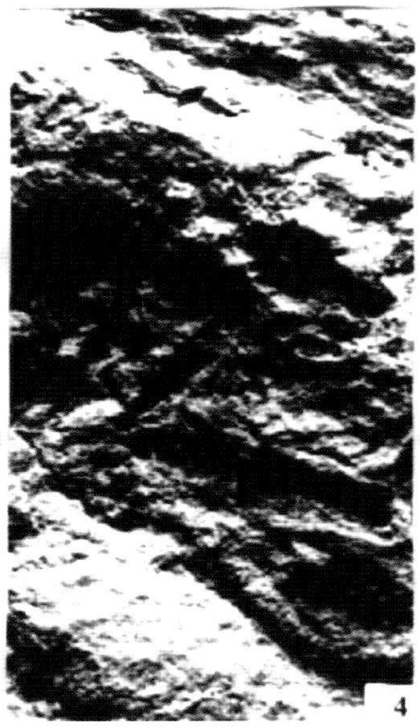

4

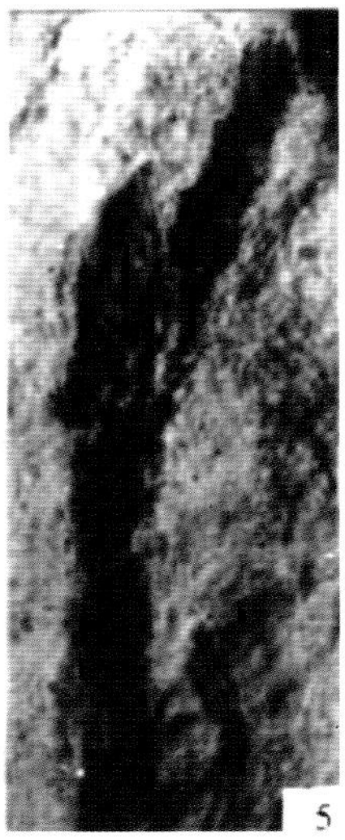

5

图版 25

图版 26

1

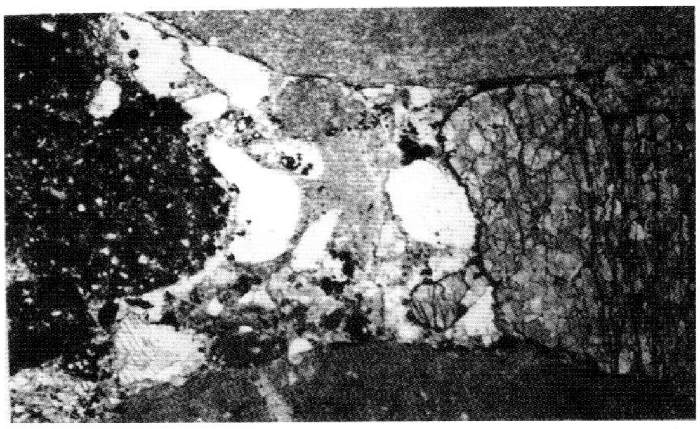

2

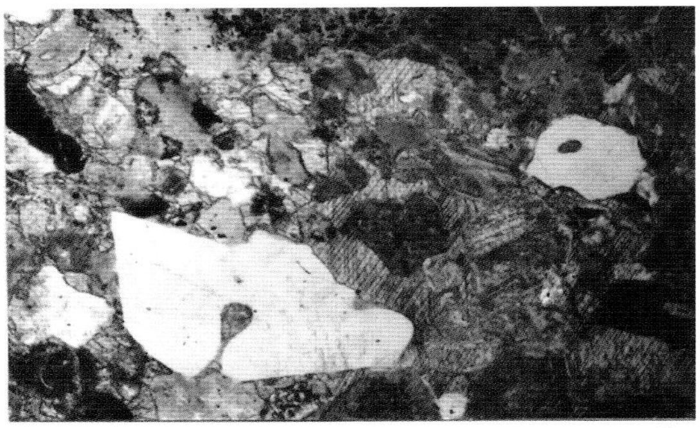

3

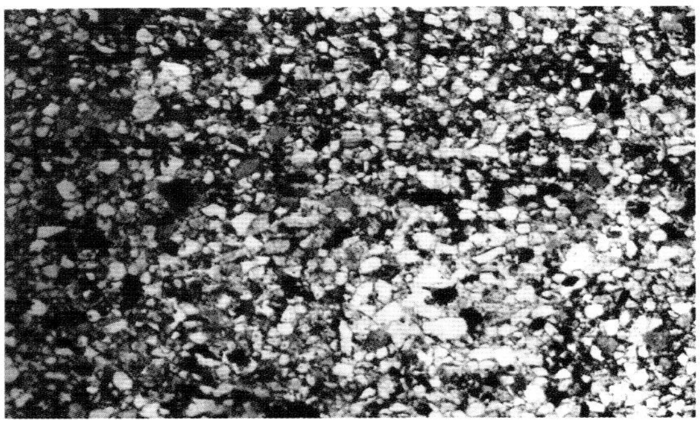

4

5

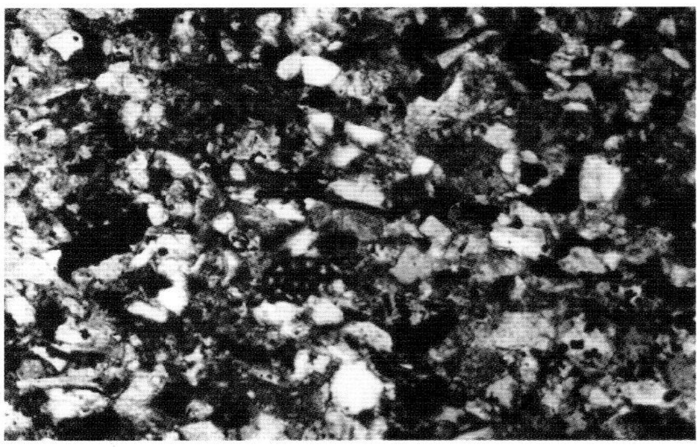

6

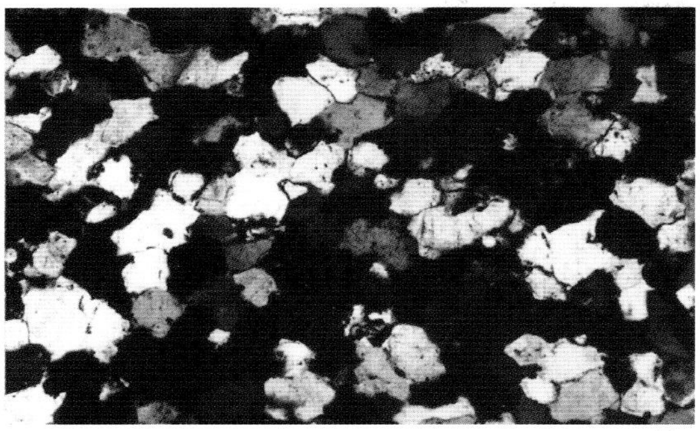

7

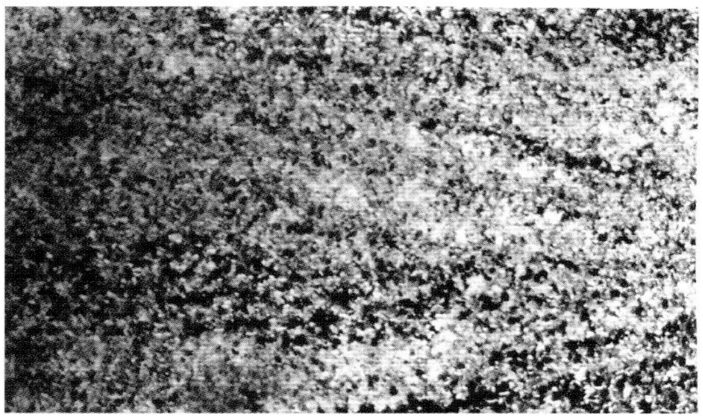

8

图版 27

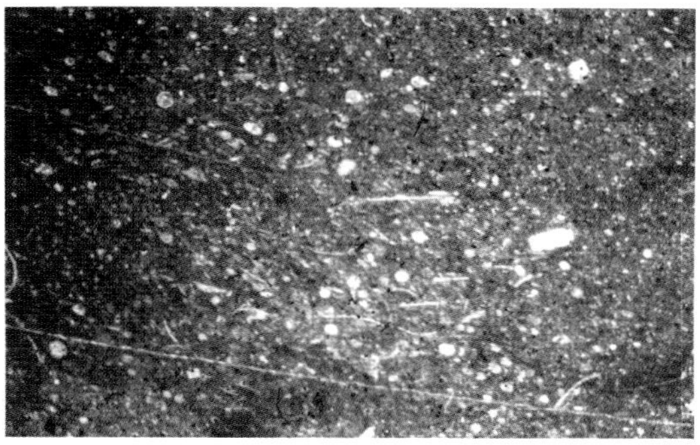

1

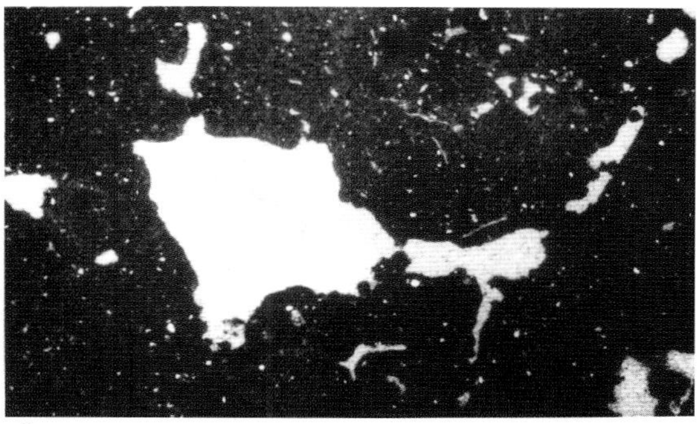

2

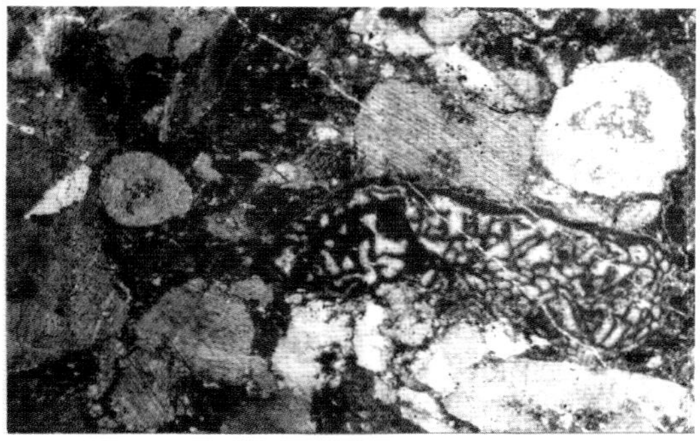

3

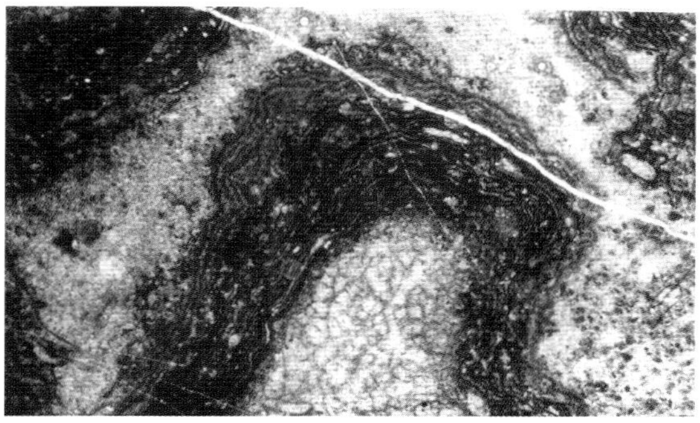

4

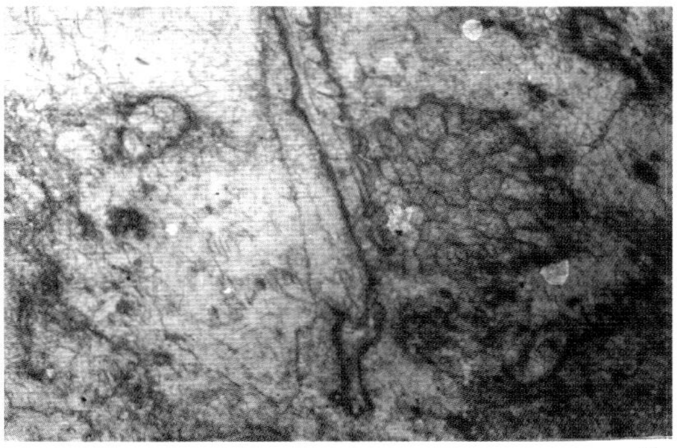

5

6

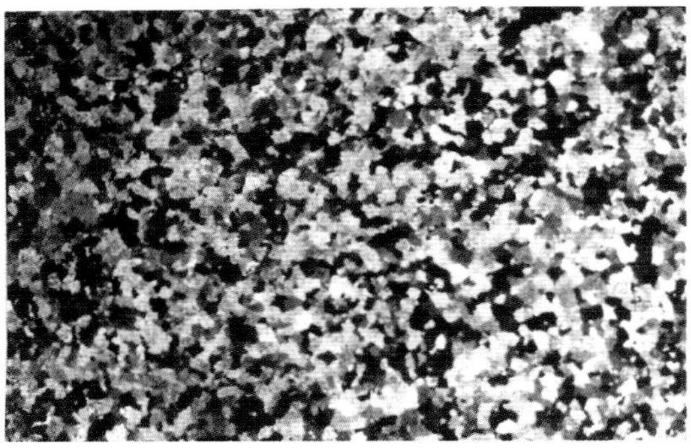

7

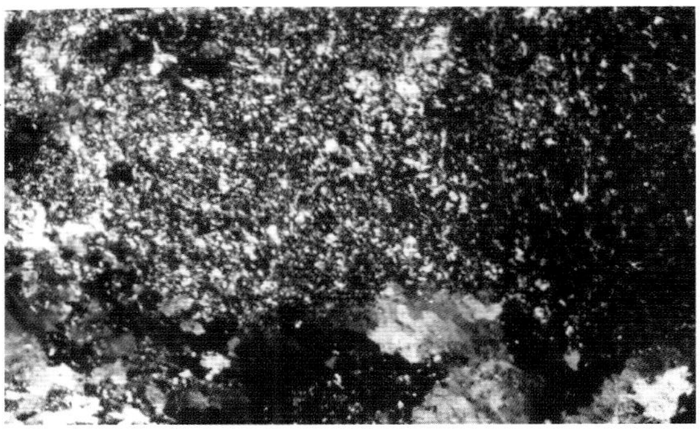

8

图版 28

1

2

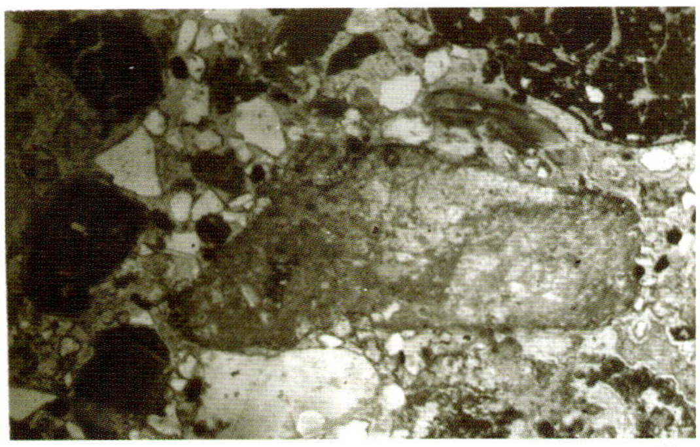
3

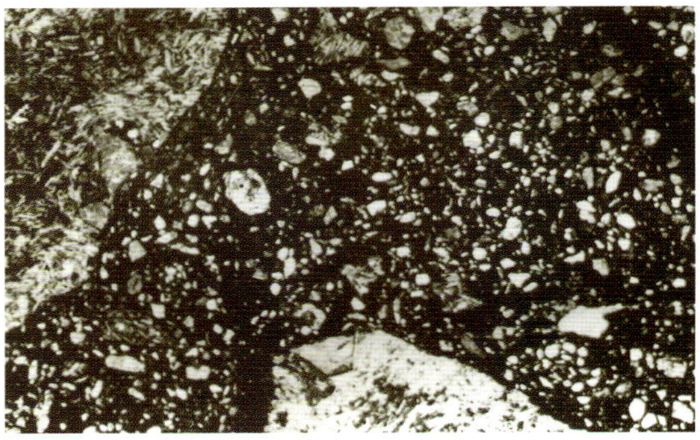
4

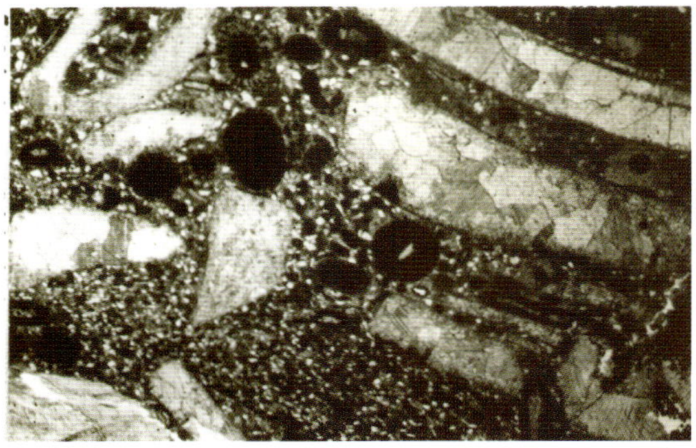
5

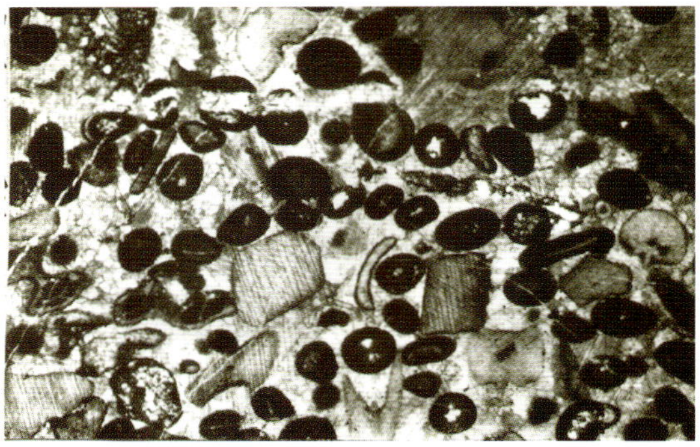
6

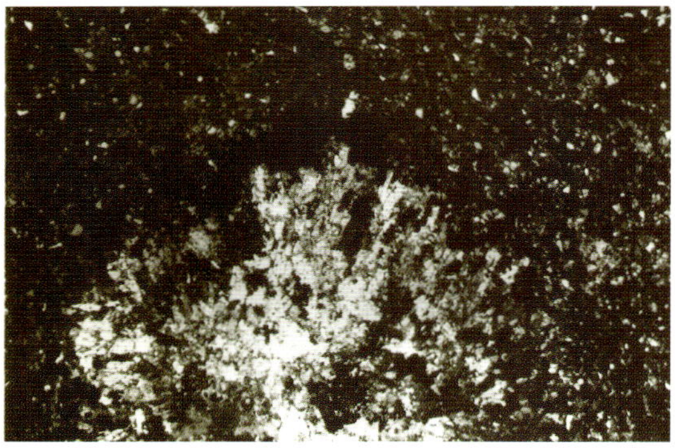
7

8

图版 29

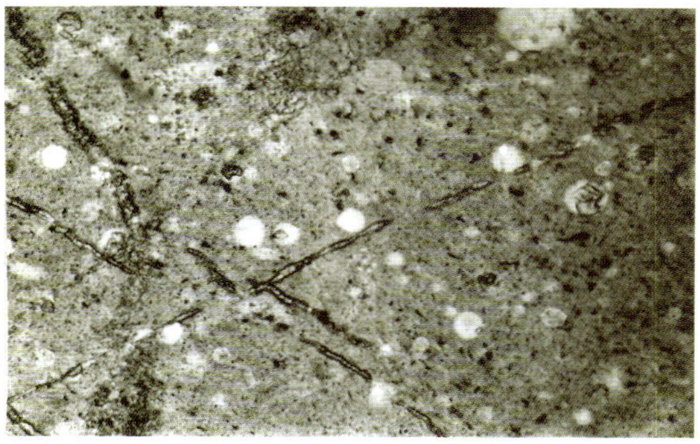

1

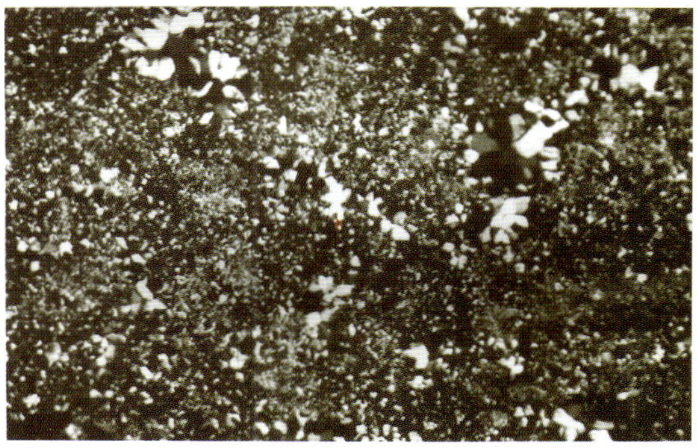

2

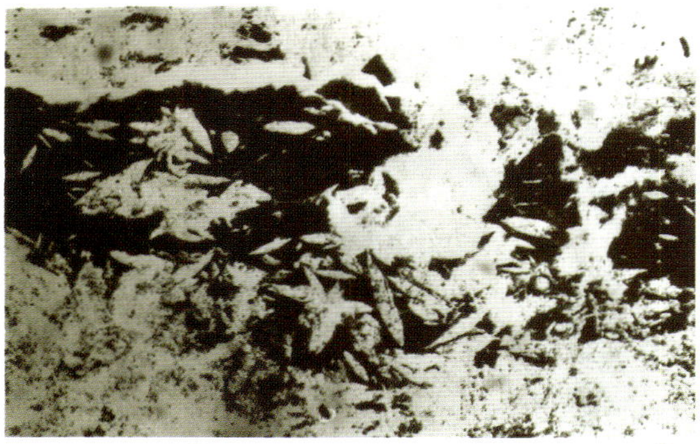

3

4

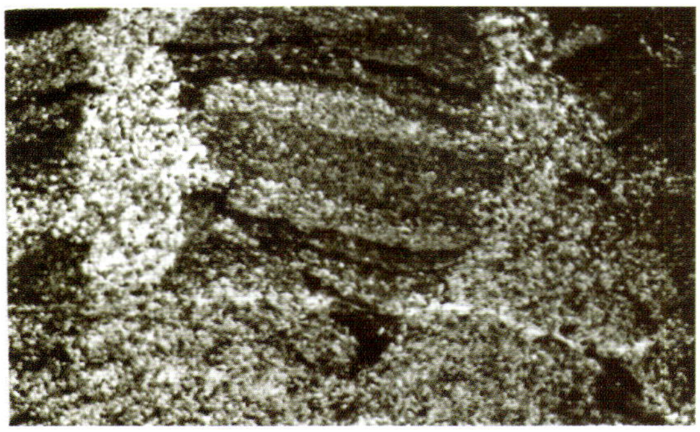

5

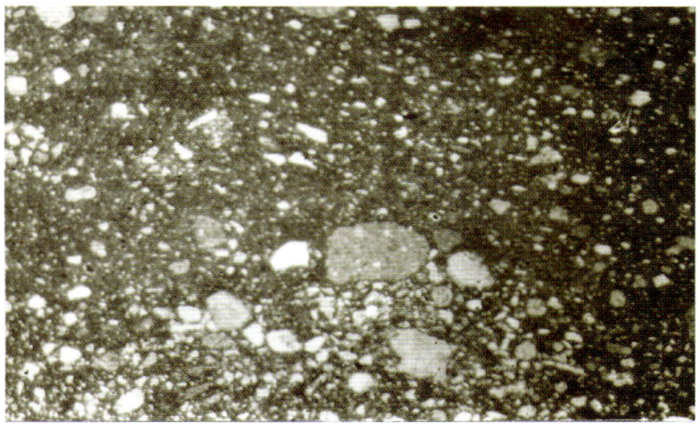

6

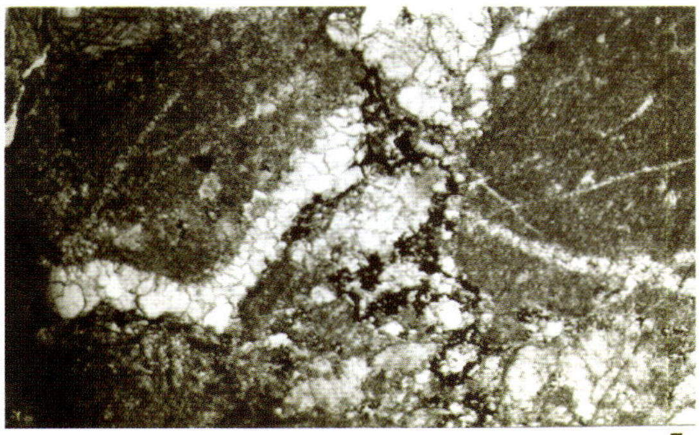

7

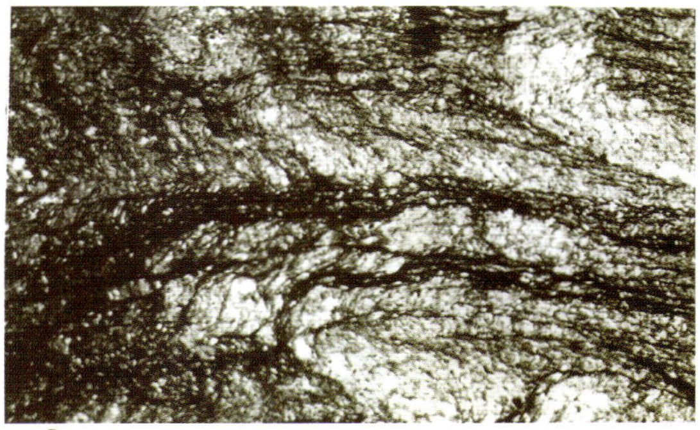

8

图版 30

1

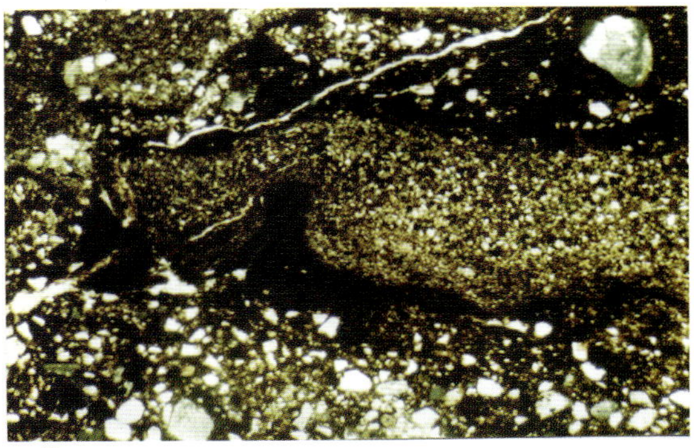
2

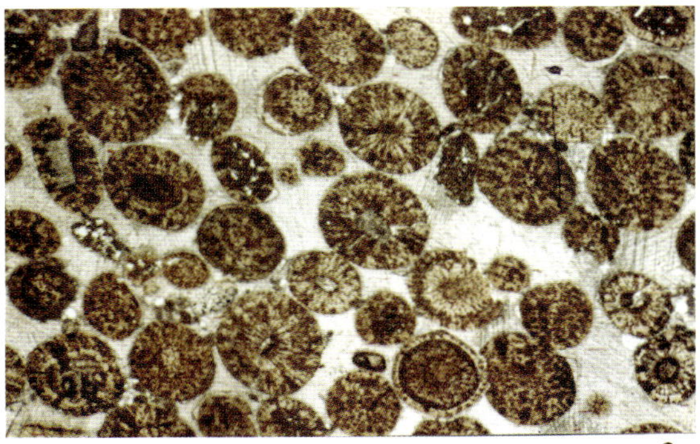
3

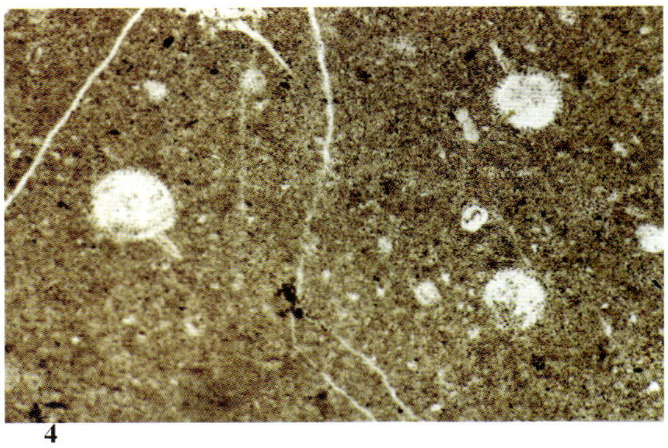
4

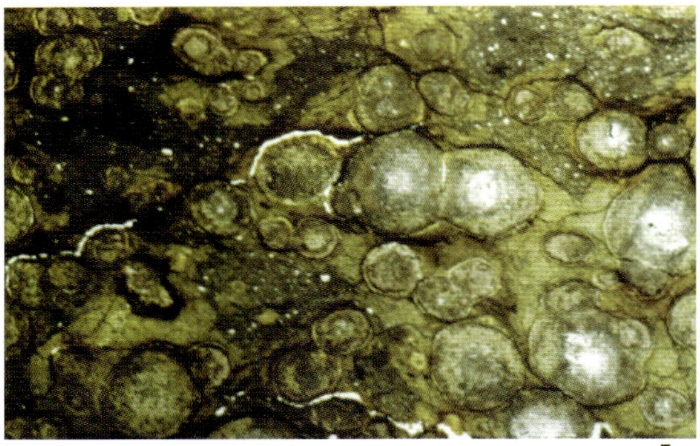
5

6

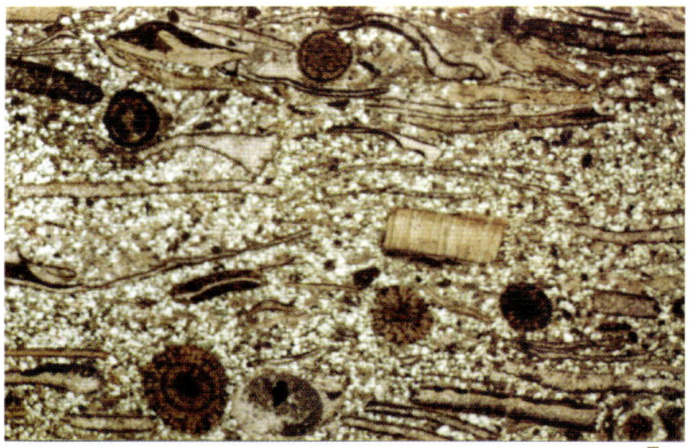
7

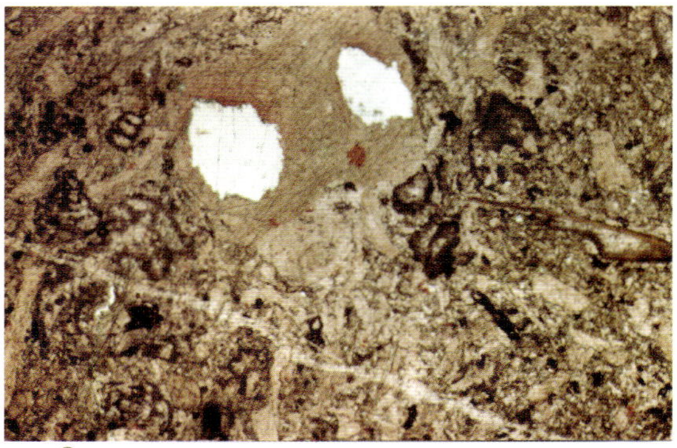
8

图版 31

1

2

3

4

5

6

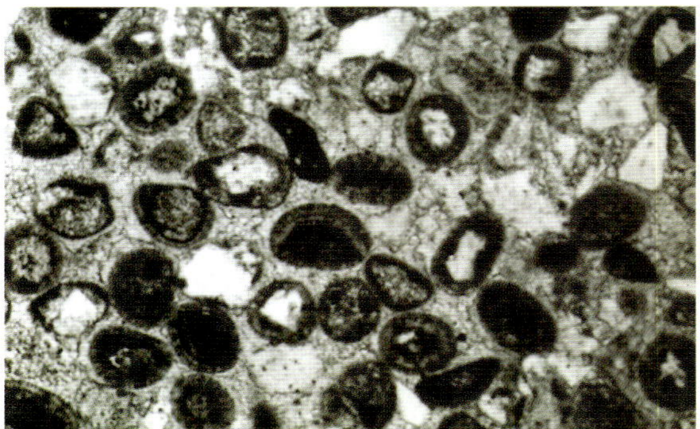

7

8

图版 32

1

2

3

4

5

6

7

8

图版 33

1

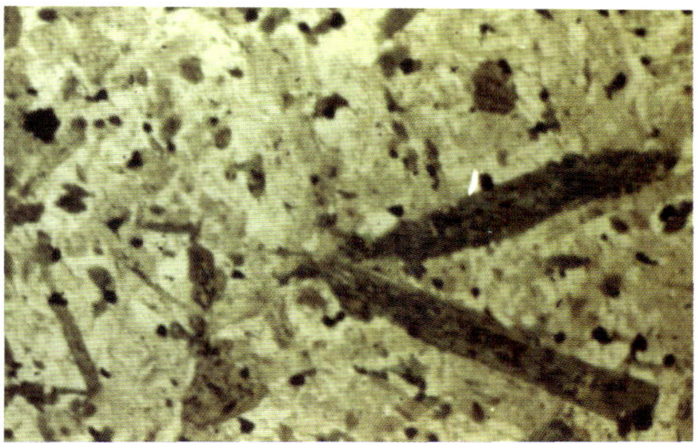
2

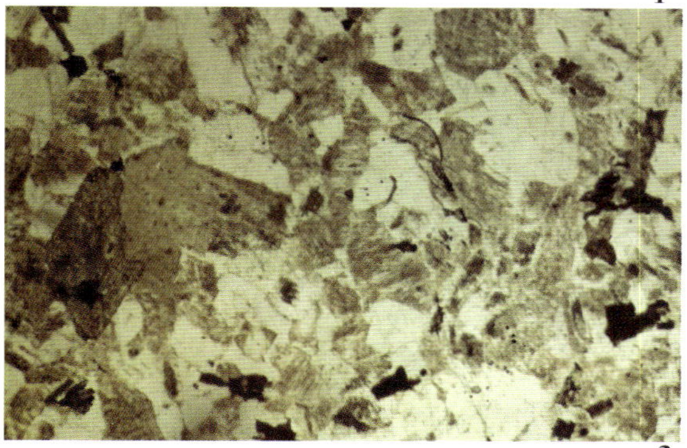
3

4

5

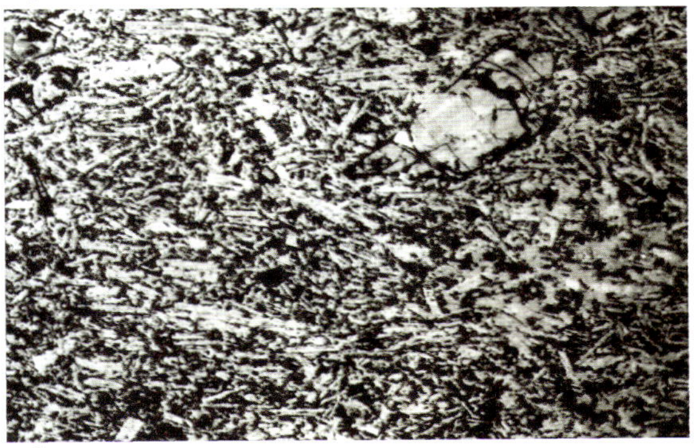
6

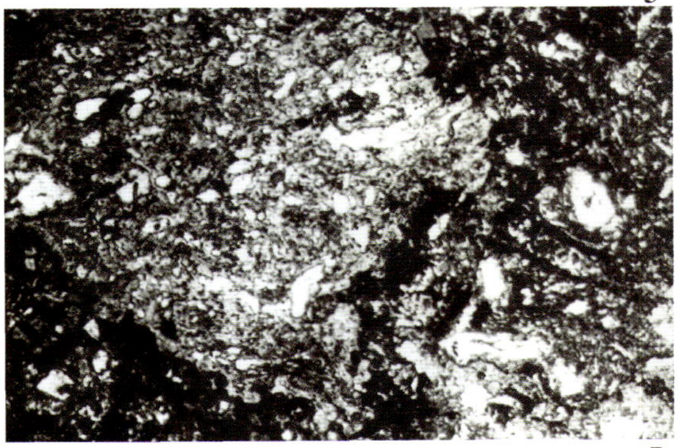
7

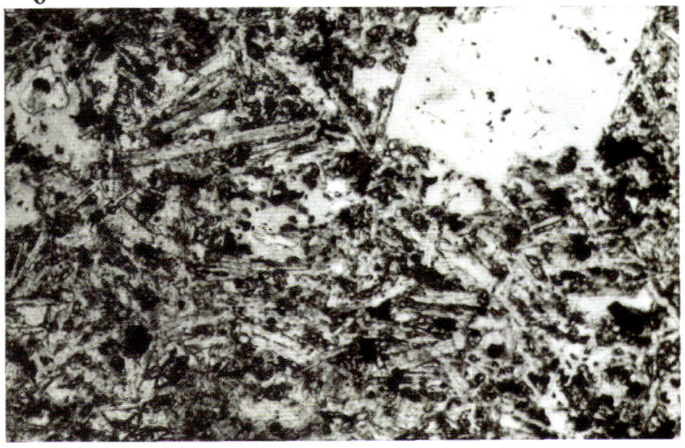
8

图版 34

1

2

3

4

5

6

7

8

图版 35

1

2

3

4

5

6

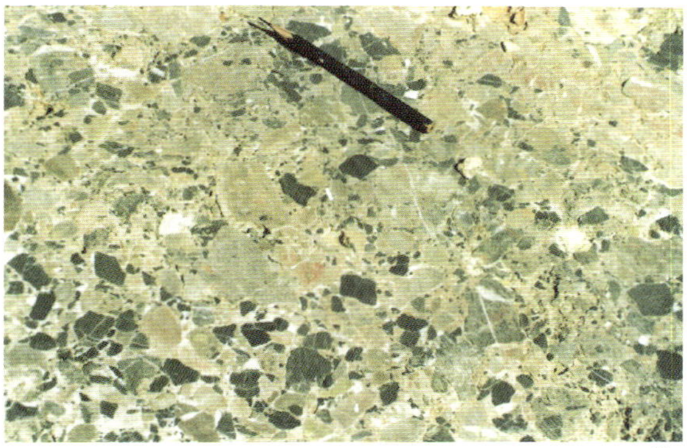

7

8

图版 36

1

2

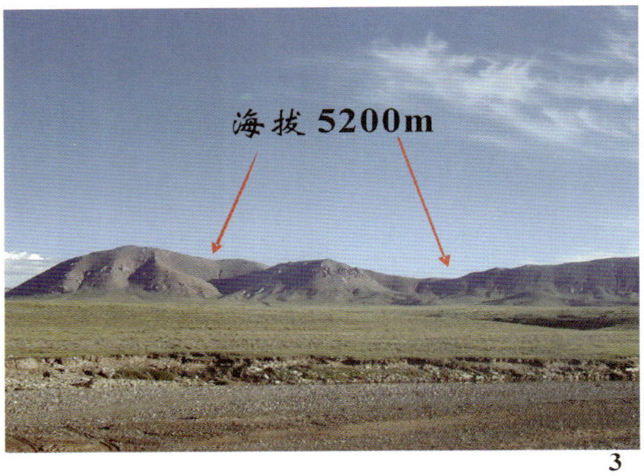

3

4

5

6

7

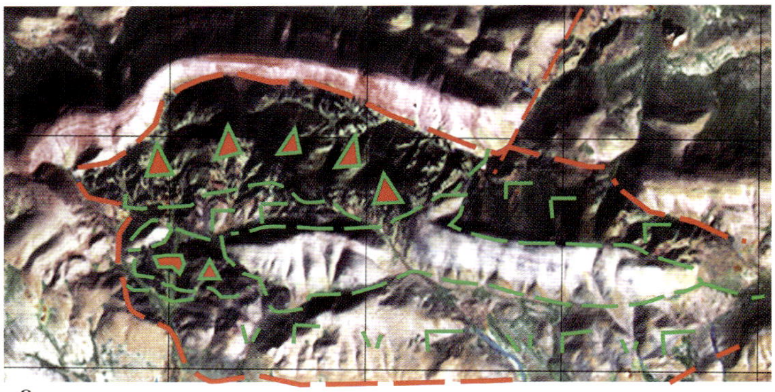

8

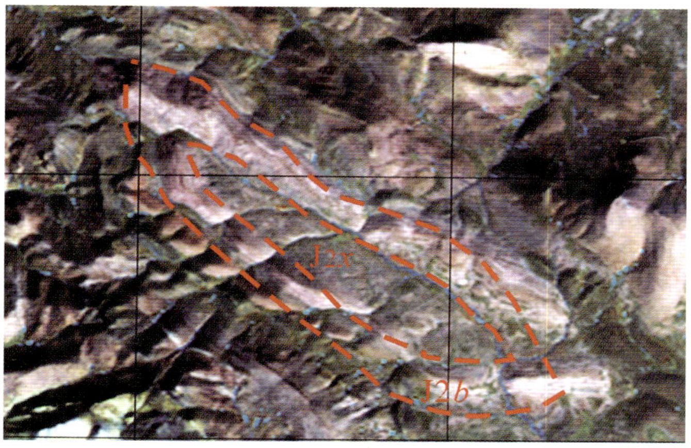

1

2

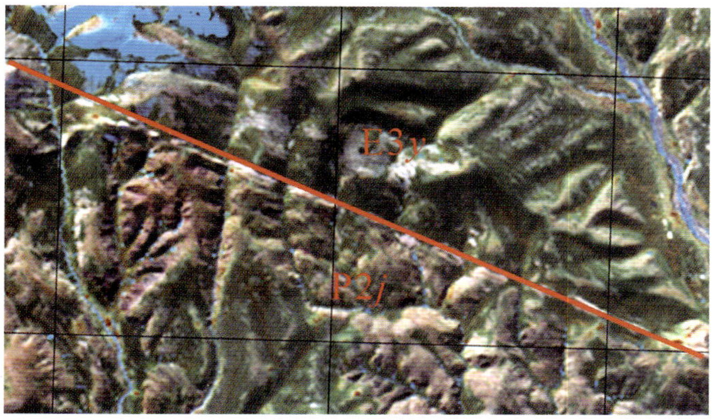

3

4

5

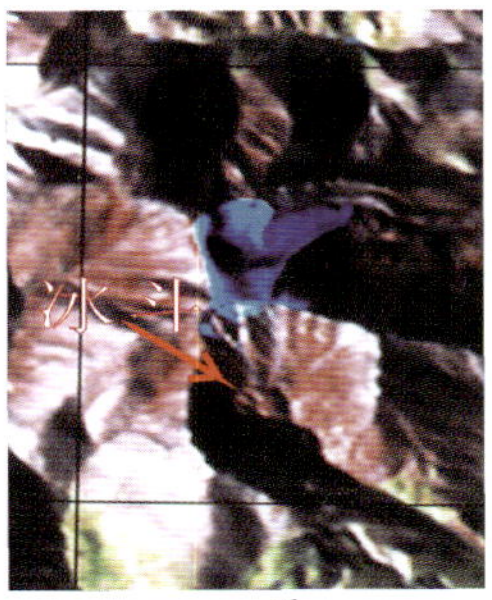

6

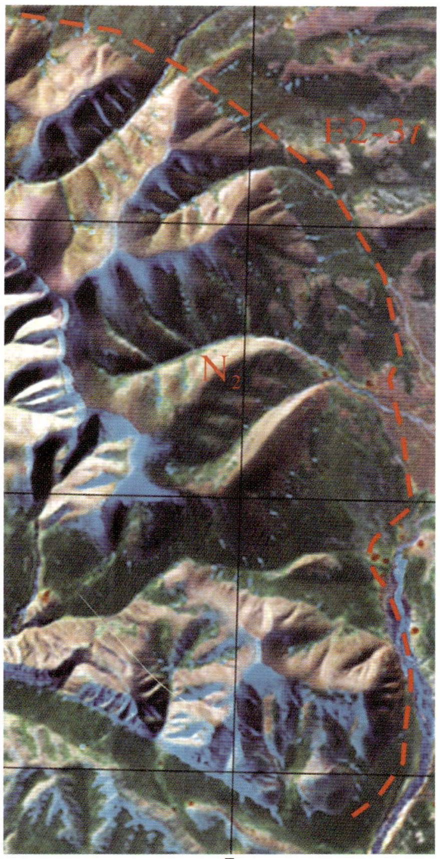

7